U0168542

本书为国家社科基金重大项目“中国国家图书馆所藏中文古地图的整理与研究”（16ZDA117）研究成果

中国地图学史

History of Ancient Chinese Cartography

（上）

成一农 著

中国社会科学出版社

图书在版编目（CIP）数据

中国地图学史：全二册／成一农著．—北京：中国社会科学出版社，2023.5
（2024.6重印）
ISBN 978－7－5227－1413－4

Ⅰ.①中… Ⅱ.①成… Ⅲ.①地图—地理学史—中国 Ⅳ.①P28－092

中国国家版本馆CIP数据核字(2023)第033827号

出 版 人　赵剑英
责任编辑　宋燕鹏
特约编辑　闫　雷
责任校对　冯英爽
责任印制　李寡寡

出　　版　中国社会科学出版社
社　　址　北京鼓楼西大街甲158号
邮　　编　100720
网　　址　http://www.csspw.cn
发 行 部　010－84083685
门 市 部　010－84029450
经　　销　新华书店及其他书店

印　　刷　北京君升印刷有限公司
装　　订　廊坊市广阳区广增装订厂
版　　次　2023年5月第1版
印　　次　2024年6月第2次印刷

开　　本　710×1000　1/16
印　　张　84
字　　数　1321千字
定　　价　468.00元(全二册)

凡购买中国社会科学出版社图书，如有质量问题请与本社营销中心联系调换
电话：010－84083683
版权所有　侵权必究

序

本书是我十多年来中国地图学史研究的总结和归纳。我进入中国古代地图学史的研究，是在恩师李孝聪教授的指引和帮助之下，最初只是希望将中国古代绘制的城市图作为史料纳入城市历史地理和城市史的研究中，但在研究中逐渐萌发了两点困惑，一点就是中国古代绘制的城市图的图面内容似乎并不能提供太多文本资料之外的“令人出乎意料”的“史实”；另一点就是发现中国古代地图似乎并不像前辈学者所认为的那样有着太多的“科学性”，或者有着朝向“科学性”“准确性”的发展和追求。

最初几年，我主要围绕解决第二点困惑从事了一些研究，2016 年出版的《“非科学”的中国传统舆图——中国传统舆图绘制研究》一书就是这方面研究的结果，也即认为从“科学”和“准确”的角度来看待中国古代地图，这种视角本身就是错误的，因为“科学”和“准确”并不是中国古代地图的核心特质。与此同时，还认识到以往中国地图学史的历史书写除过于强调“准确”和“科学”之外，在地图的类型上也存在太多的忽略，忽略了刻本书籍中的地图，忽略了寰宇和全国总图以及河工图、运河图以及九边图之外众多其他类型的地图，因此在写完那本书之后，我希望能撰写一部“全面”的中国地图学史，由此也开始了资料的搜集工作。2018 年出版的以清代之前中国古代的寰宇图和全国总图为对象的《中国古代舆地图研究》一书，即是这一宏大设计的一部分[①]。

不过，随着对历史认知的加深，我越发认识到，客观历史虽然只有一

① 从内容来看，《中国古代舆地图研究》显然“题不对文”，其原因在该书的前言中有着交待。

个，但我们认知历史的角度则是无穷无尽的，因此撰写一部全面的中国地图学史，完全是一种不切实际的奢望，也是一种颇为幼稚的想法，因此本书的目的最终退缩到在地图类型上做到“全面”。

但一旦进入写作阶段，我才发现即使是在地图类型上做到“全面”也颇为困难。因为中国古代存在众多的地图类型，涉及众多的学术领域，因此需要研究者有着相当广泛的知识面，对于我这样一位懒惰且水平堪忧的研究者而言，这点显然是做不到的。最终，本书虽然介绍了众多类型的地图，但其中能结合历史背景以及相关文本文献进行分析的只是极少数，大部分只能就图论图，叙述一下谱系和大致的类型而已，甚至有时只能描述一些我认为具有代表性的地图。书中能让自己满意的大概只有第一篇寰宇图和全国总图。即使如此，由于有些类型的地图数量众多，涉及的主题也非常广泛，如河工图，因此本书也难以做到全面涵盖。总体而言，本书在大部分地图类型上，只是在尽量广泛搜集地图的基础上，进行叙述性的罗列介绍而已，因此今后这一领域还有很大的研究空间。此外，本书第八篇第三章第一节中关于“‘三山五园’图”的部分以及第二节“佛教四大名山图”和第三节“五岳舆图”分别是由中国国家图书馆古籍馆舆图组的任昳霏和吴寒撰写的，这也是我知识面欠缺的体现。

不仅如此，本书对于中国古代地图的分类，实际上是基于现代知识体系以及现代地图分类而进行，因此从“同情”的角度而言，并不合适。比如因为中国古人并没有今天现代国家和世界的概念，所以中国古代并没有现代意义的全国总图和世界地图的区分。因此，今后如果要从地图类型的角度再次撰写中国地图学史的话，那么更为恰当的就是以中国古代的知识体系为主导来对地图进行分类，当然在写作之前，需要进行大量新的研究。

总之，今后中国地图学史的历史书写依然有很大空间，而且我认为重写中国地图学史，不仅是地图学史研究的需要，也是中国史学发展的需要，如果做不到这一点，那么中国地图学史的研究必然依然是一个冷门，无法与史学的主流接轨，也必然无法真正与国际接轨。而且，今后中国地图学史的研究也绝不能像本书这样只是停留在分类、描述谱系和地图的层面上。

关于我的第一点疑惑，即地图的史料价值，近两年我已经有所感悟，大致而言，就是地图的史料价值绝不是其图面内容，而在于这些地图所反映的与其绘制相关的文化、社会和制度等背景，也即要走到地图图面的背后。这点说起来容易，但要真正做到却颇为困难，大致需要研究者有着丰富的想象力、一定的史学理论基础，以及最为关键的是要能基于地图提出“正确”的问题。本书的第十篇即是这方面的一些尝试。我对这些尝试的结果还算满意，因为至少以地图为史料获得了一些有着一定新意的认知。“走到地图图面的背后”，应当是地图史料价值之所在，也是中国地图学史今后必然要走的道路，也是让中国地图学史不那么“冷门”的途径之一。

本书的写作，是我对中国地图学史研究的一个阶段的终结，今后我的研究重点将转向以地图为史料从事其他领域的研究，如“中国疆域史”“中国古人的时间与空间”等问题。

在此，还需要对本书的一些“与众不同”之处进行一些简要解释。

首先，作为一本“中国地图学史”的著作，书中没有收录一幅地图，似乎颇不合常理，也不应该。其原因，我想从事古地图研究以及现代地图研究的读者应该都能明白和理解。作为补偿，在各篇的附录或者正文中列出了书中所使用的地图的来源、收藏地或版本，有兴趣和条件的读者可以自行查阅。此外，我在云南大学的支持下，正在将通过各种途径搜集到的中国古代地图建立数据库，预计收录的地图应当能达到15000幅左右。因为同样的原因以及版权问题，这一数据库不会对外公布，但欢迎研究者前来查阅和使用，且云南大学历史地理研究所的网站上将会定期公布和更新地图数据库中收录的地图的细目。

其次，书中不少部分对于某些地图的描述，直接引用了一些图录和研究论著中的文字，而没有使用我自己的描述。这并不代表我没有看过这些地图，而是我认为这些图录和研究论著中对于相关地图的描述已经满足了本书的需要，且也非常优秀，从而没有必要再去辛苦一番。

再次，本书中的一些章节是之前曾经单独发表过的论文，在某些内容上存在一些重复。收录到本书中之后，对这些重复之处进行了删除，但有一些重复之处，如果进行删除的话，将会影响到对文意的理解，对此，本书在对文字进行尽可能压缩的情况下，将某些重复之处保留了下来。对此敬请谅解。

最后，编纂全世界各藏图机构收藏的中国古代地图的联合目录，是国内中国古代地图研究者长期的愿望，但一直缺乏最终能真正成功的行动。

我将过目过的地图以及各种图录、图目中的地图分类编纂了简单的目录，放置在相关各篇之后，一方面是为了便于研究者和读者今后的查阅；另一方面也算是这种联合编目的初步尝试。当然，这些目录相当粗糙，也远远谈不上全面，其中也必然存在不少错误，且因为一些地图涉及不止一种主题，因此同一幅地图可能出现在不同的目录中。此外，由于各图书馆和藏书机构对于某一古籍的同一版本的著录可能存在差异，如可能将雍正版著录为清中期，因此这些目录中所著录的某些古籍的不同版本可能就是同一版本。因此，这些目录只能提供读者作为参考，敬请谅解。我一直认为编纂中国古代地图联合目录的工作应该由中国国家图书馆古籍馆舆图组来组织，这一方面是由其最为丰富的藏图决定的；另一方面也是由其长年来进行的颇有成果的研究决定的。

最后，非常感谢恩师李孝聪教授长年来的引导、提携、宽容和帮助。恩师在 70 多岁依然保持着旺盛的学术研究的热情，近年来出版和发表了大量研究论著，这种学术精神鼓舞着我不断前行。

还要感谢中国科学院大学的汪前进，中国社会科学院的孙靖国，中国国家图书馆的陈红彦、萨仁高娃、白鸿叶、成二丽、吴寒和任昳霏，上海师范大学的钟翀，上海复旦大学的韩昭庆、丁雁南等学者长期以来给予的帮助、鼓励和支持，没有他们，本书是无法完成的。云南大学以及各相关机构的领导对我的研究给予了研究条件、研究时间和资金上的大力支持，在此对他们表示由衷的感谢。

本书的主体部分，完成于 2019 年底至 2020 年初，忙碌于书稿的写作，没能给予妻子王雪梅女士和女儿成鱼跃应有的陪伴。在此感谢她们长期以来给予的支持和体谅。

学术只是人生的一小部分，不懂生活也做不好历史研究。希望未来我能更多地体悟生活。

初稿，2020 年 4 月 23 日

修订，2021 年 2 月 15 日

成一农

于昆明家中

总 目 录

（上册）

第一篇　研究评述

第二篇　寰宇图和全国总图

第三篇 政区图

第四篇 城池图

第五篇 海图

（下册）

第六篇　河渠水利图

第七篇　军事图

第八篇　其他各类舆图

第九篇　中国地图绘制的转型

第十篇 地图的史料价值

目　录

（上册）

第一篇　研究评述

第二篇　寰宇图和全国总图

第三篇 政区图

第四篇 城池图

第五篇 海图

第一篇　研究评述

本篇由六章和两篇附录构成，其中第一章是对近代以来中国古地图和地图学史所取得成就的回顾，并对今后的研究方向进行了展望。第二章，讨论了以往中国地图学史书写形成的时代背景，以及近年来已经出现的一些多元化的趋势，强调随着时代的演变，地图学史的书写方式必然要发生转型，且历史书写的多元化是当前时代的需要，也是本书撰写的出发点之一。第三章和第四章，分别讨论了以往地图学史历史书写中重点强调的“制图六体”和罗洪先《广舆图》经典地位建立的时代背景和过程。第五章和第六章，分别讨论了以往研究中忽视的两个问题，一是地图所表现的年代不等于地图的绘制年代；二是古籍中的地图是中国古代地图的重要组成部分，中国地图学史的研究和历史书写不应当将它们排斥在外。附录一是对即将于2021年底翻译出版的戴维·伍德沃德和约翰·布莱恩·哈利等主编的《地图学史》丛书一至三卷的内容和学术价值的介绍。附录二主要是基于《地图学史》丛书相关部分提出的方法和视角，对中国古代地图起源问题的重新讨论，不过这一附录的重点在于提出问题和未来的研究方向，且认为未来对于这一问题的讨论应当有着相当大的空间。

第一章　近代以来中国古地图与地图学史研究的主要进展及对未来的展望

虽然中国古代地图的研究以及地图学史的书写产生于民国初年，不过长期以来这一领域的研究并未得到学界的重视。近年来随着中国史学研究的多元化，以及研究的重点从实证转向诠释，以往不受重视的各类史料日益得到学界的关注，由此中国古代地图也开始被纳入史学研究主流的视野中。在史学研究以及中国古代地图研究正在转型的今天，有必要对以往这一领域取得的成就进行总结以归纳成果并展望未来。

第一节　地图图录和目录的出版

资料的整理、编目是学术研究的基础，中国传统舆图的整理和编目工作始于民国初年，其中最为主要的就是王庸对国立北平图书馆所藏古旧地图的整理和编目，其将该馆所藏明清舆图分成甲编“分类图”、乙编“区域图”两大类，编成《国立北平图书馆特藏清内阁大库舆图目录》[①]，同时将舆图部搜购的中外地图资料编成《国立北平图书馆特藏新购地图目录》[②]。此外，民国二十二年（1933）王庸、茅乃文还编辑出版了《国立

① 王庸编：《国立北平图书馆特藏清内阁大库舆图目录》，北平图书馆 1934 年版。

② 参见王庸《国立北平图书馆特藏新购地图目录》，《国立北平图书馆馆刊》第 6 卷第 4 号，民国二十一年（1932）7 月、8 月，第 68 页。

北平图书馆中文舆图目录》[①]，民国二十六年（1937）又编辑出版了《国立北平图书馆中文舆图目录续编》[②]。与此同时，原北平国立故宫博物院文献馆也一直在整理、编印和陈列清代宫中的档案和舆图，民国二十五年（1936）出版了《清内务府造办处舆图房图目初编》[③]。除此之外，民国时期关于中国古代舆图的编目工作还有民国元年（1912）出版的收录当时外交部所藏地图的《外交部地图目录续编》[④]、民国十七年（1928）出版的北平地质调查所图书馆所藏舆图目录《地图目录甲编》[⑤]，以及任乃强的《西康地图谱》[⑥]、王庸的《中国地理图籍丛考》[⑦] 和王以中的《明代海防图籍录》[⑧] 等。

中华人民共和国成立后，尤其是近年来一些图书馆进行了馆藏古旧舆图的编目整理工作，其中最为重要的就是中国国家图书馆善本特藏部舆图组编纂的《舆图要录》[⑨]，收录了当时该馆所藏6827种中外文古旧地图的目录，并有着提要。首都图书馆在其网站“北京记忆”上整理、公布了其馆藏的与北京有关的古旧舆图[⑩]。台北“故宫博物院”正在进行馆藏明清舆图的整理和数字化工作，同时还在进行“数位典藏与学习至海外推展暨国际合作计划”的“皇舆搜览——寻访清宫流散历史舆图连接数位计划”，

---

① 王庸、茅乃文编：《国立北平图书馆中文舆图目录》，国立北平图书馆1933年版。

② 王庸、茅乃文编：《国立北平图书馆中文舆图目录续编》，国立北平图书馆1937年版。

③ 国立北平故宫博物院文献馆：《清内务府造办处舆图房图目初编》，国立北平故宫博物院文献馆1936年版。

④ 刘铎编：《外交部地图目录续编》，外交部外政司1912年版。

⑤ 刘季辰编：《地图目录甲编》，地质调查所图书馆1928年版。收录图目400余条。

⑥ 任乃强：《西康地图谱》，汪前进编选《中国地图学史研究文献集成（民国时期）》第5册，西安地图出版社2007年版，第1793页（原文发表在《康导月刊》第5卷第9期）。按作者所述，书中共收录380余种920余幅康藏以及相邻地区的地图。

⑦ 王庸：《中国地理图籍丛考》，商务印书馆1947年版。这是一部关于明代及其之后全国总图和边防专题图的综录性著作，除当时可以见到的舆图之外，还收录了一些文献中记载的舆图，这一点也是当前中国舆图整理所忽视的。

⑧ 王以中：《明代海防图籍录》，汪前进编选《中国地图学史研究文献集成（民国时期）》第三册，西安地图出版社2007年版，第947页。

⑨ 北京图书馆善本特藏部舆图组编：《舆图要录——北京图书馆藏6827种中外文古旧地图目录》，北京图书馆出版社1997年版。

⑩ 网站地址：http：//www. bjmem. com. cn/web/guest/local-docs/maps。

意图复制、整理收藏在世界各地的中国传统舆图，而且该项目搜集的部分地图可以在其网站上查阅和下载[①]。

与此同时，国内一些学者通过亲身访学搜集整理和出版了海外一些藏图机构收藏的中文古旧地图目录，其中最早和最重要的当属李孝聪的《欧洲收藏部分中文古地图叙录》[②] 以及《美国国会图书馆藏中文古地图叙录》[③]。需要提及的是，美国国会图书馆藏中文古地图目前已经可以通过该馆网站进行检索、查阅，并且可以下载高分辨率的图像。

为了便于中国传统舆图的研究，从20世纪90年代开始，出版了一系列中文传统舆图的图录，其中影响力最大、时间较早的当属曹婉如主编的3卷本《中国古代地图集》[④]，该图集不仅公布了大量之前难得一见的舆图，而且在图版之后还附有一些相关的研究论文，具有很高的学术价值。此后，重要的图录还有以大连市图书馆所藏舆图为主的《中国古地图精选》[⑤]；阎平、孙果清等编著的《中华古地图集珍》[⑥]；喻沧主编的《中国古地图珍品选集》[⑦]。此外具有一定价值的还有《宋元古地图集成》[⑧]、《中

---

① 网址：http：//digitalatlas. asdc. sinica. edu. tw/。目前这一项目已经出版了林天人《皇舆搜览：美国国会图书馆所藏明清舆图》（"中研院"数位文化中心2013年版），林天人《方舆搜览—大英图书馆所藏中文历史地图》（"中研院"台湾史研究所2015年版），谢国兴、陈宗仁《地舆纵览：法国国家图书馆所藏中文古地图》（"中研院"台湾史研究所2018年版），这三部著作是在李孝聪教授之前的编目工作基础上进行的。但林天人在他的《皇舆搜览：美国国会图书馆所藏明清舆图》的内部审查稿中对其参考和引用李孝聪教授的著作缺乏明确说明，且审查稿与李孝聪教授的著作在内容上确实存在大量雷同之处，因此在学术规范上存在问题。不过其正式出版的著作中对地图重新进行了考订并对文字进行了相应修订，但依然缺乏对李孝聪教授所作贡献的说明。

② 李孝聪：《欧洲收藏部分中文古地图叙录》，国际文化出版公司1996年版。

③ 李孝聪：《美国国会图书馆藏中文古地图叙录》，文物出版社2004年版。

④ 曹婉如主编：《中国古代地图集（战国—元）》，文物出版社1990年版；曹婉如主编：《中国古代地图集（明代）》，文物出版社1994年版；曹婉如主编：《中国古代地图集（清代）》，文物出版社1997年版。

⑤ 刘镇伟主编：《中国古地图精选》，中国世界语出版社1995年版。

⑥ 阎平、孙果清等编著：《中华古地图集珍》，西安地图出版社1995年版。该书除了图录之外，还对中国古代地图的发展史进行了梳理。

⑦ 喻沧主编：《中国古地图珍品选集》，哈尔滨地图出版社1998年版。收录了从公元前475年至1911年的各类地图166幅。

⑧ 盛博：《宋元古地图集成》，星球地图出版社2008年版。

国古地图辑录》[①] 和《清代地图集汇编》[②] 等。

近年来一些图书馆逐渐将所藏的中国传统舆图整理出版，具有代表性的有天津图书馆编《水道寻往——天津图书馆藏清代舆图选》[③]；收录北京大学图书馆部分藏图的《皇舆遐览——北京大学图书馆藏清代彩绘地图》[④]；首都图书馆出版的馆藏北京古代舆图图录《北京历史舆图集》[⑤]；孙靖国整理出版的收录中国科学院图书馆藏图的《舆图指要：中国科学院图书馆藏中国古地图叙录》[⑥]；还有《河岳藏珍——中国古地图展》[⑦]、收录了中国国家图书馆收藏的北京古地图的《北京古地图集》[⑧] 以及《国家图书馆藏珍稀清代地图集汇编》[⑨] 等。台北“故宫博物院”也出版了一些其举办的地图展览的图册，如《水到渠成——院藏清代河工档案舆图特展》、[⑩]《失落的疆域——清季西北边界变迁条约舆图特展》[⑪]、《笔画千

① 《中国古地图辑录》，按省份和专题分辑出版，预计共收录地图3万余幅，据查已出版《湖北省辑》（星球地图出版社2003年版）、《福建省——台湾省辑》（星球地图出版社2007年版）、《山东省辑》（星球地图出版社2006年版）、《河南省辑》（星球地图出版社2005年版）、《浙江省辑》（星球地图出版社2005年版）、《康雍乾盛世图》（星球地图出版社2012年版）、《江西省辑》（星球地图出版社2012年版）、《江苏省辑》（星球地图出版社2012年版）、《安徽省辑》（星球地图出版社2012年版）、《广东—海南省辑》（星球地图出版社2010年版）、《江西省辑》（星球地图出版社2012年版）。

② 古道编委会：《清代地图集汇编》（一编），西安地图出版社2005年版；古道编委会：《清代地图集汇编》（二编），西安地图出版社2005年版；古道编委会：《清代地图集汇编》（三编），全国图书馆文献缩微复制中心2007年版。

③ 天津图书馆编：《水道寻往——天津图书馆藏清代舆图选》，中国人民大学出版社2007年版。收录了该图书馆所藏舆图10种400余幅。

④ 北京大学图书馆编：《皇舆遐览——北京大学图书馆藏清代彩绘地图》，中国人民大学出版社2008年版。

⑤ 《北京历史舆图集》，外文出版社2005年版。共收录各种北京古旧舆图800余幅，其中包括一些外文地图。

⑥ 孙靖国：《舆图指要：中国科学院图书馆藏中国古地图叙录》，中国地图出版社2012年版。收录舆图81种，并过录了地图上的图注，对于学术研究具有极大的参考价值。

⑦ 中国香港历史博物馆编制：《河岳藏珍——中国古地图展》，香港临时市政局1997年版。收录了在香港回归前举办的“中国古地图展”的展品，其中除收录中国国家图书馆的28幅精选馆藏外，还包括香港地图收藏家谭兆璋及香港历史博物馆珍藏的部分香港及中国地图。

⑧ 中国国家图书馆等：《北京古地图集》，测绘出版社2010年版。

⑨ 国家图书馆：《国家图书馆藏珍稀清代地图集汇编》，文物出版社2014年版。

⑩ 宋兆霖：《水到渠成——院藏清代河工档案舆图特展》，台北“故宫博物院”2012年版。

⑪ 李天鸣、林天人：《失落的疆域——清季西北边界变迁条约舆图特展》，台北“故宫博物院”2010年版。

里——院藏古舆图特展》[①]、《河岳海疆——院藏古舆图特展》[②] 和《翠绿边地——清季西南边界条约舆图》[③] 等。

还出版过某一地区和城市的古旧舆图集，且近年来这方面的出版工作取得了较大的进展，比较有代表性的有《重庆古旧地图集》[④]、《武汉历史地图集》[⑤]、《广州历史地图精粹》[⑥]、《东莞历代地图集》[⑦]、《杭州古旧地图集》[⑧]、《澳门历史地图精选》[⑨] 和《温州古旧地图集》[⑩]，还有上文提到的首都图书馆出版的《北京历史舆图集》等。近两年出版的具有重要影响力的则是《上海城市地图集成》[⑪] 和《南京古旧地图集》[⑫]，这两套图集不仅对两座城市的古旧地图进行了全面收集，而且在排版方面下了极大的功夫，将对古地图的清晰展示、现代书籍的装帧形式与艺术之美完美地结合起来，既满足了学术研究的需要，又带有艺术性，这是今后古地图集出版应当借鉴的。

华林甫的《英国国家档案馆庋藏近代中文舆图》[⑬] 和《德国普鲁士文

---

① 冯明珠、林天人：《笔画千里——院藏古舆图特展》，台北“故宫博物院”2010 年版。

② 林天人：《河岳海疆——院藏古舆图特展》，台北“故宫博物院”2012 年版。

③ 宋兆霖主编：《翠绿边地——清季西南边界条约舆图》，台北“故宫博物院”2016 年版。

④ 蓝勇：《重庆古旧地图集》，西南师范大学出版社 2013 年版。

⑤ 武汉历史地图集编纂委员会编辑：《武汉历史地图集》，中国地图出版社 1998 年版。收录了武汉地区古旧地图百余幅。

⑥ 《广州历史地图精粹》，中国大百科全书出版社 2003 年版。收录了上自康熙二十四年（1685），下迄 1949 年的地图 97 幅。

⑦ 《东莞历代地图集》，中国人民政治协商会议东莞市委员会文史资料委员会 2002 年版。收集了明、清、民国及中华人民共和国成立后出版的与东莞有关的地图 100 余幅。

⑧ 杭州市档案馆编：《杭州古旧地图集》，浙江古籍出版社 2007 年版。收录杭州地区的古旧地图 222 幅。

⑨ 邹爱莲、霍启昌主编：《澳门历史地图精选》，文华出版社 2000 年版。收录上起明隆庆四年（1570），下至宣统二年（1910）与澳门有关的古代舆图 78 幅。

⑩ 钟翀：《温州古旧地图集》，上海书店 2014 年版。

⑪ 孙逊、钟翀：《上海城市地图集成》，上海书画出版社 2017 年版。

⑫ 胡阿祥等：《南京古旧地图集》，凤凰出版社 2017 年版。

⑬ 华林甫：《英国国家档案馆庋藏近代中文舆图》，上海社会科学院出版社 2009 年版。分上、下两编。上编为专题研究，包括中英文前言及“英国国家档案馆庋藏传统中文舆图的学术价值”等三篇学术论文；下编收录了英国国家档案馆所藏清代咸丰年间两广总督府等衙门用于镇压太平军的军事舆图，总共为 74 种 124 幅。

化遗产图书馆藏晚清直隶山东县级舆图整理与研究》[1] 是目前不多见的海外所藏中文舆图的图录和研究。

还出版有一些专题性的古旧地图图录，其中长城图方面的有李孝聪的《中国长城志·图志》[2]；运河图方面的则有李孝聪的《中国运河志·图志·古地图卷》[3]；城市图方面的有郑锡煌主编的《中国古代地图集·城市地图》[4]；笔者出版的《中国古代舆地图研究》，收录了清代之前的全国总图和寰宇图约500幅[5]。

除了图录之外，近年来还影印出版了一些传统认为在中国古代地图发展史上具有重要意义的古代舆图，如1989年出版的《历代地理指掌图》[6]；1996年燕山出版社以故宫本为底本，参校日本版加摹出版的《加摹乾隆京城全图》[7]，附有地名表、地名笔画索引和地名分类索引；1997年国际文化出版公司根据首都图书馆藏清代嘉庆年间刻本影印出版的《广舆图全书》[8]；汪前进和刘若芳主编的《清廷三大实测全图集（满汉对照）》[9]，即《皇舆全览图》《雍正十排图》《乾隆十三排图》；还有《清代京杭运河全图》[10]；等等。此外，在中华再造善本丛书中也收录了一定数量的古地图和古地图集，如明嘉靖初刻本的《广舆图》、明嘉靖四十一年（1562）胡宗宪刻本的郑若曾《筹海图编》、清康熙刻本的《坤舆图说》、清康熙刻本的《内府舆地全图》以及明崇祯九年（1636）的《皇明职方两京十三省地图表》等。

---

① 华林甫：《德国普鲁士文化遗产图书馆藏晚清直隶山东县级舆图整理与研究》，齐鲁书社2015年版。

② 李孝聪：《中国长城志·图志》，江苏凤凰科学技术出版社2016年版。

③ 李孝聪：《中国运河志·图志·古地图卷》，江苏凤凰科学技术出版社2019年版。

④ 郑锡煌主编：《中国古代城市地图集》，西安地图出版社2005年版。收录了大量城市舆图，并在图录之后附有多篇具有学术价值的研究论文。

⑤ 成一农：《中国古代舆地图研究》，中国社会科学出版社2018年版。

⑥ 《宋本历代地理指掌图》，上海古籍出版社1989年版。

⑦ 北京市古代建筑研究所、北京市文物局资料信息中心编：《加摹乾隆京城全图》，北京燕山出版社1996年版。

⑧ 《广舆图全书》，国际文化出版公司1997年版。

⑨ 汪前进、刘若芳主编：《清廷三大实测全图集》，外文出版社2007年版。这套图集采用超大开本，不仅印刷清晰而且便于对接，还附有地名索引，汪前进撰写的《康熙、雍正、乾隆三朝全国总图的绘制》一文也具有极高的学术价值。

⑩ 李培编：《清代京杭运河全图》，中国地图出版社2004年版。

据查，2019 年底前正在进行的中国古地图的整理、编目与出版工作还有：李孝聪正在主持的社科基金重大招标项目“外国所绘近代中国城市地图集成与研究”，其最终成果为《外国所绘近代中国城市地图联合目录》和《外国所绘近代中国城市地图集成》，前者约 70 万字，预计收录外国所绘近代中国城市图 2000 种左右；后者预期收录外国所绘中国近代城市图数百种，解题说明文字 20 万字。还有笔者主持的社科基金重大招标项目“中国国家图书馆所藏中文古地图的整理与研究”，最终成果之一《中国国家图书馆所藏中文古地图精粹》（暂定名），预计收录中国国家图书馆所藏中文古地图 400 余幅，每幅图附有 500 字至 1000 字的说明，本书也是这一项目的最终成果之一。孙靖国主持的社科基金青年项目“明清沿海地图研究”已经结项，这是目前少有的中国古代海图的涵盖面广泛的专题研究，成果有待出版。相关的社科基金项目还有张英聘主持的“哈佛燕京图书馆藏善本方志舆图整理与研究”、陈熙主持的“哈佛大学馆藏中国相关古地图的整理、编目与研究”和曹婷主持的“日藏中国古地图的整理与研究”等。此外，据闻北京大学图书馆所藏中文古旧地图已经整理完毕，目前已经进入出版流程。今后，这些成果的出版将会为中文古地图的研究提供更为翔实的基础史料。

不可否认，上述图录、图目和地图的出版，极大便利了中国传统舆图的研究，但某些最为重要的藏图机构至今依然没有出版图录甚至目录，如第一历史档案馆收藏有大量珍贵的明清舆图，但至今依然没有对外公布其完整的目录，更不用说出版图录了。而且，除了几个主要的收藏地之外，全国各地的图书馆、研究机构、大学甚至私人或多或少的收藏有中国传统舆图，但这方面进行的整理、编目工作依然不多，这也是今后需要解决的问题之一。不仅如此，清代还有众多满文地图存世，但是本来人数不多的从事古地图研究的学者中懂得满文的更是凤毛麟角，因此不仅关于满文舆图的研究论著数量极少，甚至连最基本的目录和图录的整理工作都尚未开始。[1]

① 上述观点参考了承志在 2009 年 11 月 14 日在上海复旦大学召开的“清代地理国际学术研讨会”上的发言《满文〈乌喇等处地方图〉考》。

此外，之前尤其是20世纪出版的图录，清晰度不高，图中的文字大都难以识别，虽然可以进行一些研究工作，但对舆图的细致研究则难以进行。近年来，这一情况逐渐得到了改观，出版了一些非常清晰的图录，如前文提及的《清廷三大实测全图集（满汉对照）》《上海城市地图集成》《南京古旧地图集》等。但是一方面现在电脑技术日新月异，大量中文古籍已经数字化，中国古代舆图的数字化在技术上并不存在障碍；另一方面，用纸本形式复制、出版地图，受到纸张大小的限制，很多时候不得不将原来的大幅地图分切成小幅，或者将大幅地图缩印，这显然不利于古地图的使用和阅读，也不便于地图之间的比照。今后应当可以考虑在采取一定版权保护措施的情况下，通过数字化的形式复制和出版地图。且目前古旧地图的研究者阅览地图时使用的是常见的看图软件，但这些软件并不能满足古地图研究的需要，如古地图研究中经常需要的多幅地图同屏展示、大幅地图的自动分切打印等功能，这些软件基本都无法实现，因此今后还需要开发一套适用于古地图研究的管理、阅览软件。[①]

第二节 中国古代地图的研究

一 中国古代测绘技术的研究

（一）对中国古代测绘技术的总体性认知

由于通常认为测绘技术代表了社会的地图绘制水平，甚至科学技术的水平，因此以往关于中国古代测绘技术方面的论著颇为丰富，如葛剑雄的《中国古代的地图测绘》[②] 就详细介绍了中国古代与地图绘制有关的方法和技术，类似的还有宋鸿德等的《中国古代测绘史话》[③]、《中国测绘史》编

---

① 目前笔者所在的云南大学历史地理研究所已经初步开发了一套专门针对古地图的管理、阅览和研究软件，基本实现了多图同屏显示以及独立缩放功能，还可以将大幅古地图按照设定的页面大小自动切分打印。按照计划，这一软件未来将开发一个免费版本，供古地图的研究者和爱好者使用。

② 葛剑雄：《中国古代的地图测绘》，商务印书馆1998年版。

③ 宋鸿德等：《中国古代测绘史话》，测绘出版社1993年版。

委会的《中国测绘史》[①] 等，此外潘晟的《地图的作者及其阅读：以宋明为核心的知识史考察》[②] 还从工程实践的角度考察了中国古代的测绘技术。

不过所有这方面的研究都忽略了一个最为根本的问题，即掌握这些测量技术和绘制方法不等于这些技术、方法被应用于地图绘制：虽然中国早在唐代就进行了大地测量，但主要是为了编订新的历法——《大衍历》做准备，而不是为了地图绘制；元初郭守敬进行的全国范围的大地测量同样也是为了编制新的历法——《授时历》服务的，而不是为了地图绘制；虽然很多工程确实都进行了相当规模和准确度的测量工作，但由此并无法证明这些测量数据被用来绘制地图，清代留存下来的大量河工图依然是山水画的形式，就在很大程度上否定了这些工程数据被用于绘制地图。此外，杨帆的博士学位论文《明末清初经纬度测量在天文历法中的应用》在详细考订了明末清初经纬度测量在天文历法中的应用的同时，提出这些测量并没有被用于地图绘制。[③]

中国古代地图测绘技术的相关研究中值得注意的是汪前进的《现存最完整的一份唐代地理全图数据集》[④] 一文，该文提出"虽然历史上流传下来大量高水平的地理全图，但迄今尚未找到一份具体用来绘制这些地图的原始数据集，也不清楚古人如何绘制成这些地图"，作者在这里提出了一个非常重要、明显，但在之前中国古代地图研究中被忽略的问题。在文中，汪前进通过分析认为，《元和郡县图志》中的方向和里程数据就是用来绘制地图的，并提出这是一种极坐标投影法，而且这种绘图数据和方法不是孤立现象，是在中国古代地图绘制中普遍使用的。虽然该文并没有彻底解决中国传统舆图绘制的问题，比如两点间的道路距离在绘图时是否以及如何转换为图上的直线距离，但却为中国传统舆图绘制的研究提供了崭

① 《中国测绘史》编委会：《中国测绘史》（第1—2卷），中国地图出版社2002年版。

② 潘晟：《地图的作者及其阅读：以宋明为核心的知识史考察》，江苏人民出版社2013年版。

③ 杨帆：《明末清初经纬度测量在天文历法中的应用》，中国科学院大学人文学院科学技术史博士学位论文，2018年。

④ 汪前进：《现存最完整的一份唐代地理全图数据集》，《自然科学史研究》1998年第3期，第273页。

新的视角。

笔者的《“非科学”的中国传统舆图——中国传统舆图绘制研究》① 一书基于汪前进提出的观点，从实证入手，对《禹迹图》《广舆图》的绘制数据和绘图方法进行了复原，认为这些地图基本是使用古代地理志书中的“四至八到”数据、采用极坐标投影法绘制的，不需要基于中国古代那些“先进”的测量方法和绘图方法。至于那些看上去就不准确的地图，很可能使用的是绘画的技法，极少使用测量的方法和数据。

另外，中国古代文献中缺乏地图绘制时使用测量技术的明确记载，除了康雍乾时期在西方传教士参与下使用三角测量进行的测绘工作之外，目前存留下来的这方面的材料基本都晚至清末，如同治四年（1865）的《苏省舆图测法条议图解》②。其中记载的测量方法依然以对道路距离的步量为主，不仅忽略了小的道路曲折，而且忽略了道路本身的高低变化。而且，从这些测量手册的前言来看，当时未能采用经纬度测量或者其他更为精准的测量方法的原因就是相应技术人员的缺乏。虽然由此是否能推导出中国古代一直缺乏相应人才尚需要进一步的证据，但与上文的论述结合起来，大致可以认为中国古代将当时所掌握的测量技术运用于地图测绘的可能性是极小的。

（二）“制图六体”

以往大多数中国地图学史的研究论著都给予裴秀提出的“制图六体”以极高的评价，如李约瑟认为裴秀的“制图六体”中包含了“方格制图法”，并将其中的“准望”比拟为经纬度，同时认为“谈到地图的座标网络同天文现象的关系时，立即就会引起这样的问题：裴秀和张衡的制图法同天文现象相关联的程度究竟有多大呢？古代的中国人和希腊人在这一方面似乎并没有什么不同……在经度方面，古代中国人也并不比希腊人

---

① 成一农：《“非科学”的中国传统舆图——中国传统舆图绘制研究》，中国社会科学出版社2016年版。

② 国家图书馆藏同治四年本。

差”[①]；陈正祥认为“此六者之间，既是相互联系的，又是相互约制的，可以说已经把今日地图学上的主要问题，都扼要指示出来了”[②]；卢良志认为“……以他创立的‘六体’为理论指导，完成了两种在中国地图发展史上具有重要地位的地图的编绘”[③]，“‘制图六体’的创立，在中国地图史上有着划时代的里程碑的地位和作用”[④]。

更多的学者进一步认为裴秀的“制图六体”对中国古代地图绘制产生了重要影响，如喻沧等认为“裴秀创‘制图立体’并对六体之间的内在联系和整体性进行了精辟论述，除了当时不可能涉及的经纬线和地图投影外，几乎提到了地图制图学上所应考虑的所有主要因素，标志着中国古代地图制图理论体系的形成，且对后世的地图制图发展有深远的影响”[⑤]；《中华古地图集珍》一书提出“裴秀提出的制图六体，是对汉魏制图实践的理性总结，把古老的制图学奠基在科学的数学基础上，创立了我国中古时期地图制图理论。裴秀的制图理论，对我国后世地图编绘工作产生了深远影响。唐、宋、元、明间著名制图学家贾耽、沈括、朱思本和罗洪先都是按制图六体的原则来制图的。制图六体在世界制图学史上也具有划时代的意义，所以人们称裴秀为我国古代科学制图法的创始人”[⑥]；辛德勇虽然认为裴秀只是“根据绘图技术人员提供的资料来阐述所谓‘制图六体’”[⑦]，剥夺了裴秀的首创权，但同时也认为“因此，从地图产生之日起，绘制地图的技术人员，就应当一直或不自觉或自觉地在奉行并传承着这些制图规则，只不过在具体制作地图时，其精细严整程度，往往不一定十分合乎理想的要求而已。这种制图原理，直到普遍采用西方制图方法之前，

---

① 李约瑟：《中国科学技术史》第5卷“地学”第1分册第22章“地理学和地图学”，科学出版社1976年版，第120页。不过现在学界一般认为裴秀的“制图六体”并不等同于方格图（即计里画方），如卢良志：《“计里画方”是起源于裴秀吗》，《测绘通报》1981年第1期，第46页等。

② 陈正祥：《中国地图学史》，商务印书馆香港分馆1979年版，第12页。

③ 卢良志：《中国地图学史》，测绘出版社1984年版，第46页。

④ 卢良志：《中国地图学史》，第49页。

⑤ 喻沧、廖克：《中国地图学史》，测绘出版社2010年版，第58页。

⑥ 阎平、孙果清等编著：《中华古地图集珍》，西安地图出版社1995年版，第31页。

⑦ 辛德勇：《准望释义——兼谈裴秀制图诸体之间的关系以及所谓沈括制图六体问题》，《九州》第4辑，商务印书馆2007年版，第269页。

在中国始终相承未变”①。

虽然以往研究对于“制图六体”在中国古代地图绘制史中的地位都推崇备至，但却缺乏对“制图六体”在中国古代地图绘制中的实际运用的具体研究，韩昭庆在《制图六体新释、传承及与西法的关系》② 中对“制图六体”在古代文献中的流传情况进行了分析，认为“历代文献收录了制图六体的内容，但是一直到清代的胡渭才有对六体的解释，并作为他绘制《禹贡锥指》图的理论依据，其他文献或节选或全文照抄，很少评述，从一定程度上讲，制图六体得以传承更多的是因为它是裴秀的作品”。就传世舆图来看，其中也缺乏对“制图六体”的记载，而且我们也无法明确指出存世的大量舆图中有哪些是使用“制图六体”绘制的。将上述情况结合起来，可以认为“制图六体”在古代并不为大多数绘图者所了解，对中国传统舆图的绘制影响并不大，只是一种纯粹的“理论”③。

此外，长期以来对于如何解释“制图六体”的文本也存在一些讨论。就目前所见，对于“制图六体”的解释，始见于清初学者胡渭的《禹贡锥指》。此后王庸也基本遵循了胡渭的这一解释，大致来说就是认为“分率”即比例尺，“准望”则是方位，“道里”代表的是道路距离，而“高下”“方邪”“迂直”则被认为代表了地势的高低和道路的倾正、曲直，而这些涉及将道里距离转化为直线距离。此后这一解释也基本为学术界所认同。李约瑟在《中国科学技术史》中将六体中的“准望”认为是“画矩形网格”，当然这应当是不准确的，不过与之前观点不同的是，他的这种解释中暗示着“准望”除了表示方向之外，还应当包括距离。

近年来，一些学者对“制图六体”提出了进一步的认识，其中最为重要的就是辛德勇的《准望释义——兼谈裴秀制图诸体之间的关系以及所谓

---

① 辛德勇：《准望释义——兼谈裴秀制图诸体之间的关系以及所谓沈括制图六体问题》，《九州》第4辑，商务印书馆2007年版，第269页。

② 韩昭庆：《制图六体新释、传承及与西法的关系》，《清华大学学报（哲学社会科学版）》2009年第6期，第110页。

③ 参见成一农《“非科学”的中国传统舆图——中国传统舆图绘制研究》第二章第一节“对‘制图六体’在中国地图绘制史中影响力的分析”，中国社会科学出版社2016年版，第34页。

沈括制图六体问题》[①]一文，其通过考订认为“准望”应当指的是地理坐标，也就是包括方向和距离两个要素；在文中，辛德勇还对“制图六体”进行了全面的阐释。韩昭庆的《制图六体新释、传承及与西法的关系》[②]在辛德勇研究的基础上，认为“制图六体”并不是绘制地图的六项原则，而应当是“制图要考虑的六个要素”。

总体而言，经过辛德勇的分析，对于“制图六体”的解释目前已经基本趋于完满，今后这方面研究的余地应当已经不大。

（三）“计里画方”

如同“制图六体”，以往的研究大都给予“计里画方”极高的评价，如李约瑟就将中国的“矩形网格”（即“计里画方”）与西方的经纬方格相比照[③]。王庸将“计里画方”等同于“分率”（即比例尺），并给予使用这一方法绘制的地图以较高的评价，如对贾耽的《海内华夷图》的评价是“图以‘一寸折成百里’，可见他同裴秀一样，讲究‘分率’，是画方的……所以贾耽的绘图方法，在原则上不过继承裴秀，没有新的创新，但在中国地图史上，还是杰出的、划时代的”[④]，对朱思本《舆地图》的评价是“朱图大概是根据他自己的经历，在比例、方位以及距离上用功夫，仿佛现代测绘地图是测定经纬度和三角点，是地图的基本工作……因此我推想朱图的内容、地名或者不甚详细，但他所定的‘图廓’却是相当正确的”[⑤]。通过这些评价可以看出，王庸之所以给予“计里画方”极高的评价，主要是他认为使用“计里画方”绘制的地图有着更高的准确性。

此后的学者，基本上遵从王庸的评价，如胡邦波认为“这种我国古代地图学传统的制图方法，在世界地图学发展史中占有重要地位”，“它（计

① 辛德勇：《准望释义——兼谈裴秀制图诸体之间的关系以及所谓沈括制图六体问题》，《九州》第4辑，商务印书馆2007年版，第243页。

② 韩昭庆：《制图六体新释、传承及与西法的关系》，《清华大学学报（哲学社会科学版）》2009年第6期，第110页。

③ 但中国的“矩形网格”只不过是绘图（不仅是舆图还包括绘画）时一种掌控比例和方向的方法，与地图测绘无关。持类似观点的还有阎平、孙果清等编著《中华古地图集珍》，西安地图出版社1995年版，第31页。

④ 王庸：《中国地图史纲》，生活·读书·新知三联书店1958年版，第46页。

⑤ 王庸：《中国地图史纲》，第68页。

里画方）具有方位投影和按比例缩小的性质，所表示各地物之间的距离是水平直线距离，符合西晋杰出的地图学家裴秀提出的六项制图原则——‘制图六体’”。[①] 不仅如此，以往地图学史的研究，大都认为那些使用“计里画方”绘制的看上去具有较高“准确性”的地图代表了中国古代地图的发展方向，如《禹迹图》《广舆图》等，而这些地图也成为以往研究的重点。

不过，笔者提出“计里画方”只是一种绘图方法，如果绘图数据不准确的话，那么单纯的“计里画方”并无法将地图绘制的更为准确。而且，现在已经基本证明，以往认为代表了中国古代地图绘制准确性，使用了“计里画方”的《广舆图》和《禹迹图》，在绘制时实际上使用的是“四至八到”的道路距离和方向，因此就绘图数据而言，这两幅地图都不可能绘制的准确。而且与今天的地图相比，这两幅地图的误差是极大的，因此以往的研究对于“计里画方”显然是过誉了。[②]

二 单幅古地图的研究

中国古代地图的研究多集中在单幅和成套的地图上，这方面的研究数量众多，无法一一列举，主要介绍一些得到研究者广泛关注的地图。

《放马滩地图》，主要的研究者为何双全[③]、曹婉如[④]、张修桂[⑤]和雍际春[⑥]。需要提及的是，研究者大都认为放马滩的这七幅地图是可以拼合的，对于这方面的研究，雍际春和党安荣在《天水放马滩木板地图版式组合与

---

① 胡邦波：《我国古代地图学传统的制图方法——计里画方》，《地图》1999 年第 1 期，第 44 页。

② 参见成一农《“非科学”的中国传统舆图——中国传统舆图绘制研究》（中国社会科学出版社 2016 年版）中的分析。

③ 何双全：《天水放马滩秦墓出土地图初探》，《文物》1989 年第 2 期，第 12 页。

④ 曹婉如：《有关天水放马滩秦墓出土地图的几个问题》，《文物》1989 年第 12 期，第 78 页。

⑤ 其研究成果大都收录在张修桂《中国历史地貌与古地图研究》（社会科学文献出版社 2006 年版）一书中。

⑥ 其研究成果大都收录在雍际春《天水放马滩木板地图研究》（甘肃人民出版社 2002 年版）一书中。

地图复原新探》中进行了综述①。不过，这些研究都忽略了一个最为基本的问题，即如果这些地图是可以拼合的话，那么为什么要将地图绘制在木板的两面？如果是复制后才进行拼合的话，当时没有纸张，不能像后来那样拓印，那么只能印在绢帛上，但如此一来印出来的字是反的，因此也是不可能，所以这种研究可能在出发点上似乎就有问题。《马王堆地图》的主要研究者为张修桂②，谭其骧③、朱桂昌④、邢义田⑤等都发表过相关成果，此外马王堆汉墓帛书整理小组还曾对这三幅地图的整理情况进行了介绍⑥。《华夷图》的主要研究成果则有曹婉如的《有关华夷图问题的探讨》⑦、辛德勇的《说阜昌石刻〈禹迹图〉与〈华夷图〉》⑧、笔者的《浅析〈华夷图〉与〈历代地理指掌图〉中〈古今华夷区域总要图〉之间的关系》⑨ 等。《禹迹图》的研究者主要有曹婉如⑩、何德宪⑪等。《九域守令图》的研究者有郑锡煌⑫、郭声波⑬等。《大明混一图》的主要研究者为汪

---

① 雍际春、党安荣：《天水放马滩木板地图版式组合与地图复原新探》，《中国历史地理论丛》2000 年第 4 期，第 179 页。

② 其相关研究成果大都收录在张修桂《中国历史地貌与古地图研究》（社会科学文献出版社 2006 年版）一书中。

③ 谭其骧：《二千二百多年前的一幅地图》，《文物》1975 年第 2 期，第 43 页；《马王堆汉墓出土地图所说明的几个历史地理问题》，《文物》1975 年第 6 期，第 20 页。

④ 朱桂昌：《关于帛书〈驻军图〉的几个问题》，《考古》1976 年第 6 期，第 522 页。

⑤ 邢义田：《论马王堆汉墓“驻军图”应正名为“箭道封域图”》，《湖南大学学报（社会科学版）》2007 年第 5 期，第 12 页。

⑥ 马王堆汉墓帛书整理小组：《长沙马王堆三号汉墓出土地图的整理》，《文物》1975 年第 2 期，第 35 页；《长沙马王堆三号汉墓出土地图整理情况》，《测绘通报》1975 年第 2 期，第 17 页；《马王堆三号汉墓出土驻军图整理简报》，《文物》1976 年第 1 期，第 18 页。

⑦ 曹婉如：《有关华夷图问题的探讨》，曹婉如主编《中国古代地图集（战国—元）》，文物出版社 1990 年版，第 41 页。

⑧ 辛德勇：《说阜昌石刻〈禹迹图〉与〈华夷图〉》，《燕京学报》第 28 期，北京大学出版社 2010 年版，第 1 页。

⑨ 成一农：《浅析〈华夷图〉与〈历代地理指掌图〉中〈古今华夷区域总要图〉之间的关系》，《文津学志》第 6 辑，国家图书馆出版社 2013 年版，第 156 页。

⑩ 曹婉如：《〈华夷图〉和〈禹迹图〉的几个问题》，《科学史集刊》1963 年第 6 期，第 34 页。

⑪ 何德宪：《齐刻〈禹迹图〉论略》，《辽海文物学刊》1997 年第 1 期，第 79 页。

⑫ 郑锡煌：《北宋石刻“九域守令图”》，《自然科学史研究》1982 年第 2 期，第 144 页；《九域守令图研究》，曹婉如主编《中国古代地图集（战国—元）》，文物出版社 1990 年版，第 35 页。

⑬ 郭声波：《沈括〈守令图〉与荣县〈守令图〉关系探原》，《四川大学学报（哲学社会科学版）》2002 年第 3 期，第 114 页。

前进和刘若芳[1]。《广舆图》的主要研究者为任金城，其在《〈广舆图〉的学术价值及其不同的版本》等文[2]中对《广舆图》的现存版本以及各版本之间的主要差异进行了研究和介绍；笔者的《广舆图史话》[3] 一书，除对《广舆图》的版本进行了介绍之外，还对《广舆图》的资料来源、对后世地图的影响以及绘图方法和数据进行了分析考订。《皇舆全览图》也是以往研究的重点，这方面的研究者为孙喆[4]和汪前进[5]，近年来韩昭庆从事康熙《皇舆全览图》的研究和数字化工作[6]，并在此过程中对《皇舆全览图》所呈现的空间范围[7]，以及受到其影响而产生的西方对中国历史疆域的成见[8]进行了研究。

利玛窦等传教士绘制的地图的研究者较多，其中最有影响力的成果就是黄时鉴和龚缨晏的《利玛窦世界地图研究》[9]，该书除详细讨论了利玛窦在中国绘制的各类世界地图及其版本和收藏地之外，还讨论了绘制地图时所用的资料以及这些地图的影响。与之前的观点不同，该书认为：“在利玛窦生前，他的世界地图大量印行，被学者们广为传阅和摹刻。明清鼎革之际，虽然还可见到《坤舆万国全图》，甚至可能还刻版印刷过，但流传已经不广。到了1700年前后，利玛窦世界地图更是难以觅见。清宫中无疑

---

① 汪前进等:《绢本彩绘大明混一图研究》，曹婉如主编《中国古代地图集（明代）》，文物出版社1994年版，第1页；刘若芳、汪前进:《〈大明混一图〉绘制时间再探讨》，《明史研究》第10辑，黄山书社2007年版，第329页。

② 任金城:《〈广舆图〉的学术价值及其不同的版本》，《文献》1991年第1期，第118页；《广舆图在中国地图学史上的贡献及其影响》，曹婉如主编《中国古代地图集（明代）》，文物出版社1994年版，第73页。

③ 成一农:《〈广舆图〉史话》，国家图书馆出版社2017年版。

④ 孙喆:《康雍乾时期舆图绘制与疆域形成研究》，中国人民大学出版社2003年版；《浅析影响康熙〈皇舆全览图〉绘制的几个因素》，《历史档案》2012年第1期，第87页；等等。

⑤ 汪前进:《康熙铜版〈皇舆全览图〉投影种类新探》，《自然科学史研究》1991年第2期，第186页。还有前文提到的汪前进、刘若芳主编的《清廷三大实测全图集》中汪前进撰写的《康熙、雍正、乾隆三朝全国总图的绘制》一文。

⑥ 韩昭庆:《康熙〈皇舆全览图〉的数字化及意义》，《清史研究》2016年第4期，第53页。

⑦ 韩昭庆:《康熙〈皇舆全览图〉空间范围考》，《历史地理》第32辑，上海人民出版社2015年版，第289页。

⑧ 韩昭庆:《康熙〈皇舆全览图〉与西方对中国历史疆域认知的成见》，《清华大学学报（哲学社会科学版）》2015年第6期，第123页。

⑨ 黄时鉴、龚缨晏:《利玛窦世界地图研究》，上海古籍出版社2004年版。

保存着若干幅与利玛窦有关的世界地图，而民间则极其罕见。这样，除了几个翰林学士外，绝大多数人是无缘目睹利氏地图的。所以，清代文人中虽然有不少人直接或间接地引述过利玛窦的著作，但极少有人提到利氏地图。利玛窦去世后，他的地图已不易获见，人们自然也就不可能把它摹绘到书中，而只能根据章潢、冯应京等人著作中的地图进行翻刻，其结果是越翻刻就越走样，甚至出现了像《天象仪全图》中‘坤元图’这样粗陋不堪的摹本。进入清代，即使利图的摹绘本也很稀见，张敬雍的《定历玉衡》中保存了半幅利玛窦世界地图，就我们目前所掌握的资料来看，他可能是最后一个摹绘过利图的人。总之，就利图本身而言，其基本过程是从影响广泛渐渐走向湮没无闻。到了康熙末年，利玛窦世界地图的影响已基本消失”①。

汪前进对罗明坚编绘《中国地图集》的资料来源进行了分析，认为以往“整理者认为此图集是依据中国明代罗洪先《广舆图》所编纂。《中国地图集》稿本中夹有一幅中文原刻版书本式单页地图——《辽东边图》，仔细研究此图的来源，应该是《大明一统文武诸司衙门官制》，这才是探讨《中国地图集》所依据底本的关键所在。将此书与《中国地图集》的文字和地图进行比较，可以发现罗氏的地图集不是根据《广舆图》编绘，而主要是依据《大明一统文武诸司衙门官制》一书所编绘”②。

《九边图》是明代重要的军事地图，以往研究者众多，但其中用力最深的当属赵现海的《第一幅长城地图〈九边图说〉残卷——兼论〈九边图论〉的图版改绘与版本源流》一文，该文认为目前藏于三门峡市博物馆的《九边图说》残卷是许论原绘本的副本；而“历博、辽博《九边图》是该图的改绘本，成于隆庆元年。谢少南嘉靖十七年《九边图》是该图的翻刻本，稍有改动。修攘通考本、兵垣四编本《九边图》又在谢少南本的基础上增补、改名。兵垣四编本、长恩室丛书本、后知不足斋丛书本皆将《广舆图·全国总图》改称《九边总图》，置于许论《九边图》之前。兵垣四

① 黄时鉴、龚缨晏：《利玛窦世界地图研究》，上海古籍出版社2004年版，第111页。

② 汪前进：《罗明坚编绘〈中国地图集〉所依据中文原始资料新探》，《北京行政学院学报》2013年第3期，第120页。

编本《九边图论》在文字内容上，尚吸取了《舆地图》、《广舆图》与《皇舆图》的内容。总之，谢少南本《九边图》基本继承了《九边图说》的原貌，其他版本《九边图》都对许论原绘本进行了不同程度的改绘”①。

总体而言，以往对于单幅地图的研究，除对图面所绘地理范围、地理要素进行描述之外，主要关注对地图绘制年代的考订和作者的分析。其中对于地图绘制年代的考订，多遵循李孝聪根据前人经验和自己的实践总结出的四种判识方法，即“利用不同时代中国地方行政建置的变化”“利用中国封建社会盛行的避讳制度”“依靠历史地理学的知识”“借助国外图书馆藏品的原始入藏登录日期来推测成图的时间下限”。② 不过，大多数研究往往忽略了地图绘制年代和地图图面表现年代之间的差异，因此这些研究对于地图时间的判定基本只是地图图面所表现的时间，而不一定是地图的绘制年代，③ 由此也就造成了一些误解，如林梅村对《蒙古山水地图》的研究④。

以往对于某些单幅地图的研究过于强调地图绘制的“数理要素”，虽然这一趋势近年来逐渐好转，但并未根本摆脱。这种研究视角，一方面可能由于错误地认为“准确”“科学”是中国古代地图以及世界古代各文明地图绘制追求的目标；另一方面可能是出于民族自豪感，由此希望能挖掘中国传统舆图中符合现代地图“先进性”的那些体现了“科学”和“准确”的内容。正是由于出发点的错误，以往关于这些地图的研究都夸大了这些地图的“准确”和“科学”，由此造成了对这些地图的错误认识和评价。⑤

以往研究中对于古地图绘制资料来源的分析并不多，除了黄时鉴、龚

① 赵现海：《第一幅长城地图〈九边图说〉残卷——兼论〈九边图论〉的图版改绘与版本源流》，《史学史研究》2010年第3期，第95页。

② 李孝聪：《欧洲收藏部分中文古地图叙录》“前言”，国际文化出版公司1996年版，第41页。

③ 对此可以参见成一农《浅谈中国传统舆图绘制年代的判定以及伪本的鉴别》，《文津学志》第5辑，国家图书馆出版社2012年版，第105页。

④ 林梅村：《蒙古山水地图》，文物出版社2011年版。

⑤ 参见成一农《“非科学”的中国传统舆图——中国传统舆图绘制研究》，中国社会科学出版社2016年版。

缨晏对利玛窦世界地图、汪前进对罗明坚《中国地图集》以及笔者对《广舆图》的研究之外，郭声波认为《历代地理指掌图》中《古今华夷区域总要图》图后所附图说主要来源于《初学记》[1]。

三　古地图谱系的研究

就宋代以后的地图研究而言，挖掘地图之间的相互联系，从而构建地图的传承关系和谱系是重要的研究内容之一，这方面主要以《大明混一图》的研究为代表，对此可以参见《〈大明混一图〉与〈混一疆理图〉研究——中古时代后期东亚的寰宇图与世界地理知识》一书[2]。此外，笔者在《中国古代舆地图研究》[3] 一书中对清代之前寰宇图和全国总图的谱系进行了较为全面的梳理。

地图谱系的研究中所使用的基本方法就是对各地图之间某些局部进行相似性分析。不过，由于对不同地图之间同一局部是否相似的认识是主观的，且不同学者进行比较时所关注的图面内容的侧重点存在差异，因此往往对于地图之间的承袭关系，不同学者会得出不同的认识，而且大多数情况下，也难以判断各种观点之间的对错。如关于宋本《舆地图》，青山定雄在《关于栗棘庵所藏舆地图》一文中，经过与其他宋代地图的比较，认为该图可能来源于黄裳的木刻《舆地图》，即《地理图》。[4] 黄盛璋则认为，《舆地图》应该是参考了众多地图绘制而成，如契丹部分，其与《契丹国志》中的《契丹地理之图》《晋献契丹全燕之图》等皆绘有森林，且文字注记也大体相同，因此《舆地图》的这一部分应当参考了《契丹国志》中的地图；此外，《舆地图》淮河流域水系的流经形势与《禹迹图》类似，并且存在同样的错误，黄河河道及其支流的绘制上也存在与《禹迹

---

① 郭声波：《〈历代地理指掌图〉作者之争及我见》，《四川大学学报（哲学社会科学版）》2001 年第 3 期，第 89 页。

② 刘迎胜主编：《〈大明混一图〉与〈混一疆理图〉研究——中古时代后期东亚的寰宇图与世界地理知识》，凤凰出版社 2010 年版。

③ 成一农：《中国古代舆地图研究》，中国社会科学出版社 2018 年版。

④ 转引自黄盛璋《宋刻舆地图综考》，曹婉如主编《中国古代地图集（战国—元）》，文物出版社 1990 年版，第 57 页。

图》的相同之处，因此《舆地图》的这一部分应当参考了《禹迹图》。[①]

中国古代地图之间的传承关系，除了少量地图之外，大都缺乏直接的文献证据，在这种情况下，以图面内容的相似性来确定地图之间的关系是一种迫不得已的方法，但是在研究中要注意这种研究方法的局限性。除了上文提及的对于相似性的判断是一种主观认知之外，更为重要的是，局部绘制内容的相似，无法证明两者存在直接联系，因为两者都可能来源于一种当时流行的绘制方式，因此这种研究方法只能说明两者之间存在联系，但这种联系不一定就是直接的承袭和直接影响。

这是目前地图学史研究中无法克服的问题，对此只能提出一些改进方法，如在研究中应当避免以局部内容上的相似性来确定地图之间的传承关系，而应以地图的整体框架为主导，即黄河、长江这样贯穿整幅地图的主要河流，还有海岸线的轮廓等，再辅以一些在其他地图上缺乏的典型特征，如《广舆图》中西北方向上沙漠的画法和两个圆形的湖泊；《历代地理指掌图》中长城的走向以及西北地区河流的绘制方法；《广舆图叙》“大明一统图”中长城的走向以及对黄河河源夸张的表现。这样的比较可能在相似性的认知上更容易达成一致意见。[②] 当然，即是如此，依然不能解决上文提及的比较相似性带来的问题，因为在整体框架以及一些典型局部特征存在相似的地图之间，甚至在大量细节上都存在相似的地图之间，即使相关地图在时间上存在明显的前后顺序，但依然难以判断它们之间是否存在直接继承关系，因为两者之间确实可能存在直接的承袭关系，但也可能是基于源自共同祖本的两幅不同的地图，存在着多种可能性。基于同样原因，甚至也无法判断明确有着共同祖本，且在大量细节上相近的地图之间的关系，对于这些地图，更为可行的处理方式就是将它们归于共同祖本之下的同一类型中；而对明确有着共同祖本，但在大量细节上存在显著差异的地图，则最好将它们归于有着共同祖本的不同类型中。

---

① 黄盛璋：《宋刻舆地图综考》，第 57 页。

② 甚至今后这方面的研究还可以考虑引入目前已经较为成熟的图像识别技术，通过提取主要特征的方式来判定地图之间的相似性。

第三节　地图学史的历史书写[①]

现代意义上的中国地图学史的历史书写，形成于民国初期。笔者目前查到的最早的对中国地图学史的叙述可能是陶懋立的《中国地图学发明之原始及改良进步之次序》[②]，该文作者对中国地图学史叙述的重点在于介绍中国古代地图绘制技术的进步，以及地图涵盖范围的扩大，并以这两者为标准来选择用于构建叙事的事例。这一历史书写“技术进步”的视角，也为此后中国地图学史所继承。稍后有李贻燕的《中国地图学史》，在文中作者着力描述的地图和绘图方法，与陶懋立一文基本相近，即先秦时期的《周礼》《山海经》，西晋的裴秀所绘地图以及“制图六体”，道教的“五岳真形图”，唐代的僧一行、贾耽，宋代的《华夷图》《禹迹图》《历代地理指掌图》，元代阿拉伯传入的地球仪、朱思本所绘地图、《混一疆理历代国都之图》。褚绍唐的《中国地图史考》[③]同样是以地图绘制的准确性和科学性的发展作为勾勒中国地图学史的基础，所选择叙述的事例，也基本与之前两文相近，只是增加了对沈括和康熙时期大地测量的介绍。

王庸撰写的《中国地图史纲》影响力非常巨大，但从叙事脉络来看，主要是对前人的继承，只是在细节上更为丰富，且增加了一些专题性研究，典型的如第四章“山水都邑与州郡图经之蜕变和结集”和第五章“地图的造送与十道图”，分别讨论了从以图为主的图经向以文为主的方志的转型和唐代地方向中央造送地图的制度以及由此形成的十道图。需要提到的是，王庸对于中国地图绘制“技术”的进步，是持保留意见的。在行文中我们可以看到，他似乎已经认识到，除那些体现了“准确”“科学”的地图之外，中国还存在大量“不准确”“非科学”的地图，而且这类地图还占据了主导，即“况且这些汉地图，内容既甚粗疏，大概图画甚略而记

① 对此更为深入的分析，参见本篇第二章至第四章。

② 陶懋立：《中国地图学发明之原始及改良进步之次序》，《地学杂志》1911 年第 2 卷第 11 号和第 12 号。

③ 褚绍唐：《中国地图史考》，《地学季刊》第 1 卷第 4 期，上海大东书局 1934 年版。

注甚多，所以后来各书，亦多引它们的文字；这是中国古来一般地图的传统情况”[1]。因此，虽然整体上该书以地图绘制的技术为历史书写的主脉，但其并未过于强调技术的进步，且除了测绘技术之外，还涉及一些其他内容。

与中国学者的含蓄相比，李约瑟主编的《中国科学技术史》的中国古代地图部分则直接将中国古代地图称为“科学的制图学；从未中断过的中国网格法制图传统”，不过就其所讨论的绘图方法和地图而言，基本也集中于以往学者所关注的地图和方法。需要提到的是，李约瑟还在这一部分花费了一定篇幅介绍中国古代的测量方法。

虽然王庸和李约瑟所构建的中国古代地图学史主要是基于前人的研究成果，有着明显的发展脉络可循，但由于王庸被公认为是中国古代地图研究的奠基者，而李约瑟的《中国科学技术史》在全世界都有着广泛的影响力，因此这两书出版之后，中国古代地图学史的叙事脉络的构建基本完成，只是随着大量中国古地图的不断发现、披露和研究的深入，用于填充这一历史书写的素材逐渐增多；以及随着对中国古代绘图方法和对单幅地图研究的深入，在细节上不断增补而已。

从王庸和李约瑟之后，中国古代地图学的研究几乎陷入停滞。不过在20世纪70年代末开始，逐渐出现了一些地图学史著作，其中时间较早的当属陈正祥的《中国地图学史》[2]。与之前的著作相比，陈正祥的《中国地图学史》无论是在历史书写的视角，还是在用于构建历史书写的素材方面几乎没有太大的变化，最大的变化主要在于：在开篇加入了马王堆汉墓出土的三幅地图，并进行了详细介绍；在宋代的部分，介绍了沈括绘制的地图以及绘图方法，详细介绍了《华夷图》《禹迹图》《地理图》《平江图》。

稍晚一些的则是卢良志的《中国地图学史》[3]。与之前的作品相比，卢良志的著作除了地图本身之外，还强调了地图的应用，并花费了一定篇幅

---

① 王庸：《中国地图史纲》，生活·读书·新知三联书店1958年版，第16页。

② 陈正祥：《中国地图学史》，商务印书馆1979年版。

③ 卢良志：《中国地图学史》，测绘出版社1984年版。

叙述了测量方法。但就地图本身而言，该书挑选出来进行分析的绘图技术和地图，与之前的地图学史相比，并没有太大的变化，但需要注意的是，书中概述了中国古代的立体地形模型图、城市图、水系图、航海图，但篇幅有限。

阎平、孙果清等编著的《中华古地图集珍》[①]，虽然是一部图录，但在图录之前简要叙述了中国古代的地图学史，且将中国古代地图学史分为四个阶段。该书的特点就是：1. 在各个阶段都介绍了当时中国的测量学成就；2. 由于该书是图录，因此这一部分配合后文的图录，对一些地图进行了介绍，正是如此，所以其涵盖的地图类型包括了航海图、边防图、海防图和河渠图，不过书中详细介绍的依然是之前被一再提及的地图和绘图方法，如马王堆地图、裴秀和“制图六体”、《广舆图》及其影响，只是补充了一些最新出土或者近年来有着较多研究的地图，如中山王墓出土的《兆域图》、放马滩出土的地图以及《杨子器跋舆地图》。

喻沧和廖克的《中国地图学史》[②] 出版于2010年，可以说是到当时为止中国传统地图学史历史书写的集大成者。该书有着如下特点：一是将地图学与测绘紧密结合在一起，自隋唐开始，几乎每一章的标题都带有“测绘与地图学”，且很多小节的标题也是如此；二是将明代作为中国近代地图学开始的起点。这两点结合，说明作者依然遵循着自民国以来的中国古代地图学史历史书写的视角。作者还在宋辽金元部分强调了地图与各类工程测绘、农田土地测绘之间的关系，本质上同样是在强调“科学”和“准确”，此外在宋代部分还介绍了地图模型、天文图和江河湖海图，这无疑扩大了地图学史中涉及的地图类型和数量。

总体而言，这几十年来中国古代地图学史的叙事方式可以说是对民国时期的继承和发展，主要的变化就是：1. 将中国古代测量技术的发展更为紧密地与地图绘制结合在一起，由此更强化了中国古代地图的“科学性”和“准确性”，以及由此而来的“现代性”；2. 纳入了更多的地图，主要包括新出土的早期地图、蕴含了某些现代地图元素的地图，典型的如有着

---

① 阎平、孙果清等编著：《中华古地图集珍》，西安地图出版社1995年版。

② 喻沧、廖克：《中国地图学史》，测绘出版社2010年版。

现代地图符号意味的《杨子器跋舆地图》；3. 结合最新的研究，对传统叙事中强调的地图和绘图方法进行了更为详细的叙述，典型的如《广舆图》和“制图六体”；4. 除了传统叙事中强调的全国总图之外，也将其他一些地图类型囊括在内，但所占篇幅有限，且对各类型地图的发展脉络缺乏总体性的介绍。

近十多年来，中国古代地图学史的历史书写出现了两个值得关注的新趋势：

第一，对以往基于“科学主义”，从技术的视角来构建中国地图学史的叙事方式开始进行反思，其中代表性的作品就是余定国的《中国地图学史》[①]。在书中，余定国提出“中国地图学一般既没有排除地图的人文价值，也没有降低地图的人文价值。结果，中国地图学不但包括数学的技术，也包括现在被人们视为是人本主义的精神。地图同时涉及数学和文字，但这两者并不是对立的，它们两者都与价值和权力相互关联”[②]，由此作者挑战了从“科学”“技术”的角度看待中国古代地图，并进行历史书写的传统的中国地图学史。[③]

此后，笔者的《“非科学”的中国传统舆图——中国传统舆图绘制研究》[④] 通过分析提出，从现代的角度来看，中国古代地图的主流是非科学的、非定量的，因此以往从“科学”“定量”的角度进行的中国古代地图学史的书写在视角是片面的。

上述两书实际上都是论文集，且主要在于“破”，而不是在于“立”，因此只能说指出了以往历史书写中存在的问题，但还远远谈不上对地图学史的重新书写。

第二，地图学史叙事内容的扩展。随着近年来披露的中国古代地图数量的增加、研究的深入，在一些中国地图学史的总体性研究和介绍性著作

① 余定国著，姜道章译：《中国地图学史》，北京大学出版社 2006 年版。

② 余定国著，姜道章译：《中国地图学史》，第 90 页。

③ 该书的书评，参见成一农《“非科学”的中国传统舆图——中国传统舆图绘制研究》附录二“评余定国《中国地图学史》”，中国社会科学出版社 2016 年版，第 335 页。

④ 成一农：《“非科学”的中国传统舆图——中国传统舆图绘制研究》，中国社会科学出版社 2016 年版。

中，除了全国总图之外，开始囊括更多的地图类型，这方面的代表作为李孝聪教授主导撰写的《中华舆图志》[1] 和席会东的《中国古代地图文化史》[2]。虽然这方面的趋势在卢良志的《中国地图学史》以来的各书中已经出现，但如前文所示，在以往的这些著作中，就篇幅而言，全国总图依然是地图学史历史书写的重中之重。

总体而言，上述近年来的两个新趋势归根结底都认为以往历史书写的涵盖面极不全面，但前者强调的是研究视角，后者强调的是地图类型。

第四节　以地图作为史料进行的研究[3]

“将地图作为史料”，虽然是中国古代地图的研究者长期努力达成的目标，但以往这方面的研究主要还局限于将图面内容作为史料，即“看图说话”。由于中国古代文本资料，尤其是明清时期的文本资料极为丰富，与这些文本资料相比，即使是存世地图较多的清代，流传下来的地图数量也相对稀少。而且中国古代地图的绘制在一定程度上是以文本资料为基础的，因此要从古代地图中发现传世的文本资料缺失的内容，较为困难。特别是那些传统史学研究中认为重要的历史事件，在文本资料中基本上都有详细记载，在这种情况下，从地图中即使发现了文本资料缺失的内容，那么至多只是能在某些细节上对文本材料进行补充而已。

当然，以往将地图作为史料的研究，也确实取得了一些有价值的成果，这些成果大都是将一系列地图放置在一起，从而发现了一些地理现象、地理认知的长时段的发展变化，这方面的典型研究有：

李孝聪在《中国传统河工水利舆图探悉》通过对一些黄河图的研究提出，“通过《乾隆黄河下游闸坝图》《黄运湖河全图》与《六省黄河埽坝河道全图》的对比，使我们可以从中清楚地认识黄河与淮河的位置之差，从乾隆朝至嘉庆朝的近百年间清口变迁的动态过程。理解什么是‘束清御

---

① 《中华舆图志编制及数字展示》项目组：《中华舆图志》，中国地图出版社 2011 年版。
② 席会东：《中国古代地图文化史》，中国地图出版社 2013 年版。
③ 这一方面更为详细的分析，参见本书第十篇的分析。

黄'，为什么黄强淮弱，会产生'回流倒灌'，以及东西坝为什么要一再更筑，运河之运口会一改再改。今天由于河道的迁徙，我们已经很难指认当年黄河、淮河、运河交汇的情况，古代舆图为我们指引出各种治河工程的遗迹，使我们得以更深刻地理解古代中国人是如何治河与保运兼顾，其理论阐述与工程技术实践是怎样结合的"①。

葛兆光将中国古代的舆图作为研究思想史的史料，如在《宅兹中国》一书的第三章中阐述了地图中对于异域的想象、对于世界秩序的想象等②。

由于目前中国古代疆域的研究得到了学界的关注，因此近年来中国古代的"全国总图""寰宇图"被用来发掘中国古人的天下观以及疆域观念，这方面的论文有：管彦波的《中国古代舆图上的"天下观"与"华夷秩序"——以传世宋代舆图为考察重点》，其提出"古之舆图，并非一些看似简单的线条、符号的拼缀，而是时人表述其所认知的政治空间、地理空间和文化空间的一种最直接的方法。在中国古代对世界地理空间的认知中，由'华'与'夷'构成的'天下'作为最大的空间单位，它在地图上主要以'禹迹'图和'华夷'图两个主要的系列传承发展，平面展开则以华夏核心区域为中心而逐渐延展，凸显的是以'天朝上国'为中心的天下。相对于中心的四夷部分，其范围是模糊而不确定的，它可以到人们认识或想象的边缘地带。地图绘制中详近略远、重中心轻边缘，或者对未知地域空而不绘的处理方法，虽然在某种程度上反映了古代地图的绘制还是以客观认知的地理范围为基础由近及远不断延展，但对'华夏'之外'四夷'部分的处理还是有明显区别的"③。林岗《从古地图看中国的疆域及其观念》，提出"历史上存在两个关于中国疆域的观念系统：一个是'禹迹图'系统，另一个是'一统图'系统，古地图有'本部中国'和'周边中国'观念系统的分别。这种历史上既有联系又相互区别的两种关于中国

---

① 李孝聪：《中国传统河工水利舆图及其科学价值探析》，李孝聪主编《中国古代舆图调查与研究》，水利水电出版社 2019 年版，第 348 页。

② 葛兆光：《宅兹中国—重建有关"中国"的历史论述》第三章"作为思想史的古舆图"，中华书局 2011 年版，第 91 页。

③ 管彦波：《中国古代舆图上的"天下观"与"华夷秩序"——以传世宋代舆图为考察重点》，《青海民族研究》2017 年第 1 期，第 100 页。

疆域的观念，反映的正是农耕世界和游牧世界共处东亚大陆而相互冲突和融合的状况。冲突和融合的漫长历史塑造了那种有中央属土和周缘边陲之分的疆域观念。经过清朝的统治和现代民族解放运动，本部与周边划分的历史痕迹正在消退，中国由王朝国家演变成现代民族国家"①。石冰洁的《从现存宋至清"总图"图名看古人"由虚到实"的疆域地理认知》②，将全国总图分为"禹贡图""华夷图""历代疆域图""王朝疆域图"四个系统，并提出中国古代的疆域观存在由虚到实的演变过程。

上述研究，除了没有对相关地图进行全面搜集之外，最大的问题在于没有对各类总图绘制的用途和背景进行讨论，如"禹贡图"是用来表示《禹贡》所描述的地理状况的，其中所蕴含的"九州"的思想虽然对中国古代的疆域观产生了影响，但绝大部分地图本身的功能并不是古人用于表示"疆域"的，其就是用于解经的，因此并不是绘制地图时的"疆域观"的直接表达。而且，任何地图上附加的观点至少可以分为三种：一是地图最初的绘制者附加在地图上的观念；二是地图的使用者附加给地图的观念；三是地图的观看者眼中的地图所反映的观念。以往这方面的研究基本没有对这三种观念加以区分和剖析，这实际上一方面说明了地图作为史料运用的难点；另一方面也证明地图史料价值的多面性。

除了全国总图之外，笔者在《中国古代城市舆图研究》③ 一文中以中国古代绘制的"城市图"为史料，对"宋代地方城市城墙的毁废""中国古代城市中衙署分布的变化"和"中国古代子城的选址"三个以往通过文本文献难以察觉的历史现象进行了分析。

此外，虽然古人的疆域观念与今人不同，但由于古地图有时对王朝所辖的地理空间范围进行了详细描绘，因此在维护国家主权中成为重要资料。这方面的典型研究，如李孝聪的《从古地图看黄岩岛的归属——对菲

① 林岗：《从古地图看中国的疆域及其观念》，《北京大学学报（哲学社会科学版）》2010年第3期，第47页。

② 石冰洁：《从现存宋至清"总图"图名看古人"由虚到实"的疆域地理认知》，《历史地理》第33辑，上海人民出版社2016年版，第363页。

③ 成一农：《中国古代城市舆图研究》，《中国社会科学院历史研究所学刊》第6集，商务印书馆2010年版，第605页。

律宾2014年地图展的反驳》，提出“2014年菲律宾政府举办地图展览，围绕黄岩岛的命名与归属，妄图对中国在南海诸岛的主权提出声索。菲方误认为1734年西班牙编制的《菲律宾群岛水道与地理图》上出现的‘panacot’浅滩是黄岩岛，其实欧洲人对黄岩岛最初的认知与命名‘Scarborough’（斯卡巴洛礁）与‘panacot’浅滩毫无关系。18世纪末，西班牙人在测量菲律宾以西海域时，由于没有发现吕宋岛近海的‘panacot’浅滩，因而将吕宋岛西岸港口Masingloc的名字移植到斯卡巴洛礁，导致黄岩岛曾经一度被改称‘Masingloc’。1989年美国、西班牙签订《巴黎条约》，其条款规定了西班牙割让给美国的菲律宾群岛的具体范围，即菲律宾的国界线。20世纪以来的地图和文件充分证明黄岩岛从来就不在菲律宾的国界线之内，不是菲律宾的领土，菲律宾不享有主权和管辖权。”[①] 类似的还有韩昭庆的《从甲午战争前欧洲人所绘中国地图看钓鱼岛列岛的历史》[②] 等。

总体而言，以往以古地图为史料的研究主要局限于“看图说话”，未能进入地图图面内容的“背后”，今后如果希望将地图作为史料加以运用的话，那么必须首先要将地图看成一种主观的表达方式，由此目前解读文本史料的很多方法就可以被运用于古地图的研究中。

第五节　总结以及对未来的展望

总体来看，近70年来，古地图的研究取得了众多研究成果，且随着地图史料价值的逐渐展现，近年来无论是古地图自身的研究，还是地图学史的历史书写都展现出新的趋势，未来中文古地图的研究应当从以下几个方面入手：

一　编订中国古代地图的联合目录，并梳理中国古代地图的谱系

以往中文古地图的研究多注重单幅地图，地图谱系的研究数量较少，

---

① 李孝聪：《从古地图看黄岩岛的归属——对菲律宾2014年地图展的反驳》，《南京大学学报（哲学·人文科学·社会科学）》2015年第4期，第76页。

② 韩昭庆：《从甲午战争前欧洲人所绘中国地图看钓鱼岛列岛的历史》，《复旦学报（社会科学版）》2013年第1期，第33页。

但谱系的研究是更为全面的认知中国古代地图的基础。与此同时，以往谱系的研究多集中在那些常见的或者已经披露的地图上，通常并不全面，因此今后古地图谱系的研究首先需要对相关地图进行全面的搜集。

流传至今的中国古地图，按照载体，大致由三个主要组成部分构成，即单幅的（绘本、刻本、石刻等）或者单独流传的地图（集）、古籍中作为插图存在的地图，以及方志图。单幅的（绘本、刻本、石刻等）或者单独流传的地图（集），目前一些重要的藏图机构，如中国国家图书馆以及海外一些藏图机构所藏地图已经编目，并且可以查阅，但还有一些重要藏图机构的地图秘不示人，如第一历史档案馆。古籍中作为插图存在的地图，笔者已经对《续修四库全书》《四库全书存目丛书》《四库禁毁书丛刊》《四库未收书辑刊》《文渊阁四库全书》中作为插图存在的地图进行了整理，约6000幅。与存世的古籍相比，上述五套丛书虽有一定的代表性，但在数量上相距甚远。方志地图数量众多，且与其他两类有着不同的脉络和体系，也有着一些研究论著[①]，但一直缺乏系统性的整理。

基于此，今后应当以收藏中文古地图、古籍和地方志最为丰富的中国国家图书馆为主导，邀请中国古代地图学史的研究者参与，进行海内外各藏图机构所藏中文古地图的整理和联合编目工作，并在此过程中对各专题地图的谱系进行整理。由此编目为谱系的研究提供资料，而谱系的研究则为编目工作提供指导，两者相辅相成。

二　多元化的地图学史的书写

关于中国古代地图学史的叙事脉络在近代形成并延续至今的原因，笔者在《“科学”还是“非科学”——被误读的中国传统舆图》[②] 中进行了归纳。对于地图学史而言，以往的历史书写过多地强调了绘制技术，而忽视了中国古代地图的内涵以及其他方面；而且就地图类型而言，以往的研

① 邱新立：《民国以前方志地图的发展阶段及成就概说》，《中国地方志》2002年第4期，第71页；阙维民：《中国古代志书地图绘制准则初探》，《自然科学史研究》1996年第4期，第334页。

② 成一农：《“科学”还是“非科学”——被误读的中国传统舆图》，《厦门大学学报（哲学社会科学版）》2014年第2期，第20页。

究更多地集中于寰宇图和全国总图，而忽视了大量其他类型的地图，以致时至今日，我们对如中国古代的航海图、海防图、城池图、政区图、水利图、园林图等依然缺乏整体性的认知；且对于中国古代寰宇图和全图总图的研究，以往也基本局限于少数被认为体现了“科学”的地图。当然这并不是指责以往研究的错误，毕竟学术是基于时代的，没有脱离于时代的学术，因此这种建立于“科学主义”和“线性史观”之上的地图学史的历史书写在民国以来，甚至今天也有其合理性，也是一种对历史的认知，一种有其合理性的历史书写。

不过，在史学观念多元化的今天，在地图披露的更多的今天，在很多研究者的注意力开始从寰宇图和全国总图逐渐转向专题图的今天，中国古代地图学史的历史书写也应当多元化。不仅如此，历史书写决定了研究者所能看到的“历史”，也决定了研究者看不到的“历史”，因此如果一种历史书写方式和视角长期居于主流，那么必然会阻碍历史认知的多元化。从当前看来，中国地图学史的多元化，不仅是中国古代地图学史研究的需要，也是中国古代地图研究的需要，更是当前中国史学研究发展的必然趋势，甚至也是中国目前的时代需要。①

三 深入发掘地图的史料价值

图像的史料价值大致有三个层面：第一个层面，就是图像所展现的内容，这也是以往研究主要关注的层面；第二个层面，就是通过解读一系列图像展现的内容，从而揭示某一地理要素的时代特征，或是其在不同时代的变迁，这也是以往将古地图作为史料运用所重点关注的层面；第三个层面，即是古地图图像背后蕴含的信息，如地图图面上各构成元素的布局方式和相互之间的关系、地图所展现的空间认知及其再现、地图所蕴含的地理认知和地理知识等，而这一层面是以往研究中涉及较少的。

今后第三个层面的史料价值，应当是深入发掘的重点。不过，这一层面史料价值的发掘需要借鉴史学其他领域的理论和方法，如目前方兴未艾的图像史、知识史，但国内这些领域的研究也才刚刚起步，缺乏成熟的思

① 这一方面更为详细的叙述，参见本篇第二章。

考，大都只是对国外研究框架的套用，因此这一层面的研究缺乏成熟的理论和方法可以套用，但与此同时也为古地图这方面的研究带来了机遇，因为通过对地图这一层面史料价值的挖掘，在今后我们有可能会通过带动知识史、图像史的研究，从而走向史学研究的前沿。①

总体而言，中国古地图以及地图学史的研究正面临着转型，今后将进入一个多元化的时代，上述三个方面应当是今后这一领域研究的突破点。不过需要强调的是，以往中国古代地图及其地图学史的研究过于注重实证，而缺乏对理论方法的探讨，在史学走向诠释的今天，这将极大地局限学科的发展。因此，今后中国古地图的研究应当将对理论、方法的讨论提上日程，且组织研究力量进行讨论。

最后需要提及的是，卜宪群主持的社科基金重大招标项目“地图学史翻译工程”已经结项，目前进入了出版流程，按照计划最终成果将于2021年底出版。《地图学史》（*The History of Cartography*）丛书虽然编纂较早，但汇集了当时世界上最为优秀的古代地图以及地图学史及其相关领域的研究者，其无论是在研究内容，还是在研究视角、方法方面，都有众多值得我们在今后研究中加以借鉴之处。②

---

① 对此，参见本书第十篇。

② 对于这套丛书的介绍和评价，参见本篇的附录一。

第二章　时代与中国古代地图学史的书写

第一节　问题的提出

任何在某一时代具有共识性的或者被普遍接受的历史书写，都是这一时代的思想和需求的反映，同时也必然受到时代的局限。而且，随着时代的演变，思想和需求也会与之变化，由此历史书写也必然会随之改变。如，传统中国历史的历史书写注重帝王将相和王朝兴衰，因此无论是正史、断代史，还是纪事本末体，基本都以帝王事迹为描述对象，以王朝兴衰为主要脉络；近代以来，尤其是中华人民共和国成立以来，虽然王朝依然是历史书写的“年表”，但叙述的重点除了帝王事迹以及与王朝兴衰有关的事件之外，还注意到了文化、经济以及农民起义等方面；近年来，随着社会思想和史学理论的多元化，历史书写出现了不注重王朝的趋势，开始注意基层社会的演变及其与王朝之间的互动，历史书写有着脱离王朝脉络的可能。

中国古代地图的研究近几年来迅速发展，成果斐然，研究内容、视角不断多元化，但作为学科基础的中国古代地图学史的书写依然延续了民国以来的脉络，日益显得不符合时代的需要。中国古代地图学史作为一种历史书写也必然受到时代思想和需求的影响，同时也受其局限，本章试图在梳理中国古代地图学史的历史书写的形成过程的基础上，在中国社会、经济、文化发生巨大变化以及史学研究日益多元化的今天，探讨如何构建中国地图学史新的书写方式，由此不仅希望推动中国古代地图学史的研究，而且也期待能促进中国古代地图研究的进一步转型。

在分析之前，首先需要对“中国古代地图学史”进行界定。按照目前所掌握的材料和研究成果，中国地图的近代化，也即开始普遍采用西方现代的投影、经纬度等地图绘制技术以及追求地图绘制的准确性大致始于19世纪末，甚至晚至20世纪初，虽然此时中国传统的绘制地图方法依然还被采用，甚至还占有很大的比例，但逐渐式微，并且此时人们也强烈地意识到了西方“科学”的地图绘制在技术方面的优势，因此本章讨论的“中国古代地图学史”的下限为19世纪末。由此，“中国古代地图学史”，即是叙述19世纪末之前，中国古代地图及其类型以及相关技术、知识、呈现内容等方面随着时间流逝的演变过程。基于此，虽然后文分析的一些论著其研究的时间下限延续到19世纪末20世纪初甚至现代，但这些论著中的这些部分不在本章讨论的范畴之类。

第二节　中国古代与地图学史相关的叙述

中国古代并无地图学史这样的研究，因此也无直接的相关叙述，只是存在一些间接的和零碎的提及。通常在提及古代地图时，只是述及“制图六体”而已，如《旧唐书·贾耽传》载贾耽进“陇右山南图”表云：“臣闻楚左史倚相能读《九丘》，晋司空裴秀创为六体，《九丘》乃成赋之古经，六体则为图之新意。”[①] 等等。[②]

当然也存在少量对中国古代不同时期的一些地图或者绘图方法的叙述，不过其目的通常并不是叙述地图学史，而是介绍作为其他研究主题的材料的相关地图。这方面比较典型的就是徐文靖在《禹贡会笺·原序》中对之前与《禹贡》有关的地图和绘图方法的发展脉络的叙述，即：

> 《周公职录》曰：黄帝受命，风后授图，割地布九州，是九州本

① 《旧唐书》卷一三八《贾耽传》，中华书局1975年版，第3784页。

② 具体参见成一农《对“制图六体”影响力的重新评价——兼论错误构建的中国地图学史》，《炎黄文化研究》第17辑，大象出版社2015年版，第260页。

依图而立也。《水经注》曰："禹理水，观于河，见白面长人鱼身，授《禹河图》而还于渊"，是禹之治水亦依图而治也。自是而后，夏少康使商侯冥治河。帝杼十三年，冥死于河，殷祖乙避河迁耿。二年，圯于耿，复迁于庇，求如《禹贡》之治水难矣。郑樵《通志》曰"桀焚黄图，夏图所繇尽亡也"。《尔雅》九州说者，皆以为商制图无闻焉。周图书大备，大司徒掌天下土地之图，周知九州之地域；司险掌九州之图，知山林川泽之阻。汉入关，收秦图书，得具知天下厄塞。武帝时，齐人延年上书，言河出昆仑，经中国注渤海，是其地势西北高而东南下，可按图书观地形，令水工准高下，开大河上领，出之胡中。明帝永平中，议治汴渠，上引乐浪人王景问水形便，因赐景《山海经》《河渠书》《禹贡图》。《禹贡》之有图尚已。后世图事阙略，晋司空裴秀惜之，乃殚思，著《禹贡地域图》十有八篇。其制图之体有六：一曰分率、二曰准望、三曰道里、四曰高下、五曰方邪、六曰迂直，悉因地制形。王隐《晋书》曰：裴秀为司空，作《禹贡地域图》，事成奏上，藏于秘府，为时名，公诚有所慕而云也。唐大衍《山河两戒》，取《禹贡》三条四列之说，而不及图。程大昌撰《禹贡论》，绘图三十有一。郑东卿著《尚书图》，禹贡山泽图二十有五，然皆未有见。余家藏有《六经图》，《禹贡图》一二而已，又所藏宋大观中《地理指掌图》，其中有帝喾及尧《九州图》《舜十二州图》《禹迹图》，然胪列当时郡县，于禹贡山泽六十余地，不能备载。少尝见艾千子《禹贡图》，简而能该，第从前讹误，尚未驳正。章氏本清《图书编》名山大泽皆有图，不专为《禹贡》设，故虽有图而不精。近见王太史蒻林刻乃祖《禹贡图》，胡氏朏明禹贡山泽间有图，而图之前后左右少有脉络可寻，此图《禹贡》者所以难也。①

就目前所存与《禹贡》有关的地图来看，这一书写远远未能涵盖全貌，而只是挑选了一些作者所曾见闻及其认为重要的地图。不过需要注意的是，其中提到的一些内容，也出现在近代以来的中国古代地图学史的叙

① 徐文靖：《禹贡会笺》"原序"，文渊阁《四库全书》第68册，第2516页。

述中，如《周礼》中记载的掌管地图的职官，王景治河时对地图的参考，裴秀的《禹贡地域图》和“制图六体”以及《(历代) 地理指掌图》。

总体来看，中国古人缺乏对地图学史的整体认知，不过在追溯以往时，基本都会提到裴秀的“制图六体”，因此可以认为在古人心目中，“制图六体”在地图绘制中有着重要的影响力。不过需要强调的是，“制图六体”在古代文献中的流行及其在古代地图发展史叙述中的崇高地位，并不是因为古人真正了解其所包含的绘图技术，也不是因为其曾经被广泛运用，而是因为裴秀个人的地位及其出现于裴秀所撰的与《禹贡》有关的《禹贡地域图》的序中，[①] 因此古人对其的推崇并不主要是因为其“技术”水平。

第三节　中国古代地图学史的塑造——科学主义

大致从 19 世纪初开始，随着中国的开埠以及社会整体的近代化，中国的地图绘制也开始走向近代。这一时期，在一些文献中开始追溯中国古代地图的发展脉络，由此也就涉及了撰写者认为可以用来构成古代地图发展脉络的重要的绘图方法和地图。如（道光）《博兴县志》“条例·重修博兴志条例十则”记“古者献地必以图，其绘法不传。惟晋裴秀请定六法，曰轮广、准望、道里、高下、方邪、迂直，为得古人遗意。开方法始《周髀》，唐贾耽《九州华夷图》、明罗洪先《广舆地图》、本朝胡渭《禹贡锥指》、顾景范《方舆纪要》皆宗之。其制先为开方图，而后绘地形其上，广袤宽狭不待言而瞭然，诚地理家不易良法也”[②]；（道光）《重修胶州志》“重修胶州志凡例十则”记“七曰法古以辨体。今之方志，最失古义者，莫舆图与艺文若也。晋裴秀言地图之体有六，一分率、二准望、三道里、四高下、五方邪、六迂直。唐贾耽《九州华夷图》、明罗洪先《广舆地图》、本朝胡朏明《禹贡锥指》、顾祖禹《方舆纪要》皆法此义，为开方

① 参见本书第一篇第三章。

② （道光）《博兴县志》卷一“条例·重修博兴志条例十则”，成文出版社有限公司 1976 年版，第 17 页。

图，诚不可易之规也”①。

与此同时，在西方地图绘制技术的冲击下，中国的一些人士在强调不忘“古法”的时候，也追溯了中国古代的地图测绘方法和重要的地图，这可以看成对中国古代地图发展史进行的简要勾勒，当然不可否认的就是其背后带有出于民族自尊心的无奈。这些叙述中具有代表性的如宣统元年（1909）《贵州全省舆地图说》中的《贵州通省总图经纬附说》：

> 经纬，天地之道，自古有之。考《大传礼》，东西为纬，南北为经，故古历皆以黄赤道之度为纬度，二道二极相距之度为经度。纬度之宗，赤道是也，经度之宗，玉衡中维是也（今名二极二至交圈）。至欧逻巴反用之，谓过极经圈为经度，距等圈为纬度，实则以南北线分经度之界，东西线分纬度之界也。而后之考测天地者，遂相安于东西为经，南北为纬，而不易矣。《尧典》分命义和、寅宾、寅饯测经度也，日短、日永测纬度也，鸟、火、虚、昴历验中星，璇玑、玉衡在齐七政，是明明谓列宿为经，日月五星为纬。俾人以北极测纬度，以交食测经度，以昼夜之永短定南北，以诸曜之出纳定东西也。故凡日月交食百日之前，太史绘图呈览，下令侯国弓矢奏鼓，临时救护，而又严申政典，以为先时者，杀无赦，不及时者，杀无赦。夫所谓时者，即初亏、食甚、生光、复圆之时也，先与不及均失之矣。其以为天变而使之救者，民可使由之义也。其得夫亏复生光之真时而藉以测地者，不可使知之义也，不然日月交食各有定期，古圣人岂不之知而顾惴惴焉？以为天变而畏之乎？徒以周迁秦火，畴人散佚，尚西学者辙至数典忘祖，遂谓测地绘图之法中国无传，岂知畎浍沟渎，尺寸不紊，井田之设，仍自节节，履勘步量而来也。读《管子》，周人以鸟飞准绳言南北，《淮南子》禹使大章步自东极至于西极，又使竖亥步自北极至于南极，可恍然矣。迨晋裴秀以二寸为千里，唐贾耽以寸为百里，元朱思本成《舆地图》，悉用计里开方之法，是则大章步经、

① （道光）《重修胶州志》“重修胶州志凡例十则”，成文出版社有限公司 1976 年版，第 38 页。

竖亥步纬以来，其测望推步之学，固必代有传人也……[1]

这段文字除追溯了中国古代传说中的大地测量以及“天人感应”之外，在古代地图绘制方面提及的绘制者不外是裴秀、贾耽、朱思本、罗洪先、胡渭等，且强调他们所绘地图所使用的就是“制图六体”（即“计里画方”），一脉相承，由此希望表达中国古代的地图绘制并不弱于西方。

需要注意的是，上面这段文字虽然表达了对西方测绘技术的不满，但在描述中国古代的地图绘制时，着重强调的依然是“技术”，由此可见在当时，现代意义的“科学”地图已经深入人心。

现代意义上的中国地图学史的历史书写，形成于民国初期。笔者目前查到的最早的相关叙述当是陶懋立的《中国地图学发明之原始及改良进步之次序》[2] 一文，从该文的标题来看，其已经带有强烈的进步史观的意味，而从其用于表达“进步”的事例来看，则倾向于选择那些能展现现代地图绘制所重视的绘图方法和要素的地图或者绘图方法。该文将中国古代的地图学史分为三期，即“第一期，从上古至唐为中国自制地图之时代”；“第二期，从宋元至明为亚拉伯地理学传入之时代”；“第三期，从明末至现世为欧洲地理学传入之时代”。

作者又将第一期分为三个小时期，其中在第一个小时期，即“虞夏及汉世地图”中，作者强调的是传说中九鼎上所绘“山川奇异之物”；《山海经》《周礼》中记载的管理地图的职官以及对地图的使用；萧何入关收秦图籍；王景治黄河时使用的《禹贡图》。由于这些地图没有保存下来，因此作者的结论就是“吾国于两汉之世，内地户籍与边外山川皆有明白详图，已可瞭然，特其制法如何，残阙无考，惜矣”。第二个小时期则为“三国及南北朝地图”，在这一时期中，作者只强调了裴秀所绘地图以及他提出的“制图六体”，并认为“制图六体”大致相当于今天地图学的比例尺、经纬线，不过作者又提到“但古人未解以北极定纬度，或就国都与某适中之地起点，以为记里开方之数而已”，并评价“固知裴秀为吾国发明

---

① （宣统）《贵州全省舆地图说》卷上《贵州通省总图经纬附说》，中国国家图书馆藏本。

② 陶懋立：《中国地图学发明之原始及改良进步之次序》，《地学杂志》1911 年第 2 卷第 11 号和第 12 号。

地图学之第一人也”；还认为道家的“五岳真形图”就是平面图，“颇类浑沦式地形图”，并评价“是图之可宝贵者，在乎平面……得此图，犹见古人技术之精，岂以出自道家而少之乎?”第三个小时期则是“隋唐之地图”，作者强调的是僧一行对子午线的测量以及贾耽和李德裕所绘地图，并评价“惜当时印刷术未发明，弗能广为流传，然亦可见唐人地图学之盛矣”。

在第二期中，作者强调了宋代地图学的退步，只提到了《禹迹图》《华夷图》《历代地理指掌图》，并将这一时期与欧洲中世纪的“黑暗时代”进行了对比。此后，作者强调了阿拉伯地图在元代的传入，即文献中记载的地球仪；与此同时，还介绍了朱思本绘制的《舆地图》，认为朱思本的《舆地图》“则其自作之图，必更精确”，“即裴秀准望之意也。然则朱思本之原图为一大幅，并有经纬线，已瞭然矣”，同时还提到了藏于日本的明朝建文时期高丽人仿制的《混一疆理历代国都之图》，并认为该图受到了阿拉伯地图的影响。而对于明代，作者认为“有明一代，地图学无甚精彩”，只提到了罗洪先，但从行文来看，作者并未见到《广舆图》的传本，描述时只是参照了基于《广舆图》编绘的《广舆记》。

在第三期中，作者重点介绍了明代万历之后传教士所绘以及基于传教士传入技术绘制的有着“起吾人世界之观念”的地图，如陈伦炯的《海国闻见录》、魏源的《海国图志》、李兆洛的《历代沿革图》和胡林翼的《大清一统舆图》。

总体而言，作者对中国地图学史叙述的重点在于介绍中国古代地图绘制技术的进步，以及地图涵盖地理范围的扩大，并由此来选择用于构建叙事的事例。这一从“技术”角度入手的历史书写，也为此后中国地图学史的叙事所继承。

稍后有李贻燕的《中国地图学史》，其将中国古代地图学史分为三期，即：“第一期由上古至宋代为我国固有制法（十三世纪止），以周秦两汉三国为初期，西晋以至南北朝为中期，唐宋为后期；第二期由元朝亚拉比亚地图学传来至明末西洋地图学传来时期（十三世纪至十六世纪后半）；第三期由明末西洋地图学传来时代以至现今（十六世纪后半以后），以明末清初耶稣教徒之地图制作为前期，最近科学的探险旅行为后期”[1]，不过，在文中，作者实际上只写到了明代中期。从文中用作分期的标志，就已经可以看出作者划分中国古代地图学史的标准了，即使地图绘制科学性和准确性提高的方法的传入；且在正文中作者着力描述的地图和绘图方法与陶懋立一文基本相近，即先秦时期的《周礼》《山海经》，西晋的裴秀所绘地图以及“制图六体”，道教的“五岳真形图”，唐代的僧一行、贾耽，宋代的《华夷图》《禹迹图》《历代地理指掌图》，元代阿拉伯传入的地球仪、朱思本所绘地图以及《混一疆理历代国都之图》。

又如褚绍唐的《中国地图史考》[2]，将中国古代地图的演进分为三期：创始时期，其中自周延及至晋唐，已稍见进步。北宋沈括对于地图模型，尤见创见。自后历元至明，地图制作，鲜有可述者。完成时期，康熙四十七年（1708）之后，主要成就就是《皇舆全览图》的绘制以及受其影响的一系列地图，如《皇朝中外一统舆地图》。改造时期，自《皇舆全览图》之后迄今，地图绘制的进步表现在多个方面，而质的变化则是民国二十二年（1933）申报馆丁文江、翁文灏、曾世英编的《中国分省新图》的出版。从作者的论述来看，同样以地图绘制的准确性和科学性的发展作为勾勒中国地图学史的基础，在选择叙述的事例上也基本与之前两文相近，只是增加了对沈括和康熙时期大地测量的介绍。

王庸撰写的《中国地图史纲》影响力巨大，但从叙事脉络来看，该书主要是对前人的继承，只是在细节上更为丰富，且增加了一些专题性的研究。如在第一章“中国的原始地图及其蜕变”中，除强调九鼎和《山海经》之外，还补充了《职贡图》。第二章“中国古代地图及其在军政上的功用”，主要论述的是两周时期的地图绘制和使用，但除《周礼》之外，还增补了《管子》《战国策》等书籍中的材料。第三章“裴秀制图及其在中国地图史上之关系”，重点介绍的是裴秀所绘地图以及“制图六体”。第四章“山水都邑与州郡图经之蜕变和结集”和第五章“地图的造送与十道图”则分别讨论了以图为主的图经向以文为主的方志的转型，以及唐代地

---

① 李贻燕：《中国地图学史》，《学艺》1920年第2卷第8号和第9号。

② 褚绍唐：《中国地图史考》，《地学季刊》第1卷第4期，上海大东书局1934年版。

方向中央造送地图的制度和由此形成的十道图。第六章“方志图与贾耽制图”，除提及“分野”思想对方志图的影响之外，重点谈及的就是贾耽所绘地图。第七章“十八路图与边境图”，主要涉及的是文献中记载的宋代绘制的全国总图以及边境图。第八章“朱思本舆地图和罗洪先广舆图的影响”，不言而喻，强调的是朱思本和罗洪先绘制的地图，但与之前的学者不同，在这里王庸肯定了罗洪先在朱思本基础上的创造及其所绘《广舆图》的影响力，此外还提及了许论和郑若曾编纂的附带有地图的著作。第九章“纬度测量和利玛窦世界地图”、第十章“第一次中国地图的测绘”，重点都在于介绍西方地图测绘技术的引入，及其对中国地图绘制的影响，只是基于当时的研究成果，对之前的地图学史的叙述在细节上进行了补充。[①] 但需要提到的是，王庸对于中国地图绘制“技术”的进步，是持保留意见的，而且在行文中我们可以看到他似乎也认识到除那些体现了“准确”“科学”的地图之外，中国还存在大量“不准确”“非科学”的地图，而且这类地图还占据了主导，即“况且这些汉地图，内容既甚粗疏，大概图画甚略而记注甚多，所以后来各书，亦多引它们的文字；这是中国古来一般地图的传统情况”[②]。因此，虽然整体上该书以地图绘制技术为历史书写的主脉，但并未过于强调技术的进步，且除测绘技术之外，还涉及了一些其他内容。

与王庸的含蓄相比，李约瑟主编的《中国科学技术史》则直接将中国古代地图称为“科学的制图学；从未中断过的中国网格法制图传统”，不过就其所讨论的绘图方法和地图而言，基本也集中于以往学者所关注的地图和方法。如在秦汉时期，关注于《周礼》中的相关记载、荆轲刺秦王时携带的地图、萧何入关后对地图的搜集等文献中的记录；汉晋时期，除了同样着重讨论裴秀以及“制图六体”之外，还提出张衡对于制图技术和方法的贡献；唐宋时期，同样强调了贾耽的工作、分野与方志图之间的关系以及“五岳真形图”，但同时花费大量笔墨强调了用“计里画方”方法绘

① 翁文灏：《清初测绘地图考》，《地学杂志》第18卷第3期，1930年，第1页等；洪煨莲：《考利玛窦的世界地图》，《禹贡》第5卷第3、第4期合刊，1936年。

② 王庸：《中国地图史纲》，生活·读书·新知三联书店1958年版，第16页。

制的《禹迹图》的准确性，还提到了《平江图》；元明时期，李约瑟同样强调了穆斯林、波斯和阿拉伯的影响，同样细致分析了朱思本的《舆地图》，提及了《广舆图》在明末的影响力，并对《混一疆理历代国都之图》进行了细致的介绍，且提到了《大明混一图》；在航海图部分，介绍了郑和的航行以及收录在《武备志》中的《郑和航海图》；并在最后部分介绍了西方传教士传入的地图，尤其是利玛窦地图和康熙时期的大地测量。此外，李约瑟还在这一部分花费了一定篇幅介绍了中国古代的测量方法。

从上述叙述来看，显然，中国近代时期对古代地图学史的构建，其历史书写的视角就是绘图技术的进步。基于这种视角，这种历史书写大致将中国古代的地图学史分为两个阶段：第一个阶段就是宋代之前，强调中国自古就有着发达的地图学和制图学，且在绘图方法方面非常先进，一些现代地图学的概念和方法在中国古代地图学中早已存在，或者有着雏形；第二个阶段是，在宋元尤其是明末清初，中国地图学受到西方的影响，走向了近代。当然，有些学者为了弥补两者间的断裂，即第一阶段本土制图学的发达以及第二个阶段需要靠传入的技术才能走向近代之间的巨大差异，将宋代认为是地图绘制的“黑暗时代”，如前文提及的陶懋立。

在用于构建地图学史的材料方面，这些历史书写是大致相似的，即秦汉及其之前，由于没有地图保存下来，因此只能通过文献记载来强调中国古代地图的绘制及其广泛应用，由此希望表达中国古代地图绘制的成熟(甚至早熟)；裴秀绘制的地图和“制图六体”由于带有一些可以从现代地图学的角度加以解释的方面，因此会被大书特书；唐代虽然没有地图保存下来，但由于可以与现代地图绘制技术相比照，因此僧一行进行的大地测量、被认为具有比例尺的贾耽绘制的地图、有着现代地形图意味的“五岳真形图”被纳入叙事体系中；元明时期除了强调阿拉伯的影响之外，基于文字记载而被认为经由罗洪先的《广舆图》保存下来朱思本的《舆地图》，由于是使用“计里画方”绘制的，且罗洪先的《广舆图》看上去绘制的比较准确，因此通常都被着重强调；而明末清代，将近代西方地图绘制技术传入中国的传教士绘制的地图和康熙时期的大地测量，由于被认为使中国古代地图的绘制近代化，走向了现代的科学地图，因此也是叙述的重中之重。

当然上述这些元素不是最初就都被加入这一叙述脉络中的，而是随着古地图的不断披露以及具体地图研究的进展而被逐步纳入的。如最初的历史书写中并没有提及《禹迹图》，可能是李约瑟才首次将其纳入叙事体系中；虽然陶懋立已经提到了罗洪先的《广舆图》，但他并没有看到《广舆图》的传本，后来的研究者也大都认为罗洪先只是改绘了朱思本的地图，而可能王庸首次在地图学史的叙事脉络下对罗洪先的《广舆图》进行了详细介绍，并肯定了罗洪先《广舆图》与朱思本《舆地图》的差异以及《广舆图》的影响力。此外，其中相关内容的介绍也日渐详细，这应当与当时对这些地图本身的研究的深入有关。

还需要说明的是，虽然如前文所述，这些素材被加入中国古代地图学史的历史书写中的时候，研究者关注的是它们的绘制技术或者技术上的先进性，但在大多数情况下，研究者并没有对它们的技术本身进行深入分析，如“计里画方”①；同时这些研究者还认为这些“先进”的技术在古代或被广泛应用，或有着广泛影响力，如“制图六体”②，进而甚至认为某些地图的广泛传播是基于它们的绘制技术，如《广舆图》③，但这些认知基本都是“一厢情愿”。不过这种“一厢情愿”，是历史书写内在的，是任何历史书写都不可避免的，只是在程度上会有所差异，毕竟看待历史的视角一方面决定了我们可以看到的“历史”和我们愿意接受的“史实”，但同时也确保了我们看不到的“历史”以及我们思考方式会主动排斥的“内容”。

虽然从上述的概述中可以看到，王庸和李约瑟所构建的中国古代地图学史主要是基于前人的研究成果，有着明显的发展脉络可循，但由于王庸被公认为是中国古代地图研究的奠基者，而李约瑟的《中国科学技术史》在全世界都有着广泛的影响力，因此这两部书出版之后，中国古代地图学

① 参见成一农《对“计里画方”在中国地图绘制史中地位的重新评价》，《明史研究论丛》第12辑，故宫出版社2014年版，第24页。

② 参见成一农《对“制图六体”影响力的重新评价——兼论错误构建的中国地图学史》，《炎黄文化研究》第17辑，大象出版社2015年版，第260页；以及本书第一篇第三章。

③ 参见成一农《〈广舆图〉史话》，国家图书馆出版社2017年版；以及本书第一篇第四章。

史叙事脉络的构建基本完成，只是随着地图的不断披露和研究的深入，用于填充这一历史书写的素材逐渐增多，以及随着对中国古代绘图方法和地图研究的深入，在细节上不断增补而已。

第四节　地图学史历史书写的拓展——与测绘技术的密切结合

从 1949 年之后至改革开放前，中国古代地图的研究几乎陷入停滞，除了关注少量考古发现的地图之外，基本没有太多的研究论著。不过从 20 世纪 70 年代末开始，逐渐出现了一些地图学史著作，其中时间较早的当属陈正祥的《中国地图学史》①。

与之前的著作相比，陈正祥的《中国地图学史》无论是在历史书写的视角还是用于构建历史书写的素材方面几乎没有太大的变化，最大的变化主要在于：在开篇加入了 1983 年在马王堆汉墓出土的三幅地图，并进行了详细介绍；在宋代的部分介绍了沈括绘制的地图以及绘图方法，详细介绍了《华夷图》《禹迹图》《地理图》《平江图》。

稍晚一些的则是卢良志的《中国地图学史》②。与之前的作品相比，卢良志的著作除了地图本身之外，还强调了地图的应用，并花费了一定的篇幅叙述了测量方法。但就地图本身而言，与之前著作相比，该书挑选出来的叙述对象依然没有太大的变化，主要的差异在于：对文献中记载的地图进行了更多的介绍；同样加入了考古发现的马王堆汉墓出土的三幅地图，并进行了详细的介绍；介绍了宋代的《华夷图》和《地理图》；详细地介绍了《广舆图》的版本，以及多种受到《广舆图》影响的文献；较为详细介绍了明代的九边图、海防图和江防图；概述了中国古代的立体地形模型图、城市图、水系图、航海图。总体而言，历史书写的视角保持未变，但在用于构建历史书写的素材方面进行了扩展，此外在强调“科学”的视角之外，还补充了一些“非科学”的地图，不过篇幅极为有限。

---

① 陈正祥：《中国地图学史》，商务印书馆 1979 年版。

② 卢良志：《中国地图学史》，测绘出版社 1984 年版。

阎平、孙果清等编著的《中华古地图集珍》[①] 虽然是一部图录，但在图录之前对中国古代地图学史进行了叙述，并将其分为四个演化阶段。该书撰写的特点就是：1. 在各个阶段都介绍了当时中国的测量学成就；2. 由于该书是图录，因此在这一部分配合后文的图录，对一些地图进行了介绍，正是如此，其涵盖的地图类型包括了航海图、边防图、海防图和河渠图，不过其中详细介绍的依然是之前被一再提及的地图和绘图方法，如马王堆地图、裴秀和“制图六体”、《广舆图》及其影响，只是补充了一些最新出土或者近年来有着较多研究的地图，如中山王墓出土的《兆域图》、1986 年放马滩出土的地图以及《杨子器跋舆地图》。因此，可以认为其历史书写同样是对以往中国古代地图学史叙述方式的继承，且在历史书写中更加紧密地将中国古代地图学史与测绘技术联系了起来，当然在地图类型上丰富了一些。

喻沧和廖克的《中国地图学史》[②] 出版于 2010 年，可以说是当时中国传统地图学史叙事脉络的集大成者。该书有着如下特点：一是将地图学与测绘紧密结合在一起，自隋唐开始，几乎每一章的标题都带有“测绘与地图学”，且很多小节的标题也是如此；二是将明代作为中国近代地图学的开端。这两点结合起来，说明作者依然遵循着自民国以来的中国古代地图学史历史书写的视角。此外，作者还在宋辽金元部分强调了地图与各类工程测绘、农田土地测绘之间的关系，本质上同样是在强调地图绘制的“科学性”，此外在宋代部分还介绍了地图模型、天文图和江河湖海图，无疑扩大了地图学史中涉及的地图类型和数量。当然，就纳入叙述的地图而言，与之前相比并没有根本性的变化。

总体而言，中华人民共和国成立以来，主要是改革开放以来，中国古代地图学史的叙事方式可以说是对民国时期的继承和发展，主要的变化就是：1. 将中国古代的地图绘制更为紧密地与测量技术的发展结合在一起，由此更为强化了中国古代地图的“科学性”以及由此而来的“现代性”；2. 纳入了更多的地图，主要包括新出土的早期地图，蕴含了某些现代地图元

---

① 阎平、孙果清等编著：《中华古地图集珍》，西安地图出版社 1995 年版。

② 喻沧、廖克：《中国地图学史》，测绘出版社 2010 年版。

素的地图，典型的如有着现代地图符号意味的《杨子器跋舆地图》；3. 结合最新的研究，对传统叙事中强调的地图和绘图方法进行了更为详细的叙述，典型的如《广舆图》和“制图六体”；4. 除了传统叙事中强调的全国总图之外，也将其他一些地图类型囊括在内，但所占篇幅有限，且对各类型地图的发展脉络缺乏总体性的介绍。

第五节　中国古代地图学史历史书写的转型和反思

近年来，中国古代地图学史的历史书写出现了两个值得关注的新趋势：

第一，对以往基于“科学”的视角构建的中国地图学史的叙事方式开始反思，其中代表性的作品就是余定国的《中国地图学史》①，虽然该书名为《中国地图学史》且作为译著用中文出版，但其原是 J. B. 哈利（J · B · Harley）和戴维 · 伍德沃德（David Woodward）主编的，芝加哥大学出版社出版的《地图学史》（*The History of Cartography*）丛书②第二卷第二册《传统东亚、东南亚地区地图学》（*Cartography in the Traditional East and Southeast Asian Societies*）中的一部分，是标题为“中国的地图学”（Cartography in China）下的 7 章，因此实际上是多篇关于中国古代地图学研究论文的合集。在书中，余定国提出“中国地图学一般既没有排除地图的人文价值，也没有降低地图的人文价值。结果，中国地图学不但包括数学的技术，也包括现在被人们视为是人本主义的精神。地图同时涉及数学和文字，但这两者并不是对立的，它们两者都与价值和权力相互关联”③；“但这并不是说中国地图学是非数学的，而是说它具有比数学概念更广泛的其他含义”④，也即是“‘好’地图不一定是要讨论两点之间的距离，它还可以表示权力、责任和感情”⑤，也即仅仅用科学、定量来解释中国古代地图

---

① 余定国：《中国地图学史》，姜道章译，北京大学出版社 2006 年版。
② 关于这套丛书的书评，参见本篇的附录一。
③ 余定国：《中国地图学史》，姜道章译，第 90 页。
④ 余定国：《中国地图学史》，姜道章译，第 45 页。
⑤ 余定国：《中国地图学史》，姜道章译，第 45 页。

是远远不够的。由此，作者挑战了从“科学”“技术”的角度看待中国古代地图，并进行历史书写的传统的中国地图学史。[①]

此后，笔者的《“非科学”的中国传统舆图——中国传统舆图绘制研究》[②] 不仅通过逻辑推导，提出地图本身就是对地理要素的“主观”再现，因此仅试图从对地理要素进行客观表达的“科学”的视角来看待地图以及进行历史书写本身就是存在问题的；而且还对以往认为代表了中国古代地图“科学性”的绘图方法，如“制图六体”“计里画方”，以及地图，如《广舆图》《禹迹图》进行了分析，认为以往的研究是对这些绘图方法和地图的误解，并最终认为，从现代的角度来看，中国古代地图的主流是非科学的、非定量的，因此以往从“科学”“定量”的角度进行的中国古代地图学史的历史书写在视角是极为片面的。

上述两书实际上都是论文集，且主要在于“破”，而不是在于“立”，因此只能说指出了以往历史书写中存在的问题，但还远远谈不上对地图学史的重新书写。

第二，地图学史叙事内容的扩展。随着近年来披露的中国古代地图数量的增加和研究的深入，在一些中国地图学史的总体性的研究和介绍著作中，除了全国总图之外，开始囊括更多的地图类型，这方面的代表作就是李孝聪主导撰写的《中华舆图志》[③] 和席会东的《中国古代地图文化史》[④]。虽然这方面的趋势在卢良志的《中国地图学史》以来的各书中已经出现，但如前文所示，在以往的这些著作中，就篇幅而言，全国总图依然是地图学史历史书写的重中之重。

《中华舆图志》，按照前言所记该书是“为了便于读者了解中华舆图发展的概况，我们在前人工作的基础上，进一步搜集新资料，选择幸存的珍贵而有代表意义的古地图百余幅，以反映舆图发展的脉络和不同表现手

① 该书的书评，参见成一农《“非科学”的中国传统舆图——中国传统舆图绘制研究》附录二“评余定国《中国地图学史》”，中国社会科学出版社 2016 年版，第 335 页。

② 成一农：《“非科学”的中国传统舆图——中国传统舆图绘制研究》，中国社会科学出版社 2016 年版。

③ 《中华舆图志编制及数字展示》项目组：《中华舆图志》，中国地图出版社 2011 年版。

④ 席会东：《中国古代地图文化史》，中国地图出版社 2013 年版。

法”；而《中国古代地图文化史》将文化与地图联系起来，因此两者都不是关于地图学史的专著。不过，前者将中国传统舆图分为七类，后者将中国古代地图分为六类，而以往中国古代地图学史的历史书写中强调的全国总图，只是其中一类，因此两书在类型上更为全面地展现了中国古代地图的面貌，正符合《中华舆图志》的前言所记“以反映舆图发展的脉络和不同表现手法”。但两书在古代全国总图的叙事中依然受到以往中国古代地图学史叙事脉络的影响，如《中国古代地图文化史》清代部分的标题为“西学东渐与中国本位——清代的疆域测绘与中国地图的近代化”，也即对清代的地图学史的介绍依然着重叙述“近代化”以及康雍乾时期的大地测量。此外，更为重要的是，两书都缺乏对各类地图发展脉络的整体性认知和细致的介绍。

总体而言，上述近年来的两个新趋势归根结底都认为以往历史书写的涵盖面不全面，但前者集中在研究视角上，后者集中在涵盖的地图类型上。

第六节　展望

关于中国古代地图学史叙事脉络在近代形成并延续至今的原因，笔者在《“科学”还是“非科学”——被误读的中国传统舆图》[①] 中进行了分析。大致而言就是，民国时期，在学术研究和社会思潮中“科学主义”和“线性史观”具有广泛的影响力，一些近代时期形成的学科正是在上述两种观念的基础上构建了对其研究对象的历史书写，即以线性史观为前提，以科学性的不断提高作为研究对象发展的必由之路，并以此为基础，对一些能体现出技术进步和科学性提高的文献、材料、史实进行解读、阐释，从而构建出一部不断朝向现代“科学”前进（即线性）的发展史；而这种构建模式也极大地满足了近代以来，甚至当前的中国社会的心理需求，因为在落后、被动挨打的局面下，由此构建的科技史（包括历史）体现出中

① 成一农：《“科学”还是“非科学”——被误读的中国传统舆图》，《厦门大学学报（哲学社会科学版）》2014 年第 2 期，第 20 页。

国自古以来的科学技术都是非常发达，甚至曾经领先于世界，是符合历史潮流的，而且由于发展道路是正确的，因此当前的挫折只是暂时的，我们必然会再次追上世界发展的步伐。中国地图学史也正是在这种时代背景下形成的，且由于“科学主义”和“线性史观”的影响力至今依然强大，而且虽然中国国力得到了极大的提升，但民族自信心并没有随之相应的提高，因此在将近百年之后，这一中国古代地图学史历史书写的视角依然被很多人所接受并占据主流。由此带来的问题笔者在《“非科学”的中国传统舆图——中国传统舆图绘制研究》一书[1]中也已经进行了分析，即：对于具体地图而言，研究的内容在以往数十年中过多地集中于对地图绘制技术的分析，而忽视了其他方面，虽然近年来，这一趋势有所减弱；对于地图学史的历史书写而言，同样是过多地强调了绘制技术，而忽视了中国古代地图的内涵以及其他方面。而且就地图类型而言，以往的研究更多地集中于寰宇图和全国总图，而忽视了大量其他类型地图的发展，由此时至今日，我们对于如中国古代的航海图、海防图、城池图、政区图、水利图、园林图等依然缺乏整体性的认知；且对于中国古代寰宇图和全图总图的研究，也基本局限于少数被认为体现了“科学性”的地图上。[2]

当然这并不是指责以往研究的错误，毕竟学术是基于时代的，没有脱离时代的学术，因此这种建立于“科学主义”和“线性史观”之上的地图学史在民国时期，甚至今天也有其合理性，也是一种对历史的认知，一种有其合理性的历史书写。

不过，在史学观念日益多元化以及在大量地图被披露出来的今天，中国古代地图学史的历史书写也应当多元化。不仅如此，如前文所述，历史书写决定了研究者所能看到的“历史”，也决定了研究者看不到的“历史”，因此如果一种历史书写长期居于主流，那么必然会阻碍对历史的认

① 成一农：《“非科学”的中国传统舆图——中国传统舆图绘制研究》，中国社会科学出版社2016年版。也可以参见本书第一篇第一章。

② 成一农的《中国古代舆地图研究》（中国社会科学出版社2018年版，以及中国社会科学出版社2020年的修订版），在尽量搜集地图的基础上，对清代之前的全国总图发展脉络及其谱系进行了梳理。

知。因此，中国地图学史的多元化，不仅是中国古代地图学史研究的需要，也是中国古代地图研究的需要，更是当前中国史学研究发展的必然。

大致而言，在弱化以往“科学主义”的历史书写的基础上，中国古代地图学史历史书写的多元化有着两个层面：

第一，扩大涵盖面。以往地图学史的叙事主要集中于全国总图，对于其他类型的地图只是点到为止；即使是《中华舆图志》和《中国古代地图文化史》，虽然降低了全国总图的地位，但对于各类专题图依然缺乏整体性的认知，也即没有对专题图的全貌进行总括性的论述，且至今各专题图大都缺乏相应地对其演变脉络进行总括性研究的著作。而且，即使以往研究的重点——全国总图，研究者关注的也只是极少数地图。因此，今后可以在搜集各专题图的基础上，对它们的演变脉络进行梳理，从而撰写一部涵盖面更广的，更能反映中国古代地图演变全貌的地图学史。而正如前文所述，这也是本书的撰写目的。

流传至今的中国古代地图，按照载体，大致由三个主要组成部分构成，即单幅的（绘本、刻本、石刻等）或单独流传的地图（集）、古籍中作为插图存在的地图，以及方志图。由于各藏图机构已经逐渐披露出了大量单幅的或者单独流传的地图（集），而对于这些地图（集）中的一些也有着或多或少的研究，因此目前对于这些地图（集）的大致样貌已经有着一些模糊的认知，今后虽然可能还会有未曾见过的地图出现，但超出于脉络之外的可能性不大。笔者已经对《续修四库全书》《四库全书存目丛书》《四库禁毁书丛刊》《四库未收书辑刊》《文渊阁四库全书》收录的古籍中作为插图存在的地图进行了整理，也可以得出大致相近的结论。方志地图数量众多，且与其他两类有着不同的脉络和体系，也有着一些研究论著①，但数量不多。因此可以说，目前撰写一部涵盖面更广，能反映中国古代地图演变全貌的地图学史的时机已经成熟。但这种历史书写，从视角而言，可能只是集中于地图图面所绘内容、绘制方法的演变以及地图之间的承袭

① 邱新立：《民国以前方志地图的发展阶段及成就概说》，《中国地方志》2002年第4期，第71页；阙维民：《中国古代志书地图绘制准则初探》，《自然科学史研究》1996年第4期，第334页。

关系。

第二，摆脱西方中心观，从中国自身的社会、文化入手，从更多的视角确立多元的中国古代地图学史的历史书写。虽然以往受到“科学主义”和“线性史观”影响而书写的中国古代地图学史是历史书写的方式之一，但其显然受到西方现代讲求投影、经纬度和绘制准确性的地图绘制方法的影响，是以西方现代地图为核心的一种历史书写。以往的这种历史书写，虽然一再强调中国古代地图的科学性，但越来越多的研究揭示，“科学”地图实在是中国古代地图中的“非主流”，而且更进一步的就是，基于这种视角，将会对中国古代地图做出极低的评价，如丁超《唐代贾耽的地理（地图）著述及其地图学成绩再评价》论及“对中国古代地图学（乃至整个地图学史）的评价，首先涉及评价标准问题。从整个中国地图学发展历程看，本土传统地图学观念与技巧在西方地图学引介中国之后就节节败退，如今打开任何一部中国地图（集），除了汉字以外，在地图表现手法上几乎找不到中国本土因素。这一事实恰恰证明了西方地图学基本理念和技术手段的普适性。地图虽有中外之别，古今之分，但都是主要用图形而非文字表达地理要素。摒弃这些具有普适性的地图学基本原则不用，则无以呈现出中国古代地图学在世界地图学史上的地位和作用”[①]，作者评判地图优劣的标准非常明显，即那些“非科学”的，图形加上大量文字的中国传统舆图，在“世界地图学史上的地位和作用”应是微不足道的，是非主流的。但这种研究视角，并不是“普世”的，而是现代“科学主义”的，是西方话语体系的，而且只是近现代西方话语体系的，不是“历史的”，也不是基于中国传统文化的，也缺乏历史研究所需要的“同情”，甚至对于西方文艺复兴及其之前的地图都是不适用的。

在中国经济迅猛发展，国际地位日益提高的今天，传统文化的复兴已经指日可待，但目前很多所谓传统文化的复兴，虽然挂着复兴传统文化的名号，而实际上还是以西方文化和话语体系为准则，也即通过挖掘和曲解中国传统文化以符合西方文化和话语体系，由此凸显中国传统文化的“先

---

① 丁超：《唐代贾耽的地理（地图）著述及其地图学成绩再评价》，《中国历史地理论丛》2012年第3辑，第153页。

进”。在中国古地图研究领域内，近年来也存在这方面的例证，如关于《蒙古山水地图》的研究①。这种传统文化的复兴，实际上是用西方现代话语体系来理解中国传统文化，依然是非中国的。因此，要复兴传统文化、理解传统文化，那么必须要基于理解中国社会、历史的基础之上，古地图的研究也是如此，由此一来中国古代地图学史的历史书写将会海阔天空。还需要提及的是，这里对西方话语体系的否定，并不是认为其没有价值，而是强调，要理解一种文化，那么要尽量以这种文化自身的话语体系来对其进行理解。当然，随着时代的演变，“以这种文化自身的话语体系来对其进行理解”是不可能完全做到的，而大致只能做到用当前话语理解这种文化自身的话语体系的情况下来对其进行理解。

如，在中国传统文化中，地图和绘画都被称为“图”，两者无论在绘制者还是在绘制技法上都有着相通之处，在以往的研究中往往将两者割裂，而这种割裂显然是“现代”的，而今后完全可以从绘画的角度来书写中国古代地图学史，分析各种绘制技法在不同场景下的运用。此外，中国古人有着一套自己的空间观念，这也影响到了地图的绘制，如突出绘制者或者观看者所关注的地理要素和空间，而忽略或者简化其他要素；又如为了满足观看的需要，地图的方位在图面上可以不断变化等，从这一角度也可以书写一部中国古代地图学史来反映地图上对空间观念的表达、运用及其演变过程。还有，中国古代虽然没有现代意味的地图符号，但地图在表达地理要素时似乎也有着一定之规，通过符号传达着一些信息，如《杨子器跋舆地图》对使用的符号进行了如下叙述：

一京师八其角，以控八方也。

一蕃司为圆，府差小焉，治统诸小，非一方拘也。

一州为方，县则差小，大小各一方也。

一附都司、卫所，加城形者，示有捍御，不附书，总具图空，不得已也。

---

① 对于相关研究的评论，参见成一农《几幅古地图的辨析——兼谈文化自信的重点在于重视当下》，《思想战线》2018年第4期，第50页；以及本书第十篇第八章。

一守御所特设者，斜其方，以武非治世之正御，与都司以次而大，因其势也。

一夷邦三其角，偏方也，不多及者，纪其所可知者耳。

一宣慰司以下无别者，王化所略也。

一山川、陵庙各随形以书其名，非特纪名胜，正以定疆域也。

那么，是否可以从地图上使用的符号的文化内涵入手来书写一部中国地图学史，从而揭示其反映的社会文化以及思想的变迁？而以往从现代地图符号角度进行的解读实际上抹杀了这种文化内涵。

总体而言，今后中国地图学史的历史书写必然是多元的，这既是由时代所决定的，也是时代的需要。

第三章　中国古代地图学史中“制图六体”经典地位的塑造

第一节　地图学史叙事中对“制图六体”的推崇

由于西晋裴秀提出的“制图六体”要求在绘制地图时要有比例尺、方向，以及通过道路距离转化而来的直线距离，由此如果“制图六体”被应用于地图绘制的话，那么确实可以将地图绘制的较为准确，因此在近现代以来的绝大部分相关研究都给予其极高的评价。如李约瑟认为裴秀的“制图六体”中包含了“方格制图法”，并将其中的“准望”比拟为经纬度①；陈正祥认为“此六者之间，既是相互联系的，又是相互约制的，可以说已经把今日地图学上的主要问题，都扼要指示出来了”②；卢良志认为“‘制图六体’的创立，在中国地图史上有着划时代的里程碑的地位和作用”③。更多的研究者则进一步认为裴秀的“制图六体”对中国古代地图绘制产生了重要影响，如王庸认为“因为从此以后，直到明季利玛窦的世界地图输

---

① 李约瑟：《中国科学技术史》第5卷“地学”第1分册第22章“地理学和地图学”，科学出版社1976年版，第120页。不过现在一般认为裴秀的“制图六体”并不等同于方格图（即计里画方），如卢良志《“计里画方”是起源于裴秀吗?》，《测绘通报》1981年第1期等。

② 陈正祥：《中国地图学史》，香港商务印书馆1979年版，第12页。

③ 卢良志：《中国地图学史》，测绘出版社1984年版，第49页。

入以前，这一千二三百年间的地图制作，在方法上没有跳出它的规格"[①]；侯仁之认为，"制图六体"为中国"自古以来即已发达的地图制作，奠定了科学的基础"[②]；喻沧认为"制图六体"，"除了当时不可能涉及的经纬线和地图投影外，几乎提到了地图制图学上所应考虑的所有主要因素，标志着中国古代地图制图理论体系的形成，且对后世的地图制图发展有深远的影响"[③]；辛德勇则提出"这种制图原理，直到普遍采用西方制图方法之前，在中国始终相承未变"[④]。总体来看，虽然对于裴秀"制图六体"的解释，学界存在一些争议[⑤]，但对其在中国古代地图绘制中的影响力则是毫无疑义的。由此，近现代几乎所有中国古代地图学史的研究论著在叙述中国古代地图的发展脉络时，必然要提及裴秀的"制图六体"。

就目前所见，近现代时期，在王庸和李约瑟之前，最早对中国古代地图学史发展过程进行叙述的应当是陶懋立《中国地图学发明之原始及改良进步之次序》[⑥]一文，在其中他将"制图六体"的"准望"比拟为经纬度，且将裴秀推崇为"吾国发明地图学之第一人也"，不过他并没有对"制图六体"的影响做太多的评价。

且这不仅是近现代人的认知，而且也是古人的认知。虽然中国古代不存在地图学史这样的学科，但留存下来的文献，在谈及地图绘制或者追溯中国古代地图的发展时，通常都会提到"制图六体"。《旧唐书·贾耽传》所载贾耽进"陇右山南图"表，应当是目前存世文献中除裴秀《禹贡地域

① 王庸：《中国地图史纲》，商务印书馆1959年版，第18页。但王庸紧接着又谈到"而且大多数的地图，并不能按制图六体来认知制作"，因此王庸实际上对"制图六体"影响力的认知是存在矛盾的，也触及了问题的要害，但他的这种存在矛盾的认知并没有被后来的绝大部分学者认识到，由此长期以来也缺乏进一步的深入研究。

② 侯仁之主编：《中国古代地理学简史》，科学出版社1962年版，第19页。

③ 喻沧、廖克：《中国地图学史》，测绘出版社2010年版，第58页。

④ 喻沧、廖克：《中国地图学史》，测绘出版社2010年版，第58页。

⑤ 参见胡渭著，邹逸麟整理《禹贡锥指》，上海古籍出版社1996年版，第122页；王庸《中国地图史纲》，商务印书馆1959年版，第18页；辛德勇《准望释义——兼谈裴秀制图诸体之间的关系以及所谓沈括制图六体问题》，《九州》第4辑，商务印书馆，2007年，第243页；韩昭庆《制图六体新释、传承及与西法的关系》，《清华大学学报（哲学社会科学版）》2009年第6期等。

⑥ 陶懋立：《中国地图学发明之原始及改良进步之次序》，《地学杂志》1911年第2卷第11号和第12号。

图序》之外最早提及“制图六体”的文献，其载：“臣闻楚左史倚相能读《九丘》，晋司空裴秀创为六体，《九丘》乃成赋之古经，六体则为图之新意”①，对“制图六体”评价很高。此后，代表性的如沈括《长兴集》卷四《进守令图表》中记：“臣某言，臣先准熙宁九年八月八日中书札子，奉圣旨编修《天下州县图》……编探广内之书，参更四方之论，该备六体，略稽前世之旧闻，离合九州，兼收古人之余意”②，在介绍他自己绘制的地图时，在绘图方法方面只提到了“制图六体”。《世宗宪皇帝朱批谕旨》卷一百七十四之六载，雍正六年四月初六日“浙江总督管巡抚事（臣）李卫谨奏为恭谢……皇上赐臣皇舆图十副到杭，臣随出郭跪迎回署，虔设香案望阙叩头，恭谢天恩……立分率以审远近之差，设准望以正会归之极，又复详道里而分高下，觇度数而定方舆，在裴秀之赋六体不能尽其精详，即倚相之读九邱岂足方其奥衍”③，虽然这段话是通过贬低“制图六体”的方式来夸耀《皇舆全览图》，但在这一语境下，如果“制图六体”在中国古代地图绘制中以及在地图绘制史中没有崇高地位的话，那么也不值得被拿来作为贬低的对象。清代中后期编纂的很多方志在提及地图绘制或者追溯古代地图绘制方法时也都提到了“制图六体”，如（乾隆）《宁夏府志》“图考”记“自裴秀为《舆地图》标其六体，后世图地里者，表毫厘、计嬴缩，其法益精”④；（道光）《博兴县志》“条例·重修博兴志条例十则”记“古者献地必以图，其绘法不传。惟晋裴秀请定六法，曰轮广、准望、道里、高下、方邪、迂直，为得古人遗意”⑤；等等。

最为典型的是徐文靖《禹贡会笺·原序》中对古代地图发展过程的叙述，其叙述始自黄帝，即“《周公职录》曰：黄帝受命，风后授图，割地布九州，是九州本依图而立也”；然后至大禹，即“《水经注》曰：禹理水观于河，见白面长人鱼身，授《禹河图》而还于渊，是禹之治水亦依图而

① 《旧唐书》卷一三八《贾耽传》，中华书局1975年版，第3784页。

② 沈括：《长兴集》卷四《进守令图表》，四库全书本。

③ 《世宗宪皇帝朱批谕旨》卷一百七十四之六，四库全书本。

④ （乾隆）《宁夏府志》“图考”，成文出版社有限公司1968年版，第20页。

⑤ （道光）《博兴县志》卷一“条例·重修博兴志条例十则”，成文出版社有限公司1976年版，第17页。

治也”；此后叙述至“（东汉）明帝永平中，议治汴渠，上引乐浪人王景问水形，便因赐景《山海经》《河渠书》《禹贡图》”。然后谈及“禹贡之有图尚已，后世图事阙略。晋司空裴秀惜之，乃殚思著《禹贡地域图》十有八篇，其制图之体有六，一曰分率、二曰准望、三曰道里、四曰高下、五曰方邪、六曰迂直，悉因地制形。王隐《晋书》曰：裴秀为司空，作《禹贡地域图》，事成奏上，藏于秘府。为时名，公诚有所慕而云也。”然后叙述至唐宋明，直至胡渭的《禹贡锥指》。虽然其主要强调的是与《禹贡》有关的地图，但从其叙述来看，裴秀的《禹贡地域图》和“制图六体”是这一脉络中不可缺少的。

从上述叙述来看，确实“制图六体”在从古至今的中国地图学史的叙事中有着重要的地位，且除了“计里画方”和“制图六体”之外，中国古代缺乏关于地图绘制方法的记载，因此在这种背景下，“制图六体”更显得尤其突出。

第二节 以往叙事的内在矛盾

在历史悠久的中国古代地图学史的叙事中“制图六体”有着重要的地位，按照常理而言，这种重要的地位应当来源于其对中国古代地图的绘制有着重要的影响，而这也是前文所引的以往很多研究所强调的，但无论是近现代以来的研究，还是现存的文献和地图史料似乎都无法证明这一点。

首先，在所有近现代的中国古代地图学史的叙述中，以及在对“制图六体”的各类专题研究中都没有对他们所提及的“制图六体”“对后世的地图制图发展有深远的影响”“在中国始终相承未变”进行论证。面对这一现象，那么合理的猜测就是这些研究是基于古人已经进行过的介绍或者论证，但遗憾的是，在现存的古代文献中我们看不到这样的介绍或者论证，因此，从学术的角度而言，这些结论实际上从未进行过论证。

其次，在流传至今的古代地图的序跋中，我们看不到这些地图的绘制者提及他们用“制图六体”绘制了地图；在各类文献中，除了提及“制图六体”、抄录裴秀的《禹贡地域图序》之外，也看不到提及用其绘制的地图；更为重要的是，在现存的地图中我们无法确定用“制图六体”绘制的地图。

最后，正如一些学者所指出的，至少在清代初年，学者们虽然知道“制图六体”的内容，但已经不了解其到底是如何用来绘制地图的，由此也开始了各种解释性的工作，而这种解释性的工作一直持续到今天。[①]

因此，应当可以肯定地说，“制图六体”在中国古代基本没有被用于地图的绘制，因而对古代的地图绘制本身没有产生什么影响。[②] 那么，由此我们不禁要问，既然“制图六体”基本没有被应运用于古代地图的绘制，那么长期以来中国地图学史研究中对其的推崇且强调其影响力的叙事方式是如何形成的？

第三节　推崇“制图六体”的中国古代地图学史叙事的形成

首先，我们先分析中国古代对“制图六体”的推崇。传统文献中对“制图六体”的引用分为两种情况，一种是在地图绘制背景下对其的引用；另外一种是在地图绘制背景之外的各种情况下对其的引用。首先对后一种情况进行分析。在表 1 – 1 中列出了在电子版《四库全书》中以“六体”和“裴秀”作为关键词检索到的对它们进行了引用的文献。

表 1 – 1　在电子版《四库全书》中以“六体”和“裴秀”作为关键词检索到的文献列表

序号	四库分类	书名	全文/提及
1	集部 别集类	《重编琼台稿》 “拟进大明一统志表”	只提到“六体”
2	集部 别集类	《长兴集》	只提到“六体”
3	集部 别集类	《石洞集》	只提到“六体”

① 参见韩昭庆《制图六体新释、传承及与西法的关系》，《清华大学学报（哲学社会科学版）》2009 年第 6 期，第 110 页。

② 对于这一观点的详细论证参见成一农《对“制图六体”影响力的重新评价——兼论错误构建的中国地图学史》，《炎黄文化研究》第 17 辑，大象出版社 2015 年版，第 260 页。

续表

序号	四库分类	书名	全文/提及
4	集部 别集类	《盈川集》	提到裴秀所绘舆图
5	集部 别集类	《黄市司勳集》	提到裴秀所绘舆图
6	集部 别集类	《橘山四六》	提到裴秀所绘舆图
7	集部 总集类	《明文海》丘浚 “拟进大明一统志表”	只提到“六体”
8	集部 总集类	《西晋文纪》	全文
9	集部 总集类	《文章辨体汇选》	全文
10	经部 礼类	《五礼通考》	提到裴秀所绘舆图
11	经部 书类	《禹贡锥指》	全文、解释
12	经部 书类	《禹贡会笺》	提及“六体”和 所有术语、提到裴秀所绘舆图
13	经部 五经总义类	《古经解钩沉》	全文、提到裴秀所绘舆图
14	史部 别史类	《通志》	全文、提到裴秀所绘舆图
15	史部 别史类	《郝氏续后汉书》	提到裴秀所绘舆图
16	史部 地理类	《山西通志》	提及六体和所有术语、全文
17	史部 地理类	《明一统志》	提到裴秀所绘舆图
18	史部 地理类	《陕西通志》	提到裴秀所绘舆图
19	史部 目录类	《经义考》	全文
20	史部 诏令奏议类	《世宗宪皇帝朱批谕旨》	提及“六体”以及其中一些术语
21	史部 诏令奏议类	《历代名臣奏议》	提到裴秀所绘舆图
22	史部 正史类	《旧唐书》卷一百三十八 《贾耽传》	只提到“六体”
23	史部 正史类	《晋书》卷三十五《裴秀传》	全文
24	史部 正史类	《隋书》卷六十八《宇文恺传》	提到裴秀所绘舆图
25	史部 正史类	《北史》	提到裴秀所绘舆图
26	史部 政书类	《皇朝文献通考》	提到“六体”和所有术语， 并进行了解释
27	子部 类书类	《北堂书钞》	提及“六体”和所有术语
28	子部 类书类	《册府元龟》	只提到“六体”、全文
29	子部 类书类	《玉海》	只提到“六体”和所有术语

续表

序号	四库分类	书名	全文/提及
30	子部 类书类	《小学绀珠》	提及“六体”和所有术语
31	子部 类书类	《天中记》	提及“六体”和所有术语
32	子部 类书类	《御定渊鉴类函》	只提到“六体”、全文和所有术语
33	子部 类书类	《御定骈字类编》	只提到“六体”
34	子部 类书类	《御定子史精华》	只提到“六体”和所有术语
35	子部 类书类	《御定佩文韵府》	只提到“六体”、提到裴秀所绘舆图
36	子部 类书类	《读书纪数略》	提及“六体”和所有术语
37	子部 类书类	《蒙求集注》	提及“六体”和所有术语
38	子部 类书类	《艺文类聚》	全文
39	子部 类书类	《初学记》	全文、提到裴秀所绘舆图
40	子部 类书类	《事类赋》	全文
41	子部 类书类	《太平御览》	全文、提到裴秀所绘舆图
42	子部 类书类	《古今事文类聚 – 古今事类类聚新集》	提到裴秀所绘舆图
43	子部 类书类	《群书考索》后集	提到裴秀所绘舆图
44	子部 类书类	《经济类编》	全文
45	子部 类书类	《格致镜原》	提到裴秀所绘舆图
46	子部 类书类	《职官分纪》	提到裴秀所绘舆图
47	子部 类书类	《记纂渊海》	提到“六体”和全部术语
48	子部 艺术类	《历代名画记》	提到裴秀所绘舆图
49	子部 艺术类	《御定佩文斋书画谱》	提到裴秀所绘舆图
50	子部 杂家类	《潜邱札记》	提到裴秀所绘舆图

从表1-1来看，古代文献中极少引用裴秀“制图六体”的全文或者全文的节选、节略，大部分只是简单地提及“制图六体”、裴秀所绘舆图或者“制图六体”中的术语。引用全文或者节选、节略的著作，尤以类书类最多，这显然与类书的性质密不可分。在其他各部中，总集类中的少量著作引用了全文，其中《西晋文纪》以收录存留下来的西晋的各类文体为主，因此裴秀的《禹贡地域图序》也被纳入其中；《文章辨体汇选》汇集了历代各类文体，在其“序三十六·图类”中包括了《禹贡九州地域图

序》，由于《西晋文纪》和《文章辨体汇选》收录了《禹贡地域图序》，因此也就囊括了“制图六体”的全文。经部中引用了全文的主要是书类中的《禹贡锥指》和五经总义类中的清朝余萧客搜辑钩稽唐以前经籍训诂的辑佚著作《古经解钩沉》卷三《尚书上》，显然这与裴秀绘制了展现《禹贡》内容的《禹贡地域图》有关，由此在收录《禹贡地域图序》时也就囊括了“制图六体”的全文。在史部中，只是在《晋书·裴秀传》，以及因裴秀为“河东闻喜人”而将其收录的《山西通志》中引用了全文；此外史部目录类中的《经义考》一书主要是辑录历代经籍，且考述这些经籍的存、佚、阙、未见等情形，而在该书的卷九十三“书二十二”中列出了“裴氏（秀）禹贡地域图”，并注明“佚”，然后抄录了裴秀的《禹贡地域图序》，因此《经义考》中也就出现了“制图六体”的全文；而史部别史类的《通志》中抄录“制图六体”的全文，这是因为该书“列传”部分关于裴秀的传记直接抄录了《晋书·裴秀传》，而《通志》列传部分列入裴秀，显然与其曾担任的职官有关。

通过上述分析可以看出，中国古代文献中对于“制图六体”全文的引用实际上与地图绘制没有什么关系，主要与裴秀个人的职官、籍贯有关，以及更为重要的与包括了“制图六体”全文的《禹贡地域图序》涉及《禹贡》有关。那些只是提及“制图六体”“六体”的文献，大部分也与上述情况相似。在地图绘制背景下引用“制图六体”“六体”的情况极少，大部分只是简单提及，下面进行简要分析。

虽然在地图绘制背景下对其的引用出现的较早，如《旧唐书·贾耽传》，即“臣闻楚左史倚相能读《九丘》，晋司空裴秀创为六体，《九丘》乃成赋之古经，六体则为图之新意”①，但其只是对“六体”进行了推崇，而没有提及用其绘制地图，也没有在地图绘制的背景下对其进行解释。而在清初之前，绝大部分对其的这类引用，与此类似，都只是简单地提到“制图六体”这一名词，最多是包括了对“制图六体”中“六体”名称的介绍，而没有具体说明如何使用“制图六体”来绘制地图。

最早对“制图六体”进行了解释的是清初《禹贡锥指》的作者胡渭，

① 《旧唐书》卷一百三十八《贾耽传》，中华书局1975年版，第3784页。

但所谓的解释，也只是对裴秀《禹贡地域图》中阐释“制图六体”的那段文字的解释，而没有阐述其具体的应用，且胡渭在《禹贡锥指》中绘制的地图也没有使用“制图六体”。胡渭这一解释，从今人的角度来看，虽然在某些细节上存在问题，但也大致正确，不过更需要注意的是胡渭最终的结论，即：

> ……古之为图者，必精于句股之数，故准望累黍不差……后之撰方志者，以郡县废置不常，而无暇以句股测远近之实。其所书唯据人迹所由之里数，而高下、方邪、迂直之形一切不著，虽有精于句股者，亦孰从而测之。故四至八到之里数，与准望远近之实，往往不相应，此图之所以难成，而地理之学日荒芜也。今杜氏《通典》、《元和郡国志》、《太平寰宇记》、《九域志》等书皆于州郡之下，列四至八到之里数，可谓详矣，而夷险之形不著，吾未知其所据者，著地人迹屈曲之路乎，抑虚空鸟道径直之路乎？至于近世之郡县志，尤为疏略，其道里亦未必尽核，况可据以定准望邪！昔人谓古乐一亡，音律卒不可复。愚窃谓晋图一亡，而准望之法亦遂成绝学。呜呼惜哉！[①]

也即在胡渭看来，虽然他做了解释，但当时已经缺乏可以用“制图六体”来绘制地图的数据了。[②]

不过，就目前存世文献来看，像胡渭这样深入探讨“制图六体”的人也是凤毛麟角，绝大部分在地图绘制背景下对“制图六体”的提及依然只是“提及”，除了上文所引用的之外，还有如《山西通志》卷十七“山川志”序言中的简要归纳，即“昔柏翳著《山海经》十八篇，又著《岳渎经》，为志方舆者之宗。六国时，尸佼著书二十篇，言九州险阻，水泉所起，《吕氏春秋》多采其说。至晋裴秀《禹贡图》十八篇，盖测高量深之法于是乎备矣”[③]。

而且不少“提及”中存在着对“制图六体”的误解，如清初刘献廷的

---

① 胡渭著，邹逸麟整理：《禹贡锥指》，上海古籍出版社1996年版，第123页。

② 参见成一农《对“制图六体”影响力的重新评价——兼论错误构建的中国地图学史》，《炎黄文化研究》第17辑，大象出版社2015年版，第260页。

③ 《山西通志》卷十七《山川》，文渊阁《四库全书》第542册，第528a页。

《广阳杂记》载“自晋颇作‘准望’，为地图之宗，惜其不传于世。至宋朱思本，纵横界画，以五十里为一方，即‘准望’之遗意也。今之《职方图记》，即用此法，非此则方向里至皆模糊不可稽考。然其事甚难，至十里一方，则竟无从著手。四至八到，方方凑合，求其毛发不爽，难矣。今之舆图，奉旨所写，如此已足。彼若为界画，是自穷之术也”[①]，其将“准望”理解为“计里画方”，在今天来看，显然是存在问题的。又如（嘉庆）《溧阳县志》“溧阳新志，首列全图，据今封域所作也。县东西百里，南北百五十里，乃旧图东西反三倍南北，真形全失，览者迷方。今先画方格，每格十里，以纸覆之，山川、城镇、方隅、距里准格丁列。于晋裴秀所论六体，差得大意，惜未获准望耳”[②]，其将“计里画方”与“制图六体”等同起来，在理解上同样是存在问题的。

此外，《皇朝文献通考》中也对“制图六体”进行了解释，但实际上只是抄录了胡渭在《禹贡锥指》中的解释。

总体而言，中国古代地图绘制背景下对“制图六体”的引用，绝大部分都不关注其与地图绘制的关系，也没有解释其如何应用于地图绘制；再结合“制图六体”在中国古代确实没有被用于地图绘制，因此其被引用很可能与“制图六体”在当时各类文献中的长期流传有关，而正如前文的分析，其在各类文献中流传的原因在于裴秀的职官、籍贯，以及与包括了“制图六体”全文的《禹贡地域图序》涉及《禹贡》有关。因此，可以认为，在地图绘制背景下对“制图六体”的推崇，实际上并不是因为那些提及者认识到其被用于地图绘制，而是因为裴秀和《禹贡地域图序》在各类文献中被不断提及。

将“制图六体”与古代地图的绘制建立起明确联系，也即强调“制图六体”被实际应用于地图绘制的是近现代的研究者，如前文引用的李约瑟的观点；又如卢良志认为“……以他创立的‘六体’为理论指导，完成了两种在中国地图发展史上具有重要地位的地图的编绘”[③]；《中华古地图集

---

① 刘献廷：《广阳杂记》卷二，中华书局 1997 年版，第 55 页。

② （嘉庆）《溧阳县志》，成文出版社有限公司 1983 年版，第 18 页。

③ 卢良志：《中国地图学史》，测绘出版社 1984 年版，第 46 页。

珍》一书提出，“裴秀提出的制图六体，是对汉魏制图实践的理性总结，把古老的制图学奠基在科学的数学基础上，创立了我国中古时期地图制图理论。裴秀的制图理论，对我国后世地图编绘工作产生了深远影响。唐、宋、元、明间著名制图学家贾耽、沈括、朱思本和罗洪先都是按制图六体的原则来制图的。制图六体在世界制图学史上也具有划时代的意义，所以人们称裴秀为我国古代科学制图法的创始人”①。

如前文的分析，这种认知显然是错误的②，但在这里还需要分析一下这种一直没有进行过认真的学术研究，且在今天看来存在显而易见的错误认知产生的原因。

如同笔者在《“科学”还是“非科学”——被误读的中国传统舆图》一文中的分析，民国时期对于“科学”的强调，以及“线性史观”的流行，对于中国古代地图学史的叙事方式的形成产生了巨大的影响。由此形成的中国古代地图学史的叙述强调的是地图绘制的“科学性”和“准确性”，而为了证明中国古代地图的绘制有着“科学性”和“准确性”，那么在民国以来构建的地图学史的叙事过程中，研究者必然会寻找和强调中国古代的地图绘制技术。但不得不承认的是，中国古代缺乏对于地图绘制技术的明确记载，因而在文献中流传较广的少量看起来蕴含着“科学性”和现代意义的“准确性”的地图绘制技术就被得到了强调以及一再强调，其中就包括“制图六体”，此外还有“计里画方”③。

同时，由于“制图六体”看起来蕴含着现代意义的“科学性”和“准确性”，且在一个感觉处处落后于世界各国的时代，这样的论述显然有助于提高民族自豪感，因此两者结合起来，不及满足了研究者，而且也满足了大众的心理需求，由此也就缺乏对这一绘图技术的实际运用情况进行具体分析的动力；且在现代研究者心目中，技术的提出必然意味着其被运用，这更进一步弱化了进行实证研究的动力，由此也就可以理解一些研究

① 阎平、孙果清等编著：《中华古地图集珍》，西安地图出版社1995年版，第31页。

② 参见成一农《对“制图六体”影响力的重新评价——兼论错误构建的中国地图学史》，《炎黄文化研究》第17辑，大象出版社2015年版，第260页。

③ 成一农：《“科学”还是“非科学”——被误读的中国传统舆图》，《厦门大学学报（哲学社会科学版）》2014年第2期。

者不假思索地提出“裴秀的制图理论，对我国后世地图编绘工作产生了深远影响。唐、宋、元、明间著名制图学家贾耽、沈括、朱思本和罗洪先都是按制图六体的原则来制图的”这样缺乏学术证明的结论，以及后来大部分研究者对这一结论不加怀疑地加以接受了。

总体来看，“制图六体”在古代文献中的流行及其在古代地图发展史叙述中的崇高地位是因为裴秀其人及其撰写的《禹贡地域图序》，而在近现代构建的中国古代地图学史的叙事中对其的推崇，则归因于其所阐述的地图绘制方法符合社会和研究者的心理需求。

第四节 结论

虽然笔者已经就“制图六体”的问题撰写过相关论文，但本章的目的并不是进一步强调以往对于“制图六体”在中国古代地图学史中有着崇高地位的认知是错误的。在进行进一步的分析之前，先举一个例子。

辛德勇的《制造汉武帝》一书，解释了司马光在《资治通鉴》中对汉武帝形象的塑造，也就是说其揭示出以往我们关于汉武帝的“历史认知”是司马光有意塑造的，偏离了历史上“真正”的汉武帝，也即偏离了客观历史。但需要强调的是，这一所谓错误的“历史认知”自《资治通鉴》成书以来，影响了后人对汉武帝的认识近千年，在这近千年中，这一对汉武帝的错误的“历史认知”影响了很多人基于这种认知而进行的历史活动，也就是这一对汉武帝的错误的“历史认知”影响了历史本身的发展。在这近千年的历史中，对历史进程造成影响的不再是“真正”的汉武帝，而是关于汉武帝的“历史认知”①。

本章所揭示的长期以来中国古代地图学史的叙述中对于“制图六体”的推崇也是如此，这种推崇所产生的原因，归根结底是由于“制图六体”是由裴秀在《禹贡地域图序》中提出的；而在近现代地图学史构建中对其的推崇，是因为其内容符合现代地图绘制的要求，满足了社会和研究者的

① 当然这种历史认知的形成也是基于“真正”的汉武帝。

心理需求，两者都与“制图六体”自身对于中国古代地图绘制的实际影响不存在太多的联系。而这一有意无意构建出来的“崇高”地位，与其他构建一起，塑造了一个追求科学、准确的中国古代地图学史，从而影响了我们对于历史的认知，提升了今人的民族自豪感，而这种“自豪感”进一步潜移默化地影响了今天的社会和今后的历史走向。

因此，虽然客观历史与“历史认知”是可以区分开的，但在两者的形成中，它们是互为因果、相互影响的。自人类的意识诞生后，人类的历史发展和历史进程就不可避免地受到人类意识的影响，虽然自然会对人类历史产生影响，但这些影响中的很大一部分也是通过人类意识而对人类历史施加的。地震或者洪水虽然可以对人类社会造成直接影响，但对这种直接影响的认知也会影响后来历史的运行，如宗教和科学对这类直接影响的认知肯定是不同，由此也就会形成不同的应对机制、心理需求、社会结构等等，而这些对后来的历史进程都会产生不同的影响。客观历史虽然为“历史认知”提供了土壤，但“历史认知”都会或多或少地偏离客观历史，并由此使后来客观历史的形成并不完全是由之前的客观历史决定的。

以往的历史研究大多希望通过“复原”客观历史来认知历史进程，不论我们是否可以复原客观历史，通过本章的分析，可以认为这样的路径是存在问题的，因为影响历史进程的除了客观历史之外，更多的是主观的“历史认知”，因此我们更应当分析的是基于客观历史的主观的“历史认知”的形成过程。虽然“历史认知”的形成过程依然是一种客观历史，对其的分析也依然是一种对客观历史的主观认知，同样也依然会影响今后的历史，但与以往那种直指“客观历史”的研究思路相比，这样的研究视角对于历史形成以及演进的认知至少要比以往更为深入，更为重要的是这样的视角强调去揭示主观与客观之间的互动，使我们对于历史认知更为多元和丰富，也才使历史和历史研究中有“人”的存在。

第四章 《广舆图》经典地位的塑造

第一节 问题的提出

在以往的中国传统舆图的研究中，基于各种原因，如绘制技术、珍惜程度等等，某些地图，如《禹迹图》《华夷图》《历代地理指掌图》《大明混一图》《广舆图》等，在研究中得到了更多的重视。同时，以往还对某些地图对中国古代地图绘制的影响进行过大量的研究，甚至对某些地图的谱系进行了梳理①。上述两者结合，在以往构建的中国古代地图学史中，有一些地图被认为具有划时代的意义②，并进而形成一种认知，即由于这些地图在当时具有极大的影响力，因而在中国地图学史中成为“经典”。虽然很多著作中并没有刻意强调某些地图的“经典”的地位，但从论述的角度而言，它们往往会给予读者以这样的认识。如任金城在《〈广舆图〉的学术价值及其不同的版本》中认为《广舆图》“因此能在我国得到广泛的流传，影响极为深远，在我国地图学史上堪称为承前启后之佳作”③。

---

① 如关于《大明混一图》，可以参见刘迎胜主编《〈大明混一图〉与〈混一疆理图〉研究——中古时代后期东亚的寰宇图与世界地理知识》（凤凰出版社2010年版）中的研究等。

② 如在王庸的《中国地图史纲》中强调的是，裴秀的《禹贡地域图》、贾耽的《海内华夷图》、罗洪先的《广舆图》、利玛窦绘制的世界地图以及康熙的《皇舆全览图》和乾隆的《内府舆图》。参见王庸《中国地图史纲》，生活·读书·新知三联书店1958年版。

③ 任金城：《〈广舆图〉的学术价值及其不同的版本》，《文献》1991年第1期，第118页。

先不论这样的认知是否正确[①]，仅就这种认知本身而言，也是我们今人的认知，即通过研究认为这些地图在当时非常流行、具有影响力，因而属于“经典”，但由此带来的问题就是，所有的“经典”都不是“与生俱来”，而是塑造的结果，那么我们今天认为的“经典”在当时是否被认为是“经典”，即这些我们今天看来是“经典”的地图，在当时虽然非常流行且可能确实影响很大，但当时人是否认识到了这一点，从而将它们奉为“经典”；以及如果在当时被认为是“经典”，那么其被确定为“经典”的标准，与后来以及今天是否相同？

这些问题虽然不一定会推翻目前构建的地图学史中的相关认知，但却能让我们更多元地看待中国古代地图学史，认识到历史书写的多元和动态。

《广舆图》在以往的中国地图学史中长期以来被奉为中国古代地图史上的“名作”，堪称“经典”，因此本章以《广舆图》为例，试图对中国古代地图学史中“经典”的塑造与历史书写的形成及其对历史认知的影响进行探索。

第二节 《广舆图》的资料来源

罗洪先在《广舆图序》中强调这套图集是在朱思本地图的基础上编绘的，即“于是悉所见闻，增其未备，因广其图，至于数十，其诸沿革统驭不可尽载者，咸具副纸。山中无力佣书，积十余寒暑而后成”，不过虽然实际上这套图集与朱思本的关系应当不太大[②]，但其中的原创性也确实并不算多，笔者在《〈广舆图〉史话》中一书，基于前人的研究对其资料来源进行了分析[③]，可以参见表 1－2。

---

① 对于以往这方面论述的讨论，参见成一农《“非科学”的中国传统舆图——中国传统舆图绘制研究》，中国社会科学出版社 2016 年版。

② 罗洪先的这段论述确实也影响了明代直至现代对朱思本《舆地图》和罗洪先《广舆图》的认知，但这种认知是错误的。由于这一错误的认知，实际上可以将后世对朱思本《舆地图》的褒扬看成实际上是对《广舆图》的褒扬。

③ 参见成一农《〈广舆图〉史话》，国家图书馆出版社 2017 年版。

表 1－2　嘉靖初刻本《广舆图》的内容及其参考的资料

<table>
<tr><th>地图分类</th><th>图名</th><th>幅数</th><th colspan="3">资料来源</th></tr>
<tr><td rowspan="16">政区图</td><td>舆地总图</td><td>1</td><td>可能参考了朱思本《舆地图》以及《大明混一图》、《杨子器跋舆地图》等地图</td><td rowspan="16">文字部分引用了桂萼《皇明舆图》等材料</td><td rowspan="26">地图集的形式来源于之前的地图集

“计里画方”源自朱思本《舆地图》

地图符号可能参考了《杨子器跋舆地图》</td></tr>
<tr><td>北直隶舆图</td><td>1</td><td rowspan="15">可能参考了一些当时的分省舆图</td></tr>
<tr><td>南直隶舆图</td><td>1</td></tr>
<tr><td>山东舆图</td><td>1</td></tr>
<tr><td>山西舆图</td><td>1</td></tr>
<tr><td>陕西舆图</td><td>2</td></tr>
<tr><td>河南舆图</td><td>1</td></tr>
<tr><td>浙江舆图</td><td>1</td></tr>
<tr><td>江西舆图</td><td>1</td></tr>
<tr><td>湖广舆图</td><td>1</td></tr>
<tr><td>四川舆图</td><td>1</td></tr>
<tr><td>福建舆图</td><td>1</td></tr>
<tr><td>广东舆图</td><td>1</td></tr>
<tr><td>广西舆图</td><td>1</td></tr>
<tr><td>云南舆图</td><td>1</td></tr>
<tr><td>贵州舆图</td><td>1</td></tr>
<tr><td rowspan="10">九边图</td><td>九边总图</td><td>1</td><td>可能引用了他人绘制的地图</td><td></td></tr>
<tr><td>辽东边图</td><td>1</td><td rowspan="9"></td><td></td></tr>
<tr><td>蓟州边图</td><td>2</td><td></td></tr>
<tr><td>内三关边图</td><td>1</td><td></td></tr>
<tr><td>宣府边图</td><td>1</td><td></td></tr>
<tr><td>大同外三关边图</td><td>1</td><td></td></tr>
<tr><td>榆林边图</td><td>1</td><td></td></tr>
<tr><td>宁夏固兰边图</td><td>1</td><td></td></tr>
<tr><td>庄宁凉永边图</td><td>1</td><td></td></tr>
<tr><td>甘肃山丹边图</td><td>1</td><td></td></tr>
</table>

续表

<table>
<tr><th>地图分类</th><th>图名</th><th>幅数</th><th colspan="3">资料来源</th></tr>
<tr><td rowspan="5">诸边图</td><td>洮河边图</td><td>1</td><td></td><td></td><td rowspan="14">地图集的形式来源于之前的地图集

“计里画方”源自朱思本《舆地图》

地图符号可能参考了《杨子器跋舆地图》</td></tr>
<tr><td>松潘边图</td><td>1</td><td></td><td></td></tr>
<tr><td>建昌图</td><td>1</td><td></td><td></td></tr>
<tr><td>麻阳图</td><td>1</td><td></td><td></td></tr>
<tr><td>虔镇图</td><td>1</td><td></td><td></td></tr>
<tr><td rowspan="3">专题图</td><td>黄河图</td><td>3</td><td>地图抄录自郑若曾绘制的《黄河图议》中的地图</td><td>文字抄自刘天和《黄河图说》</td></tr>
<tr><td>海运图</td><td>2</td><td>地图即有可能参考了郑若曾的《海运图说》中的地图</td><td>图后所附文字中的大部分文字来自明初的《海道经》</td></tr>
<tr><td>漕运图</td><td>3</td><td></td><td></td></tr>
<tr><td rowspan="6">邻国和周边地图</td><td>朝鲜图</td><td>1</td><td>图文皆摘引自郑若曾编绘的《朝鲜图说》</td><td></td></tr>
<tr><td>东南海夷图</td><td>1</td><td></td><td></td></tr>
<tr><td>西南海夷图</td><td>1</td><td></td><td></td></tr>
<tr><td>安南图</td><td>1</td><td>图文皆摘引自郑若曾编绘的《安南图说》</td><td></td></tr>
<tr><td>西域图</td><td>1</td><td></td><td></td></tr>
<tr><td>朔漠图</td><td>2</td><td></td><td></td></tr>
</table>

第三节 《广舆图》的广泛传播

成书之后，《广舆图》很快便广为流传，通过各种形式的增补和修订，形成了众多版本，目前至少有7个版本存世，它们的承袭关系以及内容上的差异见表1-3。

表1-3 存世的《广舆图》的版本以及承袭关系①

版本	收藏地	所依据的版本	特点
嘉靖三十四年（1555）前后的初刻本	中国国家图书馆、辽宁省博物馆、山西省图书馆		图48幅，文字、表格68页。每页高33.7厘米，宽33.4厘米。《舆地总图》中没有绘制长城，黄河源为三个湖泊
嘉靖三十七年（1558）南京十三道监察御史重刊本	中国第一历史档案馆、美国国会图书馆	初刻本	在117页上刻有“嘉靖戊午南京十三道监察御史重刊”，其他与初刻本同
嘉靖四十年（1561）胡松刻本	河南省图书馆、浙江省图书馆，日本东京内阁文库藏有手抄本	初刻本	在初刻本基础上，增加了日本和琉球两图（这两图没有画方，也没有使用统一的图例符号），并在某些图的空白处增加了上百字的评论性文字
嘉靖四十三年（1564）吴季源刻本	浙江省图书馆	可能是初刻本	卷首有“嘉靖甲子春崇安后学止山丘云霄偕序”，将《舆地总图》的画方减少了3/4，但图文中仍标为“每方五百里”
嘉靖四十五年（1566）韩君恩刻本	中国历史博物馆、南京图书馆、美国哈佛燕京图书馆等	胡松刻本	开本缩小，每页高24.5厘米，宽17厘米，每幅地图由两个半版组成，图数和内容与胡松刻本相近，增加了桂萼的《舆图记叙》和许论的《九边图论》，全书分为两卷，卷一97页，卷二105页。《漕运图》的网格为长方形
万历七年（1579）钱岱刻本	中国国家图书馆、上海市图书馆、河南省图书馆、美国国会图书馆	韩君恩刻本	分为两卷，原为正方形的“画方”变成了长方形。《舆地总图》中增加了长城，黄河河源画成葫芦形，并增加了行政治所的符号。地图的总数和内容与韩君恩刻本基本相同。去掉了《黄河图》上的图说。在最后增补了《华夷总图》和“华夷建置”的表格

① 该表来源于成一农《〈广舆图〉史话》，国家图书馆出版社2017年版，第129页。关于《广舆图》的版本还可以参见任金城《〈广舆图〉的学术价值及其不同的版本》，《文献》1991年第1期，第118页，以及任金城《广舆图在中国地图学史上的贡献及其影响》，曹婉如等编《中国古代地图集（明代）》，文物出版社1994年版，第73页。

续表

版本	收藏地	所依据的版本	特点
嘉庆四年（1799年）章学濂刊本	目前所见大都是这一版本	钱岱刻本	万历本的翻刻本，因避乾隆（弘历）的讳，将文字中的“曆”改为“歴”。缺少北夷和东北夷的表格2页。《漕运图》中将“看丹闸”“济浬闸”“开闸”错误地刊刻为“看舟口”“济宁闸”“闸闸”

除了上述7个版本之外，还存在一些或只见于文献记载，但极少有人见到，或收录于其他著作中的版本，如：邵懿臣《四库全书简明目录标准》载《广舆图》还有一个隆庆六年（1572）遂初书房的重刊本（7卷）[①]；王重民《中国善本书提要》中曾记载有一个天启之后明末的抄本，这一版本共4册142页，没有胡松所增加的内容，不过也以“附考”“附详”“附载”“补考”“补注”等形式增加了不少内容[②]。

不仅如此，明代后期出现的大量地图集以及一些附带有地图的著作中，很多或受到《广舆图》的影响，或是基于《广舆图》改编而成的，如明朝后期绘制的《大明舆地图》；明嘉靖三十六年（1557）成书的张天复的《皇舆考》；万历六年（1578）假借何镗之名刊刻的《修攘通考》中的《广舆图记》；明万历三十九年（1611），汪缝预撰，汪作舟刊的《广舆考》；崇祯六年（1633），潘光祖汇辑，其去世后由傅昌辰邀请李云翔续写、编订的《汇辑舆图备考全书》；明崇祯八年（1635），陈组绶编绘，次年刊刻的《皇明职方地图》；明末朱绍本、吴学俨等编制，黄兆文镂板，李茹春作序，南明福王弘光元年（1645）刊刻的《地图综要》；明陆应阳辑，清蔡方炳增辑，康熙二十五年（1686）成书的《增订广舆记》；等等。[③]

不仅著作如此，而且《广舆图》中的某些地图也成为后世一些书籍中的地图的范本，如《广舆图》中的“舆地总图”至少被18部著作抄录或者改绘作为插图，参见表1-4。

① 任金城：《〈广舆图〉的学术价值及其不同的版本》，《文献》1991年第1期，第129页。

② 王重民：《中国善本书提要》，上海古籍出版社1983年版，第187页。

③ 其他受到《广舆图》影响的著作及其介绍，可以参见成一农《〈广舆图〉史话》，国家图书馆出版社2017年版，第64页。

表 1－4　抄录或者改绘《广舆图》“舆地总图”作为插图的著作①

书名	图名
《重镌罗经顶门针简易图解》	补三干所节各省郡州及附近四夷图
《方舆胜略》	舆地总图
《禹贡汇疏》	舆地总图
《月令广义》	广舆地图
《大明一统文武诸司衙门官制》	舆地总图
《三才图会》	华夷一统图
《筹海图编》	舆地全图
《海防纂要》	舆地全图
《武备志》	舆地总图
《地理大全》	中国三大干山水总图
《一统路程图记》	北京至十三省各边路图
	南京至十三省各边路图
	舆地总图
《夏书禹贡广览》	禹贡广舆总图
《删补晋书》	两晋十六国割据图
《武备地理》	七国争雄图
《戎事类占》	州国分野图
《图书编》	历代国都图
《禹贡古今合注》	禹贡九州与今省直离合图
	九州分野图
《读史方舆纪要》	舆地总图

此外，明代后期的两套历史地图集，即明崇祯十六年（1643）沈定之、吴国辅编绘的《今古舆地图》和王光鲁的《阅史约书》也都是以《广舆图》“舆地总图”为底图编绘的。

而且，《广舆图》中的“九边总图”也被后来的大量书籍抄录或者改绘作为插图，据不完全统计至少有 19 种，参见表 1－5。

① 参见成一农《中国古代舆地图研究》，中国社会科学出版社 2018 年版。

表1－5 抄录或者改编《广舆图》“九边总图”作为插图的著作①

书名	图名
《九边图论》（兵垣四编本）	九边图略
《全边略记》	“九边图”
《舆地图考》	九边总图
《师律》	九边图
《武备要略》	九边总图
《方舆胜略》	九边总图
《禹贡古今合注》	镇戎总图
《新镌焦太史汇选中原文献》	“九边图”
《三才图会》	九边总图
《海防纂要》	镇戎总图
《登坛必究》	一统总图
《武备志》	一统总图
《大明会典》	镇戎总图
《禹贡汇疏》	镇戎总图
《武备地利》	一统总图
《大明一统文武诸司衙门官制》	九边总图
《存古类函》	九边总图
《图书编》	天下各镇各边总图
《八编类纂》	天下各镇各边总图

从上述情况来看，《广舆图》在明末清初确实非常流行，而且就目前掌握的材料来看，中国古代未曾有任何一幅（套）地图曾有着那么广泛的流行度和影响力。

那么，现在还要讨论的一点就是，为什么《广舆图》在这一时期极为流行？② 对此需要就《广舆图》的优点进行分析。巡抚山东地方户部右侍

① 成一农：《中国古代舆地图研究》，中国社会科学出版社2018年版。

② 需要说明的是，这一时期除了《广舆图》之外，《广舆图序》“大明一统图”和《大明一统志》中的“大明一统之图”也被一些数据所抄录以及改编作为插图，因此《广舆图》并不居于垄断地位。对此可以参见本书第二篇的第二章。

郎兼都察院右佥都御史霍冀在为嘉靖四十五年（1566）韩君恩刻本所作的《广舆图叙》中将《广舆图》的优点归纳为4条，即："其义有四焉：其一，计里画方也。计里画方者，所以较远量迩、经延纬袤、区别域聚、分析疏数，河山绣错、疆里井分，如鸟丽网而其目自张……其二，类从辨谱也。类从辨谱者，所以揣体命状，综名核实，明款标识，删复就省，书不尽言。象立意得，州县视府，屯所视卫，险易相谙，兵农间处。墩若枯丘，堡如覆土，款识交章，各以形举，鸟迹之余，此唯妙制矣……其三，举凡系表也。举凡系表者，所以横装方图，衍为副帙，使官署相承，壤赋并列，间及利病，爰采风俗、边镇、屯牧、草粟、士马，鳞次相从……其四，采文定义也。采文定义者，所以集思广益，陈谟阐烈，推往达变，趋时适用，谋王断国，殊词同致……"，也即：①使用了"计里画方"的方法；②使用了非常形象的地图符号；③用表格的形式列出了政区的沿革、相互之间的统属关系、军队的数量等，简单扼要，容易阅览；④收录了一些名臣关于国家治理方面的议论，由此可以"集思广益"。

确实这四点，是《广舆图》不同于之前和当时其他作品的特点。而且就内容来看，其所收录的专题图和相关文字都是当时政府和士大夫最为关心的问题：政区图中，在全国总图之后罗列了全国府州县和都司卫所的数量以及户口、税收等数据；在各分省图之后，分别罗列了所管辖的府州县和都司卫所的数量以及户口、税收等材料，并以表格的形式列出府州县的建置沿革、等级和与上级治所的距离等资料，这些都是了解国家基本情况的材料；"九边图"和"诸边图"自不待言，针对的是明朝日益严重的军事问题；黄河图、漕运图和海运图中的图文材料针对的是当时长期延续的严重河患和由此引发的漕运问题，以及当时某些大臣提出的解决方式之一——海运。而且如表1-2所示，罗洪先《广舆图》中所引用的文字材料和地图，基本都是当时相关领域有影响力的论述。由此，《广舆图》也就成为当时针对时弊的地图和文字的权威资料汇编[①]。

那么《广舆图》的"绘图方法"是否是其广泛流传的原因呢？这点霍

---

① 成一农：《〈广舆图〉史话》，国家图书馆出版社2017年版，第12页。当然，《广舆图》的影响力与其刻本的形式也密不可分。与绘本相比，刻本使其广泛流传和长期延续成了可能。

冀所论似乎并不正确，因为单纯的“计里画方”并不能将地图绘制的更为准确，而且《广舆图》实际上绘制的很不准确，且罗洪先不仅知道自己绘制的地图不准确，且也不追求地图的准确性①。而且《广舆图》的各种后续版本和受到《广舆图》影响的地图集、书籍中的插图基本不在意所谓的准确性和“计里画方”，经常删除方格网，任意对图幅进行不成比例的缩放②。当然，不可否认的是“计里画方”的运用带来的表面上“准确”的假象，确实让当时的人，在各种地图中更偏向于选择《广舆图》中的地图。不过，无论如何，“计里画方”的使用，只是《广舆图》在当时流行的条件之一，但绝不是重要的条件。

总体而言，由于其优秀的且符合当时时政需要的内容，以及其“计里画方”的绘图方式所呈现的表面上的准确，因而《广舆图》在明末清初十分流行。

第四节 流行但不是“经典”

按照以往的研究，上述材料似乎已经足以说明当时士大夫对于《广舆图》的认同，众多的版本以及被作为“模板”大量使用，因而非常有理由认为其在当时具有重要的影响力，从而被认为属于“经典”。然而，如果我们审视当时的材料，就会发现一个与上述情况相反的现象，即无论是《广舆图》后续版本的增订者，还是以其作为“模板”编纂自己著作的那些作者，似乎都不愿意承认罗洪先《广舆图》的贡献。下面对此进行分析。

首先，就是《广舆图》后续版本的刻印者。从表 1 - 3 来看，虽然《广舆图》存世至少有 7 个版本，但后续 6 个版本与初刻本之间并没有本质上的差异，基本上就是对罗洪先《广舆图》初刻本的少量增补、修订而

---

① 参见成一农《〈广舆图〉绘制方法及数据来源研究（一）》，《明史研究论丛》第 10 辑，故宫出版社 2012 年版，第 202 页；成一农《〈广舆图〉绘制方法及数据来源研究（二）》，《明史研究论丛》第 11 辑，故宫出版社 2013 年版，第 211 页。

② 参加成一农《对“计里画方”在中国地图绘制史中地位的重新评价》，《明史研究论丛》第 12 辑，故宫出版社 2014 年版，第 24 页。

已，即使是初刻本—胡松—韩君恩—钱岱—章学濂这一版本脉络，虽然经历了4次增补翻刻，但依然没有什么重要的变化。不过在这些后续翻刻者撰写的序跋中，我们则看到了不同与此的描述。由于章学濂的刻本中保存了这一脉络中之前各个版本的序跋，因此下文直接从中进行引用①。

在“嘉靖辛酉夏日浙江布政使胡松识”中，胡松介绍了他刻印《广舆图》的过程和因由，即“会念庵罗子以其二十年前所辑见寄，且病阙轶，见摘舛误，俾余刊补。余欣然报之曰：‘此吾子所以期报国家者，心力殚矣。松虽不敏，敢不是力’。乃谋诸左辖石屏胡君，君亟加赏替，于是为补倭及琉球两图，刊厥讹误而增诸遗，间有论述。凡唐虞以来大都会，若春秋而降，会盟征伐之所，与其名山川岩险悉与标表，殚力所及。至力所弗及，若近世钱谷、兵甲之羸弱，文武藩国之增损，边镇营堡之废置，则其详不可得闻，姑阙以竢矣”。从这段论述来看，罗洪先交付他的《广舆图》并不是一部太好的著作，且这也是罗洪先自己的认知，而且正是因为存在这些问题，因此罗洪先委托其进行修订增补，对此他除了增补之外，还做了大量勘误，并补充了一些“论述”，也即对《广舆图》进行了大量的调整。这显然不符合目前对《广舆图》版本的研究。

而胡松的这一论述，在其刊刻的版本的“嘉靖辛酉秋七月望日余姚芝南山人徐九皋序”中得到了证实，即“吾同年友念庵罗子，早志经世，又辑《广舆图》一书，简而要，详而覈，典则之略具存。近以寄右辖栢泉胡子，胡子乃复补遗刊误，间为论述，精练晓□，可按而行”。虽然徐九皋的序没有贬低罗洪先的贡献，但从其叙述看来，《广舆图》能成为一部优秀的著作，胡松做出了重要的贡献。

到了韩君恩的刊本中，情况又发生了变化，在霍冀为其所做的《广舆图叙》中，又对韩君恩的贡献进行了推崇，即“而我吉水念庵罗公更推广之（指的是朱思本所做的地图），太宰栢泉胡公宦浙时，附以日本、琉球诸图，论著尤详。今侍御月溪韩君又采辑当代臣献所尝奏疏若干篇及九边

① 下文使用的是京都大学人文科学研究所藏的嘉庆刻本《广舆图》，不过其馆藏目录中将其定为万历本，但从“万历”的“曆”避讳为“歴”来看，这显然是嘉庆刻本。关于《广舆图》万历本与嘉庆本的差异，参见表1-3。

图刊补之。天下虽大，指掌千里，经纶之迹，若是乎具在是也”。但实际上根据当前的分析，韩君恩只是增加了桂萼的《舆图记叙》和许论的《九边图论》而已，“又采辑当代臣献奏疏若干篇及九边图刊补之”显然是夸大之词，而且这种叙述方式，让读者感觉到韩君恩对于“天下虽大，指掌千里，经纶之迹，若是乎具在是也”做出了很大的贡献。

不过在这一版本中作为胡松的“门下士”的韩君恩，在他所做的“刻广舆图叙”中，在彰显自己的功绩的时候，也褒扬了胡松的功绩，即“念庵罗先生考订增定，从而广之，家藏未传。冢宰我栢泉胡夫子，刊补著论，始传于浙，犹歉未广。夫子以恩为门下士付刊本命翻刻焉”。由此，虽然韩君恩成了弥补胡松本《广舆图》“犹歉未广”的缺憾的功臣，但将《广舆图》从“家藏未传”的状态推广出来的功劳归于了胡松。从韩君恩、胡松以及徐九皋的叙述来看，他们与罗洪先应当是认识，那么不知道罗洪先曾刊印过《广舆图》，似乎是不太可能的事情，而且从他们的刊本来看，他们应当看到过初刻本，因此“家藏未传”的说法似乎欠妥。

钱岱刻本中钱岱所撰的“重刻广舆图叙”虽然没有贬低之前的《广舆图》，但同样突出了自己的功绩，虽然与前人相比较为“谦虚”，即“眂旧本稍加展拓增建，而未入者入之，图说有未详者详之。虽方部错更，新故殊号，而山川形势千载不易，故一批阅而域中天际，地角河源，不出户庭，了然在目”。但实际上，其对之前刊本的增补并不大。

由此，我们得到的认知是，《广舆图》后续版本的增补者都在夸大自己的贡献，由于当时人不像今天这样能便利地看到《广舆图》的所有刊本并加以比较，因此对于当时的阅读者而言，由《广舆图》不同版本的序跋中了解到的应当是后续版本增补者的功绩，而对初刻本的“价值”似乎留不下太深的印象。

当然，这并不是一个致命的问题，毕竟后世的改绘、引用针对的都是作为整体的《广舆图》，因此上述情况虽然会影响对《广舆图》初刻本的评价，但其被广泛引用和改绘依然是其“经典”地位的有力支柱，但问题在于那些引用和以《广舆图》为基础改绘的作品中，上述贬低《广舆图》的现象依然存在，甚至很多时候根本没有提及《广舆图》。

从内容上来看，汪缝预的《广舆考》[1] 与《广舆图》非常接近，但书中在“族子得时”所作的《题校考舆图》中，并未提到《广舆图》；而在汪缝预撰的《叙广舆考》时，确实提到了其参考了之前的一套地图，但记载为“……适觉山洪老出所得计里画方之图以示余，余□图而披览，则见其间虽山河秀错，城连径属，形□□据，然而近历兵甲，钱谷之盈朒，文武藩卫之□□，边镇营堡之废置，诸唯之系家国重轻者未及标表，则不可以言庙算之周详”，并没有直接指明所依据的是《广舆图》，只是提及参考了“计里画方之图”，既没有谈到地图的数量，也没有谈及其中的内容；且对《广舆图》做出了较低的不符合事实的评价，即“诸唯之系家国重轻者未及标表，则不可以言庙算之周详”；而其目的是很明显的，即彰显自己著作的价值，即“于是，遥探要领，随所在风气利害有关于治乱安危者，檃栝机宜，各为论著；至若河套、大宁、哈密、交趾，皆我车图中所不可外，而圣朝宽宥至今者，其施为缓急之序，亦窃附管见，因命之《广舆考》”。而汪缝预的儿子，也即刊刻该书的汪作舟所作的《跋广舆考》中，则更将该书的功劳归于汪缝预，即“至甲午冬十月，先君抱羸病，立余于床旁，呼余而嘱之曰：是《舆考》也，盖余生平之志，而十季之力也……及旬月余，始披图而览，则见其间山川有险易，里道有迂直，城堠有疏密，河槽有概，贡赋有准，九边有条，而臣子所以经纶康济……”

《地图综要》中使用了《广舆图》的大量地图，而且在体例上也参考了《广舆图》，但在李茹春为其所作的《序》中只字未提《广舆图》，只是强调其作者“新安朱支百，天才卓轶，文章玄穆，如深山道流。壬午年闱中，几为予网所获，及晤其人，昂藏侠骨，殆不可测。既出地图一书，乃与敬胜、咸受、大年留心当时之业……”[2] 也即将该书的功绩完全归于朱绍本。而在该书的凡例中，虽然重点强调了地图，但并未说明地图的出处和来源。

潘光祖的《汇辑舆图备考全书》收录了《广舆图》中的大量地图，同时增补了大量内容，但在该书之前顺治七年（1650）李长庚的《舆图备考

---

① 此处《广舆考》使用的是京都大学总和博物馆藏明万历本，后同。

② 此处《地图综要》使用的是国家图书馆藏明刻本。

全书序》中没有提到《广舆图》，崇祯癸酉宗敦一的《舆图备考全书序》也是如此，只是在李云翔的序中提到了《广舆图》，但其对《广舆图》评价是“明有《大一统志》，嗣是者《广舆图》，诸纪述莫不梨然备矣，然仅载都省郡邑之会、山川风俗、华夷人物已耳。至于阨塞、要害、户口、钱谷，有裨国事者，漫弗及焉”[①]，显然这不符合《广舆图》的情况，是作者为了突出自己的贡献而对《广舆图》的贬低。

明万历时期陆应阳辑，清蔡方炳增订的《广舆记》，在蔡方所撰的《增订广舆记序》中，只是谈到了陆应阳的功绩，只字没有提到罗洪先和《广舆图》。

《修攘通考》收录了作者认为具有重要意义的地图集，在其作者何镗所作的《修壤通考序》中虽然提到了《广舆图》，但与明代桂萼的《皇明舆图》、许论《九边图》并列，也即认为《广舆图》虽然是一部优秀的作品，但同时代还有其他地图集可以与其比肩。

除了这些基于《广舆图》的图集或者著作之外，其他对《广舆图》中某幅地图直接抄录或者以某幅地图为基础改绘作为插图的书籍也基本都没有提到《广舆图》，《今古舆地图》和《阅史约书》这两套历史地图集也是如此。

通过上述分析可以认为，当时的作者似乎都在有意无意地贬低《广舆图》的价值，甚至避免提及对其进行的参照和引用，由此可以推断出的就是，当时很可能没有认识到《广舆图》有着那么广的流传范围，以及有着那么广泛的影响力。这一推断的一个证据就是，对于一部在当时流传范围如此之广的著作而言，在当时的一些书目中，对其作者居然存在模糊的认识，如：《明史·艺文志》中对《广舆图》的记载是“罗洪先增补朱思本《广舆图》二卷”[②]，即《广舆图》是对朱思本的增补，而不是将《广舆图》看成一种新作品。《钦定续通志》也是如此，即“明罗洪先增补《广舆图》”[③]。在清代黄虞稷《千顷堂书目》卷六中记载了《广舆图》的多个

---

① 潘光祖、李云翔辑：《汇辑舆图备考全书》，《四库禁毁书丛刊》史部第2册，北京出版社1997年版，第460页。

② 《明史》卷九十七《艺文志》。

③ 《钦定续通志》卷一百六十六“图谱略·地理”，光绪浙江书局本。

版本，但却有着不同的作者，即："罗洪先增补朱思本《广舆地图》四卷；罗钦顺《广舆图》；胡松《广舆图》二卷；朱思本《广舆图》二卷"[①]，其中罗钦顺《广舆图》内容不详。这种作者模糊的情况，似乎说明，当时的人对于《广舆图》并不十分了解。

到了这里，我们似乎遇到了一个悖论，即：确实在明末清初，大量书籍、地图集以及书籍中的插图或多或少地参考了《广舆图》，且其也存在一些后来的增补本，但这些著作的绝大部分作者并不公开承认其抄录或者参考了《广舆图》，甚至对《广舆图》进行贬低以突出自己的贡献。正是由于在相关文献中，看不到对《广舆图》推崇甚至提及，因此虽然《广舆图》实际上非常流行，但这种流行很难被感知到，更难以得到广泛承认，甚至对其作者也存在不同认识，由此《广舆图》显然在当时难以被认为是一部"经典"。因此，《广舆图》的"经典"地位应当是后来被确立的，那么下一个问题就是，这种地位的确立是在什么时候，以及基于什么原因？

第五节 《广舆图》经典地位的塑造

从清代初年之后，《广舆图》不再成为书籍和地图集的"模板"，甚至在《四库全书本》以及《四库全书总目提要》中都没有提及，其中所收录的地图也不再频繁地被作为插图用于各种书籍之中，其原因应当比较复杂，可能与《广舆图》所涉及的很多论题，如"九边"等已经过时有关，再加上其可能涉及当时的一些敏感问题等等，这点与本章的主旨无涉，因此不做深入论述。此外，虽然嘉庆年间章学濂重印了《广舆图》的万历本，但影响力并不大。

民国时期，在王庸和李约瑟这两位中国古地图学史构建中的奠基人物撰写的经典著作中，在提到的为数不多的中国古代的地图中，朱思本的地图，以及按照传统理解基于其编绘而成的《广舆图》被进行了详尽的描

① 黄虞稷：《千顷堂书目》卷六，上海古籍出版社2001年版。

述，推崇备至，甚至被作为划分发展阶段的作品，如王庸的《中国地图史纲》中第八章的标题“朱思本舆地图和罗洪先广舆图的影响”[①]；李约瑟《中国科学技术史》中的小标题“元明两代的制图学高峰”，其中虽然强调的是朱思本绘制的地图，但实际上使用的是《广舆图》的材料[②]。不过，需要注意的是王庸和李约瑟对《广舆图》的推崇，强调的是《广舆图》绘图方法，即“计里画方”及其所代表的地图的准确性。

毋庸置疑，这种对于绘制方法的强调，在民国时期强调“科学”的背景下，有着强烈的时代烙印；而且在一个感觉处处落后于世界的时代，这样的论述显然有助于提高民族自豪感，对此可以参见笔者的《“科学”还是“非科学”——被误读的中国传统舆图》一文[③]。正是由于这一时代背景，王庸和李约瑟以“科学”为标准构建的中国古地图学史在当时并不是特例，而是一种“标准模式”，且他们甚至不是这种叙述模式的开创者。如在王庸之前，如陶懋立在《中国地图学发明之原始及改良进步之次序》[④]中就是如此构建中国古地图学史的，其标题中的“改良进步之秩序”实际上已经表明了作者的标准，且在行文中他着重强调了朱思本的《舆地图》以及《广舆图》[⑤]。同样是在王庸和李约瑟之前的，还有李贻燕的《中国地图学史》[⑥]，再如与王庸和李约瑟的著作差不多同时的褚绍唐《中国地图史考》[⑦]。对于这些著作叙述方式的介绍参见本书第一篇第二章。

民国以来，“科学主义”和激励“民族自豪感”的需求在中国社会长期延续，直至今日也是如此，因此民国时期学者建立的对于地图学史的认知也被后世的学者所继承，在各种中国地图学史著作中都会着重强调《广

---

① 王庸：《中国地图史纲》，生活·读书·新知三联书店1958年版。

② 李约瑟：《中国科学技术史》第5卷“地学”第一分册第22章，科学出版社1976年版，第144页。

③ 成一农：《“科学”还是“非科学”——被误读的中国传统舆图》，《厦门大学学报（哲学社会科学版）》2014年第2期，第20页。

④ 陶懋立：《中国地图学发明之原始及改良进步之次序》，《地学杂志》1911年第2卷第11号和第12号。

⑤ 但他并没有看到罗洪先的《广舆图》，并认为“罗图今不可见”，而只是看到了康熙本的《增补广舆记》，由此似乎也说明《广舆图》在清代中后期之后已经不再流行。

⑥ 李贻燕：《中国地图学史》，《学艺》1920年第2卷第8号和9号。

⑦ 褚绍唐：《中国地图史考》，《地学季刊》第1卷第4期，上海大东书局1934年版。

舆图》，叙述的重点依然是它们绘制的精准，如陈正祥的《中国地图学史》中的第六章“《舆地图》和《广舆图》”①。而且，确实在明清地图中，除了《广舆图》和《皇舆全览图》之外，就准确性（虽然是表面上的准确性）和绘图方法而言，难以找出能与欧洲近代地图比肩的，由此，更使《广舆图》显得与众不同。

同时在这些研究中，逐步梳理出了明末清初以《广舆图》及其收录的地图为模板编绘的各种地图集、书籍以及书籍中的插图，由此确实揭示出其在当时是被最为广泛使用的“模板”，由此也完成了对其“经典”的塑造。

第六节 结论

通过上述分析可以看到，《广舆图》在其最为流行且被广泛作为“模板”的时代，并没有被认为是“经典”；反而是在近代之后，在其早已不再流行和作为“模板”的时代，才被塑造为“经典”。虽然近现代的“经典”的塑造者们大都没有强调《广舆图》在明末清初就被视为“经典”，但他们的叙述无意之中会为读者留下这样的印象；且这些作者一再强调《广舆图》的重要性，但没有意识到正是他们才开始注意到了这种重要性，且也正是他们才逐渐揭示了《广舆图》在明代晚期的流行。而且，更需要强调的是，造成其在明末清初流行的重要原因之一，即优秀的内容，在民国以来对其“经典”地位的塑造中并没有被强调；在对其“经典”地位的塑造中强调的是，造成其在明末清初流行的原因之一，甚至只是次要原因的“计里画方”的绘图方法。这种视角的变化，与近代以来“科学主义”的社会背景密不可分。

所有经典都不是与生俱来的，而是塑造的结果，有的是在当时，有的是在后世，其能被塑造为经典，其自身的条件，如内容等等并不一定发挥了主导作用，毕竟对于何为“优秀”，不同的时代、不同的群体有着不同

① 陈正祥：《中国地图学史》，香港商务印书馆1979年版。

的认知，《广舆图》就是典型。一部作品能成为“经典”，是各种因素促成的结果，其中社会背景是最为重要的，符合社会背景需求的著作才有可能被选择出来塑造为经典。此外，要成为经典，还需要权威的推崇，如王庸和李约瑟对《广舆图》的推崇，当然权威的塑造以及被选择成为“权威”很大程度上也是基于社会背景。

不仅如此，由于我们书写的历史都是由各种各样的“经典”人物、事件、作品等构成的，因此经典的塑造又影响了历史的书写，《广舆图》与中国古代地图学史的书写即是代表。虽然《广舆图》在明末清初确实非常流行，但其流行是因为其内容以及“计里画方”带来的感觉上的“准确”，同时这种流行并不代表其在当时被认为是“经典”。但民国以来中国古代地图学史的各种历史书写，都基于绘制技术“计里画方”而将其推崇为“经典”。由于这种对“经典”的塑造显然不符合“史实”，因此这种历史书写也无意之中从多方面扭曲了我们对于历史的认知：即认为绘制技术和地图的准确性在当时的地图绘制中，以及在士大夫的眼中是重要的①；以及认为《广舆图》在当时就已经成了“经典”。

如果将上述论述结合在一起，那么可以得出如下认知，即书写历史和塑造经典的时代背景以及权威等因素，决定了被选择出来作为“经典”的人、物和事；而“经典”的确立又塑造了历史的书写；历史的书写又影响和决定了我们对于历史的认知。

这样的现象在历史研究中比比皆是，比如在以往中国古代城市的研究中通常会强调唐宋时期的城市革命，其基础在于强调与唐代相比，宋代城市的各种变化，由此将唐宋之际城市的各种变化确立为“经典”；而唐宋之际的城市变革，又成为中国城市史书写的重点之一，由此塑造了我们对于中国古代城市的认知。但与《广舆图》类似，目前似乎没有太多的文献能证明，宋代及其之后的人明确地认知到这一变革，即使存在凤毛麟角的认知，也不具有代表性，且其认识到的被确立为“经典”的变化与我们今

---

① 但事实上，中国古代直至清代末期之前，日常使用的地图都不在意绘制的准确；参见成一农《“非科学”的中国传统舆图——中国传统舆图绘制研究》，中国社会科学出版社2016年版。

日也可能是不同的。由此，我们对于中国古代唐宋城市史的认知，是我们今天的认识，而不是古人的认知，也必定不是历史事实。①

上述认知的意义在于，历史对于我们的影响，是通过“历史认知”来形成的，而广义上的“历史书写”又是形成“历史认知”的核心方式，而“历史书写”又随着时代、价值取向的不同而不同，因此我们通过“历史书写”而达成的“历史认知”也是不断变动、因人而异的。由此推而广之的一个结论可以借用量子物理学中一段经典的论述来表述，即“人类的历史，可以在它已经发生后才被决定是怎样发生的!”

---

① 对“中世纪城市革命”的讨论，参见成一农《“中世纪城市革命”的再思考》，《清华大学学报》2007 年第 2 期，第 77 页。

第五章　浅谈中国传统舆图绘制年代的判定以及伪本[①]的鉴别

对地图年代的判定是中国传统舆图研究的基础，不过首先要明确与地图年代有关的两个概念：地图表示的时间和地图的绘制时间。这两个概念很好理解：地图所表示的时间，即地图绘制内容所表现的时间；地图的绘制时间即绘制舆图的时间。但是对于某些中国传统舆图而言，在具体研究中这两个年代都是难以轻易断定的，这一点李孝聪在《欧洲收藏部分中文古地图叙录》的前言中也已经指出“对于本世纪（笔者注：指的是20世纪）以前绘制的中国地图，最困难的工作是判断其制作的年代和图面内容所反映的时代。由于大多数明、清地图的图面上既不具编绘年代，也不署绘制人或刻工的名字，尤其是那些坊间私刻本和摹绘本。至于某些官绘本地图的图题和题识题款，往往采用贴签，或书于裱拓之首尾，或书于裱轴背面，常常已经失落，或漶漫不清。因此，这些地图的绘制时代只能依据图面内容来判识”，并总结出了四种判识的方法，即“利用不同时代中国地方行政建置的变化”“利用中国封建社会盛行的避讳制度”“依靠历史地

① “伪本”一词借用的是古籍版本的概念，大致就是，由书商加工，企图以假乱真，以新冒旧的版本，并不是伪造的“伪书”，而是根据已有版本的作伪。如姚伯岳《版本学》中的定义是“所谓‘伪本’，是指图书在抄、刻制成后在其上制造各种假像的版本。伪本不同于伪书，不是在书名、著者及图书文字内容方面作伪，进行篡改以提高某书的价值；而是侧重于在图书的某一具体版本上做手脚，使人对其版本情况得出错误的结论，以便抬高其版本价值，谋取暴利”，北京大学出版社1993年版，第197页。严佐之《古籍版本学概论》中的定义是“伪本是指那种经旧时代书商做过手脚，加工作伪，企图以新冒旧，以次充好，以假乱真的版本”，华东师范大学出版社1989年版，第148页。

理学的知识”，以及“借助国外图书馆藏品的原始入藏登录日期来推测成图的时间下限”①，其所总结的判识方法非常具有实用价值，对于绝大多数地图也是适用的。

在对地图表现时间的要求上，中国传统舆图与现代地图存在差异，其并不要求地图所呈现的地理要素要有着一致或者大致一致的时间断限，因此在地图上会出现大量不同时间的地理要素。如《地理图》，一般认为作者是南宋的黄裳，从图中“大名府北京”“开封府东京”等地名来看，该图主要表达的是北宋时期的行政区划。这种对北宋行政区划的表示，也符合黄裳绘制该图的意图，即为了让宁宗看到北宋时期的江山“亦有所感发”。但从现存《地理图》的石刻来看，该图在上石前曾经根据当时的行政建置情况进行过修改，如成都府路的“嘉定府”，本为嘉州，因为是宁宗的潜邸，因而于庆元二年（1196）升为府；利州路的“沔州”，本为兴州，开禧三年（1207）改为沔州；潼川府路的顺庆府，本为果州，理宗宝庆三年（1227），因理宗潜邸而升为府。因此，该图所表示的时间是不统一的。再如《华夷图》，一些学者根据图名《华夷图》、图中文字注记“四方蕃夷之地，唐贾魏公图所载凡数百余国，今取其著闻者载之”，以及图中黄河下游河道的走势认为这幅地图很有可能来自唐代贾耽的《海内华夷图》。但是从图中内容来看，四周的文字注记大部分应当是宋人所写，图中的行政建置都是宋代的，某些河道描述的也是宋代的情况，最为典型的就是东京（开封）附近的河道，其流向东南的两支在唐代应当是没有的，应是宋代开凿的惠民河和金水河，因此该图所表现的年代也是不统一。类似的还有《禹迹图》等。出现这种情况主要是因为中国古代在某些情况下会以某幅地图为基础根据现实需要进行部分改绘，但又没有通过文字注记进行说明，而且很可能不像今天，对于地图表示的时间有着统一的要求。

地图的绘制时间则更为复杂，除了少量注明具体绘制时间的地图之

---

① 李孝聪：《欧洲收藏部分中文古地图叙录》，国际文化出版公司1996年版，“前言”第41页。

外[①]，以往对于地图绘制年代的判断也大都依据地图上绘制的地理要素所表现的时间，但有些地图的绘制过程较为复杂，也许是根据以往资料绘制的，也许是根据其他地图改绘、摹绘的，也许是后世根据前代地图摹绘的；等等，因此对其绘制年代的判断非常困难。这方面也有着一些例证：

如收藏在美国国会图书馆的《大明舆地图》[②]。通过将《大明舆地图》中的"舆地总图"与《广舆图》中的"舆地总图"进行对比，会发现两者存在很多相似之处，如山东半岛、辽东半岛的形状，黄河河源的形状，甚至黄河的形状也非常相似，而且在"河套"两字附近，黄河河道与方格网交汇的位置也都一致。而且两图海南岛的形状，北方沙漠的形状、走向以及附近几个湖泊的位置，甚至图中右下角的注记文字都相同，只是在具体地名标绘的位置上存在稍许差异。分幅图的数量，两者也几乎相同，《大明舆地图》多出了山东舆图的辽东部分，但《广舆图》中有"辽东边图"。就具体分幅图的绘制来看，两者也都大致相同，如《广舆图》和《大明舆地图》中的"广西舆图"，两者府卫边界的走向大体相同，河流的走向，甚至地名标绘的位置也都大体相当。因此，《大明舆地图》与《广舆图》之间不仅是简单的参考关系，而可能具有前后承袭的关系。

《广舆图》的刻绘时间据任金城考订，当约在明嘉靖三十四年（1555）前后。广东四会县分置广宁县是在嘉靖三十八年（1559），《大明舆地图》中没有表示；福建大田县置于嘉靖十四年（1535），图中已经体现，由此《大明舆地图》所表现的时间与《广舆图》应当大体是一致的[③]。此外虽然《山东舆图二·辽东图》，并不包括在《广舆图》的政区图中，只是与"辽东边图"近似，但是从长城、河流的走向，以及地名标注的位置来看，

---

① 某些地图虽然标明了绘制时间，但依然不完全可信，存在后世摹绘、篡改的可能。

② 李孝聪在《美国国会图书馆藏中文古地图叙录》（文物出版社 2004 年版，第 5 页）中对其有着如下描述：

明朝中叶（1536—1573），绢本色绘，18 幅地图，叠装成册，每页图幅 75×84 厘米。

该图用形象画法，按明代二直隶、十三省分幅，各具图题，描绘明王朝的疆域、政区、山川形势以及周边国家与地区，未绘出台湾。首页"舆地总图"画方，每方 500 里；其余各图不画方，图序为：北直隶、南直隶、山东（二幅，一幅为辽东）、山西、河南、陕西（陕、甘各一幅）、浙江、江西、湖广、四川、福建、广东、广西、云南、贵州。用统一的图例项标示分别表示府、州、县和土司所统县的治所。

③ 李孝聪：《美国国会图书馆藏中文古地图叙录》，第 5 页。

两者大致相同，只是《大明舆地图》“辽东图”中地名的数量远远少于《广舆图》的“辽东边图”。而且从《广舆图》各版本中的序言来看，《广舆图》的绘制在当时是一件众所周知的事情，罗洪先应无抄袭《大明舆地图》的可能。因此基本可以肯定《大明舆地图》是根据《广舆图》的刻本彩绘的，绘制时间应该是在嘉靖三十四年（1555）之后。此外，从图版形式、“计里画方”的方格网的形状以及黄河河源的绘制方法，尤其是“舆地总图”中没有绘制长城来看，该图应是根据万历七年（1579）钱岱刻本之前的某一版本摹绘的。

又徐光启撰于明崇祯年间的《新法算书》卷十六载“《大明舆地图》，以方格限里数。查自顺天府至应天府二千二百里，至杭州府二千七百里，至南昌府三千里，至广州府四千八百里”，按照“计里画方”计算，《大明舆地图》中所绘这些地点之间的距离与此记载基本相合，因此《新法算书》所载的《大明舆地图》应当就是美国国会图书馆所藏的《大明舆地图》，但两者可能是不同的绘本。

由此我们可以推定该图很可能是在嘉靖至崇祯年间绘制的。但其实问题并没有完全解决，按照李孝聪的描述，该图被裱糊在有“墨书题记的清代官府档册纸上，其中出现‘康熙七年五月初上纳’、‘南阳县监’等文字”①，因此该图有可能是在康熙年间摹绘的，而不是明代的绘本。但是需要注意的是，该图如果不是裱糊在带有“康熙”字样的纸上的话，那么我们对于这幅地图绘制（或者摹绘）时间的判断必然会有不同的结论；而且即使是裱糊在带有“康熙”字样的纸上，也不能排除摹绘时间是在康熙之后的可能。

又如收藏在中国科学院图书馆的《沿海总图》，在图左侧的“同安陈伦炯志”和“长洲彭启丰题”之后，还附有程畯僧观后的识语“检阅图志，当是康熙、乾隆时作。其时台湾归顺，故图志及彭题均特别加详。按图志系陈公手笔，为海防所必需。方今台湾收入版图，沿海均属国疆……乙酉冬”。这段识语给人的印象就是程畯僧认为该图似乎是陈伦炯绘制的《沿海全图》或者至少是乾隆时期的摹绘本。但查阅材料，程畯僧应为

① 李孝聪：《美国国会图书馆藏中文古地图叙录》，第5页。

1876年生人，距离乾隆已经有段距离，其判断并不一定可靠，且从地图的绘制手法来看，该图应当是较晚的摹绘本。[①]

由于根据图中所绘内容进行的判断，只能断定地图所表示的时间，并不一定能确定其绘制时间，由此进一步延伸就涉及现存古代地图的真伪问题。除了个别地图之外[②]，当前研究中对于所见到的，尤其是收藏在海外藏图机构的中国传统舆图较少考虑其真伪，也很少考虑到其图名和地图所体现的绘制时间是否是真实的。如同古籍，地图有意无意地造伪早已有之：

如南宋陈元靓所撰《事林广记》收入的《大元混一图》，从绘制内容上来看，其应当是一幅南宋、金、西夏时期的总图。从地域上来看，元代的疆域也远远超过这幅地图所标示的范围。在地图西侧标明的“回鹘界”“吐蕃界”“鞑靼界”，显然也是南宋时期的名称和边界，如果是元代的地图当不应如此标识。因此，该图有可能是元代民间书坊在宋代舆图的基础上，经过修改后改名为《大元混一图》后补入的。[③]

又如日本宫城县东北大学图书馆藏的《北京城宫殿之图》，图中一些建筑上附有文字注记，如午门前注有“此丹墀端门至午门直八十丈长，横六十四丈”；在左右腋门后的建筑中分别注有“朝房二十八间”“朝房二十间”等。从形式上来看，这些注记较为正式，似乎应当是一幅官绘本的地图。与此形成鲜明对比的是，地图上端有一首叙述明代皇帝承袭顺序和在位时间的歌谣，图中奉天殿以及午门之前还绘制有一些类似于戏剧人物的人物像；图中还存在一些非常明显的错误，如将“安定门”写为“东安门”、“海运仓”写为“海云仓”等等，这些都带有民间地图的特点。初看这似乎是一幅明代的北京城图，但这只是在理想状态下的判断，因为还存在另一种可能，即后来的书商，将一幅未标注时间的北京城图与一首带

---

① 查程畯僧，可能即程嵩龄，字峻生，号畯僧，祖籍安徽休宁，应宣统己酉科考得授巡检，爱好搜集古物，著有《获室泉币考》《获室诗文存》等作品，在1951年于75岁时去世。“乙酉”年，道光之后有三，即道光五年（1825年）、光绪十一年（1885年）和1945年；又程畯僧于1951年75岁去世，生年应当为1876年，由此来看，“乙酉”年很有可能是1945年，且题识中“方今台湾收入版图”也似乎暗示了这一点。

② 比较典型的就是前一段轰动一时的《天下全舆总图》。

③ 对此参见本书第二篇第七章。

有万历年号的歌谣结合在一起，并添加了一些内容后出版，用以冒充万历时期的地图。

再如上文提及的《大明舆地图》。需要注意的是，上文对这幅地图摹绘年代的判断只是一种可能，该图也存在清末民初书商摹绘该图后，在图后粘贴上带有康熙年号的纸张，由此冒充早期版本以谋求高价的可能。

当然，上述几例还只是一些推测。下面举出一些确实的例子：

如任金城在《广舆图在中国地图学史上的贡献及其影响》一文中指出，由于《广舆图》嘉庆四年（1799）的“刻印只是照万历本翻刻，所以内容与万历本全同。正因为如此，有的书商便将章学濂的序撕掉，冒充万历本”①。任金城指出的这一现象，甚至出现在了现代。国际文化出版公司1997年出版的《广舆图全书》，该书序言中虽然说其影印使用的是万历本，但实际上书中钱岱《重刻广舆图叙》中“萬曆”改为了“萬歷”，《漕运图》中“看丹闸”“济浬闸”“开闸”分别刊刻为“看舟口”“济宁闸”“闸闸”，显然其使用的应是嘉庆本，但这种错误，不知是书商有意为之，还是其所依据的底本即是如此，而书商缺乏判断力。

更为典型的是日本神户藏《江西舆地图说》中的《永丰县图》②。其中图说的文字部分如下③：

永丰县僻简□（《江西舆地图说》为“次淳”）

永丰邑在郡东南五十里，壤僻吏事稀，征徭易办，而民秉（《江西舆地图说》“秉”为“禀”）巉险之气，粗武健讼，逋负时有，在调剂握机耳已。论形胜，四面山崖崛崒，错于浙之江山，闽之崇安、浦城。故有银冶，今闭，海盗之囮也，拓阳巡司警备之。北连怀玉

① 任金城：《广舆图在中国地图学史上的贡献及其影响》，曹婉如主编《中国古代地图集（明代）》，文物出版社1994年版，第77页。

② 感谢李孝聪教授提供该图的照片。

③ 由于地图的照片不算清晰，因此原文中模糊的部分用《纪录汇编》中收录的《江西舆地图说》进行补充，并进行对校。（明）赵秉忠：《江西舆地图说》，《丛书集成新编》第94册，据沈节甫辑《纪录汇编》本影印，新文丰出版公司1985年版，第613页。其中没有图，只存文字部分。

(《江西舆地图说》“怀玉”为“怀”)①，徽之铜矿山通焉，又为窃伏者间道，两方门庭之患，宁无厝火飙风之虞哉。盖其要害与铅玉唇齿(《江西舆地图说》“铅玉”为“铅山”)，而把总专驻铅山，蛾伏狼顾非筴之得也。近(《江西舆地图说》为“傍”)有冬夏移兵巡徼之画，殆奉(《江西舆地图说》“奉”为“捧”)漏沃焦务□(《江西舆地图说》为“也”)，时乎时乎。

按明清时期，永丰县有二，一在明代江西吉安府，即今天的永丰县；一在明代江西广信府，清雍正九年（1731）改为广丰县，即今天的广丰县。由文中“错于浙之江山，闽之崇安、浦城”来看，此处的永丰应位于福建的崇安、浦城和浙江的江山之间，因此似应是广信府的永丰县。再加上这段文字与《纪录汇编》本《江西舆地图说》中“广信府·永丰县”条中所记内容基本相合。因此我们完全可以肯定此段文字所描述的是明代江西广信府的永丰县。

但奇怪的是图中绘制的内容与明代广信府永丰县的资料完全不合。嘉靖《永丰县志》卷二“公署”记：“布政分司在县治西”②，而图中布政分司却在县治东；同书卷三“祀典”：“城隍庙在县治西”③，而图中城隍庙则在县治西南；同卷“风云雷雨山川坛，在县治南一里”④，而图中则在县治西。另外图中三处巡司：层山巡司、沙溪巡司、表湖巡司，在广信府永丰县的相关资料中毫无踪迹可寻。而图说部分所提到的有重要意义的“拓阳巡司”在图中却毫无表示。当我们查阅吉安府永丰县的资料时，却发现其内容与这张地图基本吻合，参见表1－6。因此可以断定，这幅地图所绘为江西吉安府的永丰县。

---

① 按《大明一统志》卷五十一《广信府》：“怀玉山，在玉山县北一百二十里”（三秦出版社1990年版，第810页），永丰县在怀玉县南，因此怀玉山也在永丰县北。因此此处应为“怀玉”。

② (嘉靖)《永丰县志》卷二《公署》，《天一阁藏明代方志选刊》第39册，上海古籍书店1982年版。

③ (嘉靖)《永丰县志》卷三《祀典》。

④ (嘉靖)《永丰县志》卷三《祀典》。

表 1－6 明代吉安府永丰县的数据与《江西舆地图说·永丰县图》的对比

明代吉安府永丰县的文献资料	地图内容
《嘉庆重修一统志》记儒学："在县治西南"[1]	儒学在县治西南
《嘉庆重修一统志》："层山市巡司，在永丰县东南一百二十里"[2]	层山巡司在县东南
《嘉庆重修一统志》："沙溪市巡司 在永丰县南一百六十里，近凤凰山"[3]	沙溪巡司在县南
《嘉庆重修一统志》："表湖市巡司，在永丰县南二百余里"[4]	表湖巡司在县东南
（顺治）《吉安府志》："湖西道在治东南一百步"[5]	湖西道在县东南
（顺治）《吉安府志》："各县厉坛……永丰在县北三都"[6]	厉坛在县西北
（顺治）《吉安府志》："各县城隍庙……永丰在县西儒学右"[7]	城隍庙在县西儒学西

由此可以认为日本神户藏的《江西舆地图说》的《永丰县图》中的地图和图说分别表现的是吉安府永丰县和广信府永丰县，因此非常可能是后人拼接的结果。[8] 就常理而言，明代人应该不会混淆两个永丰县；广信府的永丰县在清代雍正年间才改名为广丰县，因此清前中期的人在绘制（或者造伪）时犯这种错误的可能性不大；最有可能的情况就是清末的书商为了牟利，在有意伪造或者摹绘这一明绘本地图时混淆了两个永丰县的资料，此后该图辗转流传到了日本。但是，如果没有这一疏漏，我们难免会将其判断为明绘本。[9]

综上来看，在今后研究中对于地图表示时间的判定要极为小心，而且不能按照现代地图的要求来考订传统舆图所表示的时间，否则很有可能陷

---

① 《嘉庆重修一统志》卷三二七《吉安府·学校》，中华书局 1986 年版，第 16336 页。

② 《嘉庆重修一统志》卷三二八《吉安府·关隘》，第 16383 页。

③ 《嘉庆重修一统志》卷三二八《吉安府·关隘》，第 16383 页。

④ 《嘉庆重修一统志》卷三二八《吉安府·关隘》，第 16383 页。

⑤ （清）李兴元修，欧阳主生等纂：（顺治）《吉安府志》卷十四《建置志》，成文出版社有限公司 1976 年版，第 232 页。

⑥ （清）李兴元修，欧阳主生等纂：（顺治）《吉安府志》卷十五《祠祀志》，第 247 页。

⑦ （清）李兴元修，欧阳主生等纂：（顺治）《吉安府志》卷十五《祠祀志》，第 247 页。

⑧ 《江西舆地图说》中另有吉安府下属永丰县的记载，其与该图所绘内容相合。

⑨ 地图中可以用来推定时间断限的要素是城门的数量。《光绪吉安府志》："绍兴七年县令李谔筑建土城，高四寻，周千丈……南北二门……明宏治初知县李梁因故址筑城，门四座……正德六年流寇破城，知县钱季王兴筑，寻溃于水。嘉靖三年知县商大节加筑，开六门"（刘绎纂：《光绪吉安府志》卷六《建置志》，成文出版社有限公司 1976 年版，第 251 页），图中所绘城有四门，因此可以断定地图所表现内容的时间上限是弘治初（约 1488），下限是嘉靖三年（1524）。

入各种矛盾之中。而对于地图绘制时间的判断则更要小心，地图所表示的时间很可能不等于地图绘制的时间。此外，还应当注意以往忽略的地图作伪的问题，除了上述所举的例子，在近年来中国传统舆图逐渐受到追捧之时，摹绘古代地图或者在古代地图基础上进行某些修订，将其绘制时间提前，然后出售牟取暴利的情况可能会越来越多，如上文提到的《广舆图》。还有《地图》上刊载的《终于见到赝品老图了》一文中提到的《大清天下中华各省府州县厅分布全图》[①]。这一地图绘制于乾隆二十五年（1760），但曾于光绪三十三年（1907）重印，两个版本中都有对应的表明绘制年代的题记。该文作者当时在几个古旧书市场多次见到了带有“乾隆二十五年”题记的这一地图，因此对该图的真伪产生了怀疑。

当然那些确知源自如军机处、内阁大库等清廷藏图机构的地图应当基本上不存在真伪的问题，而那些收藏在海外和私人藏图者手中的传统舆图往往都需要进行辨伪。就造伪的难度而言，大致可以分为以下三种情况：

1. 最容易识别的是伪造地图，也就是根据一些资料凭空绘制的古地图。伪造这种地图的难度非常高，需要极为全面的历史和历史地理知识，因此很难做得十分完善。如前一段时间轰动一时的《天下全舆总图》，图中绝大部分的文字注记都存在史实问题；此外，该图的制图方式也不属明代中前期。这类伪造的地图，对于稍有历史常识和掌握中国地图史的人来说，应不难识别。当然严格意义上，这类地图并不能归类于“伪本”，而是“伪书”。[②]

2. 最为常见的是在某些古地图的基础上进行加工，将其绘制时间提早的作伪方法，比如前面提到的《大清天下中华各省府州县厅分布全图》和《广舆图》等。这类造伪大致只能对图幅以外的文字注记进行掩饰、修订；如果要对图中内容进行全面修订而不漏任何马脚，不仅需要全面的知识，而且技术难度也很高。要识别这类地图，则需要掌握一定的历史和沿革地

① 杨浪：《终于见到赝品老图了》，《地图》2011 年第 1 期，第 138 页。

② 关于《天下全舆总图》真伪的简要分析，可以参见本书第十篇第八章。更为细致的分析以及相关研究综述，可以参见成一农《“天下图”所反映的明代的“天下观”—兼谈〈天下全舆总图〉的真伪》，《中国社会科学院历史研究所学刊》第 7 集，商务印书馆 2011 年版，第 395 页。

理的知识。

3. 辨伪难度最大的就是有着良好做旧技术的古地图的复制品。从造伪者的角度考虑，复制清代光绪之前，尤其是嘉庆之前的地图，固然可以卖得高价，不过由于这类地图存世较少，一旦面世，必然吸引眼球，如果复制数量太多，很快就会被识破；而复制太少的话，成本上则不划算，因此，可以推测嘉庆之前的地图应当不是造伪者关注的焦点。可以猜测，今后市面上大量出现的作伪地图应当是清代后期的地图，对于这点，正如《终于见到赝品老图了》一文所说，如果市面上同一种地图突然大量出现的话，还是不要购买为宜。

上述三点只是一些粗浅的认识，如何辨别这些地图，应当是今后中国古代地图研究中需要解决的问题。最后需要提及的是，“伪本”地图并不等于没有价值，如《大明舆地图》至少可以使我们确认彩绘本地图与刻本地图之间并不只是单向的摹绘关系，刻本地图也可以被摹绘为彩绘本；日本藏《江西舆地图说》虽然可能是清末摹绘伪造的，但其原本则可能是明代的，因此也具有相应的史料价值。

第六章　古籍中作为插图存在的地图及其价值

第一节　古籍中作为插图存在的地图的基本情况

长期以来，中国古代传统舆图的研究对象主要集中于那些绘本地图（集）和重要的刻本地图（集），以及少量古籍中重要的插图，但实际上中国的古籍中有着大量以插图形式存在的地图，仅就《续修四库全书》（上海古籍出版社）、《四库全书存目丛书》（齐鲁书社）、《四库禁毁书丛刊》（北京出版社）、《四库未收书辑刊》（北京出版社）以及《文渊阁四库全书》（台湾商务印书馆股份有限公司）五套丛书统计（去除了上述丛书中重复收录的古籍；此后的统计数据都来源于这五套丛书），其中收录的地图就多达近6000幅。

与那些深藏于各大藏图机构中的绘本地图相比，这些古籍中作为插图存在的地图是易得和常见的，但数量如此庞大的古地图在以往相关资料的整理与研究中基本被忽略了，其原因，一方面是古籍中的插图大多是刻版的，其精美程度难以与绘本地图相比；另一方面以往中国古代舆图的研究大都只关注那些体现了“科学性”看上去绘制“准确”的地图，从这一视角来看，古籍中的地图绝大多数都是示意性质的，远远谈不上“科学”。但是与绘本地图以及那些以往认为重要的刻本地图集相比，古籍中作为插图存在的地图也有着其自身的价值。一般而言，保存至今的大部分绘本地图，是因时因事而绘的，具有较强的针对性，比如河工图，通常流通范围不广，且这类地图较高的绘制成本，也使其难以被大量复制；而古籍中的地图，保存至今的大都是刻本书籍中的地图，印刷量通常较大，且收录这些地图的大都属于士大夫重点关注的经、史类著作。因此与绘本地图相比，古籍中作为插图的地图，在很大程度上代表了当时士大夫日常所能看到甚至使用的地图。

四部分类法是中国古人对于知识的分类体系，通过统计可以发现古籍中的地图在四部中的分布是极不平衡的：

经部中收录地图的古籍约 30 种，收录地图 460 多幅，大都集中在与《禹贡》有关的著作中，主要通过地图展现《禹贡》中记载的山川的位置、走向以及九州的范围。与《春秋》有关的著作中也存在一些地图，如《历代地理指掌图》中的“春秋列国之图”就经常被引用；此外与《诗经》有关的著作中经常出现“十五国风地理图”以体现“十五国风”的地理分布。因此，中国古代实际上有着“左图右经”的传统。

史部中收录地图的著作约 170 种，收录地图近 3600 幅，主要集中在以《大清一统志》为代表的地理志书，以《东吴水利考》为代表的水利著作，以及以《筹海图编》为代表的军事著作中，基本属于地理类。当前史学研究者经常使用的以谭其骧主编的《中国历史地图集》为代表的历史地图（集），宋代就已经出现，如著名的《历代地理指掌图》以及明代的《今古舆地图》等，同样属于地理类。需要提及的是，在史部中以正史类、编年类、纪事本末类为代表的“正统”历史著作中，却基本没附有地图，因此以往强调的“左图右史”的传统可能存在问题。

子部中收录地图的古籍约 60 种，收录地图 1010 多幅，虽然在数量上要远远超过经部，但子部古籍中的地图大多数集中于以《图书编》《三才图会》为代表的类书中，除去类书之外，子部中其余的地图主要集中在以《江南经略》《武备志》为代表的兵家类，也就是军事著作中，此外在术数类著作中也收录有一些地图，如“中国三大干山水总图”等。

集部中收录地图的古籍约有 18 种，收录地图约 78 幅，是四部中数量最少的，而且其中叶春及的《石洞集》中就收录了 28 幅。这是非常有趣的现象，因为中国古代一些著名的地图绘制者，如罗洪先等，在自己或者后人为其编纂的文集中都没有收录他们绘制过的地图。

第二节　古籍中作为插图存在的地图的学术价值

一　对于地图学史研究的价值

就目前笔者进行的整理和编目工作来看，与绘本地图不同的是，由于这些地图收录于古籍之中，且数量众多，由此可以清晰地梳理出各专题地图自身的发展脉络和源流关系，因此可以解决或展现中国地图学史中一些存在疑问的问题，现试举几例予以说明。

第一，除几幅出土于墓葬的秦汉时期的地图之外，目前存世的古地图，基本都是宋代之后的，那么现在中国地图学史研究中的一个疑问就是：已经散佚的宋代之前的古地图与宋代及其之后的古地图是否存在密切关系，或者说目前存世的古地图是否受到宋代之前古地图的强烈影响。以往基于绘本地图的研究，无法对这一问题给予明确的回答。不过通过对古籍中作为插图存在的地图的分析，对这一问题可以得出否定的答案。理由如下：

中国古地图的绘制存在晚出的地图改绘早期地图的传统，不过这种改绘通常并不彻底，大都只是修改地图绘制者感兴趣或者主要关注的内容，基本不会将早期地图上的所有地理要素，尤其行政区划的名称全部改为改绘者所在时期的，由此在地图上往往会留下一些早期的地名。在现存古籍中作为插图存在的地图上，所能追溯到的最早的行政区划名基本就是宋代的，如出现在与《诗经》有关的著作中的以“十五国风”为主题的大量地图，这些地图所绘内容大致相近，具有明显的源流关系，但不同著作中的地图之间也存在细微的差别。根据图面内容分析，成图时间最早的，或者说最为接近这一系列地图祖本的应当为《六经图》《七经图》《八编类纂》中的“十五国风地理图”，这三幅地图所绘内容大致相同，图中能够确定时代的地理要素基本都是宋代的，没有明确是宋代之前的地理要素。时代稍晚的则是《诗集传附录纂疏》“十五国都地理之图”和《诗集传名物钞》“十五国风地理之图”，这两幅地图在之前三幅地图基础上增补修改了不少内容，同时图面上删除了宋代的政区名而替代以元代的政区名，但这种替换并不彻底，如《诗集传名物钞》“十五国风地理之图”中出现了“今福建”，元代并无“福建省”这一政区，这应当是对宋代地图上“今福建路”的简写。明代以“十五国风”为主题的地图数量较多，变化也较大，其中《诗经注疏大全合纂》“十五国风地理之图”在图面内容上是最接近元代地图的，只是将某些元代地名改为明代的，但这种修改依然不彻底，大量元代地名被保留了下来，如“辽阳省”“今甘肃省”等，而这一现象普遍存在于明代这一主题的地图中。①

进一步的证据就是，在元明清时期的古籍中长期流传、具有较大影响力的地图，很多都能追溯到宋代，而这些地图要不就是图面上找不到宋代之前的地理要素，如上面提到的“十五国风”系列的地图；要不就是明确可以确定是宋代绘制的，如著名的《历代地理指掌图》。因此，可以认为，就古籍中的地图而言，宋代之后的地图与前代地图之间的关系并不密切，或者可以说宋代是中国古代地图绘制的爆发增长时期。

第二，目前存世的地图只是中国古代曾经绘制过的地图的一部分，即使是目前存世地图数量较多的明清时期也是如此，那么由此产生的一个关键问题就是：现存的地图是否能代表中国古代曾经绘制过的地图，或者说现存的地图是否体现了中国古代地图绘制的主流。这个问题之所以重要是因为，如果这一问题的答案是肯定的话，那么目前对于中国地图学史的研究就不会存在太大的问题；而如果这一问题的答案是否定的话，那么目前中国地图学史的研究可能只是揭示了中国古代地图的冰山一角，远远不及全貌。以往以绘本为主的研究，无法对这一问题做出回答，但对古籍中作为插图存在的地图的研究则可以对这一问题得出一个明确答案。

原因也很简单，《文渊阁四库全书》、《四库全书存目丛书》、《续修四库全书》、《四库未收书辑刊》和《四库禁毁书丛刊》及其补编中收录的古籍，可以说代表了中国古代士大夫所能看到重要的和主要的文献，因此这些著作中收录的地图则代表了中国古代士大夫普遍能看到的地图。通过统计发现，中国古代出现新的地图是较为困难的事情，在古籍中出现的地

---

① 具体分析参见本书第二篇第三章。

图通常都能找到其渊源，比如关于春秋时期的历史地图，直至明代基本使用的都是《历代地理指掌图》中的“春秋列国之图”。在关于《禹贡》的著作中，同样直至明末使用的基本是《六经图》“禹贡随山浚川图”以及宋代《历代地理指掌图》中与此有关的一些地图。古籍中出现的无法找到其渊源的地图的数量不是很多，且这类地图通常在后来的古籍中也极少会被引用，也就是说难以产生什么重要的影响，如《帝王经世图谱》中的“周保章九州分星之谱”。由此也就旁证了，我们目前看到的古籍中作为插图存在的地图代表了中国古代士大夫日常所能见到的书籍中的地图。基于这一思路，这一结论也能推广到绘本地图中。除了那些因时因事而绘的专题图之外，对于古代士大夫而言日常使用或者阅览的绘本地图，与古籍中作为插图存在的地图相近，也基本能追溯出发展的脉络，极少出现无法找到渊源的地图，因此目前存世的绘本地图也能代表古代士大夫平日所能看到的绘本。还有一个重要的旁证就是，明代的《三才图会》等类书中收录的地图大都能在之前出版的书籍中找到。

第三，过去中国古代舆图的研究主要强调那些绘制准确的地图，认为这些地图绘制之后，通常会产生广泛的影响。确实也有这样的例子，如以往认为绘制准确的《广舆图》面世之后，影响了明代后期地图的绘制，出现了大量以《广舆图》为基础编绘的地图集和著作，而且《广舆图》中的“舆地总图”以各种形式出现于明末的大量著作中。不过，这种叙述只是强调了事情的一个方面，同样需要注意到的是，在《广舆图》广为流传的同时，那些绘制粗糙、不那么准确的地图同样也有着不小的影响力，如桂萼《广舆图叙》中的“大明一统图”也以各种形式出现在至少16部著作（地图）中；《大明一统志》的“大明一统之图”也出现在至少了6部著作中，因此明代中后期，在全国总图中至少存在3种有影响力的全国总图，《广舆图》“舆地总图”只是其中之一，而且那些以各种形式参考了《广舆图》的古籍，在绘制地图时大都根据需要对《广舆图》的图幅进行了变形，因此可见地图绘制的准确与否并不是古人选择地图时的唯一标准。

二 对某些历史问题研究的推进

除了用地图来补充文献资料的缺失之外，作为一种史料，古籍中作为插图存在的地图更大的价值在于，由于其基本是士大夫所绘，且在士大夫中广为流传，因此代表了古代士大夫的某些共同的地理认知及其变化过程。由于地理认识通常是无法用文字来明确表达的，因此以往对于中国古代地理认知的研究是历史研究的薄弱环节，而古籍中作为插图存在的地图则为这一领域的研究提供了强有力的基本史料。

如以往关于中国古代疆域的研究，大都着重于中国古代疆域的形成，或对某一区域的实际控制，但对中国古代疆域形成有着重要影响的“疆域认同”则缺乏研究。所谓“疆域认同”就是民众对于国家固有领土范围的一种心理认识，而这往往与国家实际控制的地理空间范围存在差异。这一领域的难点在于关于王朝“疆域认同”的材料极少，不过中国古代绘制了大量“全国总图”，其中一些士大夫绘制的广为流传的地图在很大程度上体现了对王朝疆域的心理认同，如南宋时期绘制的大部分全国总图都表现了当时已经失去的北方“疆域”。通过对宋代以来“全国总图”的分析可以认为，从宋代至清代前期，虽然各王朝统治下的疆域范围存在极大的差异，但各王朝士大夫“疆域认同”的范围则几乎是一致，基本局限在明朝两京十三省范围，只是在明代开始将台湾囊括在内。清代中期，也就是康雍乾时期，虽然先后在内外蒙古、台湾、新疆和西藏确立了统治，但在“疆域认同”上的变化只是将清朝的发源地东北囊括在内，内外蒙古、新疆和西藏只是出现在以官绘本地图为代表的少量地图中。到了19世纪二三十年代，这一时期绘制的“全国总图”越来越多地将内外蒙古、新疆和西藏囊括在内，不过与此同时，以“府州厅县全图”或“直省”为标题的地图，依然将这些区域以及东北排除在外，由此显示了当时士人的“疆域认同”中这些区域与内地省份依然存在细微差异。光绪中后期，新疆、台湾、东北地区先后建省，此后绘制的“全国总图”基本都将这些区域以及西藏、内外蒙古囊括进来。①

第三节　难点和展望

对古籍中作为插图存在的地图进行研究，首要的工作就是对其进行编目，但对古籍中的地图进行编目，目前没有任何工具书可以使用，基本只能依靠手工翻阅，费时费力。不仅如此，同一部古籍的不同版本中所收录的同一主题，甚至同一图名的地图，在具体内容上可能并不相同，因此，对于同一部古籍需要查阅其不同的版本，才能对其中作为插图存在的地图进行全面的搜集和整理，而这些版本通常都收藏在不同的藏书机构，由此也就进一步加大了整理与研究的难度。还有一点就是，古籍中作为插图存在的地图，其绘制年代的判定也是非常困难的，其中不少地图并不是著作的作者自己绘制的，而是来源于其他著作，因此不能将收录地图的古籍的成书年代作为地图的绘制年代。而且，古籍中的地图有时图面表现的内容非常简单，很多又属于历史地图性质，对地图绘制时期的政区等地理要素的表达过于粗略，因此其绘制的准确年代通常难以判断。

总体而言，古籍中作为插图存在的地图在以往的研究中没有得到应有重视，其史料价值没有得到应有的发掘，可以说这些地图属于常见的“新史料”，因此今后一方面这一领域的研究大有可为，但另一方面也存在极大的难度，需要进行大量的基础性的资料整理工作。

① 关于这一方面更为细致的分析，参见成一农《“实际”与“概念”——从古地图看“中国”陆疆疆域认同的演变》，《新史学》第19辑，大象出版社2017年版，第254页。

附录一　简评《地图学史》(*The History of Cartography*)

第一节　《地图学史》的缘起与进展

约翰·布莱恩·哈利（John Brian Harley，1932—1991年）和戴维·伍德沃德（David Woodward，1942—2004年）主编，芝加哥大学出版社出版的《地图学史》（*The History of Cartography*）丛书，是已经持续了近40年的“地图学史项目”的主要成果。

按照“地图学史项目”网站的介绍[①]，戴维·伍德沃德和约翰·布莱恩·哈利早在1977年就构思了《地图学史》这一宏大的项目。1981年，戴维·伍德沃德在威斯康星—麦迪逊大学确立了“地图学史项目”。这一项目最初的目标是鼓励地图的鉴赏家、地图学史的研究者以及致力于鉴定和描述早期地图的专家去考虑人们如何以及为什么制作和使用地图，从多元的和多学科的视角来看待和研究地图，由此希望地图和地图绘制的历史能得到国际学术界的关注。

这一项目的最终成果就是多卷本的《地图学史》丛书，这套丛书希望能达成如下目的：1. 成为地图学史研究领域的标志性著作，而这一领域不仅仅局限于地图以及地图学史本身，而是一个由艺术、科学和人文等众多

① https：//geography. wisc. edu/histcart/.

学科的学者参与，且研究范畴不断扩展的、学科日益交叉的研究领域；2. 为研究者以及普通读者欣赏和分析各个时期和文化的地图提供一些解释性的框架；3. 由于地图可以被认为是某种类型的文献记录，因此这套丛书是研究那些从史前时期至现代制作和消费地图的民族、文化和社会时的综合性的以及可靠的参考著作；4. 这套丛书希望成为那些对地理、艺术史或者科技史等主题感兴趣的人以及学者、教师、学生、图书管理员和普通大众的首要的参考著作。为了达成上述目的，丛书的各卷整合了当时的学术成果与最新的研究，考察了所有地图的类目，且对“地图”给予了一个宽泛的具有包容性的界定。从目前出版的各卷册来看，这套丛书基本达成了上述目标，被评价为是“一代学人最为彻底的学术成就之一”。

最初，这套丛书设计为4卷，但在项目启动后，随着学术界日益将地图作为一种档案对待，由此产生了众多新的视角，因此丛书扩充为内容更为丰富的6卷。其中前三卷按照区域和国别编排，某些卷册也涉及一些专题；后三卷则为大型的、多层次的、解释性的百科全书。

截止到2018年底，丛书已经出版了4卷8册，即出版于1987年的第一卷《史前、古代与中世纪欧洲与地中海地区地图学》(*Cartography in Prehistoric, Ancient, and Medieval Europe and the Mediterranean*)、出版于1992年的第二卷第一册《传统伊斯兰与南亚地区地图学》(*Cartography in the Traditional Islamic and South Asian Societies*)、出版于1994年的第二卷第二册《传统东亚、东南亚地区地图学》(*Cartography in the Traditional East and Southeast Asian Societies*)、出版于1998年的第二卷第三册《传统非洲、南美、北极、澳大利亚与太平洋地区地图学》(*Cartography in the Traditional African, American, Arctic, Australian, and Pacific Societies*)①、2007年出版的第三卷《欧洲文艺复兴时期的地图学》(上、下册，*Cartography in the European Renaissance*)②，以及2015年出版的第六卷《20世纪的地图学》(*Cartography in the Twentieth Century*)③。此外，第四卷《欧洲启蒙时代的

① 约翰·布莱恩·哈利去世后主编改为戴维·伍德沃德和G. Malcolm Lewis。

② 主编为戴维·伍德沃德。

③ 主编为Mark Monmonier。

地图学》（*Cartography in the European Enlightenment*）[1] 已经于2018年印刷；《19世纪的地图学》（*Cartography in the Nineteenth Century*）[2] 正在撰写中。已经出版的各卷册可以从该项目的网站上下载[3]。需要说明的是，顺应时代的需要，第六卷将出版电子书，第四卷和第五卷预计也将如此。

从已经出版的4卷来看，这套丛书确实规模宏大，包含的内容极为丰富，其中前三卷共有2740幅插图、5060页、16023个脚注，总共310万字。第六卷，共有529个按照字母顺序编排的条目，有1906页、85万字、5115条参考文献、1153幅插图，且有着一个全面的索引。

需要说明的是，在1991年哈利以及2004年戴维去世之后，马修·爱德尼（Matthew Edney）担任了项目主任。

第二节 《地图学史》各卷的主要内容

在“地图学史项目”的网站上，各卷的主编对各卷的撰写目的进行了简要介绍，下文以此为基础，并结合各卷的章节对《地图学史》各卷的主要内容进行简要介绍。

第一卷《史前、古代与中世纪欧洲与地中海地区地图学》，全书分为如下几个部分：哈利撰写的作为全丛书导论的《地图和地图学史的发展》（“The Map and the Development of the History of Cartography”）；第二部分，史学欧洲和地中海的地图学，共4章；第三部分，古埃及和地中海的地图学，共12章；第四部分，中世纪欧洲和地中海的地图学，共3章；第五部分，即第21章，作为结论，讨论了欧洲地图发展中的断裂、认知的转型以及社会背景。本卷关注的主题包括：强调欧洲史前民族的空间认知能力，以及通过岩画等媒介传播地图学概念的能力；强调古埃及和近东地区地图学中的测量、大地测量以及建筑平面图；在希腊—罗马世界中出现的理论和实践地图学知识；以及多样化的绘图传统在中世纪时期

---

① 主编为Matthew Edney和Mary Pedley。

② 主编为Roger J. P. Kain。

③ 网址为：https：//geography. wisc. edu/histcart/#resources。

的并存。在内容方面，通过包括对宇宙志地图和天体地图的研究，由此强调了“地图”定义的包容性，并为该丛书的后续研究奠定了一个广阔的范围。

第二卷，聚焦于传统上被西方学者所忽视的众多区域中的非西方文化的地图和地图学。由于涉及的是大量长期被忽视的领域，因此这一卷进行了大量原创性的研究，其目的除了填补空白之外，更希望能将这些非西方的地图学史纳入地图学史研究的主流之中。第二卷按照区域分为三册。

第一册《传统伊斯兰与南亚地区地图学》，对伊斯兰世界和东南亚的地图、地图绘制和地图学家进行了综合性的分析，分为如下几个部分：第一部分，伊斯兰的地图学，其中前3章作为导论分别介绍了伊斯兰世界的地图绘制、天体地图和宇宙志图示，用了6章的篇幅介绍了早期的地理制图，用3章的篇幅介绍了前现代时期奥斯曼的地理制图，航海地图学则有2章的篇幅；第二部分是南亚地区的地图学，共5章，内容涉及对南亚地图学的总体性介绍，以及宇宙志地图、地理地图和航海图；第三部分，即作为总结的第20章，谈及了比较地图学、地图学和社会以及对未来研究的展望。

第二册《传统东亚、东南亚地区地图学》，聚焦于东南亚和东亚地区的地图绘制传统，主要包括中国、中国西藏、朝鲜半岛、日本、越南、缅甸、泰国、老挝、马来西亚、印度尼西亚、文莱和菲律宾，并且对这些地区的地图学史通过对考古、文献和图像史料的新的研究和解读提供了一些新的认识。全书分为以下部分：前两章是总论性的介绍，即《亚洲的史前地图学》和《东亚地图学导论》；第二部分为中国的地图学，包括7章；第三部分为朝鲜半岛、日本和越南的地图学，共3章；第四部分为东亚的天体图，共2章；第五部分为东南亚的地图学，共5章；还有一章是关于中国西藏和蒙古地区的地图学的。此外，作为结论的第21章，对亚洲和欧洲的地图学进行了对比，讨论了地图与文本之间的关系、呈现了物质和形而上的世界的地图、地图的类型学以及迈向新的制图历史主义等问题。本卷的编辑者认为，虽然东亚地区没有形成一个同质的文化区，但东亚依然应当被认为是建立在政治（官僚世袭君主制）、语言（精英对古典汉语的使用）和哲学（新儒学）的共同基础上的文化区域，且中国、朝鲜半岛、日本和越南之间的相互联系在地图中表达的非常明显。与传统的从“科学”层面看待地图不同，本卷强调东亚地区地图绘制的美学原则，将地图制作与绘画、诗歌、科学和技术，以及与地图存在密切联系的强大文本传统联系起来，主要从政治、测量、艺术、宇宙志和西方影响等角度来考察东亚地图学。

第三册《传统非洲、南美、北极、澳大利亚与太平洋地区地图学》，讨论了非洲、美洲、北极地区、澳大利亚和太平洋岛屿的传统地图绘制的实践。全书分为以下部分：第一部分，即第1章，为导言；第二部分为非洲的传统地图学，2章；第三部分为美洲的传统地图学，4章；第四部分为北极地区和欧亚大陆北极地区的传统地图学，1章；第五部分为澳大利亚的传统地图学，2章；第六部分为太平洋海盆的传统地图学，4章；最后一部分，即第15章是总结性的评论，讨论了世俗和神圣、景观与活动以及今后的发展方向等问题。由于涉及的地域广大，同时文化存在极大的差异性，因此这一册很好地阐释了丛书第一卷提出的关于“地图”的涵盖广泛的定义。尽管地理环境和文化实践有着惊人的差异，但本册清楚地表明了这些传统社会的制图实践之间存在强烈的相似之处，且所有文化中的地图在表现和编纂各种文化的空间知识方面都起着至关重要的作用。正是如此，书中讨论的地图为人类学、考古学、艺术史、历史、地理、心理学和社会学等领域的研究提供了丰富的材料。

第三卷《欧洲文艺复兴时期的地图学》，分为上、下两册，本卷涉及的时间为1450—1650年，这一时期在欧洲地图绘制史中长期以来被认为是一个极为重要的时期。全书分为以下几个部分：第一部分，戴维撰写的前言；第二部分，即第1章和第2章，对文艺复兴的概念，以及对这一时期地图自身与中世纪的延续和断裂进行了细致剖析，还介绍了地图在中世纪晚期社会中的作用；第三部分的标题为“文艺复兴时期的地图学史：解释性的论文”，包括了对地图与文艺复兴时期的文化、宇宙志和天体地图绘制、航海图的绘制、用于地图绘制的视觉、数学和文本模型、文学与地图、技术的生产与消费、地图以及它们在文艺复兴时期国家治理中的作用等主题的讨论，共28章；第三部分，“文艺复兴时期地图绘制的国家背景”，介绍了意大利诸国、葡萄牙、西班牙、德意志诸国、低地国家、法国、不列颠群岛、斯堪的纳维亚和俄罗斯等地区的地图学史，共32章。这一时期科学的进步、经典绘图技术的使用、新兴贸易路线的出现，以及政治、社会的巨大的变化，推动了地图制作和使用的爆炸式增长，因此与其他各卷不同，本卷花费了大量篇幅将地图放置在各种背景和联系下进行讨论，由此也产生了一些具有创新的解释性的专题论文。

第四卷至第六卷虽然是百科全书式的，但并不意味着这三卷是冰冷的、毫无价值取向的字母列表，这三卷依然有着各自强调的重点。

第四卷《欧洲启蒙时代的地图学》，涉及的时间大约从1650—1800年，通过强调18世纪作为一个地图的制造者和使用者在真理、精确和权威问题上挣扎的时期，突破了对18世纪的传统理解，即制图变得“科学”，并探索了这一时期所有地区的广泛的绘图实践，它们的连续性和变化，以及对社会的影响。

尚未出版的第五卷《19世纪的地图学》，提出19世纪是地图学的时代，这一世纪中，地图制作发生了极为迅速的制度化、专业化和专业化，以至于19世纪20年代创造了一种新词：“地图学”。从19世纪50年代开始，这种形式化的制图的机制和实践变得越来越国际化，跨越欧洲和大西洋，并开始影响到了传统的亚洲社会。不仅如此，欧洲各国政府和行政部门的重组，工业化国家投入大量资源建立了永久性的制图组织，以便在国内和海外帝国中维持日益激烈的领土控制。由于经济增长，民族热情的蓬勃发展，旅游业的增加，有着规定课程的大众教育，廉价印刷技术的引入以及新的城市和城市间基础设施的大规模创建都导致了广泛存在的地图学的认知能力和地图使用的增长，以及企业地图制作者的增加。而且，19世纪的工业化也影响了地图的美学设计，如新的印刷技术和彩色印刷的最终使用，以及使用新铸造厂开发的大量字体。

第六卷《20世纪的地图学》，编辑者认为20世纪是地图学史的转折期，地图在这一时期从纸本转向数字化，由此产生了之前无法想象的动态的和交互的地图。同时，地理信息系统从根本上改变了地图学的机制，降低了制作地图所需的技能。卫星定位和移动通信彻底改变了寻路的方式。作为一种重要的工具，地图绘制被用于应对全球各地和社会各阶层，以组织知识和影响公众舆论。这一卷全面介绍了这些变化，同时彻底展示了地图对科学、技术和社会的深远影响——以及相反的情况。

第三节 《地图学史》的学术价值

《地图学史》的学术价值具体体现在以下四个方面：

一是，参与这套丛书撰写的多是世界各国地图学史以及相关领域的优秀学者，两位主编都是在世界地图学史领域具有广泛影响力的学者。其中约翰·布莱恩·哈利在地理学和社会学中都有着广泛的影响力，是伯明翰大学、利物浦大学、埃克塞特大学和威斯康星—密尔沃基大学的地理学家、地图学家和地图史学者，出版了大量与地图学和地图学史有关的著作，如《地方历史学家的地图：英国资料指南》（*Maps for the Local Historian：a Guide to the British Sources*）等大约150种论文和论著，涵盖了英国和美洲地图绘制的许多方面。而且除了具体研究之外，他还撰写了一系列涉及地图学史研究的具有开创性的方法论和认识论方面的论文。戴维·伍德沃德，于1970年获得地理博士学位之后，在芝加哥纽贝里图书馆担任地图学专家和地图策展人，1974—1980年，还担任图书馆赫尔蒙·邓拉普·史密斯历史中心主任。1980年，伍德沃德回到威斯康星大学麦迪逊分校任教职，于1995年被任命为亚瑟·罗宾逊地理学教授。与哈利主要关注于地图学以及地图学史不同，伍德沃德关注的领域更为广泛，出版有大量著作，如《地图印刷的五个世纪》（*Five Centuries of Map Printing*）、《艺术和地图学：六篇历史学论文》（*Art and Cartography：Six Historical Essays*）、《意大利地图上的水印的目录，约1540年至1600年》（*Catalogue of Watermarks in Italian Maps*, *ca.* 1540 – 1600）以及《全世界地图学史中的方法和挑战》（*Approaches and Challenges in a Worldwide History of Cartography*）。其去世后，地图学史领域的顶级期刊 *Imago Mundi* 上刊载了他的生平和作品目录①。

① "David Alfred Woodward (1942 – 2004)", *Imago Mundi：The International Journal for the History of Cartography* 57.1 (2005): 75 – 83.

如前文所述，由于这套丛书希望将地图作为一种工具，从而研究其对文化、社会和知识等众多领域的影响，而这方面的研究超出了传统地图学史的研究范畴，因此丛书的撰写邀请了众多相关领域的优秀研究者，如在第三卷的“序言”中戴维·伍德沃德提到：“我们因而在本书前半部分的三大部分中计划了一系列涉及跨国主题的论文：地图和文艺复兴的文化(其中包括宇宙志和天体测绘；航海图的绘制；地图绘制的视觉、数学和文本模式；以及文献和地图)；技术的产生和应用；以及地图和它们在文艺复兴时期国家管理中的使用。这些大的部分，由28篇论文构成，描述了地图通过成为一种工具和视觉符号而获得的文化、社会和知识影响力。其中大部分论文是由那些通常不被认为是研究关注地图本身的地图学史的研究者撰写的，但他们的兴趣和工作与地图的史学研究存在密切的交叉。他们包括顶尖的艺术史学家、科技史学家、社会和政治史学家。他们的目的是描述地图成为构造和理解世界的核心方法的诸多层面，以及描述地图如何为清晰地表达对国家的一种文化和政治理解提供了方法。”

二是，覆盖范围广阔。在地理空间上，除了西方传统的古典世界地图学史外，该丛书涉及古代和中世纪时期世界上几乎所有地区的地图学史。除了我们还算熟知的欧洲地图学史（第一卷和第三卷）和中国的地图学史(在第二卷的第二册中）之外，在第二卷的第一册和第二册中还详细介绍和研究了我们以往了解相对较少的伊斯兰世界、南亚、东南亚地区的地图及其发展，而在第二卷第三册中则介绍了我们以往几乎一无所知的非洲古代文明，美洲玛雅人、阿兹特克人、印加人，北极的因纽特人以及澳大利亚、太平洋地区各文明的地理观念和绘图实践。因此，虽然书名中没有“世界”一词，但这套丛书是名副其实的“世界地图学史”。

如前文所述，这套丛书除了古代地图及其地图学史之外，还非常关注地图与古人的世界观、社会文化、艺术、宗教、历史进程以及文本文献等众多因素之间的联系和互动。因此，丛书中充斥着对各个相关研究领域最新理论、方法和成果的介绍，如在第三卷的第一章“地图学和文艺复兴：延续和变革”中，戴维·伍德沃德就花费了一定篇幅分析了近几十年来各学术领域对“文艺复兴”的讨论和批判，介绍了一些最新的研究成果，并认为至少在地图学中，“文艺复兴”并不是一种“断裂”和“突变”，而是一个“延续”与“变化”并存的时期，以往的研究过多地强调了“变化”，而忽略了存在的大量“延续”。同时在第三卷中还设有以“文学和地图”为标题的包含有七章的一个部分，从多个方面讨论了文艺复兴时期地图与文学之间的关系。因此，就学科和知识的层面而言，其已经超越了地图和地图学史本身，在研究领域上有着相当的涵盖面。

三是，丛书中收录了大量古地图。随着学术资料的数字化，目前世界各国的一些图书馆和收藏机构逐渐将其收藏的古地图数字化且在网站上公布，但目前进行这些工作的图书馆数量依然有限，且一些珍贵的，甚至孤本的古地图收藏在私人手中，因此时至今日，对于一些古地图的研究者而言，找到相应的地图依然是困难重重。对于不太熟悉世界地图学史以及藏图机构的国内研究者而言更是如此。且在国际上地图的出版通常都需要藏图机构的授权，手续复杂，这更加大了研究者搜集、阅览地图的困难。《地图学史》丛书，一方面附带有大量地图的图影，仅已经出版的四卷中就有多达4000幅插图，其中绝大部分都是古地图，且附带有收藏地点，其中大部分是国内研究者不太熟悉的；另一方面，其中一些针对某类地图或者某一时期地图的研究通常都附带有作者搜集到的相关全部地图的基本信息以及收藏地，如第三卷第九章“对托勒密《地理学指南》的接受（14世纪末至16世纪初）”的附录中列出了收藏在各图书馆中的托勒密《地理学指南》各种版本以及它们的年代、开本和页数，这对于《地理学指南》及其地图的研究而言，是非常重要的基础资料。由此使学界对于各类古代地图的留存情况以及收藏地有着更为全面的了解。

四是，虽然这套丛书已经出版的三卷主要采用的是专题论文的形式，但不仅涵盖了地图学史几乎所有重要的方面，而且对问题的探讨极为深入。丛书作者多关注于地图学史的前沿问题，很多论文在注释中详细评述了某些前沿问题的最新研究成果和不同观点，以至于某些论文注释的篇幅甚至要多于正文；而且书后附有众多的参考书目。如第二章第三卷正文共有541页，而参考文献有35页，这一部分是关于非洲、南美、北极、澳大利亚与太平洋地区地图学的，而这一领域无论是在世界范围内，还是在国内都属于研究的“冷门”，因此这些参考文献的价值就显得无与伦比。又如第三卷上、下册正文共1904页，而参考文献有152页。因此这套丛书不仅代表了目前世界地图学史的最新研究成果，而且也成为今后这一领域研究必不可少的出发点和参考书。

总体而言，《地图学史》一书是世界地图学史研究领域迄今为止最为全面、详尽的著作，其学术价值不容置疑。

第四节 《地图学史》前三卷的翻译对中国地图学史研究的推动意义

虽然《地图学史》丛书具有极高的学术价值，但目前仅有第二卷第二册中余定国（Cordell D. K. Yee）撰写的关于中国的部分内容被台湾学者姜道章节译为《中国地图学史》一书（只占到该册篇幅的1/4）[①]，其他章节均没有中文翻译，且国内至今也未曾发表过对这套丛书的介绍或者评价，因此中国学术界对这套丛书的了解非常有限。

中国社会科学院历史研究院古代史研究所（原历史研究所）所长卜宪群研究员主持的“《地图学史》翻译工程”于2014年获得国家社科基金重大招标项目立项，主要进行该丛书前三卷的翻译工作。目前翻译工作已经基本完成，已经于2019年年底结项，于2022年年底全部出版。这套丛书的翻译将会对中国古代地图学史、科技史以及历史学等学科的发展起到如下推动作用：

首先，直至今日，我国的地图学史的研究基本上只关注中国古代地图，对于世界其他地区的地图学史关注极少，至今未曾出版过系统的著作，相关的研究论文也是凤毛麟角，仅见的一些研究大都集中于那些体现了中西交流的西方地图，因此我国世界地图学史的研究基本上是一个空白领域。因此《地图学史》的翻译必将在国内促进相关学科的迅速发展。该套丛书本身在未来很长时间内都将会是国内地图学史研究方面不可或缺的参考资料，也会成为大学相关学科的教科书，因而具有很高的应用价值。

其次，目前对于中国古代地图的研究大都局限于讨论地图的绘制技

---

① 余定国：《中国地图学史》，姜道章译，北京大学出版社2006年版。

术，对地图的文化内涵关注的不多，这些研究视角与《地图学史》所体现的现代世界地图学领域的研究理论、方法和视角相比存在一定的差距。另外，由于缺乏对世界地图学史的掌握，因此以往的研究无法将中国古代地图放置在世界地图学史背景下进行分析，这使当前国内对于中国古代地图学史的研究游离于世界学术研究之外，在国际学术领域缺乏发言权。因此，《地图学史》的翻译出版必然会对我国地图学史的研究理论和方法产生极大的冲击，将会迅速提高国内地图学史研究的水平。这套丛书第二卷中关于中国地图学史的部分翻译出版后立刻对国内相关领域的研究产生了极大的冲击，即是明证[1]。

最后，目前国内地图学史的研究多注重地图绘制技术、绘制者以及地图谱系的讨论，但就《地图学史》丛书来看，上述这些内容只是地图学史研究最为基础的部分，地图学史的研究更应关注以地图为史料，进行历史学、文学、社会学、思想史、宗教等领域的研究，而这方面是国内地图学史研究所缺乏的。当然，国内地图学史的研究也开始强调将地图作为材料运用于其他领域的研究，但目前还基本局限于就图面内容的分析，尚未进入图面背后，因此这套丛书的翻译，将会在今后推动这方面研究的展开，拓展地图学史的研究领域。不仅如此，由于这套丛书涉及面广阔，其中一些领域是国内学术界的空白，或者了解甚少，如非洲、拉丁美洲古代的地理知识，欧洲和中国之外其他区域的天文学知识等，因此这套丛书翻译出版后也会成为我国相关研究领域的参考书，并促进这些研究领域的发展。

---

① 对其书评参见成一农《评余定国的〈中国地图学史〉》，《“非科学”的中国传统舆图——中国传统舆图绘制研究》，中国社会科学出版社 2016 年版，第 335 页。

附录二　再议中国古代地图的起源

第一节　中国古代地图起源研究综述

当前现存最早的中国古代的实物地图是出土于天水放马滩秦墓的绘制时间约为秦惠文王后元十年至秦昭襄王八年（公元前305—前299年）的7幅刻在木板上的地图，以及出土于湖南长沙马王堆三号汉墓的绘制于西汉高后七年至文帝十二年（公元前181—前168年）的三幅地图，即“长沙国南部地形图”“长沙国南部驻军图”“城邑图”。还有在内蒙古自治区和林格尔县东汉护乌桓校尉墓葬中发现的时间约为东汉末年（公元2世纪之后）的5幅城池图，即“宁城图”“繁阳县城图”“土军城图”“离石城图”“武成县图”，以及在朝鲜平安南道顺川郡龙凤里辽东城塚壁画墓中的一幅时间约为公元五世纪的“辽东城图”。

基于这些出土于墓葬的地图，并结合流传下来的《周礼》等文本文献中的一些记载，基本可以认为，至少在秦汉时期，中国古代的地图绘制就已经比较成熟了。不过，由此带来的问题就是，除了一些不太可靠的文献记载之外，由于缺乏早期地图的实物，更不用说史前地图的实物证据，因此长期以来对于中国古代地图的起源只是有着一些推测。

如中国地图学史的奠基者王庸在《中国地图史纲》的第一章“中国的原始地图及其蜕变”中就提到“地图的起源很早，可能在人类发明象形文字以前就有地图了。因为原始的地图都是形象化的山川、道路、树木，用图画实物来表示，以为旅行和渔猎的指针；而象形文字却多少带符号性质，是比较进步的文化。近代原始民族……都画制有地图和地形模型，作为旅行时的向导。中国古代有夏禹铸九鼎的传说……但是这‘铸鼎象物’的作用在于‘避凶就吉’，使旅行的人知所戒备，有点同原始民族的地图相像，则是无疑的事实。后来的《山海经图》，大概就是从九鼎图像演变出来的……清人毕沅甚至说《山海经》中的《五藏山经》是古代‘土地之图’。因为原始图像只画实际山水事物，至于各处的方位和距离不能在图上表示出来；到了有文字以后，便在图上用文字说明它们，如现在《山海经》中记着的……古鼎彝上以及山东发现的石刻画像里，有画着奇奇怪怪的动物神道的，这和《山海图》也许有些关系”①。大致而言，王庸认为地图的产生有着实用目的，即旅行和渔猎；且由于缺乏实物地图，因而认为夏禹铸九鼎和《山海经图》展现了中国地图最初的样貌。

王庸的观点也影响了后来对这一问题的研究，如卢良志的《中国古代地图起源探讨》提出“原始社会已出现了描述自然现象的图画，而这些图画先于象形文字出现，尽管也有描述自然景物的图画，但还不是真正意义上的地图，只能算作地物画。夏末商初象形文字出现后，产生于原始社会的地物画与象形文字还没有明显的差别，于是形成了地物画与象形文字融为一体的地图发展阶段。周灭商后，由于生产和征战的需要，具有明显主题思想和实际使用价值的地图大量出现”②，并认为中国最早的实物地图产生于周代。在其专著《中国地图学史》中，卢良志有着更为具体的论述，如“地图，大约在原始社会后期，象形文字产生以前就以萌芽的形态出现了。最初地图的萌芽，与原始人的绘画有密切的关系。自从人类脱离猿以后，为了求得生存，在渔猎、耕作和改造自然中，逐渐对周围的自然环境有所认知。由于劳动生产的需要，原始人们常把周围环境中和生活有密切关系的事物用绘画的方式描绘下来，作为以后活动指导”③。然后介绍了各种关于早期地图的传说，其中最早可以追溯到黄帝时代，“当然黄帝时代

① 王庸：《中国地图史纲》，生活·读书·新知三联书店 1958 年版，第 1 页。

② 卢良志：《中国古代地图起源探讨》，《测绘学院学报》2002 年第 3 期，第 227 页。

③ 卢良志：《中国地图学史》，测绘出版社 1984 年版，第 1 页。

出现的原始地图是不同于今天的地图，估计是一种用直接的绘画图象的方法，把一些地物现象集合起来，而制成的地图与绘画溶为一体的物象图”①。接着，书中着重介绍了文献中记载的九鼎图和《山海经图》，基本观点与王庸的非常近似。总体而言，卢良志的研究将以绘画图像的形式对地物的表达与地图区别开来，且将实物地图产生的时间确定在了有文字记载的历史时期。

在阎平、孙果清编著的《中华古地图集珍》第一章“中国的原始地图”的第一节“中国地图的萌芽”中也有着近似的表达，“处于蒙昧时代的原始人，在为自身生存而进行的斗争实践中，首先获得了对其周围地理环境的直觉……这种对周围地理环境的直觉和最初的名称，便是最原始的地理知识。随着人们活动地域的扩大和对地理现象认识的深化，原始地理知识不断积累，为地图的产生提供了便利条件”，“当人类历史进入新石器时代以后……物质生活的改善和人类思维的发展，开始出现记录周围环境和生活情景的原始图画。图画的出现和地理知识的积累成为原始地图产生的必要条件”②。在后续的论述中认为“迄今大量的考古发掘与研究表明：随着社会经济文化的演进，原始图画发展为三个既相互联系又各自独立的分支，即：绘画艺术、象形文字和原始地图”，“也就是说，初始的地理图画是原始地图的直接渊源。本质上说，用图画形式记录的简单地理图（景）象，就是原始地图”③。此后该书同样遵循着以往的模式，对文献或者传说中描述的中国早期地图进行了介绍。

此外，喻沧的《中国地图学史》中对于中国地图的起源也有着近似的论说④。

就研究方法而言，以往这方面的研究，基本是基于猜测的推论，同时也没有借鉴相关学科的研究成果。具体而言，以往对于中国地图起源有着如下认知：第一，认为地图的产生或与早期人类的实践需要相关，或是对周围环境和生活场景的记录，也可能是两者的结合；第二，认为绘画与地

① 卢良志：《中国地图学史》，测绘出版社1984年版，第2页。
② 阎平、孙果清编著：《中华古地图集珍》，西安地图出版社1995年版，第1页。
③ 阎平、孙果清编著：《中华古地图集珍》，西安地图出版社1995年版，第2页。
④ 喻沧：《中国地图学史》，测绘出版社2010年版。

图之间是“相互联系又各自独立的分支”，从而将表达了空间或地物的绘画与地图区分开来；第三，虽然认为以“禹铸九鼎”以及《山海经图》为代表的文献或者传说的真伪或者成书年代存在问题，但同时也认为两者反映的历史应当是真实的，也是中国最早的实物地图产生的时间，即夏代之后，甚至晚至周代。正是由于缺乏研究理论或者方法的支撑，同时也缺乏实物证据，因此自民国以来对中国古代地图起源的研究，不仅在具体观点上没有什么进展，而且在史学和考古学等学科已经取得长足发展的今天，也日益缺乏说服力。

实际上在关于地图起源方面，西方地图学史的研究者也面临着相近的问题，即保存下来的实物地图都是有史以来的，也即是成熟时期的地图，而远远不是起源时期的地图，但他们依靠人类学方法和资料以及对“地图”性质的重新认知，早在多年前就在这一问题上做出了重要的突破，不仅确定了至少数十幅史前时期的地图，而且将地图的产生与人类认知方式的演进等问题联系了起来，并对早期地图的用途做出了新的解释。在由约翰·布莱恩·哈利（John Brian Harley，1932—1991）和戴维·伍德沃德（David Woodward，1942—2004）主编的世界地图学史领域的巅峰之作《地图学史》（*The History of Cartography*）丛书的第一卷《史前、古代与中世纪欧洲与地中海地区地图学》（*Cartography in Prehistoric, Ancient, and Medieval Europe and the Mediterranean*）的相关章节中对这一问题从方法和实践层面进行了细致的讨论。后文即以此为基础，首先对西方学界关于这一问题的研究视角、方法和结论进行介绍；然后以此为基础，对中国地图起源的问题进行一些讨论，当然这些讨论比较初步和粗糙，但希望能抛砖引玉，引起学界对这一问题的重新关注和研究；最后，对今后这一领域的研究进行一些展望。

第二节 西方地图学史对地图研究起源的一些认知

要理解地图的起源，首先要摆脱现代地图学对于地图的定义。现代的“地图”的定义往往极为看重地图的绘制技术，尤其是基于数学法则的技术，如“由数学所确定的经过概括并用形象符号表示的地球表面在平面上的图形，用其表示各种自然现象和社会现象的分布、状况和联系，根据每种地图的具体用途对所表示现象进行选择和概括，结果得到的图形叫做地图”①；“按照一定的制图法则，概括表达地表的自然、社会经济现象的分布和相互关系的平面图”②；“按照一定数学法则，运用符号系统和综合方法、以图形或数字的形式表示具有空间分布特性的自然与社会现象的载体”③。

但在地图漫长的发展历史中，符合上述定义的地图实际上出现的非常晚，无论是中国古代地图，还是欧洲文艺复兴中期之前的绝大部分地图都没有所谓的“数学法则”，它们只是基于绘制者的某种目的，受到当时思想、文化和观念的影响，对“地表的自然、社会经济现象的分布和相互关系”进行的图像呈现，简言之，地图是人们在认知空间之后对这些认知的图像表达。《地图学史》第一卷《史前、古代与中世纪欧洲与地中海地区地图学》，在两位主编约翰·布莱恩·哈利和戴维·伍德沃德所撰写的序言中，也做出了一个近似的对于地图的定义，即：“地图是便于人们对人类世界中的事物、概念、环境、过程或事件进行空间认知的图形呈现。”④在这种对于地图的定义中，地图的核心概念是对于空间认知的图形呈现，而这种图形呈现的具体方式则是极为次要的。

基于对“地图”的重新认知，G·马尔科姆·刘易斯（G. Malcolm Lewis）在《史前、古代与中世纪欧洲与地中海地区地图学》的第三章《地图学的起源》（“The Origins of Cartography”）中基于对人类意识、认知方式的研究，以及人类学的相应研究成果，提出：“传递现象和事件之间

① （苏）K. A. 萨里谢夫，李道义、王兆彬译，廖科校：《地图制图学概论》，测绘出版社1982年版，第4页。

② 全国科学技术名词审定委员会事务中心“术语在线”“图书馆·情报与文献学”对地图的定义。http://www.termonline.cn/list.htm?k=%E5%9C%B0%E5%9B%BE。

③ 全国科学技术名词审定委员会事务中心“术语在线”“测绘学”对地图的定义。http://www.termonline.cn/list.htm?k=%E5%9C%B0%E5%9B%BE。

④ J. B. Harley and David Woodward, “Preface”, *The History of Cartography*, Vol. 1, *Cartography in Prehistoric, Ancient, and Medieval Europe and the Mediterranean*, Chicago University Press, 1987, p. xvi.

的空间联系的信息的能力，以及以讯息的形式接收这类信息的能力，已经在智人出现之前很久的一些动物中有着很好的发展，尽管它们的讯息传递系统是由基因决定的，并且因而通过心理的反映或者通过群体的互动都是无法进行修改的"①；"因此，毫不令人惊讶的是，'空间化'可能是'意识中最早和最为原始的方面'，正是因为如此，诸如距离、位置、网络和区域等的空间属性持续渗透到人类的思想和语言的众多其他领域中"②；"不同于其他较高等灵长类的'此地和此时'的语言，人类的语言已经开始将'时间和空间中的事件编制在一个由语法和隐喻控制的逻辑关系网中'"③。并基于对人类空间认知的现代研究，以及将对现代土著居民空间意识的人类学方面的研究应用于阐释史前的地图绘制，作者进而提出早期人类对于空间的认识是"基本的拓扑结构，与欧几里得或投影的不同，并且与自然环境的具体物理特征有关"④，且这种认知地图是以物质形态出现的地图的基础。上述这些认知，显然与前文介绍的中国学者的认知存在根本性的差异。

基于上述认知，刘易斯进而提出，在交流空间信息的各种方式中，听觉系统（口语和音乐）由于是短暂的，因此是交流空间信息最不有效的手段；与此同时，在交流的视觉系统中，姿势和舞蹈，虽然同样是暂时的，但由于它们本身就是空间的三维形式，因此在向在场的和在传播的时间范围内的群体成员传递一幅"地图"时更为有效。绘画、模型、象形文字和标记，至少潜在是三维的，且具有将即时性与更好的持久性相结合的额外优势，因而正是从这种用于交流的视觉系统的群体，地图学，以及其他图形图像，最终作为语言的一种专门形式出现。在这里作者没有像中国学者那样刻意区分象形文字、绘画和地图。然后，作者提出"姿势和简单的地图绘制之间的联系也可以在象形文字中找到。与音节字母文字不同，象形

① G. Malcolm Lewis, "The Origins of Cartography", *The History of Cartography*, Vol. 1, *Cartography in Prehistoric, Ancient, and Medieval Europe and the Mediterranean*, eds. J. B. Harley and David Woodward, Chicago University Press, 1987, p. 50.

② G. Malcolm Lewis, "The Origins of Cartography", p. 51.

③ G. Malcolm Lewis, "The Origins of Cartography", p. 51.

④ G. Malcolm Lewis, "The Origins of Cartography", p. 52.

文字不是单线性的，并且很容易适应于表示事物和事件的空间分布"[①]，且"在保存下来的历史时期土著民族制作的地图中，姿势通常是图像符号的重要组成部分"[②]。不过由于姿势的特性，因此目前缺乏这方面的留存下来的直接证据，"因而，人们可能期望在更为永久性的艺术形式——尤其是在欧亚大陆中纬度地带旧石器时代早期社会中的岩画艺术和可移动的艺术中——找到地图最早的证据"[③]，确实在该书凯瑟琳·德拉诺·史密斯（Catherine Delano Smith）撰写的第四章《旧世界史前时期的地图学：欧洲、中东和北非》（"Cartography in the Prehistoric Period in the Old World: Europe, the Middle East, and North Africa"）中就是用大量岩画和石刻地图对欧洲、中东和北非的早期地图进行了介绍。

在该文的最后部分，作者提出了一点非常重要的认知，即："对地形信息本身的地图绘制对于早期人类而言几乎肯定不具有（现代意义上的）实践意义"[④]，这点同样与中国学者的认知存在根本性的差异。该书第四章，即凯瑟琳·德拉诺·史密斯的《旧世界史前时期的地图学：欧洲、中东和北非》中对这一观点进行了详细的解释，大致而言，基于人类学的研究，早期人类尤其是定居居民的活动范围非常有限，他们对于其所活动的空间是非常熟悉的，因此"在岩画艺术中不太可能创造类似于现代地图那样的用于寻路或用作信息存储工具的地图"[⑤]。作者还提到，"考古挖掘已经表明，岩画艺术与信仰和宗教有关……考古挖掘也显示，这种艺术是'某种时刻的产物'，是为仪式或者在仪式中创造的，并且绝不打算延续到该事件之后"[⑥]。而且，基于欧洲、中东和北非的岩画、器物等，"毫无疑问，到旧石器时代晚期的开始阶段，人们已经具有了将思维的空间图像转

① G. Malcolm Lewis, "The Origins of Cartography", p. 52.

② G. Malcolm Lewis, "The Origins of Cartography", p. 53.

③ G. Malcolm Lewis, "The Origins of Cartography", p. 53.

④ G. Malcolm Lewis, "The Origins of Cartography", p. 53.

⑤ Catherine Delano Smith, "Cartography in the Prehistoric Period in the Old World: Europe, the Middle East, and North Africa", *The History of Cartography*, Vol. 1, *Cartography in Prehistoric, Ancient, and Medieval Europe and the Mediterranean*, eds. J. B. Harley and David Woodward, Chicago University Press, 1987, p. 59.

⑥ Catherine Delano Smith, "Cartography in the Prehistoric Period in the Old World: Europe, the Middle East, and North Africa", p. 58.

换成永久的可见图像的认知能力和操作能力”[①]，而不像中国学者认为的那样，地图的产生晚至历史时期。

在第四章中，史密斯将史前地图放置在三个主题下进行了讨论，即地形图、天体图和宇宙志图。不过在确定一幅图像是否为地图的时候，史密斯认为研究者面对着三个难以处理的问题，即要确定：①艺术家的意图确实是描绘空间中的对象的关系；②所有作为组成部分的图像都是在同一时间制作的；③从地图学的角度来看它们是适当的。

要确定第一点的难点在于，由于我们所面对的早期图像基本都缺乏相应的说明文字，因此对于其所描绘对象，尤其是那些几何和抽象图形的认知通常是基于现代研究者的识别，而这些识别中不可避免地掺杂有研究者的主观性，这点在天体图中表现得非常明显。就像史密斯所说，欧洲的研究者通常喜欢将在岩石上发现的“杯环标记”识别为天空中的星座，但其中存在的问题就是，这种识别大部分时候并不能将一幅图像中的所有标记囊括在内，由此这种对于星座的识别似乎带有研究者的主观意愿，且那些被识别出的星座之间的位置关系与天空中的位置关系很多时候并不能对应。更为重要的就是，根据人类学的和传统的证据，在土著民族日常生活中具有重要性的星座或者恒星的数量是非常少的，由此“在这一时期，一个单一星座的呈现，而不是整个天球，并不构成一幅天体图。结果，大多数被提出的天文学实例都无法被认定为一幅地图”[②]。

要确定第二点的难点在于，“通常难以确认的是，岩画艺术的组合最初是否是作为一个完整的组合而被构思和绘制的，以及它仅仅或是作为在去除旧作之后重新绘制的图像，或可能是作为以长时间的间隔绘制的单个图像的意外并置的结果而保存下来的”[③]，但要判断构成现在看起来是一幅图像的所有元素是否是在同一时间绘制的存在极大的技术上的困难，大致

① Catherine Delano Smith, “Cartography in the Prehistoric Period in the Old World: Europe, the Middle East, and North Africa”, p. 62.

② Catherine Delano Smith, “Cartography in the Prehistoric Period in the Old World: Europe, the Middle East, and North Africa”, p. 85.

③ Catherine Delano Smith, “Cartography in the Prehistoric Period in the Old World: Europe, the Middle East, and North Africa”, p. 61.

提出的解决方法就是"仅在合理且清楚地确定雕刻的或绘制的线条彼此整齐地连接，既不重叠也不孤立，并且在技术和样式上是一致的情况下，才可以假定一幅作品是有意的，并且各个图像是一幅较大图像的组成部分且是同时代的"①，但这些方法并不具有太强的可靠性，比如属于延续了很久的同一文化的人群很可能有着相似的技术和样式。

关于第三点，即"从地图学的角度来看它们是适当的"，史密斯对此有着如下解释："一幅现代地形图主要由熟悉的符号组成，这些符号的含义由附带的图例所强化，或通过其他形式的解释得到明确。否则，没有办法确定一个符号的含义：任何图像都可以被用来代表任何对象。在被选择的图像与其意图呈现的或者符号化的对象之间保持一定程度的对应关系(部分是为了防止忘记其含义)，是常见的和明智的。因此，有理由假设，在史前艺术的情况中，例如至少在第一层含义上的那些用于动物的和房屋的自然主义的图形是图符的或者图像的呈现。那些对于一幅地形图最为常见的（例如，一座房屋而不是武器）符号，可以被从那些不太具有地图学意义的对象中选择出来。另一个指导方针就是，在单一作品中出现的某一图像的频率。对一幅现代地图的分析表明，它是由一系列图像组成的，其中大部分图像，如果不是全部的话，都是频繁出现的。这应当也是史前地图的情况。"② 大致而言就是，如果在一幅图像中那些可以被认定为是地理要素（包括人文和自然的）符号重复出现，那么这幅图像被作为一幅地图是适合的。

总体而言，通过上述介绍可以看到，西方学者对于地图起源问题有着远比中国学者更为深入的讨论，且形成了一套至少有着方法论意义的认知，且提出了确认史前地图的一些至少有着一定可操作性的标准。

由此，可以看到中国学者提出的一些认知，如地图的产生与早期人类的实践需要相关，或者是对周围环境和生活场景的记录，虽然不能说是错误的，但实际上这是基于现代人对于地图功能的狭隘认知，由此可能局限

① Catherine Delano Smith, "Cartography in the Prehistoric Period in the Old World: Europe, the Middle East, and North Africa", p. 61.

② Catherine Delano Smith, "Cartography in the Prehistoric Period in the Old World: Europe, the Middle East, and North Africa", p. 61.

了我们中国地图起源研究的讨论；也将我们对于中国史前地图的搜寻设置了不应有的限制，即一方面要与绘画有着区别；另一方面还应是对实际地理空间的描绘等等；而且也将地图起源的时间过于延后了。且无论“禹铸九鼎”以及《山海经图》的真伪如何，但这些传说或者文献中的地图实际上都是较晚的地图，与地图产生之初的样貌已经颇有距离。下文即以西方学者的上述认知为基础，对中国史前地图，也即地图的起源进行一些初步讨论。

第三节 关于中国古代地图起源的探讨以及史前地图的样本

与欧洲类似，中国也留存下来大量史前时期的岩画或者石刻绘画。当然中国研究者首先也面对着西方研究者所面临的问题，即这些岩画或者石刻绘画的断代问题，如果这一问题不解决，那么对于这些岩画的进一步解读就会受到极大的制约。为了解决这一问题，中国学者也提出了一些方法，这些方法大致可以分为两类，即利用现代技术直接测定年代的手段，以及使用考古学等学科的方法来对岩画的年代进行判读。前者中具有代表性的如“微腐蚀断代法”[①]、“无损光谱分析”和碳 14 测年等，且也有一些学者使用其中一些方法进行了实践研究，如师渤翔将“无损光谱分析”应用在阿勒泰彩绘岩画相对年代的分析中[②]等。不过与存在大量遗物的遗址不同，由于岩画上可以用于使用技术手段判断年代的残迹过少，因此这些技术手段的使用通常都有着极大的局限。而考古学等学科的方法大致是“将岩画研究与其周围的其他考古学文化遗存结合起来，利用已经确定的其他考古学文化的年代来推断岩画的年代；另一种是将某一地区的岩画依据内容不同分成若干个主题，然后研究每一主题风格的演变，来判断岩画

① 对于这一方法的介绍，可以参见汤惠生《岩画断代技术、方法及其应用——兼论青海岩画的微腐蚀断代》，《文物科技研究》第 2 辑，科学出版社 2004 年版，第 78 页；汤惠生《岩画断代技术手段的检讨——兼论青海岩画的微腐蚀断代》，《南京师大学报（社会科学版）》2002 年第 4 期，第 165 页。

② 师渤翔：《无损光谱分析在阿勒泰彩绘岩画相对年代研究中的探索》，西北大学文物与博物院学硕士研究生学位论文，2017 年。

的相对年代”[①]，或“认为判断中国北方新石器早期岩画的年代可以采取以下方法：第一，新石器早期岩画与旧石器晚期遗址相伴生，通过选择与新石器早期岩画伴生的遗址进行断代；第二，新石器早期岩画形制，简单的过于夸张，复杂的贴近写实，因此可以通过岩画的形制特征进行判断；第三，新石器早期岩刻画痕与岩石的色泽基本一致，从画痕与岩石的色泽方面也可以进行初步判断；第四，实验证明，新石器早期岩画的制作方法有研磨和磨制两种，可以通过还原岩画制作方法的办法予以断代；第五，考古类比学的方法可以准确判断部分岩画的时代”[②]。有时研究者还以岩画笔画的连贯性、风格的相似性以及图像本身的一些状态作为判断不同时期图像的依据，如张晓霞《敖伦敖包岩画分期研究》一文提出：“敖伦敖包岩画具有以下的特征：1. 叠压打破关系：叠压打破原理与考古学中的地层学原理相同，一个岩画个体打破另一个岩画个体，被打破的个体的完整性遭到破坏，相对年代较早。打破者的年代应晚于被打破者，这些叠压打破关系有助于我们判断岩画的相对年代。2. 刻痕颜色深浅关系：石面经历了长时间的风吹日晒，表面形成一层铁、锰氧化物薄膜，颜色较深，呈黑色或黑褐色。若画在凿刻的过程中，将破坏这层薄膜，露出岩石本来的颜色。如果岩画凿刻的年代较早，刻痕的颜色将越接近石面薄膜的颜色，凿刻时间较晚，刻痕的颜色与石面的颜色对比越明显。3. 图像类型差别关系；在同一个石面上，我们可以看到同一种动物，可找出多种凿刻方式。图像个体差异包括技法、风格、造型等因素，这种差异可以引导我们去寻找背后的原因。”[③] 不过无论是考古学的方法还是对图像本身的分析，都具有一定的主观性，且岩画与周围遗迹之间的关系通常缺乏明确的证据，由此得出的结论通常只是参考性的，而远远不是决定性的。当然，也有一些学者在具体研究中将上述各种方法结合起来，但无论如何，岩画的断代以及判断

---

① 潘晓：《八墙子岩画的分类与分期研究》，西北大学考古与博物馆学硕士学位论文，2011年，第2页。

② 吴甲才：《新石器早期岩画判定方法的几点认识》，《内蒙古师范大学学报（哲学社会科学版）》，2014年第6期，第10页。

③ 张晓霞：《敖伦敖包岩画分期研究》，中央民族大学考古学硕士学位论文，2016年，第24页。

一幅图像的“同时性”的问题依然没有得到很好的解决，由此正如后文有些例子所展示的，学界对于某些岩画的断代往往存在极大的差异。

除了“同时性”的问题之外，目前在中国境内发现的岩画在地域分布上极不平衡。陈兆复在《〈中国岩画全集〉序》中谈到“中国目前发现岩画的地区，东起大海之滨，西达昆仑山口，北至大兴安岭，南到左江沿岸，包括黑龙江、内蒙古、新疆、宁夏、甘肃、青海、山西、西藏、四川、贵州、云南、广西、广东、福建、江苏、台湾、香港、澳门等18个省区”①。虽然这一说法是在1994年提出的，且此后在某些省份有着新的发现，如河南，但直至今日，岩画分布区域上的不平衡并没有本质的变化。而且显而易见的是，在中原文化的核心区域，即陕西、山西、河北、河南、山东等地几乎没有岩画的发现，或者数量极少，由此不可避免地使我们对于中国古代地图起源的讨论带有严重的局限性。因此，下文的简要讨论只能说明在现代中国境内在史前时期已经出现了绘制地图的现象。

与欧洲等地的岩画以及其他器物上的地图相近，虽然存在争议，但在中国早期岩画中也可以识别出天文图和地形图。不过在现存的岩画中，缺乏明确的宇宙志图，虽然有些学者将某些图像，如人面图像、太阳图像与神话、太阳神等联系起来，但这些图像缺乏对整个宇宙构成的表达，因此不能算是严格意义上的宇宙志图。与此相比，西方研究者早就确定了众多文化中具有代表性的宇宙志的符号，如迷宫符号大致可以被认为是一幅表达了前往另一个世界的“路径”的地图，此外梯子和树木符号有时也具有宇宙志的意义，由此通过在史前图像中辨别出这样的符号以及符号的组合，从而可以将这些图像确定为是宇宙志图。但中国考古学在这方面所作的工作不多，对于上古的宇宙观念缺乏深入的讨论，大致只能说上古时期有着“天圆地方”的思想，代表器物就是玉琮，但在目前发现的岩画中缺乏这样的符号。同时虽然在一些岩画中出现了树木的形象，但目前我们无法确定这些树木的图像是写实的还是具有符号学的意义。

下文即对目前在岩画中发现的一些天文图（也被称为天象图）和地形图进行简要介绍。

---

① 陈兆复：《〈中国岩画全集〉序》，《中央民族大学学报》1994年第3期，第54页。

在中国的一些地区也发现有在欧洲等地发现的“杯环标记”，中国的岩画研究者往往将其称为“凹穴”岩画图案，同时一些研究者将这类图形以及类似于太阳的图形认定为是天文图或者星象图，典型的就是江苏连云港将军崖岩画B组①；类似的还有张喜荣对鞍山、海城地区发现的古代岩画的解读，即“古代岩画集中分布在鞍山地区千山风景区、千山（旧堡）区千山乡及大孤山乡、立山区双山街道、铁东区园林街道、海城市接文镇和析木镇等。现已查明有14个地点，49处，各种图案114组，1846个钻刻的石窝（凹坑）及刻画天、地、日、月、星辰等图案”②，也即其中大部分图案与对天体的描绘有关。汤惠生的《凹穴岩画的分期与断代——中国史前艺术研究之一》一文则对中国境内“凹穴”岩画的分布区域以及各自的特点进行了介绍，大致包括江苏、福建、广东、台湾、广西、云南、新疆、内蒙古以及河南等地③。

不过，与西方学者相比，中国的岩画研究者极少将这些图案与具体的天体和星座进行比照④，只是笼统地将某些岩画图案认为是星象图。不仅如此，对于这些图案，除了天文图之外，中国学界也有着众多其他解释，如解释为生殖的象征等等，但无论如何，所有这些解释，基本都是猜测性质的。总体而言，虽然在中国的史前岩画中发现了类似于天文图的图像，但目前的研究尚缺乏足够的说服力来确定这些图像就是天文图。

与天文图相比，我们确实可以在目前发现的岩画中看到一些对于地形的描绘，当然，正如前文所述，这种对于地形的描绘并不一定是“写实”，而且很可能并不具有实践功能。在目前欧洲发现的数万幅岩画中，可以被认定是地形地图的仅仅只有数十幅，所占比例极低，在中国也是如此，在本人所看到的史前岩画中，能被认为是地形地图的岩画同样数量极少。下

---

① 参见陆思贤《将军崖岩画里的太阳神象和天文图》，《淮阴师专学报（社会科学版）》1983年第3期，第7页；王玉民《将军崖岩画古天象图新探——兼论岳阳君山岩画的星象意义》，《广西民族大学学报（自然科学版）》2009年增刊，第72页。

② 张喜荣：《鞍山、海城地区古代岩画的调查报告》，《辽宁省博物馆馆刊》2010年，第95页。

③ 汤惠生：《凹穴岩画的分期与断代——中国史前艺术研究之一》，《考古与文物》2004年第6期，第31页。

④ 少量的例外就是日、月和北斗七星。

文仅列出本人所看到的几个例子：

云南沧源岩画，其年代最晚为新石器时代晚期①，但也有学者认为其时间最早应为商周，最晚西汉②；或最早为战国，最晚为东汉③。其中一幅岩画绘制有房屋等一些建筑、几条道路以及环绕村寨的壕沟或者墙体，显然这幅图像应当被认为是一幅地图。虽然对其绘制年代在认知上存在如此大的差异，但其属于某一民族文明早期绘制的地图应当是没有问题的。

云南文山市清水沟岩画中距今约4600年至3100年的第二区6组，这组图像“距地表3.68米，位于第5组右侧，画面内容较为丰富，包括干栏式建筑、动物圈养、农作物、太阳、道路等，似是一幅欣欣向荣的村落图，整幅画面呈深红色。画面正中为一棵竖立的树状图腾，树根部分为人面像，高耸入云，可能代表祈求丰收，宽20、高70厘米；图腾左侧有一栅栏，内外各有一只动物，宽33、高30厘米；围栏左侧为双重太阳图像，绘有大小两个同心太阳，均有芒，宽33、高26厘米；图腾右侧自上而下，分别有一段围栏，宽16、高8.5厘米；似马形动物，马嘴连接一垂直波浪纹，宽14、高15厘米；右下侧为另一匹体型稍大的马，宽21、高10厘米；右部为一带鬃毛的小马，宽12、高5.5厘米；往下为一干栏式建筑，该建筑由5根立柱支撑，屋檐用三角形支柱支撑，上部绘有1根长竿，宽8、高19厘米；干栏式建筑下侧为动物与圈栏，动物宽14、高3厘米，圈栏宽14、高4厘米；其下为一有芒小太阳，宽7.5、高7.5厘米；小太阳右下侧为一干栏式小建筑，由9根极细的立柱支撑，其右侧为一棵高大的树状植物，根部似人面像图形代表作画人群祈求农作物丰收，宽13.5、高30厘米；树下的一个图像已不清晰，宽9、高3厘米。整幅画面宽118、高66厘米”④。

新疆托克逊普加衣大齐克企克的一幅岩画，“从岩画点再向西行进3

---

① 吴学明：《石佛洞新石器文化与沧源崖画关系探索》，《云南文物》1989年总第25期；曾亚兰：《云南沧源崖画与石器遗址》，《四川文物》1997年第5期，第21页。

② 杨宝康：《论云南沧源崖画的年代》，《楚雄师范学院学报》2002年第5期，第70页。

③ 邱钟仑：《也谈沧源岩画的年代和族属》，《云南民族学院学报（哲学社会科学版）》1995年第1期，第26页。

④ 吴沄：《云南文山市清水沟岩画调查简报》，《四川文物》2020年第4期，第20页。

公里即至大齐克企克，在路旁约有 1 块高 10 米的巨石上凿刻有一幅水流图，右边是一条较大的河流，左边有着十几个泉眼及每个泉眼中流出的几条小溪，最后都汇集至大渠中。这幅图好象是描绘托克逊县白杨河以西的许多水流图，在泉流的下游还有两只大头羊在饮水"①，不过现在基本认为其中的两只大头羊是后来刻上的，而且这些线条是否是对当地河流的描绘也是有待讨论的问题，因此这幅岩画只能被认为是存疑的史前地形地图。

张晓霞《敖伦敖包岩画分期研究》一文对敖伦敖包的 Y1 岩画进行了分期研究，认为其中第一期属于距今 3500 年前后的青铜时代早期，描绘了一些动物；第二期为距今 3000 年前后的青铜时代中晚期，描绘了道路上行进的众多的人和动物；第三期为汉代，是一幅复杂的聚落的图像，描绘了一些房屋符号、人物形象和动物。大致可以认为，其中的第二期和第三期的图像可以分别构成两幅地图②。

与现在发现的西方史前地图相比，目前笔者所见中国的史前地图基本是形象的，或者说是自然主义的，基本没有看到抽象的或者几何的图形。现在对于抽象图形和自然主义图形出现时间的早晚尚无定论，即"抽象的或几何的图形可能在时间上比自然主义的图形要晚，不过这可能只是推测"③。

第四节 结论

总体来看，本附录基于西方地图学史较新的研究成果和方法，对中国古代地图的起源问题重新进行了讨论。当然由于目前发现的各类岩画数量众多，本附录远远未能涵盖全部资料，但从简要的分析可以看出，基于西方的这些认知，我们同样可以将中国地图的起源追溯到史前时期，且有着实物方面的证据。本附录与之前的研究相比，归根结底的差异就在于对于

① 苏北海：《新疆托克逊县科普加衣岩画》，《新疆大学学报（哲学社会科学版）》1990 年第 2 期，第 21 页。

② 张晓霞：《敖伦敖包岩画分期研究》，中央民族大学考古学硕士学位论文，2016 年。

③ Catherine Delano Smith, "Cartography in the Prehistoric Period in the Old World: Europe, the Middle East, and North Africa", p. 55.

地图的定义，以及看待地图的方式上。由此，今后我们对于史前地图的探询，完全可以摆脱基于传世文献中不太可靠的零星记载的推测，而将视野放置在留存于世的各类图像上，且可以制作一个可以被认定是地图的图像列表，以作为今后进一步分析的基础。与此同时，我们更应当借鉴西方地图起源的认知所采用的多学科来加深我们对于“地图”本身的理解。

当前中国地图起源研究最大的问题在于，目前发现的岩画多集中于华夏文明的边缘地带，而在所谓传统的华夏文明的核心区发现的岩画数量极少。不过，我们需要注意的是，在中原地区发现了大量史前时期的彩陶，以往的研究几乎没有考虑到这些彩陶的纹饰中有可能同样存在可以被认为是地图的图像，虽然这点并不能很快得出直接的结论，但却值得今后在这方面进行探讨。

不仅如此，基于上述认知，我们还可以对目前只有来自墓葬的地图的秦汉时期以及通常认为没有地图留存下来的魏晋隋唐时期重新进行考虑。例如目前发现有一些汉代的陶制建筑模型，按照西方研究者的理解，这些似乎同样可以被认为是地图。而且，在一些历史时期的岩画中也存在明确的地图的例子，如在内蒙古阿拉善右旗曼德拉山发现的一幅时间为北朝至西夏的描绘了帐篷的岩画，以及同一地区的一幅北朝至唐代的由一组帐篷组成的村落的岩画。此外，还有这一时期的大量壁画，如以往存在争议的敦煌莫高窟壁画中的大致为五代时期的《五台山图》，就本附录的认知来看，其显然是一幅地图。

总体而言，通过对地图定义的拓展以及借鉴西方地图学史的研究方法和视角，在今后我们完全可以重新思考中国地图的起源问题，且对史前地图的实物进行搜集，拓展现有的历史时期地图的实例，这必定会丰富我们对中国古代地图以及地图的认知。

第二篇 寰宇图和全国总图

“全国总图”是一个现代概念，中国古代对此并无明确的界定，近现代学者编纂的图录或图目中通常将大致涵盖了某一王朝直接控制的地理空间范围的地图称作“全国总图”；同时将涵盖范围更大的，即表示古代的“天下”，类似于今天世界地图的地图称为“寰宇图”。实际上，在中国古代，“寰宇图”和“全国总图”之间并没有明确的区分。在清代晚期之前，中国人绘制的所谓“全国总图”，即使以某一王朝的疆域为核心，但通常也包括了大量当时不属于王朝直接控制的国家和地区；同时所谓的“寰宇图”也基本以当时（或少数情况下是之前）王朝为主要表现对象，这些王朝所占据的地理空间不成比例地被放大且被放置于地图的中部，因此两者在本质上是近似的。由此，在本书中将两者放置在一起进行讨论，且在后文中有时会用“全国总图”来指代两者。

中国古代的“寰宇图”和“全国总图”有着众多的使用目的，因此本篇按照其功能分章对它们进行讨论。第一章是对未来中国古代“寰宇图”和“全国总图”研究的展望，其中也提到了以往研究中存在的问题。第二章，叙述的对象是现代意义上“普通寰宇图和全国总图”，即主要表现“天下”或者某一王朝所直接控制的地理空间上的山川、政区等地理要素的地图。需要说明的是，这些地图虽然没有太明确的目的，但由此也可以被用于多种目的；这一章涉及的地图数量众多，大致按照时间顺序进行介绍。第三章至第五章，主要关注用于辅助阅读“经”部著作的“寰宇图”和“全国总图”，主要涉及的主题包括“十五国风”、《禹贡》和《春秋》。第六章，讨论的是历史地图集和历史地图，也即作为读史辅助工具的“寰宇图”和“全国总图”。第七章至第八章，讨论的是民间日用类书中的，以及主要流传和使用于民间的“寰宇图”和“全国总图”，这是以往研究所忽视的或者存在误解的地图类型；其中第七章讨论的是两幅宋元民间日用类书中的地图，按照性质，实际上这两者应当属于普通“全国总图”的范畴，但由于其出现于民间日用类书中，所以放在此处重点进行介绍。第九章和第十章，则分别讨论用于风水和军事目的的“寰宇图”和“全国总图”。由于“寰宇图”和“全国总图”类型、用途以及数量众多，因此上述各章中涉及的地图在目的上有时会存在重叠。最后，在附录中简要介绍了以域外地区或者“四夷”为描绘对象的地图。

第一章　中国古代寰宇图和全国总图研究的展望

近年来，随着海内外学者的努力以一些藏图机构所藏地图的数字化，研究者可以获取的资料日益丰富，由此也促进了地图学史的研究；不仅如此，一些学者也开始将古地图作为史料，对某些历史问题展开研究；且随着J. B. 哈利（J. B. Harley）和戴维·伍德沃德（David Woodward）主编的《地图学史》（*The History of Cartography*）丛书的引入和翻译，西方古地图的一些研究方法、视角也开始传入国内，由此也逐渐引发了中国古代地图研究领域的变革。[①]

长期以来，在中国古代地图的研究中，学者最为重视的就是历代绘制的寰宇图和全国总图。中国古代地图学史的奠基者王庸在研究中用以勾勒中国古代地图学史发展脉络的除了“制图六体”“计里画方”等绘图理论和方法之外，主要就是各个时期绘制的寰宇图和全国总图[②]；在世界范围具有巨大影响力的李约瑟《中国科学技术史》中关于中国古代地图的部分也是如此[③]。此后，受到这两位研究者的影响，不仅中国地图学史的研究

---

① 如该套丛书中第2卷第2册《传统东亚和东南亚社会中的制图学》中，余定国撰写的关于中国古代地图的部分，在翻译为中文出版（余定国：《中国地图学史》，姜道章译，北京大学出版社2006年版）后，引起了国内学者的关注，参见韩昭庆《中国地图史研究的由今推古及由古推古——兼评余定国〈中国地图学史〉》，《复旦学报（社会科学版）》2009年第6期，第76页；成一农《“非科学”的中国传统舆图——中国传统舆图绘制研究》附录一，中国社会科学出版社2016年版，第335页。对这套丛书的评介，参见本书第一篇的附录一。

② 王庸：《中国地图史纲》，生活·读书·新知三联书店1958年版。

③ 李约瑟：《中国科学技术史》第5卷“地学”第1分册第22章，《中国科学技术史》翻译小组译，科学出版社1976年版。

中主要关注的是寰宇图和全国总图，而且在单幅地图的研究中，寰宇图和全国总图也是一个极为重要的对象。

不过，虽然以往的研究取得了大量成果，但也产生了一些阻碍相关研究进一步深入的问题，且其中一些问题误导了研究的方向，因此当前有必要加以总结和分析。

第一节 传统中国地图学史视角下的研究方法和研究内容

近代以来，受到“科学主义”和“线性史观”的影响①，再加上强烈的民族自豪感，以往中国古代地图学史的研究并没有对所有的寰宇图和全国总图给予同等的关注，而只是关注于少量体现了“科学”和“准确”的单幅的寰宇图和全国总图，比如《禹迹图》《广舆图》《皇舆全览图》等。不过根据笔者的分析，中国古代地图并不具有太多现代意义上“科学”的色彩，从“科学”的视角看待中国古代地图实际上是对中国古代地图的误解，是用西方近现代地图的概念来解释中国古代地图，从出发点上就是存在问题的②。而且绘制技术只是地图研究中的一个侧面，以往对于这一侧面过多的强调，实际上窄化了我们的研究视角，在今后的研究中应该弱化对地图绘制技术的关注③。

除那些体现了“科学”和“准确”的全国总图之外，还有一些被认为或绘制精美且存世数量稀少，或体现了中国古代所认知的地理空间的广大的绘本寰宇图和全国总图，如《大明混一图》《杨子器跋舆地图》等，也是被关注的重点；由于现存的中国古代地图基本是宋代之后的，因此那些刻石于宋代的寰宇图和全国总图，如《华夷图》《九域守令图》等也成为研究的重点。此外，还有少量有着某种突出“优点”的古籍或者刻本地图

---

① 参见成一农《“科学”还是“非科学”——被误读的中国传统舆图》，《厦门大学学报(哲学社会科学版)》2014 年第 2 期，第 20 页。

② 参见成一农《“非科学”的中国传统舆图——中国传统舆图绘制研究》，中国社会科学出版社 2016 年版；成一农《“科学”还是“非科学”——被误读的中国传统舆图》。

③ 对此可以参见本书第一篇。

集中的寰宇图和全国总图也得到了研究者的重视，其中最为典型的就是以绘制“准确”而长期以来得到推崇的《广舆图》“舆地总图”，此外还有现存时间最早的历史地图集《历代地理指掌图》。

那么问题在于，上述这些地图是否能代表中国古代的寰宇图和全国总图？答案显然是否定的。

首先，在现存的中国古籍中存在大量插图形式的寰宇图和全国总图，仅就《续修四库全书》《四库全书存目丛书》《四库禁毁书丛刊》《四库未收书辑刊》《文渊阁四库全书》五套丛书而言，其中收录的清以前的寰宇图和全国总图就达到600幅，在现存的清代之前的寰宇图和全国总图中，在数量上占据了压倒性优势。[①]

其次，以往的研究往往将绘本（单行的印本、石刻）地图与古籍中的地图割裂开来，但中国古代，两者之间存在着极为密切的关系，典型者如《广舆图》与美国国会图书馆所藏《大明舆地图》[②]，石刻《华夷图》与《历代地理指掌图》中的“古今华夷区域总要图”[③]；等等。

更为重要的是，一般而言，保存至今的很多绘本寰宇图和全国总图，具有较强的针对性，通常因时因事而绘，因此通常流通范围不广，且这类地图较高的绘制成本，也使其难以被大量复制，因此绘本图无法代表当时普通人所能看到的寰宇图和全国总图。同时，与绘本地图相比，收录有寰宇图和全国总图的古籍印刷量通常较大，且收录这些寰宇图和全国总图的大都属于士大夫重点关注的经、史类著作，因此在很大程度上代表了当时士大夫所能看到的寰宇图和全国总图。如以往研究中颇为关注的《大明混一图》，图幅纵386厘米，横456厘米，绘制精美，但很难想象这幅地图能广泛流传。《杨子器跋舆地图》虽然有多个摹绘本以及改绘本存世，在当时可能有着一定流传，但其影响力显然远远不如《广舆图叙》“大明一统图”，因为现存的仅抄录和改绘《广舆图叙》“大明一统图”而成的各类地图就达近20种。

---

① 具体参见成一农《中国古代舆地图研究》（修订版），中国社会科学出版社2020年版。

② 参见本书第一篇第五章。

③ 参见成一农《浅析〈华夷图〉与〈历代地理指掌图〉中〈古今华夷区域总要图〉之间的关系》，《文津学志》第6辑，国家图书馆出版社2013年版，第156页。

再次，以往关注的寰宇图和全国地图，按照地图的性质和内容来看，属于综合、全面地反映绘制地域内的自然要素和人文现象一般特征的“普通地图”，虽然这些普通地图在存世的寰宇图和全国总图中占有一定的比例，但与此同时还存在大量的专题地图，如读经地图、历史地图（集）以及风水地图等等。虽然之前的研究中也涉及一些专题性的全国地图，如“十五国风”谱系中的某些地图，但大部分研究只是点到为止，未能对这些专题全国总图的发展脉络、前后承袭关系以及与其他类别的全国总图之间的关系进行系统梳理；又如历史地图集，以往的研究除宋代的《历代地理指掌图》之外，通常关注的就是清末绘制的历史地图集，尤其是杨守敬的《历代舆地沿革险要图》，但在明清时期还存在多套历史地图集或者收录有成套历史地图的著作，如沈定之和吴国辅编绘的《今古舆地图》、王光鲁的《阅史约书》、朱约淳的《阅史津逮》、马骕的《绎史》和李锴的《尚史》以及汪绂的《戊笈谈兵》，甚至在宋代实际上还有着一套历史地图集，只是这套地图集的原图集已经散佚，只留下散落在各种古籍中的一些零散的地图。[1] 总体而言，直至今日，专题性寰宇图和全国总图的研究基本属于空白。

最后，仅就以往研究的重点——普通寰宇图和全国总图而言，这些研究也忽略了明清时代大量流传的、甚至具有强大影响力的一些地图。如以往关于明代后期寰宇图和全国总图的研究，大都集中于《大明混一图》、《杨子器跋舆地图》和《广舆图》“舆地总图”，但这一时期具有影响力的全国总图还有另外两个谱系，即《大明一统志》“大明一统之图”和《广舆图叙》“大明一统图”；而以往关于清前中期寰宇图和全国总图的研究，多强调康雍乾时期大地测量和地图绘制，但当时普遍流传的还有明代后期寰宇图和全国总图的各种改绘本。

因此，以往寰宇图和全国总图的研究实际上并不能展现中国古代这类图发展的全貌。

就具体的研究内容而言，以往的研究主要集中于两个方面：

第一个方面，对图面内容的分析和介绍。这方面的研究属于基础性工

---

① 具体参见本篇第六章。

作，而其中难度最大以及最为重要的就是对地图绘制年代的分析。目前研究中用于判断地图绘制年代的方法，主要是李孝聪在前人及自身实践基础上总结出的四种判识方法，即“利用不同时代中国地方行政建置的变化”“利用中国封建社会盛行的避讳制度”“依靠历史地理学的知识”，以及“借助国外图书馆藏品的原始入藏登录日期来推测成图的时间下限”①，其所总结的判识方法是非常有价值的，对于绝大多数地图也是适用的。不过，需要注意的是，使用前三种方法判断出的只是地图所表现的时间，而地图所表现的时间与地图的绘制时间有时并不一致，其中地图所表现的时间只能作为地图绘制时间的上限。② 此外，由于古籍中作为插图存在地图的特殊性，因此对于这些地图绘制时间的判断，除了需要运用上述方法之外，还需要注意以下问题：

第一，同一部古籍的不同版本中所收录的同一图名的地图，在具体内容上可能并不相同，这极大地增加了判断地图成图年代的难度。如《文渊阁四库全书》本的杨甲《六经图》中的“十五国风地理图”，很可能与最初的宋本非常近似，甚至是直接来源于宋本的。不过现藏于江西上饶市博物馆的根据杨甲《六经图》刻石的《六经图碑》中的这一地图，图面出现了明初的地理信息，因此很可能是经过后代改绘后刻石的。③ 又如《帝王经世图谱》，该书的《四库全书》本与宋嘉泰本中的“禹贡九州山川之图”存在很大的差异，如《四库全书》本既没有标出“三条”“四列”，也没有绘制唐一行的南北“两戒”；州界没有用粗线表示；嘉泰本图中的州用圆圈括出，湖泊名也用圆圈括出，在《四库全书》本中则没有；此外，山形符号也不同；图幅范围也不同，嘉泰图本中向南一直绘制到南越，《四库全书》本图中则只到“敷浅原”，而且“敷浅原”和“彭蠡”之间的相对位置，两者表现得也不一样。由此来看，《四库全书》本中的“禹贡九州山川之图”可能是《帝王经世图谱》某一版本中该图丢失后，由后人增补的。而且还存在后出的版本对早期版本中的地图进行大规模改

① 李孝聪：《前言：欧洲所藏部分中文古地图的调查与研究》，《欧洲收藏部分中文古地图叙录》，国际文化出版公司 1996 年版，第 40 页。

② 参见本书第一篇第五章。

③ 参见本篇第三章。

绘的情况，如在宋元时期广泛传播的民间日用类书《事林广记》，在根据元泰定二年（1325）本翻刻的日本元禄十二年（1699）本中有一幅“华夷一统图”，而元至顺间建安椿庄书院刻本、元后至元六年（1340）建阳郑氏积诚堂刻本中收录的这一地图的图名都是“大元混一图”，从图面内容来看，“华夷一统图”的绘制时代更早，而“大元混一图”则是后来根据“华夷一统图”改绘的。[①] 此外，还有一些古籍中的地图是在晚期版本中插入的，比如《九边图论》中的“九边图略”。[②] 因此，对于古籍中作为插图存在的地图，研究时所使用的古籍某一版本中的地图只能代表这一版本中该地图的状态，同时在说明其绘制年代的时候，必须要注明所使用的版本。

第二，不能将收录地图的古籍的成书年代作为地图的绘制年代。由于中国古籍中的地图很多是作者从其他书籍抄录的，如日本东洋文库所藏宋刻本《历代地理指掌图》“唐十道图”，就被《修攘通考》《禹贡古今合注》《三才图会》《禹贡汇疏》抄录，因此古籍的成书年代只能作为地图绘制年代的下限。

第三，存在成书较晚的书籍中的地图反而绘制时间较早的情况，如成书于明代的吴继仕的《七经图》的“十五国风地理图”，其图面所绘行政区皆为宋代，因此其所用地图应当绘制于宋代；而元代的《诗集传附录纂疏》和《诗集传名物钞》元代版本中的“十五国风地理之图”虽然与宋人绘制的“十五国风”地图的图面内容相近，但其上出现了元代的地理信息，因此这一地图是元人在宋代原图的基础上改绘的。[③]

第二个方面，就是对地图谱系或者承袭关系的研究，以往这方面的研究成果多集中于《禹迹图》《华夷图》《九域守令图》《舆地图》《大明混一图》《杨子器跋舆地图》，以及《广舆图》“舆地总图”，但正如上文所述，中国古代还存在其他专题性的全国总图，而且古籍中还存在大量的全国总图，因此以往这方面的研究远远未能勾勒出全国总图的“谱系”。

---

① 参见本篇第七章。

② 参见成一农《中国古代舆地图研究》，中国社会科学出版社 2018 年版，第 484 页；以及本篇第十章。

③ 参见本篇第三章。

这方面研究所使用的方法主要是对地图之间某些局部相似性的分析，由于对不同地图之间同一局部是否相似的认知是主观的，且不同学者进行比较时所关注的图面内容的侧重点存在差异，因此往往对于地图之间的承袭关系，不同学者会得出不同的认识，而且大多数情况下，也难以判断各种观点之间的对错。

中国古代地图之间的传承关系，除了少量地图之外，大都缺乏直接的文献证据，在这种情况下，以图面内容的相似性来确定地图之间关系是一种迫不得已的方法，但是在研究中要注意这种研究方法的局限性。除了上文提及的对于相似性的判断是一种主观认知之外，更为重要的是，局部绘制内容的相似性，无法证明两者存在直接联系，因为两者都可能来源于一种当时流行的绘制方式，因此这种研究方法只能说明两者之间存在联系，但这种联系不一定就是承袭和直接影响。这是目前地图学史研究中无法克服的问题，对此只能提出一些改进方法。如：在研究中应当避免以局部绘制内容上的相似来确定地图之间的传承关系，而应当以地图绘制的整体框架为主导，即黄河、长江这样贯穿整幅地图的主要河流、海岸线的轮廓等，再辅以一些在其他地图上缺乏的典型的局部特征；对于明确有着共同祖本且在大量细节上相近的地图，只能将它们归于共同祖本之下的同一类型中；而对明确有着共同祖本，且在大量细节上存在差异的地图，则只能被归于有着共同祖本的不同类型中。

使问题更为复杂的是，明代后期某些地图在摹绘原图时变形较大，再加上对内容存在较大的删改、修补，使其或与当时盛行的各谱系地图都存在差异，或与多个谱系的地图之间都存在一定的相似。如甘宫的《古今形胜之图》图中所绘长城以及黄河和河源，与《广舆图叙》“大明一统图”非常近似，但图面上补充了大量内容，且其他细部与“大明一统图”存在一些差异，因此除受到《广舆图叙》“大明一统图”的影响之外，很难断定其绘制是否还参考了其他地图以及所参考的具体地图。《皇明职方地图》“皇明大一统地图”与甘宫的《古今形胜之图》总体上具有一定的相似，但与《古今形胜之图》相比，“皇明大一统地图”的图面内容增加了很多，图幅比例也发生了巨大变化，河源大为缩小，因此难以判断这两者之间是否存在直接联系。

总体而言，受制于研究方法，对于寰宇图和全国总图谱系的分析，目前大致只能勾勒出整体性的脉络，而对于地图之间具体的传承关系无法得出明确的结论。

第二节 将“全国总图”作为史料的研究

虽然以往对于寰宇图和全国总图的研究取得了颇多成果，但其研究视角基本集中于地图学史，而缺乏将寰宇图和全国总图作为史料进行的研究，这一点也是目前中国古代地图研究中普遍存在的问题。

虽然早已有学者提出将古代地图作为史料对待[①]，但长期以来这一领域并未做出太多的成果，归其原因，可能与中国古代地图的留存状况和绘制方式存在关系。现存的中国古代地图，除了几幅出土于秦汉墓葬的地图之外，都是宋代及其之后的，尤其是明清时期的，而这一时期也是文本材料极为丰富的时期；同时，按照笔者的研究，中国古代的一些地图是基于文字材料绘制的，那么仅仅就地图的图面内容而言，古代地图很难作为史料从而使研究者在一些重要史学问题上得出不同于以往的结论。而正是因为这一点，以往以地图为史料的少量研究，大都只是将地图作为文字材料的补充[②]，因此，以往的研究实际上未能发掘出地图自身特有的史料价值。

由于地图是对古人地理认知的表达，且这种表达具有直观性，不过由于上文提及的中国古代地图的留存状况和绘制方式，因此单幅地图对地理认知的表达，通过文本材料也是大致可以复原的，虽然有时存在一定难度。与文本相比，地图对于地理认知的表达的优势在于，中国古代的某些专题地图留存较多，时间跨度和地域跨度较大，因此如果将某一主题的地图放置在一起，那么就很容易识别出随着时间变化或者地域变化，地图所展现的地理认识方面的变化，如徐苹芳《马王堆三号汉墓出土的帛画“城

---

① 李孝聪：《古代中国地图的启示》，《读书》1997 年第 7 期，第 140 页。

② 如郑锡煌《中国古代城市地图集》（西安地图出版社 2005 年版）中收录的大部分研究论文。

邑图”及其有关问题》[①]，笔者通过古代城池图复原的中国古代城池中衙署空间布局的演变过程[②]，以及葛兆光[③]、管彦波[④]和笔者[⑤]利用中国古代的寰宇图和全国总图进行的中国古代疆域认知方面的研究。

不仅如此，地图所表达的地理认识本身并不是对地理现象的客观再现，带有一定的主观性，而这种对地理空间认知和再现的主观性是任何文本材料都无法展现的。不过，目前国内古地图研究领域这方面的研究并不太多，但这一视角应当是今后中国古代寰宇图和全国总图，甚至古地图研究的重点。

第三节　结论

虽然目前寰宇图和全国总图的研究取得了众多的成果，但未能充分挖掘和整理文献中作为插图存在的地图，由于存在这一缺陷，因此以往对于中国古代寰宇图和全国总图谱系的研究是不全面的，也未能全面地展示中国古代寰宇图和全国总图的发展脉络，因而形成的某些认识也是片面的。基于此，今后中国古代寰宇图和全国总图的研究，应该对古籍中作为插图的地图进行详尽梳理。不仅如此，今后其他中国古代地图类型的研究，也应当将古籍中作为插图存在的地图纳入研究的范畴，甚至作为研究的重点，由此才能真正揭示出中国古代地图的全貌。

当然，对于地图的整理和梳理只是进一步研究的基础，今后中国古代寰宇图和全国总图的研究，应当深入发掘地图所反映的地理认识的变化，以及这种地理认识背后主观性的内容，由此不仅可以深化对中国古代地图

---

① 徐苹芳：《马王堆三号汉墓出土的帛画“城邑图”及其有关问题》，《简帛研究》第1辑，法律出版社1993年版，第108页。

② 参见成一农《中国古代城市舆图研究》，《中国社会科学院历史研究所学刊》第6集，商务印书馆2010年版，第605页。

③ 葛兆光：《宅兹中国》，中华书局2011年版。

④ 管彦波：《中国古代舆图上的“天下观”与“华夷秩序”——以传世宋代舆图为考察重点》，《青海民族研究》2017年第1期，第100页。

⑤ 成一农利用全国总图对中国古代的疆域观进行了分析，参见成一农《“实际”与“概念”——从古地图看“中国”陆疆疆域认同的演变》，《新史学》第19辑，大象出版社2017年版，第254页。

的认识，而且才能真正挖掘地图的史料价值，如将中国古代地图作为史料进行如“疆域认知”“中国”的形成等目前史学前沿问题的研究，最终才能将古地图纳入主流研究的视野中。

第二章　普通寰宇图和全国总图

第一节　宋代

宋代存世的普通寰宇图和全国总图数量不多，且都是以往的研究重点，现基于前人研究成果，对这些地图进行介绍：

一　《九域守令图》

《九域守令图》，北宋元丰三年至元祐元年（1080—1086）间绘制，绘制者不详。北宋宣和三年（1121）荣州刺史宋昌宗重立石。该图刻于长175厘米、宽112厘米的碑石上；图幅纵130厘米，横100厘米。图碑现藏于四川省博物院。

《九域守令图》的上、下、左、右四边的中间部分刻有北、南、西、东4个方位。该图绘制范围：北边起保定、顺安、广信间的宋辽边境，南边到海南岛，东边绘出大海，西抵威州、茂州、大渡河，呈现了山脉、湖泊、江河、州县等内容。山脉以写景法表示，山峰加绘森林符号，标识了五岳的位置，水域绘水波纹，用闭合曲线表示湖泊，对海岸线呈现的较为详细，河流主、支流区分明显，从河源向下游以渐粗线表示；图中有行政地名1400多个，有京府4个、次府10个、州242个、军37个、监4个以及县1125个，居民地仅注名称而没有使用符号。图中有统一的符号，用字的大小和加写治所与否的方法表示地名级别的高低。河流名称标注于河源附近并加框线，标注名称的河流13条、湖泊5个、山岳27座。

地图的下方为42行共409字的题记，大部分已经剥蚀，现存76字。郑锡煌根据同治《嘉定府志》和民国《荣县志》的记载，将该图题记进行了复原[①]，现附录如下：

按班固《地里志》，黄（帝）（方）制
万里，画野分州，得（百）里之
国万区。尧遭（洪）水，（天）下分
为十二州。禹平（水）土，又制
九州，列五服。周爵五等，自
公侯至附庸盖千八百国。
周室既衰，诸侯转相吞灭
陵夷。至于战国，天下分而
为七。秦并四海，变易古制，
始为郡县。更汉、晋分裂，
至隋灭陈，天下方合为一，
凡郡一百七十，县一千二
百。唐高祖改郡为州，然海
宇初定，权置州郡。太宗始
（并）省之，分天下为十道。至
（开）元盛时，凡郡府三百二
（十）有八，县一千五百七十
（三）。及五代丧乱，离为十国，
（郡）县之数，莫可考究。
（圣）宋龙飞，天下复并（为）一，
（迄）今百有余年，其（间）州县
（废）复不常。世传（守）

① 郑锡煌：《〈九域守令图〉研究》，曹婉如主编《中国古代地图集（战国—元）》，文物出版社1990年版，第35页。

(令) 图数本，肰其废 (复) 郡邑
(多) 未改正，兼州县 (箸) (望)，罕
(得) 其详。今当以九域 (志) 为
(定)。谨案志云：凡一 (州) 之内，
(首) (叙) 州封，次及 (旁) (郡)，(彼) 此
(互) (举)，(弗) 相混淆。(总) 二十五
(路)，(京) (府) (四)，(次) 府十，州二百
(四) (十) (二)，(军) 三 (十) (七)，监四，县
(一) 千一百二 (十) (五)。志之所
(载)，(自) (有) (东) (西) 南北之分，加
以善 (本) (校) 正。(因) 命刊勒，以
“(皇) 朝九 (域) (守) 令图” 为名。其
(如) (绍) (圣) (间) (收) 复诸郡，志所
(不) (载) (者)，(莫) 之所据。故不
(录) 云。宣和三年岁次辛
丑，十一月壬戌朔，八日已
(巳)，(朝) 请大夫知荣州军州，
(管) (勾) 神霄玉清万寿宫，
(兼) (管) 内劝农事，赐紫金鱼
袋。右宋昌宗重立石。

由题记来看，《九域守令图》的资料来源于《元丰九域志》，但其中所列路和县的数量与《元丰九域志》稍有不同，将二十三路的“三”抄为“五”，一千一百三十五县的“三”抄为“二”。

更为重要的是，在这段题记中的“志之所载，自有东、西、南、北之分，加以善本校正。因命刊勒”一句，透露出在依据《元丰九域志》绘图时，主要是参考了其中记载的方位资料，当然应该也包括各级政区之间的距离资料。按照汪前进以及笔者的分析，用“极坐标投影”法，以《元丰

九域志》为资料来源，用“计里画方”似乎应当可以绘制出《九域守令图》。[①] 但上述仅是理论假设，如果以《元丰九域志》来绘图的话，在实际绘制中存在明显的问题，以北京大名府为例：《元丰九域志》记“北京，大名府，魏郡……地里。东京四百里。东至本京界一百一十里，自界首至郓州一百一十里。西至本京界一百五里，自界首至磁州五十五里。南至本京界六十一里，自界首至澶州六十九里。北至本京界一百八十里，自界首至贝州三十里。东南至本京界一百二十里，自界首至濮州六十里。西南至本京界一百一十八里，自界首至相州八十二里。东北至本京界九十八里，自界首至博州一百二里。西北至本京界七十里，自界首至杺州三十里”，这里对郓州、磁州、澶州（图中无贝州）都以正方向定位，但在《九域守令图》中，郓州被绘制于大名府东南、磁州被绘制于西北、澶州被绘制于西南，皆不是正方位；而《元丰九域志》记载的位于东南的濮州在图中似乎更接近于正南，西南的相州似乎更接近于正西，东北的博州更近于正东（图中无西北的杺州）。由此来看，《元丰九域志》与《九域守令图》之间，在对地理地物的具体方位的记载方面存在较大差异，因此，如何理解“志之所载，自有东、西、南、北之分，加以善本校正。因命刊勒”依然是个需要讨论的问题。

二　《墬理图》

《墬理图》，南宋绍熙初（1190—1191）黄裳绘制，王致远于淳祐七年（1247）在苏州刻石。图幅纵 197 厘米，横 101 厘米，图上部中央有“墬理图”三字，“墬”通“地”，所以一般称该图为“地理图”。图石现藏于苏州市碑刻博物馆。

该图绘制范围北至黑龙江、长白山，南达今天的海南岛，东自近海，西抵祁连山、玉门关。山脉用写景法表示，森林、长城用形象画法表示。图中的地名、山名和注记均书写在方框中，河流名则书写于椭圆形符号中。图中注记府州 368 个、军监 63 个、河流 78 条、湖泊 27 个、山岭 180

① 虽然《九域守令图》没有画方，但最后的成图没有画方不等于绘图过程中没有使用“计里画方”的方法。

座、关隘24处。“跋文”在图中下部，共32行，全文646字。

《墬理图》上石前可能曾经根据当时的行政建置情况进行过修改，如成都府路的“嘉定府”，在绍熙元年应为“嘉州”，由于曾是宋宁宗的潜邸，因而在庆元二年（1196）升为府；利州路的“沔州”，本为“兴州”，在开禧三年（1207）改为“沔州”；潼川府路的“顺庆府”，原为“果州”，亦因曾是宋理宗潜邸，而在宝庆三年（1227）升为府。值得注意的是，这些地名的变化，都发生在王致远得到该图之前，而且集中在王致远得到该图的四川地区。由此可以推测，地图上的这些变动或是在王致远获得该图时就已经发生的，或是在王致远刻石前进行的①。这些修改与整幅地图所显示的年代相悖，从图中“大名府北京”“开封府东京”等建置来看，该图主要表现的是北宋时期的行政区划。这种对北宋行政区划的表示，也符合黄裳绘制该图的意图，即为了让宋宁宗看到北宋时期的江山，“亦有所感发”。这一点在地图的跋文中表现得非常明确，即“祖宗之所以创造王业，混一区宇者，其难如此。乃今（自）关以东，河以南，绵亘万里，尽为贼区。追思祖宗创开之劳，可不为之流涕太息哉！此可以愤也！虽然天地之数，离必合，合必分，非有一定不易之理，顾君德何如耳。汤以七十里，文王以百里，有天下，岂以地大民众之谓哉！以往事观之，则吾今日所以为资者，视汤、文何啻百倍。诚能修德行政，上感天心，下悦人意，则机会之来，并吞□□，追复故疆，尽归之版籍，亦岂难哉？”由此来看，黄裳绘制的这幅地图，实际上带有历史地图的性质，后人用当时的行政建置对该图的修订反而违背了黄裳绘制这幅地图的原意。

关于《墬理图》绘制时所参考的资料，钱正等人认为，该图显然受到了《华夷图》的影响，两者在很多方面都具有一致性，如：海岸线的绘制上，都夸大了长江和黄河入海口；都绘制了长城，只是《墬理图》没有将长城横贯辽东半岛，而是止于滦州，使之更符合实际情况；《华夷图》在地图边缘存在大量的文字注记，这一点与《墬理图》一致；《华夷图》和

① 钱正、姚世英：《墬理图碑》，曹婉如主编《中国古代地图集（战国—元）》，文物出版社1990年版，第46页。

《墬理图》都将海南岛绘制成扁平的椭圆形，两者都标注了五岳的位置。① 但实际上，这几点依据都存在问题，海南岛形状的相似，并不能说明什么问题，也许是当时一种通行的绘制方法；对五岳位置的标注，很可能是基于绘制者自己的选择，长城的绘制也是如此；海岸线，两者实际上完全不符合。因此仅仅是某些要素的相似，并不能代表《墬理图》受到《华夷图》的影响，况且两者的文字注记存在很大的差异，且在图面内容上《墬理图》明显要比《华夷图》详细，标绘了大量山川。因此，《墬理图》绘制时主要参考的应当不是《华夷图》。

三 《宋刻舆地图》

《宋刻舆地图》，南宋度宗咸淳二年（1266）绘制，作者不详，拓本（一般认为原图是木刻）图幅较大，分为左、右两幅，拼接而成，纵 207 厘米，横 196 厘米，传为日本佛照禅师惠晓（字白云）在南宋时由中国带到日本。该图现藏于日本京都东福寺栗棘庵。

该图绘制范围：东至日本，西达葱岭，北自蒙古高原，南至南海诸岛屿，以宋朝疆域政区为中心，包括契丹、女真、西夏政权。图中除表现疆域、政区、河流、湖泊、山川之外，重点表现了当时的交通路线，这在宋代地图中是不多见的。图中文字注记较多，用方框括注，重点描述了域外和周边民族的情况。图幅上方有“舆地图”三字，左上方刻有“诸路州府解额”，系宋代分配给各路府州参加科举考试的名额。② 这幅地图的一个特点就是，在政区的表现上，虽然以咸淳元年的政区为下限，但是在北方地区，仍保存大量北宋的政区名，如“东京开封府”“西京河南府”“南京应天府”等，路一级如“京东西路”“京东东路”等也是北宋的建置。

关于《舆地图》绘制资料的来源，青山定雄在《关于栗棘庵所藏舆地图》一文中，经过与其他宋代地图的比较，认为该图可能来源于黄裳的《舆地图》木图，即《墬理图》。③

---

① 钱正、姚世英：《墬理图碑》，第 46 页。

② 曹婉如主编：《中国古代地图集（战国—元）》，第 6 页。

③ 转引自黄盛璋《宋刻舆地图综考》，曹婉如主编《中国古代地图集（战国—元）》，第 57 页。

黄盛璋则认为，《舆地图》应该是参考了众多地图绘制而成，如契丹部分，其与《契丹国志》中的“契丹地理之图”“晋献契丹全燕之图”等皆绘有森林，并且文字注记也大体相同，因此这一部分应当参考了契丹地图。此外，《舆地图》淮河流域水系的流经形势与《禹迹图》类似，并且存在同样的错误，黄河河道及其支流的绘制上也存在与《禹迹图》的相同之处，因此《舆地图》也应当参考了《禹迹图》。[①] 关于图中的河道走向，黄盛璋提出“这说明此图辗转相抄，其中有本于唐代地图而未改者，所绘河流，亦有类似情况。如漳水所行为北道，多与《元和郡县志》各县下所记漳水径流相合，而与《宋史·河渠志》漳水多不合，看来当亦有本于唐图”[②]。

两者的分析都有一定的道理，但《舆地图》中东北的部分与《契丹国志》中的“契丹地理之图”“晋献契丹全燕之图”相比，地理要素以及地理要素之间的位置关系差异较大，而且明显《舆地图》要比后二者更为详细，因此两者之间的关系可能并不那么容易确定。

四　《华夷图》

《华夷图》，刘豫阜昌七年（1136），即南宋绍兴六年刻石。绘制时间当在政和七年至宣和七年（1117—1125）之间，绘制者不详。其与《禹迹图》分别刻在同一块石碑的阴阳两面，《华夷图》位于阴面，上下倒置。石板长约90厘米，宽88厘米；《华夷图》图幅为纵79厘米，横78厘米。石碑现藏于陕西省博物馆。

图中上部正中写有“华夷图”三字，在图的四周用大量的文字注记说明四方番夷的历史沿革以及历代疆域的变迁。该图绘制范围：东抵朝鲜，西至葱岭，北达长城以北，南到南海和印度洋；长城用城墙象形符号表示，但似乎不同于任何之前王朝修筑的长城；山峰及山脉用“人”形符号表示；各条河流中，长江、黄河用粗线表示，其余河流用较窄的线段表示。

---

① 黄盛璋：《宋刻舆地图综考》，曹婉如主编《中国古代地图集（战国—元）》，第57页。

② 黄盛璋：《宋刻舆地图综考》，曹婉如主编《中国古代地图集（战国—元）》，第60页。

以往研究《华夷图》的学者，根据图名《华夷图》，以及图中文字注记“四方蕃夷之地，唐贾魏公图所载凡数百余国，今取其著闻者载之”和图中黄河下游河道的走势，从而认为这幅地图很有可能与唐代贾耽的《海内华夷图》存在密切关系。但从图中所绘来看，图面四周的文字注记大部分应当是宋人所写，图中的行政建置都是宋代的建置，此外某些河道所呈现的也是宋代的情况，最为典型的就是东京（开封）附近的河道，其东南的两支在唐代是没有的，应该是宋代开凿的惠民河和金水河。因此，该图即使以贾耽的《海内华夷图》为底图，那么其采用也只有地图轮廓和部分河道的走势。

而且，黄河下游河道的走势并不能作为该图来自贾耽的《海内华夷图》的证据。宋代的《九域守令图》对黄河的绘制也没有反映当时的实际情况；如果按照以往的观点，认为改绘河道比较困难的话，但宋代已经有清晰地表达当时河道情况的《禹迹图》，同时《华夷图》本身的绘制又很不精确，况且那么多地名都改绘了，这种河道粗略走向的改绘应当是并不太困难的事情。因此，黄河河道的改绘与否可能只是基于绘图者个人的选择，并不能作为证明《华夷图》与《海内华夷图》之间关系的证据。而图中文字注记“四方蕃夷之地，唐贾魏公图所载凡数百余国，今取其著闻者载之”，只能说明该图采用了贾耽图中的国名，从图中实际绘制的内容和文字注记来看，这种采用确实仅仅是在文字注记中罗列了大量西域的名字，且文字注记中提到的这些地名大都没有绘制在图中。因此，《华夷图》与贾耽《海内华夷图》之间很可能并没有太直接的联系。而且根据研究，《华夷图》与《历代地理指掌图》中“古今华夷区域总要图”应当或有着共同的祖本，或《华夷图》可能来源于比现存《历代地理指掌图》版本更早的某一版本中的“古今华夷区域总要图”①。

在宋代除了这幅《华夷图》外，在文献中还记载有其他一些《华夷图》，如乐史所编的《掌上华夷图》一卷②。又如何薳在《春渚纪闻》卷

① 参见成一农《浅析〈华夷图〉与〈历代地理指掌图〉中〈古今华夷区域总要图〉之间的关系》，《文津学志》第6辑，国家图书馆出版社2013年版，第156页。

② 《玉海》卷十四、十五；《宋史》卷三百零六《乐黄目传》。

九“赵水曹书画八砚”中记“水曹赵竦子立，文章翰墨皆见重于前辈。蘧先博士为徐州学官日，赵献状开凿吕梁百步之崄，置局城下，最为周旋。其《重定华夷图》，方一尺有半，字如蝇头，而体制精楷。苏州张珙妙于刊镵，三年而后成，甚自秘惜，不易以与人”[①]。关于何薳和赵竦的生平记载不多，何薳的父亲，也就是文中提到的“蘧先博士”何去非，任徐州学官的时间是在元祐年间（1086—1093）或者之后不久；赵竦，按照《宋史·河渠志》中的一条记载，其在绍圣四年（1097）曾任水部员外郎[②]，又《续资治通鉴长编》卷四百五十四记“（元祐六年正月）戊寅，京东转运司言宣德郎赵竦请修徐州百步吕梁”[③]，正与《春渚纪闻》所记相合。因此这一《重定华夷图》当绘制于哲宗时期无疑。由于这些《华夷图》都已经散佚了，因而它们与我们今日所见《华夷图》的关系，难以做出判断。

五 宋代日用类书中的普通全国总图

成书于南宋末年的《事林广记》日本元禄本中的寰宇图，图名为“华夷一统图”。根据研究，《事林广记》的这一版本虽然时间较晚，但由于其依据的底本较早，因此很可能比现存其他版本更接近这一类书最早的版本。[④] 此外，根据图面内容判断，这幅地图金朝部分所表现时间的上限应当为 1157 年，下限大致为 1173 年；结合图中南宋部分，该图整体上所表现的时间应当为 1168—1173 年。而这一地图的绘制时间，当在其表现时间，也就是 1168 年之后，而其下限应当就是《事林广记》的成书时间，也就是南宋末年。

“华夷一统图”在图幅上下左右分别标注有“北”“南”“西”“东”，绘制范围东至山东半岛，南至海南岛，西南至交趾，西至“吐蕃界”，西北包括了西夏，北至长城以北的“契丹界”，东北至“会宁路”。整幅地图绘制内容较为简单，只是绘制了南宋和金的路级政区和西夏、长城，以及

① （宋）何薳：《春渚纪闻》卷九“赵水曹书画八砚”，中华书局 1983 年版，第 140 页。

② 《宋史》卷九十九《河渠志六》。

③ 《续资治通鉴长编》卷四百五十四“元祐六年”。

④ 关于《事林广记》的版本，参见王珂《宋元日用类书〈事林广记〉研究》，上海师范大学博士学位论文，2010 年，第 85 页。

长城西北西夏以东的“详稳九处”“部族八处”。在地图周边有着少量文字注记，如右下方“沙海□日出入处，小国万余，近皆混一”；右上方“北小海方万里”；左上方“西至氵八国万余里，此国为□极”。

《翰墨全书》元泰定本和明初本中的寰宇图“混一诸道之图”所绘内容，与《事林广记》“华夷一统图”基本完全相同，只是在某些细节上存在差异，因此两图所表现的时间应是基本相同的，且可以进一步认为《翰墨全书》中的“混一诸道之图”应当同样是依据一幅南宋末年绘制的地图改绘的，甚至这两幅地图有可能使用的是同一幅南宋时期绘制的地图，或者至少两者所使用的底图是比较接近的。①

第二节 元代

元代留存至今的普通寰宇图和全国总图数量非常少，大致有以下几幅：

《事林广记》的元代版本中对其中收录的“华夷一统图”进行了改绘，使其在表面上看起来更近似于一幅元代的地图，主要的变化有：图名改为“大元混一图”；在图的左侧空白处增加了一段文字，即“高丽在辽海之南方千里”；将图中的“路”在保留路名的情况下全部改为“道”；“华夷一统图”中的“山东西道”与周边各路的界线被保留下来，但在“大元混一图”中未标政区名；在“山东东道”区域内增加了“益都府”；在“北京道”左侧分割出了“上都道”；“路分四处”的右侧分割出了一个行政区，但未标政区名；在“详稳九处”左侧分割出了一个政区，标为“群牧十处”，在右侧分割出了一个政区，标为“吾昆神鲁部族”。上述修改使这幅地图所表现的年代变得非常奇怪。从图名来看，这幅地图似乎是一幅元代的寰宇图，尤其是图中最高行政区划为“道”。虽然元代也有道的设置，即“肃政廉访司道”，但无论是名称还是辖区都与图中所绘各道完全不同。不仅如此，图中还在元上都的位置附近增加了“上都道”，但元代只有至元五年（1268）设立的上都路，并无上都道；而且其所增加的“群牧十

① 本书第二篇第七章对这两部类书中的寰宇图进行了更为详细的分析。

处”“吾昆神鲁部族”都是金代的设置；此外元代也不存在“益都府”，而只有“益都路”，“益都府”同样是金代的建置（存在于1161—1189）。①

《翰墨全书》中的“混一诸道之图”中所绘最高行政区划与“华夷一统图”和“大元混一图”大致相同，但全部为缩写，且没有标明“路”还是“道”，不过从图名“混一诸道之图”来看，显然应当是“道”；“河东南路”缩写为了“河内”，在西南地区增加了“云南”；长城绘制为两条，第二条位于图中“西夏”的北部；在“中都”左侧标出了“大都”；长城以北地区的左半部分两图完全不同，“混一诸道之图”在这一带分别标绘有“上都”“云内”“隆兴”“鞑靼”“回回”“西夏”；图中左侧标绘的西域诸国名与“华夷一统图”和“大元混一图”存在差异；图中东侧、下侧和左侧下半部分绘制有大海，东侧海中标有“高丽”和“日本”。总体来看，“混一诸道之图”的“元化”水平要超过“华夷一统图”和“大元混一图”，因为其模糊了最高行政区划的名称，并突出标绘了都城。②

明代叶盛（1420—1474）的《水东日记》中收录了一幅元人清濬于至元庚子（1360）所绘的“广轮疆里图”。该图绘制范围大致为东至日本，东北至黑龙江、长白山，北至应昌、开平，西北至“大碛”，西至今天的青海湖一带，西南至今缅甸腊戌一带，南至海南岛，东南标绘了“大琉球”和“小琉球”。地图上所绘的一些内容似乎继承于宋代的地图，如对东北地区山林的描绘和记述。同时，图中的某些画法可能也对后来的地图绘制有一定的影响，如西北方向上东西横置的“大碛”，山东以南海域上标注的“壬辰前行北路”“辛卯前行北路二月至成山”等，这些内容在后世的一些地图上都可以见到。

按照建文四年（1402）权近《历代帝王混一疆理图志》跋文中的记载，清濬的《广论疆里图》似乎还绘制有历代国都，即“天下至广也，内自中国，外薄四海，不知几千万里也。约而图之于数尺之幅，其致详难矣。故为图者，率皆疏略。惟吴门李泽民《声教广被图》，颇为详备；而

① 更为详细的分析，参见本篇第七章。

② 更为详细的分析，参见本篇第七章。

历代帝王国都沿革，则天台僧清濬《混一疆理图》备载焉"[①]，但在《水东日记》中收录的这幅地图上并没有关于历代国都的内容，这点如何解释?

对此，我们可以参看《水东日记》卷十七"释清濬《广舆疆理图》"中叶盛对他当时看到的清濬所绘地图的描绘："予近见《广舆疆理》一图，其方周尺仅二尺许，东自黑龙江西海祠，南自雷、廉、特磨道站至歹滩、海西，皆界为方格，大约南北九十余格，东西差少。其阴则清濬等二诗，严节一跋，因悉录之……此图乃元至正庚子台僧清濬所画。中界方格，限地百里，大率广袤万余。其间省路府州，别以朱墨，仍书名大川水陆限界。予喜其详备，但与今制颇异，暇日因摹一本，悉更正之。黄圈为京，朱圈为藩，朱竖为府，朱点为州，县繁而不尽列。若海岛、沙漠道里绝远莫可稽考者，略叙其概焉。时景泰壬申正月，嘉禾严节贵中谨识（郡邑间有仍旧名者，既不尽列，不复改也）。"[②] 根本没有提到图中有历代国都的内容，且从清濬所绘地图的图名"广舆疆理""混一疆理图"来看，都没有提到其涉及历史内容。另外，按照汪前进的分析，现存的基于《历代帝王混一疆理图志》绘制的《混一疆理历代国都之图》中关于历代国都的记载主要来自《事林广记》，因此权近对于清濬图的描述很可能是错误的[③]。另外，按照叶盛的描述，他所看到的清濬的《广轮疆里图》应当是"计里画方"的，且用朱墨两色区别标绘了行政区划，而他自己的摹绘本则是黄朱墨三色以及不同的符号来对政区治所加以区分。其《水东日记》中的刻本除了只是墨刻之外，府州政区的数量也远远不足，基本没有县级政区。需要注意的是，该图中还存在一些明代的政区，如"南京""凤阳府"等，可能体现了叶盛所说"予喜其详备，但与今制颇异，暇日因摹一本，悉更

① 杨晓春：《〈混一疆理历代国都之图〉相关诸图间的关系——以文字资料为中心的初步研究》，刘迎胜主编《〈大明混一图〉与〈混一疆理图〉研究——中古时代后期东亚的寰宇图与世界地理知识》，凤凰出版社 2010 年版，第 80 页。

② 杨晓春：《〈混一疆理历代国都之图〉相关诸图间的关系——以文字资料为中心的初步研究》，刘迎胜主编《〈大明混一图〉与〈混一疆理图〉研究——中古时代后期东亚的寰宇图与世界地理知识》，凤凰出版社 2010 年版，第 81 页。

③ 汪前进也持这一观点，参见汪前进《〈混一疆理历代国都之图〉的绘制与李朝太宗登基和迁都事件》，刘迎胜主编《元史及民族与边疆研究集刊》第 35 辑，上海古籍出版社 2018 年版，第 1 页。

正之”。总体而言，《水东日记》中的“广轮疆里图”与清濬所绘原图应该存在不少差异。

除了上述这几幅元代的普通全国总图之外，在留存至今的文字中，我们还可以看到其他一些元代普通全国总图的痕迹，主要有李汝霖的《声教被化图》和乌斯道的《舆地图》等。按照乌斯道《刻舆地图序》的记载，其所绘《舆地图》是依据李汝霖《声教被化图》改绘的，并对两幅地图的内容进行了简要介绍，即“地理有图尚矣。本朝李汝霖《声教被化图》最晚出，自谓‘考订诸家，惟《广论图》近理。惜乎山不指处，水不究源，玉门、阳关之西，婆娑、鸭绿之东，传记之古迹，道途之险隘，漫不之载’。及考李图，增加虽广而繁碎，疆界不分而混淆。今依李图格眼，重加参考。如江、河、淮、济，本各异流，其后河水湮于青、兖，而并于淮；济水起于王屋，以与河流为一，而微存故迹。兹图，水依《禹贡》所导次第而审其流塞，山从一行《南北两戒》而别其断续，定州郡所属之远近，指帝王所居之故都，详之于各省，略之于遐荒，广求远索，获成此图。庶可以知王化之所及，考职方之所载，究道里之险夷，亦儒者急务也。所虑缪戾尚多，俟博雅君子正焉”①。

不过，在以往地图学史的研究中最为看重的就是朱思本的《舆地图》。朱思本生于元至元十年（1273），字本初，号贞一，江西临川（今抚州）人，幼年即前往龙虎山拜入正一道修真。元成宗大德三年（1299），朱思本前往大都（今北京）协助正一道宗师张留孙主管中国南方的道教事务。元武宗至大四年（1311），他奉命代表元朝皇帝祭祀各地名山大川，在其后的十年间，他发现以往绘制的一些地图，如《禹迹图》错误百出，因此在实地考察的基础上，参考北魏郦道元的《水经注》、唐代的《通典》《元和郡县志》，宋代的《元丰九域志》和元代的《大元一统志》等书籍，至延祐七年（1320）绘出了《舆地图》，并刻石于上清之三华院。朱思本绘制的这幅《舆地图》图幅很大，“长广七尺”，值得注意的是这幅地图采

① 引自杨晓春《〈混一疆理历代国都之图〉相关诸图间的关系——以文字资料为中心的初步研究》，刘迎胜主编《〈大明混一图〉与〈混一疆理图〉研究——中古时代后期东亚的寰宇图与世界地理知识》，凤凰出版社 2010 年版，第 79 页。

用了“计里画方”的方法，正是因为这一点，这幅地图后来也成为罗洪先绘制《广舆图》的基础，但就内容而言，其对《广舆图》的影响应当不大①。不过，朱思本的《舆地图》现在已经佚失了。

第三节 明代

明代留存下来的全国普通地图数量众多，但大致可以分为以下四个系列：

一 《大明混一图》系列

这一系列中现存最早的，当属《大明混一图》。

《大明混一图》，明洪武二十二年（1389）绘制，绘制者不详。该图绢本彩绘，清朝初年将全部汉文注记用满文贴签覆盖，图幅纵 386 厘米，横 456 厘米，现藏于中国第一历史档案馆。

《大明混一图》方位上北下南，地图描绘范围以明朝为中心，东起日本，西达欧洲、非洲，南至爪哇，北抵蒙古。图中着重描绘明朝地方行政建置、山脉、河流的相对位置，表现了镇寨堡驿、渠塘堰井、湖泊泽池等共计数千余处。明初十三布政使司及所属府、州、县治用粉红长方形书地名表示，其他各类聚居地均直接标以地名；蓝色方块红字书“中都”（今安徽凤阳）、“皇都”（今江苏南京）；用工笔青绿山水法描绘山脉；除黄河以粗黄色曲线绘制外，其他水道均以灰绿色曲线描绘。非洲大陆位于地图的左下方，其中河流的方位非常接近尼罗河和奥兰治河，突出部分的山地与德雷肯斯山脉的位置吻合；在非洲大陆的中心有一个大湖，这可能是根据阿拉伯的传说绘制的。

《大明混一图》的域外部分可能与元末李泽民绘制的《声教广被图》有关。据权近《混一疆理历代国都之图》的跋文“天下至广也，内自中邦，外薄四海，不知几千万里也。约而图之于数尺之幅，其致详难矣。故

---

① 关于其对《广舆图》的影响，本章第三节的介绍；也可以参见成一农《〈广舆图〉史话》，国家图书馆出版社 2017 年版。

为图者，率皆略。惟吴门李泽民《声教广被图》颇为详备”来看，李泽民的《声教广被图》其绘制范围应该非常广大，是一幅寰宇图。采纳了《声教广被图》的《混一疆理历代国都之图》，图中河川和淡水湖是蓝色，海和盐湖是绿色，这种着色法与阿拉伯地球仪的着色法一致，因此《大明混一图》应该受到了阿拉伯地图系统的影响。另外，也有学者认为《大明混一图》的海外部分可能是根据元代札马鲁丁所制的地球仪和彩色地图绘制而成的。札马鲁丁，波斯马拉盖城的天文学家，受当时统治波斯等地区的旭烈兀汗（忽必烈的弟弟）的派遣前往忽必烈处。至元四年（1267），札马鲁丁负责制造了七件阿拉伯天文仪器，其中就包括“苦来亦阿儿子”，即地球仪。虽然由于札马鲁丁的地球仪已经遗失，现在推定《大明混一图》受到该地球仪的影响有失根据，但综合上述几种观点来看，《大明混一图》所绘制的海外部分，其资料非常有可能来源于阿拉伯地图。李孝聪则认为“《大明混一图》上的南亚印度次大陆、中亚内陆、西亚阿拉伯半岛、非洲及欧洲几块地域的绘制表现出不一致，沿海地带相对准确，内陆地区相对模糊，应当是不同的地图拼合的结果。因此，我们可以推断《大明混一图》是根据元朝留存下来的混一图而做了文字方面的修改，也可能是一幅摹绘图”①。

关于《大明混一图》中国部分的资料来源，学界有着不同认知。如周运中《〈大明混一图〉中国部分来源试析》一文，通过对舆图不同部分绘制方法和形式的比较，提出了关于《大明混一图》中国部分资料来源的几点认识：“(1)《大明混一图》的整体比例源自《禹迹图》，可能是通过朱思本《舆地图》这个途径；(2)《大明混一图》上圆形的山东半岛最早可以追溯到咸淳明州《舆地图》，与《杨子器跋舆地图》和《广舆图》同源……；(4)《大明混一图》华南沿海部分比宋代地图详确得多，来源无疑是元代地图，和《广舆图》有近似之处，可能来源朱思本《舆地图》；(5)《大明混一图》长江和宋代地图、《广舆图》都不同，不是来自朱思

① 李孝聪：《传世15—17世纪绘制的中文世界图之蠡测》，刘迎胜主编《〈大明混一图〉与〈混一疆理图〉研究——中古时代后期东亚的寰宇图与世界地理知识》，凤凰出版社2010年版，第174页。

本《舆地图》，而和一行《山河两戒图》相似，所以很可能来自乌斯道的《舆地图》或李泽民《声教广被图》。"①

《大明混一图》对明代以及周边国家绘制的寰宇图和天下图产生了重要影响，产生了所谓的"大明混一图"类型的地图，如中国大连市旅顺博物馆收藏的《杨子器跋舆地图》、韩国仁村纪念馆收藏的《混一历代国都疆理地图》、首尔大学奎章阁收藏的《华东古地图》、宫内厅书陵部藏《混一历代国都疆理之图》、妙心寺麟祥院藏《混一历代国都疆理之图》、京都大学文学部地理学教室藏《混一历代国都疆理之图》、美国国会图书馆藏《广轮疆理图》以及大仓集古馆藏《广轮疆理图》等。②

《杨子器跋舆地图》，明正德七年（1512）绘制，图中凡例有"嘉靖五年岁次丙戌春二月吉日"等字，表明了凡例撰写的时间，绘制者不详。绢本彩绘，图幅纵165.6厘米，横180厘米。原图无图名，因其下端中部有"杨子器跋文"，故学界通常将其称为《杨子器跋舆地图》。该图现藏于辽宁省大连市旅顺博物馆。

该图绘制范围：东至大海，东北至北海、奴儿干都司、女真住地、长白山，北至长城外鞑靼诸部，西至黄河源，西北至哈密，南达南海、爪哇。图中所示地名有南北两京，十三布政使司的各府、州、县、卫、所，以及西南少数民族居住区行政、军政各级地名共1600多个。图下方除跋文和凡例外，还记述了两京十三省的部分都司卫所322个。值得注意的是，图中系统地使用了20余种符号来表示各种地理要素，这是目前发现最早的使用了地图符号的中国古代地图。

图中的跋文中提到"间常参考大一统志和官制，而布为是图"，说明了《杨子器跋舆地图》的资料来源。从图中内容来看，《大明一统志》所记浙江省的行政区名，在图上都有反映。四川、江西等省的行政区名，只少数几个图上没有表现，贵州、云南等几个边远省份的行政区名，图中脱

---

① 周运中：《〈大明混一图〉中国部分来源试析》，刘迎胜主编《〈大明混一图〉与〈混一疆理图〉研究——中古时代后期东亚的寰宇图与世界地理知识》，凤凰出版社2010年版，第117页。

② 这些地图的研究众多，如可以参见刘迎胜主编《〈大明混一图〉与〈混一疆理图〉研究——中古时代后期东亚的寰宇图与世界地理知识》，凤凰出版社2010年版；杨雨蕾《〈混一疆理历代国都之图〉的图本性质和绘制目的》，《江海学刊》2019年第2期，第172页。

漏较多。也有与上述情况相反的现象，即图中表示的有些行政区名，在《大明一统志》中没有记载，例如四川的安居、资阳、壁山，江西的安义、东乡等。这些情况说明，该图的绘制者，除《大明一统志》外，还参考了其他的地图和地理资料。

《杨子器跋舆地图》在绘制时很可能参考了《大明混一图》。虽然与《大明混一图》相比，《杨子器跋舆地图》所反映的地理范围要小得多，但地图的轮廓十分相似。此外，北直隶地区的东安县应位于永清县的东侧，而在《大明混一图》中这一位置关系颠倒了，但这一错误同样存在于《杨子器跋舆地图》，这似乎进一步说明两者之间应当存在着一定的联系①。不过两幅地图的成图年代有100多年之差，《杨子器跋舆地图》不太可能直接参考了《大明混一图》，而可能是利用了《大明混一图》绘制时参考过的舆图，或是利用了受到《大明混一图》影响的其他地图。

《杨子器跋舆地图》流传到朝鲜半岛后，还催生出一种新的地图类型，即“混一历代国都疆理地图”类型的地图。目前韩国仁村纪念馆有一幅受到该图影响而制作的地图，即《混一历代国都疆理地图》，该图有杨子器的跋文与凡例，图中除了朝鲜部分以外，所反映的内容和地图上使用的符号等与《杨子器跋舆地图》基本一致，只不过对长城以西水系的表现有所不同，这可能是摹写过程中发生的变化。

王泮题识《舆地图》，原图不注图名和作者，据图中王泮署名的说明文字“吾友白君可氏得此图于岭表，不敢自私而锓梓以传”；又据图中另一未署名的说明文字“近得印本《舆地图》八幅，山阴王泮识之……今因是图……附以我国地图，以见天朝一统之大，于今为盛也”可知，该图原图的图名应当为《舆地图》，但作者已无法考订。根据研究，其刊印时间应当是在万历二十二年（1594），万历三十一年至天启六年（1603—1626）经某朝鲜学者摹绘并增加了朝鲜部分。该图绢底彩绘，图幅纵180厘米，横190厘米，现收藏于法国国家图书馆东方部。

王泮题识《舆地图》的绘制范围，东至朝鲜、日本，西至流沙，北到

---

① 参见成一农《〈广舆图〉绘制方法及数据来源研究（一）》，《明史研究论丛》第10辑，故宫出版社2012年版，第218页。

蒙古高原和黑龙江流域，南至南海。原图用彩色将十五个省级政区和主要邻国表示得十分清楚，用不同的符号标出两京十三省及所属的府、州、县、卫、所等各种地名5000多个。[①]

根据任金城的研究，与其他明代地图比较，从内容性质和绘图风格来看，王泮题识《舆地图》更近似于《杨子器跋舆地图》。与《杨子器跋舆地图》对照，两图不仅大小相近、轮廓近似，说明文字格式与所列府州县的数量也几乎相同，使用的符号也大部分相同。[②]

二 《广舆图叙》“大明一统图”系统

《广舆图叙》，又名《皇明舆地图》，桂萼撰，1卷。卷首有总图一幅，即“大明一统图”，次为两京十三省各一图，并附有四夷图。《广舆图叙》目前能见到的最早的版本就是明嘉靖四十五年（1566）的李廷观刻本，但桂萼卒于嘉靖十年（1531），且在该书中桂萼写给嘉靖皇帝的奏文注明的时间为嘉靖八年（1529），因此《广舆图叙》应成书于这一时间之前。又据王庸《桂萼的舆地指掌图与李默的天下舆地图》[③]一文的考订，《广舆图叙》（即《舆地指掌图》）是对李默《天下舆地图》的抄袭，而《天下舆地图》的成书时间大致是在这一时间之前不久。

《广舆图叙》“大明一统图”所表现的范围大致是：北和东北至长城，东至大海，西北至今甘肃中部，在东南的海域中绘制了琉球（今台湾），南侧绘制了海南岛，西南包括了今天的云南，西侧在“西番”中绘制了河源，但附近区域绘制的极为简单。

属于这一系列的普通寰宇图和全国总图主要有：《舆地图考》“大明一统图”、《皇舆考》“皇明一统之图”、《存古类函》“舆地总图”、《遐览指掌》“明舆地总图”、《分野舆图》“全国总图”、《天地图》“全国总图”、

---

① 以上说明参考了曹婉如主编《中国古代地图集（明代）》，文物出版社1995年版，图版说明，第4页。

② 以上说明参考了任金城、孙果清《王泮题识舆地图朝鲜摹绘增补本初探》，曹婉如主编《中国古代地图集（明代）》，文物出版社1995年版，第115页。

③ 王庸：《桂萼的舆地指掌图与李默的天下舆地图》，《禹贡》半月刊第1卷第11期，1934年，第10页。

《地理图》（扇面）、《地图综要》“京省合宿分界图”、《筹海重编》“一统舆图”和《春秋四家五传平文》“大明一统图”等。

《广舆图叙》之“大明一统图”系列中的这些地图，主要可以分为以下几类：

1. 对原图进行直接翻刻的，主要有《舆地图考》“大明一统图”、《皇舆考》“皇明一统之图”，两者与《广舆图叙》“大明一统图”几乎完全相同。

2. “舆地总图”系列。属于这一类型的有《存古类函》“舆地总图”、《遐览指掌》“明舆地总图”、《分野舆图》“全国总图”、《天地图》“全国总图”、《筹海重编》“一统舆图”、《地理图》（扇面）和《地图综要》“京省合宿分界图”。这些地图中长城的轮廓，包括西端的终点“临洮”，黄河的河源绘制为两个湖泊且分别标注“黄河源”和“星宿海”，五岳、北京附近的“天寿山”以及基本的政区都与《广舆图叙》“大明一统图”大致相同；但这一系列的地图在《广舆图叙》“大明一统图”基础上，添加了一些山脉、河流以及政区。而且这几幅地图还有着一些共同之处，如省级城池都用五边形图框表示、左上部绘制有沙漠以及地图西侧标绘有昆仑山等等。但《存古类函》“舆地总图”中河源部分没有绘制“星宿海”。

3. 与其他地图的综合，也就是图面内容上结合了其他地图的内容。如《春秋四家五传平文》“大明一统图”，图中黄河源以及长城的绘制方法与《广舆图叙》“大明一统图”相近，而西北地区河流的绘制方法显然近似于《春秋四家五传平文》中的其他地图，也即绘制为一系列的半月形，这应是受到了《历代地理指掌图》的影响。

三　《广舆图》“舆地总图”系列

由于《广舆图》在以往地图学史的研究中被进行了广泛的强调，因此这里有必要对《广舆图》本身进行一些介绍，以澄清一些以往对其的误解①。

首先，罗洪先的《广舆图》是否真如以往所强调的，只是对朱思本《舆地图》的增补？这种认知显然是有问题的。就形式而言，朱思本的

① 对《广舆图》经典地位的塑造的分析，参见本书第一篇第四章的介绍。

《舆地图》是单幅地图，图幅纵横 7 尺，不便携带和浏览，而罗洪先的《广舆图》中的政区图则为总图以及分省图，改变了《舆地图》的形式。朱思本地图的政区是元代的，而罗洪先的《广舆图》则体现的是明朝的政区，因此在内容上也与朱思本地图存在根本性的差异；而且，《广舆图》绘制时很有可能使用了当时地方志中的材料。① 此外，罗洪先还针对现实需要增补了大量朱思本《舆地图》没有的专题图，如“九边图”“诸边图”“黄河图”等等。而且，《舆地图》仅仅是一幅地图，而《广舆图》除了地图之外，还附带有大量文字。因此，《广舆图》与朱思本《舆地图》存在着根本性的差异，至多可能只是其中的“舆地总图”和某些分省图的绘制参考了《舆地图》的大陆轮廓、某些河流的走向和“计里画方”的绘图方法。

按照现存的嘉靖初刻本《广舆图》来看，全图集共收录地图 48 幅，文字、表格共 68 页。地图集之前附有罗洪先的序言，介绍了地图集的内容构成，即：

> 仰惟大明丽天声教，无外远轶，古今可以观德，作舆地总图一。内畿外邦，域民建守，小大相承，动无遗法，作两直隶十三布政司图十六。王公设险，安不忘危，中外大防，严在疆圉，作九边图十一。山谷藏疾，时作弗靖，虺兕窜伏，功在刊涤，作洮河、松潘、虔镇、麻阳诸边图五。壶口既治，宣房载歌，沉玉负薪，群策毕效，作黄河图三。水陆萦纡，漕卒岁疲，储峙孔艰，国用攸赖，作漕河图三。四海会同，滨渤远输，仿佛往踪，用备不虞，作海运图二。四夷来王，兵革不试，治之极也，作朝鲜、朔漠、安南、西域图四。

按照这段叙述，《广舆图》的内容主要包括四个部分：

第一部分为政区图。

首先是“舆地总图”，也就是寰宇图（全国总图）1 幅，每方五百里。

---

① 参见成一农《〈广舆图〉绘制方法及数据来源研究（一）》，《明史研究论丛》第 10 辑，故宫出版社 2012 年版，第 202 页；《〈广舆图〉绘制方法及数据来源研究（二）》，《明史研究论丛》第 11 辑，故宫出版社 2013 年版，第 211 页。

需要注意的是，《广舆图》初刻本中“舆地总图”没有绘制长城，黄河源则绘制为三个湖泊（两个大湖泊和星宿海）。然后是分省图。明朝全国分为两直隶和十三省（布政司），每省各绘制有一幅地图，其中由于陕西面积广大，所以分成两幅，因此分省图共有16张，各图皆每方百里。

在“舆地总图”之后罗列了全国府州县和都司卫所的数量以及户口、税收等等。在各省图之后，分别罗列了所属府州县和都司卫所的数量以及户口税收等材料，并以表格的形式列出府州县的建置沿革、等级和与上级治所的距离等资料。

总体来看，这一部分是士大夫谈论古今得失时，作为分析天下大势、了解府州县和山脉的位置以及河流走向的基本材料。

第二部分是边图，其中包括“九边图”和“诸边图”两类。

“九边图”用图文的形式分段对明朝北方沿线进行了描述和介绍。首先是“九边总图”1幅（每方五百里），图前附有《九边舆图总论》，图后附有《九边总论叙》。此后为“辽东边图”“蓟州边图”（2幅）“内三关边图”“宣府边图”“大同外三关边图”“榆林边图”“宁夏固兰边图”“庄宁凉永边图”“甘肃山丹边图”，共有图11幅，其中除“蓟州边图”为每方四十里外，其余各图皆每方百里。每幅图之后都详细记述了各边的军事建置，并用表格的形式罗列了各卫所关堡的基本情况，最后还有《总论》，分析了各边的形势要害和防御措施。因此，“九边图”及其所附的文字材料，显然针对的是当时日益严峻的边境形势。

除“九边图”之外，《广舆图》中包括了5幅“诸边图”，即“洮河边图”“松潘边图”“建昌边图”“麻阳图”“虔镇图”，各图皆每方百里。每幅图后附有对“诸边”的行政、军事建置的描述，并用表格的形式介绍了各卫所关寨堡的基本情况，还有罗洪先撰写的“按语”。

第三部分为黄河图、漕运图和海运图。

首先是“黄河图”（3幅），图后附有《古今治河要略》，引述了汉代以来或在治理黄河上颇有成绩，或提出过重要见解的一些大臣的言论。其次为“海运图”（2幅），图后附有《漕运建置》，记述了元朝和明初海运的情况，还有与地图相呼应的“海道”一节，详细记述了4条海道路程，即从福建布政司水波门船厂至靖海卫、刘家港至牛庄、直沽至刘家港，以及辽河口至刘家港的海道，最后还附有“占验”，分九项记录了海上观测气象的口诀，各图皆每方百里。最后是“漕运图”（3 幅），图后附有《漕运建置》，叙述了当时与漕运有关的官员、机构以及各自所辖的民户和负责运输粮食的数量。显然这些图文材料针对的是当时严重的河患以及由此引发的漕运和海运之争。

第四部分为邻国和周边地图。

包括“朝鲜图”（每方百里）、“东南海夷总图”和“西南海夷总图”（两图明朝内每方四百里，之外则没有画方）、“安南图”（每方百里）、“西域图”（每方五百里）、“朔漠图”（每方二百里，2 幅），共 7 幅。在“朝鲜图”和“安南图”后附有对两国历史和所属行政建置的介绍，“安南图”之后还详细记述了其与中国往来的具体路线。需要注意的是在罗洪先的《广舆图序》中没有提到“东南海夷总图”和“西南海夷总图”，而“朔漠图”则扩展为了 2 幅，因此初刻本中地图的总数（48）与罗洪先所作序言中罗列的图幅（45）相比多了三幅。

此外，罗洪先在《广舆图序》中还提到：“凡沿革附丽，统驭更互，难以旁缀者，各为副图六十八。山川城邑，名状交错，书不尽言，易以省文二十有四。”对于其中提到的“副图”，因不见于现存《广舆图》而引起学者的争议，不过现在一般认为所谓“副图六十八”应当就是图后所附的表格和说明文字，而且确实初刻本中现存的文字和表格加起来共有 68 页。而“省文”，其实就是用符号代替文字，“省文二十有四”即是整部地图集统一使用的二十四种符号。

那么，内容如此丰富的《广舆图》是否完全是罗洪先独立绘制的呢？也不尽然，罗洪先在绘制过程中摘录和参考了大量当时的文献和地图：

1. 政区图

如上文所介绍的，《广舆图》中的政区图很有可能参考过朱思本的《舆地图》，这点应当问题不大。不过作为一套明朝的地图集，《广舆图》应当还参考了当时绘制的一些地图，如前文介绍的《大明混一图》和《杨子器跋舆地图》。仅仅将“舆地总图”和分省图与这两幅地图进行比较，就会发现一些相似之处。如《北直隶舆图》顺天府部分永清县和东安县的相对位置存在错误，两者的位置颠倒了，而这一错误也存现于《大明混一图》和《杨子器跋舆地图》中；此外“舆地总图”与《大明混一图》和《杨子器跋舆地图》山东半岛的形态也非常近似。因此，可以猜测罗洪先绘制地图时应当参考过《大明混一图》和《杨子器跋舆地图》，或其他一些相似的地图，因为当时罗洪先能看到的地图应当不止这两幅。

当然，三者之间在某些细节上也存在不少差异，如同样是《北直隶舆图》顺天府部分，固安、东安与霸州之间的相对位置、顺义与顺天府之间的相对位置，其与《杨子器跋舆地图》之间就不相同。因此，罗洪先在绘制“舆地总图”和分省图的时候，除参考了之前的某些地图之外，还应当有所创造，尤其是对政区、山脉、河流和海岸线的绘制方面，很有可能是依据地方志中记载的“四至八到”用“极坐标投影”法绘制的。①

政区图部分除了地图之外，还存在大量文字，就这些文字来看，涉及的都是一些政府的统计数据、行政区划沿革等很可能记载于政府档案之中的材料，且在明代的政府文献中并不缺乏这类数据的记载。而这种体例也不是罗洪先的首创，桂萼《皇明舆图》中就已经存在这样的记述方法。将《广舆图》这一部分的文字与桂萼《广舆图叙》进行比较，可以发现两者关于府州县数量、户口、税赋、盐引、卫所、军兵、马匹的记载几乎完全相同；此外，其所附的表格也很可能摘引自其他文献。

2. 《九边图》

如果将《九边图》与《广舆图》的政区图进行对照，就会发现《九边图》中的所有 11 幅地图并没有以《广舆图》的政区图为底图。此外“九边总图”实际上是一张全国总图，按情理应当以“舆地总图”为基础进行改绘，但实际上两者无论是长江、黄河的形态，还是山东半岛的轮廓都决然不同，因此可以猜测“九边总图”应当是从其他地图或者地图集中摹绘而来的。

3. 《黄河图》

经过比较可以发现《广舆图》中的“黄河图”与《郑开阳杂著》的

① 参见成一农《〈广舆图〉绘制方法及数据来源研究（一）》，《明史研究论丛》第 10 辑，故宫出版社 2012 年版，第 202 页；《〈广舆图〉绘制方法及数据来源研究（二）》，《明史研究论丛》第 11 辑，故宫出版社 2013 年版，第 211 页。

《黄河图议》中的地图极为近似，不仅如此，此后的“海运图”和“安南图”“朝鲜图”也与《郑开阳杂著》中的地图极为近似。按照时间来看，郑若曾与罗洪先生活的时代近乎同时，《郑开阳杂著》虽然是清朝康熙年间由其后代编纂而成的，但按照《四库全书总目提要》的说法，这部著作中的各卷实际上之前都是单独成书的，即《万里海防图论》2 卷、《江防图考》1 卷、《日本图纂》1 卷、《朝鲜图说》1 卷、《安南图说》1 卷、《琉球图说》1 卷、《海防一览图》1 卷、《海运全图》1 卷和《黄河图议》1 卷，因此《郑开阳杂著》中所收录的图文的成书时间应当与《广舆图》基本同时。更为有趣的是，罗洪先与郑若曾有着共同的密友——唐顺之，因此这两人很可能相互之间认识。由此一来，这里的问题就是：这些图，包括部分图说，是罗洪先抄自郑若曾的，还是郑若曾抄自罗洪先的？

就两人的经历和学识来看，罗洪先虽然在理学方面造诣精深，但为官时间很短，而且缺乏第一线的工作经历；而郑若曾一生关注明朝的军事问题，尤其是他曾经亲自参与过防御倭寇的实际工作，有着丰富的实践经验，并且更容易看到政府官方的一些档案和记录，因此比罗洪先更有条件编绘这些地图。因此，罗洪先绘制《广舆图》时参考了郑若曾绘制的地图和撰写的文字材料的可能性更大一些。这一推测还有两个证据：

第一，嘉靖初刻本的《广舆图》只收录了两幅关于周边具体国家的地图和图说，即“安南图”和“朝鲜图”，到嘉靖四十年（1561）胡松刊刻《广舆图》时又增补了“日本图”和“琉球图”，而这两幅图也与郑若曾《郑开阳杂著》中的《日本图纂》和《琉球图说》中的地图极为近似，而且在胡松刊刻的《广舆图》中这两幅地图上分别有“昆山郑子若曾”和“昆山监生郑子若曾考著”（也就是郑若曾）的字样，由此可以推测这两幅图和图说应当是郑若曾后来绘制的，在罗洪先绘制《广舆图》时尚未完成，所以也就没有被罗洪先收入，到了嘉靖四十年才由胡松补入。

第二，当时倭乱已经非常严重，因此意图通过绘制地图来为国家出谋划策的罗洪先应当不会对此坐视不管，但《广舆图》中除了海运图之外，并没有专门的海防图，这点实际上有些让人感到意外。对后世海防图绘制影响极大的郑若曾的《筹海图编》成书于嘉靖三十五年（1556），恰好是在《广舆图》初次刊刻的第二年，因此很可能是因为当时没有罗洪先感到满意的海防图可以使用，因此在《广舆图》中也就没有收录这方面的内容。

此外，《黄河图》之后附有《古今治河要略》，其文字与刘天和《黄河图说》上的《古今治河要略》基本相同。

4.《海运图》

《海运图》图后所附文字中的大部分来自《海道经》，其中“占验”部分与《海道经》中的“占天”等九门几乎完全一致；“海道”部分则比《海道经》中的“海道”简略，但所记载的路线和措辞几乎一致；“海运建置”则在《海道经》中相关内容的基础上有所增补。

此外，《海运图》本身与郑若曾《海运图说》中的地图在某些局部存在一些相似之处。

5. 邻国和周边地图

其中“安南图”“朝鲜图”无论是地图，还是图后的文字都与郑若曾《郑开阳杂著》中“朝鲜图说”“安南图说”的内容相同，而且《郑开阳杂著》中的内容多于《广舆图》这一部分所记，再结合之前的分析，可以认为“安南图”“朝鲜图”应当摹绘自郑若曾绘制的地图，而文字则有所节略。此外，《广舆图》中的“西南海夷图”和“东南海夷图”则有可能参考了现在已经散佚的元代李泽民的《声教广被图》。

总体来看，罗洪先的《广舆图》是我国保存至今最早的综合性地图集，不仅汇集了当时最为权威的资料和地图，而且罗洪先本人也增补了不少具有创见的评述性内容。由于《广舆图》中收录的各图以及相应的图说，针对的都是明代中晚期士大夫所关注的迫切的现实问题，因此该图集刊行后流传颇广，对明代晚期，甚至清初某些专题图的绘制产生了一定的影响，这些地图将在本书之后相应各篇章中进行介绍，这里只对《广舆图》“舆地总图”进行分析。

《广舆图》“舆地总图”所呈现的地理范围：北至大漠，并在大漠以北标绘了“和宁”；西北至大漠以北的哈密和吐鲁番；西至河源；西南包括了今天的云南，并标绘了“缅甸”等周边国家；南至海南岛；西南海域中未标绘台湾；东北地区则一直描绘到“五国城”。

明代受到《广舆图》“舆地总图”影响的普通寰宇图和全国总图主要有以下几种：《大明舆地图》“舆地总图”、《广舆考》“舆地总图”、《汇辑舆图备考全书》“天下总图”、《广舆记》“广舆总图”、《地图综要》“天下舆地分里总图”、《修攘通考》“大明一统舆地总图”、《方舆胜略》“舆地总图”、《月令广义》“广舆地图”、《大明一统文武诸司衙门官制》“舆地总图”、《三才图会》“华夷一统图”、《筹海图编》“舆地全图”、《海防纂要》“舆地全图”、《武备志》“舆地总图”、《一统路程图记》“舆地总图”、《皇明舆地之图》。此外还有两幅道路图，即《一统路程图记》“北京至十三省各边路图”和“南京至十三省各边路图”。

除《皇明舆地之图》之外的这些地图，根据对原图的改动情况，大致可以分为以下 3 类：

1. 对《广舆图》“舆地总图”的直接复制，或只是进行了微小的改动。属于这类的地图有：《大明舆地图》“舆地总图”、《广舆考》“舆地总图”、《汇辑舆图备考全书》“天下总图”、《广舆记》“广舆总图”、《大明一统文武诸司衙门官制》“舆地总图”、《地图综要》“天下舆地分里总图”、《修攘通考》“大明一统舆地总图”、《方舆胜略》“舆地总图”、《禹贡汇疏》“舆地总图”、《月令广义》“广舆地图”，其中除《汇辑舆图备考全书》《广舆记》《修攘通考》《大明一统文武诸司衙门官制》中各图外，其余各图皆保留了“计里画方”。此外《月令广义》所收地图将黄河源表现得较为夸张，同时《禹贡汇疏》所收地图去掉了地图中央文字较多部分的方格网。

这类地图中比较特殊的就是《三才图会》“华夷一统图”，图中绘制有长城，因此其底本应当是《广舆图》的万历七年（1579）钱岱刻本。

2. 对地图的正方向逆时针转动了 90°，以东为上，这类地图有三幅，即《筹海图编》“舆地全图”、《海防纂要》“舆地全图”和《武备志》“舆地总图”。除了正方向的改动之外，地图中还增加了日本、琉球、小琉球、暹罗和占城等内容。从成书时间来看，《筹海图编》应当是这一系列地图的鼻祖。

3. 对原图的简化。如《一统路程图记》中的三幅地图“北京至十三省各边路图”“南京至十三省各边路图”“舆地总图”，对《广舆图》“舆地总图”进行了大量简化，基本只保留了海岸线的轮廓以及长江和黄河，并以此为基础增加了与道路有关的内容。

此外，明代以《新刻人瑞堂订补全书备考》为代表的少量民间日用类书中也收录有与初刻本《广舆图》“舆地总图”近似的地图，最大的差异在于删去了方格网。

最后，《皇明舆地之图》与《广舆图》“舆地总图”之间的关系还需要进一步的分析。《皇明舆地之图》，原图刊刻时间不详，现存为明崇祯四年（1632）孙起枢重刊本，木刻墨印，原图纵 135 厘米，横 63.5 厘米。该图在日本东北大学狩野文库和神宫厅的神宫文库各存有一部。《皇明舆地之图》上段为全国总图，下段为文字图表，图表中记载了两京十三省名称及行政建制的数量。[①] 从地图图面内容来看，该图与《广舆图》“舆地总图”存在一定的相似性，如黄河的形状、西北方向上“大碛”、长江口外的“昌国”等，但显然也增加了不少内容，如朝鲜、海中的岛屿、北方的河流等等，此外长城的形状与《广舆图》万历本“舆地总图”长城的形状也不同。地图左边图题记“嘉靖丙申金溪吴悌校梓，崇祯辛未孙起枢重刊，临全堂翻刻”，嘉靖丙申为嘉靖十五年（1536），但《广舆图》初刊于嘉靖三十四年（1555）前后，由此就与上文提出的两者之间的传承关系产生了矛盾。对此有两种解释，一是《广舆图》“舆地总图”参考了《皇明舆地之图》，二是孙起枢重刊该图时对该图的成图时间的陈述是错误的。对此今后还需要进一步研究。

四　《大明一统志》“大明一统之图”系列

《大明一统志》，明李贤、万安等纂修，天顺五年（1461）成书，是官修全国地理总志。书中除了全国总图“大明一统之图”之外，还有两京十三省图 15 幅，四夷图 1 幅，图幅平均纵 26.5 厘米，横 35 厘米。

《大明一统志》中各图绘制极为简略，“大明一统之图”只大致标明各省名称，绘出黄河、长江等主要河流以及五岳等少数山脉，绘制范围大致北至河套、兀良哈，西北至哈密，西至西番，东南包括了云南并标绘了安南，南至海南岛，西南至台湾（琉球），东至海，东北包括了辽东并标绘

---

① 对该图详细的介绍，可以参见孙果清《木刻〈皇明舆地之图〉》，《地图》2008 年第 6 期，第 120 页。

了“女直”。

属于这一系列的普通全国总图有《皇明制书》“大明一统天下之图”、《广皇舆考》“一统图”、《新编性理三书图解》“全国总图”、《新刊凤洲先生签题性理精纂约义》“古今州域舆图”、《修攘通考》“大明一统舆图”。这一系列的地图图面内容非常简单，图面内容基本一致。

五 其他

除了上述4个系列的全国普通总图之外，明代还有以下一些普通寰宇图和全国普通总图：

首先，就是《武备地利》“华夷总图”、《修攘通考》“四夷方位之图”和《图书编》“四夷总图”、《广皇舆考》“四夷总图”、《武备志》“四夷总图”、《登坛必究》“四夷总图”以及《皇舆考》“四夷总图”。这几幅地图近乎于示意图，内容基本相近，即用线条在地图中央简单地勾勒出“华”的范围，在这一范围内部标注了明朝的两京十三省；北部的线条上标注了辽东、宣府、大同、宁夏、甘肃，西侧的线条上标注了西宁、松潘；线条之外的“四夷”则主要有东侧的朝鲜、日本，东北的女直、兀良哈等，北方则主要有蒙古，西北则有哈密卫、吐鲁番以及齐勤蒙古卫等，西侧则标注有西番、西域等，西南则标注“西洋贡献之国浡泥等四十九”，南侧则有安南、“南海贡献之国占城等”，东南则主要是琉球。当然，各图之间在文字及其标注位置上存在细微差异。

徐敬仪《天象仪全图》中的“皇明坤圆图”，应当是受到传教士地图的影响，将图面绘制成圆形，但在圆形之中只是放置了一幅常见的明代的全国总图。

徐光启的《农政全书》中有一幅未绘制完成的全国总图，从这幅地图上绘制的河流和海岸线轮廓来看，其似乎与《广舆图叙》“大明一统图”谱系中的《舆地总图》子类有些近似，如与大陆脱离的山东半岛、黄河的形状等，但也存在差异，如海南岛的位置等。之所以认为这幅地图未绘制完成，是因为图中有着一些圆圈，但圆圈中没有标注任何地名，且整幅地图上也没有任何地名。

章潢《图书编》中还有一幅“四海华夷总图”，该图受到西方传教士绘制的地图的影响，绘制范围应当包括了欧亚非，甚至可能还有南北美洲，明朝只是位于地图中部偏东，并没有像本篇第八章介绍的“《古今形胜之图》系列地图”那样占据了图面绝大部分空间。在欧亚非大陆之外的基本是一些传说中的国家，如长臂国、小人国、西女国等。但与传教士地图不同的是，该图没有标注经纬网，且图幅的比例失真也较大。此外，地图右侧的文字注记为“此释典所载四大海中南瞻部洲之图，姑存之以备考”，该图似乎还受到了佛教思想的影响。①

六 传教士绘制的世界地图及其影响

关于以利玛窦（Matteo Ricci）为代表的明末清初传教士绘制的世界地图②，无论是其形成过程、版本情况、数据来源以及影响力，以往学界已经做过众多研究③，最近一些年这方面的研究更是在某些细节方法上取得了众多成果。此处即在以往研究成果的基础上，对传教士在明末清初绘制的世界地图的基本情况及其影响进行简单介绍。

明末清初在中国绘制了世界地图的传教士中，意大利人利玛窦毋庸置疑是最为著名的。利玛窦于明万历十年（1582）奉派前来中国，最初在广东肇庆传教，其住所中悬挂的一幅世界地图引起了当地官员王泮的兴趣。受王泮的邀请，利玛窦绘制了带有经纬网的世界地图《山海舆地全图》，但该图没有保存下来，目前一般认为章潢《图书编》中的“舆地山海全图”应当与这幅地图存在联系。此后，其绘制有多幅中文世界地图，可以参见表2-1；目前存世的主要有南京博物院收藏的彩色摹绘本《坤舆万国全图》、国家博物馆收藏的墨线仿绘本《坤舆万国全图》、辽宁省博物馆收藏的刻本《两仪玄览图》、禹贡学会影印的《坤舆万国全图》等。还有一

---

① 对于这幅地图的研究不多，黄时鉴在《从地图看历史上中韩日世界观念的差异——以朝鲜的天下图和日本的南瞻部洲图为主》[《复旦学报（社会科学版）》2008年第3期，第30页] 一文中认为该图反映的是佛教的观念。这一分析有一定的道理，但还需要注意的是，图中的一些地名来源于中国本土的传统文化。

② 由于这一类地图的绘制跨越了明清时期，但可以被看成在同样背景下产生的，因此此处放在明代部分进行介绍，而没有将它们割裂放置在明清两个部分单独进行介绍。

③ 其中最具有代表性的就是黄时鉴、龚缨晏《利玛窦世界地图研究》，上海古籍出版社2004年版。

些基于其所绘地图摹绘或改绘的地图，如冯应京《月令广义》中的“山海舆地全图”、王圻《三才图会》中的“山海舆地全图”，以及游艺《天经或问》中的“大地全球诸国全图”等①。

表2－1 利玛窦编绘和刊印的世界地图②

图名	时间	地点	刊刻者	备注
山海舆地全图	万历十二年（1584）	肇庆	王泮付梓	《图书编》称《舆地山海全图》，《苏州府志》称《山海舆地全图》，吴中明题识称《山海舆地全图》，《图书编》翻刻的或即此图
世界图志	万历二十三年（1595）	南昌		绘赠建安王朱多㸅
世界图记	万历二十四年（1596）	南昌		为王佐编制
山海舆地图	万历二十三年至二十六年（1595—1598）	苏州	赵可怀勒石	翻王泮本
山海舆地全图	万历二十八年（1600）	南京	吴忠明付梓	增订王泮本
舆地全图	万历二十九年（1601）	北京（？）	冯应京付梓	《方舆胜略》有东西两半球图，或为翻刻冯应京本
万国全图				一册，1601年献给明神宗，或与赠送安王朱多（火節）的世界图志基本相同
坤舆万国全图	万历三十年（1602）	北京	李之藻付梓	增订吴忠明本，日本宫城县立图书馆、梵蒂冈图书馆、英国伦敦皇家地理学会图书馆和法国巴黎图书馆等均有收藏。在英国皇家地理学会图书馆藏本的图上可以看到有清人改动的痕迹，如将“大明一统”“大明海”分别改为“大清一统”“大清海”

① 关于利玛窦所绘世界地图的演变过程以及不同版本和相关的收藏情况，参见黄时鉴、龚缨晏《利玛窦世界地图研究》，上海古籍出版社2004年版。

② 该表引自曹婉如等《中国现存利玛窦世界地图的研究》，《文物》1983年第12期，第59页。

续表

图名	时间	地点	刊刻者	备注
坤舆万国全图	万历三十年（1602）	北京	某刻工刻版	复刻李之藻本，禹贡学会影印本（可能根据日本京都帝国大学图书馆藏本影印）或即此本
两仪玄览图	万历三十一年（1603）	北京	李应试付梓	增订李之藻本，辽宁省博物馆收藏有刻本，朝鲜黄炳仁收藏的刻本下落不明，日本有朝鲜黄炳仁所藏刻本的照片
山海舆地全图	万历三十二年（1604）	贵州	郭子章付梓	缩刻吴忠明本
坤舆万国全图	万历三十六年（1608）	北京		诸太监摹绘利玛窦手绘本若干。南京博物院收藏有彩绘摹绘本。中国历史博物馆收藏有据南京博物院彩色摹本摹绘的墨线仿绘本。朝鲜李朝肃宗三十四年北村芳郎氏藏有摹绘本（日本有此本照片），已很不完整

除了利玛窦之外，比利时传教士南怀仁在康熙时期还绘制有《坤舆全图》，其版本主要有两种：一种是绘本，目前收藏在澳大利亚国家图书馆，彩绘绢面，两条挂屏式装帧，各高 1.99 米、宽 1.55 米。另外一种是印本，大致有两种装帧形式，一是 8 条挂屏式装帧形式，藏于台北“故宫博物院”、南京博物院和河北大学图书馆；一种是全幅单张的装帧形式。[①] 南怀仁《坤舆全图》的资料，尤其是文字材料主要来源于《职方外纪》以及利玛窦《坤舆万国全图》等。[②]

乾隆时期法国传教士蒋友仁绘制的《坤舆全图》，该图实际上绘制过两次，第一次成于乾隆二十五年（1760）八月，于乾隆五十大寿之前呈献；第二次则是在乾隆三十二年（1767），蒋友仁进行了修改增绘后再次呈献给乾隆帝。这两幅地图分别存于宫廷内和内务府舆图房。除了这两幅

① 马秀娟等：《西学东渐视域下南怀仁〈坤舆全图〉研究》，《河北大学学报（哲学社会科学版）》2018 年第 6 期，第 78 页。

② 参见汪前进《南怀仁坤舆全图研究》，曹婉如主编《中国古代地图集（清代）》，文物出版社 1997 年版，第 102 页。

绘本之外，目前未见刻本传世。需要说明的是，该图是在南怀仁《坤舆全图》的基础上修订增补而成的。[①]

除了上述这些传教士绘制的地图之外，在这一时期，还存在其他一些来自西方的世界地图。如章潢《图书编》中的“昊天浑圆图”，是用横轴正射投影法绘制的东西两半球图，章潢得到这幅地图的时间是在利玛窦来到中国之前；还有熊明遇、熊人霖《函宇通》中收录的《格致草》和《地纬》中的“坤舆万国全图”和“舆地全图”，这两幅地图是用椭圆形投影法绘制的，应当摹绘自奥特柳斯《地球大观》中的世界地图。[②]

关于利玛窦绘制的世界地图的影响力，黄时鉴和龚缨晏有着细致的分析[③]，余定国在《中国地图学史》中也有着相似的看法。黄时鉴和龚缨晏的结论是“在利玛窦生前，他的世界地图大量印行，被学者们广为传阅和摹刻。明清鼎革之际，虽然还可见到《坤舆万国全图》，甚至可能还刻版印刷过，但流传已经不广。到了1700年前后，利玛窦世界地图更是难以觅见。清宫中无疑保存着若干幅与利玛窦有关的世界地图，而民间则极其稀罕。这样，除了几个翰林学士外，绝大多数人是无缘目睹利氏地图的。所以，清代文人中虽然有不少人直接或间接地引述过利玛窦的著作，但极少有人提到利氏地图。利玛窦去世后，他的地图已不易获见，人们自然也就不可能把它摹绘到书中，而只能根据章潢、冯应京等人著作中的地图进行翻刻，其结果是越翻刻就越走样，甚至出现了像《天象仪全图》中‘坤元图’这样粗陋不堪的摹本。进入清代，即使利图的摹绘本也很稀见，张敬雍的《定历玉衡》中保存了半幅利玛窦世界地图，就我们目前所掌握的资料来看，他可能是最后一个摹绘过利图的人。总之，就利图本身而言，其基本过程是从影响广泛渐渐走向湮没无闻。到了康熙末年，利玛窦世界地图的影响已基本消失”[④]。出现这种情况的原因，黄时鉴和龚缨晏主要归结

① 邹振环：《蒋友仁的〈坤舆全图〉与〈地球图说〉》，《北京行政学院学报》2017年第1期，第111页。

② 对于这两幅地图的介绍和分析，参见黄时鉴、龚缨晏《利玛窦世界地图研究》第五章“与利玛窦世界地图相关的其他地图”，上海古籍出版社2004年版，第48页。

③ 黄时鉴、龚缨晏：《利玛窦世界地图研究》，上海古籍出版社2004年版。

④ 黄时鉴、龚缨晏：《利玛窦世界地图研究》，上海古籍出版社2004年版，第111页。

于以下几点：1. 地图印制困难；2. 利玛窦地图图幅较大，保存困难，易于佚失；3. 在明末清初战争中受到损害；4. 当时只有极少的知识分子接受利玛窦的思想，大多数只是将其作为一种可供欣赏的装饰品；5. 由于后来知识分子带入的地图更为新颖，利玛窦的地图受到了冲击。[①]

当然，地图绘制的转型并不是仅仅涉及技术，更是涉及对于世界和空间秩序等的认知方式的转型，也即涉及整个文化的转型，而当时中国长期延续的文化并没有受到冲击，因此那时中国地图的绘制显然不可能受到利玛窦地图的影响，即利玛窦地图的准确性及其所蕴含的世界秩序和空间秩序并不是中国人所需要的，也不是大部分中国人所能理解的。这方面的证据只要翻阅一下受到利玛窦影响的，由中国人自己绘制的地图即可明了。如梁辀《乾坤万国全图 古今人物事迹》，根据图中序文，该图成图于万历癸巳（1593），此图虽然参考了利玛窦绘制的世界地图[②]，但“他其实并不理解利玛窦世界地图，他只是从中抄录一些地名，将它们写到自己编绘的地图上，而不考虑其所标位置是否恰当”[③]。曹君义的《天下九边分野人际路程全图》，绘制于崇祯十七年（1644），虽然仍以明代中国为中心，但以图文兼用的方式，绘制了明的疆域以及欧洲、非洲、南北美洲和南极洲，显然是受到耶稣会士地图的影响。不过其绘制方式与梁辀的《乾坤万国全图古今人物事迹》类似，即不讲求比例尺，也不追求地图的准确性，尤其是明朝之外的地区，只是抄录地名而已。与此图类似的还有康熙二年（1663）王君甫绘制的《大明九边万国人迹路程全图》、康熙十八年（1679）吕君瀚绘制的《(天下) 分（野）舆图（古今）人（物事）迹》和成图于乾隆时期的《乾隆今古舆地图》。[④]

总体而言，以利玛窦为代表的耶稣会士传入的地图，虽然采用了更为准确的绘制方法，确实扩大了中国传统“寰宇图”的绘制范围，但是并没

① 黄时鉴、龚缨晏：《利玛窦世界地图研究》，上海古籍出版社2004年版，第112页。

② 对于梁辀《乾坤万国全图古今人物事迹》所参考的是利玛窦绘制的哪一幅世界地图，学界尚有争论，参看黄时鉴、龚缨晏《利玛窦世界地图研究》，第26页。

③ 对于梁辀《乾坤万国全图古今人物事迹》所参考的是利玛窦绘制的哪一幅世界地图，学界尚有争论，参看黄时鉴、龚缨晏《利玛窦世界地图研究》，第28页。

④ 对于这些地图的详细介绍，参见本篇第八章。

有对中国地图的绘制产生太大的影响。

最后要提及的是，李兆良在《明代中国与世界——坤舆万国全图解密》[①] 中认为目前中西方学界对于《坤舆万国全图》认识是完全错误的，进而提出这幅地图实际上不是利玛窦利用欧洲所掌握的知识和技术绘制，而是依据中国人的技术和知识绘制的。但李兆良的认知面临着的问题是，这些地理知识不见于之前和之后的中国文献，且这幅地图所明确使用的经纬度数据和投影技术，也都不见于之前和之后的中国文献和地图的记载，即"前无古人后无来者"。对于这一问题，李兆良提出了如下解释："宣德以后，朝廷里反对滥用公帑出海探索的声音高涨。朝臣为了制止浪费徒劳的贡赐贸易，上报郑和的航海资料已经销毁，实际上可能是藏匿起来或者找不到。既然报了销毁，就不可能再出现。所以没有朝臣敢承认郑和地图的存在……利玛窦的来华，解决了问题，他当然乐意承担作者的荣光……"[②]，这是一种毫无说服力的解释，毕竟这样一幅地图的绘制涉及对于地球球体的认识、经纬度的测量技术、投影技术及其背后的几何学以及庞大的知识体系，且需要记住的是，按照李兆良的说法，这些知识在知识分子中是秘密流传的，但很难想象在从明初至明代后期如此漫长的时间中，这些知识分子居然能通过口耳相传，让如此庞大的知识体系几乎完整的保存下来，且没有丝毫泄露。而更为难以想象的是，这些知识和技术在没有太多积累的基础上，在明初迅速出现，在二三十年中达成了欧洲人花费了1000多年时间才完成的成就；然而这一知识体系又在明末清初突然完全消失，以至于《皇舆全览图》的绘制需要依靠西方传教士，也即这些技术和知识"来也匆匆，去也匆匆"。[③]

第四节 清代

清代的普通寰宇图和全国总图大致可以分为四类，下面分别进行

① 李兆良：《明代中国与世界——坤舆万国全图解密》，上海交通大学出版社2017年版。

② 李兆良：《明代中国与世界——坤舆万国全图解密》，第66页。

③ 对李兆良观点的批评，参见本书第十篇第八章；以及林晓燕《欧洲人是从中国学的经度知识吗?》，《中华读书报》2019年4月17日。

介绍：

一　继承于明代的普通地图

清代初年，存在一些继承于明代的寰宇图和全国总图，这些地图大都对图中的政区进行了调整，以使其看起来是一幅清代的地图。典型的有，于光华《心简斋集录》“广舆总图”，其底图与《广舆图叙》“大明一统图”中的“舆地总图”子类比较接近，但对政区进行了修改，如将“南京(应天)”改成为“江南（江宁)”，“北京”改为“京师”，“湖广（武昌)”改为“湖北（武昌)”，“长沙”改为“湖南（长沙)”，增加了“甘肃（兰州)”等，由此使这幅地图表现的是清代的政区，但地图所呈现的范围则没有变化。段汝霖撰《楚南苗志》中的“一统图”，显然是基于《广舆图》“舆地总图”绘制的，但同样对图中的政区进行了一些调整。类似的还有刘斯枢辑的《程赋统会》“大清天下全图”等。

清代这类地图中影响力最大的当属《大清万年一统地理全图》系列[①]。这一系列地图的祖本应当是黄宗羲的《大清全图》。黄宗羲于康熙十二年（1673）刊刻的《大清全图》基本上接受了《广舆图》的风格。地图所反映的地理范围与《广舆图》的“舆地总图”一样，该图使用了方格，但是只绘制于陆地；没有图题、图文和凡例；地图的轮廓尤其是山东半岛的轮廓，以及把海南岛表现为长方形以及河源的表现方法等与《广舆图》很相似。

继黄宗羲的地图以后，最早出现的属于同一类型的地图就是康熙五十三年（1714）制作的《大清万年一统天下全图》，作者未详。该图的基本轮廓与黄宗羲图差不多，但文字记载比黄图多一些，在朝鲜半岛、中国西南部分、图的右下角都有图文。此图与黄图差别最大的部分在于东北，图中在东北和今内蒙古地区绘制了一系列由线条构成的“文本框”，且在这些“文本框”中分别记载了一些部族的名称。此外，该图还绘制有朝鲜半岛。该图的这些特点，影响了以后的同类地图，其影响实际上比黄宗羲的

---

① 石冰洁的《清代私绘“大清一统”系全图研究》（复旦大学历史地理研究所历史地理专业硕士学位论文，2017 年）对这一谱系的地图进行了至今为止全面的搜集与整理。

原图更为深远。

韩国首尔大学奎章阁收藏了一幅雍正三年（1725）的《大清一统天下全图》，就属于这一类型，图题为“大清一统天下全图”，该图“收藏说明”记录编制者为汪日昂，彩色手绘，其与上面提到的康熙五十三年的《大清万年一统天下全图》几乎一样，但是没有绘制方格。

还有中国国家图书馆所藏乾隆三十二年（1767）黄千人的《大清万年一统天下全图》。黄千人是黄宗羲的孙子，现在认为他在绘制《大清万年一统天下全图》时也参照了黄宗羲图。不过从地图的外貌上来看，该图应该更接近于康熙五十三年的《大清万年一统天下全图》。需要说明的是，这一系列地图还受到传教士地图的影响，如标注了欧洲国家的国名。

嘉庆年间，以乾隆三十二年黄千人《大清万年一统天下全图》为底本摹刻的，名称、内容、形式和图文相似的印本甚多。如中国国家图书馆藏嘉庆七年至十一年（1802—1806）间，黄千人的儿子黄储文重校刻印的《大清万年一统天下全图》，即是以这幅地图为底图重新校勘刻印的。[①] 美国国会图书馆藏有一幅嘉庆十六年（1811）刻本的《大清万年一统天下全图》，墨印着手彩，未注比例；分切八条幅挂轴，每条幅 148 × 31 厘米，全图拼合后为 134 × 235 厘米；覆盖范围东起日本，西抵温都斯坦（印度），北自俄罗斯界，南至文莱国；用形象画法展现清中叶王朝所关注的空间范围、行政建置，欧洲诸国均以小岛屿的形式列于图左；黄河源绘制为三个相连的湖泊，即星宿海、鄂灵湖、查灵湖；山脉用立面形象画法绘制，涂以蓝色，海水绘制为蓝色波纹，沙漠为红色点纹，省界用各种颜色相区别。[②] 美国国会图书馆还藏有一幅绘制于清嘉庆年间的《大清万年一统地理全图》，石刻本，蓝色刷印，八块印张拼合，每块 67 × 60 厘米，拼合后全图 128 × 228 厘米。据右下缘识文，该图据乾隆丁亥（三十二年，1767）余姚黄千人（证孙）旧图摹刻，放大增补而成，“此图久经镌版行世，兹特刻为屏幅”，以便于携带。该图虽注记“全图内每方寸百里”，但

---

① 参见鲍国强《清乾隆〈大清万年一统天下全图〉辨析》，《文津学志》第 2 辑，北京图书馆出版社 2007 年版，第 40 页。

② 李孝聪：《美国国会图书馆藏中文古地图叙录》，文物出版社 1997 年版，第 18 页。

图面上并无画方，图中还附有图例。全图绘制范围，东界朝鲜半岛、西抵葱岭，北自黑龙江、南达万里石塘（南海诸岛）；用形象画法展现清朝中叶的山川海岸、疆域政区，以及长城、关卡；地图四周用海岛和文字表现西方各国。该图的特点是行政建置地名用阳文，山川海岛注记用阴刻，与同类地图有别；黄河河源刻画正确，但以岷江为长江源；海水饰以波纹。[①]

此外，吕安世编制的《三才一贯图》之中的“大清万年一统天下全图”也属于该类型，该图可能是吕安世在黄宗羲原图的基础上，根据自己编图的目的重新编辑了黄宗羲图而收入《三才一贯图》的。与同期或者以后制作的同一系统的地图相比，图中所绘大陆的轮廓、绘制的地理范围、河流水系大体一致。由于该图比其他地图更多地受到了黄宗羲原图的影响，因此与受到康熙五十三年《大清全图》影响的其他地图在一些细节上有所不同。

需要说明的是，就性质而言，《大清万年一统天下全图》系列地图似乎更类似于本书第七章和第八章介绍的民间日用地图，但由于一方面这一系列图面上的“历史内容”与“《古今形胜之图》系列地图”相比要减少了很多，因此其用于获得历史知识的功能并没有那么强；另一方面，与“《古今形胜之图》系列地图”不同，《大清万年一统天下全图》系列地图也被收藏于官方机构[②]，其“民间”的性质似乎也没有那么强，因此，这里将这一系列地图归入普通寰宇图和全国总图中。

二 康雍乾时期的测绘地图

关于康熙《皇舆全览图》，前人研究成果众多，这里无意进行太多细节上的描述，只进行一些总体性的介绍。从康熙四十七年（1707）开始绘制的《皇舆全览图》是中国第一次使用西方经纬度投影法而制作的“天下图”，实测经纬点共有641点，所采用的投影为“正弦曲线等面积伪圆柱投影”。在绘制过程中进行过多次测绘工作，第一次是进行了长城一带的测绘，从康熙四十七年开始，由白晋（Bouvet）、雷孝思（Regis）以及杜

① 李孝聪：《美国国会图书馆藏中文古地图叙录》，文物出版社1997年版，第19页。
② 第一历史档案馆和台北“故宫博物院”都有收藏。

德美（Jartoux）神父负责。第二次测绘开始于康熙四十八年（1708），由雷孝思、杜德美和费隐（Fridelli）担任，测绘完成的地图包括辽东省（盛京）与该省相隔图们江的朝鲜北界以及到黑龙江的入海口。第三次测绘，由雷孝思、杜德美以及费隐三位神父负责，进行北直隶地图的测绘，康熙四十八年开始直至康熙四十九年结束。第四次测绘于康熙四十九年开始，直至该年底完成，主要测绘的是黑龙江地区。此后开始了大面积的测绘工作，最初由雷孝思与麦大成（Cordoso）承担山东省的测绘，由杜德美、费隐与潘如（Boujour）至哈密，测定了被称为“喀尔喀鞑子”的几乎整个鞑靼地区。此后，麦大成与汤尚贤（De Tarte）会合，一起绘制陕西及山西两省，冯秉正（De Mailla）与肯特雷（Kenderer）协助雷孝思测定河南省，随后又一起测绘完成江南、浙江和福建省的地图。江西、广东的广西省的部分由汤尚贤和麦大成负责，四川与云南省由费隐与潘如负责，但由于潘如的去世，雷孝思奉命完成了云南地区的测绘。此外，费隐和雷孝思还测绘了贵州与湖广地区。

这次大地测量，除了绘图学上的贡献之外，还对地球科学理论等做出了重要贡献：第一，规定了统一的测量尺度，以地球表面子午线上一度弧长为 200 里，1 里 =1800 尺，由此制定“钦定工部营造尺”作为长度丈量的基本单位；第二，证实了牛顿的地球扁圆说；第三，首次标绘出世界最高峰——珠穆朗玛峰的名称；第四，完成了中国测量史上第一次布设大地测量网的基础性工作。

测绘之后，地图绘制完成于康熙五十七年（1718），由马国贤（M. Ripa）制成铜版，共 47 块，其中有图的 41 块，每块长 39. 8 厘米，宽 92. 2 厘米。以纬度 5°为一排，共分为八排，比例尺为 1∶1400000。《皇舆全览图》以通过北京的子午线为本初子午线，东自黑龙江口，西讫哈密（图内经度为东经 27°至西经 40°之间）；南起海南岛，北至贝加尔湖（图内纬度为 18°至 61°之间）。哈密以西因准噶尔部之乱未能实测，西藏仅派喇嘛测量了旅程距离；湖南、贵州苗疆因未能进入，尚属空白；朝鲜半岛的绘制取自朝鲜王宫内的旧图，只是在两国边境上由传教士进行了校正。该图存在的最大失误，是将广东省的雷州半岛北部的两条互不相通的河流画成一条，使半岛变成了岛屿。

《皇舆全览图》流传甚广，据查目前至少保存有以下几个版本：

康熙五十七年木刻墨印本。由 28 幅拼接，其中关外 5 幅、蒙古 3 幅、关内 15 幅、黄河上游 1 幅、长江上游 1 幅、雅鲁藏布江流域 1 幅、哈密以东 1 幅、高丽 1 幅。地名全部用汉文。现藏故宫图书院。

康熙五十八年铜版拼幅本。1929 年发现于沈阳故宫，共铜版 41 块，纬度 5 度为一排，从北纬 18 度到 55 度，共分 8 排，内地用汉文注地名，山海关外、东北、西北等地区用满文注记。重印时由金梁题识为《清内府一统舆地秘图》。铜版现藏沈阳故宫博物院。

康熙六十年木刻分幅本，32 幅合为一册。包括全国总图和分省图，每幅各具图题，地名标记全部用汉文。

雍正四年（1726）木刻《古今图书集成》本，227 幅，无经纬度，全部用汉文，只含内地。

康熙末年木刻墨印彩绘本，题名《分幅中国全图》，内容手法与康熙《皇舆全览图》32 幅木刻本相似而略简，地名注记全部用汉文，每幅地图各具图题，但是有 8 幅地图的图题与康熙图相异。图上无经纬线，共 26 幅，裱在厚纸板上，对折连装，夹木板封面，21 × 28 厘米。现藏大英图书馆。

清后期的《摹绘康熙皇舆全览图》，纸地彩绘，26 幅册装，色缎封面装帧，每幅图幅 23 × 30 厘米。覆盖范围只有关内 16 省，及盛京、宁古塔、热河、乌苏里江、鸭绿江，乌喇（混同江）、河套南北。内容与版式与 26 幅木刻本相似，但是县以下地名删减许多，地名全部用汉文注记，无经纬网。[①]

中国国家图书馆所藏"大清中外天下一统全图"，当系《皇舆全览图》康熙五十六年版的摹绘本，无总图，只有 28 幅图。[②③]

---

① 康熙《皇舆全览图》这部分的撰写，引用了李孝聪《欧洲收藏部分中文古地图叙录》，国际文化出版社公司 1996 年版；李孝聪：《美国国会图书馆藏中文古地图叙录》，文物出版社 1997 年版；以及《中华舆图志》，中国地图出版社 2011 年版中的相关内容。

② 北京图书馆善本特藏部舆图组编：《舆图要录——北京图书馆藏 6827 种中外文古旧地图目录》，北京图书馆出版社 1997 年版，第 38 页。

③ 关于《皇舆全览图》的测绘过程以及版本，还可以参见李孝聪《记康熙〈皇舆全览图〉的测绘及其版本》，李孝聪主编《中国古代舆图调查与研究》，中国水利出版社 2019 年版，第 185 页；以及白鸿叶、李孝聪《康熙朝〈皇舆全览图〉》，国家图书馆出版社 2014 年版。

《雍正十排皇舆全图》，清雍正三年（1725）根据康熙《皇舆全览图》编绘成，该图所绘地域要比《皇舆全览图》广阔，北起北冰洋，南至海南岛，东北濒海，东南至台湾，西抵里海。图上绘有方格，而没有采用康熙《皇舆全览图》所使用的经纬网，而以经过北京的纵线为中线，横线亦以北京为中，纵横直线正交且等分，形成正方形的方格网。该图按横线由北向南排列，每隔八条横线为一排，共分十排。长城以北及嘉峪关以西、青海、西藏、四川西部地区的名称注记为满文，其余部分地名注记为汉文。目前在故宫博物院图书馆发现有四种版本的《雍正十排皇舆全图》：

1. 木刻设色，绘制时间为雍正三年，不注比例尺，幅宽 50.6 厘米，幅长不等，十卷。图中经纬线直交相交，构成正方形，每方格高宽为 6.30 × 6.30 厘米。

2. 木刻设色，绘制时间为雍正七年，十卷，幅宽 51 厘米，幅长不等，绘制内容和形式与雍正三年版大致相同，只是每方格高宽稍大，为 6.35 × 6.35 厘米，地名注记较前图更为详细，但绘制不如前图精美，图上贴有黄纸，用汉文注记各地驻扎的官兵人数。

3. 色绘纸本，绘制时间为雍正八年之后，幅宽 101 厘米，幅长不等，十轴，故宫图书馆藏。绘制内容和形式与前两个版本大致相同，但图幅较大，每方格高宽为 12.6 × 12.6 厘米，每排为一轴。

4. 色绘纸本，绘制时间为雍正初年，乾隆五十三年签注，幅宽 106 厘米，幅长不等，十卷。绘制内容和形式与前几个版本大致相同，每方格高宽为 12.7 × 12.7 厘米。

此外在第一历史档案馆还藏有绘制于雍正七年的一幅印本和一副手绘本，中国科学院图书馆藏有一幅雍正五年的印本，这三个版本在形式上与上面所列的前两个版本大致相同。

除了这几种版本的《雍正十排皇舆全图》之外，还存在几幅在《雍正十排皇舆全图》基础上，缩绘而成的全国总图。如第一历史档案馆藏的两幅总图：

第一幅舆图是彩色纸本。图幅纵 42.9 厘米，横 39.4 厘米，正方向为上北下南，左西右东。该图依然采用经纬网绘法，以经过北京的经线为中经，每一经线为一度，以东五度，以西十七度；纬线为十八度至四十二度，经纬线斜角交叉。主要绘有直隶、山西、山东、河南、江南、湖广、浙江、江西、福建、广东，广西、陕西、四川、贵州、云南15省及其所辖各府；府治均以红色方块表示，没有标注省名，也没有绘制府级以下的行政单位；各省的界限以黑色虚线加红、黄、蓝、绿、紫、灰等色予以区分，没有表现府界；用象形符号勾绘了长城，对山川形势表现得不太详细，主要绘出江河湖泊的位置和流向，均没有标识山和山名。

第二幅舆图也是彩色纸本。图幅纵68.5厘米，横64.4厘米，比第一幅舆图要大一些。此图上北下南，通过北京的经线和纬线被称为“中”，每一经线为一度，以东八度，以西二十三度；每一纬线为一度，以南三十三度，以北二度，经纬线直角交叉。纬度没有以数字表示，与经度一样以北京为准，用南一、南二、北一、北二度表示。该图主要绘有直隶、山西、山东、河南、江南、湖广、浙江、江西、福建、广东，广西、陕西、四川、贵州、云南等15省及其所辖各府；以黑色虚线加赤、橙、黄、绿、灰、蓝、紫等色区分省界，各省首府以橙色方块表示，并写省名，其余府治用红色小方块表示；没有绘制府以及州、县治；关内地区主要绘制的是行政区划，关外地区只绘制了河流和山脉等自然形式；用满汉两种文字注记，关内用汉文，关外及边远地区用满文。①

《乾隆十三排图》，又称《乾隆内府舆图》，以康熙《皇舆全览图》为基础增绘而成。乾隆时期，随着准噶尔和南疆战事的平息，开始了新疆地区的测量工作。乾隆二十一年（1756）二月派遣刘统勋、何国宗，分西、北两路，由巴里坤出发测量了北疆地区，当年十月测量完毕；乾隆二十四年又派遣明安以及西人傅作霖（Felix da Rocha）、高慎思（Joseph d’Espinha）前往新疆，测量南疆各地，获得了哈密以西至巴尔喀什湖以东、以南约90度处的经纬度数据。此外《乾隆内府舆图》在康熙《皇舆全览图》的基础上，还对各地的经度值进行了调整，数值更为准确。该图

① 《雍正十三排图》部分的撰写参考了冯宝林《记几种不同版本的雍正“皇舆十排全图”》，《故宫博物院刊》1986年第4期，第73页；於福顺《清雍正十排“皇舆图”的初步研究》，《文物》1983年第12期，第71页；以及《中华舆图志》，中国地图出版社2011年版。

最终由蒋友仁（Michel Benoist）根据国内外舆图及最新的测量成果，于乾隆二十六年（1761）绘成，共有铜版 104 块，每块长 71 厘米，宽 46.2 厘米，厚 8.5 厘米，纬度 5°为一排，全图分为十三排，此外还有乾隆御制诗铜版一块。该图的测绘仍采用桑森正弦曲线投影法，以经过北京的经线为中经线，但未称为零度，而标为“东一西一”，将纬线呈直线斜交。

《乾隆内府舆图》的范围，以清朝为中心，东北至萨哈林岛（库页岛），北至俄罗斯北海，南至琼岛（海南岛），西至波罗的海、地中海及红海，绘制范围约是康熙《皇舆全览图》的一倍，主要新增哈密以西天山南北，凡经实测之处都较为详密，余则疏空，此外西藏略有增补，湖南、贵州苗区、大小金川地区已经绘制。1925 年，该铜版发现于北京故宫博物院原宫内造办处，现藏于北京故宫博物院。

现在全世界范围内藏有以下各种版本：

1. 乾隆二十五年（1760）木刻墨印本，103 幅拼接，地名全部用汉文，无御制诗，如梵蒂冈教廷图书馆藏本。

2. 乾隆年间铜版直格本《内府一统舆图》（1761—1775），乾隆御制诗位于地图右上缘，长城以外地名用满文，长城以内诸省用汉文注记。经纬线直交，起始经线已经改为 0°，以纬度 8°为一排，共十排，如伦敦英国图书馆东方与印度事务部藏本。

3. 乾隆四十年（1775）铜版印本《内府舆图》，104 幅，首页为乾隆御制诗，图内注记全部为汉文，经纬线斜交，以纬度 5°为一排，共十三排。乾隆年间此印本有着不同的装帧形式，并增加皇舆全图地盘样，与乾隆御制诗同置于底图右上缘，共计 105 幅。1932 年，北平故宫博物院文献馆曾重印，题名为《乾隆内府地图》，此版本流传较广。①

《皇舆全览图》制成之后，虽然主要是藏于内府，但也逐渐通过各种途径流入民间，如按照《东华录》的记载，《皇舆全览图》曾被赐给朝廷官员。这些地图被民间地图所采用，由此对此后中国总图的绘制产生了一

---

① 《乾隆内府舆图》部分的撰写，参考了汪前进《乾隆十三排图定量分析》，曹婉如主编《中国古代地图集（清代）》，文物出版社 1997 年版，第 113 页；李孝聪《欧洲收藏部分中文古地图叙录》，国际文化出版社公司 1996 年版；以及《中华舆图志》，中国地图出版社 2011 年版。

定的影响，其中较早的是董方立于道光元年（1821）据康熙、乾隆内府舆图制作的41幅《皇朝一统舆地全图》（又名为《皇清地理图》），从这幅地图开始，《皇舆全览图》在民间广泛普及。

《皇朝一统舆地全图》，董方立绘、李兆洛编制，清道光十二年（1832）常州李氏辨志书塾锓版，木刻墨印，8卷幅拼接成整幅，每卷259×43厘米，整幅拼合后为243×338厘米。该图系董方立以康熙、乾隆两朝内府舆图为蓝本仿绘，并据方志校订乾隆以来州县改更，水道迁异，以道光二年（1822）为断，分为41帧。因“拼合既难，观者不易”，李兆洛将其按同样大小的版框镌刻，总为一幅。该图采用经纬网与传统计里画方网格并用的表示法，经纬线为虚线，方格线为实线。将纬度1°分为二格，合每方百里，以通过京师的经线为起始经线；另附“皇朝舆地总图”1幅，每方二百里，以表现拼合次序。全图覆盖范围，东起库页岛，西及葱岭，北界黑龙江，南达海南岛；表现清朝中叶的疆域政区以及周边国家；仅选取县以上行政建置，水系亦比康、乾内府舆图为简；各省边界线着手彩以区别，图文置于全图的右上方。

该图所用经纬网与方里网并用的形式，主要是出于测天和测地的双重需要，按李兆洛在例言中所写“原图依《内府》，以天度经纬分划，天上一度当地上二百里，然纬度无赢缩，而经度自赤道迤北以次渐窄，则里数不可凭准……今依《灵台仪象志》实测，通南北画方，为每方百里，以取计里之便，而以虚线存天度之经纬，使测天者仍可依旁，其纬度则每度分为二，以应地上百里……”由此来看，作者对经纬度的概念并不理解，似乎仍带有天圆地方的概念。但是该图出版之后，这种双重网格的绘制方法在国内广泛流传，被大量地图所采用，现在保存下来的有：六严摹绘，清道光二十二年（1842）刻印本的《皇朝一统舆地全图》，该图为六严据李兆洛道光十二年旧图缩摹重刻，有陈延恩的跋文；64幅印张拼接，分裱8轴，每条幅176×28厘米，整幅拼合后为163×220厘米；按纬度差5°30′为一排，共八排，每方百里；木刻朱墨双色套印，经纬网与聚落符号用红色，方格网与其他要素为黑色。此图与李兆洛图相比内容几乎完全一致，唯纸幅较前者稍狭。此外，还存在以该图为基础改绘的地图，如胡锡燕编绘的清咸丰六年（1856）刻印本的《皇清地理图》，该图是在道光十二年李兆洛辨志书塾锓版董方立《皇朝一统舆地全图》的基础上，改卷轴为书版式，书口有图名，但是不分幅；首为总图，纵 11 横 12 格，每格相当于分图一页，使之可以拼合；采用以经过京师北京的子午线为零度经线的经纬网（虚线），与计里画方网格（实线）并用的方法编制，每方百里；只描绘清朝后期的疆域、山川、湖泊、行政区划和府、厅、州、县城；用三角山形符号表示山岭地貌。咸丰五年（1855）黄河在河南省铜瓦厢决口，改道流入渤海，但是此图的黄河仍显示在江苏省北部入海，说明该图完全依据董、李之图摹刻，地名更异亦以道光二年（1832）为断。还有，同治二年（1863）胡林翼编，严树森补订的《大清一统舆图》（即《皇朝中外一统舆图》）、同治三年的绘制者不详的《清朝直省府厅州县全图》等等，直至清末民初，这种经纬网与方里网并存的地图仍不断出现。①

《皇朝中外一统舆图》，因该图集卷口标“大清一统舆图”，故又名《大清一统舆图》，为胡林翼监制，严树森修订，邹世诒、晏启镇编绘，李廷箫、汪士铎校；同治二年湖北抚署刊版，刻印本；32 册线装，每页 30 × 19 厘米。该图根据康熙、乾隆实测内府舆图，并参考李兆洛、董佑诚所编地图编制而成；是承袭了李兆洛的经纬网和棋盘格双重网格的绘制方法编绘的寰宇图，经线用虚线表示，图面为传统的计里画方网格，总图每方四百里，分图每方各百里；依照纬线分卷，每卷南北 2°（400 里），自北而南，共 31 卷。该图覆盖范围东至日本列岛，西至里海，南抵越南，北达贝加尔湖；使用三角山形符号表示地貌；展现了清朝后期的疆域政区、山川湖泊、长城关隘、各级建制城市，及镇堡驿站。黄河口已绘制在山东省北部，注作“新黄河，即大清河”；并绘制出废黄河河道，在江苏旧河口注记“淤黄河”。

《皇朝中外一统舆图》采用书本形式，使清康熙、乾隆时期的测绘成果更便于应用，并且较道光时期李兆洛的舆图增补了许多地名，图幅范围也较李兆洛图大，成为晚清编制中国全国舆图的基础，如光绪五年（1879）杨守敬、饶敦秩《历代舆地沿革险要图》等。

---

① 《皇朝一统舆地全图》的撰写参考了《中华舆图志》，中国地图出版社 2011 年版。

胡林翼编绘这幅地图主要与他对地图功用的认识有关，学者辛德勇对此有过精辟的分析：胡林翼在湖北巡抚任上的主要政务，是主持清剿太平军，基于治军作战所需，每每“终日危坐考求兵事”，撰著有《读史兵略》四十六卷，咸丰十一年（1861）春在临近其去世前几个月的时候于武昌刊行。民国初年刘禺生撰《世载堂杂忆》，依据所见胡林翼幕府严澍森（别作“树森”）与胡氏往还书札，记述该书撰述缘起云：所谓“以古人成败之略”来“为证明地图之用”，即寻绎前人利用地理形势的经验，可见分析总结古人用兵之地理方略，正是胡林翼撰述《读史兵略》的核心意图，并证明地图的价值。要想做到“以地图为棋盘”，知晓古人用兵利用地理的经验，更首先需要清楚知晓现实的地理状况。刘禺生记述云胡林翼对此也倾注了很大精力：“林翼鉴于三河之败，全军覆没，李秀成亲提三十六军，为皖、楚之大包围；陈玉成以三十六回马枪军，由隘路小径，出其不意，分道飞来，官军每为向导人所绐，故一败涂地，皆由不明地理所致。乃与澍森先治湖北、江西、安徽三省图，凡溪港山阜，小路捷径，详细著名，某地至某地若干里，某村至某村绕出快若干里，用以行军。每乘太平军之虚，先据要地，而太平军用兵上游，不得逞。乃推治各省，远及藩属，所谓‘胡文忠公地图’也。故该图于长江各省最细密”。其中严澍森协助胡林翼编制的所谓“胡文忠公地图”，即是在胡氏身后于同治二年正式刊行的“皇朝中外一统舆图”。[①]

清后期湖北官书局还曾印制了《皇朝直省地舆全图》，其中收藏在中国国家图书馆中最早的版本为同治三年（1864）版，刻印本，计里画方，每方百里，共28幅，图廓大小不等。图集包括总图、盛京、直隶、山东、陕西、河南、安徽、江苏、江西、浙江、福建、广东、广西，湖南、湖北、陕西、甘肃、云南、贵州、四川、内外蒙古、吉林所属各城、黑龙江所属各城、西藏、嘉峪关外安西青海、嘉峪关外镇迪伊犁、台湾，新疆；其中台湾图为彩绘本，新疆图为湖北崇文书局刊本补入。[②] 后续版本则有

---

① 参见辛德勇《19世纪后半期以来清朝学者编绘历史地图的主要成就》，《社会科学战线》2008年第9期，第125页。

② 北京图书馆善本特藏部舆图组编：《舆图要录——北京图书馆藏6827种中外文古旧地图目录》，北京图书馆出版社1997年版，第43页。

同治三年（1864）的《皇朝直省府厅州县全图》，为《皇朝直省地舆全图》的缩印本；同治五年的《皇朝直省府厅州县全图》，为同治三年本的重刻本；光绪十五年（1889）的《皇朝直省地舆全图》，为上海点石斋据同治三年湖北官书局本同名图缩制；光绪二十一年上海点石斋印制的《皇朝直省地舆全图》[①]。这些图集和地图在世界各地的一些藏图机构都有收藏。

此外，康雍乾时期的测绘地图也对当时官修志书中的全国总图产生了影响，如雍正时期成书的《古今图书集成·方舆汇编·职方典》中的“职方总部图”；鄂尔泰、张廷玉等奉敕撰、董诰等奉敕补的官修本《钦定授时通考》中的“舆地总图”；傅恒、刘统勋、于敏中等奉敕撰，成书于乾隆四十七年（1782）《钦定皇舆西域图志》中的“皇舆全图”，以及乾隆二十九年（1764）允祹等奉敕撰《钦定大清会典》中的“大清皇舆全图”等。而且，与以往认知不同的是，康雍乾时期的大地测量和绘图也对当时政区图的绘制产生了一定影响，对此参见本书第三篇第二章。

三 清末绘制的现代意义上的测绘地图

清末，随着中国社会以及知识体系的转型，官方和民间绘制的地图都开始了近代化。其中官方绘制的现代意义的测绘地图的代表就是《光绪会典舆图》。

清朝仿效明朝进行会典的编纂和修订工作，先后编制了五部会典，即《康熙会典》《雍正会典》《乾隆会典》《嘉庆会典》《光绪会典》。《光绪会典》的编纂始于光绪十二年（1886），光绪二十五年结束，共1220卷；其中《会典图》270卷，有礼、乐、冠服、舆卫、武备、天文、舆地七门，《舆地》共105卷。

康雍乾测绘之后，在长达100多年的时间里，清朝没有再进行大规模的现代意义的地图测绘工作，而实地已发生很大变化，行政区划变动，许多省的旧地图因年久及战乱已经散佚，无图可用，因此，光绪十二年编纂

① 参见北京图书馆善本特藏部舆图组编《舆图要录——北京图书馆藏6827种中外文古旧地图目录》，北京图书馆出版社1997年版，第43—44页。

《光绪会典》时，同时决定测绘全国舆图。

为了组织《光绪会典》的编制，清政府于光绪十二年（1886）十月成立了会典馆，光绪十六年在会典馆下设画图处，主持全国测绘工作。会典馆只负责编绘全国总图，各省、府、州、县分幅图均由各省组织人力、培训人员编绘。为完成本省地图测绘，并为《光绪会典》提供资料，有十余省成立了舆图局等机构，有的省召集本省测绘、地理、测算、绘画人员进行，有的省则聘请外省天文测算人员进行，湖北、黑龙江等省招调一批青年学生经培训后完成。

清政府要求各省绘出省、府、州、县地图报送会典馆，为此曾先后发布了两次诏令。第一次是在光绪十五年（1889），但限于当时会典馆的水平，只在主要图例和地图格式上做了简单规定，对编制方法等方面未提出具体要求，只要求各地在一年内把省、府、县图各一份附以图说送到会典馆。不过由于发现第一次要求过于粗糙，于是在光绪十七年又补发了第二次诏令，对各省舆图的绘制有了较明确的要求，并初步提出了地图投影的问题，各项要求中包括：地图的方向定为上北下南，左西右东；规定了地图比例尺，要求经纬度刻在每幅地图的边缘，图内用计里画方法，省图每方百里，府、直隶州图每方五十里，厅、县图每方十里，并将图上每方的边长定为七分二厘；规定了大致统一的图式符号，主要是在第一次规定基础上的加工补充，但各省当时都补充了一些地方性的符号；规定了图说的格式，凡省、府图附以图说，仍按旧式，州县图改为横表，列“沿革、疆域、天度、山镇、水道、乡镇、官职”七项。

此外，还要求各省实施经纬度测量和地形测量，各省图在可能的情况下使用圆锥投影。虽然各省确实测量了一些经纬度，但很不精确。至于圆锥投影，只有广东省在图集前加了一幅圆锥投影总图，甘肃在图集之外另绘一圆锥投影的《经纬度总图》，其他各省仍然是“计里画方”法再加上几条经线而已。

从光绪十八年（1892）《广东舆图》告成开始，各省地图陆续送会典馆查核，光绪二十五年的《黑龙江舆地图》则是最后完成的一幅。根据《宫中档光绪朝奏折》，部分省份完成测绘制图工作的顺序如下：

光绪十八年六月初四完成广东舆图；

光绪十九年八月初三完成浙江舆图；

光绪十九年十月二十二日完成甘肃舆图；

光绪二十年正月十二日完成陕西舆图；

光绪二十年三月初七完成山东舆图；

光绪二十年五月初十完成奉天舆图；

光绪二十一年八月初一完成湖北舆图；

光绪二十一年十一月初一完成安徽舆图；

光绪二十一年十一月二十四日完成湖南舆图；

光绪二十一年十一月二十四日完成河南舆图；

光绪二十二年三月初一完成云南舆图；

光绪二十二年三月二十二日完成江西舆图；

光绪二十五年四月初五完成黑龙江舆图。

包括《光绪会典舆图》的《光绪会典》于光绪二十五年（1899）八月十五日编成，同年九月京师官书局石印。《光绪会典舆图》105 卷，16 开本装订，除总图 1 幅为单页外，其余各图均为书本式，分为 28 册。多数图册采用单色印刷，个别图册为彩色印刷。总图《皇舆全图》图幅纵 114.9 厘米，横 185.2 厘米；其余各图采用“计里画方”绘制，省图每方百里，府、直隶州（厅）图每方五十里，县图每方十里。方位上北下南，左西右东，附有图表、图说。总图《皇舆全图》绘有红色的经纬网，采用了圆锥投影，以通过京师北京的经线为零度经线，以赤道为零度纬线；绘制范围东至库页岛，西至葱岭，北至外兴安岭，南抵崖州。《光绪会典舆图》中共有京师、省、府（2 种）、厅（2 种）、州（3 种）、县（2 种）、将军都统所驻城、驿站、各级官员驻扎地、卡伦、境界、山、河、沙、长城、边墙和电线 22 种符号，总图中实际应用了 21 种。各省图集多为单色，也有的用红色或淡蓝色印制方格线或经线，黄河涂黄色，其他河流均染绿色，境界线加色带。①

---

①《光绪会典图》部分参考了《中华舆图志》，中国地图出版社 2011 年版。目前关于《光绪会典图》编绘原因及其过程最为详尽的研究，可以参见王一帆《清末地理大测绘：以光绪〈会典舆图〉为中心的研究》，复旦大学历史地理研究所历史地理学博士毕业论文，2011 年。

《光绪会典舆图》也曾单独印行，如中国国家图书馆所藏《大清皇舆全图》，宣统元年（1909）商务印书馆发行，1 幅，彩色，图幅 123×182 厘米，采用“尖锥容圆法”绘制。①

与此同时，民间也开始绘制和出版现代意义上的基于测绘的全国总图，其中影响力较大者为邹代钧的《皇朝直省图》，武昌舆地学会光绪二十九年（1903）印制，1 册，彩色。此图为经京师大学堂审定的教科书，图 25 幅，其中总图 1 幅，分省图 24 幅；图中绘制有经纬线，以通过北京的经线为中央经线，山脉用晕滃法绘制。中国国家图书馆还藏有光绪三十三年（1907）的第 4 版，1 册，为清朝学务大臣审定本②。

商务印书馆编辑发行的《大清帝国全图》，与邹代钧的《皇朝直省图》相近，但印制更为精良。《大清帝国全图》，光绪三十一年（1905）初版，为八开本的地图集，铜版纸单面印刷，蝴蝶装，使用了红、绿、兰、棕、黑五色印刷。图集由 25 幅地图组成，各图都标注有比例尺，总图比例尺为 1：12000000，分省图的比例尺在 1：2000000 至 1：2500000 之间，使用了大量图例，采用了简单的晕滃法表示山脉。图集除表示政区之外，还反映了清末政治、经济发展形势，如商埠租界以及铁路等。地图集采用了两套经纬度网格，图内的经纬度网格仍采用传统的通过京师观象台的经线为起始经线，但是在图廓外则加注了当时国际通用的以英国格林威治天文台为起始的经线，但同时标注了国际通用经度值，从而将国际惯例引入到中国地图上。此外，中国国家图书馆还藏有该图集的光绪三十一年的第二版，1 册，地图 25 幅，内容以光绪三十一年四月前调查为限；光绪三十四年的第 3 版，1 册，封面题“宣统元年第三版”；宣统二年（1910）的第四版，1 册。③

受到其影响的还有宣统元年（1909）臧励和编，商务印书馆印行的

---

① 参见北京图书馆善本特藏部舆图组编《舆图要录——北京图书馆藏 6827 种中外文古旧地图目录》，北京图书馆出版社 1997 年版，第 47 页。

② 参见北京图书馆善本特藏部舆图组编《舆图要录——北京图书馆藏 6827 种中外文古旧地图目录》，北京图书馆出版社 1997 年版，第 45 页。

③ 参见北京图书馆善本特藏部舆图组编《舆图要录——北京图书馆藏 6827 种中外文古旧地图目录》，北京图书馆出版社 1997 年版，第 45 页。

《新体中国地理附图》，彩色，1册，地图25幅，包括总图和各省分图，分省图内容简略，仅绘制府州界线①。

这一时期随着近代化的展开，更是出现了一些近代意义的专题地图，如清光绪三十三年（1907）上海商务印书馆出版的清邮传部图书通译局的《筹划中国铁路轨线全图》、清宣统三年（1911）清陆军预备大学堂的《中国铁路电线网图》、清光绪二十九年（1903）管理外国通商局总税务司的《大清推广邮政舆图》以及1907年上海海关总税务司税务处《中国电线图》；等等。这些专题图将在本书第八篇中进行介绍。

四 现代意义的“世界地图”

在清代中期就已经就出现了一些现代意义的“世界地图”，如杜堮撰《石画龛论述》“东半球图”，该图显然受到西方绘制的世界地图的影响。鸦片战争后，随着与西方接触的增加，以及可能受到魏源提出的“师夷长技以制夷”思想的影响，现代意义上的“世界地图”出现的越来越多。如初刊于1843年魏源《海国图志》中的“地球正背面全图”和“亚细亚洲全图”、成书于1849年的徐继畬《瀛寰志略》中的“皇清一统舆地全图”“亚细亚图”“地球图”，19世纪中期成书的姚莹《康輶纪行》中的“今订中外四海总图”，19世纪中期成书的张汝璧《天官图》中的“全球图”（东）和“皇清一统全图”，李兆洛《历代地理志韵编今释》中的“地球上面图”以及光绪年间王之春《国朝柔远记》中的“东半球图”；等等。

不仅如此，清末也出现了一些中国人自己绘制的世界地图和世界地图集。如光绪元年（1875）邝其照绘制的《地球五大洲全图》，刻印本，彩色，图中简要绘制了五大洲的轮廓及主要山脉、河流走向，附有五大洲各国人口清册、各国丁方道里表等表格。② 光绪二十七年舆地学会编绘的《大地平方全图》，铜版印本，一幅分切15张，图中绘有由相互垂直相交的经纬线组成的网格，以通过北京的经线为零度经线，清晰地描绘了各大

① 参见北京图书馆善本特藏部舆图组编《舆图要录——北京图书馆藏6827种中外文古旧地图目录》，北京图书馆出版社1997年版，第47页。

② 参见北京图书馆善本特藏部舆图组编《舆图要录——北京图书馆藏6827种中外文古旧地图目录》，北京图书馆出版社1997年版，第3页。

洲以及岛屿等地理要素，内容注记较为丰富。[1]

这些地图，使用了投影技术和经纬度数据，地图上的地理要素也有着基本统一的时间，由此与中国传统的“寰宇图”发生了断裂。当然，全国总图的绘制也是如此。这种转型，除了技术本身之外，还标志着中国传统的“天下秩序”、时间观念和空间观念的转变，是中国社会和文化根本变革的结果，对此，将在本书第九篇集中进行讨论。

---

① 参见北京图书馆善本特藏部舆图组编《舆图要录——北京图书馆藏6827种中外文古旧地图目录》，北京图书馆出版社1997年版，第3页。

第三章　读经地图

——“十五国风”系列地图

仅就《文渊阁四库全书》《四库全书存目丛书》《续修四库全书》《四库未收书辑刊》《四库禁毁书丛刊》以及相关补编进行统计（去除了上述丛书中重复收录的古籍），收录的地图多达6000幅，其中经部中收录地图的著作约30种，收录地图460多幅，大都集中在与《禹贡》有关的著作中，主要通过地图展现《禹贡》中所记载的山川的位置、走向以及九州的范围；与《春秋》有关的著作中也存在一些地图，如《历代地理指掌图》中的“春秋列国之图”就经常被引用；此外与《诗经》有关的著作中则经常出现“十五国风地理图”以体现“十五国风”的地理分布。

唐宋之后，科举考试成为入仕的重要途径，同时儒家思想在思想文化中也占据了主导，因此经部中地图的数量虽然不多，但很可能反而是古代士大夫日常最为关注的地图类型之一。本章以及此后的两章将对这些地图进行介绍。

表2－2是从《文渊阁四库全书》《四库全书存目丛书》《续修四库全书》《四库未收书辑刊》《四库禁毁书丛刊》中搜集到的以“十五国风”为主题的地图，共17种，大致按照收录地图的著作的成书时间排列。

需要说明的是，其中某些地图来源于类书或者辑录的著作，由于中国古代著作大都不列资料出处，因而无法直接找到这些地图的来源，不过通过将这些地图与其他地图进行对比分析，可以找到这些类书和辑录著作中地图的渊源。

表2-2 古籍中出现的以“十五国风”为主题的地图

编号	地图名称	收录地图的著作	著作的版本
1	十五国风地理图	宋杨甲撰，毛邦翰补《六经图》，成书于南宋绍兴年间（1131—1162）	《文渊阁四库全书》（经部第183册）本，以明本为底本
2	十五国都地理之图	元胡一桂撰《诗集传附录纂疏》	《续修四库全书》（经部第57册）元泰定四年（1327）建安刘君佐翠严精舍刊本
3	十五国风地理之图	元罗复《诗集传名物钞音释纂辑》	《续修四库全书》（经部第57册）元至正十一年（1351）双桂书堂刊本
4	十五国风地里之图	元朱公迁撰，明代王逢及何英增补，《诗经疏义会同》	《文渊阁四库全书》（经部第77册）本
5	十五国风地理之图	《六经图碑》	现藏于江西上饶市博物馆
6	十五国风地理之图	明王圻、王思义编纂《三才图会》，刊印于明万历三十七年（1609）	《续修四库全书》（子部第1233册）上海图书馆藏明万历三十五年（1607）刻本；《四库存目丛书》（子部190册）北京大学图书馆藏明万历三十七年刻本
7	周南国附十五国风地理之图	明钟惺《诗经图史》	《四库存目丛书》（经部第64册）吉林省图书馆藏明末刻本
8	十五国风地理图	明陈仁锡《八编类纂》	《续修四库全书》（子部第1240册）和《四库禁毁书丛刊》（子部第2册）北京大学图书馆藏明天启刻本
9	十五国风地理图	明吴继仕《七经图》	《四库存目丛书》（经部第150册）东北师范大学图书馆上海图书馆藏明万历刻本
10	十五国风地理之图	明章达、卢谦《五经图》	《四库存目丛书》（经部第147册）浙江省图书馆藏明万历四十二年（1614）刻本
11	十五国风地理之图	明张溥《诗经注疏大全合纂》	《四库存目丛书》（经部第69册）北京大学图书馆藏明崇祯刻本
12	十五国风地理之图	明顾懋樊《桂林诗正》	《四库存目丛书》（经部第68册）北京大学图书馆藏明崇祯刻桂林经说本

续表

编号	地图名称	收录地图的著作	著作的版本
13	十五国图	明施永图《武备地利》	《四库未收书辑刊》（第5辑第10册）清雍正刻本；《四库禁毁书丛刊》（子部第29册）北京大学图书馆藏清刻本
14	十五国风地理之图	清江为龙等辑《朱子六经图》	《四库存目丛书》（经部第152册）南京大学图书馆藏清康熙刻本
15	十五国风地理之图	清卢云英辑《五经图》	《四库存目丛书》（经部第152册）辽宁省图书馆藏清雍正二年（1724）卢云英刻本
16	十五国风图	清王皜《六经图》	《四库存目丛书》（经部第153册）北京图书馆藏清乾隆五年（1740年）刻本
17	十五国风地理之图	清杨魁植《九经图》	《四库存目丛书》（经部第153册）南京图书馆藏清乾隆三十七年（1772）信芳书房刻本

从表2-2来看，除了《武备地利》中的“十五国图”之外，以“十五国风”为主题的地图大都出现在与《诗经》有关的著作中，这些地图所绘内容大致相近，具有明显的源流关系，但在不同时期以及不同著作的地图之间也存在细微的差别。以往中国古代地图学史的研究，主要通过地图上所绘地理要素的时间来判断地图的成图时间，但这一研究方法是存在局限性的①，因此在判断古籍中作为插图存在的地图的成图时间除了依据这一方法之外，还要注意以下三点：

1. 绘制时间早的地图上不应当出现晚期的地名，因此有着晚期地名的地图必然是晚期绘制的。

2. 图面上全部是早期地理要素的地图，虽然存在后代绘制的可能，但在一系列有着明确谱系关系的地图序列中，基本不存在晚期将绘制有当时政区名称的地图中的地理要素全部改成早期政区而形成早期地图的可能，因此在一系列有着明确谱系关系的地图序列中，图面内容全部为早期地理

---

① 参见本书第一篇第五章的讨论。

要素的地图，其绘制年代应当是较早的。

3. 收录地图的古籍的成书时间不能作为判断其中地图绘制时间的依据，但可以作为地图绘制时间的下限。

基于上述三种方法，再结合图中所绘内容，可以将表 2 – 2 所列的 17 种地图的谱系关系进行如下梳理：

成图时间最早的，甚至可能就是这一系列地图祖本的应当为《六经图》《七经图》《八编类纂》中的“十五国风地理图”。除了具体地理要素的绘制方法，如长城的表现方式、字体大小存在一些差异之外，这三幅地图所绘内容几乎完全相同。图中能够确定时代的地理要素都是宋代的，最为典型的就是“今福建路”“今两浙路”“今陕西五路”“今西夏”，因此这三幅地图的原本应当是宋代绘制的。此外，清王皜撰《六经图》中的“十五国风图”，与上述三图基本相同，只是西北地区的黄河与“今西夏”等地名的相对位置关系与前三者存在差异，还有长城用双横线表示。由于这四部著作中《六经图》的成书时间最早，因此虽然这里使用的是该书明代的版本，但从其中“十五国风地理图”的图面内容来看，这些地图应当大致就是这一系列地图宋代祖本的样子。

时代稍晚的则是《诗集传附录纂疏》“十五国都地理之图”和《诗集传名物钞音释纂辑》“十五国风地理之图”，这两幅地图所绘内容基本一致，与之前的四幅地图相比，虽然整体轮廓、河流山脉基本一致，但增补修改了不少内容：如对卫、邶的说明；在长城以北增加了很多地理要素，如“骊戎”“积石山”等；长城以内也增补了不少内容，如“芮”“营丘”等。最为重要的是，图面上删除了原来的宋代的政区名，而替代以元代的政区，如“大都”“今江浙省”“今江西省”“今甘肃省”“今云南省”等，因此表明这一地图是经过元人改绘的，而这两者也确实都出于两部元人编撰的著作。不过，这两幅地图也存在一个最为重要的时间标志方面的差异，即《诗集传名物钞音释纂辑》“十五国风地理之图”中出现了“今福建”，元代并无“福建省”这一政区，因此这既可以解释为是对之前宋代地图“今福建路”的简写，也可以解释为该书在明代翻刻时如同当时的其他“十五国风”地图那样，加入了对当时政区的描述。不过，由于此处使用的是该书至正十一年双桂书堂刊本，因此可以排除第二种解释。

现江西上饶市博物馆所藏《六经图碑》“十五国风地理之图”是比较特殊的一幅地图，图中虽然出现了“今浙江省”等明代地名，不过也保留了大量元代地名，如“今甘肃省”“今卫辉路”“今晋宁路”“辽阳省”，甚至还有只存在于这一类型的两幅元代地图上的“广南”以及元代地图上增加的“辽东”。值得注意的是该图将元代地图上的“大都”改为“今北平”，北京称“北平”只是在明初，而在永乐迁都北京后，这一地名就不再使用，由此也就表明了该图绘制的时间，即在明初。按照文献记载和以往学者的考订，江西上饶市博物馆所藏《六经图碑》是元至元二十一年（1284）刻石的①，但根据文本的考订，这一分析是值得商榷的，即使是在元至元二十一年刻石的，那么至少在明初也进行了修补，不过更为可能的是，该图有可能是明初刻石的。清代江为龙等辑《朱子六经图》中的“十五国风地理之图”与此图基本一致。清代杨魁植《九经图》中的“十五国风地理之图”将图中的“今北平”改为“今北京”，而其他地名则与上述两图基本一致。而且这三幅地图与元代以后明清时期的其他地图相比存在一个重要差异，就是遗漏了图面上“泰山”左侧的“青（或清）今东平路”五个字。

《诗经注疏大全合纂》“十五国风地理之图”在图面内容上接近于元代地图，图中“十五国风”用双线图框表示，只是将某些元代地名改为明代的，如“大都”改为“北京”，“镇东省”改为“山东”，但这种修改并不彻底，依然有大量元代地名保留了下来，如“辽阳省”“今甘肃省”“今江浙省”“今卫辉路”“今晋宁路”。图中存在元代地名，成为此后这一系列主题地图的主要特点。

《武备地利》“十五国图”和《诗经图史》“周南国附十五国风地理之图”的图面内容上与元代地图也较为接近，但与《诗经注疏大全合纂》“十五国风地理之图”相比，图中用于标示“十五国风”的图标并不统一，如《武备地利》“十五国图”中的属于“十五国风”的“齐”用双线图框标示，但“唐”“桧”等同样属于“十五国风”的地名则用与一般地名相

① 任金成：《木刻〈六经图〉初考》，曹婉如主编《中国古代地图集（战国—元）》，文物出版社 1990 年版，第 61 页。

近的单线图框标示。明清这一主题地图中，除《诗经注疏大全合纂》“十五国风地理之图”之外，其他地图大都如此。

经过明人增补的成书于元代的《诗经疏义会同》“十五国风地里之图”中将“今江浙省”改为明代的“今浙江”，将“辽阳省”删除而保留了元代地图上增加的“辽东”，但显然为元代的“今甘肃省”“今卫辉路”“今晋宁路”等地名则保留了下来。这些特点也反映在了《三才图会》“十五国风地理之图”、《桂林诗正》“十五国风地理之图”中。

《五经图》“十五国风地理之图”中保留了“今卫辉路”“今晋宁路”等地名，但将“今甘肃省”改为“甘肃”；清卢云英辑《五经图》中的“十五国风地理之图”，除了少许细节，如删除了“甘肃”之外，基本与此图一致。

《桂林诗正》“十五国风地理之图”中将图面内容大量删减，因此“今卫辉路”“今晋宁路”等地名被去掉，但增加了“今陕西”。

这些地图的传承关系大致如下图所示：

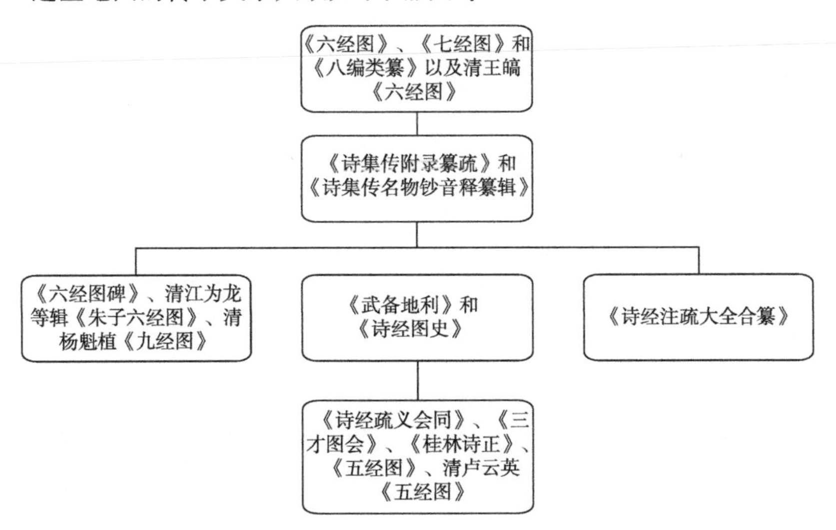

最后还需要提到的就是，《诗经》中的十五国风为：周南、召南、邶、鄘、卫、王、郑、齐、魏、唐、秦、陈、桧、曹、豳，但这一系列地图中目前现存最早的《六经图》《七经图》《八编类纂》中的“十五国风地理图”中用圆圈表示的则为：秦、晋、魏、鄘、卫、邶、齐、鲁、曹、陈、郑、陕、会，不仅数量不足且名称也不一致，因此这些地图的祖本很可能

并不是一幅以“十五国风”为主题的地图，而是一幅表示春秋时期地理形势的地图。此后，到了元代的《诗集传附录纂疏》“十五国都地理之图”和《诗集传名物钞》“十五国风地理之图”中才正确表示了“十五国风”；但除了少量地图之外，此后大部分地图对于符号的使用并不规范，因此也无法正确表示“十五国风”。

第四章　读经地图

——与《禹贡》有关的全国总图

《尚书·禹贡》，被近代以来的研究者认为是中国古代重要的地理著作，但是在中国传统的知识体系中，它则属于经部，也是重要的儒家经典。正因为如此，历代学者对其用功甚深，产生了大量研究著作，同时也有相当丰富的地图存世。本篇主要关注寰宇图和全国总图，因此此处只对相关地图进行分析介绍。

总体而言，按照绘制的内容，传世的与《禹贡》有关的全国总图大致可以分为两类：一类可以被认为是意图描绘《禹贡》中所载“九州”及其地理要素的地图；另一类则是主要描绘“导山”“导水”等专题内容的地图。现对这两类地图分别进行介绍。

第一节　意图描绘《禹贡》中所载“九州”及其地理要素的地图

在意图描绘《禹贡》中所载“九州”及其地理要素的地图中，存世最早的当属著名的《禹迹图》。

《禹迹图》，刘豫阜昌七年（1136）即南宋绍兴六年四月刻石。根据图中绘制的内容推断，该图应绘制于元丰三年（1080）至绍圣元年（1094）之间。图幅纵80厘米，横79厘米，用“计里画方”绘制，每方百里，横向方格70个，纵向方格73个，共5110方。该图绘制范围，北起受降城

（今内蒙古狼山西北），西北抵沙州（今甘肃敦煌），东北到辽水（今辽河），南至琼州（今海南省），绘有政区名380个，标注名称的河流80条、山脉70多座。图石现藏于陕西省博物馆。

以《禹迹图》命名的地图不止一幅，在江苏镇江还有一幅南宋绍兴十二年（1142）刻石的《禹迹图》。该图在许多方面与1136年的地图一样，如每方百里以及山脉与河流的表示、府县的名称等。不过也存在一些区别，如现存镇江的《禹迹图》表示河流的线条不区分干流及支流。镇江的《禹迹图》上的文字注记“元符三年正月依长安本刊刻石”，证实原图编绘的年代为1100年之前，由此也证明现存西安的1136年绘制的《禹迹图》并不是最初的版本。该图石现收藏于镇江市博物馆。

此外，《大清一统志》卷一百十八载：“保真观，在稷山县治东北隅，元建，中有石刻《禹迹图》，共五千七百五十一方，每方二尺余，折地百里，志《禹贡》山川、古今州郡山水地名，今坏”。这一稷山县的《禹迹图》总共5751方，比今陕西省博物馆藏《禹迹图》的5110方（镇江市博物馆藏画方数目大致相似）要多出不少。“每方二尺余”，显然是错误的，因为按此折算，这一《禹迹图》碑长宽各大约15丈，过于夸张了，因此可能是“每方二厘余”，这样长宽各1.5米左右，也要比镇江和陕西藏《禹迹图》大了许多。从绘制内容即“志《禹贡》山川、古今州郡山水地名”和“折地百里”来看，该图应当与当前的两幅《禹迹图》大致相同，是《禹迹图》另外的一个版本。可惜该图在清代就已经损坏了，但由此可以推测当时曾有若干《禹迹图》碑。不过，在古籍中找不到与《禹迹图》近似的地图。

陕西省博物馆《禹迹图》图中注文不多，只在图幅上额注有“《禹迹图》，每方折地百里，《禹贡》山川名，古今州郡名，古今山水地名，阜昌七年四月刻石”。从内容上看，图中列出了很多《禹贡》中的山川名，确实在一定程度上表现了《禹贡》中的内容，可以认为这是我国较早的读经地图。

至于该图绘制时所使用的底图，可以做如下推测：“图中京西南路和北路，京东东路和西路，河北东路和西路，河东路，永兴军路，秦凤路，淮南东路和西路，两浙路，江南东路和西路，成都府路，利州路，福建路等所标注的均为宋代的府、州，即图幅上额附注的‘今州郡名’。而荆湖南路和北路，梓州路，夔州路，广南东路和西路等，唐、宋地名混合使用，域外地区几乎全部使用唐代州郡和山水地名”[①]，虽然，注记中记该图要表现“古今州郡名，古今山水地名”，但在某些地方用当时宋代的地名，而在其他地方单纯使用唐代地名，既不符合地图绘制的原则，也并不能真正地表现“古今州郡名”，反而暗示《禹迹图》的底本可能来自唐代而掺入宋代的政区地名。同时图中使用“计里画方”的绘制方法，显示出作者对于地图绘制有着充分的掌握，但是图中地名标注的方式，又显示出作者对于地图的绘制缺乏一定的常识，而且可能甚至也没有参考过当时刚刚刊行的《元丰九域志》，否则不会在南方将唐宋地名混用。且图中显示出作者对南方的资料并不熟悉，或者对南方的地理情况并不感兴趣，而宋代这一地区已经得到了很大程度的开发。由此可以推测《禹迹图》可能是一位不太懂地图绘制的北宋士大夫，为表现《禹贡》的内容，在一幅唐代“计里画方”的地图的基础上改绘的。当然，这也是目前所掌握的唯一一幅可能以宋代之前的地图为底图绘制的地图。

与《禹迹图》差不多同时代的就是《历代地理指掌图》中的“禹迹图”，如本篇第六章“中国古代历史地图集的编绘及其演变”所述，《历代地理指掌图》中的大部分地图是以“太宗皇帝统一之图”为底图绘制的，本图也不例外，只是去掉了宋初的一些内容，同时增加了《禹贡》中所载“九州”的名称，以及如“塗山”“防风氏”“少康邑”等为数不多的上古地名，但这些地名大部分没有出现在《禹贡》中，而似乎与其他文献中所载大禹时期以及夏初的历史有关。该图对后世的这类地图产生了重要影响，根据目前掌握的资料，属于这一系列的地图基本可以分为三类：

第一类，对《历代地图指掌图》“禹迹图”的直接复制，属于这一类的地图有《三才图会》“禹迹图”、《修攘通考》“禹迹图”以及清代徐文靖《禹贡会笺》“九州总图”。此外《新编纂图增类群书类要事林广记》“历代舆图”和《纂图增新群书类要事林广记》“历代舆地之图”除左上

---

① 何德宪：《齐刻〈禹迹图〉论略》，《辽海文物学刊》1997年第1期，第81页。

角的长城等少数地理要素的细节之外，图面中的绝大部分内容与《历代地图指掌图》“禹迹图”基本一致。如本篇第七章《宋元日用类书〈事林广记〉〈翰墨全书〉中所收全国总图研究》所述，《事林广记》中的“大元混一图”是在南宋末年的一幅寰宇图“华夷一统图”基础上改绘的，因此用“禹迹图”来冒充“历代舆图”也符合这一类书的风格，而且图中基本没有增加与“历代”有关的内容。

第二类，包括《六经图》“禹贡九州疆界之图”、《六经图碑》“禹贡九州疆界图”、《七经图》“禹贡九州疆界之图”以及《八编类纂》“禹贡九州疆界之图”四幅。这四幅地图以《历代地图指掌图》“禹迹图”为基础，对其中的地理要素进行了大幅度的精简，如去掉了长城、大量的河流以及一些上古都城的名称。此外，除《六经图碑》之外，其他三幅地图中的海南岛都与陆地连接为一体。不过，原图上的大多数地名依然沿用，地图左上部分近似于长方形的边界轮廓可以看成《历代地图指掌图》“禹迹图”左侧南北向绘制的黄河与地图边框变形而形成的。需要注意的是，这类地图对地图的内容也做了一些改动，如将大致相当于今天广东和广西两省的地域定为“南越”，从而将其排除在了九州之外。

第三类，只有《帝王经世图谱》“禹迹九州之图”一幅，这一地图可以看成第二类地图的进一步简化，去掉了所有河流和水体，但将大部分河流名称保留了下来。图中将大致相当于今天广东和广西两省的地域排除在九州之外，显现出其对第二类的继承。此外，清代江为龙等辑的《朱子六经图》中的“禹贡九州疆界图”与《帝王经世图谱》“禹迹九州之图”有些近似，但保留了大量河流的河道。

除了《历代地理指掌图》“禹迹图”谱系之外，按照地图绘制时使用的底图，明清时期意图描绘《禹贡》所载“九州”及其地理要素的地图还存在以下谱系：

明代后期以《广舆图》“舆地总图”为底图绘制有四幅与《禹贡》有关的地图，即《禹贡汇疏》“舆地总图”、《夏书禹贡广览》“九州总图”、《禹贡古今合注》“禹贡九州与今省直离合图”以及《今古舆地图》“禹贡九州图”。其中《禹贡汇疏》“舆地总图”基本是对《广舆图》“舆地总图”的直接复制，只是存在微小的改动。《夏书禹贡广览》“九州总图”，则基本只保留了“舆地总图”的海岸线轮廓以及重要的河流，并以此为基础标注了“九州”。《禹贡古今合注》“禹贡九州与今省直离合图”在精简了《广舆图》“舆地总图”中的河流和山脉的同时，增加了九州的内容，并且粗略绘制出了大部分府级政区之间的界线。《今古舆地图》“禹贡九州图”中虽然用朱色标识了大量古地名，但这些地名基本不是大禹时代和夏代的，与《禹贡》无关，从朱色标识的“安东府”“单于府”来看，该图主要呈现的似乎是唐代的内容，只是在地图的四周用文字注记标明了作者对“九州”范围的认识，如地图左上方的文字注记为：“广宁以东地属青州。唐孔氏曰：青州东北跨海至辽东皆是。”

清初，出现了新的以《广舆图》“舆地总图”为基础绘制的地图谱系，目前可以找到的属于这一谱系的有艾南英《禹贡图注》“九州分域图”、胡渭《禹贡锥指》“九州分域图”、马俊良《禹贡注节读》之《禹贡图说》“九州分域图”以及王皜《六经图》“九州分域图”。这一谱系的地图去除了《广舆图》“舆地总图”上的几乎所有的政区和地名，只保留有西北方向的沙漠，但增加了“九州”及其分域，以及少量山名，标注了“五岭”上各岭的名称，并添加了来自孔安国、马融和郑康成的四段文字，但总体而言，图中与《禹贡》“九州”有关的内容并不多。

此外，明末清初朱约淳的《阅史津逮》中的“禹图”也是在《广舆图》“舆地总图”的基础上改绘的，标注了九州和文献中记载的大禹和夏代的地名。清代汪绂的《理学逢源》“禹贡九州虞十二州之图”则是在对《广舆图》“舆地总图”所表现的政区进行了简化的基础上，增加了“九州”“十二州”以及《禹贡》和其他文献所记载的一些当时的地名。

清代以明代桂萼《广舆图叙》“大明一统图”谱系地图为底图绘制的这类地图有《尚史》和《绎史》中的“禹贡九州图”，这两幅地图的内容基本近似，都去除了地图上的政区，而标绘了“九州”以及《禹贡》和其他文献中记载的当时的一些地名，只是《尚史》中的地图所绘地理要素比《绎史》稍多一点，但《绎史》中地图的图面上有大量的文字注记。

此外，施永图《武备地利》“禹贡九州图”也是以《广舆图叙》“大明一统图”为底图绘制的。就图面内容而言，其与章潢《图书编》“中国三大干龙总览之图”、王圻《三才图会》“中国三大干图”和陈仁锡《八编类纂》“中国三大干龙总览之图”，以及明代中后期人假借刘基之名所作《鐫地理参补评林图诀全备平沙玉尺经》中的“中国山水大势总图”近似①，但去除了长城，增加了大量与《禹贡》有关的地名、河流等等。

以陈组绶编绘的《皇明职方地图》“皇明大一统地图”为底图绘制的历史地图集《戊笈谈兵》中的“虞舜十二州禹贡九州五服”，在去掉了明代政区的基础上，标绘了“九州”“十二州”“五服”以及《禹贡》和其他文献中记载的当时的一些地名。

《八编类纂》和《图书编》中的“禹贡九州及今郡县山水之图”，几乎完全相同，且某些局部，如地图的轮廓、黄河的走向以及朝鲜半岛等的描绘与《历代地理指掌图》“古今华夷区域总要图”存在诸多相似之处。不过这两图所绘内容远远超过了“古今华夷区域总要图”，因此无法明确确定这两者之间的关系。此外，图中增加了大量《禹贡》中记载的山水名和地名，但这些名称淹没在图上其他地理要素的名称中，不太容易识别。

清代张瓒昭《经笥质疑易义原则》之《易义附篇》“考实禹贡地舆全图”似乎也是在某幅全国总图的基础上绘制的，不过去掉了图中当时的行政区划，增加了“九州”以及文献中记载的当时的一些地名。

《六经奥论》“禹贡九州之图”，是一幅极为简略的示意图，除用符号标绘了九州的位置、四个正方向以及“尧都”之外，没有绘制其他任何内容，因此只是对“九州”相对方位的表达。

清代崔启晦《禹贡山水诗》“全图”的底图似乎使用的是一幅清末的实测地图。

总体而言，自宋代之后，意图描绘《禹贡》中所载“九州”及其地理要素的全国总图中的很大一部分，尤其是流传最广的《历代地理指掌图》“禹迹图”以及那些基于《广舆图》“舆地总图”绘制的地图，实际上并没有对《禹贡》中所载“九州”及其地理要素进行全面的呈现，因此似乎有些“题不对图”。但同时需要注意的是，某些以展现《禹贡》中“山川”为主题的地图，反而对“九州”及其地理要素进行了较为全面的展现，其中存世数量最多的就是《六经图》“禹贡随山浚川图”谱系。

---

① 关于这几幅风水地图，参见本篇第九章。

《六经图》“禹贡随山浚川图”的图面内容较为简单，没有绘制“当代”的行政区划，而突出绘制了重要的河流、山脉，并注明了《禹贡》中提到的大量地点，标绘了九州的位置，注明了黄河的入海口，其表现的内容没有局限于“导水”“导山”，还包括了“九州”的内容。属于这一谱系的地图主要有：《七经图》“禹贡随山浚川图”、《八编类纂》“禹贡随山濬川之图”、《帝王经世图谱》“禹贡九州山川之图”（四库全书本）、《广舆考》“禹贡随山濬川图”、《汇辑舆图备考全书》“夏禹治水图”、《书经章句训解》“禹贡图”、《五经图》“禹贡所载随山浚川之图”、《书经大全》“禹贡所载随山浚川之图”、《禹贡图说》“禹贡总图”、《禹贡古今合注》“禹贡全图”、《图书编》“禹贡所载随山濬川之图”、《三才图会》“禹贡总图”、《禹贡汇疏》“禹贡总图”、清代卢云英辑《五经图》“禹贡所载随山浚川之图”、清代王顼龄等奉敕撰《钦定书经传说汇纂》“旧本禹贡随山浚川之图”，以及清代朱鹤龄《禹贡长笺》“郑端简公禹贡原图”和“考定禹贡九州全图”。

类似的还有《禹贡集解》“禹贡山川总会之图”，该图在宋代地图上标绘了《禹贡》中记载的山川和重要地点，用比其他地名稍大一些的字标明了“九州”各州的位置。由于《禹贡》表述的地理空间范围的重点在于黄河和长江下游，因此虽然整幅地图没有比例，但图中黄河下游和长江南岸以北地区绘制的相对较大，同时没有绘制洞庭湖以南地区，黄河绛州以西绘制的则相对较小。该图与众不同的一点就是，将黄河下游表现为在入海之前汇合为一的九条河道，以体现《禹贡》中所记的“九河”。

有趣的是，上述这些地图虽然图名中提及了“山”“川”，但实际上《禹贡》“导山”和“导水”并不是它们重点表现的内容。

第二节 主要描绘“导山”“导水”等专题内容的地图

这类地图按照绘制的内容可以分为四类，一类是呈现《禹贡》“导山”“导水”的地图；另外三类则是单独表现“导山”或“导水”或其他内容的地图。

一 呈现《禹贡》“导山”“导水”的地图

南宋程大昌《禹贡山川地理图》“九州山川实证总图”，与大多数中国古代的全国总图不同，该图的方向为上西下东，右北左南。图中用双实线绘制了九州的范围，用黑实线标明了《禹贡》中记载的河道，黄河的河道用双实线加水波纹的形式表现。图中地名的时代混杂，如出现了“临安”“平江”等南宋地名，也有“乌孙”“西域诸国”“西南夷”等汉代地名，且黄河入海处标有“王莽河”“周以后九河沦于海”“元光改向”等等，由此来看，该图有可能是在一幅表现汉代黄河或者至少重点表现时代为汉代的宋代地图的基础上改绘的。

南宋唐仲友《帝王经世图谱》（元泰定版）“禹贡九州山川之图”，图中用双实线表示河流，用山形符号表示山脉，用黑实线表示“九州”及其分域的范围，用虚线描绘了汉儒基于《禹贡》“导山”开创的“三条四列”说，总体而言重点表现的是《禹贡》“导山”和“导水”的内容。

沈定之、吴国辅编绘的《今古舆地图》“禹迹随山浚川图”，实际上只是在这一图集所使用的明代底图（即《广舆图》“舆地总图”）的基础上，标注了一些《禹贡》中的地名，而没有绘制在《禹贡》中有记载但在底图上没有的河流，如“黑水”“弱水”等。王光鲁《阅史约书》“禹贡山川图”与此类似，只是在《广舆图》“舆地总图”的基础上增补了一些《禹贡》中出现的地名。因此，这两幅图并未真正对《禹贡》“导山”“导水”的内容进行展现。

清代江为龙等辑《朱子六经图》“禹贡导山川之图”，从长城的走向来看，非常近似于《历代地理指掌图》中的地图，但在内容上与《历代地理指掌图》“禹迹图”存在较大差异，且表现了山河两戒，但与《历代地理指掌图》的“唐一行山河两戒图”存在较大差异，因此该图有可能是以《历代地理指掌图》中的某幅地图为底图改绘的。图中用类似于“三角形”的符号标识了《禹贡》“导山”部分记载的山名，但没有用线条将这些山体串联起来，构成所谓的“三条四列”；同时图中用圆形或者椭圆形符号标绘了《禹贡》“导水”部分记载的水名，但同样没有用线条将这些水体串联起来。

二 表现《禹贡》“导水”的地图

这类地图主要有《六经图》“禹贡治水先后图”，该图后来又被收录在《七经图》和《八编类纂》中。这三部书中所收这一图名的地图所绘内容基本一致，正方向与大部分中国古代的全国总图不同，下北上南。图中没有标绘地图绘制时代的政区，也没有绘制河流，只是用圆形符号标注了河流名称，用三角形符号标注了山脉，用长方形符号标注了九州，最为重要的是，用线条以及注释文字标明了大禹治水的先后顺序，如“冀州”“治水自此州起”；“兖州”“东南次兖”；等等。

《六经图》“禹贡导川”，同样没有绘制当时的政区，只是按照《禹贡》所载各条河流的大致方位和相对位置关系将这些河流名称放在地图上，并用线条将各条河流以及支流按照顺序和流向连接起来，以“导某某”为开头，如“导黑水”“导江”“导河”“导漾”“导淮”“导沇”“导渭”“导弱水”“导洛”，并用文字注明了上述各水的源头和所流入。这幅图也被收录在《七经图》和《八编类纂》中。

《禹贡会笺》中的“导水图”似乎是以《六经图》“禹贡随山浚川图”为底图改绘的，除删除了原图中与“导水”无关的一些内容，并增绘了一些与《禹贡》“导水”有关的河流之外，还用文字在图中对《禹贡》“导水”的内容进行了解释。

南宋唐仲友《帝王经世图谱》“职方九州山川之图”，虽然名为“山川之图”，但重点表现的是《禹贡》中“导水”的内容。地图简要绘制了河流走向，标注了“九州”以及分域范围，但图中黄河在“雍州”境内的河段未能与“豫州”境内的河段连接起来，同时没有绘制长江的江源。

《路史》的“禹导九河入海图”，将大地呈现为圆形，其中简要表现了“济”“汝”“泗”“淮”“汉”“江”等东流入海的情况，类似于一幅示意图。同书中的“禹疏九河图”，方向为上南下北，记录了“太史”“胡苏”等九条河流的情况，这九条河流应是《尔雅·释水》中对《禹贡》“导河”中所载“九河”的解释。

三 表现《禹贡》“导山”的地图

这类地图主要有：清代艾南英《禹贡图注》、胡渭《禹贡锥指》和马俊良《禹贡注节读》之《禹贡图说》的“导山图”。这三幅地图图面内容近似，用“计里画方”绘制，每方四百里，目前无法确定绘制时使用的底图。图中简要标注了《禹贡》“导山”部分记载的山名，并在图中引用了《禹贡》“导山”部分的文字，并对山的走向进行了简要叙述。

《六经图》和《七经图》中的“禹贡导山”实际上并不是真正意义的地图，只是按照《禹贡》“导山”所载各山的大致方位和相对位置关系将这些山放在图面上，并用线条将各山按照《禹贡》“导山”所载的顺序连接起来。需要注意的是，这幅地图的方向为左东右西。

清代徐文靖《禹贡会笺》中的“导山图”，虽然其中绘制了《禹贡》“导山”部分记录的山名，但没有展现各山之间的走向和关系，反而记载了一些“导河”的内容，有时还颇为详细，如图中记“小积石至西河龙门四千七百二十三里”。沈定之、吴国辅编绘的《今古舆地图》“增定禹敷土随山刊奠图”，也基本如此，只是进一步标注了九州，并在图面上标注了《禹贡》中出现的山名以及一些地名和河流名称，因此也并不是真正意义上的“导山图”。

四 呈现《禹贡》中其他内容的专题图

除了上述这些专题图之外，还有描绘了《禹贡》“九州”部分所载“贡道”的地图，目前发现的属于这一专题的地图都是基于《广舆图》“舆地总图”改绘的，属于同一谱系，大致有清代艾南英《禹贡图注》“九州贡道图”、马俊良《禹贡注节读》之《禹贡图说》“九州贡道图”，以及王皜《六经图》“九州贡道图”。这一谱系的地图在图面上删除了《广舆图》“舆地总图”上的几乎所有的政区和地名，只保留有西北方向上的沙漠，且通过摘录《禹贡》中记录了贡赋运输的文字来表示所谓的贡道。

另外，在清代江为龙等辑《朱子六经图》中还有一幅“禹贡外国地名图”，与该书中其他《禹贡》图类似，该图也是基于《历代地理指掌图》改绘的。图面上删除了政区，增绘了文献中记载的一些上古部族名，如“九夷”“淮夷”“奄”等，但其中一些并没有出现于《禹贡》中。

第五章　读经地图

——与《春秋》有关的全国总图

与《诗经》“十五国风”以及用于解释《禹贡》的寰宇图和全国总图不同，现存的与儒家经典《春秋》有关的中国古代的全国总图数量较少，大致可以分为两个系列：

第一个系列以《历代地理指掌图》“春秋列国之图”为目前存世最早的祖本，该图以宋代政区为基础，标绘了春秋诸国的空间范围。当然，《历代地理指掌图》“春秋列国之图”属于历史地图，但其确实被经部中与《春秋》有关的著作大量引用，大致而言有以下几幅，即《七经图》“春秋诸国地理图”、《六经图》“春秋诸国地理图”、清张廷玉等奉敕编纂的《钦定春秋传说汇纂》“苏轼指掌春秋列国图”、《春秋四家五传平文》“东坡指掌春秋图”“西周以上地图”、《春秋大全》“春秋大全列国图”、清代王皜的《六经图》“春秋列国图”、清代卢云英辑《五经图》“春秋诸国地理图”，以及清代孙从添等辑《春秋经传类求》“春秋列国图”。这些地图所绘基本相近，主要差异在于：1. 是否绘制了“闽越”与“南越”之间的界线；2. 是否表现了右上角的“辽水”，以及对其是用双线还是单线绘制；3. 左上角的一系列河流是否被表现为一系列相互连接的半月形；4. 左上角的长城表现为一个整体还是两部分；5. 海中是否添绘有海波纹；6. 绘制出的地图左侧众多河流的数量。

第二个系列主要有两幅地图，即《六经图碑》和《五经图》中的“诸国今所属图”。关于《六经图碑》，在本篇“十五国风”部分经过论述认为其中的“十五国风图”可能在明初重新刻石或进行了修订，但“诸国今所属图”似乎不是如此，图面所绘政区有着明显的北宋时期的特征，比如“长安京兆”“火山”“东京开封”“南京应天府”等，且没有明代的政区。

此外，清代廖平的《春秋图表》“春秋列国实地图”应当是以清代晚期的测绘地图为底图绘制的，因为图框上标注了经纬度数值，且中央经线应当通过的是京师北京。同书中的“春秋经义九州封建图”属于示意图性质，并用符号分别表示“京城”“二伯王后”“方伯”“卒正”。清代吴凤来的《春秋集义》“春秋诸国便考图”，应当是以《广舆图序》“大明一统图”谱系中的“舆地总图”系列为底本绘制的，两者在长城、黄河的走势方面极为近似，且都在地图左上方标有“沙漠”、在地图左侧标绘有“昆仑”等。清代顾栋高的《春秋大事表·舆图》“总图”，可能是以《广舆图》“舆地总图”为底图绘制的，如图中黄河的走势以及所使用的计里画方的“每方五百里”都是《广舆图》“舆地总图”的典型特征，只不过《春秋大事表·舆图》“总图”对“舆地总图”进行了裁剪，去掉了河套以北、河源以及广东、广西以南的部分。

需要说明的是，从第一、第二个系列所绘内容来看，《历代地理指掌图》所绘内容远比《六经图碑》系统详细，除了用黑色实心圆表示重要的诸侯国外，还绘制了不少不太重要的诸侯国，只是与宋代的行政区划混在一起；而《六经图碑》除了用圆圈表示诸侯国外，基本没有绘制其他春秋时期的内容。此外，这两个系列的地图可能存在某种联系，即第二个系列有可能是依据第一个系列改绘的，主要的证据有以下几点：1. 两者都绘制有长城和黄河，且大致轮廓相近，这一点在《历代地理指掌图》“春秋列国之图”与《六经图碑》“诸国今所属图”之间并不明显，但是如果将“诸国今所属图”与《历代地理指掌图》中的“古今华夷区域总要图”，尤其是与“古今华夷区域总要图”存在渊源关系的石刻《华夷图》进行对比的话，那么两者之间的相似性是非常明显的；2. 两者在黄河以北和长城沿线都存在一些早期的地名，如唐代的“中受降城”“安北都护”等。当然，上述证据并不算充分，但似乎可以说明两者之间很可能并不是完全独立的。

第六章　中国古代历史地图集的编绘及其演变

虽然谭其骧主编的《中国历史地图集》已经出版了近40年，但依然是史学工作者案头必备的工具书。历史地图以及历史地图集的绘制在中国古代有着长期的传统，但以往的研究，除关注对谭其骧《中国历史地图集》的编绘产生了影响的杨守敬《历代舆地沿革险要图》以及目前存世最早的历史地图集《历代地理指掌图》之外，对于这一中国古代地图组成部分的演化过程缺乏关注。本章对中国古代历史地图集绘制的演化过程进行初步的梳理，并对其中涉及的问题进行研究。

在分析之前，首先要阐明的一个概念就是：一些现代认为属于历史类的著作，如《春秋》《尚书》等，在中国古代的知识体系中属于经部，其中用于展现所涉及的某些事物地理分布的地图，虽然按照目前的定义来看属于历史地图，但在古代则属于“读经地图”，是阅读儒家经典的辅助工具。[①] 此外，中国古代还有一些表现历史内容的单幅地图，如《古今形胜之图》《天下九边分野　人迹路程全图》等，这类地图，虽然基本以明代晚期的政区为基础，但通过图中的大量文字描述将不同时期的历史内容混杂在一起，虽然也可以被视为历史地图，但其功能似乎更偏向于增广见闻，且其对象似乎更偏向于粗通文墨之人，甚至是不识字或者只是稍有识字能力之人[②]，其性质与今天的历史地图和历史地图集存在本质的区别，

---

① 对于这些地图参见本篇第三至第五章的介绍。

② 对此参见本篇第八章的介绍。

因此也没有被包括在本章讨论的范畴之内。本章所研究的对象，即清末及其之前绘制的，按照时间顺序表现历史时期各王朝控制的地理范围、行政区划、朝代更替以及某些重要历史事件等内容的地图集。另外在本章的附录中对一些单幅的历史地图进行了介绍。下面即按照它们成图时间的顺序进行分析：

第一节 宋代

我国现存最早的历史地图集是《历代地理指掌图》①，其中收录地图44幅②。由于这是我国目前存世最早的历史地图集，因此对这一图集以往多有研究，主要集中在两个方面：

一是，《历代地理指掌图》的作者。对于这一问题，长期以来存在争议，但现在绝大部分学者已经达成一致意见，排除了苏轼作为作者的可能，而认为真正的作者应当是不太知名的税安礼。③

二是，图集的成书和最初刊刻的时间。目前学界大体认为是在北宋末年，如谭其骧在《宋本历代地理指掌图》"序言"中认为"最早应刻于北宋末年"④"本书初版应刊成于北宋末政和、宣和之际"⑤。曹婉如在《〈历代地理指掌图〉研究》中认为现存的宋本"除第四十四幅图外，其余皆出

① 本章使用的《历代地理指掌图》的版本为上海古籍出版社1989年在《宋本历代地理指掌图》中影印出版的日本东洋文库所藏南宋初年刻本，这也是该图集目前存世最早的版本。

② 即"古今华夷区域总要图""历代华夷山水名图""帝喾九州之图""虞舜十有二州图""禹迹图""商九有图""周职方图""春秋列国之图""七国壤地图""秦郡县天下图""刘项中分图""西汉郡国图""异姓八王图""汉吴楚七国图""东汉郡国之图""三国鼎峙图""西晋郡国图""东晋中兴江左图""刘宋南国图""萧齐南国之图""萧梁南国之图""南陈南国图""元魏北国图""高齐北国图""后周北国图""隋氏有国图""唐十道图""唐郡名图""唐十五采访使图""李唐藩镇疆界图""朱梁及十国图""后唐及五国图""石晋及七国图""刘汉及六国图""郭周及七国图""天象分野图""二十八舍辰次分野图""唐一行山河两戒图""历代杂标地名图""太祖皇帝肇造之图""太宗皇帝统一之图""圣朝元丰九域图""本朝化外州郡图""圣朝升改废置州郡图"。

③ 郭声波：《〈历代地理指掌图〉作者之争及我见》，《四川大学学报（哲学社会科学版）》2001年第3期，第89页；谭其骧：《宋本历代地理指掌图》"序言"，上海古籍出版社1989年版，第2页。

④ 谭其骧：《宋本历代地理指掌图》"序言"，上海古籍出版社1989年版，第2页。

⑤ 谭其骧：《宋本历代地理指掌图》"序言"，上海古籍出版社1989年版，第3页。

自北宋人之手……‘总论’部分肯定是宋人所撰，或者也是赵亮夫增补的”①。郭声波认为“旧板初刻于政和三年以前的可能性较大”②，不过他在文中还提出“《指掌图》编撰于绍圣、元符之际”，这一推测也有一定依据，陈振孙在《直斋书录解题》中记“《地理指掌图》一卷，蜀人税安礼撰。元符中欲上之朝，未及而卒。书肆所刊，皆不著名氏，亦颇阙不备，此蜀本有涪右任慥序，言之颇详”③。清代徐文靖所编《禹贡会笺·原序》中记“余家藏有《六经图》《禹贡图》一二而已，又所藏宋大观中《地理指掌图》，其中有帝喾及尧‘九州图’‘舜十二州图’‘禹迹图’……”④，似乎在清代还存有宋大观本，也就是以往学者提出的政和、宣和初刊本之前的一个版本，当然这只是一条孤证。总体而言，《历代地理指掌图》初版最晚可能刊刻于政和、宣和之际，但该书最初编纂的时间应该更早一些。

与今天的历史地图集不同，《历代地图指掌图》在每幅地图的图后都附有大段文字说明，关于这些文字说明的来源，郭声波进行过详细研究，认为“综观全书，即可发现大部分文字采自一些常见历史、地理著作，有的甚至通篇照抄”⑤。

有一点之前学者未有涉及，即《历代地理指掌图》中很多地图的基础地理信息都是相似的，只是根据需要增补了不同时期的或者专题性的内容，因此可以推测，很可能与今天绘制历史地图集所采用的方法类似，税安礼在绘制之初制作有一幅基础底图。那么这套地图集中的哪一幅地图最接近这一底图呢？根据分析，最有可能的就是“太宗皇帝统一之图”，理由如下：

首先，该图是所有地图中绘制内容最少的，而且其中所绘内容绝大部分都出现在其他地图中；其次，时间上在此图之后的“圣朝元丰九域图”

---

① 曹婉如：《〈历代地理指掌图〉研究》，曹婉如主编《中国古代地图集（战国—元）》，文物出版社1999年版，第31页。

② 郭声波：《〈历代地理指掌图〉作者之争及我见》，《四川大学学报（哲学社会科学版）》2001年第3期，第95页。

③ 陈振孙：《直斋书录解题》卷8“地理类”，文渊阁《四库全书》本。

④ 徐文靖：《禹贡会笺·原序》，文渊阁《四库全书》第68册，第251a页。

⑤ 郭声波：《〈历代地理指掌图〉作者之争及我见》，《四川大学学报（哲学社会科学版）》2001年第3期，第91页。

未绘制绝大部分河流，“本朝化外州郡图”增补了一些化外州郡，而“太宗皇帝统一之图”虽然从图名来看是北宋初年的政区图，但实际上表现的是北宋中后期的政区，如“仙井”（宣和四年【1122】由陵井监改为仙井监）、“南京”（应天府升为南京是在大中祥符七年【1014】）、“北京”（大名府改北京是在庆历二年【1042】），当然这些也许是后来刊刻时改订的结果；最后，即使是后来补充的第四十四幅图“圣朝升改废置州郡图”也是以此图为基础绘制的，只是省略了河流，重绘了边界，添加了“路”级政区而已。综合上述三点，基本上可以认为“太宗皇帝统一之图”应当是《历代地图指掌图》中各幅地图的底图。

此外，整套地图集中比较特殊的是“古今华夷区域总要图”，与“太宗皇帝统一之图”相比，在所表现的空间范围上，其增加了辽东和西域部分，而且在整部《历代地理指掌图》中只有“古今华夷区域总要图”绘制有这两个地区。对此有两种解释：一是，“古今华夷区域总要图”是在“太宗皇帝统一之图”基础上增补了这两个区域；二是，“太宗皇帝统一之图”是通过精简“古今华夷区域总要图”的内容而形成的。通过仔细比较，可以发现两者之间存在一个非常细微的差异，即“太宗皇帝统一之图”上几乎所有较大的河流都标注有河名，而“古今华夷区域总要图”虽然大多数河流也标有河名，但却没有标注“大渡河”，因此似乎说明很可能“古今华夷区域总要图”是以“太宗皇帝统一之图”为基础绘制的，由此证明了第一种可能性成立的概率更大一些。不过，这只是基于现存最早的南宋刻本的分析，不知道之前的版本是否就是如此。

《历代地理指掌图》成书之后直至清代前期产生了一定的影响力，其中的地图，除了被以《三才图会》为代表的类书收录之外，一些与《禹贡》和《春秋》有关的地图，被很多经部著作所引用，如关于“禹迹图”就出现在了《六经图》《七经图》中，“春秋列国之图”出现在《春秋四家五传平文》《春秋大全》《春秋左传评苑》等著作中。[①]

除了《历代地理指掌图》之外，宋代很可能还存在另外一套在以往研究中被完全忽视的历史地图集。这套地图集的原书已经散佚，不过在现存

① 具体可以参见本篇第四和第五章。

的五部宋代著作，即《十七史详节》《陆状元增节音注精议资治通鉴》《音注全文春秋括例始末左传句读直解》《永嘉朱先生三国六朝五代纪年总辨》《笺注唐贤绝句三体诗法》中存在一系列轮廓、内容和绘制方法非常近似的地图，它们的特点是：以极为简要的方式勾勒出历代高层政区的轮廓，且不讲求准确性，只是示意而已；图中除了历代都城等少数内容外，基本没有其他行政治所的信息；没有太多域外的信息，只是在少量地图上标注了“西域”“大宛”等；除了黄河、长江之外，基本没有其他自然地理信息。总体而言，与《历代地理指掌图》相比，这套历史地图集对于地理信息的描绘是非常概要、抽象的。由于这些地图分散在各书中，因此不同的作者根据自己的需要对地图的名称进行了一些修订，如表2－3所示。

表2－3　宋代五部著作中所收历史地图列表

编号	《十七史详节》①	《音注全文春秋括例始末左传句读直解》②	《陆状元增节音注精议资治通鉴》③	《永嘉朱先生三国六朝五代纪年总辨》④	《笺注唐贤绝句三体诗法》⑤
1	五帝国都地理图				
2	夏商国都地理图				
3	周国都地理图				
4		十二战国图			
5	秦□国都地理图				

① 本章所用《十七史详节》的版本为《四库存目丛书》所收北京图书馆、上海图书馆藏元刻本，其中“唐书详节”用北京图书馆藏明正德十一年刘弘毅慎独斋刻本配补。

② 本章所用《音注全文春秋括例始末左传句读直解》的版本为《续修四库全书》所收中国国家图书馆藏元刻明修本。

③ 本章所用《陆状元增节音注精议资治通鉴》的版本为《四库存目丛书》所收北京大学图书馆藏明末毛氏汲古阁刻本。

④ 本章所用《永嘉朱先生三国六朝五代纪年总辨》的版本为《四库存目丛书》所收南京图书馆藏清抄本。

⑤ 本章所用《笺注唐贤绝句三体诗法》的版本为《四库存目丛书》所收中国社会科学院文学研究所藏明嘉靖二十八年吴春刻本。

续表

编号	《十七史详节》	《音注全文春秋括例始末左传句读直解》	《陆状元增节音注精议资治通鉴》	《永嘉朱先生三国六朝五代纪年总辨》	《笺注唐贤绝句三体诗法》
6	国都地理之图		西汉国都之图		
7			东汉国都之图		
8	三国疆理之图		三国地理之图	三国国都攻守地理之图	
9	两晋地理之图		两晋国都之图		
10	南北国都地理之图		南北朝国都图	南北国都攻守地理之图	
11	隋地理之图		隋国都图	隋国国都攻守地理之图	
12	太宗分十道图				唐分十道之图
13	高祖开基图				唐高祖开基图
14	太宗混一图				唐太宗混一图
15	唐地理图		有唐国都之图		唐地理图
16	唐藩镇图		唐藩镇及十五道图		唐藩镇图
17			帝王国都之图		
18	五代分据地理之图		五代国都之图	五代国都攻守地理之图	
19				五代诸国僭伪之图	

这一套地图集皆在宋金政区的基础上，绘制了历史上各个时期的政区。各图底图上所呈现的宋金政区，除了某些缩写之外，基本一致，即：河北东西路、燕山路、河东路、京东东西路、京西南北路、秦凤路、永兴路、四川路、荆湖南北路、淮南东西路、两浙东西路、福建路、江南东西

路、广南东西路。此外，《十七史详节》“三国疆理之图”中的路名荆湖路、淮南路、两浙路、江南路、广南路皆未注明东西或南北，不过这可以被看成一种简写形式；《音注全文春秋括例始末左传句读直解》“十二战国图”中的所有路名皆未注明东西或南北，此外“江南”错写为了“江东”。

关于这些地图所使用的底图的表现时间，可以通过图中所绘政区进行考订。图中存在“燕山路”，而“燕山路”为金天会三年（1125）攻占宋燕山府路后所置，贞元元年（1153）改为中都路。与此同时，图中缺乏大量金代重要且长期存在的路名，如天会七年（1129）设置的河东南路、河东北路；天会十五年（1137）置，天德二年（1150）罢，正隆二年（1152）复置的大名府路等。此外，永兴军路在皇统二年（1142）改为京兆府路，而两浙路分为东西路则是在高宗南渡，也就是建炎元年（1127）之后不久。综合上述几点来看，这一套历史地图集的底图所表现的时间大致上限为建炎元年，下限为天会七年，即在1127—1129年。当然，中国古代地图的绘制不讲求地图上所有地理要素时间的一致性，而且这一时期政区变化剧烈，目前这方面的研究也不够充分，因此这一时限应当放宽一些，这幅底图所表现的时间大致应为南宋初年。

在这套地图集中，有三幅地图比较特殊，《十七史详节》中的“（唐）高祖开基图”和《笺注唐贤绝句三体诗法》中的“（唐）太宗混一图”中只绘制了一些重要的城市而没有表现高级政区。《十七史详节》中的“太宗分十道图”和《笺注唐贤绝句三体诗法》中的“唐分十道之图”，没有表现宋代的政区，而呈现了唐代的道，即河北道、河南道、淮南道、江南东道、江南西道、河东道、关内道、剑南道、山南东道、山南西道、岭南道、二广（《笺注唐贤绝句三体诗法》中无“二广”）。但按照文献记载，唐太宗时期所分十道为：关内、河南、河东、河北、山南、陇右、淮南、江南、剑南、岭南，上述地图所记不仅数量不对，而且名称也差异很大。

在上述收录有这套历史地图集的地图的五部著作中，《十七史详节》收录的地图最多，有15幅，因此可能最为接近于原本的历史地图集，从其他四部著作来看，《十七史详节》中缺少的是“十二战国图”“东汉国都之图”和“帝王国都之图”。[①] 此外，按照王朝承袭的传统脉络，五部著作收录的地图中还缺少一幅表现春秋时期的地图。

此外，在五部著作中，同一幅地图通常有着不同的名称，其中《永嘉朱先生三国六朝五代纪年总辨》中的地图与其他四部著作中的地图差异明显，显然是该书的作者自己重新命名的。在其他的四部著作中，地图主要以“朝代”+“国都”或“朝代”+“地理”或“朝代”+“国都”+“地理”的形式命名，可以推测原图集的地图名称很可能是统一的，但具体采用的是上述三种命名方式中的哪一种（或者多种的混合），根据目前掌握的资料尚无从考订。

最后，这套历史地图集的影响力远远不如《历史地理指掌图》，只是明代的《广舆考》和《博物典汇》引用了其中的几幅地图，且《博物典汇》还依据这套历史地图集的轮廓，补充了“宋诸路图”和“大明一统图”两图，也即将这套地图集表现的时代延续到了《博物典汇》成书的“当代”。

第二节 明代

明代前中期之前，在各类著作中出现的依然是源自上述两套历史地图集中的地图，直至明末崇祯年间才出现新的历史地图集，即《今古舆地图》和《阅史约书》。

一 《今古舆地图》

《今古舆地图》[②] 为明崇祯十六年（1643）沈定之、吴国辅编绘，1册，纸本，朱、墨双色套印，纵20厘米，横28厘米。该图集分上、中、

① 《永嘉朱先生三国六朝五代纪年总辨》“五代诸国僭伪之图”实际上是依据“五代分据地理之图”改绘的。

② 本章所用《今古舆地图》的版本为日本东方文化学院京都研究收藏的崇祯刻本。

下3卷，共包括58幅舆图①，采用“今墨古朱”的表示方法，即当时（明朝）的府县用墨书标注，而明代以前历代政区的沿革异同则用朱色标注，各图中均附有图说。《今古舆地图》现存的最早版本为明崇祯十六年山阴吴氏（即吴国辅）刻朱墨双色套印本，日本京都大学人文科学研究所藏有这一版本。

《今古舆地图》是参照《历代地理指掌图》的体例编绘的，有些图说也抄自《历代地理指掌图》，由此进一步说明了《历代地理指掌图》的影响力。不过，虽然图集中一些图名直接沿用了《历代地理指掌图》的图名，但所有地图都是以《广舆图》“舆地总图”为底图绘制的，只是去掉了方格网。虽然图集的所有地图中都绘制有长城，但与万历本《广舆图》“舆地总图”所绘长城并不一致，最典型的差异就是长城向西延伸到了肃州，因此这有可能是《今古舆地图》的作者自行添加的。

二　《阅史约书》

《阅史约书》②，王光鲁撰，5卷，该书专为读史者考订之用，现存有明崇祯刻本，其中《地图》1卷，收录地图35幅③，用朱色表示今地名，

---

① 即“今古华夷区域总要图”“大明肇造图”“大明万世一统图”“九边图”“帝喾九州图”“虞舜十有二州图”“禹贡九州图”“禹迹随山浚川图”“增定禹敷土随山刊奠图”“商九有图”“周职方图”“春秋列国图”“七国壤地图”“秦初并天下图”“秦郡县天下图”“楚汉之际诸侯王国”“西汉郡国图”“汉异姓八王图”“汉吴楚七国图”“汉书诸侯王表图”“东汉郡国图”“东汉十三州部刺史图”“三国鼎峙图”“西晋郡国图”“西晋十九州部刺史图”“东晋中兴江左图”“刘宋南国图”“萧齐南国图”“萧梁南国图”“南陈南国图”“元魏北国图”“高齐北国图”“后周北国图”“隋郡名图”“唐十道图”“唐郡名图”“唐十五采访使图”“唐十道节度经略使图”“唐藩镇疆界图”“朱梁及十国图”“后唐及五国图”“石晋及七国图”“刘汉及六国图”“郭周及七国图”“宋初列国图”“宋封域及外国总图”“宋元丰九域图”“宋府州军监图”“宋史二十六路图”“南宋中兴图”“元十二省图”“元行省行台廉访宣慰司图”“元路府州县图”“历代华夷山名图”“历代华夷水名图”“汉书地理志列国分埜图”“九州二十八宿分埜图”“唐一行山河两戒图”。

② 本章所用《阅史约书》的版本为《四库存目丛书》所收复旦大学图书馆藏明崇祯刻本。

③ 即“古初地图”“唐虞九州十二州分界图”“禹贡山川图”“商地图”“西周地图”“春秋列国地图”“春秋地图”“战国地图”“秦四十郡图”“秦楚之际方隅割据图”“西汉十三部刺史图”“两汉郡国图”“西汉地图”“西汉末方隅割据图”“东汉地图”“东汉末方隅割据图”“季汉地图”“晋郡国图”“东晋及五胡十六国图”“南北朝侨立州郡异同图”“南北朝兵争图”“隋郡图”“隋末方隅割据图”“唐十五道图”“唐州图”“唐地图”“唐末藩镇建置图”“唐末五代方隅割据图”“唐末五代地图”“宋二十三路图”“宋州军图”“宋地图”“元十二省图”“元府州图”“元末方隅割据图”。

用黑色表示古地名。

从底图来看，《阅史约书》使用的应当也是《广舆图》“舆地总图”。虽然图中长城的绘制方法与《今古舆地图》相似，不过其与《今古舆地图》之间似乎并无直接的承袭关系，理由如下：第一，两者绘制范围不同，如《今古舆地图》西北在大漠以北标绘有“火州”“吐鲁番”“哈密”，而《阅史约书》只至“玉门关”；《阅史约书》在东方的海中标有“日本”“琉球”，而《今古舆地图》则没有。第二，在一些自然地理要素的表现上也存在区别，如对黄河河源的表示，《阅史约书》中的黄河源被绘制为一个椭圆形，在《今古舆地图》中则被表现为西南—东北向的长条状，且在下方有两条河注入。第三，在具体历史内容的表现上也存在差异，如两者的“春秋列国图”中对列国疆域的表现，“元十二省图”中对各省边界的表现以及具体行政区名称的标写等。因此，两者对长城表现的相似性有可能是因为参考了相同的资料。

需要提及的是，这两套地图集成书后，在后来的著作中极少被引用，因此影响力不大。

第三节 清代前中期

绘制于清代前中期的历史地图集主要有以下几种：

一 朱约淳《阅史津逮》

《阅史津逮》[①]，成书于明末清初，不分卷，朱约淳认为阅读史书必须要熟悉地理状况，因此该书附有大量地图，其中属于历史地图的有21幅[②]。在这些历史地图中，黄河被表现为几字形，且绘制出了长城，而两

① 本章所用《阅史津逮》的版本为《四库存目丛书》所收中国科学院图书馆藏清初彩绘抄本。

② 即“禹图”“西周以上地图”“春秋地图”“列国地图”“秦汉地图”“东汉地图”“季汉地图”“两晋地图”“南北朝兴废图”“南北朝隋地图”“唐地图”“五季北宋地图”“南宋元地图”“秦末割据始末”“西汉末割据图”“东汉末割据图”“两晋诸国图”“隋末割据图”“唐末藩镇建置图”“唐末五季十国图”“元末割据图”。

者又在几字形顶部偏右的位置交叉，这是典型的万历版《广舆图》“舆地总图”的特点；但其与万历本《广舆图》“舆地总图”也存在明显的区别，如《阅史津逮》中所有地图都没有绘制存在于《广舆图》“舆地总图”中的黄河源。因此，《阅史津逮》所使用的地图应与万历版《广舆图》“舆地总图”有关，但或经过改绘，或采用的是某幅以万历版《广舆图》“舆地总图”为底图改绘的地图。当然，由此也可以认为其与《阅史约书》和《今古舆地图》都没有明显的承袭关系。

二　马骕《绎史》和李锴《尚史》

马骕的《绎史》①，成书于康熙时期，160 卷，是一部广采各家著作而成的纪事本末体史书，其中收录有从上古直至秦代的历史地图 8 幅②。

李锴的《尚史》③，107 卷，基本是根据马骕的《绎史》改编而成的纪传体史书，收录有从上古直至战国时期的历史地图 7 幅④。

从黄河入渤海以及黄河的形状来看，这两套历史地图集所使用的底图应当与《广舆图叙》“大明一统图”谱系中的地图近似，从图中突出表现了汉水和长江来看，其尤其与《广舆图叙》“大明一统图”谱系中以《分野舆图》“全国总图”为代表的子类近似。⑤

上述两套历史地图集所绘基本相同，只是《尚史》中某些地图所绘地理要素比《绎史》稍多一点，但《绎史》中一些地图的图面上有大量的文字注记，而《尚史》中所收录的各图基本没有文字注记，且《绎史》比《尚史》所收地图多了“秦置郡县图”。因此可以认为李锴对马骕的《绎史》进行改编时对地图进行了精简，并在某些部分稍有增补。

---

① 本章所用《绎史》的版本为文渊阁《四库全书》本。

② 即“古初地图”“禹贡九州图”“商地图”“周职方地图”“西周地图”“春秋地图”“战国地图”“秦置郡县图”。

③ 本章所用《尚史》的版本为文渊阁《四库全书》本。

④ 即“上古地图”“禹贡九州图”“商地图”“周职方地图”“西周地图”“春秋地图”“战国地图”。

⑤ 参见成一农《中国古代舆地图研究》，中国社会科学出版社 2018 年版，第 379 页。

三 汪绂《戊笈谈兵》

汪绂的《戊笈谈兵》①，10卷，成书于清代中期，是对兵书图籍的汇辑和评论，书中有历史地图10幅②。该图所用底图涵盖的地理范围是目前所见中国古代历史地图集中最为广大的，北至和宁，南至暹罗，西至撒马尔罕，东至日本。根据图中西北地区沙漠的形状以及黄河在渤海入海等来看，其与明崇祯八年（1635）陈组绶编绘的《皇明职方地图》“皇明大一统地图”近似。③

上述这几部著作虽然不完全属于历史著作，但其中包括的众多表现不同时期政区的历史地图可以被看成构成了历史地图集。

第四节 清代后期④

清代后期出现的历史地图集有：

厉云官编的《历代沿革图》，现存有清同治三年（1864）、同治九年（1870）的版本，共有地图20幅，上起“禹贡九州图”，下至“明地理志图”，图幅19.8×20厘米。

六严（应为六承如）绘，马徵麟订正的《历代沿革图》，现存同治十一年（1872）和光绪十八年（1892）的版本，图集上起“禹贡九州图”，下至“明地理志图”，图幅20×16厘米。⑤

在厉云官《历代沿革舆图》（即《历代沿革图》）同治九年版的叶仁序中记述“仪征厉方伯（即厉云官）有历代舆地沿革图二十，云本之江阴

---

① 本章所用《戊笈谈兵》的版本为《四库未收书辑刊》所收清光绪二十年刻本。

② 即“人皇画埜”“虞舜十二州禹贡九州五服”“周礼职方九州九畿”“春秋列国”“秦并七国为四十郡及汉开河西朝鲜西南夸珠崖”“东汉十三郡”“晋十九州”“唐十道”“宋十五路”“十六省总图”。

③ 参见成一农《中国古代舆地图研究》，中国社会科学出版社2018年版，第387页。

④ 关于这一时期历史地图集的编绘还可以参见曹婉如《论清人编绘的历史地图集》，曹婉如主编《中国古代地图集（清代）》，文物出版社1997年版，第141页；辛德勇《19世纪后半期以来清朝学者编绘历史地图的主要成就》，《社会科学战线》2008年第9期，第125页。

⑤ 上述两套历史地图集的介绍和版本情况，参见北京图书馆善本特藏部舆图组编《舆图要录——北京图书馆藏6827种中外文古旧地图目录》，北京图书馆出版社1997年版，第87页。

六氏，而六氏实本之李养一先生兆洛皇朝舆地图而缩摹者也”[①]，由此来看上述两者有着明确的承袭关系，且其底图也就是李兆洛编绘的《皇朝一统舆地全图》。对于上述两部地图集的关系，辛德勇经过研究进一步指出，在李兆洛的指导下，“于是，六氏（即六承如）在道光二年至三年（1822—1823）期间，花费一年多时间，绘制成战国以前几幅地图。十几年后，又相继将后来各主要朝代的政区建置沿革，也都‘著之于图’。后来在同治十年至十一年间（1871～1872），李鸿章和马徵麟二人分别称六承如绘制的这部舆地沿革图集为‘历代沿革图’或‘历史地志沿革图’，而当年六氏自定的书名究竟是如何叫法，现在似乎已经很难确切考索。盖六承如绘制此图，本来是与他帮助李兆洛编著的《历代地理志韵编今释》一书相辅助而并行，有人甚至说此图乃是‘《今释》之纲领也’，可是，当《历代地理志韵编今释》一书在道光十七年（1837）最初印行时，这部图集却未能与其一并公之于世，以致在洪、杨乱后，其图已‘不可复得’”[②]；“同治十年（1871），李鸿章命人在南京重新汇刻包括《历代地理志韵编今释》在内的几种李兆洛学术著作，其中也包括有一部《历代地理沿革图》。关于这部历史地图的来历，李鸿章有叙述说：‘江阴六氏旧有《历代沿革图》，盖编是书（德勇案指李兆洛《历代地理志韵编今释》）时所作而未及合刊者，兵燹后益少传本。因属友人物色得之。’按照上述说法，李鸿章这次刊刻的《历代地理沿革图》似乎就应当是六承如所绘制的地图，可是，实际情况却并不是这样。李鸿章刊刻这部《历代地理沿革图》时，不仅没有直接利用六承如绘制的舆地沿革图，而且也根本没有找到六氏地图的原本，具体从事此图刊刻事宜的马徵麟，对此本来做有清楚的记述，即上文所说之该图已经‘不可复得’。按照马徵麟的记述，当时实际出面主持这次刻书的主事人是江宁布政使桂嵩庆（字芗亭），而桂嵩庆手里得到的相关同类地图，是一位名叫厉云官的人在六承如旧图基础上增添改绘的

① 参见北京图书馆善本特藏部舆图组编《舆图要录——北京图书馆藏6827种中外文古旧地图目录》，北京图书馆出版社1997年版，第87页。

② 辛德勇：《19世纪后半期以来清朝学者编绘历史地图的主要成就》，《社会科学战线》2008年第9期，第128页。

一套舆地沿革图"[①]；"同治十年（1871）桂嵩庆按照李鸿章的指示准备刊刻一部舆地沿革图集，以便与李兆洛的《历代地理志韵编今释》相匹配时，即是延请马徵麟协助校刊厉云官的《历代沿革图》"[②]。

此外，国家图书馆还藏有傅崇矩所绘《中国历史地图》，现存光绪三十年至三十一年（1904—1905）版，存地图 14 幅；万卓志所绘《鉴史辑要图说》，现存光绪三十三年版（1907），收录地图 14 图[③]。在中国科学院图书馆还藏有一套"中国历代沿革图"，共 40 幅，纸本彩绘，原图集无图题，根据孙靖国的分析，该图集绘制于道光元年（1821）之后[④]；从底图来看，该图与马骕《绎史》存在一定的相似性，但所绘内容差异颇大，其底图很可能也是基于明代的地图，可能与《广舆图叙》"大明一统图"谱系中的地图有关。

在清代后期众多的历史地图集中，最为著名的就是杨守敬主持编纂的《历代舆地沿革险要图》。这套图集以刊行于同治二年（1863）的《大清一统舆图》为底图编绘，从清光绪三十二年至宣统三年（1906—1911）陆续刊行，共 44 个图组[⑤]，分订成 34 册，纸本朱墨双色套印，开本尺寸为纵 29 厘米，横 19.5 厘米。与之前出版的同类地图集比较，这一图集的内容

① 辛德勇：《19 世纪后半期以来清朝学者编绘历史地图的主要成就》，《社会科学战线》2008 年第 9 期，第 128 页。

② 辛德勇：《19 世纪后半期以来清朝学者编绘历史地图的主要成就》，《社会科学战线》2008 年第 9 期，第 129 页。

③ 北京图书馆善本特藏部舆图组编：《舆图要录——北京图书馆藏 6827 种中外文古旧地图目录》，北京图书馆出版社 1997 年版，第 89 页。

④ 孙靖国：《舆图指要：中国科学院图书馆藏中国古地图叙录》，地图出版社 2012 年版，第 32 页。

⑤ 即"春秋列国图""战国疆域图""秦郡县图（又称嬴秦郡县图）""前汉地理志图（又称前汉地理图）""续汉郡国志图（又称续汉郡国图或后汉郡国图）""三国疆域图（又称三国郡县图）""晋地理志图（又称西晋地理图或晋地理图）""东晋疆域图""前赵疆域图""后赵疆域图""前燕疆域图""后燕疆域图""南燕疆域图""北燕疆域图""前秦疆域图""后秦疆域图""西秦疆域图""前凉疆域图""后凉疆域图""南凉疆域图""北凉疆域图""西凉疆域图""西蜀疆域图（又称后蜀疆域图）""夏疆域图""刘宋州郡志图（又称刘宋州郡图或南宋州郡图）""萧齐州郡志图（又称南齐州郡图）""萧梁疆域图（又称梁疆域图）""陈疆域图""北魏地形志图（又称北魏地形图）""北齐疆域图""西魏疆域图""北周疆域图""隋地理志图（隋地理图）""唐地理志图""后梁并十国图""后唐并七国图""后晋并七国图""后汉并六国图""后周并七国图""宋地理志图""辽地理志图（又称辽地理图）""金地理志图（又称金地理图）""元地理志图（又称元地理图）""明地理志图（又称明地理图）"。

翔实得多。

杨守敬的《历代舆地沿革险要图》在成书之前曾经编纂过一个光绪五年（1879）的版本，“一函一册，朱墨套印，东湖饶氏家刻本。该图为杨守敬与饶敦秩合作，以之前杨守敬与邓承修在同治年间编绘的《历代舆地沿革险要图》为基础，增补了梁、陈、周、齐四代疆域图，并重绘了东晋、东西魏、五代、宋南渡疆域及两汉、南北朝、隋、唐、宋、元、明七幅四裔图。应有地图六十七幅，由于其中‘宋四裔图’未刻，实际共有六十六幅”①。该版本出版后，曾被多次翻刻印行。就底本而言，“集中前六十幅图是依清代李兆洛的《皇清舆地图》缩摹为底，而后六幅四裔图采用画方之法绘制的《大清一统图》为底本”。② 需要提及的是，这套地图集的绘制参考了六承如绘制的《历代沿革图》。

还存在光绪二十四年（1898）的《历代舆地沿革险要图说》，其基于光绪五年的版本，由王尚德重绘的，两者之间的主要差异有：“其一，光绪五年版中六幅四裔图为朱色印，修订版则一律改为单色墨印，并将集名‘险要图’改为‘险要图说’；其二，将原位于书后的饶敦秩跋文，移置于图集之首作为序文，同时增加了例言，并制定十三种地图符号，作为凡例；其三，由于光绪五年版经多次翻刻，古今地名差误甚多，于是修订版根据正史进行了校订；其四，将原图隙中所印沿革文字（即图说）改置于图眉。”③

由于这套历史地图集对谭其骧《中国历史地图集》的编绘产生了影响，因此以往研究众多，在此不再赘述。④

总体而言，清代后期，在短短的四五十年的时间中，出现了大量历史地图集，而且大都刊印了多版，这是前所未有的。⑤

---

① 孙果清：《杨守敬〈历代舆地沿革险要图〉版本述略》，《文献》1992 年第 4 期，第 264 页。

② 孙果清：《杨守敬〈历代舆地沿革险要图〉版本述略》，《文献》1992 年第 4 期，第 265 页。

③ 胡运宏：《清末杨守敬及其〈历代舆地图〉考述》，《南京林业大学学报（人文社会科学版）》2010 年第 4 期，第 37 页。这段文字与孙果清《杨守敬〈历代舆地沿革险要图〉版本述略》（265 页）近似。

④ 孙果清：《杨守敬〈历代舆地沿革险要图〉版本述略》，《文献》1992 年第 4 期，第 264 页。

⑤ 关于清代晚期刊行的历史地图集，还可以参见辛德勇《19 世纪后半期以来清朝学者编绘历史地图的主要成就》，《社会科学战线》2008 年第 9 期，第 125 页。

第五节 总结

根据《续修四库全书》《四库全书存目丛书》《四库禁毁书丛刊》《四库未收书辑刊》以及《文渊阁四库全书》及其补编进行统计，史部中收录地图的著作共有170种，收录地图近3600幅，数量是四部中最多的，但颇有意思的是，在史部中以正史类、编年类、纪事本末类为代表的“正统”历史著作中，基本未附有地图。史部中收录地图的著作主要集中在以《大清一统志》为代表的地理志书，以《东吴水利考》为代表的水利著作，以《筹海图编》为代表的军事著作中，以及以《历代地理指掌图》为代表的历史地图集中，基本属于地理类。

由于在中国古代，地理类著作属于史部，因此收录于地理类中的地图集也就与史学著作存在着天然的联系，再加上传统认为中国古代存在“左图右史”的传统，也即地图可以作为读史的辅助工具，这似乎也就解释了为什么历史地图集的绘制至少自宋代以来长期延续。此外，主要作为读史的辅助工具，也正是编绘谭其骧《中国历史地图集》最初的动机，而其长期出版也证明了历史地图集作为读史工具书的价值。

但上述认知似乎解释不了下述两个现象：

第一，在清代后期之前，所有历史地图集的流传范围并不广，基本没有太多的后续版本。如通过对国家图书馆网站“全国古籍普查登记基本数据库”[①] 进行检索，《历代地理指掌图》只有国家图书馆和辽宁省图书馆所藏的3种明刻本[②]以及1种清末抄本[③]；而《今古舆地图》《阅史约书》《阅史津逮》《绎史》只有初刻本，《尚史》只有乾隆和嘉庆两个版本，而《戊笈谈兵》则只有光绪本，此外未查到《阅史津逮》的版本情况。当然，

---

① 网址为：http：//202.96.31.78/xlsworkbench/publish；jsessionid = A3A4D9E757E52E5F39B9C5741521852C？keyWord = % E5% 8E% 86% E4% BB% A3% E5% 9C% B0% E7% 90% 86% E6% 8C% 87% E6% 8E% 8C% E5% 9B% BE&orderProperty = PU_CHA_BIAN_HAO&orderWay = asc。

② 由于该网站只是简要注明了版本的年代和分册，因此无法判断具体的版本，因此此处只能以分册数量来判断版本，不一定准确，但由此统计出的数量应该是版本数量的上限。

③ 本章所用《历代地理指掌图》的南宋本藏于日本东洋文库。

“全国古籍普查登记基本数据库”依然在建设中，数据可能并不全面，但目前其中已经包含有169家单位的古籍普查数据672467条，因此也有一定的代表性，由此来看这些历史地图集流传范围非常有限应当是不争的事实。

第二，这些地图集中的单幅地图很少被其他史部著作引用。以被引用最多的《历代地理指掌图》为例，其所收地图被其他书籍引用最多的是《禹迹图》和《春秋列国之图》，但引用它们的主要是经部的著作，而几乎没有史部的著作。①

上述情况似乎说明，中国古代实际上并不太看重历史地图集的绘制，且从事历史地图集绘制的基本上都是无名之辈；自宋代至清末之前漫长的历史中只出现有数量如此之少的历史地图集，似乎也证实了这一点。而历史地图集的大量绘制是从清末开始的，具体原因可以参考本书第十篇第四章的讨论。

最后，从绘制的角度而言，中国古代的历史地图集有以下两个特点：

第一，大都使用当时现有的全国总图作为底图，这点对于宋代我们缺乏直接的证明材料，但从《历代地理指掌图》来看，其绘制时应当也有着统一的底图。而明代和清代前期绘制的历史地图集，其使用的底图基本与在明代中后期有着重要影响的全国总图有关，即《广舆图》“舆地总图”和《广舆图叙》“大明一统图”。清代后期绘制的历史地图集的底图则主要与康雍乾时期的测绘成果有关。

第二，从绘制范围来看，自宋代的《历代地理指掌图》开始，直至清末，就现有材料来看，除了汪绂《戊笈谈兵》之外，绘制的空间范围基本相同，大致为东至海、南至海南岛、西至河西走廊、北至长城稍北。

附　单幅的历史地图

中国古代的书籍中虽然存在不少单幅的历史地图，不过其中一部分古籍按照四部分类属于经部，因此这些地图主要是为读经所绘制的，虽然在

① 参见本篇第四和第五章。

今天看来属于历史地图，但更应被称为读经地图；古籍中其余的单幅的历史地图大都可以来源于本章第一节介绍的历史地图集，尤其是《历代地理指掌图》。总体而言，中国古代书籍中难以判断其来源的单幅的历史地图数量不多，笔者所见大致有以下一些：

明代李纪的《标题详注史略补遗大成》“十九史九州地理图”，该图主要是在标绘了九州的基础上，重点标绘了明代之前历史上的各重要关口。由于这些关口主要集中在长江南岸以北、长城沿线以南以及关中盆地西侧以东，因此这幅地图主要的绘制范围也集中于这一区域。

明代王世贞的《新刊凤洲先生签题性理精纂约义》“古今州域舆图”，该图是以《大明一统志》“大明一统之图”为底图绘制的，除标注有明代最高政区“省”之外，用黑色实心圆标注了文献中记载的州域名，共“十二州”，且用空心圆标注了春秋战国时期的诸侯国。

宋代鲍彪校注，元代吴师道重校，明代张文燿集评鲍彪校《战国策谭椒》的“战国并国朝地理图”。虽然该书成书于宋代，但是书中的这幅地图应当是以《大明一统志》“大明一统之图”为底图绘制的，图中除标注有明代最高政区“省”之外，用还空心圆标注了战国时期的各诸侯国，因此该图应该是在明代补入的。

明代章潢《图书编》“历代国都图”是以《广舆图》“舆地总图”为底图绘制的，只是添加了历史上少量曾经做过都城的城市，并标注了作为都城时所使用的名称，如“应天”的旁边标注有“江都”“建康”“建业”。

清代蒋骥《山带阁注楚辞》“楚辞地理总图”，该图绘制范围为长江中上游，图中主要地名为“当代”的，并且有图例，即“府从○，州从△，县从·”；按照图例，与楚辞有关的且不同于“当代”地名的那些地名，被直接标注在图上，且没有使用图例；此外，还用文字说明了一些重要历史事件，如在“丹阳”之下标注“《史记》楚始封地”。

清代夏大霖《屈骚心印》“战国舆图”，在清代政区的基础上，用双边框圆形标识了战国时期的诸侯国，在竖长方框符号左侧标注了州域名，并标注了一些战国时期的地名。

第七章 宋元日用类书《事林广记》《翰墨全书》中所收寰宇图

现存中国古代的大部分寰宇图和全国总图或是由官府绘制的，如著名的《皇舆全览图》，或是由有着较高知识水平的士大夫绘制的，如《禹迹图》《华夷图》以及经史类著作中作为插图存在的寰宇图和全国总图，这些地图通常也主要流通于官府或士大夫之中。目前留存下来的基层知识分子或稍有知识的人，甚至书贾绘制、改绘的寰宇图和全国总图，以及在这些人群中流通的寰宇图和全国总图的数量较少。现存这类地图中绘制时间较早的是保存在宋元日用类书《事林广记》和《翰墨全书》中的两幅地图。这两幅地图的形成及其演变过程体现出了中国古代地图的一些特点，但以往中国古代地图的研究对此关注不够，本章即在前人研究的基础上对这两幅地图的相关问题进行分析。

第一节 《事林广记》和《翰墨全书》的版本

《事林广记》和《翰墨全书》是宋元时期广为流传的两种日用类书，下面对这两部类书的版本和流传情况分别进行介绍。

《事林广记》，成书于南宋末年，作者为陈元靓，元代增辑为42卷，各个版本的书名并不一致，如《纂图增新群书类要事林广记》《新编纂图增类群书类要事林广记》《纂图增注群书类要事林广记》《新编群书类要事林广记》等。该书宋代原本已佚，现在能见到的元刊本共有三种，即元至顺间（1330—1333）建安椿庄书院刻本、至顺间西袁精舍刻本以及后至元六年（1340）建阳郑氏积诚堂刻本。这一类书的明清刻本和抄本数量极多，无法一一介绍，不过这些晚期版本中最值得注意的是日本元禄十二年（1699）翻刻元泰定二年（1325）本。根据研究，这一版本虽然时间较晚，但由于其依据的底本较早，因此很可能比现存其他版本更接近这一类书最早的版本。①

《翰墨全书》，成书于元代，作者为刘应李。与《事林广记》类似，其后续各个版本的书名并不统一，如《新编事文类聚翰墨全书》《翰墨大全书》《事文类聚翰墨全书》等。其初编本为208卷的大德本（大德十一年，1307），但这一版本存世不多，此外还有明初覆大德本。后来詹友谅对《翰墨全书》进行了改编，这一改编本初刊于泰定元年（1324），共134卷，其内容基本被此后元明时期多次印行的《翰墨全书》承袭。②

第二节 《事林广记》和《翰墨全书》中的寰宇图

《事林广记》和《翰墨全书》的版本众多，目前搜集到了《事林广记》元至顺间建安椿庄书院刻本、后至元六年（1340）建阳郑氏积诚堂刻本以及日本元禄十二年（1699）刻本中的地图；《翰墨全书》则搜集到了元泰定本和明初本中的地图。

从绘制内容上来看，《事林广记》和《翰墨全书》中的寰宇图存在一定差异，且《事林广记》元禄本中的寰宇图与其他元代各版本中的寰宇图也存在一些差异，下面分别进行分析。

---

① 关于《事林广记》的版本，参见王珂《宋元日用类书〈事林广记〉研究》，上海师范大学人文与传播学院中国古代文学专业博士学位论文，2010年，第85页。

② 关于《翰墨全书》的版本，参见郭声波《〈大元混一方舆胜览〉作者及版本考》，《暨南史学》第2辑，暨南大学出版社2003年版，第184页；仝建平《〈翰墨全书〉编纂及其版本考略》，《图书情报工作》2010年第21期，第135页。

《事林广记》元禄本中的寰宇图图名为“华夷一统图”①，图中绘制的最高行政区划为“路”，虽然元代的行政区划层级中也存在“路”，但元代路的数量众多②，不是全国最高行政区划，与图中所绘相去甚远；且图中还绘制有“西夏”“回鹘界”“鞑靼界”等显然不是元统一之后应当存在的地名，因此该图显然表现的不是元代的行政区划。王珂在《〈事林广记〉源流考》一文中认为图中南部的行政区划应当是南宋时期的，并根据利州路的分合情况，推测该图的祖本最初应当绘制于嘉定二年至十一年（1210—1218）之间。③ 不过王珂这一结论的依据只是这段时间利州路的合并状态比较稳定，这个观点有些勉强，因此这一结论还有值得商榷之处。

第一，通过图中绘制内容推断出的只是地图所表现的年代，并不一定是地图的绘制年代。

第二，王珂对于该图所表现年代的推定存在问题。其中图中上方的“上京道”应当是辽代的政区，也是该图少有的可以明确确定为辽代政区的地名；此外“秦凤路”和“熙河路”，皆为北宋、伪齐地名④，这些地理要素与图中其他地理要素存在的时间差距较大。这种在地图中混入前代地名的情况，在宋代地图中颇为常见，如《禹迹图》《华夷图》等。因此，这些地理要素并不能作为判断该图表现时间或绘制时间的依据。

---

① 这一版本的《事林广记》中还有一幅全国总图，即“历代国都之图”，其显然抄自南宋时期陆唐老所编《陆状元增节音注精议资治通鉴》的“帝王国都之图”，属于历史地图性质，不属于通常意义的全国总图。此外，在这一类书的元至顺间建安椿庄书院刻本，即《新编纂图增类群书类要事林广记》中去掉了“历代国都之图”，增加了一幅历史地图“历代舆图”；而至元六年本，即《纂图增新群书类要事林广记》则保留了“历代国都之图”，并将“历代舆图”改名为“历代舆地之图”。根据研究，“历代舆图”（“历代舆地之图”）除左上角的长城等少数地理要素的细节之外，图面中的绝大部分内容与成书于北宋后期的《历代地图指掌图》中的“禹迹图”基本一致。一方面这两幅地图属于历史地图和读经地图，不同于通常意义的全国总图；另一方面这两幅地图的来源清晰，因此不在此处的讨论范围之内。

② 元代的路在文宗朝达到了 185 个。参见李治安、薛磊《中国行政区划通史（元代卷）》，复旦大学出版社 2009 年版，第 11 页。

③ 王珂：《〈事林广记〉源流考》，《古典文献研究》第 15 辑，凤凰出版社 2012 年版，第 350 页。此外，在他的博士学位论文中，王珂通过对其内容的研究，认为“泰定本应当更多的保留了宋末元初时信息”（见王珂《宋元日用类书〈事林广记〉研究》，第 114 页），由此也就旁证了地图的祖本为南宋。

④ 本处关于金代政区沿革，使用的是余蔚《中国行政区划通史·辽金卷》，复旦大学出版社 2012 年版。

图中所绘金代路级政区中，“临潢府路”，在大安（1209—1211）后废入北京路；“会宁路”，于大定十三年（1173）改为上京路，因此可以推断该图金朝部分所表现时间的下限大致为1173年。另，图中“北京路”，原为“中京路”，贞元元年（1153）改为“北京路”；图中“中都路”，原为“燕京路”，贞元元年改为“中都路”；图中“南京路”，原为“汴京路”，贞元元年改为“南京路”；图中“大名府路”，天会十五年（1137）置，天德二年（1150）罢，正隆二年（1157）复置。由此，图中“北京路”“中都路”“南京路”“大名府路”同时存在，只能是在1157年之后，因此1157年应当是该图金朝部分所表现时间的上限。

图中南宋部分表现了南宋的16路，按照研究，南宋的16路最晚形成于乾道六年（1170）[①]，此后大致稳定，只是利州路从绍兴十四年（1144）至端平（1234—1236）前后，分合多达十余次。[②] 在上文推断的金朝部分所表现时间，即1157年至1173年内，利州路合并的时间为：乾道三年（1167）四月至乾道三年六月，乾道四年（1168）至淳熙二年（1175）[③]。两者中，前者时间太短，该图南宋部分表现时间为后者的可能性更大。因此，该图整体上所表现的时间应当为1168—1173年。

而这一地图的绘制时间，当在其表现时间，也就是1168年之后，而其下限应当就是《事林广记》的成书时间，也就是南宋末年（1279）。且目前存世的中国古代地图中，以“华夷”命名的基本集中于统治者为汉人的宋明时期，而统治者为少数民族的元清时期基本未见到以“华夷”命名的地图，因此由图名也可以确定该图是宋人而绝不是元人绘制的，由此其在这一类书元代的后续版本中被改名也是理所当然的。

《事林广记》元至顺间建安椿庄书院刻本与元后至元六年建阳郑氏积诚堂刻本中的寰宇图，除了少量文字的位置存在差异外，基本完全相同，但与元禄本（其底本为泰定二年本）寰宇图，即“华夷一统图”之间存在如下一些差异：图名改为“大元混一图”；在图的左侧空白处增加了一段

---

① 参见李昌宪《中国行政区划通史·宋西夏卷》，复旦大学出版社2007年版，第36页。

② 参见李昌宪《中国行政区划通史·宋西夏卷》，复旦大学出版社2007年版，第37页。

③ 关于利州路的分合，参见熊梅《南宋利州路分合初考》，《陕西理工学院学报（社会科学版）》2006年第1期，第53页。

文字，即“高丽在辽海之南方千里”；在保留路名的情况下，将图中的“路”全部改为“道”；“华夷一统图”中的“山东西道”与周边各路的界线被保留下来，但在“大元混一图”中未标政区名；在“山东东道”区域内增加了“益都府”；在“北京道”左侧分割出了“上都道”；“路分四处”右侧分割出了一个行政区，但未标政区名；在“详稳九处”左侧分割出了一个政区，标为“群牧十处”，在右侧分割出了一个政区，标为“吾昆神鲁部族”。

上述修改使这幅地图所表现的年代变得非常奇怪。从图名来看，这幅地图变成了一幅元代的寰宇图，而且为了制造元代地图的假象，将图中的最高行政区划由“路”改为了“道”。虽然元代也有道的设置，即“肃政廉访司道”，但无论是名称还是辖区都与图中所绘各道完全不同[①]。不仅如此，图中还在元上都的位置附近增加了“上都道”，但元代只有至元五年（1268）设立的上都路，并无上都道。而且其所增加的“群牧十处”“吾昆神鲁部族”都是金代的设置，此外元代也不存在“益都府”，而只有“益都路”，“益都府”同样是金代的建置（存在于1161—1189）。由于《事林广记》元至顺和至元六年本的全国总图很可能是在该书泰定二年本或之后某一版本中的地图基础上改绘的，因此其中地图改绘年代应当是在泰定二年至至顺间，改绘者很可能就是当时《事林广记》的增辑者。[②]

《翰墨全书》元泰定本和明初本中的寰宇图“混一诸道之图”所绘内容基本完全相同，但与《事林广记》中的寰宇图在一些细节上存在差异：“混一诸道之图”中所绘最高行政区划与“华夷一统图”和“大元混一

① 元代22道为燕南河北道、山东东西道、河东山西道、山北辽东道、江北河南道、淮西江北道、江北淮东道、山南江北道、陕西汉中道、河西陇北道、西蜀四川道、云南诸路道、江南浙西道、浙东海右道、浙东建康道、福建闵海道、江西湖东道、海北广东道、江南湖北道、岭北湖南道、岭南广西道、海北湖南道。

② 根据王珂的研究，《事林广记》元禄本的目录与其他各本相差很大（见王珂《宋元日用类书〈事林广记〉研究》，第111页），由此可以推测元禄本所依据的底本，也就是泰定二年本，与后来各本也应当存在很大差异，因此至顺本的编纂者（如果泰定二年本与至顺本之间还有其他版本的话，那么应当是这些版本的编纂者）应当对该书进行了较大的改动，很可能地图的改绘也发生在这一过程中。

图”大致相同，但全部为缩写，且没有标明“路”还是“道”，不过从图名“混一诸道之图”来看，似乎应当是“道”；“河东南路”缩写为了“河内”，在西南地区增加了“云南”；长城绘制为两条，第二条位于图中“西夏”的北部；在“中都”左侧标出了“大都”；长城以北地区的左半部分，两图完全不同，“混一诸道之图”在这一带分别标绘有“上都”“云内”“隆兴”“鞑靼”“回回”“西夏”；图中左侧标绘的西域诸国名与“华夷一统图”和“大元混一图”存在差异；图中东侧、下侧和左侧下半部分绘制有大海，东侧海中标有“高丽”和“日本”。

由于该图所表现的政区与“华夷一统图”基本一致，因此两图所表现的时间也是基本相同的。但“混一诸道之图”的“元化”水平要超过“大元混一图”，因为其模糊了最高行政区划的名称，并突出标绘了都城，而“隆兴”（路）存在于至元四年（1267）至皇庆元年（1312）之间，期间武宗在此曾兴建“中都”。此外，长城的绘制方法在宋代的地图中也可以见到，如宋杨甲《六经图》中的“春秋诸国地理图”。由此可以认为，《翰墨全书》中的“混一诸道之图”应当同样是依据一幅南宋时期绘制的全国总图改绘的，而且由于该图与“华夷一统图”虽然在细节上存在一些差异，但总体结构和基本政区是大致相近的，因此这两者所使用的底图可能是比较接近的，甚至有一定的渊源关系。

根据郭声波等人对现有大德本和明初覆大德本《翰墨全书》的调查，刘应李所编《翰墨全书》的大德本是没有这幅地图的，该图是詹友谅对该书进行改编时增加的①，因此这幅地图的改绘者很可能就是类书的改编者詹友谅，时间是在泰定元年（1324）或之前不久。

第三节 结论

总体来看，《事林广记》和《翰墨全书》中的两幅寰宇图，最初的祖本应当是南宋时期绘制的地图，其中《事林广记》中寰宇图所用南宋时期

① 对此，参见郭声波《〈大元混一方舆胜览〉作者及版本考》，《暨南史学》第2辑，暨南大学出版社2003年版，第186页。

绘制的地图的图名，应当就是元禄本中的名称“华夷一统图”。这两部民用类书收录的地图在元代经过修改，拙劣地放入了一些体现了元朝时代特色的元素，并将图名进行了修改，以冒充元代的全国总图。

虽然目前留存下来的元代全国总图数量极少，如元末清浚绘制的《广轮疆里图》，但从文献可以得知元代绘制的全国总图还是有一些的，如朱思本的《舆地图》、李汝霖的《声教被化图》以及乌斯道的《舆地图》等。虽然这些地图编绘的时间大都较晚，但可以想见当时政府和士大夫出于实际需要，应当还是绘制有一些全国总图的，但为什么《事林广记》和《翰墨全书》的编者以及后来的修订者不使用当时绘制的表示元代疆域和政区的全国总图，这是一个非常值得研究的问题。在这里对这一问题进行简单的推测。

《事林广记》和《翰墨全书》是日用类书，两者都是具有一定水准的知识分子编纂的，而就针对的对象而言，《翰墨全书》针对的对象还包括至少有一定读写能力的基层知识分子。元代这两部类书中，如此拙劣的造伪在后续的版本中长期存在，似乎说明这些基层知识分子对于当时政区的了解似乎有限，当然这涉及一个宏大的问题，即古代地理知识的流传，这超出了本章所涉及的范围，今后当另做研究。不仅如此，从民间书商的角度来看，为了图书的销量，如果当时他们能找到同时代的全国总图的话，就应当在后续版本中将这幅地图替换掉，但从《事林广记》和《翰墨全书》的情况看来，当时民间书商似乎所能看到的全国总图非常有限。而且，正是这两幅地图如此拙劣的增补，以至于只要稍有常识者一眼就能看出其伪劣之处，因此这两幅地图的流传范围仅仅限于这两部日用类书的后续版本似乎也就可以理解了。

透过这两部日用类书中的全国总图我们似乎可以依稀看到中国古代基层知识分子中流传的地图的来源，即以官府或者有着较高知识水平的士大夫绘制的地图为底图，针对实际需要进行改绘，这样的例子还可以举出一些，如日本宫城县东北大学图书馆藏的《北京城宫殿之图》[1] 和美国国会

---

[1] 对于上述两幅地图的辨析，可以参见成一农《浅谈中国传统舆图绘制年代的判定以及伪本的鉴别》，《文津学志》第5辑，国家图书馆出版社2012年版，第105页，以及本书第一篇第五章。

图书馆收藏的《清军围攻金陵城图》[1]，换言之，在中国古代，民间创造一种新地图是较为困难的。而且这一现象并不局限于基层知识分子中，在上层士大夫中也存在类似现象，如本篇第三章《读经地图——“十五国风”系列地图》分析的以“十五国风”主题的系列地图，这些地图的祖本很可能是一幅表示春秋时期政治形势的地图，这幅地图目前可以追溯的最早的使用者杨甲很可能是从其他著作中借用了这幅地图。

附　明代日用类书中的全国总图

宋元时期编纂日用类书的习惯，被明清时期继承了下来，且明清时期的日用类书数量更为繁多，版本也极为众多。台湾学者吴慧芳在《万宝全书——明清时期的民间生活实录》一书中对现存明代日用类书的数量进行了统计，大约有38种。[2] 在这些类书的“地舆门”或“地理门”中多包含有一幅全国总图。这些全国总图虽然名称存在差异，但基本只有两种，其中使用数量最多的就是以《广舆图叙》“大明一统图”为底图改绘的，在《广舆图叙》“大明一统图”谱系中属于“二十八宿”系列的地图，如《新刻天下四民便览三台万用正宗》中“二十八宿分野皇明各省舆地总图”等。此外，在以《新刻人瑞堂订补全书备考》为代表的极少量明代日用类书中也收录有与初刻本《广舆图》“舆地总图”近似的地图，较大的差异在于删去了方格网。

① 参见成一农《美国国会图书馆藏〈清军围攻金陵城图〉研究》，《南京古旧地图集·文论》，凤凰出版社2017年版，第70页。

② 吴慧芳：《万宝全书——明清时期的民间生活实录》，花木兰出版社2005年版。

第八章 “古今形胜之图”系列地图

明代后期绘制的地图除数量大幅度增加，还出现了一种新的地图类型，其特征主要有以下两点：第一，地图的表现范围以明朝（或者清朝）为核心，同时或者涵盖了周边地区，或受到西方地图影响，扩展成为“寰宇图”。第二，地图图面上存在大量说明文字，即图注，这些图注或用来说明某地曾经发生的历史事件，或用来介绍某地的历史以及与明朝（或清朝）的关系；这一类型地图中的很大部分，在地图周边存在大量说明文字，主要介绍明朝的政区、各省的府州县数量及户口、米麦、丝、绢、棉花、马草、食盐等经济数据，以及周边各国与明朝的距离等等。这类地图目前所能见到的存世最早的就是《古今形胜之图》，因此此处暂时将这一类型的地图命名为“古今形胜之图”系列地图。

这一系列地图中的大部分在之前大都作为单幅地图进行过介绍，如研究较多的《古今形胜之图》[①]，虽然有些研究注意到了这一系列地图中的某些地图在图面内容上存在相似性[②]，并由此确认它们之间存在某种联系，但从后文的分析来看，这些地图之间的关系并不像表面上看起来那么直

---

① 孙果清：《古今形胜之图》，《地图》2006 年第 12 期，第 106 页；任金城：《西班牙藏明刻〈古今形胜之图〉》，《文献》1983 年第 3 期，第 213 页；徐晓望：《林希元、喻时及金沙书院〈古今形胜之图〉的刊刻》，《福建论坛（人文社会科学版）》2014 年第 3 期，第 75 页。

② 如任金城就提出《乾坤万国全图 古今人物事迹》《天下九边分野 人迹路程全图》以及清初的一些地图等都属于《古今形胜之图》的系统。参见任金城《西班牙藏明刻〈古今形胜之图〉》，第 219 页。

接。总体而言，这一类型地图的演变过程并未得到系统梳理，且更没有对这一系列地图的知识来源进行过分析。

更为重要的是，目前存世的中国古代地图通常或是由官方绘制的，或是有着明确的官方背景，或是由某些著名士大夫绘制的，且这些地图也是以往研究的重点，如《禹迹图》《大明混一图》《广舆图》等，而极少存在对中国古代民间使用或者流传的地图进行的研究，当然这也与目前发现的这类地图数量极少有关。而“古今形胜之图”系列地图汇集了来源不同的地图、文本文献，且其受众很可能是普通民众①，由此通过对这些地图的研究，使我们可以对中国古代民间使用的地图有所了解。

第一节　“古今形胜之图”系列地图的谱系

虽然，就明清时期的这一系列地图而言，《古今形胜之图》是目前所见存世最早的一幅，但这种形式的地图，实际上可以追溯到宋代石刻《华夷图》。根据研究，这幅图是依据《历代地理指掌图》中的“古今华夷区域总要图”改绘的，图中的文字绝大部分来源于“古今华夷区域总要图”图后所附图说②，而根据郭声波的研究，“古今华夷区域总要图”图后所附图说又来源于《初学记》③，也即图面上的文本是基于文本文献“改写”的，这点与“古今形胜之图”系列地图是类似的。不过，由于相关文献材料极少，因此这幅地图的功能和对象是否与后世“古今形胜之图”系列地图相近，尚不得而知，不过从图中说明文字的内容以及地图所绘内容来看，其并没有对“古今形胜之图”系列地图产生影响。

下面即对目前所能搜集到的“古今形胜之图”系列地图进行介绍。

---

① 这点参见本章后文的分析。

② 参见成一农《浅析〈华夷图〉与〈历代地理指掌图〉中〈古今华夷区域总要图〉之间的关系》，《文津学志》第6辑，国家图书馆出版社2013年版，第156页。

③ 郭声波：《〈历代地理指掌图〉作者之争及我见》，《四川大学学报（哲学社会科学版）》2001年第3期，第89页。

一 《古今形胜之图》

《古今形胜之图》，原图为甘宫绘制①，已佚，现存明嘉靖三十四年（1555）福建龙溪金沙书院重刻本。这一重刻本为纸本木刻墨印着色，图幅纵115厘米，横100厘米。该图现藏于西班牙塞维利亚市西印度群岛综合档案馆。

《古今形胜之图》的绘制范围包括两京十三省及周边地区，东至日本、朝鲜，西至今乌兹别克斯坦东南铁门关，北起蒙古草原，南达南海，包括爪哇、苏门答腊等地；图上标注府、州、县、卫、所及域外国家地区的各级地名近千处；山脉、长城用形象画法；在图中的某些地点，用简要的文字注明这些地点曾经发生的历史事件或地理形势；对于周边各地区国家的说明主要以介绍其历史为主。

除了这幅流传至西班牙的《古今形胜之图》外，在清代黄虞稷的《千顷堂书目》卷六《地理类》中还著录有一幅“喻时《古今形胜图》”。

二 《乾坤万国全图 古今人物事迹》

《乾坤万国全图 古今人物事迹》，明万历二十一年（1593）南京吏部四司正已堂刻本，镌刻者梁辀，纸本木刻墨印，图幅纵172.5厘米，宽132.5厘米。

地图上部的文字图说中记，“此图旧无善版，虽有《广舆图》之刻，亦且挂一而漏万。故近观西泰子之图说，欧罗巴氏之镂版，白下诸公之翻刻有六幅者，始知乾坤所包最巨。故合众图而考其成，统中外而归于一”，可知绘制者还曾参考了传教士的世界地图。但从图中所绘来看，其对西方传教士地图的使用，只是从中抄录一些地名，按照中国传统观念将它们标注在地图上而已。全图将明朝图幅置于中央，同时将中国之外的国家和地区，不论大小，都绘制为小岛状，散布在中国周围的海洋之中，而不考虑

---

① 长期以来学界认为该图为喻时所绘，但金国平在《关于〈古今形胜之图〉作者的新认识》中提出该图作者应为甘宫，较为可信。参见金国平《关于〈古今形胜之图〉作者的新认识》《澳门学：探赜与汇知；Macaulogia：Misterios Desconhecidose Desvendados》，广东人民出版社2018年版。

其所标位置是否正确。

图上部有文字图说，图中内容丰富，标注了大量中外地名，并用简明的文字介绍了一些地点的历史、地理、文化、经济。与《古今形胜之图》相比，在地图下端增加了明朝各省的府、州、县数及户口、米麦、丝、绢、棉花、马草、食盐等资料以及部分省份的星野。

《乾坤万国全图 古今人物事迹》于18世纪被来华的西方传教士携至欧洲，由私人收藏，并几经转手。1974年在大英图书馆举办的中日地图展中展出，1991年见于索斯比（又译作苏富比）拍卖行拍卖目录第85号，现下落不明。

三 《备志皇明一统形势 分野人物出处全览》①

《备志皇明一统形势 分野人物出处全览》，万历三十三年（1605）福州佚名编制，木刻墨印，六块印板拼接，全幅纵127厘米，横102厘米。

此图绘制范围：东际朝鲜、菲律宾群岛，西至撒马尔罕、铁门关；北起松花江、蒙古草原土剌河，南抵印支半岛、缅甸与印度；以图、文相兼的形象画法，表现16世纪末明帝国的疆域和两京十三省的行政区划；用不同符号表示府、州、县城的地理位置，用立面形象表现山脉和长城。明朝周边的国家和地区，仅用文字标明位置，而不考虑实际距离；凡未明确行政等级的地名均不加任何符号。

图的上缘，用文字记述“九边”设置沿革、23处地区的攻守利害；图之两侧与下缘，以各省所辖的府为纲目，用文字描述两京十三省的建置沿革、重要的历史人物事迹。

该图现收藏在波兰克拉科夫市图书馆。由于目前该图没有清晰的图版流传，因此无法将其与这一系列地图中的其他地图进行对照以分析它们之间传承关系。

---

① 下文关于该图的说明文字改编自李孝聪《欧洲收藏部分中文古地图叙录》，国际文化出版公司1996年版，第148页。

四 《图书编》“古今天下形胜之图”

《图书编》，章潢编，127 卷，该书于明万历四十一年（1613）由章潢的门人万尚烈付梓。书中每卷都有大量插图，其中收录的“古今天下形胜之图”，无论在绘制内容，还是文字注记等方面都与甘宫的《古今形胜之图》极为近似，只是在某些细节上存在些许差异，如缺少了地图上方对于“北胡”的描述。

五 《天下九边分野 人迹路程全图》

《天下九边分野 人迹路程全图》，明崇祯十七年（1644）金陵曹君义刊行，此图除了大量说明文字和表格外，中间地图部分为纵 92 厘米，横 116 厘米的椭圆形全球图。

该图同样以明朝为主要表现对象，占据了图幅中的绝大部分面积，但受到西方传教士所绘地图的影响，绘出了亚洲、欧洲、非洲、北美洲和南美洲以及南极，且标绘有经纬网，绘制范围比《乾坤万国全图 古今人物事迹》更为广大。

就绘制内容和标记的文字而言，该图与《乾坤万国全图 古今人物事迹》相比存在的差异主要在于：在地图上方用《万国大全图说》替代了原图的图说；地图右侧增加了记录九边所属各镇、关口至京师的距离的文字；左侧增加了域外各国和地区至京师、南京或者中国的距离以及对各国风俗、物产的描述；在地图下方，首先对《乾坤万国全图 古今人物事迹》原来缺失的各省份的星野进行了补充，并增补了各省所辖府和直隶州的名称、所辖属州和县的数量、王府的数量和名称以及至其他各省的距离；图面中的文字注记，虽然与《古今形胜之图》和《乾坤万国全图 古今人物事迹》存在相似之处，但也存在显著差异。

六 《皇明职方地图》之“皇明大一统地图”

《皇明职方地图》，明崇祯八年（1635），陈组绶编绘，分为上、中、下 3 卷，共收录地图 52 幅，其中的“皇明大一统图”与《古今形胜之图》相近，但对文字进行了删减，如地图左侧没有对“大宛”的描述，地图上方缺少对“北胡”的描述，不过增加了一大段对“天竺”的描述。

七 《地图综要》之“华夷古今形胜图”

《地图综要》，明末朱绍本、吴学俨等编制，黄兆文镂板，李茹春作序，南明福王弘光元年（1645）刊刻。该书分总卷、内卷、外卷3卷，收录地图66幅，其中的“华夷古今形胜图”基本是对《古今形胜之图》的如实摹绘。

八 《皇明分野舆图　古今人物事迹》

澳门科技大学图书馆的网站上可以查到一幅《皇明分野舆图　古今人物事迹》[①]，图幅134×119厘米。就地图而言，与《古今形胜之图》几乎相同，但图面上的文字注记则存在差异。与《古今形胜之图》相比，在地图右上方增加了对明朝各级行政建置数量的记载，左上角则增加了对图中使用符号的介绍，在地图下端增加了明朝各省的府、州、县数及户口、米麦、丝、绢、棉花、马草、食盐、王府名称和数量以及星野。地图的左下角的图注为“崇祯癸未仲秋日南京季明台选录梓行”，由此该图可能是1643年刊行的。

此外，在加拿大英属哥伦比亚大学亚洲图书馆有一幅《九州分野舆图　古今人物事迹》，韦胤宗曾对其进行了介绍。[②] 笔者未见到原图，但从韦胤宗的介绍来看，该图与《皇明分野舆图　古今人物事迹》基本完全一致。由于该图左下角的图注为“癸未仲秋日南京季明台选录梓行”，并未具体说明“癸未”的具体所指，因此韦胤宗通过图中的行政建制，尤其是图中并未出现崇祯年间设置的府州县，而将该图的编刻时间定在了万历十一年（1583）。但中国古代地图的绘制年代很多时候与图面呈现内容的年代是不

---

① http：//lunamap. must. edu. mo/luna/servlet/detail/MUST ~ 2 ~ 2 ~ 384 ~ 493：% E7% 9A% 87% E6% 98% 8E% E5% 88% 86% E9% 87% 8E% E8% BC% BF% E5% 9C% 96% E5% 8F% A4% E4% BB% 8A% E4% BA% BA% E7% 89% A9% E4% BA% 8B% E8% B7% A1？ sort = date% 2Cpub_year% 2Ccontributor% 2Cpub_author&qvq = q：% E7% 9A% 87% E6% 98% 8E% E5% 88% 86% E9% 87% 8E；sort：date% 2Cpub_year% 2Ccontributor% 2Cpub_author&mi = 0&trs = 1.

② 韦胤宗：《加拿大英属哥伦比亚大学亚洲图书馆藏〈九州分野舆图 古今人物事迹〉》，《明代研究》第27期，2016年，第189页。

同的，因此图中未出现崇祯年间设置的府州县并不能作为该图绘制年代下限强有力的依据。结合其与《皇明分野舆图 古今人物事迹》基本一致，因此该图同样可能是刊刻于“崇祯癸未”，或者之后。

九　《天下九边万国　人迹路程全图》

在澳门科技大学图书馆的网站上可以查询到一幅《天下九边万国　人迹路程全图》的图影[①]，网站的地图将其注释为王君甫于清康熙二年（1663）刊印，由此似乎该图应为王君甫刊刻的原图。

在内容上该图与曹君义的《天下九边分野　人迹路程全图》几乎完全一样，图面上的显著差异就是删除了经线和纬度，此外由于经由清人翻刻，因此在行政区划上进行了一些修改，如“应天府”被改为“江宁府”，“南京”改为“南省”。

不过需要注意的是，图中关于“日本”的描述中补有“今换大清国未”；在“琉球”的文字说明后补有“清朝未到”。通常而言，清朝人绘制的地图通常不会称呼本朝为“清朝”，更不会称为“大清国”，而应称为“大清”“清”或“本朝”，且“今换大清国未”在清朝的语境中更是显得奇怪。因此，该图很可能并不是王君甫绘制的原图，而如同下面提及的《大明九边万国 人迹路程全图》那样是日本人重刊时增加的，且这样的文字只存在于“日本”和“琉球”更强化了这一点。此外，古代在地图翻刻时不修改原有“作者”的情况也并不少见。

十　《大明九边万国　人迹路程全图》

《大明九边万国　人迹路程全图》，绘制者不详，原图为王君甫于清康熙二年（1663）刊印发行，由日人“帝畿书坊梅村弥白重梓”，但“重

---

① http：//lunamap. must. edu. mo/luna/servlet/detail/MUST ~ 2 ~ 2 ~ 383 ~ 492：% E5% A4% A9% E4% B8% 8B% E4% B9% 9D% E9% 82% 8A% E8% 90% AC% E5% 9C% 8B% E4% BA% BA% E8% B7% A1% E8% B7% AF% E7% A8% 8B% E5% 85% A8% E5% 9C% 96? sort = date% 2Cpub_year% 2Ccontributor% 2Cpub_author&qvq = q：% E5% A4% A9% E4% B8% 8B% E4% B9% 9D% E9% 82% 8A% E8% 90% AC% E5% 9C% 8B% E4% BA% BA% E8% B7% A1% E8% B7% AF% E7% A8% 8B% E5% 85% A8% E5% 9C% 96；sort：date% 2Cpub_year% 2Ccontributor% 2Cpub_author；lc：MUST ~ 2 ~ 2&mi = 0&trs = 1.

梓”时间不详。该图于1875年入藏英国国家博物馆。

在内容上，该图与《天下九边万国 人迹路程全图》几乎完全一样。此外，京都大学图书馆藏图目录中著录有一幅“人迹路程全图”，标明的时间为清康熙二年[①]，可能也是《大明九边万国 人迹路程全图》或者其后续版本。

十一 《(天下)分(野)舆图 (古今)人(物事)迹》

《(天下)分(野)舆图 (古今)人(物事)迹》，清康熙己未(1679)，北京吕君翰选录梓行；图题残，木刻墨印，136×124厘米。此图未能获得清晰件，但从目前所得地图下半部分的图影来看，该图与《乾坤万国全图 古今人物事迹》更为近似，没有《天下九边分野 人迹路程全图》所增加的内容，但地图下部增加了《乾坤万国全图 古今人物事迹》所缺的某些省份的分野。据李孝聪教授介绍该图藏英国牛津大学图书馆。[②]

十二 《历代分野之界 古今人物事迹》

在日本京都大学图书馆和日本国会图书馆分别藏有《历代分野之界 古今人物事迹》。按照两者网站上的著录，京都大学图书馆所藏地图，另有一个印刷的题签为“历代事迹图”，木版彩色，图幅182.2×156.3厘米；日本国会图书馆藏本著录的图幅为200×160厘米。京都大学图书馆所藏地图上有着如下文字注记：“大日本宽延庚午冬十月 东都医官潮月主人桂川富甫三，医官梧桐庵主堀本宽好益阅 桐江滕忠克，西势吕忠道检阅 江户须原屋茂兵卫梓 康熙己未端阳月 北京吕君翰选”，也即绘制于1750年，是由日本人基于吕君翰图改绘的，且目录中注记的绘制范围为“辽东から云南まで、朝鲜、日本、琉球、昆仑山を含む（即从辽东到云南，包括朝鲜、日本、琉球、昆仑山）”，因此就绘制范围而言与《乾坤万国全图 古今人物事迹》更为近似，而没有《天下九边分野 人迹路程全

① 金田章裕：《京都大学所藏古地图目录》，京都大学大学院文学研究科2001年版，第89页。

② 李孝聪：《欧洲收藏部分中文古地图叙录》，国际文化出版公司1996年版，第157页。

图》那么广大。但由于未能看到原图，因此无法进行进一步的比对。

十三 “乾隆今古舆地图”

“乾隆今古舆地图”，据李孝聪考订，该图绘制年代在1743年（乾隆八年）至1749年之间，无图题，标题为李孝聪所起。图幅1662×132厘米，木刻墨印，该图在欧洲很多图书馆都有收藏。①

该图绘制范围以及图面上的文字与《乾坤万国全图　古今人物事迹》非常近似，但图幅周围的文字则与《天下九边分野　人迹路程全图》相近：地图下方第一行的文字与《乾坤万国全图　古今人物事迹》下方的文字以及《天下九边分野　人迹路程全图》下方第一行的文字相近，但没有关于星野的内容，且其左侧行首的文字为“梁氏旧图（即梁辀的《乾坤万国全图　古今人物事迹》）户口赋税”；第二行文字主要记载了各省至其他省份的距离，但没有府州县的数量和名称；第三行文字包括对长城沿线各关口的描述以及对周边各国的描述，这显然就是《天下九边分野　人迹路程全图》图幅两侧的文字，但在第三行文字的左侧增加了对安定卫、暹罗国、三佛齐、苏禄国和西洋古里国的文字描述，且在第二行、第三行的行首记有“曹氏旧图（也即曹君义的《天下九边分野　人迹路程全图》）各省边镇外国路程”。此外，该图在图幅上方没有文字。

笔者还搜集到一幅来源不清的“乾隆今古舆地图”的扫描件，其与大英图书馆所藏在内容上几乎完全一致，但地图下方的残损存在差异，因此两者并不是同一幅地图。

十四 京都大学图书馆所藏未有图题的地图

在网上还流传有一幅未有图题的地图，据该图右上角的藏书印来看，该图为日本京都大学所藏，但目前未在该图书馆网站和藏图目录上查找到这幅地图。

该图与《古今形胜之图》非常近似，但也存在一些差异，如“南京”改为“江南”，但却保留了“应天府”，北京旁边的“我太宗徙都此”被

① 李孝聪：《欧洲收藏部分中文古地图叙录》，第169页。

错误地改为“明太祖徙都于此”。其与《古今形胜之图》最大的差异在于，该图对明朝直接控制的地理空间之外的国家和地区进行了改绘，从绘制方法来看，很可能参考了西方地图，且增加了台湾、琉球以及附近岛屿、万里长沙，删除了对朝鲜的说明以及日本，图中某些地方的里至改为到日本的里至，如“广南”“至日本四千四百八十里”，图中一些地点也用日语标注。总体来看，这幅地图很可能是日本人基于明代的《古今形胜之图》的原图或者后来的忠实于原图的摹绘本改绘的。

由于原图并没有任何能表明其改绘时间的文字，而图中政区（中国境外的）数量也少，无法用来进行考订，且考订出来的也只是地图所表现的时间，而不是地图绘制的时间。不过按照钟翀的认知，这类地图在日本曾极为流行，甚至延续到了19世纪后期，因此大致可以认为这幅地图绘制时间应当在此之前①，且地图绘制时间与本章的研究并无直接关系，因此不再进行进一步的分析。

在对这一系列地图的谱系进行归纳之前，需要先对以往中国古代地图谱系研究的方法进行讨论。

由于中国古代缺乏记录地图之间相互关系的文本材料，同时如同“古今形胜之图”系列地图所展示的，地图上通常也极少记录其绘制时所依据的底图和材料，因此以往地图谱系研究的主要方法就是通过确认地图图面内容的相似性，根据地图绘制年代的先后，从而确定地图之间的参照关系，并就此确定地图之间的脉络和谱系，但这种研究方法存在如下问题：

第一，图面局部内容的相似，如呈现河源的方法、描绘山东半岛的方式，可能只是来源于当时的一种习惯画法，因此并不能用于证明两幅地图之间存在明确的传承关系，以及属于相同的谱系。

第二，即使可以基本确定属于相同谱系的图面内容大致相似的地图，也无法判断它们之间是否存在直接传承关系。因为，我们目前看到的地图可能只是当时绘制过的地图的一小部分，大量地图都丢失了，因此图面内容大致相似的地图之间的关系存在多种可能：有可能确实存在直接传承关系；有可能它们之间有着传承关系，但其间还存在着其他地图；也有可能

---

① 这一信息通过与钟翀教授的微信交流的方式获得，在此对钟翀教授表示感谢。

它们都来源于共同的更早的祖本。不仅如此，通常而言研究者会认为两幅图面内容相近的地图之间，绘制时间较晚的应当是依据绘制时间较早的地图改绘的，但显然也存在这样的可能，即留存下来的绘制时间较晚的地图，其所依据的祖本时间可能很早，因此在谱系中其要比绘制时间较早的地图，更接近于最初的原本。后文分析的《天下九边分野 人迹路程全图》与《大明九边万国 人迹路程全图》之间，虽然图面内容极为相似，且时间存在先后，但它们之间很可能并无直接的承袭关系，这不仅体现了地图之间关系的复杂性，而且展现了准确断定地图谱系基本是不可能。

总体而言，由于丢失的历史信息过多，因此对于地图谱系的分析和重建，目前比较可行的方法和目标就是依据图面（地图以及文本）的整体特征来归纳属于同一谱系的地图，然后同样基于图面特征来确定谱系中的子类，并通过内容的删减、增补以及各子类地图出现的最早时间，大致推断各子类之间的先后关系（但不一定有着直接传承关系），而对属于同一子类的地图，在没有确实证据的情况下，不去推断它们之间的传承关系。本章即以此为标准和目的，对“古今形胜之图”系列地图的谱系进行分析。

根据图面内容和文字，“古今形胜之图”系列地图大致可以分为三个子类：

第一个子类包括：《古今形胜之图》、《图书编》“古今天下形胜之图”、《皇明职方地图》“皇明大一统地图”、《地图综要》“华夷古今形胜图”和京都大学藏未有图题的地图，与其他两个子类相比，这一子类的明确特征就是缺乏地图周边的文字。不过这一子类中的京都大学藏图绘制时还参考了西方的地图，因此与该子类中的其他地图存在一些差异。

第二个子类包括：《乾坤万国全图　古今人物事迹》《（天下）分（野）舆图　（古今）人（物事）迹》《历代分野之界　古今人物事迹》。这一子类与第一个子类相比，较大的差异在于：1. 增加了地图下方的文字；2. 绘制的地理范围有所扩展；3. 地图图面上的文字注记也存在显著差异。

第三个子类包括：《天下九边分野　人迹路程全图》《天下九边万国人迹路程全图》《大明九边万国　人迹路程全图》。与第二个子类相比，这一子类增加了地图左右两侧的文本以及地图下方第二行的文字，地图所涵盖的地理范围更为广大，且重写了图面上的文字注记。

仅就目前获得的模糊影像来看，《备志皇明一统形势 分野人物出处全览》与上述三个子类应当都存在较大区别；《皇明分野舆图 古今人物事迹》似乎是第一个子类与第二个子类的结合，其图面范围近似于《古今形胜之图》，但图面上的文字注记则存在差异，而地图下方的文字则与第二个子类更接近；“乾隆今古舆地图”似乎是第二子类与第三子类结合的产物，其地图本身属于第二个子类，而地图下方的文字则主要来源于第二个和第三个子类。

还需要说明的是，虽然本章介绍了14幅地图，但从后文的分析以及钟翀的介绍来看，这一系列地图在明代后期之后，尤其是在日本曾长期流传，因此目前存世的应当不止上述这14幅地图，且上述这14幅地图中的一些笔者也未获得清晰的图影，但从知识史的角度来看，上述地图已经可以代表这一系列地图所承载地理知识，而本章的研究重点也在于地图上的知识而不是对地图谱系的完整梳理。

总体来看，“古今形胜之图”系列的三个子类之间，不仅一方面正如后文所述它们有着共同的资料来源，使用了共同的底图，而且虽然在图面文本上存在较大差异，但图面文本注记针对的事件、地点，甚至在图面上的位置都是近似的，且目前存世的三个子类地图的出现时间也存在着明显的先后，因此有可能它们之间存在着承袭关系，即第三个子类脱胎于第二个子类，而第二个子类脱胎于第一个子类。但需要强调的是，新子类的产生并不意味着旧子类的消失，它们在明代后期直至清初的很长时间内是并存的，且上述对承袭关系的推论正如前文所指出的，忽略了历史的多种可能性，因此只备一说，并不是确凿的结论。

再次强调的是，目前所见到的这些地图可能只是当时刊刻的这类地图中的一部分，且这些地图之间都存在一些差异和相似性，因此要彻底厘清它们之间的关系并不可能，且这方面对于本章的研究主旨而言也无必要。

第二节 “古今形胜之图”系列地图的资料来源

如同存世的绝大多数中国古代地图，“古今形胜之图”系列地图也不是绘制者新绘制的，且其资料来源多种多样。

在分析其资料来源之前，需要阐明一个与研究方法有关的问题。我们目前所能看到的文本文献和地图只是当时生产的文本文献和地图的一部分，不仅如此，文本文献、地图之间的关系也是错综复杂的，这一点在上文谱系部分已经进行了介绍，因此，在这种情况下，要明确考订出某幅地图的准确资料来源是不太可能的，即使通过考订得出的明确结果通常也缺乏说服力，只是一种可能性而已。而且对于研究对象为地图以及文本文献的很多研究而言，明确的结果似乎也没有太大的意义，通常所需要知道的是，我们所研究的文本文献和地图在绘制时确实参考了之前的文本文献和地图，是基于当时已经被系统化的知识，而不用太关注这些被系统化的知识的最初来源，而追溯最初来源，应当也是难以完成的任务。

根据上文所述，“古今形胜之图”系列地图分为三个子类，各子类之间无论是在底图还是在文本上都存在一些差异，而在各子类内部，差异则较少，因此下文就目前各子类存世最早的地图进行分析，当然正如上文所述，这些地图很可能并不是各子类中实际上最早的。此外，在后文分析时还会提及各子类中存世的其他地图与这些地图之间的主要差异。

一 地图的底图

明代后期绝大部分地图都是基于三套底图绘制的，即桂萼《广舆图叙》“大明一统图”、罗洪先《广舆图》“舆地总图”和《大明一统志》“大明一统之图”，这三幅底图的绘制要素和形式有着各自的特点，由此很容易判断基于它们绘制的各类地图使用的底图。

“古今形胜之图”系列的几乎所有地图，都将黄河源绘制成葫芦形，且在葫芦形的两个圆圈内分别标为“黄河源”和“星宿海”，这是典型的桂萼《广舆图叙》“大明一统图”的特点。不仅如此，这一系列地图中，将“汉江”和“长江”的源头分别标在了四川“成都府”的两侧，在今天山西部分夸张地绘出了济源，这些描绘方式与《广舆图叙》“大明一统图”谱系中的“舆地总图”子类的绘制方式相同，且对洞庭湖和鄱阳湖夸张的绘制方式，以及长城与黄河交汇处的位置也是如此。[①] 不过，《古今形胜之图》在地图图面上也增加了一些内容，最为突出的就是西北方向上的山脉、朝鲜以及从黄河凸字形顶端向北延伸的河流，此外也省略了一些内容，如西北方向上的“沙碛”。总体而言，“古今形胜之图”系列地图与《广舆图叙》“大明一统图”谱系中“舆地总图”子类必然存在一定的渊源关系，不过基于现有的证据，我们无法进一步确认“古今形胜之图”系列地图与《广舆图叙》“大明一统图”谱系“舆地总图”子类的明确关系。我们今天见到的《古今形胜之图》刊刻于明嘉靖三十四年（1555），且是重刻本，而目前所能见到的《广舆图叙》“大明一统图”谱系“舆地总图”子类中最早的地图绘制时间也在这一时间之后。

“古今形胜之图”系列三个子类的地图之间在对明朝的呈现上基本相似，但也存在些许的差异，如第二个子类与第一个子类在对“青海”及其附近的“鸟海”的绘制方式上存在明显不同，在对“汉江”和“江源”的呈现上也有着差异。

更为明显的差异在于，虽然“古今形胜之图”系列地图的第二个子类和第三个子类都受到传教士所绘地图的影响，扩展了绘制的地理范围，不过两者之间也存在差异。第二个子类，其图面绝大部分呈现的都是明朝直接控制的地理范围，只是利用传教士绘制的地图将地图呈现的地理空间扩展到了欧亚；第三个子类，绘制的空间范围则包括了“全球”。关于第三个子类绘制域外区域时参考的地图，陈健提出《天下九边分野 人迹路程全图》“尤其受到利玛窦 1584 和 1602 年分别绘制的两幅地图的影响，其中前一幅是中国第一幅世界地图，现已遗失，当时活跃于南京的 Francesco Sabniasi SJ 绘制的地图也多少对该图产生了影响”[②]。这一观点显然有些绝对，虽然《天下九边分野 人迹路程全图》南北美洲和非洲、欧洲的一些地名在《坤舆万国全图》上确实可以找到，但也存在一些缺乏对应的地

---

① 关于《广舆图叙》“大明一统图”谱系中的“舆地总图”子类，可以参见成一农《中国古代舆地图研究》，中国社会科学出版社 2018 年版。属于这一子类目前可以见到的地图有《存古类函》“舆地总图”、《遐览指掌》“明舆地总图”、《分野舆图》“全国总图”、《天地图》“全国总图”、《筹海重编》“一统舆图”、《地理图》（扇面）和《地图综要》“京省合宿分界图”。

② 陈健：《〈天下九边分野人迹路程全图〉图说》，《地图》1994 年第 3 期，第 56 页。

名，更为重要的是，当时在中国流传的欧洲传教士的地图数量众多[①]，且很多目前已经散佚，再加上历史的复杂性，因此如同前文所述，要确凿无疑地指出其所依据的传教士绘制的地图显然是不可能的，结论也是不太可信的。

此外，第一个子类中的京都大学所藏地图的域外部分同样来源于西方地图，比较有特点的就是对“万里长沙”的描绘方式，这是16世纪初至19世纪初，最晚延续至19世纪中期的欧洲地图的特征，而目前没有证据证明这种绘制方式来源于中国古代地图。[②] 如前文所述，该图域外部分很可能是日本人在改绘时增加的，属于改绘时日本人的“知识”，超出了本章讨论的范围。

二 地图上文字的来源

第一子类，《古今形胜之图》

《古今形胜之图》的右下角有一段文字，即“依统志集此图，欲便于学者览史，易知天下形胜、古今要害之地，其有治邑原无典故者不克尽列。信丰甘宫编集”，大意就是该图是用依照“统志”编辑的，而“统志”应当指的就是《明一统志》。如果将图中文字与《明一统志》进行比较，可以确认图面上的文字确实可以经由《明一统志》编纂而来，如图中关于“哈密”的文字注记为“古伊吾庐地，为西北诸胡要路。汉明帝□镇之，本朝设卫奉贡”，《明一统志》卷八十九“哈密卫”条的记载为：“本古伊吾庐地，在敦煌郡北，大碛之外，为西北诸国往来要路。汉明帝始取其地，后为屯田兵镇之所，未为郡县……本朝永乐二年设哈密卫……六年，脱脱暨其祖母速哥失里俱遣使朝贡；风俗，人性犷悍，居惟土房，衣服异制，饮食异宜。陈诚《西域记》：回回、鞑靼、畏吾儿杂处，故衣服异制，饮食异宜。”[③]

当然文字编辑过程中也存在着错漏，如在“西番”条中，将《明一统

---

① 参见黄时鉴、龚缨晏《利玛窦世界地图研究》，上海古籍出版社2004年版。

② 丁雁南：《地图学史视角下的古地图错讹问题》，《安徽史学》2018年第3期，第22页。

③ 本章使用的《明一统志》的版本为明天顺版（三秦出版社1990年版），而四库全书本《明一统志》经过了删改，如删掉了卷八十九的“女直”部分。

志》的记载“唐贞观中始通中国，既而灭吐谷浑尽有其地”，简化为“唐太宗尽有其地”，显然不符合原意以及史实。当然，虽然根据《明一统志》确实可以编纂出地图上的绝大部分图注，但还存在另外一种可能，即该图的作者是直接抄录或者改编自基于《明一统志》的其他材料。因此，我们能得出的切实的结论就是，《古今形胜之图》图面文字所依据的资料可以追溯至《明一统志》。

此外，《古今形胜之图》的作者除使用了可以追溯至《明一统志》的材料之外，应当还参考了其他资料，如“辽东都司”条，图文“东西千余里，南北一千六百里”，而《明一统志》的记载为“东至鸭绿江五百六十里，西至山海关一千一十五里，南至旅顺海口七百三十里，北至开原三百四十里”，东西接近1600里，南北将近1100里，与图中所记存在较大差异，尤其是南北方向，但也有可能是地图的图文将《明一统志》中的南北距离和东西距离颠倒了。

第二子类，《乾坤万国全图 古今人物事迹》

《乾坤万国全图 古今人物事迹》中的文字主要分成两部分，即地图图面上的文字以及地图下方的文字：

虽然该图地图图面上文字注记的位置与《古今形胜之图》大体相近，且同样可以追溯到《明一统志》，但两者在具体字句上存在较大差异，因此该图并不是直接抄自以《古今形胜之图》为代表的第一子类地图。如该图“哈密”的文字注记为“在肃州西北，为诸胡往来要路。其性狡悍，与回回鞑靼杂居。汉明帝屯田镇之。我朝设卫治之，被土番残破，今奉贡”，与《古今形胜之图》明显不同。

不仅如此，《乾坤万国全图 古今人物事迹》也增加了一些图注，主要集中在地图下部的海域中，如“浡泥国”“麻林”“苏门荅剌”等。同样也存在少量来源于其他材料的图注，如上文“哈密”条中的“被土番残破，今奉贡”一句，以及地图下部海中的“苏门荅剌”“大泥僚”“马路古地方”。①

地图下方的文字，主要记录了各省所属府州县、户口以及一些税收和

① 但“浡泥国”“麻林”的文字注记与《明一统志》的记载相合。

盐引的数据，如北直隶“府八，属州一，直隶州二，县一百一十六。户四十一万八千七百八十九，口三百四十一万千二百五十四，米麦六十万一千一百五十二石，丝二百二十四斤，绢四万五千一百三十五疋，棉花二万三千七百四十八斤，钞九贯，马草八百七十三万七千二百八十四束，长芦盐运司大引折引一千八万八百七十”。这套数据广泛存在于明代后期的文献中，在《广舆图》《皇舆考》《图书编》《皇明经济文录》《名臣经济录》等书，以及在明代后期广泛流传的民用类书，如《万宝全书》等都有记载。根据现有材料，这套数据大致最早能追溯到桂萼的《广舆图叙》。《广舆图叙》目前最早能见到的版本就是明嘉靖四十五年（1566）的李廷观刻本，但桂萼卒于嘉靖十年（1531），且该书中桂萼写给嘉靖皇帝的奏文注明的时间为嘉靖八年（1529），因此《广舆图叙》应成书于这一时间之前。又据王庸《桂萼的舆地指掌图与李默的天下舆地图》[①] 一文的考订，《广舆图叙》（即《舆地指掌图》）是对明李默《天下舆地图》的抄袭，而《天下舆地图》的成书时间大致是在这一时间之前不久。因此，可以大致认为这套数据应当定型于嘉靖初年。

桂萼的《广舆图叙》中只有户口数量以及各种税收物品的数量和盐引的数据，并没有记录各省所辖府州县的数量，而各省所辖府州县数量的数据最早可以追溯至罗洪先的《广舆图》。如山东，《广舆图》记为“领府六，属州一十有五，县八十九”，而图中所记为“府六，属州十五，县八十九”；南直隶，《广舆图》记为“府十四，属州一十三，县八十八，又州四，属县八”，而《乾坤万国全图 古今人物事迹》中则为“府一十四，属州十三，直隶州四，县九十六”，其中《广舆图》的“又州四”显然指的是直隶州，其所记“县八十八”与直隶州所属的“属县八”相加正好为图中所记的“九十六”。但也存在些许差异，如“北直隶”，《广舆图》记为“府八，属州一十七，县一百一十五，又州二，属县一”，其中“府”“（直隶）州”和“县”的数量（县的数量包括“县”和“属县”）与《乾坤万国全图 古今人物事迹》相合；不过关于“属州”的数量，《乾坤

---

① 王庸：《桂萼的舆地指掌图与李默的天下舆地图》，《禹贡》半月刊第 1 卷第 11 期，1934 年，第 10 页。

万国全图 古今人物事迹》中记为“属州一”，这很可能是《乾坤万国全图 古今人物事迹》抄录的错误，因为《天下九边分野 人迹路程全图》中所记与《广舆图》基本相合。

此外，还需要注意的是“浙江”“江西”“湖广”“福建”“广东”“广西”“云南”条中有着对分野的记述，而其他各省则没有列出相关内容，由此在内容上不太一致，原因不详，而对其资料来源的分析，参见《天下九边分野 人迹路程全图》部分。

第三子类，《天下九边分野 人迹路程全图》

《天下九边分野 人迹路程全图》中的文字主要分成三部分：

该图地图图面上的文字，虽然同样是使用可以追溯到《明一统志》的材料编纂的，但与《乾坤万国全图 古今人物事迹》和《古今形胜之图》都存在差异，且《乾坤万国全图 古今人物事迹》和《古今形胜之图》所记述的部分内容，不存在于《天下九边分野 人迹路程全图》，如“哈密”“亦力把力”，因此这一部分的文字，《天下九边分野 人迹路程全图》很可能是基于可以追溯到《明一统志》的材料重新编辑的。

地图下方第一行的文字，基本与《乾坤万国全图 古今人物事迹》相同，但补全了所有省份的分野，增加了直隶州的名称、卫所的数量以及王府的名称和所在位置。其中各省所属直隶州的名称，在《广舆图》中有着对应的记录。

卫所的数量，《天下九边分野 人迹路程全图》所记与《广舆图》虽然大部分近似，但也存在一些差异，如北直隶，《广舆图》记为“亲军卫三十九，属所二百五十二，守御千户所一；在京属府卫三十八，属所二百三，守御千户所二；在外直隶卫三十九，属所一百二十二，守御千户所九；大宁都司领卫十，属所五十四，守御千户所一；万全都司领卫十五，属所七十六，守御千户所七”；《天下九边分野 人迹路程全图》所记为“亲军卫三十九，所一百五十七，牺牲所一；在京属府卫三十八，所二百零五；在外直隶三十九，所二百一十。大宁郊[①]司领卫十一，所五十五；万全都司领卫十五，所八十三”，两者不完全相合。

---

① 原文如此。

《广舆图》中记录了各省王府的名称和位置，且大部分与《天下九边分野 人迹路程全图》相合，但也存在一些差异，如在山东，《广舆图》中并未记载“泾府”；又如山西，《广舆图》中没有记载“吉府”。且虽然《广舆图》记载“代府”在太原城，“沈府”在潞安，但都没有记载具体位置，而《天下九边分野 人迹路程全图》则分别记载为“代府，大同治东”“沈府，潞安治东”。

总体来看，《天下九边分野 人迹路程全图》下方第一行的文字中增补的内容，与《广舆图》所记数据并不完全契合，存在些许差异，但明代后期存在大量以《广舆图》为基础编绘的著作和图集，因此可以认为《天下九边分野 人迹路程全图》或是参考了这些以《广舆图》为基础编绘的著作和图集，或以《广舆图》为基础还参考了其他一些材料。

关于各省所对应的星野，虽然在明代后期的大量文献，如《图书编》“国朝列郡分野”“星宿次度分属天下州郡国邑考”以及一些日用类书中都有记载，但大部分只是简单地记载为“自轸十二度为寿星，于辰在辰，郑之分野，属兖州”，与图中所记基本无法完全对应，且缺少府和直隶州的数据。[①]《图书编》中的“国朝列郡分野”虽然记录了府、(直隶)州的分野，如“北直隶顺天府古幽州，尾箕分野，汉名广阳宋名燕山；保定府，古幽州尾箕分野，汉为涿郡；河间府，古幽州，尾箕分野，秦为巨鹿、上谷；真定府，古冀州，昂毕分野，秦为巨鹿、常山；顺德府，古冀州，昂分野；广平府，古冀州，昂分野，秦为邯郸；大名府，古冀、兖二州，室壁分野，商旧都，春秋为晋地，唐为魏郡，周为天雄军”，但与《天下九边分野 人迹路程全图》所记存在一定差异。在明代后期也存在基于桂萼《广舆图叙》的“大明一统图”为底图绘制的“二十八宿分野图”[②]，且这一地图大量存在于当时流行的日用类书中，只是图名存在差异。[③] 因此，虽然目前无法确指《天下九边分野 人迹路程全图》星野部分的资料来

① 如图中对北直隶分野的记载为“自鬼十度至午十一度，为折木于辰在寅，燕之分野，属幽州。顺天、保安、延庆入尾度，河涧、保定入尾箕度，惟大同、真定入室毕昂度，顺德、广平昂度，为定州入名入室”。

② 参见成一农《中国古代舆地图研究》，中国社会科学出版社2018年版。

③ 关于对明代日用类书中收录的地图的介绍，参见本篇第七章。

源，但可以肯定的是，在当时的大背景下，这样的资料应该是比较容易获得的。且需要注意的是，《天下九边分野　人迹路程全图》中关于星野的记载各省详略差异较大，如北直隶、南直隶等省细化到府和直隶州，而云南、广西等省只是涉及省的分野，因此有可能其资料来源也是零散的。

地图下方第二行的数据[①]：有些与第一行是重复的，如府州的数量和名称，而且还存在一些差异，如“河南”，第一行没有列直隶州，而第二行中有“直隶州一”，因此可能这两者有着不同的数据来源。而且，这种重复的数据，如果来源相同的话，那么是没有必要重复出现的。

第二行中还包含了距离数据，包括北京至南京和十三省、南京至十三省各省，以及各省至其余十二省的距离。不过，在电子版《四库全书》和《基本古籍库》中皆检索不到这些数据的来源，同时这些数据也不存在于《寰宇通衢》、明代后期的日用类书以及《一统路程图记》《士商类要》等商用路程指南著作中。[②] 日用类书以及《一统路程图记》《士商类要》等商用路程指南著作中的数据主要集中于从南京、北京至各省的距离，而缺乏各省之间的距离数据，且它们记载的两京至各省距离主要是两者间各驿站之间的里程，因此需要进行整合后才能得到两京至各省的距离数据。

《天下九边分野　人迹路程全图》在第一行的“江西”部分还增加了一段文字，即“章州府云都县五鸿隐而作四锦天窃人之六而不任其□然又为老成也暴人之物也不知有又四然而不定者匠也吾暴布不布为虎各而不忍为鼠宁守斯廪以安吾处此铭大关世教故附隶焉”，这段文字非常难以句读和理解，经查，明代彭大翼的《山堂肆考》卷一百三十《米囷铭》的文字与其相近，《米囷铭》为：“宋雩都人王鸿，博学，工篆隶草书。皇佑中，

---

① 如北直隶为“府八，顺天、保定、河间、真定、顺德、广平、大名、永平；直隶州二，延庆、保定，共领州县二百三十二。至南京二千四百二十五里；至浙江三千三百四十里；山东九百二十五里；福建五千二百二十里；山西一千二百三十里；江西二千九百八十五里；河南一千三百十五里；湖广二千五百二十七里；陕西二千三百九十里；四川四千七百三十里；广东五千五百四十里；广西五千十五里；云南五千五百七十里；贵州四千七百三十里。”

② 不过需要提及的就是，按照研究，明代后期的日用类书中对于路程的记载与《一统路程图记》《士商类要》是相近的，参见王勇《论明代日用类书中的指南性交通史料》，《宜宾学院学报》2018 年第 8 期，第 70 页。

试南宫不利，遂归隐。尝为《米囷铭》，曰：夫窃人之食而不任其事，又骚然而为害者，鼠也；暴人之物，而不知畏，又肆然而不足者，虎也。吾暴而不忍为虎，窃而不忍为鼠，宁守斯廪以安吾处。”显然地图在抄录这段文字时，发生了非常多的错漏。

地图左侧的文字是关于域外地区和诸国的，其中很多在图面上已经进行了描述，如日本国、高丽国等，但有些则没有出现于地图图面中，如黑人国、藏国等。就具体内容而言，主要记载的是域外地区和诸国距离京师（北京）或者江宁的距离，这些距离数据同样在《四库全书》《基本古籍库》以及目前存世的各类日用类书、商用书籍中皆查找不到，似乎说明其流传不广。

地图右侧的沿边各镇和关口至北京的距离数据，也无法在《四库全书》《基本古籍库》以及目前存世的各类日用类书、商用书籍中找到，虽然在《士商类要》中有着少量这类数据，但非常零散、极不全面，因此可以认为这些数据同样应当来源于在当时和后世流传不广的资料。

此外，这一子类中的《大明九边万国　人迹路程全图》，其文字基本与《天下九边分野　人迹路程全图》近似。当然，正如前文对方法的讨论所说，这并不能说明《大明九边万国　人迹路程全图》直接来源于《天下九边分野　人迹路程全图》。且前者有时改正了后者的一些文字错误，如将上文提及的北直隶“大宁郊司”改成正确的“大宁都司”，由此更证明了两者之间很可能不存在直接的承袭关系，至少我们目前所见的这两幅地图的版本之间不存在直接的承袭关系。此外，由于是清人刊刻的，所以增加了一些清代的内容，如对朝鲜的描述，将《天下九边分野　人迹路程全图》的最后一句“至今朝贡不废”改为“前朝朝供不□”等。又由于该图后来由日人“帝畿书坊梅村弥白重梓”，因此某些部分似乎还带有日本人改写的痕迹，具体参见前文。

总体而言，这一系列地图绘制所依据的底图，无论是中国的地图，还是西方传教士绘制的地图，在明末清初都应属于“流行知识”。同时，这一系列地图上的文本，其主体内容也基本可以追溯至当时流行的一些文本，只有少量内容无法在留存至今的当时的主流文本中找到。

第三节 “古今形胜之图”系列地图所针对的对象及其功能

“古今形胜之图”系列地图，以往的研究者或将其称为“历史地图”①，或将其称为“读史地图”②，或认为其为学者学习历史的工具③，但就其绘制内容和特点来看，这三种对其命名和功能的认定似乎都存在问题。

“历史地图”，通常指的是以地图绘制时间的政区、山川为基础，或表现之前某一历史时期的政区、山川，或表现某些历史事件发生过程的地图，前者以谭其骧主编的《中国历史地图集》为代表，后者以郭沫若主编的《中国史稿地图集》为代表。但“古今形胜之图”系列地图，虽然基本以明代后期的政区、山川为底图（当然受到绘图数据的影响，图面上的政区并不完全属于同一时间，而且这类地图中的某些经过了修订，因此地图上地理要素的时间并不统一），但并未表现之前某一时期的政区和山川，也未表现某一历史事件的发生过程，而只是用文字记录了大量不同时期的历史事件和某些地区的历史，因此并不符合“历史地图”的定义。

从表面上来看，本章涉及的这类地图，在地图上用文字记录了大量历史事件和地区的历史，确实可以用于在读史时作为辅助工具，且这一系列地图中的某些地图，如《古今形胜之图》在图跋中也提到了这一点，即“欲便于学者览史，易知天下形胜、古今要害之地”，但问题在于，这类地图上记载的历史事件过于简单，基本都是“著名事件”，如《古今形胜之图》中北京旁边注记为“我太宗徙都此，国初曰北平布政司”，南京旁边的注记为“我太祖定鼎应天”，用于读史显得过于简单了；周边地区和国家的注记虽然较为详细，但这些对于中国古代的学者而言又并不是关注的重点。因此，这类

---

① 如《中华舆图志》将《古今形胜之图》分类为“历史地图”，参见《中华舆图志编制及数字展示》项目组《中华舆图志》，中国地图出版社 2011 年版。

② 笔者之前也曾持这一观点，参见成一农《从古地图看中国古代的“西域”与“西域观”》，《首都师范大学学报（社会科学版）》2018 年第 2 期，第 25 页。

③ 如孙果清和任金城都持这一观点，参见孙果清《古今形胜之图》，《地图》2006 年第 12 期，第 106 页；任金城《西班牙藏明刻〈古今形胜之图〉》，《文献》1983 年第 3 期，第 213 页。

地图虽然确实可以用于“读史”，但似乎并不是它们的主要功能。

要理解这一系列地图的性质和功能，需要从其所针对的对象入手。

虽然，“古今形胜之图”第一个子类中的地图被一些有着较高知识水准的士大夫编纂的著作所收录，如《皇明职方地图》《地图综要》等，而《图书编》所针对的对象也应当是有着一定知识水准的士大夫，因此这一系列地图中的第一个子类，其对象应当是有着一定知识水准的士大夫。不过，从目前掌握的材料来看，这一子类的地图在国内流传范围不广，没有太多后续的版本，因此，其虽然有着读史或者用作学习历史时代的辅助工具的功能，但这一功能可能并不显著。

从第二、第三子类来看，其对象针对的应当是只有基本读写能力，甚至是不太识字的普通民众，原因如下：

第一，从这一地图的出版者来看，基本都是默默无闻之辈，且其出版地主要集中在南京、福建，而这些地区在明末正是日用类书的主要出版地[①]，且这两类地图版本众多[②]，由此其与明清时期的民间日用类书的对象有可能是相近的。

第二，在对文本的整理过程中，可以发现在第二、第三子类的地图中充斥着文字错误，而且很多是非常低级的错误。以《天下九边分野 人迹路程全图》为例，在地图下方对北直隶的描述中“大宁都司”被误写为“大宁郊司”；对云南的政区记述中文字错误极多，如“秦之分野”被写为“奉之分野”，“芒市”被误写为“芸布”，“干崖”被误写为“子崖”等等，最为不可理解的就是地图下方引用的可以追溯到明代彭大翼《山堂肆考》中的《米困铭》的那段文字，错字多到完全不可读。这样的错误或多或少地存在于第二、第三子类中的地图中，不过这样的错误似乎没有影响这一系列地图的“销量”，而且销售者也无意或者不在意对其中的错误进行认真的修改，因此不由得让人猜测其针对的对象的知识水平应当相当有限，以至于无法识别出或者不在意地图中存在的这些错误。

---

① 参见吴慧芳《万宝全书：明清时期的民间生活实录》，花木兰文化出版社 2005 年版，第 51 页。

② 如前述所述，本章只列出了根据目前出版的图录所掌握的版本，但按照李孝聪教授在欧洲访图的经历来看，这些地图在欧洲各藏图机构被广泛收藏，具体参见前文介绍。

顺带提及的是，对此我们有理由怀疑古代的一些刻工很有可能也是不太识字的，毕竟按照常理，虽然最初编纂而成的地图中有可能会存在错误，但应当不会存在这样多以及如此“低级”的错误，这些错误很有可能发生在刊刻过程中。虽然其中一些有可能是由刻工的马虎造成的，但如此大量的错误，尤其是对相近字形识别上发生的错误，最有可能是由于刻工缺乏识字能力造成的。这样的问题甚至也存在于官修的书籍中，如刊刻于宣统元年的《贵州全省地舆图说》①，但作为有着官方背景的书籍，其中的错误要少得多。由此我们还可以进一步推测，书籍所针对的受众的知识水平，决定了书籍刊刻时雇用的刻工的知识水平。

第三，“古今形胜之图”系列地图上的很多知识是过时的。如地图下方文字记载的人口、税收数据可以追溯至成书于嘉靖初年的桂萼的《广舆图叙》，也即这套数据对应的时间最晚就是嘉靖初年，但这套数据在直至清朝康熙年间的地图上依然被抄录。当然这一问题不仅局限于这套民用地图，在明代后期编纂的各类基于《广舆图》的书籍也是如此。如果说上述这些数据由于没有太多的时间标记，所以无法直观地看出“过时”的话，那么对于政区的呈现则明显是“过时”的。如前文所述，这一系列地图的底图使用的是可以追溯至桂萼《广舆图叙》的地图，因此主要表现的是明代嘉靖时期的政区。进入到了清代，政区变化非常剧烈，与明代存在本质上的区别，虽然这一系列地图的清代刊本确实进行了一些调整，如将南直隶改为江南，但无法进行全局性的改变，由此当时已经裁撤的各个都司在地图上依然被保留下来，要解决这一问题除了改换底图之外，似乎别无他法，但这种情况并未发生。不仅如此，即使是府州县的地名，这一系列地图的清代刊本同样没有进行调整，尤其突兀的是一些到了清初被认为具有“侮辱性”的地名依然存在于地图上，如明代的“靖虏卫”在清初就改成了“靖远卫”，但图中依然标为“靖虏”，类似的还有“平虏”。在清初文

---

① 《贵州全省地舆图说》，宣统元年（1909）贵州调查局印制。石印本，画方计里不等；共4卷，分为4册；图幅41×29.5厘米。收藏于中国国家图书馆。首卷为通省及各府、直隶州、直隶同知总图，共17幅；上、中、下三卷为府、州、厅、县分图，共72幅。一图一说，图说详细介绍了各政区的历史沿革、经纬度，与京师、所属府（直隶州）的距离以及山川、道路，尤其详细记载了村寨等聚落的分布和名称。其中存在一些文字错误，如将“叉”误刻为“入”等。

字狱的背景下，这显然尤其不合时宜。而且对地名的有些更改显然是错误的，如“乾隆今古舆地图”中将“北京”改为“盛京”。

综合上述三点，我们也就非常有理由相信这一系列地图中的第二、第三子类的受众很有可能就是只有基本识字能力，甚至不识字的普通民众。

这一结论的一个旁证就是，以明清宫廷藏图为主的藏图机构，即台北“故宫博物院”、中国国家图书馆①、第一历史档案馆的藏图目录中都没有记载藏有这类地图，而就目前所见这类地图主要收藏在欧美各图书馆中，这些图书馆收藏的地图主要来源于清末民国一些在华的传教士、外交人士以及商人，而他们对于中国历史的掌握以及古文的阅读能力非常有限。

如果上述认知成立的话，那么我们也可以基于此推测出这一系列地图的性质和功能。首先，由于其受众是只有基本识字能力，甚至不识字的普通民众，因此也再次佐证这一系列地图，尤其是第二、第三子类地图的功能应当不是“历史地图”“读史地图”以及历史教学的辅助工具。其次，由于这一系列地图汇集了大量常识性的历史和地理知识以及各种来源的在当时流行的地图，因此其最为直接或者表面上的功能很可能与同时期流行的日用类书是相近的，即针对粗通文字的普通民众，使他们可以获得一些最为基本的历史、地理方面的知识，因此可以将这一系列地图称之为“日用历史和地理知识地图”。

如果这一解释成立，那么，如何理解这一系列地图中的某些地图的图跋中对其功能的介绍？其实，这种对其功能的介绍，可以被看成一种广告，毕竟在绝大多数时代，对于高层次的知识分子都是尊敬的，因此试想一位只有基本识字能力，甚至不识字的普通民众，如果在家中张挂一幅图跋中记述是为高级知识分子准备的地图的时候，其自尊心和虚荣心将会得到多大的满足。由此我们可以进一步推测，在基层人士以及粗通文字的普通民众中，这些地图的功能除了获得一些最为基本的历史、地理方面的知识之外，还包括被用来张挂，以凸显其所有者的“渊博学识”。如同我们今日某些人家中摆放的从未真正阅读过的二十五史、四大名著，以及在20世纪90年代之前很多人家中张挂的世界地图和中国地图，其功能不仅是被

① 只收藏有《天下九边分野 人迹路程全图》，另外还有《乾坤万国全图，古今人物事迹》是静电复印本。

作为阅读材料，而且还在于“炫耀”和“彰显”。这一系列地图在图面上记载了大量对于普通人而言基本无用的域外的历史和地理，似乎也从另一层面证明了这一点，毕竟由此可以使其所有者看起来不仅“贯通古今”，而且还“通晓中外”。

总体而言，从所容纳的知识来看，这一系列地图可以被称为“日用历史和地理知识地图”，其功能除了介绍一些基本的历史和地理知识之外，还被用于满足其受众的炫耀其“渊博知识”的心理需求。

进一步引申，作为知识载体的书籍、地图，其首先是一件物品，因此对于制作者、使用者、购买者、观看者而言，出于不同的目的，其功能是多样的，可以用于出售、展示、猎奇、炫耀、投资、学习，而传递知识只是功能之一，或者承载知识只是达成其某些目的和功能的手段，因此在研究中，我们不能假定知识载体的制作者、使用者、购买者、观看者都能以及希望理解或者掌握这些知识，也不能假定他们都在意其上所承载的具体知识，当然他们会在意其上承载的知识的整体。本章对“古今形胜之图”系列地图的受众及其功能分析恰恰证明了这一点。

由此带来的问题就是，以往日用类书的研究者以及对于古代各类文献的研究都假定它们的制作者、购买者、使用者、观看者都在意、理解和能够掌握其上承载的知识，这实际上抹杀了知识载体更为多元的功能和目的。与本章所分析的地图类似，日用类书实际上也是如此，包罗万象的知识，恰好可以用于炫耀、彰显，而其中存在的过时、错误的知识同样也长期流传。因此，并不能简单地认为日用类书就代表了当时的民间知识，在没有经过分析之前，大致只能认为它们代表了编纂者认为对于普通民众“有用”的知识，而所谓“有用”并不局限于日常使用，也包括彰显等功能，以往相关研究在这方面都犯了根本性的错误。

当然，这并不是否认《古今形胜之图》系列地图以及日用类书的传递知识的功能，而是强调这只是它们的功能之一，作为知识的载体，它们的首要目的并不一定是承载和传递知识，它们的功能是多元的，也是变化的。[①]

---

① 还需要提及的就是，这一系列地图的第二、第三子类基本都收藏于海外藏图机构，如果再考虑主要刊刻于福建，那么是否可以认为它们针对的对象有可能也包括当时来华的不太认识汉字、缺乏关于中国的知识的西方传教士以及商人呢？虽然这一推论缺乏资料支持，但目前并不能否定这一可能性；且我们确实不能忽视明末以后针对“海外市场”制作的地图以及其他图像产品。

第九章　中国古代全国总图中的风水地图

中国古代全国总图中的现存最早的风水地图产生于宋代，大致可以分为分野图、山河两戒地图以及三大干龙图三类，下面分别进行介绍。

第一节　分野图

“分野”，即中国古人通过将天上的星宿与地上的行政区划或者传说中上古时期的“九州”等区域对应起来，由此希望可以运用天象来预测对应区域的吉凶祸福。基于这种思想绘制的地图通常被称为“分野图”，也可以称为“分星图”。“分野”思想最早产生于春秋战国时期，但保存至今最早的分野图是宋代的。按照时间和地图的来源来看，大致有以下几种：

目前存世最早的“分野图”，应当是《历代地理指掌图》中的“天象分野图”，该图用天上的星宿来对应春秋末战国初的诸国，即齐、燕、鲁、宋、赵、卫、周、吴、越、楚、秦、韩、魏等。从地图绘制的内容来看，该图应当是以同一部地图集中的“七国壤地图”为底图改绘的，两图在各国的疆界、行政区划的位置等方面基本相同，只是“天象分野图”增了吴、越两国。该图此后被成书于明万历年间的《修攘通考》和刊印于明万历三十七年（1609）的《三才图会》所引用。

成书于南宋时期的《帝王经世图谱》（文渊阁《四库全书》本）中有三幅分野图，基本是以《历代地理指掌图》中的地图为底图改绘的：“周保章九州分星之谱”，从绘制内容来看，该图是对《历代地理指掌图》“周职方图”的简化，去掉了所有河流和水体，但将河流的名称都保留了下来，在图中划分了九州的区域且标注了分野，并在地图的两侧增加了对九州分野的考订和记述。“唐一行山河分野图”，可以认为是对《历代地理指掌图》“唐一行山河两戒图”的简化，且在该图右侧的文字注记中也提到了“此图据唐一行山河度数以所得汉唐郡国疆界图之最为精密”，而且图中还保留有“北戒”“南戒”的文字标记。“魏陈卓十二次分野图”，可以认为是对《历代地理指掌图》“唐十五采访使图”的简化。与《历代地理指掌图》不同的是，这三幅地图将大致相当于今天广东和广西两省的地域排除在分野之外。上述三幅地图在后世的书籍中基本未见被引用。

编订时间大致在宋末的《六经奥论》中存在一幅没有命名的地图，其主要表现的是上古时期的州域（图中有：青州、幽州、徐州、冀州、豫州、并州、益州、雍州、兖州、扬州、荆州）、春秋末战国初的诸侯国(齐、鲁、宋、赵、卫、魏、秦、韩、吴、越、楚、郑)、宋代的各路与星宿之间的对应关系，并且标注了唐一行的山河两戒（北纪、南纪、北戒、南戒）。该图在后世的书籍中未见被引用。

明清时期的分野图数量较多，从所用底图来看，基本可以分为两类：

以《广舆图叙》“大明一统图”为底图绘制的，大致有：万历二十七年（1599）刊行的王鸣鹤《登坛必究》“二十八宿分野之图”、成书于天启年间的陈仁锡《八编类纂》“二十八宿分应各省地理总图”、万历四十一年（1613）章潢《图书编》“二十八宿分应各省地理总图”、成书于崇祯五年（1632）的茅瑞征《禹贡汇疏》“星野总图”以及清代段汝霖《楚南苗志》“二十八宿分野之图”。《登坛必究》“二十八宿分野之图”以明代的两京十三省为基础政区，描绘了对应的星宿分野，《楚南苗志》“二十八宿分野之图”几乎与此完全相同。《图书编》“二十八宿分应各省地理总图”、《禹贡汇疏》“星野总图”和《八编类纂》“二十八宿分应各省地理总图”图面内容与《登坛必究》“二十八宿分野之图”几乎完全相同，都是以明代的政区为基础，只是去掉了高层政区之间的边界，且将图中书写在方形框中的底色为黑色、文字为白色的省名和分野名，改为底色为白色、文字为黑色，同时其余分野名则书写在圆形或者近似杏仁形的符号中，且底色为白色、文字为黑色。

以《广舆图》“舆地总图”为底图改绘的有：李克家《戎事类占》“州国分野图”、夏允彝《禹贡古今合注》“九州分野”、沈定之和吴国辅《今古舆地图》“九州二十八宿分埜图”，以及成书于明末清初的朱约淳《阅史津逮》“天文分野图”和清代张汝璧《天官图》“分野图”。《戎事类占》“州国分野图”保留了《广舆图》“舆地总图”的海岸线轮廓以及重要的河流，突出呈现了两京十三省，并以此为基础添加了州域（幽州、青州、兖州、徐州、扬州、豫州、冀州、荆州、并州、雍州、梁州）、春秋末战国初的诸国以及分野的内容，从图中绘制有长城来看，其有可能是根据《广舆图》“舆地总图”的万历刻本改绘的。《禹贡古今合注》“九州分野”精简了《广舆图》“舆地总图”中的河流和山脉，增加了星宿的内容，并且粗略绘制出了大部分府级政区之间的界线。《今古舆地图》“九州二十八宿分埜图”，与图集中其他地图相似，采用“今墨古朱”的表示方法，即明朝的府县用墨书标注，而“九州”和分野的内容则用朱色标注。此外，该图与图集的所有地图一样都绘制有长城，但与万历本《广舆图》的“舆地总图”所绘长城并不一致，长城向西延伸到了肃州，且黄河的绘制方法也与万历本迥然不同，因此其所用底本应当是《广舆图》的某一早期版本。《阅史津逮》“天文分野图”，以明代政区为基础，增补了分野的内容，从图中黄河的形状以及长城的形状和东至鸭绿江来看，底图使用的应当是万历版《广舆图》的“舆地总图”。《天官图》“分野图”，依然是以明代政区的基础，标绘了与分野有关的内容，但可能受到西方传教士的影响，将所绘区域放置在一个圆形的框架中。

此外，明清时期还有几幅与其他地图找不出太多关联的分野图，即：

明代吴惟顺、吴鸣球《兵镜》“二十八宿分野图”，该图粗略表现了明代的两京十三省，并标注了少量府（直隶州）级政区，然后标注了各地对应的分野。

明代徐敬仪《天象仪全图》“九州分野图”，该图应当受到了西方传教士的影响，将大地绘制为圆形，其中标注了九州（即青州、兖州、冀州、雍州、徐州、扬州、豫州、荆州和梁州），但图中并没有注明各地对应的星宿，即实际上没有呈现传统的分野的内容。

清代徐发《天元历理全书》中的“复古分野图”“古分野图”“天市

垣分野图”，与其他分野图类似，是以一幅全国总图为底图改绘的，但具体的底图尚待研究，不过“复古分野图”“古分野图”的一些特征，如河流、海岸线等，与《广舆图》“舆地总图”有些相近。与其他分野图不同的是，“复古分野图”和“古分野图”从中心向外放射出一些线条，并且与各区域对应的星宿都被标在地图的四周，而不是在对应的区域之中。其中“古分野图”所绘主要是各州域和春秋战国时期的各诸侯国；“复古分野图”主要展现的是清代的政区；“天市垣分野图”对其所依据的全国总图进行了大幅度的简化，只保留了河流，并标注了春秋末战国初的诸国。

从留存至今的分野图的内容来看，大致可以分为两类，一类是将天上的星宿与州域、春秋末战国初的诸国对应起来；另一类则是将天上的星宿对应于地图绘制时的政区，当然也存在将两者结合起来的地图。

第二节 山河两戒图

按照唐晓峰的研究，唐代以前，关于中国大地山脉格局的观念，出现过《山经》的“四区、五藏”、《禹贡》的“四列”、马融的“三条”等；他还引用了周振鹤的观点，认为自唐朝始，至明代王士性提出的“三龙”说之前，天下大的山脉格局思想，曾流行僧一行的“两戒”说。[①] 所谓两戒就是“天下的山河分成两个大系——这两个山河大系，又是分割华夏与戎狄，华夏与蛮夷的两条地理界线”。关于这一思想的来源，唐晓峰教授认为“正是传统的星野观念，导致天文学家僧一行推演出一套地理模式”[②]。

除了分野图中一些地图涉及山河两戒之外，中国古代流传的“山河两戒图”，按照绘制采用的底图主要可以分为两个类型：

---

① 唐晓峰：《山河两戎：唐代天文学家的地理观念》，《环球人文地理·评论版》2015年第1期，第6页。

② 唐晓峰：《山河两戎：唐代天文学家的地理观念》，《环球人文地理·评论版》2015年第1期，第6页。

第一个类型来源于《历代地理指掌图》中的“唐一行山河两戒图”，从绘制内容来看，该图应是以该图集中的“太宗皇帝统一之图”为底图，去掉了有着时代标志的如“太祖皇帝”“东汉”“契丹”等地名，而增加了“古雍州”等州域名，“雍州北檄”“梁州南檄”“北纪”“北戒”“南纪”“南戒”等与“山河两戒”有关的标注，以及用山形符号绘制了两戒的具体走向。

该图此后被明代一些著作所收录，大致有何镗《修攘通考》“唐一行山河两戒图”、夏允彝《禹贡古今合注》“唐一行山河两戒图”、王圻《三才图会》“唐一行山河两戒图”以及茅瑞征《禹贡汇疏》“唐一行山河两戒图”。

第二类山河两戒图主要出现于明末和清代，目前所能见到的最早的应当为《今古舆地图》“唐一行山河两戒图”，如前文所述《今古舆地图》是以《广舆图》“舆地总图”为基础改绘的，具体到“唐一行山河两戒图”则是在“舆地总图”基础上用朱色山形符号标出了“两戒”的具体走向，并增加了“雍州北檄”“梁州南檄”“北纪”“北戒”“南纪”“南戒”等与山河两戒有关的文字标注，以及“荆州”“吴越”“三齐”等地名。

清代徐文靖《天下山河两戒考》“山河两戒图”，从图面内来看，应当也是以《广舆图》“舆地总图”为基础改绘的，但与《今古舆地图》“唐一行山河两戒图”在具体的内容，尤其是具体地名的标绘上存在较大差异，因此应当是独立绘制的。

清代赵振芳《易原》“山河两戒”，该图是以《广舆图叙》“大明一统图”为底图改绘的，与下文提到的同样以该图为底图绘制的“三大干龙图”相似，在保持图面内容的情况下，也增加了一些非常有特点的地理要素，如左下角基本南北向延伸的“黑水”、左上角的“弱水”等，但与其他两戒图不同的是，图中并没有绘制两戒的具体走向。

总体看来，《历代地理指掌图》中的“唐一行山河两戒图”只是流行到明末，此后关于“山河两戒”的地图在书籍中出现的不多，原因可能确实是因为这一时期“两戒”的思想被“三大干龙”的思想所取代；且明末以及清代的这一主题的地图都是以现有的全国总图改绘的。

第三节 三大干龙图

如前文所述，这一思想是王士性在前人基础上提出的，大致认为“昆仑据地之中”为“三龙”所出，而三龙为“左支环鲁庭阴山、贺兰，入山西，起太行数千里，出为医巫闾，度辽海而止，为北龙。中支循西番，入趋岷山，沿岷江左右。出江右者，包叙州而止；江左者，北趋关中，脉系大散关，左渭右汉。中出为终南、太华，下秦山，起嵩高，右转荆山抱淮水，左落平原千里，其太山入海，为中龙。右支出吐蕃之西，下丽江，趋云南，绕沾益、贵竹关岭，而东去沅陵。分其一，由武冈出湘江，西至武陵止；又分其一，由桂林海阳山过九嶷、衡山，出湘江，东趋匡庐止；又分其一，过庾岭，度草坪，去黄山、天目、三吴止；过庾岭者，又分为仙霞关，至闽止。分衡为大盘山，右下括苍，左去为天台、四明，度海止。总为南龙”。[①]

而在明代中后期，以“三龙”为主题的地图大量出现，依据其所用于绘制的底本，可以分为三大类：

第一类以《广舆图叙》“大明一统图”为底图，主要有章潢《图书编》“中国三大干龙总览之图”、王圻《三才图会》“中国三大干图”和陈仁锡《八编类纂》“中国三大干龙总览之图”，此外还有明代中后期人假借刘基之名所作《镌地理参补评林图诀全备平沙玉尺经》中的“中国山水大势总图”。从描绘内容上来看，前四幅地图似乎是《广舆图叙》“大明一统图”的简化版，图中的一些主要内容，如长城、黄河源、海中的日本和琉球、五岳、北京附近的天寿山等基本相同，但也增加了一些非常有特点的地理要素，如右上角两条几乎南北向延伸的河流、左下角基本呈南北向延伸的“黑水”、左上角的“弱水”和“昆仑”等。

第二类以《广舆图》“舆地总图”为底图，大致有：徐之镆《重镌罗经顶门针简易图解》“补三干所节各省郡州及附近四夷图”，该图基本是对

① 王士性：《王太初先生五岳游草》，《续修四库全书》史部第737册，中国科学院图书馆藏清康熙冯甦本，上海古籍出版社2013年版，第172页。

《广舆图》“舆地总图”的直接复制，除了将地图中央文字较多的部分去掉了方格网之外，全图大部分的方格网被保留了下来，此外黄河源表现得较为夸张。还有李国木辑《地理大全》“中国三大干山水总图”，该图基本只保留了《广舆图》“舆地总图”中的海岸线轮廓以及重要的河流，还以此为基础在海中增加了日本等地名，在西侧增加了一些山脉的图形以及“黑水”。

第三类以《大明一统志》“大明一统之图”为底图改绘，主要就是章潢《图书编》“中国地理海岳江河大势图”，该图增加了黄河的河源，将太湖与长江、朝鲜与日本连接了起来，但原图中的主要地理要素和特点基本保留了下来。

需要注意的是，在几乎这类地图中都没有标注“三大干龙”的具体走向，因此有些“图不对题”。

第十章　以军事为主题的全国总图

目前存世的中国古代的军事地图基本都是区域性的，至多如《九边图》表现明代整个北方“边”的军事布防等情况，但其地理范围也只是局限于长城沿线，目前可以见到的以军事为主题的全国总图只有以《广舆图》“九边总图”为祖本的谱系。

以往的研究多认为《广舆图》“九边总图”来源于许论的《九边图论》中的“九边图略”（或称为“九边总图”）。[①] 确实，从成书年代而言，《九边图论》成书于嘉靖十三年（1534），是对九边的文字性论述《边论》与地图《九边图说》的合称，确实要比《广舆图》的成书年代稍早。按照赵现海的归纳，《九边图论》主要有以下版本：“王庸指出《九边图论》有六个版本，即嘉靖间刊世德堂本、万历间刊修攘通考本、天启间兵垣四编本、兵法汇编本、长恩室丛书本、后知不足斋丛书本。邓衍林指出还有另外三个版本，即天一阁藏明嘉靖十三年刊本、明吴兴闵氏刊朱墨本、中国内乱外祸历史丛书本。此外，《皇明经世文编》收有《许恭襄公边镇论》，也收录了《九边图论》部分内容，并有增改。北京大学图书馆藏1932年燕京大学抄本《九边图论》，为照抄兵垣四编本而来。”[②] 按照赵现海的研究，在现存的谢少南嘉靖十七年（1538）刻本（即嘉靖间刊世德堂本）和万历间刊修攘通考本中都没有“九边图略”；这幅地图最早出现于

---

① 任金城：《广舆图在中国地图学史上的贡献及其影响》，曹婉如主编《中国古代地图集（明代）》，文物出版社1990年版，第73页。

② 赵现海：《第一幅长城地图〈九边图说〉残卷——兼论〈九边图论〉的图版改绘与版本源流》，《史学史研究》2010年第3期，第92页。

天启间兵垣四编本中，这一版本实际上是以原本《九边图论》内容为主体，结合其他图籍而成的，而补入的内容中就包括有“九边总图”。赵现海认为，这幅地图系将“罗洪先《广舆图·九边总图》增入而成，两幅地图内容完全一致，甚至连描绘海湾的波浪纹也是一样的”[①]。

关于《广舆图》“九边总图”的来源，虽然《广舆图》“舆地总图”是一幅全国总图，且也是每方百里，但这两幅地图在整体轮廓，如黄河几字形的具体走向、山东半岛的形状、长江的具体走向、南方海岸线的轮廓、河源的表现等方面都存在差异，尤其是将方格网作为参照进行比照的时候，显然《广舆图》“九边总图”不是以《广舆图》“舆地总图”为底图绘制的。按照研究，《广舆图》中的地图大部分都是抄自其他著作的，因此《广舆图》“九边总图”也很可能来自其他学者绘制的地图，而这一地图的原图可能已经散佚。

《广舆图》“九边总图”绘制范围大致相当于明朝直接控制的地理范围，除了绘制有长城沿线的边镇之外，还绘制有长城沿线重要的关口和行政治所，在内地则主要绘制了都司、河道总督以及督府和总府的驻地，在长江以南的沿海地区标注了侵扰各区域的倭寇的名称，如“宁台海倭”等，在西南地区则标注了“诸蛮”“恶苗”“诸徭”等，在西方标注有“西番”以及临近的州县。由上述绘制内容来看，“九边总图”实际上表现的并不仅仅是“九边”，而是涵盖了当时明朝各方向所面对的军事威胁。由此更进一步证明该图是罗洪先从其他书籍中抄录的原来主题并不为“九边”的地图。

目前所见，属于这一谱系的地图大致有：许论《九边图论》“九边图略”（北京大学图书馆藏明天启元年苕上闵氏刻本朱墨印兵垣四编本）、方孔炤《全边略记》“九边图”、程道生《舆地图考》“九边总图”、范景文《师律》“九边图”、汪缝预《广舆考》“九边总图”、程子颐《武备要略》“九边总图”、朱绍本等《地图综要》“九边总图”和“天下各镇各边要图”、程百二编《方舆胜略》“九边总图”、张天复《皇舆考》“九边总

---

① 赵现海：《第一幅长城地图〈九边图说〉残卷——兼论〈九边图论〉的图版改绘与版本源流》，《史学史研究》2010年第3期，第93页。

图”、夏允彝《禹贡古今合注》“镇戎总图”、焦竑《新镌焦太史汇选中原文献》“九边图”、王圻《三才图会》“九边总图”、王在晋《海防纂要》“镇戎总图”、王鸣鹤《登坛必究》“一统总图”、茅元仪《武备志》“一统总图”、申时行等《大明会典》“镇戎总图”、茅瑞征《禹贡汇疏》“镇戎总图”、施永图《武备地利》“一统总图”、潘光祖《汇辑舆图备考全书》“九边总图”、陶承庆等《大明一统文武诸司衙门官制》“九边总图”、陈组绶《存古类函》“九边总图”、何镗《修攘通考》“九边总图”、章潢《图书编》“天下各镇各边总图”、陈仁锡《八编类纂》“天下各镇各边总图”，以及张天复等《广皇舆考》“九边总图”。

上述这一“九边总图”谱系中的地图，在传抄的过程中或多或少地发生了一些改变，大致可以分为以下几类：

1. 大致忠实地复制了《广舆图》“九边总图”的有：《广舆考》“九边总图”、《武备要略》“九边总图”、《地图综要》“九边总图”、《方舆胜略》“九边总图”，以及《皇舆考》“九边总图”。

2. 《九边图论》“九边图略”、《全边略记》“九边图”、《舆地图考》“九边总图”和《师律》“九边图”，基本也与《广舆图》“九边总图”相近，差异主要为：没有使用“计里画方”；长城基本只绘制于“东胜”以西地区，只是《师律》“九边图”将长城向东延伸至“古北”。

3. 在《广舆图》“九边总图”基础上进行的改绘，主要是将全国各地的军事机构，尤其是都司地名加上了边框；将山东半岛内缩。这类地图有《禹贡古今合注》“镇戎总图”、《新镌焦太史汇选中原文献》“九边图”、《三才图会》“九边总图”、《海防纂要》“镇戎总图”、《登坛必究》“一统总图”、《武备志》“一统总图”、《大明会典》“镇戎总图”以及《禹贡汇疏》“镇戎总图”。

4. 在第三类基础上去掉了“方格网”，主要有《武备地利》“一统总图”和《汇辑舆图备考全书》“九边总图”，前者保留了地名四周的方框，但去除了地名中的“都司”一词，后者则去掉了地名周围的方框。《大明一统文武诸司衙门官制》“九边总图”和《存古类函》“九边总图”也大致如此，只是图中地名没有使用方框。此外，《修攘通考》“九边总图”也属于这一类，但由于长城与河流都用双线表示，因此造成某些局部，尤其是东北地区两者的混淆。

基于《广舆图》“九边总图”的还有一类地图，这一类地图中长城只绘制有“定边营”至“宣府”之间的一段，东北地区河流的绘制也与“九边总图”略有差异，西北的沙漠的形状由西向东逐渐变窄，最终形成尖端，属于这一类的地图有《地图综要》“天下各镇各边要图”、《图书编》“天下各镇各边总图”和《八编类纂》“天下各镇各边总图”。

此外，还有一幅地图比较特殊，即《广皇舆考》“九边总图”，这一地图总体上与其他“九边图”近似，但与《修攘通考》“九边总图”更为接近，由于长城与河流都用双线表示，因此造成某些局部，尤其是东北地区两者的混淆，此外东北地区的河流绘制的较为简单，地图中上部原本凸字形的黄河被绘制成马鞍形。

最后，正如前文所述，《广舆图》“九边总图”实际上表现的并不仅仅是“九边”，而是涵盖了当时明朝各方向所面对的军事威胁，因此后来一些书籍中这幅地图的类似于“镇戎总图”“天下各镇各边总图”等图名似乎更符合这幅地图所表现的内容。

附录　中国古代绘制的“四夷图”

通过前文的介绍，实际上可以得出这样的一种直观认知，即中国古代地图似乎不太在意对“域外”地区的呈现，因此在留存下来的地图中，现代意义的“世界地图”的数量相对较少；虽然一些地图呈现了一些“域外”地区，甚至受到传教士等影响，呈现了“全球”，但对“域外”地区的呈现也极为简略，以及不在意位置的相对准确性，尤其是与地图中“华”的部分进行比较的时候。因此就地图的图面内容而言，中国古人似乎对于域外地区是不太在意的。这种“不太在意”，实际上来源于中国古代的文化，或者更为准确地说，是中国古人的“天下观”和“华夷观”的必然结果。对此，可以参见本书第十篇第五章的详细论述。

受到这种观念的影响，不仅中国古代缺乏现代意义的“世界地图”（寰宇图），而且留存下来的清代晚期之前，具体而言，鸦片战争之前，中国古人绘制的关于域外地区的地图的数量也极为有限，主要集中在朝鲜、日本、越南、琉球和西域等少数在历史上与王朝存在密切往来或者曾影响到王朝统治或王朝稳定的地区。这些地图不仅主要集中在某一时期，且多是相互抄袭的，具体可以参见本篇的附表。下文就对这些地图进行介绍：

第一节　“西域图”

关于中国古代寰宇图和全国总图中对于西域的描绘，笔者在《从古地图看中国古代的“西域”与“西域观”》①中进行过梳理。大致而言，自宋代至清代中期，“西域”并不是中国古代全国总图必然绘制的区域；而在绘制了西域的全国总图和“天下图”以及以“西域”为主要描绘对象的区域图中，大部分重点绘制的是“历史”方面的内容。但是这种不绘制西域地区或者重点绘制历史内容，并不能用绘制者缺乏关于当时西域地区地理状况的资料来解释，因为不仅宋元明时期中原与西方的交往并没有断绝，往来的使者、传教士都带来了关于西域的资料，而且当时也流传有关于西域当时情况的地图，最为典型的就是《西域土地人物图》，其在明代中后期有着多种版本流传，所以士大夫或多或少应当掌握当时西域地区的地理状况，如果想绘制西域的现实地理状况的话，是完全有资料可依的，或者至少可以找到一些相应的材料。这种在地图中不重视对西域地区的描绘，应当可以从中国古代“重华轻夷”的天下观来解释。

中国古代不乏著名的旅行家，如我们耳熟能详的明代的徐霞客、王士性，但是他们的旅行范围只是局限在内地，在他们的著作中根本看不到对西域等边缘地区的兴趣。当然在中国古代也存在一些对西域地区的探险，但这些探险绝大多数不是基于地理目的，如汉代开通西域的张骞，以及后来的不断派往西域的使团，他们的政治目的远远大于地理兴趣，一旦政治目的消失了，这些“夷”地就很少有人涉足；唐代前往印度的玄奘，其目的是为求法，而不在于地理探险；明初的郑和，七次下西洋的政治目的，也远远高于地理探查。虽然这些活动很多都带回了大量地理知识，甚至有著作存世，但是这些著作并没有引起中国古代知识分子的太多兴趣。试想《水经注》、历代正史中《地理志》，为其注释者前后不绝，但是中国古代对《大唐西域记》这些有关西域的著作进行的研究有哪些呢？由此，在清代中期之前的地图中缺乏对西域的描绘也就在情理之中了。

在少量的描绘了“西域”的地图中，主要强调历史内容，可以认为是读史或者增长见闻的需要。中国古代地图对西域地区描绘的转变始于清代中期，也就是在清王朝经略西域的过程中，需要了解西域地区当时的河流

---

① 成一农：《从古地图看中国古代的“西域”与“西域观”》，《首都师范大学学报（社会科学版）》2018年第2期，第25页。该文收录在本书第十篇第六章。

山川、部族分布，因此这一时期详细绘制西域现实地理的地图大都是官绘本地图。清代晚期，这一趋势也由官绘本地图延伸到了私人绘制的地图中，由此中国地图对西域的绘制，也由“历史”彻底转为了“现实”。这种观念上的转变，以往的学者大都归结于清王朝对西域的经略，这一点虽然正确，但似乎并未触及问题的本质。因为早在汉代，中原王朝就开始了对西域的经略，其中汉唐等王朝还在西域建立了长期稳固的统治，但这并没有对中国古代地图的绘制产生太大的影响，也未能让中原士大夫将“西域”纳入“华”的范围。因此，清代中后期的地图中对“西域”地区描绘内容的转变并不能完全用王朝对这一地区的经略来解释。这种转变应当与清代后期在面对外来侵略时，在行政区划上将新疆与内地等同对待，以及与此时逐渐形成的近现代的国家和疆域的观念有关，由此在民众观念中新疆与内地的差异日益缩小，且在观念中也逐渐认为新疆是国家领土不可分割的一部分，而这种转变的过程和原因对于今天维护我国领土的完整和统一依然有一定的借鉴意义。

现存的关于“西域”地区的地图主要是明代中晚期之后的，其中少有的彩绘本地图即是在2018年春节晚会上对公众公开并改名为“丝路山水地图”的“蒙古山水地图”[①]，林梅村是这幅地图当前主要的研究者[②]。关于这幅地图的绘制年间，林梅村的《蒙古山水地图》一书和2018年春节晚会，都将这幅地图认定为是明代中晚期绘制的（嘉靖），主要的依据就是地图的图面内容以及其绘制风格与吴门画派的仇英近似，但这两点都不是绝对的证据[③]。首先，地图图面内容所展现的时间不等于地图的绘制年代，毕竟存在后世按照早期资料绘制的可能，而且更存在后世按照前代地图摹绘的可能。而风格近似，同样存在后世摹绘的可能；而且风格相近，与风格一致完全是两个概念，且风格上的相似与否也是仁者见仁智者见

① 虽然正如后文所述“蒙古山水地图”并不是这幅地图最初的名称，但一方面目前学界对于该图最初的图名尚未达成一致意见；另一方面“蒙古山水地图”已经成为学界对该图的习惯称呼，因此后文也将其称为“蒙古山水地图”。

② 林梅村：《蒙古山水地图》，文物出版社2011年版。

③ 如早在明代就存在对仇英绘制的绘画的大规模造伪，参见倪进《中国书画作伪史考》，《艺术百家》2007年第4期，第82页。

智。由于与这幅地图有关的资料非常缺乏，因此实际上这幅地图的绘制年代存在多种可能。

在清朝乾隆时期编纂的内务府造办处舆图房的藏图目录《萝图荟萃》中记载有“嘉峪关至回部拔达山城天方西海戎地面等处图一张”，该书中对其进一步的描述就是“绢本，纵一尺九寸，横九丈五尺”[①]。由此来看，这幅地图与“蒙古山水地图”绘制的地理范围近似，且图幅尺寸也极为近似。不仅如此，《萝图荟萃》记载的是当时内务府造办处舆图房所藏地图，而民国二十五年（1936）国立北平故宫博物院文献馆编纂的《清内务府造办处舆图房图目初编》中没有记载这幅地图，因此似乎这证实了“蒙古山水地图”是从内务府流散出来的。但仅仅通过上述证据并无法直接认定“蒙古山水地图”就是《萝图荟萃》中记载的这幅地图，从而认为该图至少绘制于《萝图荟萃》成书的乾隆中期之前。因为“蒙古山水地图”是日本有邻馆于20世纪30年代购买于琉璃厂的，因此还存在当时琉璃厂的画师根据宫廷中流散出来的地图摹绘的可能；而且至少在清末民国时期就已经存在为了牟利，尤其是为了向外国人出售而摹绘古代地图的情况，且这一现象延续至今。[②] 需要提及的是，在清代中后期和民国时期琉璃厂就是当时摹绘和造伪绘画的著名地点之一[③]。

此外，就图名而言，《萝图荟萃》所载“嘉峪关至回部巴达山城天方西海戎地面等处图”中的“回部”是清代才使用的名称，且中国古代通常不用地图绘制地域范围的起止点来命名地图，这种命名方式大多存在于后人对缺失标题的残图的命名，那么可以认为《萝图荟萃》中的图名应当是清代内务府造办处舆图房在收录这幅地图时所起的。

如上文所述，《萝图荟萃》中记载的这幅地图应当是一幅残图，因此不太可能是宫廷画师为皇帝绘制的，而可能是某一时期从宫外传入的，因此即使其确实绘制于乾隆中期之前，那么其来源以及绘制的具体年代也是无法确定的。

---

① 《国朝宫史续编》卷一百“书籍二十六·图绘二”，北京古籍出版社1994年版，第1014页。

② 对此参见本书第一篇第五章。

③ 参见倪进《中国书画作伪史考》，《艺术百家》2007年第4期，第82页。

总体而言，“蒙古山水地图”的绘制年代存在多种可能，有可能绘制于明代中后期、清初或者民国时期。当然此处并不认为其是某些学者所认为的“赝品”或者“假货”，因为该图自20世纪30年代之后的传承是清晰的，而且至少是根据某幅古代地图摹绘的，并不是现代人的造伪之作，至多是“伪本”。

最后，根据研究，“蒙古山水地图”是留存至今的一系列相似地图中的一幅，目前所见属于这一系列的地图还有如下几幅：台北“故宫”藏彩绘本《甘肃镇战守图略》所附的“西域土地人物图”；另外还有两个明代刻本传世，一是明嘉靖二十一年（1542）马理主编的《陕西通志》中的“西域土地人物图”，二是明万历四十四年（1616）成书的《陕西四镇图说》中的“西域图略”①；此外，李孝聪还提及在意大利地理学会还藏有一个绘本，即《甘肃全镇图册》中的“西域诸国图”。这些地图虽然名称不一，但在图名中都有“西域”二字，因此“蒙古山水图”的原名应当为“西域……图”。

就这几幅地图所承载的知识而言，有学者认为其资料并不来源于当时中原士大夫所掌握的材料，如赵永复认为该图是当时官员综合了各地中外使者、商人记述而成等②。当然，这些认知只是一家之言，且同样缺乏直接证据，不过如前所述，从现存地图来看，从宋代到清代中期，中国传统上极少绘制西域地区的地图，在少量绘制有西域地区的地图上主要表现也是西域地区汉唐时期的历史内容，而不是当时的地理情况，且从目前存世的文献来看，至少当时主流知识分子是不关注西域地区的③，几乎找不到清代中期之前的关于西域的专门著作，且正如李之勤所述，与“蒙古山水地图”存在渊源关系的《西域土地人物图》和《西域土地人物略》所记地名数量远远超出当时其他文献记载的数量④。因此，可以说虽然这幅地

① 参见林梅村《蒙古山水地图》，第50页。

② 赵永复：《明代〈西域土地人物略〉部分中亚、西亚地名考释》，《历史地理》第21辑，上海人民出版社2006年版，第355页。

③ 参见成一农《从古地图看中国古代的“西域”与“西域观”》，《首都师范大学学报》2018年第2期，第25页。

④ 李之勤：《〈西域土地人物略〉的最早、最好的版本》，《中国边疆史地研究》2004年第1期，第118页。

图是明朝时绘制的，但其所依据的知识很有可能并不源于当时主流知识分子所掌握的材料，即“前无古人”，因此无法代表当时中国对于西域地区的总体认识水平。

除了这一系列地图之外，流传至今的“西域图”都是明代中晚期书籍中的插图，这些书籍大致有《广舆图》《图书编》《三才图会》《八编类纂》《武备志》《武备地利》《修攘通考》《阅史津逮》《地图综要》。这些书籍中收录的“西域图”基本相同，其中最早的应当就是《广舆图》初刻本中的“西域图”。该图绘制范围北至沙漠，南至印度，东至凉州、鄯州和马湖，西至大食界，所绘多是历史内容，也即文献中记载的西域地区曾经存在的国家和部族，图面上有方格网，每方五百里。其他书籍中的这一地图，除了绘制精细程度存在差异之外，内容基本一致，但都去掉了方格网。

此外，在《钦定皇舆西域图志》中有着一套西域地区的历史地图以及更为详细地呈现了当时情况的地图。《钦定皇舆西域图志》是乾隆二十年（1755）平定准噶尔之后，乾隆帝下令编纂的，且派何国宗等与传教士分别由西、北两路深入吐鲁番、焉耆、开都河等地及天山以北进行测绘。这些资料后来也被吸收到了《皇舆全览图》中。

此外，洪亮吉《乾隆府厅州县图志》（复旦大学图书馆清嘉庆八年刻本）中有一幅手绘的，简要描绘了从前后藏至地中海的“西域图”，图面内容极为简要，只有少数地名，没有绘制山川，且古今地图混用，除了前后藏和地中海之外，还有克什米耳、吐火罗、波斯、大食等地名。由于这幅地图是手绘在复旦大学图书馆所藏嘉庆八年刻本的《乾隆府厅州县图志》图页上的，因此无法确定这幅地图的绘制者以及绘制年代。

第二节　“日本图”

现存的“日本图”基本源于明代晚期，其中大部分图面内容几乎完全相同，属于一个谱系，收录这一地图的著作大致有《筹海图编》《郑开阳杂著》《筹海重编》《广舆图》（嘉靖四十年胡松刻本），以及《两浙海防类考续编》《日本考》《三才图会》《万历三大征考》《八编类纂》《阅史津逮》等。就图面内容而言，该图上北下南，左西右东，在图面上部标注有“北至月氏国界”，下部标注有“南至大琉球界”，东侧是海，西侧标注有“辽东”“山东”“淮杨”“浙江”，左下角标注“西南至福建界”，左上角标注“西北至朝鲜国界”，右上角标注“东北至毛人国界”，右下角标注“东南至女国界”；图中详细绘制了日本各“州”的名称以及所领“郡”的数量，在少量地点还标注了当地物产等内容。此外，《地图综要》和《图书编》中的地图，除了方向相反，即上南下北之外，图面内容与其他各书中相应的地图基本一致；而《温处海防图略》中的“日本倭岛图”则是将这幅地图与“日本岛夷入寇之图”[①] 结合在一起构成一幅地图。

除了这一谱系的“日本图”之外，在其他著作中还存在少量其他的“日本图”。如《海防纂要》中的“日本国图”，该图对日本的本州、四国和九州进行了简要描绘，其中较大的“州”用侧立面的城垣符号标识，用形象的房屋符号标识其余的州和郡，同时还绘制了一些山脉。《登坛必究》“日本图”，没有标识正方向，但大致而言，应该是左北右南，用圆圈标绘了各“藩”的位置，用文字注记了各“道”所辖“州”的数量，在“伊势”左侧标注有“伊势乃皇大神所居”，地图下方的文字注记描述了前往朝鲜的海路，在地图右侧绘出了“琉球国”。《武备地利》和《武备志》中的“日本图”与此相同。

明代中晚期这些“日本图”的出现，显然与嘉靖以来倭寇的威胁以及万历时期日本侵朝有关，结合这一时期出现的海防图，这点显得非常突出。但是，到了清朝，日本又再次脱离了中国士大夫的视野。直至清朝晚期，随着日本的崛起以及中日甲午战争，日本才再次受到中国的重视，由此也出现了少量地图。如中国国家图书馆藏清光绪六年刻印本的王之春的《日本国舆地图》。

---

① 关于“日本岛夷入寇之图”这幅地图参见本书第五篇第二章的介绍。

第三节　“朝鲜图”

与日本相比，朝鲜长期是历代王朝的藩属国，其与中国的关系也更为密切，留存下来的明清时期绘制的“朝鲜图”数量也较多。不过，总体而言，现存最早的“朝鲜图”同样出现在明代中后期，大致有：

罗洪先《广舆图》初刻本、《郑开阳杂著》以及《登坛必究》《地图综要》《三才图会》《图书编》《武备地利》《武备志》《修攘通考》和《阅史津逮》中的“朝鲜图”。这些地图所绘内容基本相同，只是除了罗洪先《广舆图》和《郑开阳杂著》中的地图之外，其余地图皆无方格网，而《广舆图》和《郑开阳杂著》中“朝鲜图”为每方百里。这幅“朝鲜图”详细绘制了朝鲜境内的山川、各道以及聚落的位置，与“日本图”相比，所绘更为详细和具体。

除此之外，还有《万历三大征考》和《海防纂要》中的“辽东连朝鲜图”以及《经略复国要编》中“朝鲜图”，这三幅所绘基本相同，方向大致为上南下北，如图名所述，除绘制了朝鲜之外，还绘制了明朝的辽东部分，但极为简略，方位也不准确，只是简单标注了“金州卫”“海州卫”“辽阳都司”等几个军事卫所；朝鲜部分的绘制主要注重于对山川的呈现，与《广舆图》和《郑开阳杂著》等著作中的“朝鲜图”相比，描绘的城池聚落要少得多，但在海域中标注了大量岛屿；此外，还在海中简要标注了“日本”“大琉球”“小琉球”的位置。

《筹海重编》中的“朝鲜国图”，方向为上东下西，详细绘制了朝鲜境内的山川、各道以及聚落的位置。

中国国家图书馆藏有一册明末刻印本的《朝鲜地图》，按照《舆图要录》的介绍，这一图册“图凡 12 幅。内有‘天下图’1 幅，圆形，绘有经纬线，中国居中，周围注国名百余个；‘中国图’1 幅，绘有长城、长江、黄河、丽江和两京十三省，注出各省至北京里程；朝鲜八道总图及其辖境属京畿道、全罗道、忠清道、江原道、黄海道、平安道、咸镜道图各

1 幅，尚缺庆尚道图 1 幅；日本、琉球国图各 1 幅。各图绘制简略”①。

此外，国家图书馆还藏有 2 幅清代中期绘制的单幅的朝鲜地图，以及 10 幅（册）光绪年间绘制的朝鲜地图。

总体而言，与日本以及其他域外地区相比，明清时期中国绘制有更多的“朝鲜图”，且图面内容也更为翔实，由此证明，中国与朝鲜存在着密切的交往，以及在中国的“天下”观念中，朝鲜的特殊地位。这一点也可以得到中国古代绘制的“天下图”和“全国总图”的证明，因为在大量全国总图和天下图中，通常都会以详略不一的形式呈现“朝鲜”，如《大明一统志》“大明一统之图”、《广舆图》“舆地总图”、《钦定大清会典》“大清皇舆全图”（《四库全书》本）以及《钦定皇舆西域图志》“皇舆全图”；等等。

第四节 “琉球图”

明清时期，琉球为这两朝的藩属国，明王朝和清王朝经常派遣使者前往琉球，由此留下来了一些前往琉球的“针路图”，对此参见本书第五篇第一章。可能也是因为这样的密切关系，明清时期也留存下来一些“琉球图”。

流传下来的明代的“琉球图”，主要有明嘉靖四十年胡松刻本《广舆图》以及《八编类纂》《地图综要》《三才图会》《图书编》《阅史津逮》和《郑开阳杂著》等书中的“琉球图”。这些“琉球国图”或“琉球图”所绘基本一致：地图上北下南，左西右东；图面正中绘制了“琉球岛”，其上主要绘制了一些殿宇，如“天使馆”“迎恩亭”“中山牌坊”“奉神殿”“圆觉等寺”“天界等寺”，且在某些地方标注了距离，如“中山牌坊”处的文字注记为“此牌坊至欢会门五里”，以及“迎恩亭至天使馆五里”“天使馆至欢会门三十里”；在“琉球岛”之外，还标绘了一些岛屿，且记录了一些航程，如“高英屿东离琉球水程三日”“彭湖岛东离琉球五

① 北京图书馆善本特藏部舆图组编：《舆图要录——北京图书馆藏 6827 种中外文古旧地图目录》，北京图书馆出版社 1997 年版，第 21 页。

日”“西南福建梅花所开洋顺风七日可到琉球”等，因此似乎这幅地图与派遣到琉球的使者的航行有关。值得注意的是，在琉球岛的西侧不远处标绘有“钓鱼屿”。

清代的徐葆光《中山传信录》和周煌《琉球国志略》中各有三幅与琉球有关的地图，经过对比，两书中的三幅地图基本一致，其中《中山传信录》的“琉球三十六岛图”对应于《琉球国志略》中的“琉球国全图”，前者中的“琉球地图”对应于后者的“琉球国都图”，两者中还都有一幅“琉球星野图”。在“琉球星野图”中，中国南部占据了图面的主导，只是在地图的右侧标绘了“日本”，在地图的右下角标绘了“琉球”，地图上方则绘制有“牛”“女”的星图以及文字注记“星纪之次”。中国传统的“分野”只对应于“九州”，无论是日本还是琉球都在“九州”之外，因此该图中将两者都绘制在地图边缘。“琉球三十六岛图”和“琉球国全图”，上东下西，中部偏上绘制了琉球岛且标绘有“中山”“山南”“山北”，在海域中标绘了大量岛屿。“琉球地图”和“琉球国都图”，方位上东下西，呈现的是琉球主岛上的地理情况，标绘的比较详细，且地图右侧边缘记述了图中分别用来标识“中山”“山南”“山北”范围内各地理要素时使用的符号。

第五节　“安南图”

明清王朝与安南之间的关系比较微妙，时战时和，不过在大多数时期，安南基本在表面上都臣服于明清两朝。由于明清两朝和安南之间的关系比较密切，因此明代中后期直至清代绘制有一些地图。

明代绘制的“安南图”主要集中在《郑开阳杂著》和《广舆图》初刻本以及《地图综要》《三才图会》《图书编》《武备志》《武备地利》《修攘通考》中，且这些书籍中的地图基本一致。其中《郑开阳杂著》和《广舆图》初刻本中的地图有着“计里画方”，每方百里，而其他地图则没有方格网。这幅地图大致上北下南，详细绘制了安南境内的山川以及聚落，且用虚线表示安南境内的交通线。

清朝中期留存下来的安南图主要有李仙根《安南使事纪要》中的“交趾安南国舆地图”。清朝康熙七年（1668），安南国王黎维禧擅自发兵进攻安南都统使莫元清。为平息这一事件，康熙派遣李仙根出使安南。康熙八年（1669）李仙根抵达，经过反复交涉，最终黎维禧按清廷要求以三跪九叩礼接旨，并听从清朝的安排。从安南返回后，李仙根撰写了《安南使事纪要》，“交趾安南国舆地图”则是书中的插图，该图上北西南，简要绘制了安南境内的各府，其中重要的城池，如都城等用城池符号表示，且用虚线标绘了交通线。

清嘉庆时期，安南改国号为越南，因此这一时期之后绘制的地图图名基本都使用“越南”一词。如美国国会图书馆藏清光绪年间彩绘本《越南全省舆图》，“图题贴红签墨书，该图描绘了越南全境的山川、海岸形势，各省政区与城镇分布。用山峰形象表示地形，河流绘得很夸大；省城标志红方框，其它城镇仅标注地名，而无符号；突出标志越南都城富春（顺化）。越南西边的寮国、缅甸的主要河流亦予描绘。此图绘制画法与传统中国舆图稍有区别，图文描述越南全境如何划分南圻、北圻，都城富春（顺化）的险要；分析各省的地理环境与物产，以及入越水陆交通之险易；图内符号标记的含义。文末特别提到‘刘永福老营特用大红圈标明易于鉴别’，图内标志在永顺。由此可推断此图之绘制，应在19世纪末刘永福助越抗法之际”①。

第六节 其他

在清末之前，除了上述西域和日本、朝鲜、琉球和安南之外，中国古人似乎不太关注其他地区的“夷”，因此没有太多的其他区域的地图流传下来。只是在明末的一些书籍中存在描绘了“西南海夷”“朔漠”“东北诸夷”以及西和西北“诸番”或“诸夷”的一些“总图”。且这些地图出现在众多书籍中，图面内容基本一致，只是相互抄摹而已。

① 李孝聪：《美国国会藏中文古地图叙录》，文物出版社2004年版，第3页。

“西南海夷图”简单描绘了中南半岛南部及其之外海域中的岛屿；“朔漠图”主要绘制了内外蒙古地区的山川和部族分布；“东南海夷图”则描绘了中国大陆以东和东南海域中的岛屿和国家。以上三图以《广舆图》初刻本中的地图为代表。

“东北诸夷图”详细介绍了山海关和长城之外的部族及其分布，但这些部族只是被用密集排列的菱形符号罗列在一起。这幅地图以桂萼《广舆图叙》中的地图为代表。

西和西北“诸番”或“诸夷”的地图，则简要描绘了西北区域诸族的分布，但图中突出绘制了黄河的河源。这幅地图以张天复《皇舆考》中的地图为代表。

“东南滨海诸夷图”，方位大致为左北右南，但图面上的方位并不准确。图面上方用黑线简单勾勒和标识了浙江、福建、广东、崖州、广西等；在海域中，标注了日本、琉球、安南、占城和三佛齐等，且注明了距离沿海各省的距离；此外还用矩形框标注了大量“国名”。该图以王在晋《海防纂要》中的地图为代表。

这种情况到了清代晚期才发生根本性的变化。当时，随着清王朝与世界的接触日益密切，以及在与西方的武力角逐中的不断失败，传统“天下观”和“华夷观”开始崩溃，因此，当时无论是在政治、军事，还是在文化上，都开始需要王朝以及士大夫了解清王朝以及周边几个藩属国之外的世界，由此才开始绘制世界其他地区的地图。对此，将放在本书第九篇和第十篇集中进行讨论。

附表一　寰宇图和全国总图及“四夷图”

一　寰宇图和全国总图

绘制者、刊刻者或作者和著作名或图册名	图名	绘制年代或收录地图的古籍的版本以及相关信息	收藏机构或者收录地图的古籍（包括现代影印本）等
陈仁锡《八编类纂》	春秋列国图	明天启刻本	《续修四库全书》和《四库禁毁书丛刊》北京大学图书馆藏明天启刻本
	春秋诸国地理图		
	禹贡九州疆界之图		
	二十八宿分应各省地理总图		
	十五国风地理图		
	天下各镇各边总图		
	禹贡九州及今郡县山水之图		
	禹贡随山濬川之图		
	禹贡治水后先之图		
	中国三大干龙总览之图		
	周职方春秋列国图		
李纪《标题详注史略补遗大成》	十九史九州地理图	明刻本	《四库存目丛书》江西省图书馆藏明刻本
吴惟顺、吴鸣球《兵镜》	二十八宿分野图	明刻本、明末问奇斋刻本	《续修四库全书》明刻本 《四库禁毁书丛刊》明末问奇斋刻本

续表

<table>
<tr><th>绘制者、刊刻者或作者和著作名或图册名</th><th>图名</th><th>绘制年代或收录地图的古籍的版本以及相关信息</th><th>收藏机构或者收录地图的古籍（包括现代影印本）等</th></tr>
<tr><td rowspan="8">黄道周《博物典汇》</td><td>夏九州图</td><td rowspan="8">明崇祯刻本</td><td rowspan="8">《续修四库全书》中国科学院图书馆藏明崇祯刻本</td></tr>
<tr><td>商九州图</td></tr>
<tr><td>周九州图</td></tr>
<tr><td>舜肇十二州图</td></tr>
<tr><td>汉十三部图</td></tr>
<tr><td>唐诸道图</td></tr>
<tr><td>宋诸路图</td></tr>
<tr><td>大明一统图</td></tr>
<tr><td>郑若曾《筹海图编》</td><td>舆地全图</td><td>明嘉靖刻本；天启四年重刻本;《文渊阁四库全书》本</td><td>明天启四年本：中国国家图书馆,《舆图要录》0890
《文渊阁四库全书》</td></tr>
<tr><td>郑若曾《筹海重编》</td><td>一统舆图</td><td>明万历刻本</td><td>《四库存目丛书》河南省图书馆藏明万历刻本</td></tr>
<tr><td>胡广《春秋大全》</td><td>春秋大全列国图</td><td>《文渊阁四库全书》本</td><td>《文渊阁四库全书》</td></tr>
<tr><td rowspan="18">张岐然《春秋四家五传平文》</td><td>西周以上地图</td><td rowspan="18">明崇祯十四年君山堂刻本</td><td rowspan="18">《四库存目丛书》清华大学图书馆藏明崇祯十四年君山堂刻本</td></tr>
<tr><td>东坡指掌春秋图</td></tr>
<tr><td>列国地图</td></tr>
<tr><td>秦汉地图</td></tr>
<tr><td>楚汉之际方隅割据图</td></tr>
<tr><td>□汉地图</td></tr>
<tr><td>西汉末方隅割据图</td></tr>
<tr><td>东汉地图</td></tr>
<tr><td>东汉末方隅割据之图</td></tr>
<tr><td>两晋地图</td></tr>
<tr><td>南北朝隋地图</td></tr>
<tr><td>隋末方隅割据之图</td></tr>
<tr><td>唐舆地图</td></tr>
<tr><td>唐末藩镇建置之图</td></tr>
<tr><td>唐末五代方隅割据之图</td></tr>
<tr><td>五代北宋地图</td></tr>
<tr><td>南宋元地图</td></tr>
<tr><td>大明一统图</td></tr>
</table>

续表

绘制者、刊刻者或作者和著作名或图册名	图名	绘制年代或收录地图的古籍的版本以及相关信息	收藏机构或者收录地图的古籍（包括现代影印本）等
穆文熙《春秋左传评苑》	东坡指掌春秋列国图	明万历二十年郑以厚光裕堂刻本	《四库存目丛书》明万历二十年郑以厚光裕堂刻本
陈组绶《存古类函》	九边总图	明末刻本	《四库禁毁书丛刊》北京大学图书馆藏明末刻本
	舆地总图		
申时行等修《大明会典》	镇戎总图	明万历内府刻本	《续修四库全书》明万历内府刻本
陶承庆校正，叶时用增补《大明一统文武诸司衙门官制》	九边总图	明嘉靖二十年刻本 明隆庆二年重刻本 明万历十四年宝善堂刻本 明万历四十一年宝善堂刻本	《续修四库全书》和《四库存目丛书》中国社会科学院近代史研究所图书馆藏明万历十四年宝善堂刻本
	舆地总图		
李贤、万安等纂修《大明一统志》	大明一统之图	天顺五年刻本；《文渊阁四库全书》本	《大明一统志》三秦出版社影印天顺本，1990 年 北京大学图书馆藏天顺五年刻本 《文渊阁四库全书》
“大明舆地图”	舆地总图	明嘉靖三十四年之后绘制	美国国会图书馆，G2305.Y8，2002626776；《皇舆搜览》；《美国国会图书馆藏中文古地图叙录》
王鸣鹤《登坛必究》	二十八宿分野之图	明万历刻本 清刻本	《四库禁毁书丛刊》北京大学图书馆藏明万历刻本 《续修四库全书》北京大学图书馆藏清刻本
	一统总图		
李国木《地理大全》	中国三大干山水总图	明崇祯三多斋刻本	《四库存目丛书》山西大学图书馆藏明崇祯三多斋刻本
	地理图（扇面）	绘制时间大约在隆庆元年之后	折扇原为荣毅仁先生收藏，1958 年捐赠给南京博物馆
朱绍本、吴学俨等《地图综要》	华夷古今形胜图	明末朗润堂刻本 明弘光元年刻本	《四库禁毁书丛刊》北京师范大学图书馆藏明末朗润堂刻本 中国国家图书馆藏明弘光元年刻本，《舆图要录》0378 《欧洲收藏部分中文古地图叙录》伦敦英国国家图书馆东方部藏残本
	京省合宿分界图		
	九边总图		
	天下各镇各边要图		
	天下舆地分里总图		

续表

绘制者、刊刻者或作者和著作名或图册名	图名	绘制年代或收录地图的古籍的版本以及相关信息	收藏机构或者收录地图的古籍（包括现代影印本）等
唐仲友《帝王经世图谱》	舜肇十有二州之图	宋嘉泰元年刻本 《文渊阁四库全书》本	《宋元古地图集成》宋嘉泰元年刻本 《文渊阁四库全书》
	禹迹九州之图		
	周保章九州分星之谱		
	周职方辨九州之图		
	唐一行山河分野图		
	魏陈卓十二次分野图		
	禹贡九州山川之图		
	职方九州山川之图		
程百二《方舆胜略》	九边总图	明万历三十八年刻本	《四库禁毁书丛刊》北京大学图书馆藏明万历三十八年刻本
	舆地总图		
《分野舆图》	“全国总图”	绘制于明晚期	美国国会图书馆，G2305.F4，2002626777；《皇舆搜览》；《美国国会图书馆藏中文古地图叙录》
释志磐《佛祖统纪》	东震旦地理图	南宋咸淳七年刻本 明南藏和嘉兴藏本	《四库存目丛书》中国国家图书馆藏宋咸淳元年至六年胡庆宗等摹刻本
张天复、张元忭《广皇舆考》	九边总图	明末刻本	《四库禁毁书丛刊》北京师范大学图书馆藏明末刻本
	一统图		
陆应阳撰，蔡方炳增辑《广舆记》	广舆总图	清康熙五十六年聚锦堂刻本 清康熙刻本	《四库存目丛书》湖南图书馆藏清康熙五十六年聚锦堂刻本 《四库禁毁书丛刊》山东省图书馆藏清康熙刻本
汪缝预《广舆考》	舆地总图	万历二十三年刻本 万历三十八年抄本 万历三十九年刻印本	万历二十三年刻本：日本京都大学、柏林德国国家图书馆、意大利佛罗伦萨和俄罗斯圣彼得堡；《欧洲收藏部分中文古地图叙录》 万历三十八年抄本：英国图书馆东方部 万历三十九年刻印本：中国国家图书馆，《舆图要录》0375
	五帝国都地理图		
	夏商国都地理图		
	周国都地理图		
	东坡指掌春秋列国图		
	七国都地理图		
	汉国都地理图		
	禹贡随山濬川图		
	九边总图		

续表

绘制者、刊刻者或作者和著作名或图册名	图名	绘制年代或收录地图的古籍的版本以及相关信息	收藏机构或者收录地图的古籍（包括现代影印本）等
罗洪先《广舆图》	九边总图	嘉靖三十四年前后的初刻本 嘉靖三十七年南京十三道监察御史重刊本 嘉靖四十年胡松刻本 嘉靖四十三年吴季源刻本 嘉靖四十五年韩君恩刻本 万历七年钱岱刻本 嘉庆四年章学濂刻本	初刻本："中华再造善本丛书·明代编·史部"；中国国家图书馆，《舆图要录》0371；荷兰海牙绘画艺术博物馆；《广舆图全书》（西安地图出版社 2013 年）；《续修四库全书》 清嘉庆四年刻本：中国国家图书馆，《舆图要录》0372；伦敦英国图书馆东方部；巴黎法国国家图书馆；维也纳奥地利国家图书馆；《广舆图全书》（国际文化出版公司 1997 年版） 《欧洲收藏部分中文古地图叙录》
	舆地总图		
桂萼《广舆图叙》	大明一统图	明嘉靖四十五年李廷观刻本	《四库存目丛书》上海图书馆藏明嘉靖四十五年李廷观刻本
顾懋樊《桂林诗正》	十五国风地理之图	明崇祯刻桂林经说本	《四库存目丛书》北京大学图书馆藏明崇祯刻桂林经说本
王在晋《海防纂要》	舆地全图	明万历四十一年自刻本	《续修四库全书》和《四库禁毁书丛刊》华东师范大学图书馆藏明万历四十一年自刻本
	镇戎总图		
	华夷图	绘制时间当在北宋政和七年至宣和七年之间，南宋绍兴六年刻石 民国时期拓印本	石碑现藏于陕西省博物馆 民国时期拓印本：美国国会图书馆，G7820.L5，gm71005081；《美国国会图书馆藏中文古地图叙录》；中国国家图书馆，《舆图要录》0365
	皇明舆地之图	明崇祯四年孙起枢重刊本	日本东北大学狩野文库和神宫厅的神宫文库藏明崇祯四年孙起枢重刊本
陈组绶《皇明职方地图》	皇明大一统地图	明崇祯九年刊刻	曹婉如主编《中国古代地图集（明代）》；中国国家图书馆，《舆图要录》0377；法国巴黎国家图书馆地图部；《欧洲收藏部分中文古地图叙录》
	太仆牧马总辖地图		
张卤《皇明制书》	大明一统天下之图	明万历七年张卤刻本	《续修四库全书》明万历七年张卤刻本

续表

绘制者、刊刻者或作者和著作名或图册名	图名	绘制年代或收录地图的古籍的版本以及相关信息	收藏机构或者收录地图的古籍（包括现代影印本）等
张天复《皇舆考》	皇明一统之图	明万历十六年张天贤遐寿堂刻本	《四库存目丛书》北京大学图书馆藏明万历十六年张天贤遐寿堂刻本
	九边总图		
潘光祖《汇辑舆图备考全书》	九边总图	清顺治刻本	《四库禁毁书丛刊》北京师范大学图书馆藏清顺治刻本 中国国家图书馆藏清顺治七年刻本，《舆图要录》0379
	天下总图		
	夏禹治水图		
周弼、释圆至《笺注唐贤绝句三体诗法》	唐地理图	明嘉靖二十八年吴春刻本	《四库存目丛书》中国社会科学院文学研究所藏明嘉靖二十八年吴春刻本
	唐藩镇图		
	唐分十道之图		
	唐高祖开基图		
	唐太宗混一图		
沈定之、吴国辅《今古舆地图》	今古华夷区域总要图	明崇祯十六年山阴吴氏（即吴国辅）刻朱墨双色套印本	中国国家图书馆，《舆图要录》0925；《欧洲收藏中文古地图叙录》；法国国家图书馆东方写本部；日本东方文化学院京都研究所
	大明肇造图		
	大明万世一统图		
	九边图		
	帝喾九州图		
	虞舜十有二州图		
	禹贡九州图		
	禹迹随山濬川图		
	增定禹敷土随山刊奠图		
	商九有图		
	周职方图		
	春秋列国图		
	七国壤地图		
	秦初并天下图		
	秦郡县天下图		
	楚汉之际诸侯王国		
	西汉郡国图		
	汉异姓八王图		

续表

绘制者、刊刻者或作者和著作名或图册名	图名	绘制年代或收录地图的古籍的版本以及相关信息	收藏机构或者收录地图的古籍（包括现代影印本）等
沈定之、吴国辅《今古舆地图》	汉吴楚七国图	明崇祯十六年山阴吴氏（即吴国辅）刻朱墨双色套印本	中国国家图书馆,《舆图要录》0925；《欧洲收藏中文古地图叙录》；法国国家图书馆东方写本部；日本东方文化学院京都研究所
	汉书诸侯王表图		
	东汉郡国图		
	东汉十三州部刺史图		
	三国鼎峙图		
	西晋郡国图		
	西晋十九州部刺史图		
	东晋中兴江左图		
	刘宋南国图		
	萧齐南国图		
	萧梁南国图		
	南陈南国图		
	元魏北国图		
	高齐北国图		
	后周北国图		
	隋郡名图		
	唐十道图		
	唐郡名图		
	唐十五采访使图		
	唐十道节度经略使图		
	唐藩镇疆界图		
	朱梁及十国图		
	后唐及五国图		
	石晋及七国图		
	刘汉及六国图		
	郭周及七国图		
	宋初列国图		
	宋封域及外国总图		
	宋元丰九域图		

续表

绘制者、刊刻者或作者和著作名或图册名	图名	绘制年代或收录地图的古籍的版本以及相关信息	收藏机构或者收录地图的古籍（包括现代影印本）等
沈定之、吴国辅《今古舆地图》	宋府州军监图	明崇祯十六年山阴吴氏（即吴国辅）刻朱墨双色套印本	中国国家图书馆,《舆图要录》0925；《欧洲收藏中文古地图叙录》；法国国家图书馆东方写本部；日本东方文化学院京都研究所
	宋史二十六路图		
	南宋中兴图		
	元十二省图		
	元行省行台廉访宣慰司图		
	元路府州县图		
	历代华夷山名图		
	历代华夷水名图		
	汉书地理志列国分埜图		
	九州二十八宿分埜图		
	唐一行山河两戒图		
许论《九边图论》	九边图略	明天启元年苕上闵氏刻本朱墨印兵垣四编本 嘉靖间刊世德堂本 万历间刊修攘通考本 兵法汇编本 长恩室丛书本 后知不足斋丛书本 天一阁藏明嘉靖十三年刊本 明吴兴闵氏刊朱墨本 中国内乱外祸历史丛书本	兵垣四编本:《四库禁毁书丛刊》北京大学图书馆藏本；巴黎法国图书馆地图部;《欧洲收藏部分中文古地图叙录》
	《九域守令图》	北宋元丰三年至元祐元年间绘制，北宋宣和三年刻石 1978年四川省博物馆拓印本	石碑现藏于四川省博物院 拓印本：中国国家图书馆,《舆图要录》0362
刘秉忠撰，刘基注《镌地理参补评林图诀全备平沙玉尺经》	中国山水大势总图	明建邑书林陈贤刻本	《续修四库全书》浙江图书馆藏明建邑书林陈贤刻本

续表

<table>
<tr><th>绘制者、刊刻者或作者和著作名或图册名</th><th>图名</th><th>绘制年代或收录地图的古籍的版本以及相关信息</th><th>收藏机构或者收录地图的古籍（包括现代影印本）等</th></tr>
<tr><td rowspan="25">税安礼《历代地理指掌图》</td><td>春秋列国之图</td><td rowspan="25">宋刻本
明刻本</td><td rowspan="25">宋刻本：日本东洋文库；《宋本历代地理指掌图》（上海古籍出版社1989年版）
明刻本：《四库存目丛书》中国科学院图书馆藏
明嘉靖刻本：中国国家图书馆，《舆图要录》0923、0924</td></tr>
<tr><td>帝喾九州之图</td></tr>
<tr><td>古今华夷区域总要图</td></tr>
<tr><td>历代华夷山水名图</td></tr>
<tr><td>七国壤地图</td></tr>
<tr><td>秦郡县天下图</td></tr>
<tr><td>商九有图</td></tr>
<tr><td>虞舜十有二州图</td></tr>
<tr><td>禹迹图</td></tr>
<tr><td>周职方图</td></tr>
<tr><td>本朝化外州郡图</td></tr>
<tr><td>东汉郡国之图</td></tr>
<tr><td>东晋中兴江左图</td></tr>
<tr><td>高齐北国图</td></tr>
<tr><td>郭周及七国图</td></tr>
<tr><td>汉吴楚七国图</td></tr>
<tr><td>后唐及五国图</td></tr>
<tr><td>后周北国图</td></tr>
<tr><td>李唐藩镇疆界图</td></tr>
<tr><td>历代杂标地名图</td></tr>
<tr><td>刘汉及六国图</td></tr>
<tr><td>刘宋南国图</td></tr>
<tr><td>刘项中分图</td></tr>
<tr><td>南陈南国图</td></tr>
<tr><td>三国鼎峙图</td></tr>
</table>

续表

绘制者、刊刻者或作者和著作名或图册名	图名	绘制年代或收录地图的古籍的版本以及相关信息	收藏机构或者收录地图的古籍（包括现代影印本）等
税安礼《历代地理指掌图》	圣朝升改废置州郡图	宋刻本 明刻本	宋刻本：日本东洋文库；《宋本历代地理指掌图》（上海古籍出版社1989年版） 明刻本：《四库存目丛书》中国科学院图书馆藏 明嘉靖刻本：中国国家图书馆，《舆图要录》0923、0924
	圣朝元丰九域图		
	石晋及七国图		
	隋氏有国图		
	太宗皇帝统一之图		
	太祖皇帝肇造之图		
	唐郡名图		
	唐十道图		
	唐十五采访使图		
	唐一行山河两戒图		
	天象分野图		
	西汉郡国图		
	西晋郡国图		
	萧梁南国之图		
	萧齐南国之图		
	异姓八王图		
	元魏北国图		
	朱梁及十国图		
《六经奥论》	“分野图”	《通志堂经解》本 《文渊阁四库全书》本 两者均出于明成化年间盱江人危邦辅藏本	《文渊阁四库全书》
	禹贡九州之图		
杨甲撰，毛邦翰补《六经图》	春秋诸国地理图	南宋或元代早期福建刻袖珍本残本（宋元残本存地图2幅） 明清刻本和《四库全书》本，明清本对该书改动较大	《文渊阁四库全书》，底本为明本； 宋元残本：中国国家图书馆藏摄影本（据馆藏南宋后期福建刻本《六经图》附图缩微底片复制），《舆图要录》0367
	禹贡九州疆界之图		
	十五国风地理图		
	禹贡导山		
	禹贡随山浚川图		
	禹贡治水先后图		

续表

绘制者、刊刻者或作者和著作名或图册名	图名	绘制年代或收录地图的古籍的版本以及相关信息	收藏机构或者收录地图的古籍（包括现代影印本）等
《六经图碑》	禹贡九州疆界图		石碑藏于江西上饶市博物馆
	十五国风地理之图		
	禹贡导山川之图		
	诸国今所属图		
陆唐老《陆状元增节音注精议资治通鉴》	帝王国都之图	明末毛氏汲古阁刻本	《四库存目丛书》北京大学图书馆藏明末毛氏汲古阁刻本
	东汉国都之图		
	两晋国都之图		
	南北朝国都图		
	三国地理之图		
	隋国都图		
	唐藩镇及十五道图		
	五代国都之图		
	西汉国都之图		
	有唐国都之图		
徐光启《农政全书》	“空白全国总图”	《文渊阁四库全书》本	《文渊阁四库全书》
吴继仕《七经图》	春秋诸国地理图	明万历刻本	《四库存目丛书》东北师范大学图书馆上海图书馆藏明万历刻本
	禹贡九州疆界之图		
	十五国风地理图		
	禹贡随山浚川图		
	禹贡治水先后图		
方孔炤《全边略记》	“九边图”	明崇祯刻本	《续修四库全书》和《四库禁毁书丛刊》北京大学图书馆藏明崇祯刻本 中国国家图书馆藏崇祯元年方孔炤《大明神势图》,《舆图要录》0376
李克家《戎事类占》	州国分野图	明万历二十五年厌原山馆刻本	《续修四库全书》以及《四库存目丛书》北京大学图书馆藏明万历二十五年厌原山馆刻本

续表

绘制者、刊刻者或作者和著作名或图册名	图名	绘制年代或收录地图的古籍的版本以及相关信息	收藏机构或者收录地图的古籍（包括现代影印本）等
王圻《三才图会》	春秋列国之图	明万历三十七年刻本	《四库存目丛书》北京大学图书馆藏明万历三十七年刻本
	帝喾九州之图		
	七国壤地图		
	秦郡县天下图		
	商九有图		
	虞舜十有二州图		
	禹迹图		
	周职方图		
	东汉郡国之图		
	东晋中兴江左图		
	高齐北国图		
	郭周及七国图		
	汉吴楚七国图		
	汉异姓八王图		
	后唐及五国图		
	后周北国图		
	华夷一统图		
	九边总图		
	李唐藩镇疆界图		
	历代帝都之图		
	刘汉及六国图		
	刘宋南国图		
	刘项中分图		
	南陈南国之图		
	三国鼎峙图		
	十五国风地理之图		
	石晋及七国图		
	宋朝化外州郡图		

续表

绘制者、刊刻者或作者和著作名或图册名	图名	绘制年代或收录地图的古籍的版本以及相关信息	收藏机构或者收录地图的古籍（包括现代影印本）等
王圻《三才图会》	宋朝太宗统一之图	明万历三十七年刻本	《四库存目丛书》北京大学图书馆藏明万历三十七年刻本
	宋朝元丰九域图		
	宋祖肇造之图		
	隋氏有国图		
	唐郡名图		
	唐十道图		
	唐十五采访使图		
	唐一行山河两戒图		
	天象分野图		
	西汉郡国图		
	西晋郡国图		
	萧梁南国之图		
	萧齐南国之图		
	禹贡总图		
	元魏北国之图		
	中国三大干图		
	朱梁及十国图		
	山海舆地全图		
蒋之翘《删补晋书》	晋太康一统地图	明崇祯十二年蒋氏家塾刻本	《四库存目丛书》中国科学院图书馆藏明崇祯十二年蒋氏家塾刻本
	两晋十六国割据图		
黄镇成《尚书通考》	禹贡九州水土之图	《文渊阁四库全书》本	《文渊阁四库全书》
范景文《师律》	九边图	明崇祯刻本	《续修四库全书》山东图书馆藏明崇祯刻本
胡一桂《诗集传附录纂疏》	十五国都地理之图	元泰定四年建安刘君佐翠严精舍刻本	《续修四库全书》中国国家图书馆藏元泰定四年建安刘君佐翠严精舍刻本
罗复《诗集传名物钞音释纂辑》	十五国风地理之图	元至正十一年双桂书堂刊本	《续修四库全书》中国国家图书馆藏元至正十一年双桂书堂刊本

续表

绘制者、刊刻者或作者和著作名或图册名	图名	绘制年代或收录地图的古籍的版本以及相关信息	收藏机构或者收录地图的古籍（包括现代影印本）等
朱公迁《诗经疏义会同》	十五国风地里之图	《文渊阁四库全书》本 明刻本 克勤堂余氏刻本	《文渊阁四库全书》
钟惺《诗经图史》	周南国附十五国风地理之图	明末刻本	《四库存目丛书》吉林省图书馆藏明末刻本
张溥《诗经注疏大全合纂》	十五国风地理之图	明崇祯刻本	《四库存目丛书》北京大学图书馆藏明崇祯刻本
吕祖谦《十七史详节》	高祖开基图	元刻本	《四库存目丛书》中国国家图书馆、上海图书馆藏元刻本（“唐书详节”用中国国家图书馆藏明正德十一年刘弘毅慎独斋刻本配补）
	国都地理之图		
	两晋地理之图		
	南北国都地理之图		
	秦□国都地理图		
	三国疆理之图		
	隋地理之图		
	太宗分十道图		
	太宗混一图		
	唐地理图		
	唐藩镇图		
	五代分据地理之图		
	五帝国都地理图		
	夏商国都地理图		
	周国都地理图		
凌稚隆《史记评林》	汉国都地理图	明万历四年刻本	《四库未收书辑刊》明万历四年刻本
	秦六国都地理图		
	五帝国都地理图		
	夏商国都地理图		
	周国都地理图		
胡广《书经大全》	禹贡所载随山濬川之图	《文渊阁四库全书》本	《文渊阁四库全书》

续表

绘制者、刊刻者或作者和著作名或图册名	图名	绘制年代或收录地图的古籍的版本以及相关信息	收藏机构或者收录地图的古籍（包括现代影印本）等
尹洪《书经章句训解》	“禹贡图”	明成化十年晋府刻本	《四库未收书辑刊》明成化十年晋府刻本
叶盛《水东日记》	广轮疆里图	《文渊阁四库全书》本 明嘉靖年刻本	《文渊阁四库全书》
	宋刻舆地图	南宋度宗咸淳二年绘制 拓本，1幅，207×196厘米 拓本的影印本：1幅，41.5×40.2厘米	拓本现藏于日本京都东福寺栗棘庵 中国国家图书馆藏拓本的影印本,《舆图要录》0368
左君衡《天地图》	“全国总图”	明晚期	美国国会图书馆，G2305.Z8，2002626725；《皇舆搜览》；《美国国会图书馆藏中文古地图叙录》
徐敬仪《天象仪全图》	皇明坤圆图	明抄本	《续修四库全书》福建省图书馆藏明抄本
	九州分野图		
章潢《图书编》	春秋列国图	《文渊阁四库全书》本	《文渊阁四库全书》
	二十八宿分应各省地理总图		
	古今天下形胜之图		
	历代国都图		
	四海华夷总图		
	四夷总图		
	天下各镇各边总图		
	禹贡九州及今郡县山水之图		
	禹贡所载随山濬川之图		
	中国地理海岳江河大势图		
	中国三大干龙总览之图		
	周职方春秋列国图		

续表

<table>
<tr><th>绘制者、刊刻者或作者和著作名或图册名</th><th>图名</th><th>绘制年代或收录地图的古籍的版本以及相关信息</th><th>收藏机构或者收录地图的古籍（包括现代影印本）等</th></tr>
<tr><td rowspan="3">章达、卢谦《五经图》</td><td>十五国风地理之图</td><td rowspan="3">明万历四十二年刻本</td><td rowspan="3">《四库存目丛书》浙江省图书馆藏明万历四十二年刻本</td></tr>
<tr><td>禹贡所载随山濬川之图</td></tr>
<tr><td>诸国今所属图</td></tr>
<tr><td rowspan="6">施永图《武备地利》</td><td>春秋列国图</td><td rowspan="6">清雍正刻本
清刻本</td><td rowspan="6">《四库未收书辑刊》清雍正刻本
《四库禁毁书丛刊》北京大学图书馆藏清刻本
中国国家图书馆藏清中期刻印本，《舆图要录》0381</td></tr>
<tr><td>华夷总图</td></tr>
<tr><td>七国争雄图</td></tr>
<tr><td>十五国图</td></tr>
<tr><td>一统总图</td></tr>
<tr><td>禹贡九州图</td></tr>
<tr><td>程子颐《武备要略》</td><td>九边总图</td><td>明崇祯五年刻本</td><td>《四库禁毁书丛刊》中国科学院图书馆藏明崇祯五年刻本</td></tr>
<tr><td rowspan="2">茅元仪《武备志》</td><td>一统总图</td><td rowspan="2">明天启刻本</td><td rowspan="2">《续修四库全书》和《四库禁毁书丛刊》北京大学图书馆藏明天启刻本</td></tr>
<tr><td>舆地总图</td></tr>
<tr><td>《遐览指掌》</td><td>“明舆地总图”</td><td>清顺治四年</td><td>美国国会图书馆，G2305.X45，2002626721；《皇舆搜览》;《美国国会图书馆藏中文古地图叙录》</td></tr>
<tr><td>许胥臣《夏书禹贡广览》</td><td>禹贡广舆总图</td><td>明崇祯刻本</td><td>《四库存目丛书》北京大学图书馆藏明崇祯刻本</td></tr>
<tr><td rowspan="2">陈元靓《新编群书类要事林广记》</td><td>华夷一统图</td><td rowspan="2">日本元禄十二年本</td><td rowspan="2">《宋元古地图集成》日本元禄十二年本（星球地图出版社2008年版）</td></tr>
<tr><td>历代国都图</td></tr>
<tr><td rowspan="2">陈元靓《新编纂图增类群书类要事林广记》</td><td>历代舆图</td><td rowspan="2">元至顺间建安椿庄书院刻本</td><td rowspan="2">《续修四库全书》元至顺间建安椿庄书院刻本</td></tr>
<tr><td>大元混一图</td></tr>
<tr><td>刘应李撰《新编事文类聚翰墨大全》</td><td>混一诸道之图</td><td>元泰定刊本
明初刻本</td><td>《宋元地图集成》元泰定刊本
《续修四库全书》及《四库存目丛书》中国国家图书馆藏明初刻本</td></tr>
<tr><td>韩万钟《新编性理三书图解》</td><td>“全国总图”</td><td>明嘉靖四十一年张敏德刻本</td><td>《四库存目丛书》南京图书馆藏明嘉靖四十一年张敏德刻本</td></tr>
</table>

续表

绘制者、刊刻者或作者和著作名或图册名	图名	绘制年代或收录地图的古籍的版本以及相关信息	收藏机构或者收录地图的古籍（包括现代影印本）等
焦竑《新镌焦太史汇选中原文献》	“九边图”	明万历二十四年汪元湛等刻本	《四库存目丛书》清华大学图书馆藏明万历二十四年汪元湛等刻本
王世贞《新刊凤洲先生签题性理精纂约义》	古今州域舆图	明万历三十四年潭邑詹霖宇刻本	《续修四库全书》重庆图书馆藏明万历三十四年潭邑詹霖宇刻本
何镗《修攘通考》	春秋列国之图	明万历六年自刻本	《四库存目丛书》北京师范大学图书馆藏明万历六年自刻本
	帝喾九州之图		
	古今华夷区域总要图		
	历代华夷山水名图		
	七国壤地图		
	秦郡县天下图		
	商九有图		
	虞舜十有二州图		
	禹迹图		
	周职方图		
	大明一统舆地总图		
	大明一统舆图		
	东汉郡国之图		
	东晋中兴江左图		
	高齐北国图		
	郭周及七国图		
	汉吴楚七国图		
	汉异姓八王图		
	后唐及五国图		
	后周北国图		
	九边总图		
	李唐藩镇疆界图		

续表

绘制者、刊刻者或作者和著作名或图册名	图名	绘制年代或收录地图的古籍的版本以及相关信息	收藏机构或者收录地图的古籍（包括现代影印本）等
何镗《修攘通考》	历代杂标地名图	明万历六年自刻本	《四库存目丛书》北京师范大学图书馆藏明万历六年自刻本
	刘汉及六国图		
	刘宋南国图		
	刘项中分图		
	南陈南国图		
	三国鼎峙图		
	石晋及七国图		
	四夷方位之图		
	宋朝化外州郡图		
	宋朝升改废置郡图		
	宋朝太宗统一之图		
	宋朝元丰九域图		
	宋祖肇造之图		
	隋氏有国图		
	唐郡名图		
	唐十道图		
	唐十五采访使图		
	唐一行山河两戒图		
	天象分野图		
	西汉郡国图		
	西晋郡国图		
	萧梁南国之图		
	萧齐南国之图		
	元魏北国图		
	朱梁及十国图		
黄汴《一统路程图记》	舆地总图	明隆庆四年刻本	《四库存目丛书》上海图书馆藏明隆庆四年刻本
	北京至十三省各边路图		
	南京至十三省各边路图		
朱申《音点春秋左传详节句解》	十二国战国图	明刻本	《四库存目丛书》上海图书馆藏明刻本

续表

绘制者、刊刻者或作者和著作名或图册名	图名	绘制年代或收录地图的古籍的版本以及相关信息	收藏机构或者收录地图的古籍（包括现代影印本）等
林尧叟《音注全文春秋括例始末左传句读直解》	十二战国图	元刻明修本	《续修四库全书》中国国家图书馆藏元刻明修本
朱黼《永嘉朱先生三国六朝五代纪年总辨》	南北国都攻守地理之图	清钞本	《四库存目丛书》南京图书馆藏清钞本
	三国国都攻守地理之图		
	隋国国都攻守地理之图		
	五代国都攻守地理之图		
	五代诸国僭伪之图		
程道生《舆地图考》	大明一统图	明天启刻本	《四库禁毁书丛刊》上海图书馆明天启刻本
	九边总图		
夏允彝《禹贡古今合注》	汉郡国图	明末刻本	《续修四库全书》国家图书馆藏明末刻本
	九州分野		
	宋九域图		
	唐十道图		
	唐一行山河两戒图		
	禹贡九州与今省直离合图		
	禹贡全图		
	镇戎总图		
茅瑞征《禹贡汇疏》	汉郡国图	明崇祯刻本	《续修四库全书》和《四库存目丛书》北京大学图书馆藏明崇祯刻本
	宋九域图		
	唐十道图		
	唐一行山河两戒图		
	星野总图		
	舆地总图		
	禹贡总图		
	镇戎总图		

续表

绘制者、刊刻者或作者和著作名或图册名	图名	绘制年代或收录地图的古籍的版本以及相关信息	收藏机构或者收录地图的古籍（包括现代影印本）等
傅寅《禹贡集解》	禹贡山川总会之图	宋刻元修本 康熙十九年《通志堂经解》本 《文渊阁四库全书》本 同治八年《金华丛书》本	《宋元古地图集成》所收清同治八年《金华丛书》本 《金华丛书》 《文渊阁四库全书》
程大昌《禹贡山川地理图》	九州山川实证总图	南宋淳熙八年刊本 《文渊阁四库全书》本（据《永乐大典》本收入此书，缺“九州山川实证总图”）	中国国家图书馆藏淳熙八年刊本 《文渊阁四库全书》 《宋元古地图集成》依据淳熙八年本补入全国总图 1 幅
郑晓《禹贡图说》	禹贡总图	明刻项皋谟校本	《续修四库全书》上海图书馆藏明刻项皋谟校本
	禹迹图	南宋绍兴十二年刻石；拓印本 计里画方每方百里，1 幅，83.6 × 79 厘米	石碑现藏于镇江市博物馆 中国国家图书馆藏镇江博物馆拓印本，《舆图要录》0364
	禹跡图	绘制于元丰三年至绍圣元年之间，刘豫阜昌七年（南宋绍兴六年）刻石； 民国年间拓印本 计里画方每方百里，1 幅，79 × 77.8 厘米	石碑现藏于陕西省博物馆 中国国家图书馆藏民国年间拓印本，《舆图要录》0363
冯应京《月令广义》	广舆地图	明万历陈邦泰刻本	《四库存目丛书》清华大学图书馆藏明万历陈邦泰刻本
王光鲁《阅史约书》	古初地图	明崇祯刻本	《四库存目丛书》复旦大学图书馆藏明崇祯刻本
	唐虞九州十二州分界图		
	禹贡山川图		
	商地图		
	西周地图		

续表

绘制者、刊刻者或作者和著作名或图册名	图名	绘制年代或收录地图的古籍的版本以及相关信息	收藏机构或者收录地图的古籍（包括现代影印本）等
王光鲁《阅史约书》	春秋列国地图	明崇祯刻本	《四库存目丛书》复旦大学图书馆藏明崇祯刻本
	春秋地图		
	战国地图		
	秦四十郡图		
	秦楚之际方隅割据图		
	西汉十三部刺史图 两汉郡国图		
	西汉地图		
	西汉末方隅割据图		
	东汉地图		
	东汉末方隅割据图		
	季汉地图		
	晋郡国图		
	东晋及五□十六国图		
	南北朝侨立州郡异同图		
	南北朝兵争图		
	隋郡图		
	隋末方隅割据图		
	唐十五道图		
	唐州图		
	唐地图		
	唐末藩镇建置图		
	唐末五代方隅割据图		
	唐末五代地图		
	宋二十三路图		
	宋州军图		
	宋地图		
	元十二省图		
	元府州图		
	元末方隅割据图		

续表

绘制者、刊刻者或作者和著作名或图册名	图名	绘制年代或收录地图的古籍的版本以及相关信息	收藏机构或者收录地图的古籍（包括现代影印本）等
鲍彪校注，吴师道重校，张文爜集评《战国策谭椒》	战国并国朝地理图	明万历刻本	《四库存目丛书》天津图书馆藏明万历刻本
徐之镆《重镌罗经顶门针简易图解》	补三干所节各省郡州及附近四夷图	明天启金陵书林唐鲤耀刻本	《四库存目丛书》中国科学院图书馆藏明天启金陵书林唐鲤耀刻本
陈元靓《纂图增新群书类要事林广记》	历代舆地之图	元至元六年本	《宋元地图集成》元至元六年本
	大元混一之图		
	历代国都之图		
宋征璧《左氏兵法测要》	春秋列国图	明末剑闲斋刻本	《四库存目丛书》北京大学图书馆藏明末剑闲斋刻本
	大明混一图（原名“清字签一统大图”）	明洪武二十二年绘制	原图：中国第一历史档案馆 复制品：中国国家图书馆；上海海洋博物馆等
甘宫（喻时）绘	古今形胜之图	明嘉靖三十四年福建龙溪金沙书院重刻本，木刻墨印设色，1幅，115×100厘米 摄影本，1幅，23.6×20.8厘米 影印本，1幅，39.5×34厘米	西班牙塞维利亚市西印度群岛综合档案馆藏明嘉靖三十四年福建龙溪金沙书院重刻本 《从方圆到经纬：香港与华南历史地图藏珍》 中国国家图书馆藏摄影本（据西班牙藏图摄制），《舆图要录》0370；该馆另藏有影印本
梁辀镌刻	乾坤万国 全图古今人物事迹	明万历二十一年刊印南京吏部四司正己堂刻本	原图现下落不明 《欧洲收藏部分中文古地图叙录》
黄裳	墬理图	绍熙初绘制，淳祐七年苏州刻石；民国年间拓印本 1幅，183.8×97.5厘米	石碑藏于苏州市博物馆 民国年间拓印本：中国国家图书馆，《舆图要录》0366
曹君义刊行	天下九边分野 人迹路程全图	明崇祯十七年，金陵曹君义刊行，1幅，125×123.5厘米	中国国家图书馆，《舆图要录》0011；伦敦英国国家博物馆；《欧洲收藏部分中文古地图叙录》

续表

绘制者、刊刻者或作者和著作名或图册名	图名	绘制年代或收录地图的古籍的版本以及相关信息	收藏机构或者收录地图的古籍（包括现代影印本）等
	王泮题识《舆地图》	刊印时间应当是在万历二十二年，万历三十一年至天启六年经某朝鲜学者摹绘并增加了朝鲜部分 摄影本，1幅，44×45厘米	法国国家图书馆地图部；《欧洲收藏部分中文古地图叙录》 摄影本：中国国家图书馆，《舆图要录》0374
	“杨子器跋舆地图”	原图明正德七年绘制 嘉靖五年本，绢底彩绘 1983年摹绘本，绢底彩绘，1幅，164×180厘米	嘉靖五年本：辽宁省大连市旅顺博物馆 1983年摹绘本：中国国家图书馆，《舆图要录》0369
艾南英《禹贡图注》	明舆地图	清道光十一年六安晁氏活字学海类编本	《四库存目丛书》中国国家图书馆藏清道光十一年六安晁氏活字学海类编本
	九州贡道图		
	九州分域图		
陈龙昌《中西兵略指掌》	天下五大洲方图	清光绪二十三年东山草堂石印本	《续修四库全书》华东师范大学藏光绪二十三年东山草堂石印本
陈伦炯《海国闻见录》	四海总图	《文渊阁四库全书》本	《文渊阁四库全书》
陈应选《陈子性藏书》	“天圆地方图”	清乾隆四十七年振贤堂刻本	《四库存目丛书》中国科学院图书馆藏清乾隆四十七年振贤堂刻本
杜堮《石画龛论述》	东半球图	清稿本	《四库未收书辑刊》清稿本
段汝霖《楚南苗志》	“一统图”	清乾隆二十三年刻本	《四库存目丛书》中国国家图书馆藏清乾隆二十三年刻本
	二十八宿分野之图		
鄂尔泰、张廷玉等奉敕撰，清，董诰等奉敕补《钦定授时通考》	方舆总图	《文渊阁四库全书》本	《文渊阁四库全书》

续表

绘制者、刊刻者或作者和著作名或图册名	图名	绘制年代或收录地图的古籍的版本以及相关信息	收藏机构或者收录地图的古籍（包括现代影印本）等
范士龄《左传释地》	“地理总图”	道光六刻本	《续修四库全书》中国科学院图书馆藏道光六刻本
傅恒、刘统勋、于敏中等奉敕撰《钦定皇舆西域图志》	皇舆全图	《文渊阁四库全书》本	《文渊阁四库全书》
龚在升《三才汇编》	舆地全图	清康熙五年刻本	《四库存目丛书》湖北省图书馆藏清康熙五年刻本
顾栋高撰《春秋大事表》	总图	《文渊阁四库全书》本	《文渊阁四库全书》
何秋涛撰，黄宗汉等辑补《朔方备乘》	地球东半图	光绪七年刻本	《续修四库全书》湖北省图书馆藏光绪七年刻本
	皇舆全图		
胡渭《禹贡锥指》	九州分域图	《文渊阁四库全书》本	《文渊阁四库全书》
	职方九州图		
	四海图		
	九州贡道图		
	尔雅九州图		
江为龙等《朱子六经图》	禹贡外国地名图	清康熙刻本	《四库存目丛书》南京大学图书馆藏清康熙刻本
	十五国风地理之图		
	禹贡九州疆界图		
姜文燦《诗经正解》	舆地全图内标十五国都故址	清康熙二十三年深柳堂刻本	《四库存目丛书》复旦大学图书馆藏清康熙二十三年深柳堂刻本
蒋骥《山带阁注楚辞》	楚辞地理总图	《文渊阁四库全书》本	《文渊阁四库全书》
揭暄《璇玑遗述》	大地混轮五州圆球全图	清乾隆三十年会友堂刻本	《续修四库全书》和《四库存目丛书》清华大学图书馆藏清乾隆三十年会友堂刻本
李圭《环游地球新录》	地球图	光绪刻本	《续修四库全书》上海古籍出版社藏光绪刻本

续表

绘制者、刊刻者或作者和著作名或图册名	图名	绘制年代或收录地图的古籍的版本以及相关信息	收藏机构或者收录地图的古籍（包括现代影印本）等
李锴《尚史》	春秋地图	《文渊阁四库全书》本	《文渊阁四库全书》
	西周地图		
	上古地图		
	战国地图		
	周职方地图		
	禹贡九州图		
	商地图		
李明徹《圜天图说》以及续编	地球正面全图	清嘉庆二十四年松梅轩刻，道光元年松梅轩续刻本	《四库未收书辑刊》清嘉庆二十四年松梅轩刻，道光元年松梅轩续刻本
	大清一统全图		
李兆洛《历代地理志韵编今释》	总图	清同治九年李氏重刻本	《续修四库全书》复旦大学图书馆藏清同治九年李氏重刻本
	地球上面图		
廖平《春秋图表》	春秋经义九州封建图	清光绪二十七年成都尊经书局刻本	《续修四库全书》中国国家图书馆藏清光绪二十七年成都尊经书局刻本
	春秋列国实地图		
林昌彝《三礼通释》	商地图	清同治三年广州刻本	《四库未收书辑刊》清同治三年广州刻本
	夏禹贡图		
	周职方地图		
刘斯枢《程赋统会》	大清天下全图	清康熙刻本	《续修四库全书》清华大学图书馆藏清康熙刻本
卢云英《五经图》	禹贡所载随山濬川图	清雍正二年卢云英刻本	《四库存目丛书》辽宁省图书馆藏清雍正二年卢云英刻本
	春秋诸国地理图		
	十五国风地理之图		
马俊良《禹贡注节读》之《禹贡图说》	四海图	清乾隆端溪书院刻本	清乾隆端溪书院刻本：《四库未收书辑刊》；《欧洲收藏中文古地图叙录》；伦敦英国图书馆东方部
	导山图		
	职方九州图		
	九州贡道图		
	尔雅九州图		
	九州分域图		

续表

绘制者、刊刻者或作者和著作名或图册名	图名	绘制年代或收录地图的古籍的版本以及相关信息	收藏机构或者收录地图的古籍（包括现代影印本）等
马骕《绎史》	西周地图	《文渊阁四库全书》本	《文渊阁四库全书》
	周职方地图		
	春秋地图		
	古初地图		
	战国地图		
	秦置郡县图		
	禹贡九州图		
	商地图		
穆彰阿、潘锡恩等纂修《嘉庆重修一统志》	皇舆全图	四部丛刊续编本	《续修四库全书》四部丛刊续编本
孙从添《春秋经传类求》	春秋列国图说	清乾隆二十四年吴禧祖刻本	《四库存目丛书》中国科学院图书馆藏清乾隆二十四年吴禧祖刻本
汪绂《理学逢源》	干今三京十七省图	清道光戊午镌，俞敬业堂藏板	《续修四库全书》浙江图书馆藏清道光戊午镌，俞敬业堂藏板
	禹贡九州虞十二州之图		
汪绂《春秋集传》	列国分壤图	清光绪二十一年刻本	《续修四库全书》上海辞书出版社藏清光绪二十一年刻木
汪绂《戊笈谈兵》	春秋列国	清光绪二十年刻本	《四库未收书辑刊》清光绪二十年刻本
	人皇画埜		
	宋十五路		
	唐十道		
	地舆东半球图		
	列宿分野		
	虞舜十二州禹贡九州五服		
	晋十九州		
	十六省总图		
	东汉十三郡		
	秦并七国为四十郡及汉开河西朝鲜西南夸珠崖		
	周礼职方九洲九畿		

续表

绘制者、刊刻者或作者和著作名或图册名	图名	绘制年代或收录地图的古籍的版本以及相关信息	收藏机构或者收录地图的古籍（包括现代影印本）等
王皜《六经图》	春秋列国图	清乾隆五年刻本	《四库存目丛书》中国国家图书馆藏清乾隆五年刻本
	十五国风图		
	九州分域图		
王项龄等奉敕撰《钦定书经传说汇纂》	今定禹贡随山濬川之图	《文渊阁四库全书》本	《文渊阁四库全书》
	旧本禹贡随山濬川之图		
王掞、张廷玉等奉敕撰《钦定春秋传说汇纂》	苏轼指掌春秋列国图	《文渊阁四库全书》本	《文渊阁四库全书》
王之春《国朝柔远记》	“东半球图”	清光绪十七年广雅书局刻本	《四库未收书辑刊》清光绪十七年广雅书局刻本
王植《权衡一书》	十五省舆地图	清乾隆元年崇雅堂刻本	《四库存目丛书》武汉大学图书馆藏清乾隆元年崇雅堂刻本
魏源《海国图志》	亚细亚洲全图	清道光二年平庆泾固道署重刊 清道光二十四年刻本 清道光二十七年刻本 清同治七年刻本	《续修四库全书》北京大学图书馆藏清道光二年平庆泾固道署重刊 中国国家图书馆清道光二十四年刻本,《舆图要录》0014 中国国家图书馆清道光二十七年刻本,《舆图要录》0015 中国国家图书馆清同治七年刻本,《舆图要录》0017
	地球正背面全图		
吴宝谟《经义图说》	注海注江图	清嘉庆二十四年陈逢衡刻本	《四库未收书辑刊》清嘉庆二十四年陈逢衡刻本
	九州图		
吴凤来《春秋集义》	春秋诸国便考图	清乾隆小草庐刻本	《四库未收书辑刊》清乾隆小草庐刻本
夏大霖《屈骚心印》	战国舆图	清乾隆三十九年一本堂刻本	《四库存目丛书》清华大学图书馆藏清乾隆三十九年一本堂刻本
徐发《天元历理全书》	古分野图	清康熙刻本	《续修四库全书》南京大学图书馆藏清康熙刻本
	复古分野		
	四海图		
	天市垣分野图		

续表

绘制者、刊刻者或作者和著作名或图册名	图名	绘制年代或收录地图的古籍的版本以及相关信息	收藏机构或者收录地图的古籍（包括现代影印本）等
徐继畬《瀛寰志略》	皇清一统舆地全图	清道光戊申年壁星泉先生、刘玉坡先生鉴定，本署仓版	《续修四库全书》天津图书馆藏清道光戊申年壁星泉先生、刘玉坡先生鉴定，本署仓版
	亚细亚图		
	地球图		
徐文靖《天下山河两戒考》	山河两戒图	清雍正元年刻本	《四库存目丛书》天津图书馆藏清雍正元年刻本
	五星海岳图		
徐文靖《禹贡会笺》	九州总图	《文渊阁四库全书》本	《文渊阁四库全书》
	导山图		
杨魁植《九经图》	十五国风地理之图	清乾隆三十七年信芳书房刻本	《四库存目丛书》南京图书馆藏清乾隆三十七年信芳书房刻本
	禹贡导山图		
	诸国今所属图		
姚莹《康輶纪行》	李明彻地球图（东）	清同治刻本	《四库未收书辑刊》清同治刻本
	陈伦炯四海总图		
	今订中外四海总图		
	亚细亚洲全图		
尹继美《诗地理图》	“总图”	清同治三年鼎吉堂刻本	《续修四库全书》复旦大学图书馆清同治三年鼎吉堂刻本
游艺《天经或问前集》	禹书经天合地图	《文渊阁四库全书》本	《文渊阁四库全书》
	大地全球诸国全图		
于光华《心简斋集录》	广舆总图	清乾隆三十五年尊闻堂刻本	《四库未收书辑刊》清乾隆三十五年尊闻堂刻本
《钦定大清会典》	大清皇舆全图	《文渊阁四库全书》本	《文渊阁四库全书》
张汝璧《天官图》	“全球图”（东）	抄本	《续修四库全书》南京图书馆藏抄本
	“大清全图”		
	“亚洲图”		
	“分野图”		
	皇清一统全图		
张雍敬《定历玉衡》	天地图	清抄本	《续修四库全书》复旦大学图书馆藏清抄本
	舆地图		

续表

绘制者、刊刻者或作者和著作名或图册名	图名	绘制年代或收录地图的古籍的版本以及相关信息	收藏机构或者收录地图的古籍（包括现代影印本）等
张瓒昭《经笥质疑易义原则》《易义附篇》	考实禹贡地舆全图	清道光七年兰鹏堂刻本	《四库未收书辑刊》清道光七年兰鹏堂刻本
	五行图		
赵振芳《易原》	河山两戒	清顺治蕉白居刻易原易或合集本	《四库存目丛书》上海图书馆藏清顺治蕉白居刻易原易或合集本
郑光祖《醒世一斑录》	中国外夷总图	清道光二十五年刻咸丰二年增修本	《续修四库全书》浙江图书馆藏清道光二十五年刻咸丰二年增修本
朱鹤龄《禹贡长笺》	考定禹贡九州全图	《文渊阁四库全书》本	《文渊阁四库全书》
	郑端简公禹贡原图		
朱约淳《阅史津逮》	“禹图”	清初彩绘抄本	《四库存目丛书》中国科学院图书馆藏清初彩绘抄本
	南宋元地图		
	唐末五季十国图		
	西晋诸国图		
	天文分野图		
	唐末藩镇建置图		
	元末割据图		
	舆地总图		
	东汉地图		
	隋末割据图		
	东汉末割据图		
	南北朝隋地图		
	秦末割据始末		
	两晋地图		
	唐地图		
	南北朝兴废图		
	天下边镇总图		
	季汉地图		
	五季北宋地图		

续表

绘制者、刊刻者或作者和著作名或图册名	图名	绘制年代或收录地图的古籍的版本以及相关信息	收藏机构或者收录地图的古籍（包括现代影印本）等
朱约淳《阅史津逮》	秦汉地图	清初彩绘抄本	《四库存目丛书》中国科学院图书馆藏清初彩绘抄本
	列国地图		
	春秋地图		
	西周以上地图		
	西汉末割据图		
商务印书馆	大清皇舆全图	清宣统元年，商务印书馆（据光绪《会典舆图》），1幅，彩色，123×182厘米	中国国家图书馆，《舆图要录》0464
	大清万年一统天下图	清代，纸本彩绘，8条挂幅	台北“故宫博物院”，购善002503-002510；《河岳海疆》
南怀仁	坤舆全图	清康熙十三年 摄影本，1925年天津工商大学据其珍藏南怀仁《坤舆全图》清康熙十三年刻本摄制，1册	美国国会图书馆，G3200 1674. V4，gm71002352；谭广濂私人收藏，《从方圆到经纬：香港与华南历史地图藏珍》；第一历史档案馆，《澳门历史地图精选》；瑞典乌普萨拉大学图书馆；《欧洲收藏部分中文古地图叙录》 1925年摄影本：中国国家图书馆，《舆图要录》0013
庄廷旉	大清统属职贡万国经纬地球式	清乾隆五十九年，1幅，绢本彩绘	美国国会图书馆，G3200 C5，gm71005053；《皇舆搜览》；《美国国会图书馆藏中文古地图叙录》；《欧洲收藏中文古地图叙录》
《天地图卷》	“舆地总图”	明晚期	美国国会图书馆，G2305.T45，2002626722；《皇舆搜览》；《美国国会图书馆藏中文古地图叙录》
	大明一统山河图	朝鲜景宗年间	美国国会图书馆，G2305.W6，2002626778；《皇舆搜览》；《美国国会图书馆藏中文古地图叙录》
朝鲜画师“大明混一天下图”	“舆地总图”	18世纪	美国国会图书馆，G7820.C5，93684262；《皇舆搜览》；《美国国会图书馆藏中文古地图叙录》

续表

绘制者、刊刻者或作者和著作名或图册名	图名	绘制年代或收录地图的古籍的版本以及相关信息	收藏机构或者收录地图的古籍（包括现代影印本）等
吕安世辑《三才一贯图》	天地全图	清康熙六十一年刻本	美国国会图书馆，G7820.L8，89690127；《皇舆搜览》；《美国国会图书馆藏中文古地图叙录》；英国图书馆；荷兰莱顿汉学院；《欧洲收藏中文古地图叙录》
	大清万年一统天下全图		
	康熙皇舆全览图	康熙六十年木刻版	《欧洲收藏中文古地图叙录》；伦敦英国图书馆
	康熙皇舆全览图	1943年福克斯据康熙六十年木刻版重印	美国国会图书馆，G2305.F8，74650033；《皇舆搜览》；《美国国会图书馆藏中文古地图叙录》
	“乾隆内府舆图”	乾隆四十年铜版	《欧洲收藏中文古地图叙录》；伦敦英国图书馆地图部
	乾隆内府舆图	1932年北平故宫博物院文献馆用乾隆四十年铜版重印	美国国会图书馆，G2305.N4，66001776；《美国国会图书馆藏中文古地图叙录》
“大清分省舆图”	总图	清中叶（1754—1782），可能是民间摹绘自官绘本图册	美国国会图书馆，G2305.T15，2002626726；《皇舆搜览》；《美国国会图书馆藏中文古地图叙录》
	舆地全图	清嘉庆年间据康熙十二年黄宗羲所刻旧图增订	美国国会图书馆，G7820.Y8，gm71002353；《皇舆搜览》；《美国国会图书馆藏中文古地图叙录》
马俊良《京板天文全图》（《京板天文舆地全图》《京板天地全图》《大清一统天下全图》）	内板山海天文全图	清嘉庆年间刻印本，上色，挂幅，142×73厘米或102×78厘米 静电复印本，1幅，122×65.5厘米	上色版：美国国会图书馆，G7820.Y81，71005137；G7821.A5.Y8，92682866；《皇舆搜览》；《美国国会图书馆藏中文古地图叙录》；大连市图书馆；巴黎法国国家图书馆；《欧洲收藏中文古地图叙录》；英国图书馆印度事务部 静电复印本：中国国家图书馆，《舆图要录》0403；
	海国闻见录四海总图		
	舆地全图（参照黄宗羲图增订）		
	大清万年一统天下全图	清嘉庆十六年刻本	美国国会图书馆，G3200.T3，gm71005018；《皇舆搜览》；《美国国会图书馆藏中文古地图叙录》

续表

绘制者、刊刻者或作者和著作名或图册名	图名	绘制年代或收录地图的古籍的版本以及相关信息	收藏机构或者收录地图的古籍（包括现代影印本）等
	大清万年一统地理全图	清嘉庆年间石刻本	美国国会图书馆，G7820.T3，gm71005060；《皇舆搜览》；《美国国会图书馆藏中文古地图叙录》
董方立绘、李兆洛编制《皇朝一统舆地全图》		清道光十二年，常州李氏辨志书塾镘板，刻印本，计里画方每方百里，有经纬网，1幅分裱8排，244×340厘米	美国国会图书馆，G7810.L5，gm71002481；《皇舆搜览》；《美国国会图书馆藏中文古地图叙录》；中国国家图书馆，《舆图要录》0408；《欧洲收藏中文古地图叙录》；
六严摹绘《皇朝内府舆地图缩摹本》		清道光十四年刻印本	美国国会图书馆，G2305.Y45，2002626781；《美国国会图书馆藏中文古地图叙录》
六严摹绘《皇朝一统舆地全图》		清道光二十二年，刻印本，1幅分裱8排，244×340厘米 道光二十一年本，刻印本，二色，计里画方每方百里，1幅分切64张，160×218厘米	美国国会图书馆，G7810.L4，gm 71005054；G2305.L5，2002626782；《皇舆搜览》；《美国国会图书馆藏中文古地图叙录》；中国国家图书馆，《舆图要录》0410；《欧洲收藏中文古地图叙录》 中国国家图书馆藏道光二十一年本，《舆图要录》0409
胡锡燕编绘重刻《皇清地理图》		清咸丰六年刻印，粤东省城西湖街富文斋刊印	美国国会图书馆，G2305.T9，2002626724；《美国国会图书馆藏中文古地图叙录》
湖北官书局	皇朝直省府厅州县全图	清同治三年湖北官书局（《皇朝直省地舆全图》缩印本），计里画方每方百里，1幅，56×56厘米 同治五年刻印本，计里画方每方百里，1幅，55×60厘米	同治三年本：美国国会图书馆 G7821.F7.H9，71005067；G7820.H8，71005019；《皇舆搜览》；《美国国会图书馆藏中文古地图叙录》；中国国家图书馆，《舆图要录》0427；《欧洲收藏中文古地图叙录》；伦敦英国国家图书馆 同治五年本：中国国家图书馆，《舆图要录》0428

续表

绘制者、刊刻者或作者和著作名或图册名	图名	绘制年代或收录地图的古籍的版本以及相关信息	收藏机构或者收录地图的古籍（包括现代影印本）等
胡林翼监制，严树森修订，邹世诒、晏启镇编绘《皇朝中外一统舆图》（大清一统舆图）		清同治二年，湖北抚署刊版，刻印本，计里画方每方百里，有经纬网，32 册	美国国会图书馆，G2305.H9，2002626738；《美国国会图书馆藏中文古地图叙录》；中国国家图书馆，《舆图要录》0424；《欧洲收藏中文古地图叙录》
杨守敬、绕敦秩编撰《历代舆地沿革险要图》	66 幅	清光绪五年，东湖饶氏刻印本，二色，1 册	美国国会图书馆，G2306.S1.Y28，9220551；《美国国会图书馆藏中文古地图叙录》；中国国家图书馆，《舆图要录》0931；《欧洲收藏中文古地图叙录》；伦敦英国图书馆东方部
杨守敬、绕敦秩原绘，王尚德重绘《历代舆地沿革险要图说》	66 幅	清光绪二十四年，上海石印本，1 册	美国国会图书馆，G2306.S1.Y35，76835797；《美国国会图书馆藏中文古地图叙录》；中国国家图书馆，《舆图要录》0932
杨守敬编撰，熊会贞重校《历代舆地沿革险要图》		清光绪三十二年，重校订，上海杨氏观海堂刊印本，34 册	美国国会图书馆，G2306.S1.Y3，2002626788；《美国国会图书馆藏中文古地图叙录》；中国国家图书馆，《舆图要录》0933
《天下总舆图》	天下总舆图	清后期木刻本	美国国会图书馆，G2305.T46，84022756；《美国国会图书馆藏中文古地图叙录》
	大清一统廿三省舆地图	清光绪十六年申江墨书馆编制	美国国会图书馆，G7821.S37.S5，gm71002472；《美国国会图书馆藏中文古地图叙录》
	大清一统天地全图	清光绪年间扇面	美国国会图书馆，G7820.C4，gm71005014；《皇舆搜览》；《美国国会图书馆藏中文古地图叙录》
	大清廿三省舆地全图 附朝鲜州道舆地图	清光绪年间木刻墨印，分省手彩上色	美国国会图书馆，G7820.T3，gm71005068；《皇舆搜览》；《美国国会图书馆藏中文古地图叙录》
	皇朝直省舆地全图	清光绪十三年上海徐家汇天主堂石印本	美国国会图书馆，G7820.H7，gm71005013；《皇舆搜览》；《美国国会图书馆藏中文古地图叙录》

续表

绘制者、刊刻者或作者和著作名或图册名	图名	绘制年代或收录地图的古籍的版本以及相关信息	收藏机构或者收录地图的古籍（包括现代影印本）等
黎佩兰编绘	皇朝直省舆地全图	清光绪二十二年木刻印本	美国国会图书馆，G7820.L5，gm71005083；《皇舆搜览》；《美国国会图书馆藏中文古地图叙录》
	大清国十八省全图	清后期绘本着色	美国国会图书馆，G7821.F7.D3，G3200.M3；《美国国会图书馆藏中文古地图叙录》
	大清万年一统天下全图	清乾隆三十二年之后，初刻本的翻刻本。图背墨题“乾隆中国全图”，应是后人所拟	中国科学院图书馆，史580015；《舆图指要》
“中国历代沿革图”	禹贡图	清宣统三年	中国科学院图书馆，史580223240627；《舆图指要》
	春秋列国图		
	战国前图		
	战国后图		
	秦郡县图		
	楚汉分封图		
	汉高封建郡国图（附文景增置）		
	汉武郡国图（附昭宣改置）		
	汉平郡国总图		
	更始割据		
	东汉州郡全图（照本志、附桓灵增改八郡）		
	建安分裂图		
	三国图		
	西晋州郡图（附惠怀时增置）		
	东晋前图（元、明、成、康、穆五朝，刘赵、石赵、前燕、张安分凉、李汉、代）		

续表

绘制者、刊刻者或作者和著作名或图册名	图名	绘制年代或收录地图的古籍的版本以及相关信息	收藏机构或者收录地图的古籍（包括现代影印本）等
“中国历代沿革图”	东晋后图	清宣统三年	中国科学院图书馆，史 580223240627；《舆图指要》
	刘宋图		
	萧齐图		
	萧梁图		
	陈州郡图		
	北魏图		
	东魏高齐图		
	西魏宇文周图		
	隋州郡图		
	隋末割据图		
	唐太宗十道图		
	玄宗十五道图		
	唐府州军全图（照本志）		
	方镇前图		
	方镇后图		
	朱梁图（晋、吴、楚、汉、蜀、岐、越、闽、南平、燕）		
	石晋图（南唐、楚、汉、蜀、吴越、南平、闽、辽）		
	郭周图（北汉、南汉、蜀、南唐、吴越、湖南、南平、辽）		
	北宋全图		
	南宋图		
	金源图		
	元省州全图		
	明省府州县卫全图		

续表

绘制者、刊刻者或作者和著作名或图册名	图名	绘制年代或收录地图的古籍的版本以及相关信息	收藏机构或者收录地图的古籍（包括现代影印本）等
“清分省舆图”	天下总图 1 幅，17 省以及外藩、新疆图	清嘉庆二年至二十五年，彩绘本地图册，折页装，20 幅，31×31.5 厘米	中国科学院图书馆，261847；《舆图指要》
《十九省地舆全图》	十八省地图	清咸丰五年，彩绘本，挖镶蝴蝶装，21 叶，图幅 30.9×39.4 厘米	中国科学院图书馆，史 580016；《舆图指要》
《清朝舆图全图》	“国朝天下舆地全图”	清乾隆二十四年至四十八年，纸本设色，经折装，21 幅，总图 1 幅，分图 20 幅，图幅 26×30 厘米	北京大学图书馆；《皇舆遐览》
王君甫刊印，帝畿书坊梅村弥白重梓	大明九边万国 人迹路程全图	原图为王君甫于清康熙二年刊印发行，由日人“帝畿书坊梅村弥白重梓”，但“重梓”时间不详	谭广濂私人收藏，收录在《从方圆到经纬：香港与华南历史地图藏珍》；英国国家博物馆
	古今舆地全图	清光绪二十一年采用传统方法绘制	谭广濂私人收藏，收录在《从方圆到经纬：香港与华南历史地图藏珍》
商务印书馆	大清皇舆全图	清光绪二十一年	谭广濂私人收藏，收录在《从方圆到经纬：香港与华南历史地图藏珍》
	备志皇明一统形势 分野人物出处全览	明万历三十三年福州佚名编制	波兰克拉科夫市图书馆；《欧洲收藏部分中文古地图叙录》
吕君翰选录梓行	（天下）分（野）舆图（古今）人（物事）迹	清康熙十八年	英国牛津大学图书馆；《欧洲收藏部分中文古地图叙录》
	历代分野之界 古今人物事迹	“大日本宽延庚午冬十月 东都医官潮月主人桂川富甫三，医官梧桐庵主堀本宽好益阅 桐江滕忠克，西势吕忠道检阅 江戸须原屋茂兵卫梓 康熙己未端阳月 北京吕君翰选”，也即绘制于 1750 年	日本京都大学图书馆；日本国会图书馆

续表

绘制者、刊刻者或作者和著作名或图册名	图名	绘制年代或收录地图的古籍的版本以及相关信息	收藏机构或者收录地图的古籍（包括现代影印本）等
	“乾隆今古舆地图”（“乾隆天下舆地图”）	绘制年代在1743年（乾隆八年）至1749年之间	英国图书馆（Or.15406.a.28）等欧洲图书馆；《欧洲收藏中文古地图叙录》
	天下全图	清雍正七年	第一历史档案馆，《广州历史地图精粹》；
《皇朝舆地全图》		清乾隆元年至乾隆六十年	第一历史档案馆，《广州历史地图精粹》；
	十五省总图	清康熙时期	第一历史档案馆，《澳门历史地图精选》
《坤舆图》	东半球图	清康熙时期	第一历史档案馆，《澳门历史地图精选》
	“着色雍正十排图”	清雍正七年至八年	第一历史档案馆，《澳门历史地图精选》
	“小着色雍正十排图”	清雍正七年至八年	第一历史档案馆，《澳门历史地图精选》
	“雍正十排图”	清雍正七年至八年	第一历史档案馆，《澳门历史地图精选》
《皇朝舆地全图》		清乾隆三十八年至四十七年	第一历史档案馆，《澳门历史地图精选》
上海点石斋《皇朝直省府厅州县全图》		清光绪十五年，上海点石斋印本，吴县朱煜编绘，地图26幅，据1865年湖北府署刻本摹绘，增入了通商口岸	第一历史档案馆，《澳门历史地图精选》
上海鸿宝斋《皇朝一统舆地总图》(《皇朝一统舆地全图》)		清光绪二十年，该图册系以道光年间江阴六严（承如）所刻之地舆图为原本，又取南海冯卓儒本补绘而成	第一历史档案馆，收录在《澳门历史地图精选》
	天下全图	康熙二十三年，法国巴黎印行中法文，1幅	第一历史档案馆《内务府舆图目录》

续表

绘制者、刊刻者或作者和著作名或图册名	图名	绘制年代或收录地图的古籍的版本以及相关信息	收藏机构或者收录地图的古籍（包括现代影印本）等
	全球坤舆图	满文，2轴	第一历史档案馆《内务府舆图目录》
	地球全图	满文，2轴	第一历史档案馆《内务府舆图目录》
	世界坤舆全图	1轴	第一历史档案馆《内务府舆图目录》
	汉文东半球西半球坤舆图（原名清汉文坤舆图）	清康熙，2轴	第一历史档案馆《内务府舆图目录》
	满文东半球西半球坤舆图（原名清汉字坤舆图）	清康熙，2轴	第一历史档案馆《内务府舆图目录》
	东半球图	1幅	第一历史档案馆《内务府舆图目录》
	西半球图	1幅	第一历史档案馆《内务府舆图目录》
	论九州山镇川泽全图	图之上方印有“明万历癸未岁孟春国史修撰云杜李维桢识”，1幅	第一历史档案馆《内务府舆图目录》
《明刻地舆图》		明万历年印本（罗洪先《广舆图》上册），1册	第一历史档案馆《内务府舆图目录》
《明刻九边图》		明万历年印本（罗洪先《广舆图》下册），1册	第一历史档案馆《内务府舆图目录》
《皇朝舆地全图》		约清康熙年间，1册	第一历史档案馆《内务府舆图目录》
《大清一统天下全图》		图幅右下角注有“康熙五十三年甲午四月既望太原阎詠复申图并识”，字样1卷	第一历史档案馆《内务府舆图目录》
《大清中外天下全图》		清康熙年间，1卷	第一历史档案馆《内务府舆图目录》

续表

绘制者、刊刻者或作者和著作名或图册名	图名	绘制年代或收录地图的古籍的版本以及相关信息	收藏机构或者收录地图的古籍（包括现代影印本）等
《中国全图》（原名天下全图）		3卷，清雍正年绘	第一历史档案馆《内务府舆图目录》
	皇舆十排全图	20轴，雍正年绘	第一历史档案馆《内务府舆图目录》
	皇舆十排全图（原名皇舆方格全图）	10轴，雍正年绘	第一历史档案馆《内务府舆图目录》
	皇舆十排全图（原缺第5轴）	9轴，乾隆年绘（丙子）	第一历史档案馆《内务府舆图目录》
	乾隆十三排皇舆全图	多种，每种幅数不同	第一历史档案馆《内务府舆图目录》
	乾隆十三排铜板皇舆全图		第一历史档案馆《内务府舆图目录》
	皇舆全图	乾隆二十一年绘	第一历史档案馆《内务府舆图目录》
《皇朝中外一统舆地全图》		1函12册	第一历史档案馆《内务府舆图目录》
《皇朝中外一统舆地全图》		3函96册	第一历史档案馆《内务府舆图目录》
	皇朝直省府厅州县全图	同治三年孟春刊于鄂渚黄鹄矶，1幅	第一历史档案馆《内务府舆图目录》
	皇朝府厅州县全图		第一历史档案馆《内务府舆图目录》
《皇朝中外一统舆地全图》		同治二年镌，31册	第一历史档案馆《内务府舆图目录》
《皇舆全图》（原名《大清一统天下全图》）		嘉庆二十二年绘制	第一历史档案馆《内务府舆图目录》
	皇朝直省府厅州县全图	咸丰七年春正月程祖庆绘	第一历史档案馆《内务府舆图目录》
	皇朝直省府厅州县全图		第一历史档案馆《内务府舆图目录》

续表

绘制者、刊刻者或作者和著作名或图册名	图名	绘制年代或收录地图的古籍的版本以及相关信息	收藏机构或者收录地图的古籍（包括现代影印本）等
张之洞制	皇朝舆地全图	2种	第一历史档案馆《内务府舆图目录》
	内地十五省舆图	多种，1幅	第一历史档案馆《内务府舆图目录》
	内地十五省及口外沿边图（原名十五省带口外图）	1幅	第一历史档案馆《内务府舆图目录》
	内地各省暨蒙古沿边地方舆图	2幅	第一历史档案馆《内务府舆图目录》
	十五省总图	1幅	第一历史档案馆《内务府舆图目录》
	世界全球地图	1幅	故宫档案馆《舆图汇集目录》
	清内府一统舆地秘图	系根据康熙稿本印制，1册	故宫档案馆《舆图汇集目录》
吴长发印《大清天下中华各省府州县厅地理全图》		4幅，光绪三十年吴长发印	故宫档案馆《舆图汇集目录》
	中国长城内地舆图	1幅	故宫档案馆《舆图汇集目录》
利玛窦	坤舆万国全图	1936年禹贡学会据明万历三十年张文焘过纸木刻本影印，1幅分切18张，67.8×150.6厘米	中国国家图书馆，《舆图要录》003
利玛窦	坤舆万国全图	明万历三十年张文焘过纸木刻本影印	梵蒂冈教廷图书馆；维也纳奥地利国家图书馆（清人挖改）；伦敦皇家地理学会藏本（清人挖改）；《欧洲收藏部分中文古地图叙录》
利玛窦	坤舆万国全图	据明万历三十六年诸太监摹绘利玛窦本系统摹绘，1幅，彩色，61.5×165.5厘米	中国国家图书馆，《舆图要录》005

续表

绘制者、刊刻者或作者和著作名或图册名	图名	绘制年代或收录地图的古籍的版本以及相关信息	收藏机构或者收录地图的古籍（包括现代影印本）等
利玛窦	坤舆万国全图	摄影本，据南京博物馆藏彩绘本摄制，属万历三十六年诸太监摹绘利玛窦本系统，1幅分切3张，26.5×63厘米	原图：南京博物馆 摄影本：中国国家图书馆，《舆图要录》006
利玛窦	两仪玄览图	辽宁省博物馆藏万历三十一年李应试刊本，1幅分为8条，200×442厘米 摄影本，1幅，12×27厘米	原图：辽宁省博物馆 摄影本：中国国家图书馆，《舆图要录》008
艾儒略	万国全图	摄影本，民国时期据梵蒂冈图书馆藏艾儒略“万国全图”摄制 本，1幅，16.2×15.8厘米	原图：梵蒂冈图书馆 摄影本：中国国家图书馆，《舆图要录》0010
毕方济	坤舆全图	梵蒂冈图书馆藏木刻本，1幅，76×111厘米 摄影本，民国年间摄制，1幅，17.4×25厘米	原图：梵蒂冈图书馆 摄影本：中国国家图书馆，《舆图要录》0012
毕方济	坤舆全图	清初毕方济木刻墨印着手彩	梵蒂冈图书馆、维也纳奥地利国家图书馆和比利时根特大学、瑞典斯德哥尔摩大学图书馆；《欧洲收藏部分中文古地图叙录》
程承训《海宇全图》		清道光二十八年，绘本，比例不等，有经纬网，1册46幅	中国国家图书馆，《舆图要录》0018
邝其照	地球五大洲全图	清光绪元年，刻印本，彩色，1幅，80.5×97厘米	中国国家图书馆，《舆图要录》0019
陈兆桐《万国舆图》		清光绪十二年，上海同文书局，石印本，比例不等，1册42幅	中国国家图书馆，《舆图要录》0021

续表

绘制者、刊刻者或作者和著作名或图册名	图名	绘制年代或收录地图的古籍的版本以及相关信息	收藏机构或者收录地图的古籍（包括现代影印本）等
陈兆桐原绘，李节斋重绘《万国舆图》		清光绪十二年，石印本，比例不等，1册	中国国家图书馆，《舆图要录》0022
文绍拙	地球万国全图	清光绪二十一年，石印本，彩色，1幅，195×174厘米	中国国家图书馆，《舆图要录》0023
舆地学会编绘	大地平方全图	清光绪二十七年，铜版印本，有经纬网，1幅分切15张，86.5×129.8厘米	中国国家图书馆，《舆图要录》0024
龚柴《五洲图考》		清光绪二十八年，上海徐家汇印书馆石印本，4册，26.3×15.4厘米	中国国家图书馆，《舆图要录》0026
邹代钧《中外舆地全图》	世界总图	清光绪二十九年，舆地学会铜版印本，比例不等，1册68幅	中国国家图书馆，《舆图要录》0027
	中国总图		
舆地学会《五洲列国图》		清光绪二十九年，武昌铜版印本，彩色，比例不等，1册44幅	中国国家图书馆，《舆图要录》0028
舆地学会《五洲总图》	世界总图	清光绪三十一年，武昌铜版印本，彩色，1册10幅 光绪三十四年第5版	中国国家图书馆，《舆图要录》0029
	两半球图		
	皇朝一统图		
沈镕编绘	“地球全图”	清光绪三十二年，石印本，彩色，1幅，153.5×78厘米	中国国家图书馆，《舆图要录》0031
周世堂、孙海环编《二十世纪中外大地图》	世界地文图	清光绪三十二年，上海新学会社，比例不等，彩色，1册70幅	中国国家图书馆，《舆图要录》0032
	中国		
商务印书馆《万国舆图》	大清国地图	清光绪三十二年，比例不等，彩色，1册7幅	中国国家图书馆，《舆图要录》0033
舆地学会《外国地理图》		清光绪三十三年，比例不等，彩色，1册	中国国家图书馆，《舆图要录》0035

续表

绘制者、刊刻者或作者和著作名或图册名	图名	绘制年代或收录地图的古籍的版本以及相关信息	收藏机构或者收录地图的古籍（包括现代影印本）等
	地球全图	清光绪年间，刻印本，二色，1幅分切16张，138×139厘米	中国国家图书馆，《舆图要录》0036
沈镕编绘	《精密世界大地图》 附：皇朝一统全图	清光绪末年，铜版印本，彩色，1幅，96×143.5厘米	中国国家图书馆，《舆图要录》0037
益智书会编	《天下最新全图》	清光绪末年，彩色，1幅分切2张，105×123厘米	中国国家图书馆，《舆图要录》0038
商务印书馆编《瀛寰全图》	东西半球图 大清国图	清光绪末年，彩色，1册17幅	中国国家图书馆，《舆图要录》0039
奚若编《世界新舆图》		清宣统元年，上海商务印书馆，比例不等，彩色，1册46幅附图105幅	中国国家图书馆，《舆图要录》0040
沈仪镕编	“全球人种宗教分布图”	清光绪三十三年，上海昌明公司，彩色，1幅，82×58.2厘米	中国国家图书馆，《舆图要录》0130
北洋官报局铜版部《地球开辟次第图》		清光绪三十年，北洋官报局铜版部铜版重印本，彩色，1册12幅	中国国家图书馆，《舆图要录》0152
“分省舆地志”（旧名《十一省舆地志》）		明嘉靖年间，刻印本，4册；风格与桂萼《皇明舆图》近似	中国国家图书馆，《舆图要录》0373
薛凤祚《车书图考》		清顺治十四年，刻印本，二色，计里画方不等，1册；据罗洪先和陈组绶地图集编绘	中国国家图书馆，《舆图要录》0380
顾祖禹“舆地总图”	“舆地总图”	清顺治年间，绘本，计里画方不等，4册；即《读史方舆纪要》中的“舆图要览”部分	中国国家图书馆，《舆图要录》0382

续表

绘制者、刊刻者或作者和著作名或图册名	图名	绘制年代或收录地图的古籍的版本以及相关信息	收藏机构或者收录地图的古籍（包括现代影印本）等
《清内府一统舆地秘图》		清康熙五十八年《皇舆全览图》的铜版 民国十八年沈阳故宫石印本，1册	原铜版藏沈阳故宫 中国国家图书馆藏民国十八年沈阳故宫石印本，《舆图要录》0385
	“康熙皇舆全览图”	清康熙五十八年，铜版印本	中国国家图书馆《舆图要录》0386；《欧洲收藏部分中文古地图叙录》；意大利拿波里东方大学、罗马意大利国家地理协会以及法国巴黎、英国伦敦、奥地利维也纳等国家图书馆；
	“康熙皇舆全览图”	（德）福克司影印本，缩绘本，36幅，图廓不等	中国国家图书馆藏（德）福克司据《皇舆全览图》康熙六十年木刻本分省分区图影印本，凡36幅，其中4幅据康熙五十六年刻本重印，《舆图要录》0388； 中国国家图书馆藏据康熙六十年木刻本分省分区图缩绘本，《舆图要录》0389；
“皇舆全览图分省图”	“全国总图”	清康熙末年，刻印本，存17幅。系康熙实测地图的分省图，没有经纬网	中国国家图书馆，《舆图要录》0390
“内府舆地全图”	“山海舆地全图”	清康熙末年，刻印本，8册；康熙“皇舆全览图”分省分府小叶系统，不包括边疆各地地图，内容与《图书集成·方舆汇编·职方典》中地图基本相同	中国国家图书馆，《舆图要录》0391；《欧洲收藏中文古地图叙录》
	中国全图		
《内府地图》		民国三十二年影印，2册；康熙“皇舆全览图”分省分府小叶系统，无经纬网	中国国家图书馆，《舆图要录》0392
	“十排皇舆全图”	清乾隆二十四年，刻印本，存101幅；雍正十排图在乾隆年间的修订版，有垂直的方格网	中国国家图书馆，《舆图要录》0393

续表

绘制者、刊刻者或作者和著作名或图册名	图名	绘制年代或收录地图的古籍的版本以及相关信息	收藏机构或者收录地图的古籍（包括现代影印本）等
	“十排皇舆全图”	清乾隆年间，缩绘本，二色，存57幅；清乾隆年间誊录官杨越等据乾隆“十排皇舆全览图”所绘而成	中国国家图书馆，《舆图要录》0394
	皇舆全图（又称乾隆十三排图）	乾隆二十五年，铜版印本，103幅	中国国家图书馆，《舆图要录》0395
	清乾隆内府舆图	民国二十一年故宫博物院据内府藏乾隆二十五年铜版重印，103幅	中国国家图书馆，《舆图要录》0396
	“乾隆八排地舆全图”	清乾隆年间，铜版印本，存78幅；十三排图的修订缩印本	中国国家图书馆，《舆图要录》0397
《皇舆全图》	皇舆全图	清乾隆末年，绘本，存3册	中国国家图书馆，《舆图要录》0398
黄证孙绘	大清万年一统天下全图	清乾隆三十二年，刻印本，计里画方每方百里，1幅，107×107.5厘米	中国国家图书馆，《舆图要录》0399；《欧洲收藏中文古地图叙录》；各国图书馆多有收藏
黄证孙绘，晓峰摹绘	“大清万年一统天下全图”	清嘉庆五年，晓峰据黄证孙“大清万年一统天下全图”摹绘，彩色，1幅，112.8×108厘米	中国国家图书馆，《舆图要录》0400
黄证孙绘，重刻本	大清万年一统地理全图	清嘉庆年间，据黄证孙本放大增补重刻并蓝色套印而成，计里画方每方百里，二色，1幅，134.5×236厘米	中国国家图书馆，《舆图要录》0401
黄证孙绘，朱锡龄增补	大清万年一统全图	清嘉庆年间，据黄证孙本增补而成，刻印本，彩色，1幅分切8条，129×230厘米	中国国家图书馆，《舆图要录》0402

续表

绘制者、刊刻者或作者和著作名或图册名	图名	绘制年代或收录地图的古籍的版本以及相关信息	收藏机构或者收录地图的古籍（包括现代影印本）等
《直隶各省舆地全图》	“全国总图”	清嘉庆十一年，张宗京摹刻本，1册19幅	中国国家图书馆，《舆图要录》0404；《欧洲收藏中文古地图叙录》；巴黎法国国家图书馆
“直隶各省舆地全图”	“全国总图”	清嘉庆年间，刻印本，1册；与《直隶各省舆地全图》几乎完全相同	中国国家图书馆，《舆图要录》0405
《皇舆全图》	“总图”	清嘉庆年间，内府精绘本，彩绘本，42幅，图廓不等	中国国家图书馆，《舆图要录》0406
《皇朝地舆全图》		清道光初年，绘本，3册	中国国家图书馆，《舆图要录》0407
六严摹绘，王希开翻刻	皇朝一统舆地全图	清同治四年，刻印本，计里画方每方百里，二色，1幅，156.2×217.5厘米	中国国家图书馆，《舆图要录》0411
六严摹绘	皇朝一统舆地全图	清光绪年间，翻刻本，计里画方每方百里，二色，1幅分切8条，153.6×185.7厘米；与道光二十二年本完全相同	中国国家图书馆，《舆图要录》0412
邹伯奇绘《皇舆全图》		道光二十四年绘，二十七年潘壁东临摹放大，同治十三年李菱洲影摹后冯焌光刻印出版，1册；有经纬网	中国国家图书馆，《舆图要录》0413
《皇朝一统直省府厅州县全图》		清道光年间，刻印本，4册；与《大清一统志附图》完全相同	中国国家图书馆，《舆图要录》0415
《大清一统志附图》		清道光二十九年，薛子瑜，刻印本，4册280幅；无经纬网和画方	中国国家图书馆，《舆图要录》0414

续表

绘制者、刊刻者或作者和著作名或图册名	图名	绘制年代或收录地图的古籍的版本以及相关信息	收藏机构或者收录地图的古籍（包括现代影印本）等
赵迪斋编	大清一统道里图	清咸丰五年，赵迪斋编，刻印本，计里画方每方百里，1幅分订5册，152.5×204厘米	中国国家图书馆，《舆图要录》0417
董方立原绘，李兆洛改编《皇清地理图》		清咸丰六年，胡锡燕刻印本，刻印本，计里画方每方百里，3册；据李兆洛《皇朝一统舆地全图》改为书本形式刻印	中国国家图书馆，《舆图要录》0418
董方立原绘，李兆洛改编《皇清地理图》		清同治十年，广州俞守义据胡锡燕刻本重刻，计里画方每方百里，3册	中国国家图书馆，《舆图要录》0419；《欧洲收藏中文古地图叙录》；英国图书馆东方部
程祖庆编	皇朝府厅州县全图	清咸丰七年，程祖庆刻印本，1幅，52×51.5厘米	中国国家图书馆，《舆图要录》0420
程祖庆编	皇朝府厅州县全图	清咸丰八年，成都石延寿馆重刻本，彩色，1幅，52×52厘米	中国国家图书馆，《舆图要录》0421
	“皇朝直省全图”	清咸丰年间，彩绘本，1幅，91×118厘米	中国国家图书馆，《舆图要录》0422
孙丙章绘	皇朝京省舆地总图	清同治元年，孙丙章绘，刻印本，1幅分切4条，95.2×110厘米	中国国家图书馆，《舆图要录》0423
六承如原编，冯焌光增补《皇朝舆地略》		清同治二年六承如编，六严绘图，冯焌光增补，刻印本，画方不计里，4册	中国国家图书馆，《舆图要录》0425
湖北官书局《皇朝直省地舆全图》	总图	清同治三年，湖北官书局，刻印本，计里画方每方百里，28幅，图廓不等	中国国家图书馆，《舆图要录》0426

续表

绘制者、刊刻者或作者和著作名或图册名	图名	绘制年代或收录地图的古籍的版本以及相关信息	收藏机构或者收录地图的古籍（包括现代影印本）等
孙璧文	计里简明图	清同治九年，汉阳郑兰刻印本，1幅分切8条，268×276厘米	中国国家图书馆，《舆图要录》0429
	皇朝直省府厅州县全图	清同治年间，石印本，彩色，1幅，43.2×50厘米	中国国家图书馆，《舆图要录》0430
六严绘	皇朝内府舆地图缩摹本	清光绪十年，湖北省官书处重刻本，画方不计里，1册	中国国家图书馆，《舆图要录》0431
湖北官书局编《皇朝直省地舆全图》		清光绪五年上海点石斋印本 光绪十五年，上海点石斋石印本，计里画方每方百里，1册26幅 光绪二十一年，重印本，上海点石斋石印本，计里画方每方百里，1册26幅	光绪五年本：《欧洲收藏中文古地图叙录》 光绪十五年本：中国国家图书馆，《舆图要录》0433 光绪二十一年本：中国国家图书馆，《舆图要录》0435
	古今地舆全图	清光绪二十一年，大顺堂刻印本，彩色，1幅分裱6条，101×175厘米；属于黄证孙《大清万年一统天下全图》系统	中国国家图书馆，《舆图要录》0436
《皇朝一统舆地全图》		清光绪二十六年，上海藻文书局石印本，2册；据《皇朝舆地略》增补；画方替代经纬线	中国国家图书馆，《舆图要录》0437
顾祖禹辑，浦锡龄校订增补《方舆全图总说》		清光绪二十七年，一二林斋石印本，计里画方不等，4册	中国国家图书馆，《舆图要录》0438
潘清荫编《直省分道属境歌略并图》		清光绪二十七年，刻印本，1册	中国国家图书馆，《舆图要录》0439

续表

绘制者、刊刻者或作者和著作名或图册名	图名	绘制年代或收录地图的古籍的版本以及相关信息	收藏机构或者收录地图的古籍（包括现代影印本）等
《皇朝直省舆地图志》		清光绪二十八年，上海中西译书会石印本，1册；与清光绪二十六年上海藻文书局《皇朝一统舆地全图》大同小异	中国国家图书馆，《舆图要录》0440
邹代钧《皇朝直省图》	总图	清光绪二十九年，武昌舆地学会，比例不等，彩色，1册25幅；清光绪三十三年第4版1册与此内容基本相同	中国国家图书馆，《舆图要录》0441
王兴顺	大清天下中华各省府州县厅地理全图	清光绪三十一年，王兴顺刻印本，1幅分切4条，91×120厘米	中国国家图书馆，《舆图要录》0444
商务印书馆编绘《大清帝国全图》	全国总图	清光绪三十一年，商务印书馆编绘，彩色，1册；光绪三十一年第2版；光绪三十四年第3版；宣统二年第4版	中国国家图书馆，《舆图要录》0446
舆地学会	本国舆地讲授图	清光绪三十三年，武昌舆地学会，彩色，1幅，138.5×181厘米	中国国家图书馆，《舆图要录》0451
舆地学会《本国地理图》		清光绪三十三年武昌舆地学会	中国国家图书馆，《舆图要录》0452
“清直省分图”	天下总舆图	清光绪年间，刻印本，彩色，1册19幅	中国国家图书馆，《舆图要录》0455
“皇舆全图”		清光绪年间，石印本，比例不等，38幅，图廓不等	中国国家图书馆，《舆图要录》0456
宗颖	“清分省图”	清光绪年间，刻印本，朱色，1幅，55.5×74厘米	中国国家图书馆，《舆图要录》0457

续表

绘制者、刊刻者或作者和著作名或图册名	图名	绘制年代或收录地图的古籍的版本以及相关信息	收藏机构或者收录地图的古籍（包括现代影印本）等
李龙彰	大清舆地草图	清光绪年间，绘本，1幅，130×161厘米	中国国家图书馆，《舆图要录》0458
	内地全图	清光绪年间，绢底彩绘本，23.8×26.8厘米	中国国家图书馆，《舆图要录》0459
陆寅生绘	皇朝直省舆地全图	清光绪年间，石印本，彩色，1幅，32.5×57厘米	中国国家图书馆，《舆图要录》0460
	皇朝一统全图	清光绪年间，彩色，1：3600000，1幅分切12张，每张30.5×43厘米	中国国家图书馆，《舆图要录》0461
	“十八省府州县地图”	清光绪年间，河间府天主堂，彩色，1：3400000，1幅，100×88厘米	中国国家图书馆，《舆图要录》0462
罗汝楠编纂，方新校绘《中国近世舆地图说》		清宣统元年，广州广东教忠学堂石印本，8册	中国国家图书馆，《舆图要录》0463
亚新地学社编《皇朝分省图》		清宣统元年，彩色，1册；初版为光绪三十一年	中国国家图书馆，《舆图要录》0465
臧励和《新体中国地理附图》	全国总图	清宣统元年，上海商务印书馆，彩色，1册；据邹氏舆地学会《皇朝直省图》编绘	中国国家图书馆，《舆图要录》0467
《简明中国地图》		清宣统年间，上海商务印书馆，石印本，28幅	中国国家图书馆，《舆图要录》0468
汪士铎绘《水经注图及附录》		清咸丰十一年，汪士铎绘，刻印本，1册42幅；以内府舆图为底图 清同治元年复校本，刻印本，1册	咸丰十一年本：中国国家图书馆，《舆图要录》0678 同治元年本：中国国家图书馆，《舆图要录》0679

续表

绘制者、刊刻者或作者和著作名或图册名	图名	绘制年代或收录地图的古籍的版本以及相关信息	收藏机构或者收录地图的古籍（包括现代影印本）等
杨守敬、熊会贞编绘《水经注图》		清光绪三十一年，上海观海堂刻印本，计里画方每方五十里，1册；以胡林翼《大清一统舆图》为底图	中国国家图书馆，《舆图要录》0680
陈澧《汉书地理志水道图说》		清同治二年，北京富文斋刻印本，2册；以康熙乾隆内府舆图为底图	中国国家图书馆，《舆图要录》0681
邮传部图书通译局	筹划中国铁路轨线全图	清光绪三十三年，上海商务印书馆，彩色，1幅，83.2×100厘米	中国国家图书馆，《舆图要录》0789
陆军预备大学堂	中国铁路电线网图	清宣统三年，1：2950000，1幅，86.5×87.5厘米	中国国家图书馆，《舆图要录》0791
邮传部	大清邮政公署备用舆图	清光绪二十九年，彩色，1幅，96.2×101厘米	中国国家图书馆，《舆图要录》0852
管理外国通商局总税务司《大清推广邮政舆图》		清光绪二十九年，绘本，二色，1册32幅	中国国家图书馆，《舆图要录》0853
通商海关造册处《大清邮政舆图》	舆图总目	清光绪三十三年，彩色，比例不等，1册22幅	中国国家图书馆，《舆图要录》0854
	中国电线图	清光绪二十九年，彩绘本，1幅，180×134厘米	中国国家图书馆，《舆图要录》0865
	中国电线图	1907年，上海海关总税务司税务处，有缩尺，彩色，1幅，56.4×42.4厘米	中国国家图书馆，《舆图要录》0866
	中国电报官线图	清光绪年间，彩绘本，有缩尺，1幅，34×50.4厘米	中国国家图书馆，《舆图要录》0867

续表

绘制者、刊刻者或作者和著作名或图册名	图名	绘制年代或收录地图的古籍的版本以及相关信息	收藏机构或者收录地图的古籍（包括现代影印本）等
	中国电报官局图	清光绪年间，彩绘本，有缩尺，1幅，33.2×52厘米	中国国家图书馆，《舆图要录》0868
	中国电线地图	清光绪年间，彩绘本，1幅，50.6×58.7厘米	中国国家图书馆，《舆图要录》0869
	中国电线图	清宣统元年，石印本，彩色，1幅，67×81厘米	中国国家图书馆，《舆图要录》0870
	中国电线全图	清宣统三年，石印本，彩色，有缩尺，1幅，64.2×79.8厘米	中国国家图书馆，《舆图要录》0871
厉云官编《历代沿革图》	上起“禹贡九州图”下至“明地理图”20幅	清同治三年，刻印本，2色，1册20幅	中国国家图书馆，《舆图要录》0926
厉云官编《历代沿革舆图》	上起“禹贡九州图”下至“明地理图”20幅	清同治九年，周士锦重刻本，二色，1册20幅	中国国家图书馆，《舆图要录》0927
六严原绘，马徵麟订正《历代沿革图》	上起“禹贡九州图”下至“明地理图”22幅	清同治十一年，金陵刻印本，二色，1册22幅 清光绪十八年，长沙草素书局重刻本，二色，1册	同治十一年本：中国国家图书馆，《舆图要录》0928 光绪十八年重刻本：中国国家图书馆，《舆图要录》0929
李兆洛原绘，恽孟乐等校《新校刊李氏历代舆地沿革图》	78幅	清光绪十四年，恽氏家塾，二色，计里画方每方百里，78幅；以李氏《皇朝一统舆地全图》为底图	中国国家图书馆，《舆图要录》0930
傅崇矩“中国历史地图”	14幅	清光绪三十至三十一年，成都图书局刻印本，比例不等，存14幅，图廓不等	中国国家图书馆，《舆图要录》0938
万卓志编绘《鉴史辑要图说》	14幅	清光绪三十三年，彩色，有缩尺，1册14幅；据诸葛巨川《鉴史》而作	中国国家图书馆，《舆图要录》0940

续表

绘制者、刊刻者或作者和著作名或图册名	图名	绘制年代或收录地图的古籍的版本以及相关信息	收藏机构或者收录地图的古籍（包括现代影印本）等
卢彤《中国历史战争形胜全图》	正图44幅，附图132幅	清宣统二年，武昌亚新地学社，比例不等，彩色，1册44幅，附图132幅	中国国家图书馆，《舆图要录》0941
徐汇天主堂编《春秋地理考实图》		清光绪十七年，上海五彩公司石印本，彩色，有缩尺，1册	中国国家图书馆，《舆图要录》0955；《欧洲收藏中文古地图叙录》；伦敦英国博物馆
《朔方备乘图说》	"皇舆全图"	清光绪三年，畿辅通志局刻印本，1册25幅	中国国家图书馆，《舆图要录》0960
	地球东西半球图		
"皇舆全览分省图"		康熙末年，绘制方法与康熙六十年木刻版《皇舆全览图》的分幅图近似，可能是《皇舆全图》的摹绘本	美国国会图书馆，G2305.C92，2002626779；《皇舆搜览》；《美国国会图书馆藏中文古地图叙录》
六严《大地全球一览之图》	地球赤道以北总图	清道光二十五年江阴六严初刻，叶圭绶修订，咸丰元年济南重刊本	《欧洲收藏中文古地图叙录》；伦敦英国图书馆
	地球赤道以南总图		
	地球原式旧面		
	地球原式新面		
	"分幅中国全图"	清康熙末年；与康熙《皇舆全览图》32幅木刻本相似	《欧洲收藏中文古地图叙录》；英国图书馆
	"摹绘康熙皇舆全览图"	清后期康熙《皇舆全览图》的摹绘本	《欧洲收藏中文古地图叙录》；英国图书馆
	地舆全图	清乾隆年间木刻墨印，与黄证孙《大清万年一统天下全图》相似	《欧洲收藏中文古地图叙录》；巴黎法国国家图书馆
	"乾隆方格内府舆图"	清乾隆年间官修铜版墨印	《欧洲收藏中文古地图叙录》；英国图书馆印度事务部
顾祖禹《舆图要览》		清中叶及之后旧抄本，梁溪佐京堂抄本，即《读史方舆纪要》中的"舆图要览"部分	《欧洲收藏中文古地图叙录》；伦敦英国博物馆

续表

绘制者、刊刻者或作者和著作名或图册名	图名	绘制年代或收录地图的古籍的版本以及相关信息	收藏机构或者收录地图的古籍（包括现代影印本）等
顾祖禹《舆图便览》		与梁溪佐京堂抄本基本一致	《欧洲收藏中文古地图叙录》；英国博物馆
“大清一统地舆图集”		清嘉庆六年至十年	《欧洲收藏中文古地图叙录》；英国图书馆
刘堃镌版《各省舆图便览》		清嘉庆十年	《欧洲收藏中文古地图叙录》；各国多有收藏
《天下京省江山湖海地舆全图》		清朝中叶	《欧洲收藏中文古地图叙录》；英国皇家地理学会
	大清万年一统天下全图	清嘉庆十九年福州府闽县凤池堂镌刻藏版，木刻墨印上色，据乾隆三十二年黄证孙图摹刻增订，内容与《地舆全图》近似，但形式更接近于《大清万年一统地理全图》	《欧洲收藏中文古地图叙录》；牛津大学图书馆
	大清万年一统地理全图	清嘉庆十九年初刻，二十一年古吴墨林堂重镌，石刻，蓝黄双色套印；据黄证孙图摹刻增补	《欧洲收藏中文古地图叙录》；流传甚广
朱锡龄编绘	大清一统天下全图	清嘉庆二十三年，朱锡龄编绘并识，木刻上色，参考黄宗羲旧图重新刊定	《欧洲收藏中文古地图叙录》；流传甚广
	大清万年一统天下全图	清嘉庆年间朱希龄识，木刻墨印上色，与牛津大学图书馆藏嘉庆十九年凤池堂刻本相近	《欧洲收藏中文古地图叙录》；巴黎法国国家图书馆地图部
《天下总舆图》		清后期，彩绘绢本地图集；系对同名刻本的摹绘本	《欧洲收藏中文古地图叙录》；英国皇家地理学会
	大清十八省全图	清同治六年梁柱臣编绘，木刻墨印	《欧洲收藏中文古地图叙录》；英国博物馆

续表

绘制者、刊刻者或作者和著作名或图册名	图名	绘制年代或收录地图的古籍的版本以及相关信息	收藏机构或者收录地图的古籍（包括现代影印本）等
	皇朝直省地舆全图	清光绪十三年上海徐家汇天主堂石印本，套彩（据内府舆图摹写）	《欧洲收藏中文古地图叙录》
朱煜编绘《皇朝直省地舆全图》		清光绪二十一年朱煜编绘，册装（据同治三年湖北抚署刻本摹刻修订）	《欧洲收藏中文古地图叙录》
"清朝舆地全图"	国朝天下舆地全图	清乾隆二十四至二十八年，佚名，纸本设色	北京大学图书馆；《皇舆遐览》
"分省舆图志"		清嘉靖年间，刻印本，现存4册10卷；包括全国总图和分省图	中国国家图书馆，《舆图要录》0373
游艺《天经或问前集》	诸国全图	《文渊阁四库全书》本	《文渊阁四库全书》
徐光启《新法算书》	地球十二长圆形图	《文渊阁四库全书》本	《文渊阁四库全书》
揭暄《璇玑遗述》	大地混轮五州圆球全图	清乾隆三十年会友堂刻本	《续修四库全书》清乾隆三十年会友堂刻本；《四库存目丛书》清华大学图书馆藏清乾隆三十年会友堂刻本

二 "四夷图"

中国古代绘制的"世界地图"，也即表示当时所了解到的"天下"的地图，收录在本书"寰宇图和全国总图"的部分；在"航海图"部分也有一些描绘了王朝直接控制范围之外的地理空间的地图；此处只收录呈现了王朝直接控制范围之外的某一区域，也即"四夷"的地图；没有收录西方人在中国绘制的地图，但收录了一些受到这些地图影响的由中国人绘制或者摹绘的地图。

为了便于与正文对照，此处收录的地图按照涉及的区域排列。

绘制者、刊刻者或作者和著作名或图册名	图名	绘制年代或收录地图的古籍的版本以及相关信息	收藏机构或者收录地图的古籍（包括现代影印本）等
郑若曾《郑开阳杂著》	安南国图	《文渊阁四库全书》本	《文渊阁四库全书》
罗洪先《广舆图》	安南图	嘉靖三十四年前后的初刻本	《续修四库全书》（著录为胡松刻本，但从内容来看应当为嘉靖初刻本）
章潢《图书编》	安南图	《文渊阁四库全书》本	《文渊阁四库全书》
朱国达等《地图综要》	安南国	明末朗润堂刻本	《四库禁毁书丛刊》北京师范大学图书馆藏明末朗润堂刻本
茅元仪《武备志》	安南图	明天启刻本	《续修四库全书》和《四库禁毁书丛刊》北京大学图书馆藏明天启刻本
施永图《武备地利》	安南国图	清雍正刻本 清刻本	《四库未收书辑刊》清雍正刻本；《四库禁毁书丛刊》北京大学图书馆藏清刻本
王圻、王思义《三才图会》	安南国图	明万历三十七年刻本	《四库存目丛书》北京大学图书馆藏明万历三十七年刻本
李仙根《安南使事纪要》	交趾安南国舆地图	清钞本	《四库存目丛书》北京图书馆藏清钞本
何镗《修攘通考》	安南图	明万历六年自刻本	《四库存目丛书》北京师范大学图书馆藏明万历六年自刻本
	越南全省舆图	清光绪年间，彩绘本，1幅，152×98厘米	美国国会图书馆，G8020.Y8，84696159；《美国国会图书馆藏中文古地图叙录》
徐廷旭等	越南地舆图	清嘉庆年间，纸地色绘，1幅，102×61厘米	英国图书馆；意大利地理协会；《欧洲收藏部分中文古地图叙录》
盛庆绂《越南地舆图说》		清光绪九年，刻印本，4册	中国国家图书馆，《舆图要录》0263
赵沃	越南北圻详细地舆图	清光绪九年，刻印本，1幅，126×67.5厘米	中国国家图书馆，《舆图要录》0264
	越南全境百里方舆图	清光绪九年，上海点石斋，石印本，彩色，计里画方每方百里，1幅，98.6×65.8厘米	中国国家图书馆，《舆图要录》0265

续表

绘制者、刊刻者或作者和著作名或图册名	图名	绘制年代或收录地图的古籍的版本以及相关信息	收藏机构或者收录地图的古籍（包括现代影印本）等
	"越南地图"	清光绪年间，绘本，二色，1幅，86×69厘米	中国国家图书馆，《舆图要录》0266
	越南北圻舆图	清光绪年间，彩绘本，画方不计里，1幅，67×79厘米	中国国家图书馆，《舆图要录》0267
徐延旭	越南国全图	清光绪年间，彩色，刻印本，1幅，131×68厘米	中国国家图书馆，《舆图要录》0268
徐延旭	越南图	清光绪年间，二色，绘本，1幅，131×68厘米	中国国家图书馆，《舆图要录》0269
罗洪先《广舆图》	朝鲜图	嘉靖三十四年前后初刻本	《续修四库全书》（著录为胡松刻本，但从内容来看应当为嘉靖初刻本）
郑若曾《郑开阳杂著》	朝鲜国图	《文渊阁四库全书》本	《文渊阁四库全书》
宋应昌《经略复国要编》	朝鲜图	明万历刻本	《四库禁毁书丛刊》北京大学图书馆藏民国影印明万历刻本
郑若曾《筹海重编》	朝鲜国图	明万历刻本	《四库存目丛书》河南省图书馆藏明万历刻本
何镗《修攘通考》	朝鲜图	明万历六年自刻本	《四库存目丛书》北京师范大学图书馆藏明万历六年自刻本
王圻、王思义《三才图会》	朝鲜国图	明万历三十七年刻本	《四库存目丛书》北京大学图书馆藏明万历三十七年刻本
王在晋《海防纂要》	辽东连朝鲜图	明万历四十一年自刻本	《续修四库全书》和《四库禁毁书丛刊》华东师范大学图书馆藏明万历四十一年自刻本
茅瑞征《万历三大征考》	辽东连朝鲜图	旧抄本 天启刻本	《续修四库全书》上海图书馆藏天启刻本； 《四库禁毁书丛刊》北京大学图书馆藏旧抄本
王鸣鹤《登坛必究》	朝鲜图	清刻本 明万历刻本	《续修四库全书》北京大学图书馆藏清刻本 《四库禁毁书丛刊》北京大学图书馆藏明万历刻本
章潢《图书编》	朝鲜图	《文渊阁四库全书》本	《文渊阁四库全书》

续表

绘制者、刊刻者或作者和著作名或图册名	图名	绘制年代或收录地图的古籍的版本以及相关信息	收藏机构或者收录地图的古籍（包括现代影印本）等
朱国达等《地图综要》	朝鲜图	明末朗润堂刻本	《四库禁毁书丛刊》北京师范大学图书馆藏明末朗润堂刻本
茅元仪《武备志》	朝鲜图	明天启刻本	《续修四库全书》和《四库禁毁书丛刊》北京大学图书馆藏明天启刻本
《朝鲜地图》		明末，刻印本，1册12幅	中国国家图书馆，《舆图要录》0211
施永图《武备地利》	朝鲜图	清雍正刻本 清刻本	《四库未收书辑刊》清雍正刻本 《四库禁毁书丛刊》北京大学图书馆藏清刻本
朱约淳《阅史津逮》	朝鲜图	清初彩绘抄本	《四库存目丛书》中国科学院图书馆藏清初彩绘抄本
《朝鲜地图集》		清光绪二十年，上海彩色套印，1：100000	《欧洲收藏部分中文古地图叙录》
张佩芝	朝鲜日本舆地全图	清光绪末年，奎光斋，石印本，彩色，1幅，61.3×48.5厘米	中国国家图书馆，《舆图要录》0190
	海左地图	清中期，刻印本，1幅，97×54厘米	中国国家图书馆，《舆图要录》0212
	八道全图	清中期，刻印本，彩色，1幅，102×86.5厘米	中国国家图书馆，《舆图要录》0213
	朝鲜舆地图	1984年，铜版印本，彩色，1：1100000，1幅，88×61.2厘米	中国国家图书馆，《舆图要录》0215
《朝鲜全图》（东舆考）		清光绪年间，彩绘本，26册	中国国家图书馆，《舆图要录》0216
	朝鲜国图	清光绪年间，石印本，1幅，117×81.8厘米	中国国家图书馆，《舆图要录》0217
	海左舆地图	清光绪年间，刻印本，计里画方每方十里，1幅分切22张，715×311.7厘米	中国国家图书馆，《舆图要录》0218
上洋新	朝鲜地舆全图	清光绪年间，刻印本，彩色，1：1750000，1幅，58.8×41厘米	中国国家图书馆，《舆图要录》0219

续表

绘制者、刊刻者或作者和著作名或图册名	图名	绘制年代或收录地图的古籍的版本以及相关信息	收藏机构或者收录地图的古籍（包括现代影印本）等
	海左地图	清光绪年间，彩绘本，1幅分切6张，186×266.2厘米	中国国家图书馆,《舆图要录》0220
申报馆	新撰朝鲜地舆全图	清光绪末年，石印本，1∶3550000，1幅，42×29厘米	中国国家图书馆,《舆图要录》0221
	韩东南金海图	清光绪末年，摹绘本，1∶50000，1幅，58.8×59.7厘米	中国国家图书馆,《舆图要录》0223
茅瑞征《万历三大征考》	“日本图”	旧抄本 天启刻本	《续修四库全书》上海图书馆藏天启刻本 《四库禁毁书丛刊》北京大学图书馆藏旧抄本
范涞《两浙海防类考续编》	日本国图	明万历三十年刻本	《续修四库全书》广东省中山图书馆和《四库存目丛书》北京大学图书馆藏明万历三十年刻本
胡宗宪《筹海图编》	日本国图	《文渊阁四库全书》本	《文渊阁四库全书》
郑若曾《郑开阳杂著》	日本国图	《文渊阁四库全书》本	《文渊阁四库全书》
王在晋《海防纂要》	日本国图	明万历四十一年自刻本	《续修四库全书》上海图书馆和《四库禁毁书丛刊》华东师范大学图书馆藏明万历四十一年自刻本
王鸣鹤《登坛必究》	日本图	明万历刻本 清刻本	《续修四库全书》清刻本 《四库禁毁书丛刊》北京大学图书馆藏明万历刻本
章潢《图书编》	日本国图	《文渊阁四库全书》本	《文渊阁四库全书》
朱国达等《地图综要》	日本国图	明末朗润堂刻本	《四库禁毁书丛刊》北京师范大学图书馆藏明末朗润堂刻本
茅元仪《武备志》	日本图	明天启刻本	《续修四库全书》和《四库禁毁书丛刊》明天启刻本
王圻、王思义《三才图会》	日本国图	明万历三十七年刻本	《四库存目丛书》北京大学图书馆藏明万历三十七年刻本

续表

绘制者、刊刻者或作者和著作名或图册名	图名	绘制年代或收录地图的古籍的版本以及相关信息	收藏机构或者收录地图的古籍（包括现代影印本）等
陈仁锡《八编类纂》	日本国图	明天启刻本	《续修四库全书》和《四库禁毁书丛刊》北京大学图书馆藏明天启刻本
施永图《武备地利》	日本图	清雍正刻本 清刻本	《四库未收书辑刊》清雍正刻本 《四库禁毁书丛刊》北京大学图书馆藏清刻本
蔡逢时《温处海防图略》	日本倭岛图	明万历澄清堂刻本	《四库存目丛书》北京大学图书馆藏明万历澄清堂刻本
郑若曾《筹海重编》	日本国图	明万历刻本	《四库存目丛书》河南省图书馆藏明万历刻本
朱约淳《阅史津逮》	日本图	清初彩绘抄本	《四库存目丛书》中国科学院图书馆藏清初彩绘抄本
王之春	日本国舆地图	清光绪六年，刻印本，1幅，57.4×117厘米	中国国家图书馆，《舆图要录》0235
李言恭等《日本考》	日本图	明万历刻本	《续修四库全书》民国二十六年上海商务印书馆影印国立北平图书馆善本丛书第一辑影印的明万历刻本
《广舆图》	日本图	明嘉靖四十年胡松刻本	河南省图书馆、浙江省图书馆等
郑若曾《郑开阳杂著》	琉球国图	《文渊阁四库全书》本	《文渊阁四库全书》
章潢《图书编》	琉球国图	《文渊阁四库全书》本	《文渊阁四库全书》
朱国达等《地图综要》	琉球国图	明末朗润堂刻本	《四库禁毁书丛刊》北京师范大学图书馆藏明末朗润堂刻本
王圻、王思义《三才图会》	琉球国图	明万历三十七年刻本	《四库存目丛书》北京大学图书馆藏明万历三十七年刻本
陈仁锡《八编类纂》	琉球国图	明天启刻本	《续修四库全书》和《四库禁毁书丛刊》北京大学图书馆藏明天启刻本
徐葆光《中山传信录》	琉球星野图 琉球地图 琉球三十六岛图	清康熙六十年刻本	《续修四库全书》和《四库存目丛书》天津图书馆藏清康熙六十年刻本

续表

绘制者、刊刻者或作者和著作名或图册名	图名	绘制年代或收录地图的古籍的版本以及相关信息	收藏机构或者收录地图的古籍（包括现代影印本）等
周煌《琉球国志略》	琉球国都图	漱润堂藏板清乾隆己卯年刊本	《续修四库全书》天津图书馆藏漱润堂藏板乾隆己卯年刊本
	琉球国全图		
	琉球星野图		
朱约淳《阅史津逮》	琉球图	清初彩绘抄本	《四库存目丛书》中国科学院图书馆藏清初彩绘抄本
《广舆图》	琉球图	明嘉靖四十年胡松刻本	河南省图书馆、浙江省图书馆等
	“蒙古山水地图”（“嘉峪关外至回部巴达山城天方西海戎地面等处图”）	清初或者民国初年	北京故宫博物馆；林梅村《蒙古山水地图》
《甘肃全镇图册》	“西域诸国图”	明绢本彩绘	意大利地理学会
《甘肃镇战守图略》	“西域土地人物图”	明嘉靖二十三年，彩绘本	台北“故宫博物院”；林梅村《蒙古山水地图》
马理（嘉靖）《陕西通志》	“西域土地人物图”	明嘉靖二十一年	林梅村《蒙古山水地图》
《陕西四镇图说》	“西域图略”	明万历四十四年，原4册现存2册（延绥、宁夏）	台湾“国立中央”图书馆，现在可能存于台北“故宫博物院”；林梅村《蒙古山水地图》
章潢《图书编》	西域图	《文渊阁四库全书》本	《文渊阁四库全书》
朱国达等《地图综要》	西域图	明末朗润堂刻本	《四库禁毁书丛刊》北京师范大学图书馆藏明末朗润堂刻本
茅元仪《武备志》	西域图	明天启刻本	《续修四库全书》和《四库禁毁书丛刊》北京大学图书馆藏明天启刻本
王圻、王思义《三才图会》	西域图	明万历三十七年刻本	《四库存目丛书》北京大学图书馆藏明万历三十七年刻本
陈仁锡《八编类纂》	西域图	明天启刻本	《续修四库全书》和《四库禁毁书丛刊》北京大学图书馆藏明天启刻本
洪亮吉《乾隆府厅州县图志》	“西域图”	清嘉庆八年刻本	《续修四库全书》复旦大学图书馆清嘉庆八年刻本

续表

绘制者、刊刻者或作者和著作名或图册名	图名	绘制年代或收录地图的古籍的版本以及相关信息	收藏机构或者收录地图的古籍（包括现代影印本）等
施永图《武备地利》	西域图	清雍正刻本；清刻本	《四库未收书辑刊》清雍正刻本 《四库禁毁书丛刊》北京大学图书馆藏清刻本
何镗《修攘通考》	西域图	明万历六年自刻本	《四库存目丛书》北京师范大学图书馆藏明万历六年自刻本
朱约淳《阅史津逮》	西域图	清初彩绘抄本	《四库存目丛书》中国科学院图书馆藏清初彩绘抄本
罗洪先《广舆图》	西域图	明嘉靖三十四年前后初刻本	《续修四库全书》（著录为胡松刻本，但从内容来看应当为嘉靖初刻本）
罗洪先《广舆图》初刻本	朔漠图	嘉靖三十四年前后初刻本	《续修四库全书》（著录为胡松刻本，但从内容来看应当为嘉靖初刻本）
朱国达等《地图综要》	朔漠图	明末朗润堂刻本	《四库禁毁书丛刊》北京师范大学图书馆藏明末朗润堂刻本
邵远平《续弘文录元史类编》	朔漠图	清康熙三十八年刻本	《续修四库全书》复旦大学图书馆清康熙三十八年刻本
茅元仪《武备志》	朔漠图	明天启刻本	《续修四库全书》和《四库禁毁书丛刊》北京大学图书馆藏明天启刻本
王圻、王思义《三才图会》	朔漠图	明万历三十七年刻本	《四库存目丛书》北京大学图书馆藏明万历三十七年刻本
张天复《皇舆考》	朔漠图	明万历十六年张天贤遐堂刻本	《四库存目丛书》北京大学图书馆藏明万历十六年张天贤遐堂刻本
施永图《武备地利》	朔漠图	清雍正刻本 清刻本	《四库未收书辑刊》清雍正刻本 《四库禁毁书丛刊》北京大学图书馆藏清刻本
何镗《修攘通考》	朔漠图	明万历六年自刻本	《四库存目丛书》北京师范大学图书馆藏明万历六年自刻本
朱约淳《阅史津逮》	朔漠图	清初彩绘抄本	《四库存目丛书》中国科学院图书馆藏清初彩绘抄本
罗洪先《广舆图》初刻本	西南海夷图	嘉靖三十四年前后初刻本	《续修四库全书》（著录为胡松刻本，但从内容来看应当为嘉靖初刻本）

续表

绘制者、刊刻者或作者和著作名或图册名	图名	绘制年代或收录地图的古籍的版本以及相关信息	收藏机构或者收录地图的古籍（包括现代影印本）等
王鸣鹤《登坛必究》	西南海夷图	清刻本 明万历刻本	《续修四库全书》北京大学图书馆藏清刻本 《四库禁毁书丛刊》北京大学图书馆藏明万历刻本
章潢《图书编》	西南海夷图	《文渊阁四库全书》本	《文渊阁四库全书》
朱国达等《地图综要》	西南海夷图	明末朗润堂刻本	《四库禁毁书丛刊》北京师范大学图书馆藏明末朗润堂刻本
茅元仪《武备志》	西南海夷图	明天启刻本	《续修四库全书》和《四库禁毁书丛刊》北京大学图书馆藏明天启刻本
王圻、王思义《三才图会》	西南夷总图	明万历三十七年刻本	《四库存目丛书》北京大学图书馆藏明万历三十七年刻本
张天复《皇舆考》	西南海夷图	明万历十六年张天贤遐堂刻本	《四库存目丛书》北京大学图书馆藏明万历十六年张天贤遐堂刻本
施永图《武备地利》	西南海夷图	清雍正刻本 清刻本	《四库未收书辑刊》清雍正刻本 《四库禁毁书丛刊》北京大学图书馆藏清刻本
何镗《修攘通考》	西南海夷图	明万历六年自刻本	《四库存目丛书》北京师范大学图书馆藏明万历六年自刻本
朱约淳《阅史津逮》	西南海夷图	清初彩绘抄本	《四库存目丛书》中国科学院图书馆藏清初彩绘抄本
罗洪先《广舆图》初刻本	东南海夷图	嘉靖三十四年前后初刻本	《续修四库全书》（著录为胡松刻本，但从内容来看应当为嘉靖初刻本）
王在晋《海防纂要》	东南海夷图 东南滨海诸夷图	明万历四十一年自刻本	《续修四库全书》和《四库禁毁书丛刊》华东师范大学图书馆藏明万历四十一年自刻本
王鸣鹤《登坛必究》	东南海夷图	清刻本 明万历刻本	《续修四库全书》北京大学图书馆藏清刻本 《四库禁毁书丛刊》北京大学图书馆藏明万历刻本
章潢《图书编》	东南滨海诸夷国图 东南海夷图	《文渊阁四库全书》本	《文渊阁四库全书》

续表

绘制者、刊刻者或作者和著作名或图册名	图名	绘制年代或收录地图的古籍的版本以及相关信息	收藏机构或者收录地图的古籍（包括现代影印本）等
朱国达等《地图综要》	东南海夷图	明末朗润堂刻本	《四库禁毁书丛刊》北京师范大学图书馆藏明末朗润堂刻本
朱国达等《地图综要》	东南海滨诸夷国图	明末朗润堂刻本	《四库禁毁书丛刊》北京师范大学图书馆藏明末朗润堂刻本
茅元仪《武备志》	东南海夷图	明天启刻本	《续修四库全书》和《四库禁毁书丛刊》北京大学图书馆藏明天启刻本
王圻、王思义《三才图会》	东南海夷图	明万历三十七年刻本	《四库存目丛书》北京大学图书馆藏明万历三十七年刻本
张天复《皇舆考》	东南海夷图	明万历十六年张天贤遐寿堂刻本	《四库存目丛书》北京大学图书馆藏明万历十六年张天贤遐寿堂刻本
	东南滨海诸夷图		
施永图《武备地利》	东南海夷图	清雍正刻本 清刻本	《四库未收书辑刊》清雍正刻本 《四库禁毁书丛刊》北京大学图书馆藏清刻本
何镗《修攘通考》	东南海夷图	明万历六年自刻本	《四库存目丛书》北京师范大学图书馆藏明万历六年自刻本
朱约淳《阅史津逮》	东南海夷图	清初彩绘抄本	《四库存目丛书》中国科学院图书馆藏清初彩绘抄本
王鸣鹤《登坛必究》	迤北西番诸夷图	清刻本 明万历刻本	《续修四库全书》北京大学图书馆藏清刻本 《四库禁毁书丛刊》北京大学图书馆藏明万历刻本
章潢《图书编》	迤北西番诸夷图	《文渊阁四库全书》本	《文渊阁四库全书》
朱国达等《地图综要》	迤北西番诸夷国图	明末朗润堂刻本	《四库禁毁书丛刊》北京师范大学图书馆藏明末朗润堂刻本
王圻、王思义《三才图会》	西北诸夷图	明万历三十七年刻本	《四库存目丛书》北京大学图书馆藏明万历三十七年刻本
张天复《皇舆考》	迤北西番诸夷图	明万历十六年张天贤遐寿堂刻本	《四库存目丛书》北京大学图书馆藏明万历十六年张天贤遐寿堂刻本
王在晋《海防纂要》	东北诸夷图	明万历四十一年自刻本	《续修四库全书》和《四库禁毁书丛刊》华东师范大学图书馆藏明万历四十一年自刻本

续表

绘制者、刊刻者或作者和著作名或图册名	图名	绘制年代或收录地图的古籍的版本以及相关信息	收藏机构或者收录地图的古籍（包括现代影印本）等
朱国达等《地图综要》	东北诸夷图	明末朗润堂刻本	《四库禁毁书丛刊》北京师范大学图书馆藏明末朗润堂刻本
王圻、王思义《三才图会》	东北夷诸国	明万历三十五年刻本 明万历三十七年刻本	《续修四库全书》明万历三十五年刻本 《四库存目丛书》北京大学图书馆藏明万历三十七年刻本
桂萼《广舆图叙》	东北诸夷图	明嘉靖四十五年李廷观刻本	《四库存目丛书》上海图书馆藏明嘉靖四十五年李廷观刻本
张天复《皇舆考》	东北诸夷图	明万历十六年张天贤遐堂刻本	《四库存目丛书》北京大学图书馆藏明万历十六年张天贤遐堂刻本
黄彭年	俄罗斯国全图	清光绪七年，石印本，1幅，46.5×72.5厘米	中国国家图书馆，《舆图要录》0328
不为生	俄罗斯全图	清光绪十八年，石印本，彩色，计里画方每方二千里，1幅，29×110.8厘米	中国国家图书馆，《舆图要录》0329
《俄罗斯全图》		清光绪年间，铜版印本，94幅，31×42厘米	中国国家图书馆，《舆图要录》0331
辜天保	海参崴形势一览图	清宣统元年，蜡绢彩绘本，1幅，65.2×84.2厘米	中国国家图书馆，《舆图要录》0337
	海参崴军商港全图	清光绪末年，1∶5700，彩色，1幅，30.7×42.5厘米	中国国家图书馆，《舆图要录》0339
	俄波交界略图	清光绪末年，石印本，二色，1幅，53.5×40.3厘米	中国国家图书馆，《舆图要录》0340
王先谦《五洲地理志略》	中国与俄罗斯交界图	清宣统二年湖南学务公所刻本	《四库未收书辑刊》清宣统二年湖南学务公所刻本
	缪编中亚细亚图		
	缪编俄罗斯欧洲图		
	缪编悉毕尔图		
	异域录俄罗斯图		

续表

绘制者、刊刻者或作者和著作名或图册名	图名	绘制年代或收录地图的古籍的版本以及相关信息	收藏机构或者收录地图的古籍（包括现代影印本）等
傅崇矩等	亚东南形势道里图	清光绪二十七年，成都桂王街书局，刻印本，彩色，计里画方每方百里，1幅分切4张，146×78厘米	中国国家图书馆，《舆图要录》0186
湖北工防第一营《亚洲东部陆图》		清光绪三十一年，1∶1000000，1册10幅	中国国家图书馆，《舆图要录》0188
申报馆	亚细亚东部舆地图	清光绪十一年，上海点石斋，石印本，彩色，1幅，89.4×134.5厘米	中国国家图书馆，《舆图要录》0185
舆地学会	印度	清光绪二十八年，铜版印本，1∶9000000，1幅，38.8×29.4厘米	中国国家图书馆，《舆图要录》0294
	“吐尔基斯坦图”	清光绪年间，绘本，1∶2630000，残存半幅，90×72厘米	中国国家图书馆，《舆图要录》0299
	中亚细亚人种及政治地图	清光绪末年，石印本，1∶4500000，1幅，45.5×64厘米；依1904年葛励澹原著绘制	中国国家图书馆，《舆图要录》0301
	“英国南部鸟瞰图”	清末期，彩绘本，1幅，50×66厘米	中国国家图书馆，《舆图要录》0356
袁启《天文图说》	亚细亚一大州图	明末绘本	《续修四库全书》北京大学图书馆藏明末绘本
	大地圆球五州全图		
释志磐《佛祖统纪》	西土五印之图	宋咸淳元至六年胡庆宗等摹刻本 明刻本	《续修四库全书》北京大学图书馆藏明刻本 《四库存目丛书》北京图书馆藏宋咸淳元至六年胡庆宗等摹刻本
	大千世界万亿须弥之图		
	四洲九山八海图		
顾炎武《天下郡国利病书》	边外地图	稿本	《续修四库全书》四部丛刊影印稿本
	夷中地图		

续表

绘制者、刊刻者或作者和著作名或图册名	图名	绘制年代或收录地图的古籍的版本以及相关信息	收藏机构或者收录地图的古籍（包括现代影印本）等
徐继畬《瀛寰志略》	东南洋大洋海各岛图	道光戊申年壁星泉先生、刘玉坡先生鉴定，本署仓版	《续修四库全书》天津图书馆藏道光戊申年壁星泉先生、刘玉坡先生鉴定，本署仓版
	五印度旧图		
	瑞士图		
	日耳曼列国图		
	普鲁士图		
	嗹国图		
	俄罗斯西境图		
	俄罗斯图		
	欧罗巴图		
	土耳其图		
	印度以西回部四国图		
	奥地利亚图		
	五印度图		
	东南各岛图		
	东洋二国图		
	亚细亚图		
	东南滨海各国图		
	西域各回部图		
	北亚墨利家英吉利属部图		
	亚墨利加海湾群岛图		
	南亚墨利加巴西图		
	南亚墨利加各国图		
	瑞国图		
	米利坚合众国图		
	希腊图		

续表

绘制者、刊刻者或作者和著作名或图册名	图名	绘制年代或收录地图的古籍的版本以及相关信息	收藏机构或者收录地图的古籍（包括现代影印本）等
徐继畬《瀛寰志略》	南北亚墨利加总图	道光戊申年壁星泉先生、刘玉坡先生鉴定，本署仓版	《续修四库全书》天津图书馆藏道光戊申年壁星泉先生、刘玉坡先生鉴定，本署仓版
	麦西图		
	阿非利加图		
	英吉利阿尔兰图		
	意大里亚列国图		
	英吉利英伦图		
	英吉利三岛总图		
	西班牙葡萄牙合图		
	佛朗西图		
	比利时图		
	荷兰图		
	英吉利苏格兰图		
	北亚墨利加南境各国图		
魏源《海国图志》	佛朗西图	清光绪二年平庆泾固道署重刊本	《续修四库全书》清光绪二年平庆泾固道署重刊
	百耳西亚国图		
	亚拉比亚国图		
	里耳其国全图		
	南土耳其国图		
	俄罗斯国钱图		
	西域押安比路治三国图		
	亚细亚州内俄罗斯国图		
	日本国东界图		
	日本国西界图		
	东南洋各岛图		
	荷兰国所属葛留巴岛图		

续表

绘制者、刊刻者或作者和著作名或图册名	图名	绘制年代或收录地图的古籍的版本以及相关信息	收藏机构或者收录地图的古籍（包括现代影印本）等
魏源《海国图志》	奥大利亚及各岛图	清光绪二年平庆泾固道署重刊本	《续修四库全书》清光绪二年平庆泾固道署重刊
	西域各回部图		
	奥大利亚内新瓦里士图		
	亚细亚洲全图		
	奥大利洲专图		
	朝鲜国北界图		
	奥地利国专图		
	地面岛图		
	地球正背面全图		
	朝鲜国中界图		
	朝鲜国南界图		
	安南国图		
	东南洋沿海各国图		
	中南两印度国合图		
	东印度图		
	五印度国		
	北默利加内英俄二国属地图		
	四州志英吉利国分部图		
	瀛寰志略英吉利国		
	苏各兰图		
	伊耳兰岛图		
	北亚默利加州全图		
	英吉利所属加拿他国东边各部图		
	弥利坚国全图		

续表

绘制者、刊刻者或作者和著作名或图册名	图名	绘制年代或收录地图的古籍的版本以及相关信息	收藏机构或者收录地图的古籍（包括现代影印本）等
魏源《海国图志》	日耳曼破路斯奥地利三国图	清光绪二年平庆泾固道署重刊本	《续修四库全书》清光绪二年平庆泾固道署重刊
	危地马拉国全图		
	瀛寰志略俄罗斯西境图		
	亚默利加州各岛图		
	南亚默利加州全图		
	可伦比国全图		
	巴悉国图		
	北路破利威两国图		
	利加州南方五国合图		
	麦西哥国全图		
	意大里亚全图		
	麦西国图		
	利未亚北方各国图		
	英吉利所属利未亚州南方各地图		
	欧罗巴州全图		
	大吕宋葡萄亚两国合图		
	瀛寰志略大吕宋葡萄亚合图		
	佛兰西国全图		
	英吉利本国三岛国合图		
	荷兰北义两国合图		
	异域录俄罗斯国图		

续表

绘制者、刊刻者或作者和著作名或图册名	图名	绘制年代或收录地图的古籍的版本以及相关信息	收藏机构或者收录地图的古籍（包括现代影印本）等
魏源《海国图志》	瑞士国图	清光绪二年平庆泾固道署重刊本	《续修四库全书》清光绪二年平庆泾固道署重刊
	大尼国图		
	普鲁社国界图		
	北土耳其国图		
	希腊国图		
	瑞丁那威两国合图		
	欧罗巴州属俄罗斯国图		
	利未亚州全图		
陈龙昌《中西兵略指掌》	天下五大洲方图	清光绪三十五年东山草堂石印本	《续修四库全书》华东师范大学藏清光绪三十五年东山草堂石印本
张汝璧《天官图》	南洋滨海各国图	明抄本	《续修四库全书》南京图书馆藏明抄本
	东洋二国图		
	南北亚墨利加州图		
	亚非利加图		
	“欧洲图”		
	“亚洲图”		
郑光祖《醒世一斑录》	“中国外夷总图”	清道光二十五年刻咸丰二年增修本	《续修四库全书》浙江图书馆藏清道光二十五年刻咸丰二年增修本
姚莹《康輶纪行》	亚细亚洲全图	清同治刻本	《四库未收书辑刊》清同治刻本
	艾儒略万国图		
	李明徹地球图		
	乍雅图		
	西藏外各国图		
	新疆西边外属国图		
	欧罗巴洲全图		
	今订中外四海总图		

续表

绘制者、刊刻者或作者和著作名或图册名	图名	绘制年代或收录地图的古籍的版本以及相关信息	收藏机构或者收录地图的古籍（包括现代影印本）等
姚莹《康輶纪行》	夷酋颠林舆图	清同治刻本	《四库未收书辑刊》清同治刻本
	陈伦炯四海总图		
	南怀仁坤舆图		
	汤若望地球图		
	亚墨利加全图		
	利未亚州全图		
杜堮《石画龛论述》	东半球图	稿本	《四库未收书辑刊》稿本
	英吉利图		
汪绂《戊笈谈兵》	四川极西外外译	清光绪二十年刻本	《四库未收书辑刊》清光绪二十年刻本
	辽东又东北女直		
	东北朝鲜		
	江浙东海海滨		
	闽海东南海国		
	闽海又东南海国		
	甘肃西北外西域外译		
	地舆东半球图		
	交趾占城又南外译		
	□海海南外译		
	闽海海外南外译		
	云南外外译		
	云贵广西西南外译		
	辽东东北外译		
	宣化大同山西外极北边蒙古		
	盛京边图		
	辽东蓟镇北边蒙古		

续表

绘制者、刊刻者或作者和著作名或图册名	图名	绘制年代或收录地图的古籍的版本以及相关信息	收藏机构或者收录地图的古籍（包括现代影印本）等
汪绂《戊笈谈兵》	宣化大同山西北边蒙古	清光绪二十年刻本	《四库未收书辑刊》清光绪二十年刻本
	榆林宁夏固原甘肃北边蒙古		
	甘肃北边蒙古		
	广海海边		
	辽东蓟镇外极北蒙古		
	占城又南外译		
	榆林宁夏甘肃外极北蒙古		
	甘肃外极北边蒙古		
	甘肃外极西北地外译		
	地舆西半球图		
	流沙西外译		
	四川西边外吐蕃		
	交趾中南半岛情形图	清乾隆年间，纸本彩绘，1幅，63×64.5厘米	台北“故宫博物院”，故机014906；《河岳海疆》

第三篇 政区图

本篇由三章构成，第一章是对以往关于中国古代政区图研究的综述。由于目前来看，政区图不像其他类型的地图那样，有着那么明确的可以从图面内容或者主题的角度进行梳理的演变脉络，因此第二章和第三章试图基于对现存政区图绘制方式的梳理，来分析中国古代地图绘制的某些“技术”问题。其中第二章，以量化统计的方式，对清末中国地图绘制技术的转型进行了讨论，认为“计里画方”作为一种绘图技术，其在政区图中的大量使用要晚至同治时期，且这一时期的“计里画方”与之前的“计里画方”，已经存在极大的区别；而经纬度数据在政区图绘制中的广泛应用更要晚至光绪末。第三章则提出，在现代人看来应当被广泛应用于“实际”的政区图，其图面所绘内容并不是写实的，而为了展现各种观念而对某些内容进行了扭曲；同时这一章还以政区图中标注的道路距离为基础，通过分析认为古代地理志书中广泛记载的“四至八到”中的距离数据是道路距离，而不是直线距离。

第一章　研究综述

中国古代流传下来大量描绘某一政区中的城池、聚落、军事布防、道路以及山川分布的政区图；与此对应的是，当前存在一定数量的对于少量单幅政区图的研究，这些研究大多集中在考订地图的绘制年代、绘制背景以及对地图所绘内容的描述上，如：

萨出日拉图的《美国国会图书馆庋藏康熙年间的一幅内蒙古舆图研究》，首先对美国国会图书馆藏“内蒙古诸旗、部落游牧图”的图面信息进行了简要描述和介绍；然后通过分析，认为其绘制时间应当在康熙二十三年（1684）五月十四日至九月二十一日之间，是清廷为编撰《一统志》而绘制的漠南蒙古全图，且该图后来成为《皇舆全览图》分图“口外诸王图”的底本；最后其还对图中所绘内容进行了解读。[①]

吴雪娟的《论满文〈黑龙江流域图〉的命名》则对台北“故宫博物院”藏满文《黑龙江流域图》的内容和绘制背景进行了分析，认为该图成于康熙四十九年（1710），与图说相辅相成，实为康熙本《大清一统志》纂修期间征集的黑龙江舆图，图名不外乎“黑龙江形势图”“黑龙江将军所属形势图”或“黑龙江图”。[②]

周赫的《屠寄与〈黑龙江舆图〉研究》一文，则分析了《黑龙江舆图》编纂的历史背景。该文首先对“光绪年间会典馆的设置及所颁布的测

---

① 萨出日拉图：《美国国会图书馆庋藏康熙年间的一幅内蒙古舆图研究》，《中国历史地理论丛》2019 年第 2 辑，第 140 页。

② 吴雪娟：《论满文〈黑龙江流域图〉的命名》，《满语研究》2019 年第 1 期，第 92 页。

绘章程进行分析整理。并以时间为线索，先对黑龙江地区艰难的测绘情况进行分析，再介绍屠寄被任命为总纂后《黑龙江舆图》绘测工程的情况”，然后“对《黑龙江舆图》及其图说的版本，主要内容等方面进行详细的论述，并对书中的内容进行校勘指误，考释书中历史地名”。[①]

白鸿叶、成二丽在《〈福建舆图〉史话》一书中，对中国国家图书馆所藏清康熙时期绘制的图幅巨大的《福建舆图》的图面内容、材质、绘制背景、入藏国图的过程以及当前正在进行的数字化工作进行了详细的介绍。[②]

在当前的政区图研究中，较为深入的当属覃影和白鸿叶在多篇论文中对《云南全省舆图》的分析。在《〈云南全省舆图〉稿本及其奏报问题考辨》一文中，覃影和白鸿叶首先对清光绪年间因“大清会典舆图”编绘的四套《云南全省舆图》，即西南民族大学图书馆藏本（不全，21 册）、云南省图书馆（不全，12 册）、国家图书馆藏本（2 套，全，均分别为四函26 册）的版式、内容、纸张、装帧等特征进行了详细介绍；然后根据文献资料，分析了这四套舆图的成图过程和关系，即“先后设舆图局、善后局，派测绘生、夷语翻译人员，购置中西测算仪器，第一年绘成草图，再分发各地履核校改，共历三年始成；又值法国以干涉还辽有功，妄图侵占猛乌、乌得二土司地，中法划分边界的争议未定，会典馆迭催交图，所以将舆图贴签说明，并专差递送会典馆查核，上呈的奏折则由驿路专递军机处转达皇上。上述奏折文本类似一篇图说提要，四套稿本与奏折内容非常符合。且从奏折上报的途径可知，因中法边界的争端，仓促间上报的会典舆图稿，实为光绪二十一年（1895）五月的成稿，只在有争议的部分贴签说明，上报到中央至少有两套，分存会典馆和军机处。这就是目前国家图书馆藏两套完整《云南全省舆图》和云南省馆、西南民大藏图的来由”[③]。在《〈云南全省舆图〉稿本的数据流向研究》一文中，两位作者则主要讨

① 周赫：《屠寄与〈黑龙江舆图〉研究》，东北师范大学中国历史文献学硕士学位论文，2016 年。

② 白鸿叶、成二丽：《〈福建舆图〉史话》，国家图书馆出版社 2017 年版。

③ 覃影、白鸿叶：《〈云南全省舆图〉稿本及其奏报问题考辨》，《文津学志》第 4 辑，国家图书馆出版社 2011 年版，第 154 页。

论了《云南全省舆图》与光绪《续云南通志稿》中相关舆图的关系，且对光绪会典图的一些问题进行了简要讨论。①

还有少数研究对某一地区各个时期绘制的政区图进行了系统的梳理，如白鸿叶的《国家图书馆藏清末广西舆图概述》一文，对中国国家图书馆所藏的30余种清末绘制的广西舆图进行了系统的介绍，其中涉及的政区图有20多种，“并根据政区图区域范围大小，本文将此图分成三类：一是反映广西全境的地图；二是反映桂林、平乐、修仁县、富川县、恩阳分州、奉议州、西林县、永淳县、新宁州、隆安县、郁林州、柳州、宣化县等广西境内的各州、县地图；三是将广西及其相邻两省或三省合绘而成的合图”②。而刘增强的《近代化进程中云南地理志舆图演变》一文，“选取清代康熙至光绪朝200余年间的8种地理志中的云南舆图进行细致考察，探讨彼此间的异同，从舆图疆界轮廓、表现内容数量种类及符号化水平、方位比例准确性3个方面对比研究，发现其疆界观念有一个从模糊到清晰的转变；表现内容则越来越精简；符号化水平及准确性逐步提高。同时，横向观照明末至清末国家主流地图的测绘技术，认为清代云南方志地图的绘图风格演变是一个逐步近代化以及脱离方志风格回归主流地图的过程”③；就绘制技术而言“从这8种地理志舆图的源流来看，康熙《云南通志》舆图源于明代天启《滇志》，属于最传统的方志地图。雍正《云南通志》及《滇系》云南总图与雍正时期的全国地图《十排图》绘制风格相似，不标经纬度，不绘方格网，没有投影。《乾隆府厅州县图志》及《嘉庆重修一统志》与嘉庆时期全国地图绘制方式相似，图面简洁程度提高，没有投影、经纬度及方格网。道光《云南通志稿》舆图独具一格，与《皇舆全览图》完全相同”④，而光绪《云南通志》和光绪《续云南通志》中的地图

---

① 覃影、白鸿叶：《〈云南全省舆图〉稿本的数据流向研究》，《文津学志》第6辑，国家图书馆出版社2013年版，第187页。

② 白鸿叶：《国家图书馆藏清末广西舆图概述》，《文津学志》第4辑，国家图书馆出版社2011年版，第142页。

③ 刘增强：《近代化进程中云南地理志舆图演变》，《咸阳师范学院学报》2017年第2期，第6页。

④ 刘增强：《近代化进程中云南地理志舆图演变》，《咸阳师范学院学报》2017年第2期，第12页。

都标绘有经纬度，其中光绪《云南通志》中的地图照搬了道光《云南通志稿》中的舆图。

一方面，与全国总图和寰宇图不同，呈现某一区域的政区图之间缺乏直观的相似性，且虽然政区图数量众多，但集中于某一区域的地图则相对较少；另一方面与那些水利、运河以及海塘、海防图不同，这些政区图缺乏明确的主题，通常无法与某类重要的历史事件联系起来，因此似乎难以对政区图的脉络进行梳理。

确实政区图可能不像其他类型的地图那样，有着那么明确的可以从图面内容或者主题的角度进行梳理的演变脉络，但政区图也有着自己的“优势”，其很可能是王朝各地日常普遍绘制和使用的地图类型，而不像其他类型的地图或可能因事因时而绘，如河工图和海防图等，或可能只是集中于某一区域，如园林图、黄河图、海塘图等，因此，政区图绘制方式的演变，似乎可以反映中国古代至近代地图绘制方式的某些变化过程，本篇即试图基于对现存政区图绘制方式的梳理，来分析中国古代地图绘制的某些“技术”问题。

第二章　明清时期政区图的绘制“技术”

第一节　明清时期政区图绘制“技术”的量化统计

表3－1中对本篇附表中所列政区图，按照绘制技术等项目进行了分类整理。对于该表，需要说明以下事项：

第一，中国古代的地方志中通常都存在描绘方志所涉及区域的政区图，但留存下来的中国古代的地方志数量众多，无法进行全面的整理与搜集，因此，此处只是以传世的单行的刻本或绘本政区图或图集为主进行分析。

第二，中国古代的一些古籍中收录有大量的政区图，但其中绝大多数都集中在如《地图综要》等有着大量地图的书籍中，以及如《大清一统志》等地理总志中，这些著作大都在本书第二篇中进行了讨论。由于这些著作中往往收录有大量的政区图，因而如果纳入统计的话，必然会极大地影响最终统计的结果，因此这些政区图没有被纳入此处的统计分析之中，或只是将整部图集计算为一种以减少统计偏差。与此类似的还有单行本的地图集，如《广舆图》，这些地图集中的所有地图在统计中都被算成一种，因为一套地图集中极少会采用不同的绘制方式；且某些时期纳入统计的政区图数量本身就很有限，因此一套收录有众多政区图的图集往往会对统计结果造成极大的影响。

第三，在统计中，地图（集）的不同版本都被算成一种。大致而言，地图集的不同版本，通常只是对地图进行了某些局部的修订，而不会进行彻底的重绘。以某一地图（集）为基础进行了大量增补、修订的著作或者地图（集），在统计中则被计算为新的地图（集）。因为由于进行了大量的增补和修订，因此增补和修订者完全有机会和可能采用新的地图绘制技术对地图进行重绘，而如果增补和修订者保留了原图，那么大致可以说明他们对原来的绘图技术的认可。

第四，表格中所划分的四个时间阶段，即明代、顺治至咸丰、同治和光宣，理由如下：就目前现存的地图而言，明代留存下来的政区图数量极少，且一般认为这一时期的地图还极少受到西方现代地图绘制技术的影响，因此大致可以认为这一时期使用的是“纯粹”的中国古代地图的绘制技术。清代顺治至咸丰时期流传下来的地图数量稍多，但也较为有限，且有观点认为康雍乾时期的大地测量以及舆图绘制，对中国古代地图的绘制产生了影响，因此将这一时期单独划分出来，使我们可以就这一问题进行一些讨论。按照现有资料，同治时期，某些省份颁布了一些带有现代地图测绘色彩的绘图章程，如同治四年（1865）的《苏省舆图测法条议图解》；同时湖北官书局，也绘制了一批具有现代意义的地图，且有着一定的影响。不过与此同时，使用中国传统绘图技术绘制的地图也大量存在，因此这一时期通常被认为是中国地图绘制技术的过渡期。光宣时期，通常被认为是中国开始大规模现代化的时期，地图也是如此，这一时期组织绘制了具有强烈现代意味的《光绪会典舆图》，成立了一些现代的地图机构，甚至出现了大量民间的绘图机构，如武昌舆地学会和商务印书馆等，由此中国地图的绘制也开始了普遍的现代化，但上述认知是否完全正确，也即这样的转型是否那么“彻底”和“顺畅”，则是此处所关注的问题。

第五，表格中将地图绘制的“技术”分为以下几种：绘图技术（实际上包含了数据的获得方式），可以分为传统的形象画法和山水画的画法、“计里画方”“画方不计里”和“计里画方”结合经纬度，以及投影技术加上经纬度数据等几类。绘图方式则有着绘本（包括彩绘、墨绘等）、刻印、石印和铜版几种。就装帧而言，大致分为长卷、册装以及单幅（包括多幅放置在一页图纸上）。就图幅大小而言，大致分为所有边长在50厘米以下、某一或者所有边长在50—100厘米之间以及某一或者所有边长在

100 厘米以上。

第六，比例尺是现代地图的重要构成元素，但在此章所讨论的时期中，问题比较复杂。虽然使用经纬度绘制的地图应当是具有比例尺的，因为至少在使用通过经纬度确定了位置的点绘制地图时，需要考虑经纬度与实际距离的转换比例问题，但在本章讨论的时期中，很多使用经纬度数据绘制的地图，地图上并不一定标注比例尺，由此地图的使用者无法直接进行距离的测量和换算。基于此，似乎可以推测，这些地图的绘制者并不太在意比例尺，或者至少没有意识到标注比例尺的重要性。这类地图，在统计中被纳入没有比例尺的范畴。此外，笔者认为“计里画方”不等于比例尺。很多中国古代地图的研究者认为“计里画方”绘制的地图在准确性上要高于不用“计里画方”绘制的地图，其中蕴含的一种认知就是认为“计里画方”相当于比例尺，或者至少有着比例尺的意味，但实际上这是一种错误的认知。正如在本书其他部分可以看到的，中国古代某些所谓“计里画方”的地图，实际上只是在原来不使用“计里画方”绘制的地图上直接套叠了一个方格网，根本没有进行数据的换算。另外，“计里画方”只是绘图方式，但绘制地图，除了绘图方式之外，还需要使用与之配套的绘图数据，但中国古代并没有可以与“计里画方”配套的直线距离数据和准确的方位数据，由此即使“计里画方”有着比例尺的“意味”，但由于缺乏相应的数据，因此这样的“意味”也只是“意味”，绘制出的地图不可能有着比例尺，且由于绘图者使用的是道路距离和粗略的方位数据，因此他们也必然知道这样绘制的地图缺乏准确性和“比例尺”。[①] 基于上述考虑，表格中将地图是否具有比例尺单独列出，且只将地图上直接标注了比例尺的地图认为地图有着比例尺。

还需要说明的是，笔者查阅的一些图目和图录著录的信息并不全面，且目前条件下也无法一一查看原图进行核对，因此表 3 - 1 中的一些信息不完全准确。这些不准确主要集中在以下两处：

---

① 更为具体的分析可以参见成一农《对“计里画方”在中国地图绘制史中地位的重新评价》，《明史研究论丛》第 12 辑，故宫出版社 2014 年版，第 24 页；成一农《“非科学”的中国传统舆图——中国传统舆图绘制研究》，中国社会科学出版社 2016 年版；以及本书第一篇。

第一，就绘图方式而言，《舆图要录》等中对于光宣时期一些带有比例尺的或者有着经纬度的地图，只是著录为“彩色”，而没有注明其印制方式，虽然这一时期的这种带有比例尺或者经纬度的地图有可能是手绘的，但更可能是使用某种印刷技术制作的，只是由于无法确定具体的绘图或印制技术，因此在表格中，将这些地图归入“其他”中。

第二，就绘图数据和测量技术而言，同治之前的绝大多数没有使用经纬度和“计里画方”方法绘制的地图，其应当是使用中国传统的绘图技术绘制的，也即属于传统的只讲求相对位置的大致准确，而不追求绝对位置的准确，甚至只是具有示意性的地图，因此这一时期的“绘图数据和测量技术”一栏中的“无法直接确定”实际上代表着中国王朝时期传统的绘图数据和测量技术，只是笔者查阅的相关图录中对此没有明确提及，且本人也无法查阅相关的地图。而同治和光宣时期，问题就比较复杂了。这一时期“计里画方”和使用经纬度数据地图的数量逐渐增加，一些地图在摹绘时可能参照了这些地图，但同时并未将方格网和经纬线摹绘上去，因此在图面上可能无法直接看出其绘图所使用的绘图数据和测量技术，因此同治和光宣时期的“绘图数据和测量技术”一栏中的“无法直接确定”中的部分地图可能是使用“计里画方”或使用经纬度数据绘制的。

总之，受制于笔者掌握的材料以及长期以来查阅地图的困难，表 3 - 1 中的数据是不准确的，但这种不准确不会影响对整体趋势的表达，因此本处希望读者不必纠结于具体的数字，而应关注演变的总体趋势。

表 3 - 1　明清时期政区图分类统计

绘制技术		明代	顺治至咸丰	同治	光宣
绘图数据和测量技术	无法直接确定	6	54	20	175
	计里画方		5	34	48
	画方不计里		1	4	21
	计里画方结合经纬度			1	13
	经纬度		2		7

续表

绘制技术		明代	顺治至咸丰	同治	光宣
绘图和印制方式	绘本	5	46	5	177
	刻印		14	54	35
	石印				47
	铜版				2
	其他	1	2		3
装帧	长卷（卷轴）		4		3
	单幅（拼合）	4	44	44	183
	册装（成套）	2	14	15	78
图幅	50 厘米以下	2	16	15	90
	50—100 厘米	3	17	15	107
	100 厘米以上	1	29	29	67
比例尺	有			1	59
	无	6	62	58	205

通过表 3 – 1，可以非常明显地看出中国古代地图的转型，无论是测绘技术、绘图和印制方式，还是比例尺的有无，都发生在同治和光宣时期。本书第九篇集中对中国古代地图的转型进行讨论，不过该篇讨论的重点并不是地图绘制技术，而关注于与地图相关的各种观念的转型对地图绘制的影响，因此本章的重点在于讨论地图绘制技术的转型，对某些相关问题进行简要讨论，为第九篇的分析确定基础。

由表 3 – 1 来看，咸丰及其之前，中国古代的政区图基本是用传统方式绘制的，用“计里画方”方式绘制的地图数量也极为有限；与此同时，多是绘本，刻印本的数量有限。同治时期，政区图的绘制发生了极大的转变，使用“计里画方”方法绘制的地图的数量迅速增加，甚至占据了主导，与此同时政区图也主要以刻本的形式制作；这一时期虽然出现了图面上标注比例尺的地图，但数量极少。到了光宣时期，“计里画方”方式绘制的地图，依然占据主导，但使用经纬度数据且图面绘制有经纬网的地图的数量也急剧增加；在印制技术上，除了刻印之外，近现代的石印和铜版印刷技术也开始使用；与此同时，图面上直接标出比例尺的地图大量出现。

下面即对上述不同时期，使用不同技术绘制的具有代表性的政区图进行简要介绍。

第二节 明清时期使用不同绘制技术的典型地图

一 明代和顺治至咸丰时期

目前保存下来的咸丰及其之前绘制的政区图，绝大部分是用与绘画类似的方式绘制的，绝大部分是绘本，因此这一时期的地图有些类似于绘画。如：

台北“故宫博物院”藏《江南各道府图表》，该图集绘制于明洪武、永乐迁都北京之前，纸本彩绘，现存地图6幅图——“应天府”“镇江府”“太平府”“池州府”“徽州府”“广德州”，以及相应的附表，图幅63×66.5厘米。各图四缘标有正方向，上北下南；底色为黄色；山脉用形象的带有树木的山形符号绘制，主体涂以青绿色，底部有着少量黄褐色；河流用绿色的双曲线绘制；府城绘制有带有城门和城楼的城垣，城垣本身用多条曲线勾勒以表示其用砖石修筑，主体为白色，下方涂以黄褐色，且相对准确地勾勒了各城垣的大致轮廓；城内还绘制有一些衙署和寺庙；县城，绘制有带有城楼的城垣，但需要注意的是，大部分县城的城垣轮廓为方形且涂以青绿色，似乎带有示意性，而少量县城，如徽州府的婺源县，则大致准确地勾勒了县城的轮廓，且城垣的绘制方式与府城近似，似乎是写实的，县城内除了衙署之外，有时还标绘有少量其他建筑[①]；城外的“铺”等建筑，基本都用带有旗帜的房屋符号表示，屋顶和台基为青绿色；所有地名，都书写于粉红色矩形文本框中。图后附表为各府州所辖县治，内容

---

① 据查徽州府所辖各城中，只有徽州府和婺源县城修筑于明洪武十八年（1385），其余各县在明初都无城垣，或者城垣处于“圮废”的状态，因此图中对于除徽州府和婺源县之外的各县城垣的表示，实际上是一种符号，但往往让后来的阅读者产生误会。对于政区图的写实问题，可以参见后文。

大致为：道里远近、山川险易以及所辖县治内的地形地势和物产。总体而言，整幅地图在黄色底色上充斥着绿色以及粉色，偶有白色和其他颜色点缀其间，这种地图绘制方式也为明代和清初众多政区图所沿用。

日本神户藏《江西舆地图说》，整套地图的底色同样为黄色；山脉用形象的山形符号绘制，涂以青绿色，底部有着少量黄褐色；河流用灰黄色双曲线绘制；府州县城绘制有带有城门、城楼和垛口的城垣，主色调为黄色，门楼涂以红色，城内绘制有一些衙署和寺庙；城外的建筑基本用房屋符号绘制；所有名称都书写在白色矩形文本框中。

中国国家图书馆藏“江西省府县分图”，绢底彩绘，存84幅，每幅图幅28×26厘米。整套图集的底色为深褐色；山脉用形象的山形符号绘制，涂以淡蓝色，底部有着少量黄褐色；河流用淡绿色双曲线绘制，且绘制有水波纹；府州县城绘制有带有城门、城楼和垛口的城垣，且主色调为黄绿色，门楼涂以红色，城内绘制有一些衙署和寺庙；城外的建筑基本用房屋符号绘制；所有名称都书写在淡黄色矩形文本框中。图中江西广信府永丰县尚未改名为广丰县，其改名是在清雍正九年（1731）；顺治十二年（1655）并入赣州卫的信丰千户所依然存在；图中有明嘉靖三十九年（1560）设置的兴安县、万历六年（1579）设置的建昌府泸溪县。总体而言，这一图集所呈现的时间应当是明万历六年至清雍正九年之间。这一图集与中国国家图书馆所藏明万历至崇祯年间绢底彩绘《江西全省图说》的非常近似，后者为图集1册，现存37幅，每幅图幅28×26.4厘米。

台北“故宫博物院”也藏有一套江西各府舆地图，这套舆图共13幅，即《建昌府属五县地舆图》《临江府属四县地舆图》《广信府属七县地舆图》《赣州府属十二县地舆图》《南安府属四县地舆图》《南康府属四县地舆图》《瑞州府属三县地舆图》《袁州府属四县地舆图》《抚州府属六县地舆图》《九江府属五县地舆图》《南昌府属八州县地舆图》《饶州府属七县地舆图》《吉安府属九县地舆图》。这13幅政区图无论是绘制风格，还是绘制内容都完全一致，因此原本应当是一套图集。该图集中各图除绘制有城池、山川之外，还绘制有道路并在道路上标注了道路距离，绘制方式与上面几套地图近似。台北“故宫博物院”网络检索目录中将这套地图绘制的年代（更准确地说应该是“地图表现的年代”）定为“清代”，这显然过于宽泛，根据图中所绘政区可以将这一时间进一步缩小。清顺治十二年（1655）裁龙泉、信丰、会昌、南安四所入赣州卫，这四所没有绘制在地图中；康熙八年（1669）裁南昌左卫入南昌卫，图中也没有绘制南昌左卫，因此该图所表示时间的上限应当为康熙八年；雍正九年（1731）广信府的永丰县改为广丰县，图中所绘尚未改名，因此雍正九年当为该图表示时间的下限。各图皆附有图说，图说来源于赵秉忠的《江西舆地图说》。

中国国家图书馆藏《全滇舆图》，绘制者不详，绘制时间大致在清乾隆元年至乾隆二十一年之间（1736—1756）[①]，彩绘本，图幅 30.7 厘米 × 20.5 厘米。这一图册共有地图 26 幅，其中总图《云南全省舆图》1 幅，各府分图 23 幅，《威远舆图》1 幅，一图一说，最后附有《云南诸江发源图》1 幅。图集中各图主要采用形象画法，详细表现了境内的山川河流、府州县以及重要的村庄、关隘等地理要素；各图四缘标有正方向，上北下南；底色为淡褐色；山脉用形象的山形符号绘制，涂以青绿色，底部有着少量黄褐色；河流和湖泊用淡青色的双曲线绘制，湖泊绘制有水波纹。总图《云南全省舆图》中，府城用红色实心方框标识；州城用实心绿色三角符号标识；县城用淡黄色实心圆圈标识。各府图中，府城用带有城楼和城门的绿色城垣符号绘制，大致写实地勾勒了城郭的轮廓；县城等用带有城门的城郭符号绘制。各图在图面的不同位置书写有大段图说，简要描述了

① 《全滇舆图》中各图以及图说，与四库全书本《云南通志》中的“图说”基本相同，但也存在少量差异，如《广南府舆图》；且《全滇舆图》少《顺宁府舆图》，可能是遗漏所致。可以推测这一图册是基于四库全书本《云南通志》“图说”的改绘的。按照四库馆臣的提法，四库全书本《云南通志》成书于乾隆元年，因此这一舆图及其图说也应当完成于这一时间之前不久，且《云南通志》之《广南府舆图》中没有绘制乾隆元年设立的“宝宁县”，也印证了这一观点。《全滇舆图》没有反映乾隆三十五年（1770）对云南政区的大范围调整，如永北府降为直隶州，因此其绘制时间应当是在乾隆三十五年之前。且《丽江府图》中绘制有“鹤庆府中甸州判治”和“鹤庆府维西通判治”，且在《鹤庆府图》的图说中记载有“鹤庆之维西”和“惟中甸居府之北境”，因此中甸和维西在图中依然为鹤庆府的属地，而这两地在乾隆二十一年（1756）改属的丽江府。且《广南府舆图》中记载了乾隆元年设置的“宝宁县”。因此，可以认为《全滇舆图》绘制的时间应当是在乾隆元年至乾隆二十一年之间。

政区沿革、山川走向以及地理区位的重要性。

中国国家图书馆藏清乾隆十二年（1737）前后绘制的《奉天黑龙江吉林舆图》，图册中18幅地图，其中“盛京地舆全图”“兴京图”“奉天将军所属形势图”“奉天府形势图”“锦州府形势图”“吉林将军形势图”“黑龙江将军所属形势图”属于政区图的范畴。这几幅地图皆为绘本，绘制方式也基本一致，以淡褐色作为底色；山脉用形象画法绘制，山体的中上部涂以青绿色，下部往往涂以褐色；河流用淡青色双曲线绘制；海域中涂以青绿色的水波纹；柳条边用带有城门的褐色栅栏呈现；长城绘制以淡蓝色带有垛口的城墙。各图中各级治所大都用正方形符号标识；在“兴京图”中，兴京城涂以黄色，且所使用的正方形符号较其他治所要大；在“奉天府形势图”中，盛京用比其他治所更大的双边框正方形符号标识；在“锦州府形势图”中，锦州府绘制出了东西并置的两座城垣，而宁远州和广宁县则用带有四座城门的城垣符号标识。

美国国会图书馆藏有一幅《豫省舆图》，其中标绘有河南至北京的驿路和道路距离以及各行政治所之间的道路距离。该图“彩绘本，裱成卷轴，91×61厘米，未注比例；轴背墨书‘精绘河南图’，似出自近人之笔。用传统的平立面形象画法，显示河南省全境的山川形势，府、州、厅、县等各级行政区划，以及具有重要战略地位的关口和名胜古迹；同时绘出北京至河南省界的驿路，城市间的驿路里程注记图上。‘寧’字因避道光皇帝讳而改写成‘甯’，淅川厅已标注，而黄河下游尚未改道，故此图应绘制于道光十二年（1832）以后至咸丰五年（1855）以前。据作者注记，图的内容取自《中州通志》、《行水金鉴》、《会典》等文献互参增补而绘，这幅地图表现出中国传统制图史上的几个特点：1. 用不同的几何符号表示地方行政等级的治所；2. 黄河总是涂成黄色，以区别于其它河流；3. 地貌用孤立的三角山形符号，而不是连续的山脉线条图案；4. 城市符号涂以各种颜色，以指明统辖于不同的府；5. 两座城市间的距离，用注记标在图上，而不是真实的数量比例；6. 具有军事战略地位的关口，画出门楼作为图的解释；7. 河流的宽度，非常夸大”。[①]

二 同治时期

这一时期政区图的绘制方式发生了极大的转变，使用“计里画方”法绘制的地图数量迅速增加，甚至占据了主导，与此同时政区图也主要以刻本的形式制作。其中，用“计里画方”法绘制的地图数量的迅速增加，与这一时期各省颁发的制图章程有关，而在用这一方法绘制的地图中，则以

---

① 李孝聪：《美国国会图书馆藏中文古地图叙录》，文物出版社2004年版，第65页。下面在李孝聪的基础上对该图的绘制时间进行更为详细的分析：首先在边界上出现了“湖北”，因此该图应当绘制于清代。

禹州，于雍正二年（1724）八月升为直隶州；至雍正十二年（1734）降为散州，并改属许州府；乾隆六年（1742）还属开封府。图中其属开封府，并且为散州，因此该图应当绘制于雍正二年之前或乾隆六年之后。许州，原属开封府，雍正二年升为直隶州；雍正十二年升为府；乾隆六年降为直隶州。图中为直隶州，因此该图应当绘制于乾隆六年之后。仪封厅，乾隆四十九年（1784）改为仪封厅，道光四年（1825）裁撤仪封厅，并改兰阳县为兰仪县（清初为兰阳县），宣统元年（1909）改为兰封县。此处产生了一个矛盾，即图中兰仪县与仪封厅同时存在，这在制度上应当是不可能的。不过从理论上讲，兰仪县不可能存在于道光四年之前，而图中仪封厅只是绘制为两座小房子，与其他行政治所的表示方法差异很大。由此推断该图应绘制于道光四年之后，宣统元年之前。

郑州，雍正二年（1724）八月升为直隶州；至雍正十二年（1734）降为散州，光绪三十年（1905）升为直隶州。图中郑州为散州，因此该图应当绘制于雍正十二年（1734）之后，光绪三十年之前。河阴县、阳武县、封丘县，乾隆二十九年（1764）裁河阴并入荥泽县，乾隆四十八年（1783）阳武县改属怀庆府，封丘县改属卫辉府，图中所示皆与此同，因此该图应绘制于乾隆四十八年之后。考城县，乾隆四十八年，考城县改属卫辉府，光绪元年（1875），考城县还属归德府。图中考城县属卫辉府，因此该图应绘制于乾隆四十八年至光绪元年之间。

陈州府，原属开封府，雍正二年升为直隶州，雍正十二年（1734）升为府，该图应绘制于雍正十二年之后。郑州，原属开封府，雍正二年升为直隶州，雍正十二年降为散州，光绪三十年复升为直隶州。图中郑州为散州，因此该图当绘制于雍正二年之前，或雍正十二年至光绪三十年之间。

陕州，雍正二年升为直隶州，图中所绘为直隶州，因此该图当绘制于雍正二年之后。内黄县，雍正三年从大名府划归彰德府，图中内黄属彰德府，因此该图应绘制于雍正三年之后。磁州，雍正四年磁州改隶直隶广平府，图中磁州属直隶，因此该图应绘制于雍正四年之后。阳武县，乾隆四十八年（1783），从开封府改属怀庆府，图中所绘与此相同，因此该图应绘制于乾隆四十八年之后。南召县，顺治十六年裁南召入南阳，雍正十二年复置南召县，图中有南召县，因此该图应绘制于雍正十二年之后。淅川厅，道光十二年（1832）六月，改淅川县为淅川厅，光绪三十一年（1906）升为直隶厅。图中已经出现了淅川厅，但未注明是否为直隶厅，由此该图应当绘制于道光十二年之后。

根据行政区划沿革的考订，可以认为其上限为道光十二年，下限为光绪元年（1875），结合黄河河道的走向，可以认为李孝聪的考订应当是正确的，不过这应该是该图所表现的时间 。

武昌湖北官书局编制的《皇朝直省地舆全图》的影响力最大。当然，这一时期使用传统方法绘制的地图依然存在，而且有着一定的数量。

《皇朝直省地舆全图》，包括《直隶全图》《盛京全图》《山西全图》《山东全图》《河南全图》《江苏全图》《江西全图》《湖南全图》《陕西全图》《四川全图》《云南全图》《贵州全图》《广西全图》《甘肃全图》《浙江全图》《福建全图》《安徽全图》《广东全图》《嘉峪关外安西青海合图》《嘉峪关外镇迪伊犁合图》《内外蒙古图》《西藏全图》《新疆图》等共26幅。这套图集中的各图，图幅不等，但绘制方式基本一致：方位标在图的四缘；采用“计里画方”法编绘，每方百里，但《嘉峪关外安西青海合图》《嘉峪关外镇迪伊犁合图》不画方也不计里，《新疆图》画方但未标每方里数。这套图集或其中的分图在中国国家图书馆、美国国会图书馆等众多图书馆都有收藏。

其中《四川全图》，刻印本，图幅103.9×120.7厘米。该图描绘了四川全省的山川、湖泊以及政区等的分布；方位标在图的四缘；采用“计里画方”编绘，每方百里；地貌用三角山形符号表示；用不同符号标注了府、州、厅、县的位置，还标记了主要的集镇、村堡、关塞等的位置；用黑实线描绘了四川省的省境，且在边线之外注记了接界的州县。地图左下角附图说，记述了本省所统辖的府、直隶州、厅、散州、厅、县的数量，省会成都府与京师顺天府（北京）的相对方位、距离里程，以及省内各府、州的方位及至省城的里程。

《嘉峪关外镇迪伊犁合图》，刻印本，图幅61×112.5厘米。该图方位标在图的四缘；描绘了嘉峪关外新疆的山川、湖泊等地理环境，行政治所和各族的分布以及游牧地；地貌用三角山形符号表示；用不同符号标注了不同等级的城池。

除了《皇朝直省地舆全图》之外，武昌湖北官书局还编制有一套多省合图图集，目前所见的有《湖北安徽合图》《湖北河南合图》《湖北江西合图》《湖北陕西合图》《湖北四川合图》《湖南江西合图》《湖南四川合图》《湖南广东合图》《湖南广西合图》《湖南贵州合图》《湖广全图》。这套图集是湖广总督衙门为掌握湖北、湖南两省与周边各省的地理形势而编制的湖北、湖南二省与接壤各省的合图。这套图集同样为清同治三年湖北官书局刻印本，图幅不等，与《皇朝直省地舆全图》不同，各图皆不画方；图上用三角山形符号表示地形地貌，用双线表示河流；省城用回字形符号表示，府城用“□”符号表示，直隶州城用双边框的矩形符号表示，散州城用矩形符号表示，厅用菱形符号表示，县城用圆形符号表示，用圆点表示镇、店、驿、巡司；未描绘道路，但用单线勾画出省界。这套图集或其中的单幅地图在中国国家图书馆、美国国会图书馆等机构多有收藏。

除了《皇朝直省地舆全图》之外，还存在其他一些使用“计里画方”绘制的地图，如：中国国家图书馆藏《直隶通省全图》。该图集由徐志导于清朝咸丰九年（1859）绘制，其中“直隶河道全图”为同治元年（1862）所绘，因此该图集的刊刻时间应当在此之后不久。图集为刻印本，1册，图幅26.8厘米×35.5厘米；其中总图一幅，东西南北路厅图4幅，府和直隶州图14府，附有“直隶河道全图”“北省海口全图”。[①]各图用“计里画方”绘制，每方百里，图后附有图说。总图“直隶通省舆图”，正方向标注在图面四缘，上南下北；图面右侧标注了该图用于注记府州县厅的符号；图中用山形符号表示山脉；河流用双曲线绘制；长城用带有垛口的城垣符号绘制；政区边界用黑实线绘制。各分图以及“北省海口全图”和“直隶河道全图”的绘制方式与此近似，只是道路和海路用虚线绘制。

除了上述这些地图之外，还存在其他一些印本地图，如严树森编制的《鄂省全图》，该图为清同治元年（1862）刻印本，单幅分切2印张，全图图幅123×197厘米。该图是严树森担任“抚鄂使者”（巡抚）时，为了解湖北全省形势而绘制的。《鄂省全图》详细描绘了湖北全省的自然地理面貌、各级政区及其治所；图中用立面形象符号表示山脉地形，河流用双线描绘；用方形、菱形、圆形城墙符号分别表示府、州、县等城池，用小的矩形符号表示镇、驿、巡司；用哨楼表示关卡；用点线表现城镇间的道路，并标注里程；所附图说，描述了湖北省与相邻各省州县的四至界址，

---

① 北京图书馆善本特藏部舆图组编：《舆图要录——北京图书馆藏6827种中外文古旧地图目录》，北京图书馆出版社1997年版，第120页。

汉水、长江在省内的流经路线。[①] 该图收藏于中国国家图书馆以及美国国会图书馆等机构。

还有中国国家图书馆所藏清同治六年石印本苏凤文绘《广西全省地舆图说》，4 册，共收录地图 83 幅，是同治三年（1864）总理各国事务衙门命令沿边各省绘制的。苏凤文的序言介绍了图集的内容，即“凡为图八十有三，省领郡，郡领各厅州县，每图皆系以说，详考沿革，参核掌故，著之于篇。举凡名山巨泽、川原陵谷之所在，城寨、关津、营汛之所守，师旅期会行役之所经，表里图说，粗具条理……”在总图“广西全省图”中，用实线勾勒了各府的边界，用双曲线勾勒了河流；府城用正方形符号标识，属州和县用竖长方形符号标识，巡检用横长方形符号标识，土州和土巡检用圆圈标识，用城垣符号标识了昆仑关。在各府图中，用形象的山形符号绘制山脉；用实线勾勒了政区的边界，用双曲线勾勒河流；府名和附郭县名书写在正方形符号中；县名书写在竖椭圆形符号中；属州名书写在竖长方形符号中；巡检司名书写在横椭圆形符号中；在府级政区边界外侧，书写了到临近政区的距离。在各县图中，用形象的山形符号绘制山脉；用实线勾勒了县界，用双曲线勾勒河流；县名书写在竖椭圆形符号中；巡检司名书写在横椭圆形符号中；用旗帜符号标识“塘”；用虚线绘制了道路；县界外侧书写了到临近政区的距离。属州图与此类似，只是将属州名书写在竖长方形符号中。

当然，传统的绘本以及彩绘本地图依然存在，如《皇朝直省地舆全图》就存在一些摹绘本地图，中国国家图书馆所藏《西藏全图》，其是根据《皇朝直省地舆全图》中的《西藏全图》摹绘的，为彩绘本，图幅 47×90 厘米；还有该馆所藏《内外蒙古图》，是根据《皇朝直省地舆全图》中《内外蒙古图》摹绘的，同样为彩绘本，图幅 62×128 厘米。典型的是中国国家图书馆所藏《嘉峪关外安西青海合图》，该图是根据《皇朝直省地舆全图》中的同名地图摹绘的，图幅 47.5×81 厘米。图中青海和安西部分分别用不同颜色作为底色，其中青海为灰色，安西为粉红色；山

---

① 以上内容引自李孝聪《美国国会图书馆藏中文古地图叙录》，文物出版社 2004 年版，第 61 页。

脉用三角山形符号绘制；河流用灰绿色双曲线勾勒，湖泊填充以灰绿色；“玉门”“安西”“敦煌”书写于红色矩形框中，其中“安西”的矩形框为双线，石保城、景城的符号为涂有红色的正方形；其余地名直接书写于图面之上。该图虽然不像传统的绘本政区图那样与绘画类似，但与刻印本的《皇朝直省地舆全图》相比，则显得没有那么刻板，甚至看不出原图带有一定“测量”意味。

还有现收藏于中国国家图书馆的清同治年间的彩绘本《盛京全省山川道里四至总图》。该图底色为淡褐色；山脉用形象画法表示，涂以淡青色和淡褐色；河流用浅绿色双曲线绘制，并用线条的粗细区别主干流；行政治所城池用浅蓝色带有城门的城郭符号标识；盛京则用带有密集的城楼和角楼的浅蓝色城郭符号绘制，且外侧还绘制有一道带有城门的黄色外郭城；其余城寨则用长方形符号标识；用近似于房屋的符号详细标绘了境内的各处居民点，绘制得非常详细；柳条边用木栅栏形象表示，并标绘了柳条边上开设的城门；政区之间的边界用红色实线绘制；境内的交通线用红色虚线详细绘制，并在一些地点上标注有距离，如“城厂边门，此门距叆阳门一百七十里”；山海关一带的长城则用浅蓝色的带有城门的墙垣符号绘制。

三　光宣时期

光绪和宣统时期，在绘图技术上最大的变化就是出现了众多使用经纬度数据和投影绘制的地图，同时用“计里画方”法绘制的地图也广泛存在，这些地图中一些时间较早的大都与《光绪会典舆图》有关。

《光绪会典舆图》于清光绪二十五年（1899）绘制完成，虽然其中只有总图“皇舆全图”采用了圆锥投影，绘有经纬网，以通过京师北京的经线为零度经线，以赤道为零度纬线，而其余各图采用“计里画方”绘制，省图每方百里，府、直隶州（厅）图每方五十里，县图每方十里；但各省图集也有的用红色或淡蓝色印制方格线或经线。

《光绪会典舆图》在绘制过程中，曾要求各省实施经纬度测量和地形测量，且在可能的情况下使用圆锥投影。虽然结果并不太符合最初的要求，所测经纬度很不精确，至于圆锥投影，只有广东省在图集前加了一幅圆锥投影总图，甘肃在图集之外另绘一圆锥投影的《经纬度总图》，其他各省仍然是“计里画方”再加上几条经线而已。这一情况实际上反映了《光绪会典舆图》正处于新旧制图方法转变的中间形态。但通过这次大范围的测量，使经纬度测量技术和投影的绘图方式在各地开始扎根。与此同时，随着中国社会整体的现代化、与国外的接触的日益密切以及日益的“国际化”，使用经纬度的近代地图的测绘技术必然影响到了中国政区图的绘制。

如中国国家图书馆所藏《黑龙江舆地图》。该图是《光绪会典舆图》中的一幅，方位上北下南，左西右东；绘制范围东至松花江入黑龙江口，西至客尔额车臣汗部中右旗扎萨克多罗郡王界，北至俄罗斯雅库次克省界，南至伯都讷。图内采用形象画法，所有河流用双线表示，用箭头标识了流向，沿河注记名称；用长空心黑方块表示城，用菱形符号表示厅，用空心三角符号表示驿站，用小圆圈表示一般居民地，用方框表示古城，还用其他符号表示卡伦、营站、庙宇、桥梁、古迹等；用虚线绘制了道路；用虚线表示国界；用笔架式符号表示山脉，并注记山脉名称。该图附有图表，记述了齐齐哈尔、黑龙江、墨尔根、呼伦贝尔、呼兰城、布特哈6城和呼兰厅、绥化厅2厅的经纬度。

还有裕寿山等于清光绪二十年（1894）绘制的“奉天省舆地图”，为铜版印本，共31幅，图廓大小不等。该图集依据清会典馆颁布的图式绘制，省图上“计里画方”与经纬网并存，厅州县图只使用“计里画方”。省图上附有图说，即“奉省方域自吉林、黑龙江分界后，南北纵九百六十里，东西广一千七百六十里。南至大孤山五百四十里，以海为界；北至郑家屯四百二十里，接蒙古王旗界；东至二十一道沟一千三百四十里，接吉林界；西至清河边门四百二十里，接直隶界；西南至红墙子八百三十里，接直隶界；西北至叶茂台边一百六十里，接[①]直隶界；东南至长甸河口七百六十里，接朝鲜界；东北至亮子河六百六十里，接吉林界；西南至京师一千五百里。纵距鸟里三百八十八里，横距鸟里一千一百零五里，斜距鸟里一千一百七十一里。其河道入海者，均绘于图。至细流支港绘入分图，

① 原文缺漏“接”字，根据上下文意以及该段图说的行文格式补。

以清界线。图内皆遵原颁格式”；然后还注明了行政治所、聚落、道路、电线等所使用符号的图例。

还有《贵州全省地舆图说》，宣统元年（1909）贵州调查局印制，石印本，共4卷，分为4册。首卷为通省及各府、直隶州、直隶同知总图，共17幅；上、中、下三卷为府、州、厅、县分图，共72幅；一图一说，图说详细介绍了各政区的历史沿革、经纬度，与京师、所属府（直隶州）的距离以及山川、道路，尤其详细记载了村寨等聚落的分布和名称。其中“贵州通省总图”，在“计里画方”（每方百里）的基础上标绘有经纬网，以通过北京的子午线为中央经线；图中纬线与“计里画方”的网格重合，而经线则用虚线标绘，并不与“计里画方”的网格重合，有一定斜度，且只有“偏西十二度”和“偏西十一度”两条。与此同时，各分图则使用“计里画方”绘制，且画方计里不等。图集各图用双曲线勾勒河流；用三个三角形符号绘制山脉；用虚线绘制政区边界；地名直接书写于图面之上；各级治所用不同的符号表示。在该书的“附记”中提到这一图集绘制的缘由，即“辛卯夏五月呈缴《贵州通省府直隶厅州总图说》，旋奉内阁典籍厅咨开议定舆图章程并发下表格，饬各州县分图立表，统限一年呈缴等因”，辛卯即1891年，正是《会典馆》补发第二次诏令对各省舆图的绘制进行了明确要求的时间，因此该图集也是《光绪会典舆图》的分省图之一，或者与其有着较为直接的关系。

属于《光绪会典舆图》分省图，或根据其绘制的还有美国国会图书馆藏清光绪二十二年湖南抚署石印本《湖南全省舆地图表》，94幅地图线装16册，每页板框28×16厘米，使用了会典馆编绘《大清会典舆图》时规定的统一图式符号，同时是基于测绘资料，采用“计里画方”的绘图方法绘制的；中国国家图书馆藏清光绪二十年王志修编制的《奉天全省地舆图说图表》，刻印本，画方不计里，1册；中国国家图书馆藏清光绪二十五年魏光焘的《陕西全省舆地图》，刻印本，计里画方，2册；中国国家图书馆藏清光绪年间《甘肃全省舆地图》，石印本，2册；中国国家图书馆藏清光绪二十二年上海点石斋印行的福润等《江南安徽全图》，1册，各图比例不等；中国国家图书馆藏清光绪二十年浙江官书局石印本的宗源瀚等编制的《浙江全省舆图并水陆道里记》，20册，各图比例不等；中国国家图书馆藏清光绪二十二年朱兆麟的《江西全省舆图》，石印本，14 册，各图画方计里不等；中国国家图书馆藏清光绪二十七年《湖北舆地图》石印本，4 册，画方不计里，且绘有经纬线；中国国家图书馆藏清光绪二十二年湖南抚署石印本《湖南全省舆地图表》，16 册，各图画方计里不等；中国国家图书馆藏清光绪二十三年彭清玮等《湖南舆图》，2 册，“计里画方”，每方十里，是《会典舆图》的摹绘本；中国国家图书馆藏清光绪二十三年石印本张人骏的《广东舆地全图》，2 册，各图比例不等；中国国家图书馆藏清光绪二十一年石印本北洋机器总局图算学堂的《广西舆地全图》，2 册 104 幅，各图画方计里不等[①]；中国国家图书馆藏清光绪十七年彩色刻印本顾德凤测绘、贵州测绘舆图局校的《贵州通省总图》，该图“计里画方”，每方百里；以及中国国家图书馆藏清光绪年间龚启荪等纂辑、陆德浩等绘图的绘本《云南全省舆图》，26 册 102 幅，各图画方计里不等。

除了这些受到《光绪会典舆图》影响的地图之外，各地还绘制有数量众多的有着现代意味的地图。如：

中国国家图书馆藏刘槐森等测、冀汝桐等绘，清光绪二十九年至三十三年（1903—1907）北洋陆军学堂石印本《保定附近图》，这套图集原本应有地图 9 幅，现存的 4 幅地图分别为第 7 号、第 8 号、第 5 号和第 2 号，即“保定府南关外附近略图”“保定府南关外附近略图”“保定府东关外附近略图”“保定府北关外附近略图”。这四幅地图在外观上已经与现代的测绘地图没有本质的区别，且明确注明比例尺为 1 : 10000，因此这几幅地图应当是基于实测的。不过需要注意的是，图中没有绘制等高线，也没有绘制经纬线和标注经纬度。此外，前三幅地图下方皆有拼合图。

中国国家图书馆清光绪年间绘本《萍乡县图》，图册共有地图 4 幅以及图记 1 张。图册中的四幅地图分别为“东桥草市图”“大安里之新店市上图”“上栗市图”“县城图”。在所附的“分图之图记与图例”中记录了《萍乡县图》的分图名称，城郭的周长、高度、宽度等数据，周围的地势、山川的分布、交通路线、户口和工商业的从业者比例；以及东桥草市、上栗市和大安

---

① 中国国家图书馆还藏有该图册的清光绪二十四年重印本，2 册；清光绪三十一年的修订重印本，2 册，上海沪江石印局。

里之新店市距离县城的距离、地势、交通、面积、人口等数据。图例中标注了各图所用各种符号，且各图中除使用了图例中标注的符号之外，还绘制有等高线并标注了高度，且明确注明比例尺为 1∶5000。

中国国家图书馆藏清光绪五年夏献纶编、余宠等绘的刻印本《全台舆图》，2 册，地图 12 幅。总图“台湾前后山小总图”1 幅，绘有经纬网，以通过京师的子午线为中央经线。图中各级治所用环形符号标注；其余聚落只标注地名；在东岸标注了溪流名称；在西岸标注了大量港口名称，沿岸用密集的点示意性地标注了浅滩；此外在海域中还标绘有一些岛屿；用虚线简要绘制了道路；地图右下角绘制有罗盘；右上角有图注，即“每一度六十分，作直地二百五十里，驿路迂曲不在此例”。分图 11 幅，绘有经纬网与“计里画方”的网格，地图右上角注记“每方一格准作地平十里”；右侧有着简单的图例，说明了用以标注衙署、塘汛、番屯、营哨、隘寮、路径的符号；右下角绘制有罗盘。各图附有“说略”，主要记录了各地的形势、建置沿革、聚落、交通、商贾等内容，而“道里”则记录了各聚落之间的距离。

与此同时，除了那些与《光绪会典舆图》有关的地图之外，还存在其他一些用“计里画方”绘制的地图。如中国国家图书馆藏彩绘本《甘肃省地舆总图》，绘制于清光绪年间，图幅 52×74.5 厘米。该图在地图四缘和四角标注有方向，其中上部标注为“北界”，左上角标注为“西北隅”等；用“计里画方”绘制，每方百里，但图中河西走廊明显过于短促，非常失真。图中描绘了甘肃省的山川和府州县的分布；用三角形山形符号绘制了山脉；黄河用浅黄色双曲线绘制，其他河流则用淡蓝色双曲线绘制，青海湖等湖泊也都填充以淡蓝色；交通线用红色虚线绘制；省城名书写于双线矩形框中，其余州县名以及各类地名都书写于单线矩形框中；用贴红标注了一些府州县等聚落至其他聚落的距离。大致而言，该图虽然是绘本地图，但整体风格与这个时期的刻本地图非常接近，已经失去了之前绘本地图那样鲜亮的色彩和类似于青绿山水画的风格。再如中国国家图书馆藏清光绪年间瞿继昌《西藏全境舆地图说》，共收录地图 11 幅，皆为绘本，各图“画方计里”不等，其中总图二百里方，分图为二十里方，该图集在风格上同样类似于刻本地图。

光宣时期，虽然“计里画方”和使用经纬度绘制的地图数量急剧增加，但传统的绘本政区图依然存在。如中国国家图书馆藏清光绪年间彩绘本的《秦州并所属舆图》，绘制了秦州直隶州所属范围内的山川以及聚落的分布。该图以淡黄色为底色；用形象的山形符号绘制了山脉；渭水等河流用填充有青灰色的粗细不等的双曲线绘制；用红色实线绘制了道路；秦州城绘制了其东西向展开的众多关城，且绘制有城楼和城门；各县城用带有四门和城楼的城郭符号呈现；其余聚落则用带有旗帜的符号标识，将地名书写于单线的矩形框中，且在旁边标注了到其余聚落的距离。类似的还有中国国家图书馆藏清光绪年间彩绘本《甘州府属舆图》等。

第三节　关于清代晚期政区图绘制技术转型的相关问题

表3－1所展现的明清时期中国政区图的绘制技术及其演变，与预期的没有太大的差异，如到了光绪和宣统时期，地图绘制技术日益现代化，明确标注了比例尺的地图数量以及使用经纬度数据的地图数量的增加，而在印制技术上则是石印、铜版印刷的使用以及日益普及等等。这与以往对于中国古代近代绘图技术转型研究的认知基本一致，如张佳静的博士学位论文《西方近代地图绘制法在中国——以地貌表示法和地图投影法为例》[①]。而这种转型的关键点确实是从同治时期开始的；与此同时，似乎也说明康雍乾时期的大地测量对当时地图绘制的影响并不大。但这样的解读，一方面只是看到了变化，而没有看到一些不变的因素；另一方面则只是关注于“技术”，而没有看到与“技术”有关的“技术”之外的一些因素。下文对与此相关的两个问题进行一些讨论。

第一，从纯粹绘图技术和数据的角度来看，咸丰之前，大致也就是清代晚期之前，虽然存在一些用“计里画方”绘制的地图，但数量非常有限。而到了同治时期及其之后，使用“计里画方”绘制的地图确实大幅度

---

① 张佳静：《西方近代地图绘制法在中国——以地貌表示法和地图投影法为例》，中国科学院自然科学史研究所科学技术史博士学位论文，2013年。

增加，而且在同治时期甚至占据了主流；到了光宣时期，虽然使用经纬度数据绘制的地图数量逐渐提高，但并未占据主导，使用“计里画方”方式绘制的地图数量依然众多。

上述统计再次说明，在中国古代，作为一种绘图方法，“计里画方”并不占据主导，只是到了中国地图绘制方法开始近代化的时期，“计里画方”的绘图方法才开始广泛使用。对于这一现象如何进行解释？毕竟，如笔者之前的分析，由于绘图数据的问题，“计里画方”绘制的地图实际上并不准确，且对于这种不准确，绘制者应当是非常清楚的，那么其为什么在地图绘制日益讲求准确的近代，才开始流行呢？

要回答这一问题，我们需要从这一时期的绘图方式的变化入手。同治时期，一些省份颁布了一些绘图章程，其中主要讲授的是绘图的具体方法，如中国国家图书馆藏同治四年（1865）的《苏省舆图测法条议图解》和同治年间颁行的《广东全省绘舆图局饬发绘图章程》，两者所介绍的绘图方法基本相同。王一帆曾对后者进行过介绍[①]，大致如下：用民间最为常用的堪舆罗盘，以确定二十四向；同时主要用步测的方式测量距离，并用笔和“簿”进行记录。基本方法就是沿着道路、海岸、河岸、城岸、城墙、基围、山脚量测当前直去为某方向，前行若干距离转折为某方向，“逐段审定，使曲折之形不差”；且沿路行进时，“遥望所及，无论山顶、村庄、城楼、塔阁、祠庙、独树及隔岸渡头涌口，随时测其方向求其交点”。绘图时，首先确定分率，统一绘制在发放的画有 10 × 10 方格的标准绘图纸上，每格 1 寸 8 分，代表 10 里，另有每长刻度代表 1 里、短刻度代表 1/5 里的比例尺；然后按照方向，将步测距离按照比例转换后分别绘制在图纸上；远离道路的地理要素，则通过在测量路线中的不同点上测量的其所在方向的延伸线的交点来确定其位置。这一方法，虽然要求将地图绘制在网格上，但在所使用的绘图数据上已经不同于传统的“计里画方”所使用的只有八个方向和道路距离的“四至八到”数据，且从理论上而言，有着一定的准确性，这大概就是“计里画方”的地图在同治之后兴盛一时

① 王一帆：《中国传统地图绘制中的“道里法”——以〈广东全省绘舆图局饬发绘图章程〉为中心的分析》，未刊稿。

的原因。不过，需要强调的是，这种绘图方式忽略了道路的高低起伏，且方向只有二十四向，因此显然也是不准确的。当时采用这种方式也是不得已为之，因为其将绘图和测量技术尽量进行了简化，由此希望当地那些缺乏几何知识的人能够尽量和尽快掌握。如《苏省舆图测法条议图解》之前就记有“沈令等所议各条并器图式均属可行，惟逾限已久，必应赶紧办理，庶可以速补迟，仰即通颁各属遵照如法绘造……本局覆查原议，包举大纲，词旨简约，犹恐其中勾股算术等项，各该县承办绅董一时未易周知，当再禀明……更加参酌，逐条分列细目，注释详明，并改算为量，增订图解，冀可妥速遵办”。当然，无论如何，这代表着中国古代绘图技术开始日益讲求“绘制准确”。

总体而言，在中国社会的各个方面都已经开始逐步现代化的同治时期，地图的绘制也必然开始追求准确性，《苏省舆图测法条议图解》中记载的测绘方法是基于当时条件，最能将地图绘制准确的方法，但需要注意的是，依据这一方法绘制的地图，由于其所使用的数据已经与传统的“计里画方”存在本质的差别，因此甚至可以说此“计里画方”已经不是彼“计里画方”。

第二，从表3-1可以看出，康雍乾时期的大地测量以及地图绘制，确实没有对当时政区图的绘制技术产生直接的影响，虽然存在少量摹绘《皇舆全览图》，由此带有经纬网的政区图，但占据主流的依然是那些使用传统绘图方式绘制的地图，因此总体而言，康雍乾的大地测量以及地图绘制技术确实没有对中国古代的地图绘制的技术产生太多的影响。但这只是从技术层面的分析，并不全面，下面以明清时期的“云南全省舆图”为例对此进行简要讨论。孔庆贤曾对流传下来的明清时期的“云南全省舆图”进行过分析①，认为按照图面内容大致可以分为以下四个谱系：

景泰《云南图经志书》“云南地里至到之图”谱系。这一谱系的地图以景泰《云南图经志书》中收录的“云南地里至到之图”为代表。该图以传统形象画法的形式绘制，图中主要描绘了云南境内的河流、湖泊以及少量山脉等地理要素，并以文字标注云南主要的行政区划名称，其中又以双

① 孔庆贤：《明清时期“云南全省舆图”绘制研究》，未刊稿。

方框内填字的形式着重表现云南府的府治，标注为“云南”，并绘制出了云南府治的南北两道城门。属于这一谱系的还有：正德《云南志》中的“云南地理之图”，万历《云南通志》中的“云南布政司总图”，天启《滇志》中的“云南布政司总图”以及康熙《云南通志》中的“总图”4幅地图。当然，这些地图在具体的绘制内容上也存在一些差异。

《广舆图》初刻本“云南舆图”谱系。这一谱系的地图以1555年前后刊刻的罗洪先《广舆图》初刻本中的“云南舆图”为代表。图中着重绘出了流经云南的几条主要河流，如澜沧江、金沙江、潞江、槟榔江等；并以小圆圈表示政区治所，旁边标注相应的政区名称；以黑色三角形符号表示山、祠、关隘等地理要素。更为重要的是，此图是用“计里画方”绘制的，并标注“每方百里”。属于这一谱系的地图还有：《修攘通考》中的“云南舆图”，《大明一统文武诸司衙门官制》中的“云南舆地图”，《登坛必究》中的“云南方舆图”，《三才图会》中的“云南舆图”，《方舆胜略》中的“云南舆图”，《图书编》中的“云南各郡诸名山总图”，《武备志》中的“云南方舆图”，《汇辑舆图备考》中的“云南省图”，《地图综要》中的“云南分里图”，《阅史津逮》中的“云南舆图”，《广舆记》中的“云南省”，《武备地利》中的“云南总图”和《戍笈谈兵》中的“云南”等13幅地图，但其中有些地图去除了方格网。

《皇舆考》“云南图”谱系。这一谱系的地图以1557年《皇舆考》中的“云南图”为代表。图中主要绘出了云南境内的河流、湖泊等地理要素，并以形象的折线表示山脉的形状和走向。滇池略呈“U”形并与长条状的抚仙湖连在一起，洱海则大体呈两个“半月”拼合的形状，在地图上十分醒目。此外，图中还标出了云南的主要政区治所名称。属于这一谱系的地图有：《广舆图叙》中的“云南”，《皇明制书》中的“云南地理之图”，《登坛必究》中的“云南形势图”，《图书编》中的“云南图”，《武备志》中的“云南形势图”，《舆地图考》中的“云南舆图”以及清代《武备志略》中的“云南形势图”等7幅图。

乾隆《云南通志》“云南全省舆图”谱系。这一谱系的地图以收录于四库全书中的乾隆《云南通志》“云南全省舆图”最具代表性。图中主要表现了云南省境内的河流，对山脉的表现较少，不同的政区治所以不同符号表示，并以虚线绘出了云南省的省界线。属于这一谱系的地图还有：《钦定授时通考》中的“云南全省图”，《圆天图说》中的“云南全图”，《钦定大清会典》中的“云南全图”，《心简斋集录》中的“云南全图”，《钦定大清一统志》中的“云南全图”，《乾隆府厅州县图志》中的“云南全图”，《历代地理志韵今释》中的“云南”，《滇南矿工工器图略》中的“云南舆图”，光绪《钦定大清会典图》中的“云南省全图”，《嘉庆重修一统志》“云南全图”以及云南地方志《滇系》中的“云南舆地图”，道光《云南通志稿》中的“云南全省舆图”，光绪《云南通志》中的“云南全省舆图”以及光绪《续云南通志稿》中的“云南省总舆图”共 14 幅地图；此外还有前文提及的中国国家图书馆藏彩绘本《全滇舆图》图集。

就流传时间来看，显然前三个谱系在流传时间上是几乎并行的，但乾隆《云南通志》“云南全省舆图”谱系出现后，前三个谱系就很快消失了。从图面轮廓和绘制内容来看，乾隆《云南通志》“云南全省舆图”谱系中的地图，除《钦定大清会典》“云南全图”与康熙《皇舆全览图》中的云南部分绘制的基本一致外，其余各图在图面上近似于乾隆《内府舆图》的云南部分，仅是在一些具体地图符号的绘制和标注以及图面内容的详细程度上存在差异。但需要注意的是，乾隆《云南通志》成书于乾隆元年（1736），要早于乾隆《内府舆图》的绘制，因此这两者的关系还需要进一步的考订。不过，可以肯定的是，无论如何，这一谱系的地图必然与康雍乾时期的大地测量有关。

还需要注意的是，这一谱系的地图中，乾隆《云南通志》、《钦定授时通考》“云南全省图”、乾隆《钦定大清会典》“云南全图”、《心简斋集录》“云南全图”、乾隆《钦定大清一统志》“云南全图”、《乾隆府厅州县图志》“云南全图”、《滇系》“云南舆地图”、《嘉庆重修一统志》“云南全图”和《滇南矿工工器图略》“云南舆图”都没有绘制经纬线，而《历代地理志韵今释》“云南”和光绪《钦定大清会典图》“云南省全图”则只有画方。显然，这些地图并没有看重、采纳和延续康雍乾时期的大地测量的方法以及相应的绘图方法，而只是沿用了康雍乾地图的图形图像。

由此可以得出的结论是，确实，康雍乾的大地测量并没有对中国传统舆图的绘制技术产生太大影响；但也不同于以往认为的这些地图绘制后基本只是“藏于内府”；康雍乾时期绘制的地图，可能由于其官方以及皇权背景，因此对某些地区政区图的“图形”呈现产生了巨大的影响。不过，在采用这些“图形”呈现的同时，并没有看重和采纳这些地图背后的技术以及作为技术的理论支撑的对大地形象的认知，这也再次印证了，就现代意义而言，中国传统地图是“非科学”的。

第三章　明清时期政区图的其他一些问题

第一节　中国古代的政区图是写实的吗？

在现代人看来，“政区图”是政府处理日常事务的重要参考资料之一，因此虽然中国古代地图的绘制不讲求准确性，但其图面内容应当是“写实”的，即对所描绘的地理要素的形态、数量等进行如实的表达，但真的如此吗？下面以政区图中所描绘的城池为例进行简要分析。

中国古代的政区舆图主要绘制的是政区内的人文景观，其中最为重要的又是各级衙署所在的治所城池。如美国国会图书馆藏清代中期绘制的《浙江舆图》[①]，图中重点表现的就是各级治所城池，即省城、府城、州城、厅城、县城以及这一时期依然以各种方式被使用的从明代留存下来的一些卫所城池。图中的城池以形象画法绘制，绘有城墙、城门、城楼等，且描绘的非常细致，比如将城墙施以灰色，并用墨线勾出砖缝，以表现城墙甃

① 《浙江舆图》，绘制者不详，现藏美国国会图书馆。该图纸本彩绘，色绫装裱，图幅纵 63 厘米，横 101 厘米，大约绘制于乾隆三十八年后，至道光皇帝登基之前（1773—1820）。该图的方位大致上南下北，采用形象画法表现浙江省内山川、湖泊、海洋、岛屿、城池、关隘、塘汛、庙宇和名胜古迹等内容。山脉施以绿色，注有名称，基本能表现浙江省的山地大势；河流仅钱塘江和曹娥江注有名称，其余皆不注河名。按照浙江省所辖 11 府分区域设色，绘制有各级治所城池，并用红线表示治所城池之间的道路并记注有里程。省界以虚线表示，省外区域空白，仅记注相邻府县的名称。钱塘江南北两岸绘有海塘，南岸海塘西起萧山县之“程山”、东至镇海县之“招宝山”，北岸海塘西起杭州府六和塔之西、东至平湖县“大营”之东，然后延伸至浙江省境外；海塘外侧沿海的土地，按照淤积时间的先后，分区设色，以示区别（以上描述来自李孝聪《美国国会图书馆藏中文古地图叙录》，文物出版社 2004 年版，第 61 页）。

砖的形象；城楼则细致地绘出了房屋开间及屋脊上的螭吻。但如果仔细地对图面内容进行观察就会发现，图中对于各级治所城池的描绘，似乎意图通过多个侧面着重表达一种伴随城池行政等级而来的等级差异：

省城，即杭州府城，图上将该城城墙轮廓绘制为南北略长的矩形，是整幅地图所有城池中所占图幅面积最大的，城门10座。

府城，共10座，皆被绘成南北略长的矩形，图面面积大小基本相同，但都小于省城；所有府城都统一绘制有4座城门。

县（属州、属厅）城，共63座，皆被绘为东西略长的椭圆形，面积小于府城，但所有县城所占图幅大小基本一致；每座县城都绘有4座城门。

卫、所、司、镇城，共12座，这些城池都不是行政治所城池，但在军事上有一定重要性，统一用以闭合菱形符号表示。

此外，省城和府城城门皆绘制有两层城楼，而县级城池则都没有绘制城楼。

这种绘制方法并不为《浙江舆图》所独有，如中国国家图书馆藏《江西全省图说》[①]，是一套绘制于明代晚期的省级地图集，图上城池的绘法与《浙江舆图》颇多类似。以图集中的《赣州府图》为例，图上用形象绘法绘制有赣州府城1座，县城11座。赣州府城绘4门，此外还在北城墙上绘有1座城台；县城皆绘4门，形状大部分为椭圆形，有些则为方形或者不规则形状，所占图面大小相仿，面积不足府城的一半。此外，府城的城楼为两层，县级城池的城楼则被绘为一层。显然，在这幅地图中同样彰显了城池之间伴随行政等级而来的差异。

又如中国科学院图书馆藏清初绘制的图集《云南舆图》[②]。以其中《云

---

① 《江西全省图说》，图中未注绘制年代和作者，根据图中内容推测，应绘制于明晚期。该图集为绢底彩绘本，残存一册，现存地图37幅。其中总图一幅，图幅26×56.6厘米；府、县图36府，每幅图幅28×26.5厘米。每幅地图皆附有图说。参见阎平、孙果清《中华古地图集珍》，西安地图出版社1995年版，第63页。另见孙果清《明代省级地图集——江西舆地图说》，《地图》2008年第4期，第122页。

② 《云南舆图》，纸本彩绘，未注作者和绘制年代，根据图说和地图所绘内容，该图集应绘制于康熙二十一年至三十七年（1682—1698）之间。图集应有地图21幅，现第一幅总图已经佚失，第二幅《云南府图》残缺，附有图说。参见曹婉如主编《中国古代地图集（清代）》，文物出版社1997年版，第2页。

南府图》为例，图中云南府城占地面积最大，由于该图残缺，因此城门数量不详，城门上的城楼为三层；各个县级城池面积大致相当，形状各异，不过大多数为椭圆形，城门大都为4座，也有少量为5座，城门上的城楼基本为两层；县级以下城池数量不多，基本被绘制为大小近似的圆形，城门数量多少不一，但城楼皆为一层。

中国国家图书馆藏清康熙《江西省府县分图》①、中国国家图书馆藏清咸丰《盛京全省山川道里四至总图》② 等图中的城池也采用了类似的绘法，可见这种绘法具有一定的普遍性。

上述这些政区图集中表现的井然有序、等级森严的城池序列，似乎也符合我们对中国古代这种“等级社会”的印象，甚至也符合以往有些学者认为的中国古代城池修筑中的一项规定，即城池的规模要与其行政级别对应。③ 但这些政区图中绘制的城池是否是对现实的真实反映呢？下面依然以《浙江舆图》为例进行分析：

《嘉庆重修大清一统志》记载了省城杭州府城城墙的实际情况：“杭州府城，周三十五里有奇，西南属钱塘县治，东北属仁和县治，门十。”④ 与地图相比，两者在城门数量方面是一致的。

《嘉庆重修大清一统志》对各府城城墙的记载如下：

> 嘉兴府城，周九里有奇，门四，濠南引鸳鸯湖水，西引漕渠会于北门外，广二十丈。⑤
>
> 湖州府城，周十三里一百三十八步，门六，濠周其外。⑥
>
> 宁波府城，周十八里，门六，水门二，北面滨江，三面为濠。⑦

---

① 参见曹婉如主编《中国古代地图集（清代）》，文物出版社1997年版，第3页。

② 参见曹婉如主编《中国古代地图集（清代）》，文物出版社1997年版，第10页。

③ 对这一观点的总结以及对这种认知的反驳，参见成一农《清代的城市规模与行政等级》，《扬州大学学报》2007年第3期，第124页。

④ 《嘉庆重修大清一统志》卷二百八十三“杭州府”，第6册，上海古籍出版社2008年版，第685页。

⑤ 《嘉庆重修大清一统志》卷二百八十七“嘉兴府”，第6册，第756页。

⑥ 《嘉庆重修大清一统志》卷二百八十九“湖州府”，第7册，第12页。

⑦ 《嘉庆重修大清一统志》卷二百九十一“宁波府”，第7册，第291页。

绍兴府城，周二十里有奇，门五，水门四。[①]

台州府城，周十八里有奇，门五。[②]

金华府城，周九里一百步，门七，南临大溪，三面环濠。[③]

衢州府城，周四千五十步，门六，三面浚濠，西阻溪。[④]

严州府城，周八里二十三步，门五，东、西、北有濠。[⑤]

温州府城，周十八里，门七，南临河，北负江，东、西为濠。[⑥]

处州府城，周九里有奇，门六。[⑦]

由这些记载来看，这些府城城垣的周长差异极大，而且只有嘉兴府城有四座城门，其他府城城门的数量都超过四座。由此来看，文献所记载各个府城的城门数量和周长，与地图所绘相去甚远。

由于县城数量太多，无法一一列举，现选取《嘉庆重修大清一统志》载金华府各属县城墙的实际情况来与地图所绘进行对比。

兰溪县城，周二里三百二十三步，门四。

东阳县城，周一千三百三十五丈，水陆门各四。

义乌县城，旧周三里有奇。明嘉靖中筑石，门四，后增为七门。

永康县城，无城，明末建东西二门，叠石为楼，北倚山，南阻水为固。

武义县城，周十里八步，门五，又小门四。

浦江县城，周五里一百二十步，门四，又偏门五。

汤溪县城，周三里，门三。[⑧]

七座县城中，永康县没有城墙，但在图中却被绘制得与其他城池无

① 《嘉庆重修大清一统志》卷二百九十四“绍兴府”，第7册，第104页。
② 《嘉庆重修大清一统志》卷二百九十七“台州府”，第7册，第184页。
③ 《嘉庆重修大清一统志》卷二百九十九“金华府”，第7册，第219页。
④ 《嘉庆重修大清一统志》卷三百一“衢州府”，第7册，第257页。
⑤ 《嘉庆重修大清一统志》卷三百二“严州府”，第7册，第302页。
⑥ 《嘉庆重修大清一统志》卷三百四“温州府”，第7册，第313页。
⑦ 《嘉庆重修大清一统志》卷三百五“处州府”，第7册，第343页。
⑧ 《嘉庆重修大清一统志》卷二百九十九“金华府·城池”，第7册，第219页。

异；其余各县城之间无论是城垣长度，还是城门数量都存在差异，与图中所表达的那种整齐划一相去甚远。由此来看，与府城相似，图中所绘并不是对现实情况的反映。还需要强调的是，金华府下属的武义县城实际周长（十里八步）要超过金华府城的周长（九里一百步），此外东阳县的周长（一千三百三十五丈，约7.4里）与金华府城的周长相近，因此图中所绘城墙的周长也不是对现实情况的真实反映。

卫、所、司、镇城，由于地图中是用符号表示的，因此不再进行对比。

此外，就城墙轮廓的形状而言，《浙江舆图》也不是对真实情况的反映，图中所有府城皆被绘制为矩形，但现实中宁波、嘉兴等府城的形状更近似于椭圆形；几乎所有县城在图中皆被绘制为圆形，这也与现实情况不符，如嵊县更近似于扁长形。

将上文所提到的其他舆图与文献所载实际情况进行比照，也会得出同样的结论，或是城墙的周长、或是城门的数量，地图所绘与实际情况差异较大。

更有甚者，我们甚至可以发现中国古代同一地图集中的不同分幅图，根据各图所绘政区等级的不同，图中城池的上述那些可以“等级化”的内容也会随之发生变化。如上文提到的《江西全省图说》[①]，在总图即《江西布政使司图》中，省会城市南昌府的城门上绘制了双层城楼，各个府城绘制了单层城楼，县城则不绘城楼；在各府的分图中，府城城楼被绘制为双层城楼，县城为单层城楼；而在县图中，县城的城门上基本绘制的都是双层城楼。这显然不是对实际情况的描绘，而是更多体现了一种渗透到地图绘制中的用城楼的层数来体现行政等级的观念。

因此，与我们的印象不同，中国古代的“政区图”中的内容，不一定是“写实”的，而会掺杂一些观念成分，当然现代地图也是如此。

第二节　地图上的道路距离与“四至八到”的关系

中国古代的方志中记录了大量“四至八到”，关于其中的距离数据是

① 曹婉如主编：《中国古代地图集（明代）》，文物出版社1995年版，第62、63页。

道路距离还是直线距离，长期以来缺乏讨论，笔者就此曾进行了细致分析，大致可以确定其中绝大部分应当为道路距离①。在这一研究中，使用了明清时期留存下来的一些分省地图（集）或“道里图”所记载的道路距离，并与《天一阁藏明代方志选刊》中收录的相关方志所载的“四至八到”数据进行了对比。由于笔者认为“四至八到”中的道路数据是中国古代地图绘制时参考的主要数据，对其进行介绍，将有助于我们对中国古代地图的理解，因此此处，将相关研究罗列如下。

在叙述之前需要先阐释一个问题，在明确记载为道路距离的各类明清文献、地图中，对于两个治所之间道路距离的记载有时会存在差异，这种情况即使是官方编制的文献也是如此，而且有时甚至差异非常大，如刘夙《台北故宫博物院藏明代驿路图初探》② 一文比较了同为明初洪武年间官方绘制、编纂的《岳州至龙州驿铺图》和《寰宇通衢》，通过比较可以发现，两者中差异较大的情况并不少见，造成差异的原因可能是测量误差、数据来源不同或者抄写中产生的错误等，难以具体评估误差的程度。对此，此处将误差小于10%的数据都认为是相同，不过需要强调的是，如果方志中所载“四至八到”数据大于作为比照的文献（地图）中所记的道路距离，那么其必然不可能是直线距离，而应为道路距离。此外，与其他要素相比，道路距离虽不是一成不变的，但在近代之前受到交通手段和自然地势的影响，这种变化通常不会过于频繁和剧烈，因此用不同时代的地图与方志数据进行比较应当没有太大问题。还需要说明的是，大部分舆图中没有标绘全部道路，或者说方志中所载“四至八到”数据无法与地图中标绘的距离进行一一对照，因此此后的分析中只罗列了能相互对照的数据。

---

① 成一农：《现存全国总志和地方志中所记“四至八到”考》，《中国社会科学院历史研究所学刊》第9集，商务印书馆2015年版，第509页；成一农：《“非科学”的中国传统舆图——中国传统舆图绘制研究》，中国社会科学出版社2016年版，第215页。

② 刘夙：《台北故宫博物院藏明代驿路图初探》，李孝聪主编《中国古代舆图的调查与研究》，中国水利水电出版社2019年版，第414页。

一　台北“故宫博物院”藏清代江西各府舆地图

前文提及的绘制于清康熙八年（1699）至雍正九年（1731）间的台北“故宫博物院”所藏一套13幅的江西各府舆地图，图中除绘制有城池、山川之外，还绘制有道路并在道路上标注了道路距离。

（一）《嘉靖九江府志》

德安县“在府城南一百五十里”。“东西广一百五十里，南北袤六十里。东抵南康府星子县茅桥铺一十五里，西抵南昌府武宁县杨梅岭九十里，南抵南康府建昌县驿南铺二十二里，北抵德化县公祖铺四十里。”①

就德安县与九江府的距离而言，《江西九江府属五县地舆图》中，在九江府向南延伸至德安县的道路上，标绘从九江府至两者交界的林青桥的距离是120里，从林青桥至德安县为40里，共计160里，与方志中所记“在府城南一百五十里”相近。

“西抵南昌府武宁县杨梅岭九十里”与图中其西境杨梅岭左侧所标“东至德安县九十里”相同，但图中没有绘制道路符号，因此难以证明方志中所载为道路距离。

“东抵南康府星子县茅桥铺一十五里”，图中从县城向东延伸的道路与县境交界茅桥铺处标绘有“西至德安县十五里”，两者相同。

“南抵南康府建昌县驿南铺二十二里”，图中从县城向南延伸的道路与县境交界驿南铺处标绘有“北至德安县二十二里”，两者相同。

“北抵德化县公祖铺四十里”，图中从县城向北延伸至九江府的道路与其北境交界处标绘有“南至德安县四十里”，两者相同。

其他各县的情况与此类似，为了叙述方便，具体参见表3－2（表中没有列入无法对照的数据，下同）。

① 《嘉靖九江府志》卷一“方舆志·郡域”，《天一阁藏明代方志选刊》，上海古籍书店1962年版。

表 3－2 《嘉靖九江府志》与《江西九江府属五县地舆图》所载距离数据对照

府县名称	方志中所记“四至八到”	图中距离（里）	图中距离是否来自道路	备注
瑞昌县	在府城西九十里	90	是	
	东抵德化县旗田坎二十里	20	是	
	西抵湖广兴国州黄冈铺五十里	50	是	
	南抵德安县葛洪山四十里	40	否	图中无葛洪山，但两县交界处标有“北至瑞昌县四十”
	北抵湖广黄州府广济县武家穴四十里	40	否	
湖口县	东至彭泽县梧桐岭界五十里	50	是	
	西至德化县傅真铺界一十五里	15	是	
	南至南康府都昌县土目河界八十里	80	否	
彭泽县	在府城东一百二十里	170	是	图中记为府城东 150 里，差异较大，但方志数据大于图中数据
	东抵东流县香口镇巡检司六十里	60	是	
	西抵湖口县茭石矶六十里	60	是	
	南抵都昌县泻油岭一百里	100	否	
德化县	南至德安县林青桥界一百里	120	是	差异较大
	西至瑞昌县小港桥界一百五里	70	是	差异较大

在上文和表3－2中可以比照的18组数据中，有4组图中未标绘在道路上，有3组存在较大差异，其中有1组是方志数据大于图中数据，因此总体可以证明方志中所记“四至八到”大部分是道路距离。

（二）《正德袁州府志》

表3－3　《正德袁州府志》与《袁州府属四县地舆图》所载距离数据对照

府县名称	方志中所记“四至八到”①	图中距离（里）	图中距离是否来自道路	备注
宜春县	东至合山四十里为分宜县界	40	是	
	西至黄庙五十里为萍乡县界	50	是	
	北至乱石七十里为万载县界	70	是	
	南至涧富岭四十里为安福县界	60	否	差异较大
	东南到分宜县八十里	80	是	
	西北到萍乡县一百四十里	140	是	
	东北到万载县九十里	80	是	差异较大，但方志距离大于图中距离
分宜县	东至圣陂一十里为新喻县界	20	是	差异较大
	西至彬江四十里为宜春县界	40	是	
	南至石分市五十里为安福县界	50	是	
	西北到宜春县八十里	80	是	

① 《正德袁州府志》卷一“疆域”，《天一阁藏明代方志选刊》，上海古籍书店1962年版。

续表

府县名称	方志中所记“四至八到”	图中距离（里）	图中距离是否来自道路	备注
萍乡县	东至分界岭九十里为宜春县界	90	是	
	西至插岭界六十五里为醴陵县界	65	是	
	南至马迹岭八十里为安福县界	80	否	
	东北到宜春县一百四十里	140	是	
万载县	南至周家市十五里为宜春县界	15	是	
	东南到分宜县一百二十里	160	是	差异较大
	西南到萍乡县二百五里	220	是	
袁州府	东至临江府新喻县界一百五十里	105	是	差异较大，但方志数据大于图中数据
	西至长沙府醴陵县界一百九十里	155	是	差异较大，但方志数据大于图中数据
	南至吉安府安福县界六十里	60	否	
	北至瑞州府上高县界一百五十里	150	一半是道路	

表3－3所列可以对照的22组数据中，有6组存在较大差异，但其中3组是方志数据大于图中数据，另有2组图中没有标绘道路，总体来看，经过对比可以认为方志所载“四至八到”大部分应当是道路距离。

（三）《嘉靖赣州府志》

表3-4　《嘉靖赣州府志》与《赣州府属十二县地舆图》所载距离数据对照

府县名称	方志中所记“四至八到”①	图中距离（里）	图中距离是否来自道路	备注
赣县	北一百三十五里万安县界分水岭	135	是	
	东八十里雩都界马鞍石	80	是	
	西三十里南康界五总铺	30	是	
于都县	北三十五里兴国界分水岭	35	否	
信丰县	北四十五里赣县界苦竹圳	45	是	
	卷一“沿革”“距府东南百有七十五里”	170	是	
兴国县	卷一“沿革”“距府东北百有八十里”	100	是	图中记为至府180里，差异较大，但方志距离大于图中距离
宁都县	北一百八十里宜黄界土岭	180	否	
	东六十里石城界浮岭	60	是	
	南百三十里瑞金界蕉岭	130	否	
	西百十五里雩都界黄干岭	115	是	

① 《嘉靖赣州府志》附图，《天一阁藏明代方志选刊》，上海古籍书店1962年版。

续表

府县名称	方志中所记“四至八到”	图中距离（里）	图中距离是否来自道路	备注
瑞金县	北百三十里宁都界蕉岭	130	否	
	东二十里长汀界大隘岭	20	是	
	南七十五里会昌界五里牌	75	是	
	西八十里雩都界廊当岭	80	是	
龙南县	北五十五里信丰界东坑	25	是	差异较大，方志数据大于图中距离
	西百三十里始兴界峡头岭	130	否	
石城县	北六十里广昌界铁树坳	60	是	
	东十五里宁化界堑岭	35	否	差异较大
	西四十里宁都界浮岭	40	是	

在表 3－4 所列可以对照的 20 组数据中，存在较大差异的有 3 组，但其中 2 组是方志所载距离大于图中距离，另有 5 组图中未标绘道路，不过总体而言可以认为方志所载“四至八到”应主要为道路距离。

（四）《正德南康府志》

表 3－5 《正德南康府志》与《南康府属四县地舆图》所载距离数据对照

府县名称	方志中所记“四至八到”①	图中距离（里）	图中距离是否来自道路	备注
星子县	北至九江府德化县界五十里	45	是	
	南至南昌府新建县界一百二十里	60	否	差异较大，但方志数据大于图中距离
	东至都昌县界四十里	30	是	差异较大，但方志数据大于图中距离
	西至九江府德安县界六十里	60	是	

① 《正德南康府志》卷二“疆域”，《天一阁藏明代方志选刊》，上海古籍书店 1982 年版。

续表

府县名称	方志中所记“四至八到”	图中距离（里）	图中距离是否来自道路	备注
都昌县	在府东一百二十里	110	是	
	南二十里至湖	30	否	差异较大
	北至九江府湖口县界九十里	90	是	
	东至饶州府鄱阳县界八十里	80	是	
	西至星子县界八十里	80	是	
安义县	南至奉新县界三十里	30	否	
	北至建昌县界四十里	40	是	
	东至南昌府新建县界三十里	40	是	差异较大
	西至南昌府靖安县界二十里	20	否	
南康府	北至九江府的德化县界五十里	45	是	
	东至饶州府鄱阳县界二百里	190	是	
	西至九江府德安县界六十里	60	是	

在表3－5所列可以对照的16组数据中，有4组数据差异较大，但其中2组方志数据大于图中的道路距离，此外还有2组数据图中未标绘道路，总体而言方志中绝大部分“四至八到”与图中所载道路距离相同。

二　美国国会图书馆藏《豫省舆图》

前文提及的绘制于道光十二年（1832）至咸丰五年（1855）之间的美

国国会图书馆藏《豫省舆图》，其中标绘有河南至北京的驿路和距离以及各行政治所之间的距离。

（一）《嘉靖襄城县志》

表3－6　　《嘉靖襄城县志》与《豫省舆图》所载距离数据对照

府县名称	方志中所记“四至八到”①	图中距离（里）	备注
襄城县	东北至开封府治三百一十里	310（90+90+45+40+45）	经由许州、朱曲驿、尉氏、朱仙镇
	（东北）至许州九十里	90	
	东南至舞阳县七十里	120	存在较大差异
	西北至郏县七十里	60	存在较大差异，但方志数据大于图中距离

经过比照，图中4组数据中有3组可以断定为是道路距离，因此该方志可以比照的“四至八到”大部分应当为道路距离。

（二）《嘉靖彰德府志》

表3－7　　《嘉靖彰德府志》与《豫省舆图》所载距离数据对照

府县名称	方志中所记到府治的距离②	图中距离（里）	备注
汤阴县	北达于府四十五里	45	
临漳县	西南达于府九十里	90	
林县	东达于府百二十里	120	
磁州	南达于府七十里	75（30+45）	图中经由丰乐镇
武安县	东南达于府一百九十里	150	存在较大差异，但方志数据大于图中距离
涉县	东南达于府二百七十里	120	存在较大差异；如果经由林县则是280里（160+120），且方志数据大于图中距离

① 《嘉靖襄城县志》卷一，《天一阁藏明代方志选刊》，上海古籍书店1963年版。
② 《嘉靖彰德府志》卷一“地理志”，《天一阁藏明代方志选刊》，上海古籍书店1964年版。

表3－7所列可对比的6组数据中有2组存在较大差异，且都是方志数据大于图中距离，因此总体而言方志所载大部分前往府治的距离应当是道路距离。

（三）《正德汝州志》

表3－8 《正德汝州志》与《豫省舆图》所载距离数据对照

府县名称	方志中所记“四至八到”①	图中距离（里）	备注
汝州	东至郏县九十里	90	
	西至洛阳县一百八十里	200（90＋110）	经由登封县
	北至登封县九十里	90	
	南至鲁山县一百三十里	120	
	东南至宝丰县九十里	90	
	西南至伊阳县九十里	90	
郏县	在州治正东九十里	90	
	东抵襄城县七十里	60	存在较大差异，但方志所载距离大于图中道路距离
	西抵汝州九十里	90	
	南抵宝丰县二十五里	35	存在较大差异
	北抵钧州七十里	90	存在较大差异
鲁山县	在州治正南一百三十里	120	
	西抵嵩县二百四十里	210（120＋90）	经由伊阳县
	南抵南召县一百四十里	100	存在较大差异，但方志所载距离大于图中道路距离
	北抵汝州一百三十里	120	
	西北抵伊阳县一百五十里	120	存在较大差异，但方志所载距离大于图中道路距离

① 《正德汝州志》卷一，《天一阁藏明代方志选刊》，上海古籍书店1963年版。

续表

府县名称	方志中所记“四至八到”	图中距离（里）	备注
宝丰县	在州治东南九十里	90	
	东抵襄城县九十里	95（35+60）	经由郏县
	西抵鲁山县五十里	60	存在较大差异
	西北抵汝州九十里	90	
	东北抵郏县三十五里	35	
伊阳县	在州治西南九十里	90	
	东抵汝州九十里	90	
	西抵嵩县七十五里	90	存在较大差异
	东南抵鲁山县一百五十里	120	存在较大差异，但方志所载距离大于图中道路距离
	西北抵洛阳县一百七十里	240（90+150）	存在较大差异

在表3－8所列可以比照的26组数据中，存在较大差异的共有9组，但其中方志所载“四至八到”大于图中所载道路距离的有4组，因此总体而言绝大部分方志所载“四至八到”应为道路距离。

（四）《嘉靖光山县志》

表3－9　《嘉靖光山县志》与《豫省舆图》所载距离数据对照

府县名称	方志中所记与府州距离①	图中距离（里）	备注
光山县	在州正南四十里	40	
	在府正南二百七十里	210（120+90）	经由息县，存在较大差异，但方志所载距离大于图中道路距离
	在省城正南八百里	710（90+120+90+90+60+70+100+90）	经由息县、汝宁府、上蔡、商水、西化、扶沟、通许

① 《嘉靖光山县志》卷一“风土志·疆域”，《天一阁藏明代方志选刊》，上海古籍书店1962年版。

续表

府县名称	方志中所记“四至八到”	图中距离（里）	备注
光山县	由东北二千四百里达于北京	2220①	

表3-9所列可以比照的4组数据中，存在较大差异的有1组，而且是方志所载距离大于图中道路距离，因此该方志所载光山县至州、府、省城和京师的距离应当为道路距离。

（五）《嘉靖邓州志》

表3-10　《嘉靖邓州志》与《豫省舆图》所载距离数据对照

府县名称	方志中所记“四至八到”②	图中距离（里）	备注
邓州	东到唐县一百八十里	170（80+90）	
	东南到新野县七十里	80	存在较大差异
	北到镇平县九十里	80	差异较大，方志所载距离大于图中道路距离
	东北到南阳县一百三十里	150（70+80）	经由镇平县，差异较大
	自州治至本首七百三十里	765（80+70=60+60+60+60+60+90+90+45+45+45）	经由镇平、南阳、博望驿、裕州、保安驿、叶县、襄城、许州、朱曲驿、尉氏、朱仙镇
	至京师二千三百里	2275	
内乡县	东到镇平县九十里	90	
	南到邓州一百二十里	170（90+80）	经由镇平县，差异较大
	西到淅川县一百三十里	120	

① 从京师到两省边界丰乐镇的距离是1145里，从丰乐镇至开封府的距离是365里，因而从京师至开封府的距离是1510里。

② 《嘉靖邓州志》卷八“舆地志·疆域至到附”，《天一阁藏明代方志选刊》，上海古籍书店1963年版。

续表

府县名称	方志中所记“四至八到”	图中距离（里）	备注
新野县	东到唐县一百二十里	90	差异较大，方志所载距离大于图中道路距离
	南到襄阳县一百四十里	140（70+70）	
	西到邓州七十里	80	差异较大
	北到南阳县一百二十里	120（60+60）	
淅川县	东到邓州一百八十里	160	差异较大，方志所载距离大于图中道路距离
	北到内乡县一百三十里	120	

表3－10所列可比照的15组数据中，有7组差异较大，其中3组方志所载距离大于图中道路距离，因此总体而言该志所载“四至八到”大都应当为道路距离。

（六）《嘉靖夏邑县志》

表3－11　《嘉靖夏邑县志》与《豫省舆图》所载距离数据对照

府县名称	方志中所记“四至八到”①	图中距离（里）	备注
夏邑县	在府治东一百里	110	
	北觐京师陆路一千八百里	1810	
	西到归德府一百里	110	
	北到虞城县七十里	80	差异较大

表3－11所列可以比照的4组数据中，有1组差异较大，整体而言方志中所载“四至八到”大都应当为道路距离。

① 《嘉靖夏邑县志》卷一“疆域”，《天一阁藏明代方志选刊》，上海古籍书店1963年版。

（七）《正德新乡县志》

表 3－12　《正德新乡县志》与《豫省舆图》所载距离数据对照

府县名称	方志中所记“四至八到”①	图中距离（里）	备注
新乡县	东到汲县五十里	50	
	西到获嘉县四十里	50	差异较大
	南到阳武县六十里	70	差异较大
	北到辉县四十里	40	
	西南到荥泽县一百里	140（70＋70）	差异较大
	东北到淇县九十里	90（40＋50）	经由辉县
	西北到获嘉县四十里	50	差异较大
	东北到北京顺天府陆路一千四百五十里	1435（经淇县、辉县） 1445（经淇县、卫辉府）	

在表 3－12 所列可以比照的 8 组数据中，有 4 组数据差异较大，不过其中 3 组只相差 10 里，当然这不是合适的理由，不过总体而言《正德新乡县志》所载“四至八到”至少部分应当是道路距离。

（八）《嘉靖鲁山县志》

表 3－13　《嘉靖鲁山县志》与《豫省舆图》所载距离数据对照

方志中所记“四至八到”②	图中距离（里）	备注
西到嵩县一百八十里	210（90＋120）	经由伊阳县，差异较大
北到汝州一百三十里	120	
西南到南召县九十里	100	
西北到伊阳县一百五十里	120	差异较大，但方志所载距离大于图中道路距离
东北到宝丰县五十里	60	差异较大

① 《正德新乡县志》卷一“至到”，《天一阁藏明代方志选刊》，上海古籍书店 1963 年版。

② 《嘉靖鲁山县志》卷一“里至”，《天一阁藏明代方志选刊》，上海古籍书店 1963 年版。

在表3－13所列可以比照的5组数据中，有3组存在较大差异，但其中1组是方志所载距离大于图中道路距离，总体而言该志所载“四至八到”中至少一部分应当为道路距离。

（九）《嘉靖固始县志》

表3－14　《嘉靖固始县志》与《豫省舆图》所载距离数据对照

府县名称	方志中所记“四至八到”①	图中距离（里）	备注
固始县	南（西南）至商城县百二十里	120	
	西至光州一百四十里	140	
	西北至息县二百二十里	230（140＋90）	经由光州

表3－14所列可以比照的3组数据基本相合，因此该志所载“四至八到”应当为道路距离。

（十）《嘉靖鄢陵县志》

表3－15　《嘉靖鄢陵县志》与《豫省舆图》所载距离数据对照

府县名称	方志中所记“四至八到”②	图中距离（里）	备注
鄢陵县	在省城东南一百六十里	165（80＋45＋40）	经由尉氏县和朱仙镇
	东至扶沟县四十里	40	
	西至许州七十里	70	
	北至尉氏县七十里	80	存在较大差异
	至北京陆路一千八百里	1675	

① 《嘉靖固始县志》卷二“疆至志”，《天一阁藏明代方志选刊》，上海古籍书店1963年版。

② 《嘉靖鄢陵县志》卷一“疆域”，《天一阁藏明代方志选刊》，上海古籍书店1963年版。

表 3－15 所列可以比照的 5 组数据中，有 1 组存在较大差异，因此该志所载“四至八到”大部分应当为道路距离。

（十一）《弘治偃师县志》

表 3－16 《弘治偃师县志》与《豫省舆图》所载距离数据对照

府县名称	方志中所记“四至八到”①	图中距离（里）	备注
偃师县	东北到北京顺天府陆路一千七百四十里	1870	
	东到巩县六十里	70	差异较大
	西到洛阳县七十里	70	
	西南到宜阳县一百四十里	140（70＋70）	经由洛阳

表 3－16 所列可以比照的 4 组数据中，有 1 组存在较大差异，因此该志所载“四至八到”大部分应当为道路距离。

（十二）《嘉靖兰阳县志》

表 3－17 《嘉靖兰阳县志》与《豫省舆图》所载距离数据对照

府县名称	方志中所记“四至八到”②	图中距离（里）	备注
兰阳县	在开封府东北九十里	90	
	东南至睢州九十里	130	经由杞县，存在较大差异
	南抵杞县六十里	70	存在较大差异
	西南达陈留县六十里	50	存在较大差异，但方志所载距离大约图中的道路距离
	西距祥符县九十里	90	
	西北到封丘县九十里	90	

表 3－17 所列可以比照的 6 组数据中，有 3 组存在较大差异，但其中 1 组方志所载距离大于图中的道路距离，总体而言该志所载“四至八到”大部分应当为道路距离。

---

① 《弘治偃师县志》卷一“边维”，《天一阁藏明代方志选刊》，上海古籍书店 1962 年版。

② 《嘉靖兰阳县志》卷一“地理志”，《天一阁藏明代方志选刊》，上海古籍书店 1965 年版。

（十三）《嘉靖内黄县志》

表 3－18 《嘉靖内黄县志》与《豫省舆图》所载距离数据对照

府县名称	方志中所记“四至八到”①	图中距离（里）	备注
内黄县	西至河南安阳县一百一十里	120	
	西北至河南临漳县一百里	110	
	西南至浚县九十里	110	差异较大
	北至京师一千二百里	1310	差异不大

表 3－18 所列可以比照的 4 组数据中，有 1 组存在较大差异，总体而言该志所载“四至八到”至少大部分应当为道路距离。

三 美国国会图书馆藏《浙江全图》

按照李孝聪考订，美国国会图书馆藏《浙江全图》绘制于清乾隆三十八年（1773）至道光元年（1821）之间，图中用红线和数字表示两个行政治所之间的距离，由于其在钱塘江中也标注有距离，因此可以认为图中所标数字应当为道路距离。②

（一）《万历新昌县志》

表 3－19 《万历新昌县志》与《浙江全图》所载距离数据对照

府县名称	方志中所记“四至八到”③	图中距离（里）	备注
新昌县	西北至杭州布政司三百二十五里	370	存在较大差异
	东至台州府宁海县一百八十里	250（130＋120）	经由天台县，存在较大差异
	西至嵊县三十五里	40	存在较大差异
	北至嵊县四十里	40	
	西南至嵊县四十里	40	

① 《嘉靖内黄县志》卷一“里至”，《天一阁藏明代方志选刊》，上海古籍书店 1963 年版。

② 李孝聪：《美国国会图书馆藏中文古地图叙录》，第 61 页。

③ 《万历新昌县志》卷二“区域志 · 疆里”，《天一阁藏明代方志选刊》，上海古籍书店 1964 年版。

续表

府县名称	方志中所记“四至八到”	图中距离（里）	备注
新昌县	西北至嵊县三十五里	40	存在较大差异
	南至金华府东阳县二百一十里	230（40+190）	经由嵊县
	东至天台县一百二十里	120	
	东北至宁波府奉化县一百六十里	160	

表3－19所列9组数据中，有4组存在较大差异，且到嵊县有4组数据，因此该志所载“四至八到”大部分当为道路距离。

（二）《永乐乐清县志》

表3－20　《永乐乐清县志》与《浙江全图》所载距离数据对照

府县名称	方志中所记“四至八到”①	图中距离（里）	备注
乐清县	东到黄岩县一百三十里	180	差异较大
	东北到黄岩县一百八十里	180	
	西北到仙居县五百八十里	380	差异较大，但方志所载距离大于图中距离
	北到仙居县三百八十里	380	
	西到永嘉县一百二十里	80	差异较大，但方志所载距离大于图中距离
	西南到永嘉县一百二十里	80	差异较大，但方志所载距离大于图中距离

《永乐乐清县志》中的“四至八到”到每个邻县都有2组数据，这其

① 《永乐乐清县志》卷一“里至”，《天一阁藏明代方志选刊》，上海古籍书店1964年版。

实已经说明其所载应为道路距离。上述6组数据中，虽然只有2组数据相合，但一方面图中前往邻县只标绘有1条道路，无法与方志一一对应；另一方面其余4组数据中，有3组是方志所载距离大于图中所绘道路距离。将上述几点结合起来，可以认为该志所载“四至八到”当为道路距离。

（三）《嘉靖淳安县志》

表3-21 《嘉靖淳安县志》与《浙江全图》所载距离数据对照

府县名称	方志中所记“四至八到”①	图中距离（里）	备注
淳安县	东至建德县一百六十六里	240（150+90）	经由寿昌县，差异较大
	北至杭州府昌化县二百三十四里	180	差异较大，但方志所载距离大于图中所绘距离
	东南到寿昌县一百二十五里	150	差异较大
	西南到遂安县六十三里	80	差异较大
	西至遂安县一百一十八里	80	差异较大，但方志所载距离大于图中所绘距离
	南至遂安县八十三里	80	
	自县至严州府（即建德县）陆路一百四十里，水路一百八十里	240（150+90）	经由寿昌县，差异较大

表3-21所列该志所载“四至八到”数据中，与遂安县有关的有3条，这也证明其所记数据应当为道路距离，上述7组数据中只有1组相合，在6组差异较大的数据中有2组方志所载距离大于图中所绘距离，结合上述几点可以认为该志所载“四至八到”部分应当是道路距离。

① 《嘉靖淳安县志》卷一“疆域”，《天一阁藏明代方志选刊》，上海古籍书店1965年版。

四　北京大学图书馆藏《直隶通省路程舆图》

《直隶通省路程舆图》，据《皇舆遐览——北京大学图书馆藏清代彩绘地图》一书的作者考订该图应当绘制于道光十二年（1832）至咸丰五年（1855）之间。①

（一）《正德大名府志》

表 3-22《正德大名府志》与《直隶通省路程舆图》所载距离数据对照

府县名称	方志中所记“四至八到”②	图中距离（里）	备注
大名府	西北到广平府一百二十里	120（60+20+40）	经由广平、肥乡
元城县	东南到南乐县四十里	40	
	西北到广平县六十里	60	
大名县	南到开州一百三十里	130（40+50+40）	经由南乐、清丰
	东南到南乐县三十五里	40	差异较大
南乐县	南到清丰县五十里	50	
	北到大名县三十五里	40	差异较大
	在府城东南四十里	40	
清丰县	在府城东南九十里	90（50+40）	经由南乐
	南到开州五十里	40	
	北到南乐县五十里	50	

① 北京大学图书馆编：《皇舆遐览—北京大学图书馆藏清代彩绘地图》，中国人民大学出版社 2008 年版，第 132 页。

② 《正德大名府志》卷一“疆域志·里至”，《天一阁藏明代方志选刊》，上海古籍书店 1962 年版。

续表

府县名称	方志中所记“四至八到”	图中距离（里）	备注
开州	在府城南一百四十里	130（40+50+40）	经由清丰、南乐
	南到长垣县一百五十里	160（70+90）	经由东明县
	北到清丰县五十里	40	差异较大，方志所载距离大于图中距离
	东南到东明县一百里	90	
长垣县	在府城东南三百里	290（40+50+40+90+70）	经由东明、开州、清丰、南乐
	东到东明县九十里	70	差异较大，方志所载距离大于图中距离
	北到开州一百五十里	160（70+90）	经由东明县
东明县	在府城东南二百三十里	220（40+50+40+90）	
	西到长垣县七十里	70	
	北到开州九十里	90	

表3－22所列可以比照的21组数据中，仅有4组数据存在差异，而且其中2组方志所载距离大于图中距离，因此可以认为该志所载“四至八到”数据应当为道路距离。

（二）《隆庆赵州志》

表3－23 《隆庆赵州志》与《直隶通省路程舆图》所载距离数据对照

府县名称	方志中所记“四至八到”①	图中距离（里）	备注
赵州至宁晋县	东至宁晋界五十里 宁晋：西至本州岛界二十里 70	40	差异较大，但方志距离大于图中距离

① 《隆庆赵州志》“赵州志图引”，《天一阁藏明代方志选刊》，上海古籍书店1962年版。

续表

府县名称	方志中所记“四至八到”	图中距离（里）	备注
赵州至宁晋县	东南至宁晋界二十里 宁晋：西北至本州岛界二十里 40	40	
赵州至柏乡县	南至柏乡界三十里 柏乡：北至本州岛界三十三里 63	60	
赵州至高邑县	西南至高邑界二十五里 高邑：东北至本州岛界二十里 45	50	差异较大
宁晋县至隆平县	南至隆平县界三十五里 隆平县：北至宁晋界四十里 75	40	差异较大，但方志距离大于图中距离
隆平县至柏乡县	西至柏乡界二十里 柏乡：东至隆平界一十三里 33	40	差异较大
隆平县至柏乡县	西北至柏乡界二十里 柏乡：东南至隆平界一十五里 35	40	差异较大
柏乡县至高邑县	西北至高邑界一十五里 东南至柏乡界二十五里 40	25	差异较大，但方志距离大于图中距离

表 3－23 所列可以比照的 8 组数据中，有 6 组数据差异较大，但其中有 3 组是方志所载距离大于图中距离，因此该志“四至八到”部分应当是道路距离。

（三）《嘉靖雄乘》

表 3－24　《嘉靖雄乘》与《直隶通省路程舆图》所载距离数据对照

府县名称	方志中所记“四至八到”①	图中距离（里）	备注
雄县	西至新安四十里	70	差异较大
	南至任丘七十里	70	
	东北到霸州六十里	80	差异较大

① 《嘉靖雄乘》上卷“疆域·封土”，《天一阁藏明代方志选刊》，上海古籍书店 1962 年版。

表3－24所列3组数据中，有2组的差异超出了10%，总体而言该志“四至八到”应当有部分是道路距离。

（四）《嘉靖河间府志》

表3－25　《嘉靖河间府志》与《直隶通省路程舆图》所载距离数据对照

府县名称	方志中所记“四至八到”①	图中距离（里）	备注
献县	在府城南六十里	60	
阜城县	在府城西南一百四十里	150（60+90）	经由献县
阜城县至景州	阜城县：南至景州界二十五里 景州：北至阜城县界二十里 45	60	差异较大
阜城县至交河县	阜城县：北至交河县界三十五里 交河县：南至阜城县界五里 40	40	
任丘县	在府城北七十里	70	
肃宁县	在府城西五十里	40	差异较大，但方志所载距离大于图中距离
交河县	在府城南一百二十里	130	
青县至静海县	青县：东北至静海县界六十里 静海县：西南至青县界六十里 120	90	差异较大，但方志所载距离大于图中距离
宁津县至吴桥县	宁津县：西至吴桥县界四十里 吴桥县：东至宁津县界三十里 70	50	差异较大，但方志所载距离大于图中距离
景州	在府城南二百里	210（60+90+60）	经由阜城、献县
吴桥县	吴桥县：在州城（景州）东五十里 50	40	差异较大，但方志所载距离大于图中距离
吴桥县至东光县	吴桥县：北至东光县界四十里 东光县：南至吴桥县界三十里 70	40	差异较大，但方志所载距离大于图中距离

① 《嘉靖河间府志》卷一“地理志·疆域”，《天一阁藏明代方志选刊》，上海古籍书店1962年版。

续表

府县名称	方志中所记“四至八到”	图中距离（里）	备注
东光县	在州城（景州）北七十里	40	差异较大，但方志所载距离大于图中距离
东光县至南皮县	东光县：北至南皮县界四十里 南皮县：南至东光县界一十五里 55	50	
故城县	在州城（景州）南九十里	90	

表 3－25 所列可以比照的 15 组数据中，有 7 组差异较大，但其中 6 组都是方志所载距离大于图中距离，因此该志所载“四至八到”应当为道路距离。

（五）《嘉靖广平府志》

表 3－26《嘉靖广平府志》与《直隶通省路程舆图》所载距离数据对照

府县名称	方志中所记“四至八到”①	图中距离（里）	备注
广平府	东南到大名府一百四十里	120（60＋40＋20）	经由肥乡、广平，差异较大，但方志所载距离大于图中距离
	北到南和县六十里	60	
	西北到顺德府一百二十里	115（60＋25＋30）	经由南和、任县
	西南到磁州一百二十里	90（50＋40）	经由邯郸，差异较大，但方志所载距离大于图中距离
曲周县	北到平乡县六十里	20	差异较大，但方志所载距离大于图中距离
	东北到广宗县九十里	90（70＋20）	经由威县
	西北到鸡泽县四十里	35	差异较大，但方志所载距离大于图中距离
	西到永年县四十里	40	

① 《嘉靖广平府志》卷一“封域志”，《天一阁藏明代方志选刊》，上海古籍书店 1962 年版。

续表

府县名称	方志中所记“四至八到”①	图中距离（里）	备注
肥乡县	北到永年县三十五里	40	差异较大
	东南到广平县三十里	20	差异较大，但方志所载距离大于图中距离
鸡泽县	东到曲周县四十里	35	差异较大，但方志所载距离大于图中距离
	西北到南和县四十里	25	差异较大，但方志所载距离大于图中距离
	西到沙河县六十里	55（25+30）	经由南和
广平县	东南到大名府元城县七十里	60	差异较大，但方志所载距离大于图中距离
	西南到肥乡县三十里 西至肥乡县三十里	20	差异较大，但方志所载距离大于图中距离
	西北到永年县七十里	60（40+20）	经由肥乡，差异较大，但方志所载距离大于图中距离
邯郸县	东南到大名府一百八十里	220（40+60+60+60）	经由磁州、成安和广平，差异较大
	北到顺德府一百一十里	105（70+35）	经由沙河
成安县	北到广平县六十里	60	
	西北到邯郸县六十里	100（60+40）	经由磁州，差异较大
威县	北到南宫县九十里	125（20+35+70）	经由广宗、钜鹿，差异较大
	西南到曲周县九十里	70	差异较大，但方志所载距离大于图中距离
	西北到广宗县二十里	20	

① 《嘉靖广平府志》卷一“封域志”，《天一阁藏明代方志选刊》，上海古籍书店1962年版。

续表

府县名称	方志中所记“四至八到”①	图中距离（里）	备注
清河县	西北到南宫县九十里	75	差异较大，但方志所载距离大于图中距离

表3－26所列可以比照的24组数据中，虽然只有8组数据相合，但在剩余的16组差异较大的数据中，仅有4组数据是图中所载道路距离大于方志中记载的距离，因此总体来看，该志所载“四至八到”大部分应当是道路距离。

（六）《弘治保定郡志》

表3－27《弘治保定郡志》与《直隶通省路程舆图》所载距离数据对照

府县名称	方志中所记“四至八到”②	图中距离（里）	备注
保定府	西南到定州一百五十里	150（90＋60）	经由望都
清苑县	东到安州七十里	130（90＋40）	经由高阳，差异较大
	南到博野县九十里	100	
	西到满城县四十里	40	
	北到安肃县五十里	50	
	东南到高阳县七十里	90	差异较大
	西南到庆都县九十里	90	
	西北到涞水县一百四十里	150（50＋70＋30）	经由安肃、定兴
	东北到容城县九十里	90	
满城县	西到完县四十里	60	差异较大
	东南到清苑县四十里	40	

① 《嘉靖广平府志》卷一“封域志”，《天一阁藏明代方志选刊》，上海古籍书店1962年版。

② 《弘治保定郡治》卷一“地理·里至”，《天一阁藏明代方志选刊》，上海古籍书店1962年版。

续表

府县名称	方志中所记“四至八到”	图中距离（里）	备注
完县	东到清苑县七十里	100（60+40）	经由满城，差异较大
	南到庆都县三十里	90	差异较大
	北到易州一百二十里	160	差异较大
	东南到博野县一百二十里	190（90+70+30）	经由望都、祁州，差异较大
	西南到唐县四十里	25	差异较大，但方志所载距离大于图中距离
	东北到满城县五十里	60	差异较大
唐县	东到庆都县三十里	30	
	西到曲阳县六十里	90	差异较大
	东北到完县四十里	25	差异较大，但方志所载距离大于图中距离
	南到祁州九十里	100（30+70）	经由望都
	西南到新乐县一百八十里	130（40+90）	经由曲阳，差异较大，但方志所载距离大于图中距离
庆都县	东到蠡县一百里	118（70+30+18）	经由祁州、博野，差异较大
	西到唐县三十里	30	
	南到定州六十里	60	
	北到保定府九十里	90	
	东南到祁州九十里	70	差异较大，但方志所载距离大于图中距离
	西北到完县三十里	90	差异较大
博野县	东到蠡县二十八里	18	差异较大，但方志所载距离大于图中距离
	北到清苑县九十里	100	
	西北到庆都县九十里	100（30+70）	经由祁州
	西南到祁州三十里	30	

续表

府县名称	方志中所记“四至八到”	图中距离（里）	备注
蠡县	西到博野县一十八里	18	
	北到保定府九十里	200	差异较大
	东南到河间府九十里	80（40+40）	经由安肃，差异较大，但方志所载距离大于图中距离
	西南到祁州五十里	48（30+18）	经由博野
	西北到庆都县一百里	118（70+30+18）	经由博野、祁州，差异较大
雄县	南到任丘县七十里	70	
	北到新城县七十里	70	
	东北到固安县一百二十里	120（80+40）	经由霸州
新城县	东到固安县九十里	70	差异较大，但方志所载距离大于图中距离
	西到定兴县七十里	130（60+70）	经由涿州，差异较大
	北到涿州六十里	60	
	南到雄县七十里	70	
	东南到霸州一百一十里	110（40+70）	经由固安
	西北到涞水县六十里	170（30+70+60）	经由涿州、定兴，差异较大
容城县	西南到保定府九十里	90	
定兴县	东到新城县四十里	130（70+60）	经由涿州，差异较大
	西到易州六十里	50	差异较大，但方志所载距离大于图中距离
	南到安肃县七十里	70	
	北到涿州七十里	70	
	东北到固安县一百二十里	200（70+60+70）	经由涿州、新城，差异较大

续表

府县名称	方志中所记“四至八到”	图中距离（里）	备注
安肃县	南到清苑县五十里	50	
	北到定兴县七十里	70	
	东北到新城县九十里	200（70+70+60）	经由定兴、涿州，差异较大
	西北到易州九十里	90	
易州	东到涿州一百里	120（50+70）	经由定兴，差异较大
	西到广昌县二百一十里	180	差异较大，但方志所载距离大于图中距离
	南到保定府一百二十里	140（90+50）	经由安肃，差异较大
	北到保安州五百里	480（120+180+180）	经由广昌、蔚州
	东南到定兴县六十里	50	差异较大，但方志所载距离大于图中距离
	西北到蔚州三百里	300（120+180）	经由广昌
	东北到房山县一百三十里	140（100+40）	经由涞水
涞水县	东到涿州五十五里	100（30+70）	经由定兴，差异较大
	西到易州四十里	40	
	南到安肃县九十里	100（30+70）	经由定兴
	东南到新城县六十里	160（30+70+60）	经由定兴、涿州，差异较大
	东北到房山县一百里	100	
	西北到蔚州四百三十里	340（40+180+120）	经由易州、广昌，差异较大，但方志所载距离大于图中距离
安州	东到雄县六十里	150（70+80）	差异较大，经由任丘
	西到清苑县七十里	130（90+40）	差异较大，经由高阳
	南到任丘县七十里	80	差异较大

续表

府县名称	方志中所记“四至八到”	图中距离（里）	备注
深泽县	东到安平县六十里	60	
	西到无极县四十里	40	
	东南到束鹿县六十里	90	差异较大
	西北到定州九十里	130（90+40）	经由无极，差异较大
束鹿县	西到晋州七十里	60	差异较大，但方志所载距离大于图中距离
	东南到衡水县一百里	70	差异较大，但方志所载距离大于图中距离
	东北到安平县六十里	90	差异较大，但方志所载距离大于图中距离
	西北到深泽县六十里	90	差异较大，但方志所载距离大于图中距离
祁州	东到博野县十里	30	差异较大
	西到清苑县一百二十里	120	
	北到庆都县九十里	70	差异较大，但方志所载距离大于图中距离
	东北到蠡县五十里	48（30+18）	
高阳县	东到任丘县七十里	40	差异较大，但方志所载距离大于图中距离
	西到清苑县七十里	90	差异较大
	北到安州四十里	40	

表3－27所列可以比照的87组数据中，46组数据差异较大，但其中17组数据是方志所载距离大于图中距离，因此总体而言该志所载“四至八到”大部分应当是道路距离。

（七）《弘治易州志》

表3－28 《弘治易州志》与《直隶通省路程舆图》所载距离数据对照

府县名称	方志中所记“四至八到”①	图中距离（里）	备注
易州	东北至京师二百四十里	240（70＋30＋100＋40）	经由涞水、房山、良乡
	东至涿州一百里	120（70＋50）	经由定兴，差异较大
	西至广昌县二百一十里	180	差异较大，但方志所载距离大于图中距离
	南至保定府一百二十里	140（90＋50）	经由安肃
	北至保安州五百里	480（180＋120＋180）	经由广昌、蔚州
	东南至定兴县六十里	50	差异较大，但方志所载距离大于图中距离
	东北至房山县一百三十里	140（100＋40）	经由涞水
	西北至蔚州三百里	300（180＋120）	经由广昌
涞水县	东北至京师二百里	200（30＋70＋100）	经由涿州、定兴、良乡
	东至涿州五十五里	100（30＋70）	经由定兴，差异较大
	西至易州四十里	40	
	南至保定府一百五十里	150（30＋70＋50）	经由定兴、安肃
	东北至房山县一百里	100	
	西北至广昌县二百五十里	220（40＋180）	经由易州，差异较大，但方志所载距离大于图中距离

表3－28所列可以比照的14组数据中，有5组差异较大，但其中有3组是方志所载距离大于图中距离，因此该志可以比较的“四至八到”中绝

① 《弘治易州志》卷一“疆域”，《天一阁藏明代方志选刊》，上海古籍书店1962年版。

大部分应当是道路距离。

因此经过上述分析，毋庸置疑，明代方志中的“四至八到”至少大部分应当是道路距离。不过，还有两点情况需要说明：

第一，在没有其他证据的情况下，上述表格中各组差异较大的数据并不能因为差异较大，且方志所记数据小于图中所记道路距离，从而就断定方志所记数据应当是直线距离。而且，目前似乎也没有明显的证据来证明方志中的这些数据是直线距离。

第二，受到篇幅和所能查阅的现存古代地图的影响，我们没有对《天一阁藏明代方志选刊》中所有 107 部方志的数据进行对照，但进行过分析的 32 部方志都可以证明其中所记载的“四至八到”，或全部或大部分是道路距离。

附表二　政区图和区域图

政区图和区域图数量众多，本附表中只收录绘制范围为府级（直隶州）政区（区域）以上的地图。此外，一些收录有分省图，甚至府（直隶州）图的地图集，已经收录在寰宇图和全国总图的目录中，此处不再列出。

绘制者、刊刻者或作者和著作名或图册名	图名	绘制年代或收录地图的古籍的版本以及相关信息	收藏机构或者收录地图的古籍（包括现代影印本）等
《新疆图说》		清后期，纸本彩绘，册页 19 幅，一图一说，30 × 34 厘米	台北“故宫博物院”，平图 021304；《河岳海疆》
《浙江台州府地舆图说》		清代，绢本彩绘，一图一说，共七组，38 × 49 厘米	台北“故宫博物院”，平图 021310；《河岳海疆》
《江南各道府图表》		明洪武、永乐迁都北京之前，纸本彩绘，现存图 6 幅及各图附表，63 × 66.5 厘米	台北“故宫博物院”，平图 020923–020941；《河岳海疆》
	福建省地图	可能是清人据明代资料绘制，纸本彩绘，1 幅，92.5 × 98.5 厘米	台北“故宫博物院”，平图 0214768；《河岳海疆》
《康熙皇舆全览图》各省分图	北京城图	清康熙五十八年，彩绘本，硬纸折装，有经纬线。各分图图幅不等	北京大学图书馆；《皇舆遐览》
	盛京全图		
	热河图		
	河套图		
	口外诸王图		
	山东全图		
	江南全图		

续表

绘制者、刊刻者或作者和著作名或图册名	图名	绘制年代或收录地图的古籍的版本以及相关信息	收藏机构或者收录地图的古籍（包括现代影印本）等
《康熙皇舆全览图》各省分图	浙江全图	清康熙五十八年，彩绘本，硬纸折装，有经纬线。各分图图幅不等	北京大学图书馆;《皇舆遐览》
	江西全图		
	河南全图		
	山西全图		
	陕西全图		
	哈密全图		
	四川全图		
	云南全图		
	贵州全图		
	福建全图		
	广东全图		
《江西省全图》		清雍正九年至乾隆八年，绢本设色，册页装，包括总图1幅，府图13幅，45.5×56厘米	北京大学图书馆;《皇舆遐览》
《广州府分县图》		清道光元年至宣统三年，绢本设色，册页装，13幅，47.5×59.5厘米	北京大学图书馆;《皇舆遐览》
	喀尔喀土谢图汗部图	清雍正三年至五年，纸本设色，1幅，43×54厘米	北京大学图书馆;《皇舆遐览》
	清末蒙古部落分布图说	清光绪元年，纸本设色，卷轴装，1幅，65.5×305厘米	北京大学图书馆;《皇舆遐览》
	西藏全图	清道光元年至宣统三年，绢本设色，卷轴装，1幅，54×254厘米	北京大学图书馆;《皇舆遐览》
	河北遵化州山河村堡舆图	清光绪七年至三十四年间，纸本设色，卷轴装，计里画方，每方5里，1幅，131×66厘米	北京大学图书馆;《皇舆遐览》
	“甘肃舆图”	清乾隆五十六年至嘉庆二十五年，纸本彩绘，长卷分切4条幅，每条幅34.7×127.1厘米	中国科学院图书馆，史580257；《舆图指要》

续表

绘制者、刊刻者或作者和著作名或图册名	图名	绘制年代或收录地图的古籍的版本以及相关信息	收藏机构或者收录地图的古籍（包括现代影印本）等
	新疆全图	清道光元年至道光十年，彩绘，纸本长卷，1幅，48.7×179.4厘米	中国科学院图书馆，史580226255380；《舆图指要》
	新疆总图	清咸丰五年至八年，纸本彩绘，1幅，63.2×112.3厘米	中国科学院图书馆，史580255274193；《舆图指要》
	内外蒙古全图	清宣统三年至民国元年，纸本墨绘，1∶1000000，分为东西两幅，分别为87.6×63.5厘米和88×60.6厘米	中国科学院图书馆，史580167；《舆图指要》
	“哲里木盟十旗放垦图”	清光绪三十一年，硫酸纸彩绘，计里画方每方五十里，1幅，图框67.8×44.2厘米	中国科学院图书馆，263974；《舆图指要》
	循化城图	清中后期，纸本彩绘，1幅，34×52厘米	中国科学院图书馆，史580163；《舆图指要》
	怀庆府呈舆图	清道光元年，纸本彩绘，1幅，图幅48×89厘米	中国科学院图书馆，260841；《舆图指要》
	“归德府舆图”	清乾隆四十八年至嘉庆二十五年，纸本彩绘，1幅，63.4×117.7厘米	中国科学院图书馆，史580145；《舆图指要》
	“松江府舆图”	清康熙年间，纸本彩绘，1幅，139×134厘米	瑞典斯德哥尔摩古董行；《欧洲收藏部分中文古地图叙录》
	通州江海舆图	清后期，官绘本，纸地色绘，1幅，55×111厘米	英国国家博物馆；《欧洲收藏部分中文古地图叙录》；《方舆搜览》
	松江府属厅县图	清后期，官绘本，纸地色绘，1幅，59×55厘米	英国皇家地理学会；《欧洲收藏部分中文古地图叙录》
	“苏省四府舆地图”	清后期，绢本彩绘，计里画方每方二十里，两块图版拼接，每块120×80厘米	英国国家博物馆；《欧洲收藏部分中文古地图叙录》
赵庠	“苏州府境舆图”	清后期，纸本墨绘，1幅，44×52厘米	英国国家博物馆；《欧洲收藏部分中文古地图叙录》；《方舆搜览》

续表

绘制者、刊刻者或作者和著作名或图册名	图名	绘制年代或收录地图的古籍的版本以及相关信息	收藏机构或者收录地图的古籍（包括现代影印本）等
赵庠	“苏州府舆图”	清后期，纸本墨绘，1幅，63×117厘米	英国国家博物馆;《欧洲收藏部分中文古地图叙录》;《方舆搜览》
	松江、嘉定、浏河、太仓地图	清后期，纸本彩绘，1幅，56×49厘米	英国国家博物馆;《欧洲收藏部分中文古地图叙录》
诸可宝、陈京等编制《江苏全省舆图》		清光绪二十一年，江苏书局刻本，线装三册；每幅地图边缘有经纬度；计里画方，省图每方一百里，府州厅图每方五十里，县图十里	《欧洲收藏部分中文古地图叙录》；美国国会图书馆，G2308.J48.Z55，2002626745；《美国国会图书馆藏中文古地图叙录》；中国国家图书馆，《舆图要录》3693
	署浙江嘉兴府呈送舆图	清后期，官绘本，纸地色绘，1幅，25×76厘米	英国皇家地理学会;《欧洲收藏部分中文古地图叙录》
	“金华府舆图”	清后期，官绘本，纸地色绘，1幅，31×35厘米	英国国家博物馆;《欧洲收藏部分中文古地图叙录》
	“衢州府全图”	清后期，官绘本，纸地色绘，1幅，50×54厘米	英国皇家地理学会;《欧洲收藏部分中文古地图叙录》
宗源瀚等编制《浙江全省舆图并水陆道里记》		清光绪二十年，浙江官书局石印本，线装20册。经纬度刻在每幅地图的边缘，兼用计里画方，省图每方百里，府图二十里，县图五里	《欧洲收藏部分中文古地图叙录》；美国国会图书馆，G2308.Z5.Z58，2002626737；《美国国会图书馆藏中文古地图叙录》
	“福建省舆图”	清中叶，纸本彩绘，1幅，130×122厘米	法国国家图书馆;《欧洲收藏部分中文古地图叙录》
	“福建全省地舆图”	清中叶，纸本彩绘，1幅，125×117厘米	英国皇家地理学会;《欧洲收藏部分中文古地图叙录》
“江西十三府道里图”		清前期，绢本彩绘，14幅地图装裱成册	英国博物馆;《欧洲收藏部分中文古地图叙录》
	江西地舆全图	清中叶，木刻上色，板框178×120厘米	瑞典斯德哥尔摩人类学博物馆;《欧洲收藏部分中文古地图叙录》
	“湖广全省道里总图”	清中叶，纸本彩绘，1幅，172×177厘米	法国国家图书馆;《欧洲收藏部分中文古地图叙录》
	“湖北省舆图”	清中叶，纸本彩绘，1幅，112×250厘米	法国国家图书馆;《欧洲收藏部分中文古地图叙录》

续表

绘制者、刊刻者或作者和著作名或图册名	图名	绘制年代或收录地图的古籍的版本以及相关信息	收藏机构或者收录地图的古籍（包括现代影印本）等
	四川省舆地图	清同治年间，易崇楷摹刻五知轩同治已巳本，墨印，两块印版拼接1幅，111×120厘米	英国皇家地理学会;《欧洲收藏部分中文古地图叙录》
杨维藩摹绘	四川八省交界舆图	清光绪年间，纸本色绘，1幅，162×140厘米	英国图书馆;《欧洲收藏部分中文古地图叙录》;《方舆搜览》
裘曾荫	“四川省疆域图”	清光绪二十三年，纸本色绘，1幅，97×157厘米	英国图书馆;《欧洲收藏部分中文古地图叙录》
	盛京所属地舆总图	清后期，纸本彩绘，1幅，68×133厘米	英国皇家地理学会;《欧洲收藏部分中文古地图叙录》
	广东全省图说	清乾隆年间，刻本，1幅，170×105厘米	伦敦、巴黎和牛津大学图书馆;《欧洲收藏部分中文古地图叙录》
	广东地理图	清嘉庆二十一年，木刻上色，分切两块印张，1幅，62×126厘米	英国图书馆;《欧洲收藏部分中文古地图叙录》
李明彻	广东全省经纬地舆图	清嘉庆末年，木刻上色，以经过北京的经线为中线的经纬网，1幅，74×132厘米	英国博物馆;《欧洲收藏部分中文古地图叙录》
郑兰芳	广东舆地总图、广东省城图	清道光年间，木刻，两幅拼为一幅印张，1幅，35×83厘米	《欧洲收藏部分中文古地图叙录》
	广东全省舆图	清后期，纸本彩绘，计里画方每方二十五里，裱装成4条幅，222×296厘米	英国博物馆;《欧洲收藏部分中文古地图叙录》
	“丽江府舆图”	清中叶，纸本彩绘，1幅，74×79厘米	英国皇家地理学会;《欧洲收藏部分中文古地图叙录》
赵□清	苍洱图	清光绪二十一年，墨绘，1幅，62×102厘米	英国皇家地理学会;《欧洲收藏部分中文古地图叙录》
	贵州全省舆图	清后期，纸本彩绘，图面有以北京为中线的经纬网，1幅，79×95厘米	英国皇家地理学会;《欧洲收藏部分中文古地图叙录》

续表

绘制者、刊刻者或作者和著作名或图册名	图名	绘制年代或收录地图的古籍的版本以及相关信息	收藏机构或者收录地图的古籍（包括现代影印本）等
	畿辅舆地全图	清同治十一年，木刻本，计里画方每方十里，六块印版折叠拼装，1幅，209×156厘米	英国皇家地理学会;《欧洲收藏部分中文古地图叙录》
钱泉德绘	山东省地理全图	清光绪年间，上海点石斋石印，1幅，66×101厘米	英国皇家地理学会;《欧洲收藏部分中文古地图叙录》
	河南全省舆图	清中叶，刻本墨印，着手彩，1幅，61×35厘米	英国皇家地理学会;《欧洲收藏部分中文古地图叙录》
刘恂《河南省图》		清同治九年，刻本墨印，38页装订为8册，计里画方每方二十里	英国皇家地理学会;《欧洲收藏部分中文古地图叙录》
李宝甫	晋省地舆全图	清乾隆五十九年，朱拓本，1幅，140×61厘米	流传较广;《欧洲收藏部分中文古地图叙录》
	晋省地理全图	清后期，纸本墨绘，1幅，54×24厘米	英国皇家地理学会;《欧洲收藏部分中文古地图叙录》
《钦定皇舆西域图志》		清乾隆四十七年，官修，33幅地图及图说，抄摹本，叠装成册	英国博物馆;《欧洲收藏部分中文古地图叙录》
	新疆图	清咸丰年间，湖北崇文书局刊印，刻本，计里画方但未标注里数，1幅，66×107厘米	英国皇家地理学会;《欧洲收藏部分中文古地图叙录》
王占魁	新疆全图	清光绪末年，绢本彩绘，缝于布上的长卷，1幅，42×210厘米	英国皇家地理学会;《欧洲收藏部分中文古地图叙录》
“皇舆全览分省图”		清康熙末年（1721—1722），彩绘本，15幅（缺陕西舆图），25×25厘米	美国国会图书馆，G2305.C92，81036102；《美国国会图书馆藏中文古地图叙录》
和顺斋“大清分省舆图”		清中叶，纸本色绘，19幅（总图、盛京和18省）地图册，30×35厘米	美国国会图书馆，G2305.T15，84018617；《美国国会图书馆藏中文古地图叙录》
蒋伊、韩作栋《广东舆图》		清康熙二十四年，刻印本，8卷，册线装，28×19厘米	美国国会图书馆，G2308.G8.W82，2002626734；《美国国会图书馆藏中文古地图叙录》

续表

绘制者、刊刻者或作者和著作名或图册名	图名	绘制年代或收录地图的古籍的版本以及相关信息	收藏机构或者收录地图的古籍（包括现代影印本）等
伊靖阿等《浙江郡邑道里图》		清乾隆二十年，刻印本，未注比例，线装1册，30×18厘米	美国国会图书馆，G2308.Z5.Z7，2002626750；《美国国会图书馆藏中文古地图叙录》
《新疆全图》		清乾隆年间，纸本墨绘，18幅舆图叠装一册，每幅23×29厘米，册框23×15厘米。硬纸封，墨书图题	美国国会图书馆，G2308.X6X45，2002626723；《美国国会图书馆藏中文古地图叙录》
徐志导《直隶舆地图册》		清咸丰九年，彩绘本，计里画方每方百里，24幅地图折叠成册，28×36厘米	美国国会图书馆，G2308.H9.C5，2002626783；《美国国会图书馆藏中文古地图叙录》
黄彭年《畿辅舆地全图》		清光绪十年，刻印本，线装10册，30×19厘米；计里画方，畿辅全图每方百里，府图每方五十里，县图每方十里	美国国会图书馆，G2308.H26.H8，2002626751；《美国国会图书馆藏中文古地图叙录》
诸成绩、何绍章《苏省舆地图说》		清同治七年，刻印本，线装25册，每页板框32×18厘米。计里画方，省总图每方二十里，以横排分幅，可以拼合，府州厅图五里，县图二里半	美国国会图书馆，G2308.J48.Z3，2002626744；《美国国会图书馆藏中文古地图叙录》
诸成绩、何绍章	苏松常镇太五里方舆图	清同治七年，刻印本，7册，每册34×34.3厘米，拼合全图224×343厘米；是《苏省舆地图说》总图之一部分，以五里方比例刊刷的抽印本	美国国会图书馆，G2308.J48.S8，2002626749；《美国国会图书馆藏中文古地图叙录》
曾国藩、刘坤一等《江苏全省舆图》		清同治七年，刻印本，94幅地图，线装15册，每页板框31×19厘米。采用计里画方，省图每方九十里，府、直隶州图每方三十里，县图每方十里	美国国会图书馆，G2308.J5.Z3，2002626747；《美国国会图书馆藏中文古地图叙录》

续表

绘制者、刊刻者或作者和著作名或图册名	图名	绘制年代或收录地图的古籍的版本以及相关信息	收藏机构或者收录地图的古籍（包括现代影印本）等
张人骏《广东舆地全图》		清光绪二十三年，石印本，广州石经堂承印，线装 2 册，112 页，每页板框 37×31 厘米。以经过京师北京的经线为零度经线的经纬网与计里画方相结合	美国国会图书馆，G2308. K8.C58，83049172；《美国国会图书馆藏中文古地图叙录》
苏凤文等《广西全省地舆图说》		清同治五年，桂林唐九如堂刻印本，4 卷册装	美国国会图书馆，G2308. K7.S8，2002626785；《美国国会图书馆藏中文古地图叙录》
杨洁澧重绘《广西舆地全图》		清光绪三十三年，广州十七甫澄天阁石印本，2 卷线装二册，每页板框 37×37 厘米。首幅“广西全省经纬度图”，以经过京师北京的经线为零度经线的经纬网；分图采用计里画方，省图每方百里，府、直隶州、厅、县图每方十里	美国国会图书馆，G2308. K7.C58，2002626786；《美国国会图书馆藏中文古地图叙录》
魏光焘《陕西全省舆地图》		清光绪二十五年，刻印本，2 册 101 幅图，29×54 厘米。计里画方，省图每方百里，府、直隶州图每方五十里，州县图每方十里。按府、州、厅、县分幅	美国国会图书馆，G2308. S5.P45，2002626775；《美国国会图书馆藏中文古地图叙录》
《光绪湖北舆地图》		清光绪二十七年，湖北善后局石印本，四卷册，173 幅地图，书框 46×30 厘米，双页图幅 38×52 厘米。以经过京师北京为零度经线的经纬网与计里画方并用	美国国会图书馆，G2308. H9.H9，2002626787；《美国国会图书馆藏中文古地图叙录》
湖南抚署《湖南全省舆地图表》		清光绪二十二年，石印本，94 幅地图线装 16 册，每页板框 28×16 厘米。根据会典馆编绘《大清会典舆图》规定的统一图式符号，在测绘资料基础上编绘。采用计里画方	美国国会图书馆，G2308. H7.C52，2002626748；《美国国会图书馆藏中文古地图叙录》

续表

绘制者、刊刻者或作者和著作名或图册名	图名	绘制年代或收录地图的古籍的版本以及相关信息	收藏机构或者收录地图的古籍（包括现代影印本）等
福州官书局《福建全省地舆图说》		清光绪二十七年，石印本，线装一册，252页，每页板框51×63厘米。以京师北京为零度经线，经纬线与计里画方相结合，省图每方百里，府、直隶州图每方五十里	美国国会图书馆，G2308.F8.F8，2002626789；《美国国会图书馆藏中文古地图叙录》
《直隶东三省舆地图》		清光绪年间，刻印本，5卷18册线装，30×19厘米。画方，但未注里数	美国国会图书馆，G2308.H26.Z4，2002626739；《美国国会图书馆藏中文古地图叙录》
吴锡钊《贵州通省府直隶厅州总图说》		清光绪十七年，墨绘本；线装四册，17幅地图，每页29×17厘米。图缘标纬度，经线为虚线，并与画方网结合	美国国会图书馆，G2308.G9.W32，2002626735；《美国国会图书馆藏中文古地图叙录》
	直隶山东两省地舆全图	清咸丰、同治年间，彩绘本，1幅，115×107厘米	美国国会图书馆，G7823.H26.Z4，gm71005076；《美国国会图书馆藏中文古地图叙录》
湖北官书局	湖广全图	清同治三年，刻印本，单幅分切2印张，1幅，52×42厘米	美国国会图书馆，G7823.H7.H8，gm71005125；《美国国会图书馆藏中文古地图叙录》
湖北官书局	湖北安徽合图	清同治三年，刻印本，1幅，37×59厘米	美国国会图书馆，G7823.H644.H8，gm71005108；《美国国会图书馆藏中文古地图叙录》；中国国家图书馆，《舆图要录》4759
湖北官书局	湖北河南合图	清同治三年，刻印本，单幅分切2印张，50×46厘米	美国国会图书馆，G7823.H644.H81，gm71005115；《美国国会图书馆藏中文古地图叙录》；中国国家图书馆，《舆图要录》4759
湖北官书局	湖北江西合图	清同治三年，刻印本，单幅分切2印张，51×55厘米	美国国会图书馆，G7823.H644.H82，gm71005116；《美国国会图书馆藏中文古地图叙录》；中国国家图书馆，《舆图要录》4759

续表

绘制者、刊刻者或作者和著作名或图册名	图名	绘制年代或收录地图的古籍的版本以及相关信息	收藏机构或者收录地图的古籍（包括现代影印本）等
湖北官书局	湖北陕西合图	清同治三年，刻印本，单幅分切 3 印张，62×55 厘米	美国国会图书馆，G7823.H644.H83，gm71005113；《美国国会图书馆藏中文古地图叙录》；中国国家图书馆，《舆图要录》4759
湖北官书局	湖北四川合图	清同治三年，刻印本，1 幅，38×60 厘米	美国国会图书馆，G7823.H644.H84，gm71005117；《美国国会图书馆藏中文古地图叙录》；中国国家图书馆，《舆图要录》4759
湖北官书局	湖南江西合图	清同治三年，刻印本，1 幅，38×57 厘米	美国国会图书馆，G7823.H7.H81，gm71005126；《美国国会图书馆藏中文古地图叙录》；中国国家图书馆，《舆图要录》4759
湖北官书局	湖南四川合图	清同治三年，刻印本，单幅分切 2 印张，57×73 厘米	美国国会图书馆，G7823.H7.H85，gm71005134；《美国国会图书馆藏中文古地图叙录》；中国国家图书馆，《舆图要录》4759
湖北官书局	湖南广东合图	清同治三年，刻印本，单幅分切 2 印张，59×60 厘米	美国国会图书馆，G7823.H7.H83，gm71005129；《美国国会图书馆藏中文古地图叙录》；中国国家图书馆，《舆图要录》4759
湖北官书局	湖南广西合图	清同治三年，刻印本，单幅分切 2 印张，51×54 厘米	美国国会图书馆，G7823.H7.H82，gm71005131；《美国国会图书馆藏中文古地图叙录》；中国国家图书馆，《舆图要录》4759
湖北官书局	湖南贵州合图	清同治三年，刻印本，1 幅，35×60 厘米	美国国会图书馆，G7823.H7.H84，gm71005132；《美国国会图书馆藏中文古地图叙录》；中国国家图书馆，《舆图要录》4759

续表

绘制者、刊刻者或作者和著作名或图册名	图名	绘制年代或收录地图的古籍的版本以及相关信息	收藏机构或者收录地图的古籍（包括现代影印本）等
	浙江全图	清朝乾隆、嘉庆之际，纸本彩绘，1幅，63×101厘米	美国国会图书馆，G7823.Z5A5.C4，gm71005029；《美国国会图书馆藏中文古地图叙录》
严树森	鄂省全图	清同治元年，刻印本，单幅分切2印张，123×197厘米	美国国会图书馆，G7823.H644.Y4，gm71005161；《美国国会图书馆藏中文古地图叙录》
	甘肃舆图	清咸丰、同治年间，彩绘本，分切6幅拼合，115×209厘米	美国国会图书馆，G7823.G3A5.K3，gm71002479；《美国国会图书馆藏中文古地图叙录》
黎中配	广东全省水陆舆图	清光绪年间，刻印本加手彩，95×118厘米；以经过京师北京的经线为子午线的经纬网	美国国会图书馆，G7823.G8.L5，gm71005159；《美国国会图书馆藏中文古地图叙录》
	豫省舆图	清朝中叶，彩绘本，裱成卷轴，91×61厘米	美国国会图书馆，G7823.H33A5.Y8，gm71005030；《美国国会图书馆藏中文古地图叙录》
刘恂《河南省图》		清同治九年，刻印本，38页线装8册，30×19厘米；计里画方	美国国会图书馆，G2308.H33.L5，2002626752；《美国国会图书馆藏中文古地图叙录》
杨子明	河南全图	清光绪二十一年，上海慈母堂（STV）石印本，加手彩，1幅，75×75厘米；以经过京师北京的经线为子午线的经纬网	美国国会图书馆，G7823.H33.Y3，gm71002471；《美国国会图书馆藏中文古地图叙录》
	福省全图	清后期，纸本彩绘，右残缺，1幅，59×97厘米	美国国会图书馆，G7824.F8A5.F8，gm71002477；《美国国会图书馆藏中文古地图叙录》
	“吉林舆图”	光绪年间，彩绘本，1幅，96×176厘米	美国国会图书馆，G7823.J6.C5，gm71002468；《美国国会图书馆藏中文古地图叙录》

续表

绘制者、刊刻者或作者和著作名或图册名	图名	绘制年代或收录地图的古籍的版本以及相关信息	收藏机构或者收录地图的古籍（包括现代影印本）等
	“琼郡地舆全图”	清后期，彩绘本，长卷挂轴，184×93厘米	美国国会图书馆，G7822.H3E62.H3，gm71002478；《美国国会图书馆藏中文古地图叙录》
同治三年刻印“皇朝直省地舆全图”	直隶全图	清同治三年，湖北官书局，刻印本，图幅不等；方位标在图的四缘，采用计里画方法编绘，每方百里，但“嘉峪关外安西青海合图”“嘉峪关外镇迪伊犁合图”不画方，“新疆图”画方但未标每方里数	美国国会图书馆；《美国国会图书馆藏中文古地图叙录》
	盛京全图		
	山西全图		
	山东全图		
	河南全图		
	江苏全图		
	江西全图		
	湖南全图		
	陕西全图		
	四川全图		
	云南全图		
	贵州全图		
	广西全图		
	甘肃全图		
	浙江全图		
	福建全图		
	安徽全图		
	广东全图		
	嘉峪关外安西青海合图		
	嘉峪关外镇迪伊犁合图		
	新疆图		
永生	“湖北省图”	清后期，墨绘本，着色，1幅17×18厘米。图下缘用铅笔注记英文：“这幅地图出自广州一所基督教学校的孩子之手”	美国国会图书馆，G7823.H644.H8，2002626768；《美国国会图书馆藏中文古地图叙录》

续表

绘制者、刊刻者或作者和著作名或图册名	图名	绘制年代或收录地图的古籍的版本以及相关信息	收藏机构或者收录地图的古籍（包括现代影印本）等
“泉州府图说”		明万历三十年，绢本色绘，29幅舆图附图说，册装，每页27×37厘米	美国国会图书馆，G2308.F8.F9，2002626790；《美国国会图书馆藏中文古地图叙录》
	昭通府舆图	清朝中叶，纸本彩绘，1幅，47×63厘米	美国国会图书馆，G7824.Z46A5.Z4，gm71005052；《美国国会图书馆藏中文古地图叙录》
	“太平府地舆全图”	清光绪年间，彩绘本，1幅，85×90厘米	美国国会图书馆，G7823.G85.T3，84696160；《美国国会图书馆藏中文古地图叙录》
	“宾州厅乡社全图”	清光绪年间，彩绘本，1幅，66×125厘米	美国国会图书馆，G7824.P47A5.P4，gm71005247；《美国国会图书馆藏中文古地图叙录》
	昌平州舆地图	清末，彩绘本，计里画方每方五里，1幅，45.5×99厘米	中国国家图书馆，《舆图要录》1198
	密云三河平谷蓟州图说	清末，彩绘本，1幅，42.5×67.5厘米	中国国家图书馆，《舆图要录》1215
“天津城郊图说”		清光绪年间，刻印本，存3册	中国国家图书馆，《舆图要录》1238
	“蓟州舆图”	清光绪年间，彩绘本，1幅，19.4×27.8厘米	中国国家图书馆，《舆图要录》1324
	直隶全省道里总图	原图绘于清康熙年间 摄影本：据台湾“中央”图书馆藏绢底彩绘本摄影，1幅分切9张，74×73.5	原图：台湾“中央”图书馆，但现应藏于台北“故宫博物院” 摄影本：中国国家图书馆，《舆图要录》1327
	“直兼东豫图”	清咸丰初年，彩绘本，1幅，64×64厘米	中国国家图书馆，《舆图要录》1328
徐志导《直隶通省舆图》		清同治元年，保定府署刻印本，计里画方每方百里，1册	中国国家图书馆，《舆图要录》1329

续表

绘制者、刊刻者或作者和著作名或图册名	图名	绘制年代或收录地图的古籍的版本以及相关信息	收藏机构或者收录地图的古籍（包括现代影印本）等
徐志导《直隶通省舆图》		清同治元年，保定府署绘本，1册	中国国家图书馆，《舆图要录》1330
黄彭年	畿辅舆地全图	清同治十一年，刻印本，计里画方每方十里，1幅分切48张，每张25.5×25.5厘米；同治时期编纂《畿辅通志》时所绘	中国国家图书馆，《舆图要录》1331
黄彭年《畿辅舆地全图》		清光绪十年，刻印本，计里画方不等，12册；同治十年修光绪十年刻《畿辅通志》附图	中国国家图书馆，《舆图要录》1332
吴泰钊	"直隶省全图"	清光绪二十七年，上海顺成书局石印本，彩色，计里画方每方百里，1幅，56.5×48.5厘米	中国国家图书馆，《舆图要录》1333
裴季伦《直隶全省舆图》		清光绪三十年，中东局石印本，1册。根据同治元年徐志导图册增订	中国国家图书馆，《舆图要录》1334
梁建章等《直省全图》		清光绪三十三年，直隶警务处绘图局，1∶100000，彩色，373幅，39.8×51.2厘米	中国国家图书馆，《舆图要录》1336
《畿辅全图》		清光绪年间，刻印本，计里画方不等，12册	中国国家图书馆，《舆图要录》1337
	直隶省舆地全图	清光绪年间，彩绘本，1幅，134.5×75.4厘米	中国国家图书馆，《舆图要录》1338
	直隶通省全图	清光绪年间，彩绘本，1幅，127×67厘米	中国国家图书馆，《舆图要录》1339
"直隶省地图"		清光绪末年，军官学堂，存83幅，1∶25000，34.2×47.2厘米	中国国家图书馆，《舆图要录》1340
"直隶省地图"		清光绪末年，军官学堂，存43幅，1∶50000，36×43.8厘米	中国国家图书馆，《舆图要录》1341
《直隶省地图》		清光绪末，彩色，1∶100000，存8幅，40×59.6厘米	中国国家图书馆，《舆图要录》1342

续表

绘制者、刊刻者或作者和著作名或图册名	图名	绘制年代或收录地图的古籍的版本以及相关信息	收藏机构或者收录地图的古籍（包括现代影印本）等
禁卫军印刷所“直隶东部图”		清宣统三年，1∶50000，存9幅，35.7×43.2厘米	中国国家图书馆，《舆图要录》1402
	正定府属舆地图	清咸丰九年，彩绘本，1幅，34×29.7厘米	中国国家图书馆，《舆图要录》1563
	“正定府属舆地图”	清光绪年间，彩绘本，1幅，21×28.1厘米	中国国家图书馆，《舆图要录》1564
	直隶赵州四至八到河道村庄镇集图	清光绪年间，彩绘本，1幅，55.8×53厘米	中国国家图书馆，《舆图要录》1602
“直隶广平府全图”		清光绪年间，刻印本，计里画方每方五里，10幅，68×68.3厘米	中国国家图书馆，《舆图要录》1614
“二万五千分一邯郸附近图”		清光绪末年，军官学堂，1∶25000，存11幅，35.8×43.5厘米	中国国家图书馆，《舆图要录》1616
张文元	“保定府四境图”	清光绪年间，石印本，1∶50000，1幅，78.5×78厘米	中国国家图书馆，《舆图要录》1676
张文元	宣化府属全境舆图	清光绪三十年，石印本，1∶200000，1幅；据大连图书馆藏本静电复印	复印本：中国国家图书馆，《舆图要录》1749 原图：大连图书馆
游智开	永平府舆地全图	清光绪五年，刻印本，计里画方每方二十五里，1幅，79.1×79厘米	中国国家图书馆，《舆图要录》1802
“永平府附近图”		清光绪末年，军官学堂，1∶50000，5幅，86.8×38.9厘米	中国国家图书馆，《舆图要录》1803
“永平府图”		清光绪年间，陆军大学校，1∶50000，18幅，35.5×43.3厘米	中国国家图书馆，《舆图要录》1804
	永平府地势全图	清光绪年间，彩绘本，1幅，计里画方每方三十里，39×50.5厘米	中国国家图书馆，《舆图要录》1806
	遵化州山河村堡舆图	清光绪年间，彩绘本，计里画方每方五里，1幅，131×63.2厘米	中国国家图书馆，《舆图要录》1826

续表

绘制者、刊刻者或作者和著作名或图册名	图名	绘制年代或收录地图的古籍的版本以及相关信息	收藏机构或者收录地图的古籍（包括现代影印本）等
	遵化州地舆图	清光绪年间，彩绘本，1幅，126×63厘米；内容与《遵化州山河村堡舆图》基本一致	中国国家图书馆，《舆图要录》1827
	沧州舆图	清末期，彩绘本，画方不计里，1幅，66.5×59厘米	中国国家图书馆，《舆图要录》1869
	冀州境内村庄河道舆图	清光绪年间，彩绘本，1幅，73.5×54.4厘米	中国国家图书馆，《舆图要录》1938
《山西山水图》	太原府境	清雍正初年，绢底彩绘，3幅，126×43厘米	中国国家图书馆，《舆图要录》1949
	大同府境		
	潞安府境		
李宝甫	晋省地舆全图	清乾隆五十九年，朱色拓本，1幅，137×62.5厘米	中国国家图书馆，《舆图要录》1950
	山西省舆图	清道光年间，彩绘本，1幅，61.8×59.8厘米	中国国家图书馆，《舆图要录》1951
陆钢	山西全省舆图	清同治五年，刻印本，1幅，计里画方每方百里，94×49.7厘米	中国国家图书馆，《舆图要录》1952
沈桂芬原绘，刚毅增订	山西全省舆图	清光绪十四年，彩色、刻印本，计里画方每方百里，1幅，94.6×50厘米	中国国家图书馆，《舆图要录》1953
	晋省沿河与豫省连界总图	清光绪末年，彩绘本，1幅，42×62厘米	中国国家图书馆，《舆图要录》1998
	“太原府境全图”	清光绪年间，彩绘本，1幅，57×64厘米	中国国家图书馆，《舆图要录》2001
	隰州地理图	清光绪年间，彩绘本，计里画方每方十里，1幅，61.8×79厘米	中国国家图书馆，《舆图要录》2132
	山西直隶绛州总图	清光绪年间，二色绘本，计里画方每方五十里，1幅，21.8×31.2厘米	中国国家图书馆，《舆图要录》2137
	内外蒙古图	清同治年间，彩色摹绘本，1幅，62×128厘米；据同治三年据湖北官书局《皇朝直省地舆全图》中“内外蒙古图”摹绘	中国国家图书馆，《舆图要录》2162

续表

绘制者、刊刻者或作者和著作名或图册名	图名	绘制年代或收录地图的古籍的版本以及相关信息	收藏机构或者收录地图的古籍（包括现代影印本）等
萨荫图	蒙古哲里木盟十旗全图	清光绪三十二年，石印本，1幅，40.5×42.6厘米	中国国家图书馆，《舆图要录》2285
“哲里木盟十旗地图”		清光绪末年，彩绘本，11幅，图廓不等	中国国家图书馆，《舆图要录》2286
云芳	哲里木盟十旗全图	清光绪末年，彩绘本，1幅，115.8×96.2厘米	中国国家图书馆，《舆图要录》2287
东三省蒙务局	哲里木盟十旗全图	清宣统元年，彩绘本，1∶115200，1幅，107.2×60厘米	中国国家图书馆，《舆图要录》2288
《奉天黑龙江吉林舆图》		清乾隆年间，彩绘本，1册18幅，26.5×30厘米	中国国家图书馆，《舆图要录》2306
	奉天吉林舆地图	清咸丰初年，绘本，1幅，152×200厘米	中国国家图书馆，《舆图要录》2307
	盛京全图	清光绪初年，彩绘本，1幅，67.5×97厘米	中国国家图书馆，《舆图要录》2308
东三省陆军参谋处	奉吉省全境舆图	清光绪三十四年，彩色，1∶1500000，1幅，94×115厘米	中国国家图书馆，《舆图要录》2309
	皇朝东三省朝鲜地图	清光绪年间，上海格致书局，彩色石印本，计里画方每方千里，1幅，61×44.5厘米	中国国家图书馆，《舆图要录》2310
	“东三省全图”	清光绪年间，彩绘本，画方不计里，1幅，145×88厘米；以实测图为底图	中国国家图书馆，《舆图要录》2313
	东三省全图	清光绪年间，绢底彩绘本，1幅分切2张，196×216厘米	中国国家图书馆，《舆图要录》2314
	东三省详图	清光绪年间，朱色，石印本，1幅，85.5×62.5厘米；《东三省地理》附图	中国国家图书馆，《舆图要录》2315
	最新满洲朝鲜地图	清光绪年间，上海商务印书馆，彩色，1∶2500000，1幅，63.5×49.4厘米	中国国家图书馆，《舆图要录》2317
《舆图汇集》（东北）		清光绪末年，彩绘本，33幅，图廓不等	中国国家图书馆，《舆图要录》2318

续表

绘制者、刊刻者或作者和著作名或图册名	图名	绘制年代或收录地图的古籍的版本以及相关信息	收藏机构或者收录地图的古籍（包括现代影印本）等
朱朝宗	东三省筹蒙大势图	清宣统三年，东三省蒙务局晒印，1∶600000，1幅，177×115厘米	中国国家图书馆，《舆图要录》2319
东三省蒙务总局	东三省大地图	清宣统三年，奉天中和印书馆，石印本，彩色，1∶1200000，1幅，146.5×146.5厘米	中国国家图书馆，《舆图要录》2320
徐世昌“东三省政略附图”		清宣统三年，彩色，48幅，图廓不等	中国国家图书馆，《舆图要录》2321
	盛京通省全图式	清嘉庆年间，彩绘本，1幅，106×258厘米	中国国家图书馆，《舆图要录》2409
	盛京五路总图	民国二十四年据馆藏清内阁大库彩绘本摄制，摄影本，1幅分切4张，19×38.2厘米	摄影本：中国国家图书馆，《舆图要录》2410
	盛京全省山川道里四至总图	清同治年间，彩绘本，1幅，121.5×197厘米	中国国家图书馆，《舆图要录》2411
	盛京舆地全图（盛京全省山川道里四至总图）	清同治年间，彩绘本，1幅，135.6×190厘米	中国国家图书馆，《舆图要录》2413
	盛京舆图	清光绪初年，二色绘本，1幅，24×49厘米	中国国家图书馆，《舆图要录》2414
	盛京全图	清光绪初年，彩绘本，画方不计里，1幅，59.3×86厘米	中国国家图书馆，《舆图要录》2415
裕寿山等“奉天省舆地图”		清光绪二十年，铜版印本，画方不计里，31幅，图廓不等	中国国家图书馆，《舆图要录》2416
王志修编制《奉天全省地舆图说图表》		清光绪二十年，刻印本，画方不计里，1册；与《光绪会典舆图》存在联系	中国国家图书馆，《舆图要录》2417
东三省陆军参谋处	奉天省全境地舆图	清光绪三十四年，彩色，1幅，1∶1000000，88.5×103厘米	中国国家图书馆，《舆图要录》2418
	盛京所属水陆地舆全图	清光绪年间，彩绘本，1幅，66.5×80厘米	中国国家图书馆，《舆图要录》2419

续表

绘制者、刊刻者或作者和著作名或图册名	图名	绘制年代或收录地图的古籍的版本以及相关信息	收藏机构或者收录地图的古籍（包括现代影印本）等
北洋陆军参谋处《奉直两省地图》		清光绪三十二年，彩色石印本，27 幅，1∶300000，37×42 厘米	中国国家图书馆，《舆图要录》2421
李龙彰	奉天草图	清光绪年间，绘本，1 幅，58.6×85.5 厘米	中国国家图书馆，《舆图要录》2422
奉天民政司疆理科编绘《奉天省舆地全图》		清宣统三年，石印本，比例不等，1 册	中国国家图书馆，《舆图要录》2424
奉天民政司疆理科“奉天省全图”		清宣统三年，石印本，10 册，比例不等	中国国家图书馆，《舆图要录》2425
奉天地方筹备自治处《奉天全省地方自治区域图》		清宣统三年，石印本，1∶180000，1 册	中国国家图书馆，《舆图要录》2426
管尚平等	关东半岛图	清光绪三十年，彩色，1∶60000，1 幅，62×90.2 厘米	中国国家图书馆，《舆图要录》2482
	吉林图	清末期，彩绘本，1 幅，69×136 厘米	中国国家图书馆，《舆图要录》2553
“吉林全省地图”		清光绪十七年，刻本，计里画方每方十里，1 册	中国国家图书馆，《舆图要录》2554
东三省陆军参谋处	吉林全省地舆图	清光绪三十四年，彩色，1∶950000，1 幅，95.4×101.5 厘米	中国国家图书馆，《舆图要录》2555
	吉林省图	清光绪年间，绘本，画方不计里，1 幅，57×76 厘米	中国国家图书馆，《舆图要录》2556
《吉林省全图》		清光绪年间，绘本，1 册，画方不计里	中国国家图书馆，《舆图要录》2557
高权中	吉林全省地图	清宣统元年，绘本，1∶1000000，1 幅，89.7×93.2 厘米	中国国家图书馆，《舆图要录》2558
	吉林三姓宁古塔珲春地理图	清光绪初年，彩绘本，1 幅，79×77.8 厘米	中国国家图书馆，《舆图要录》2568
《海龙府属舆图》		清宣统年间，石印本，1 册 7 幅	中国国家图书馆，《舆图要录》2571

续表

绘制者、刊刻者或作者和著作名或图册名	图名	绘制年代或收录地图的古籍的版本以及相关信息	收藏机构或者收录地图的古籍（包括现代影印本）等
	长春厅舆地全图	清光绪二年，彩绘本，1幅，50.8×65.8厘米	中国国家图书馆，《舆图要录》2575
吉林府团防总局	“吉林府界内图”	清光绪末年，绘本，1幅，28×57厘米	中国国家图书馆，《舆图要录》2582
《吉林府筹备宪政事实图表》		清宣统元年，绘本，1册5幅	中国国家图书馆，《舆图要录》2585
	“黑龙江山川形势图”	清道光年间，彩绘本，1幅，212×240厘米	中国国家图书馆，《舆图要录》2612
	黑龙江全图	清末期，蜡绢彩绘本，1幅，90×88厘米	中国国家图书馆，《舆图要录》2613
崔祥奎等测绘，屠寄编制《黑龙江舆地图》		清光绪二十五年，石印本，1册，计里画方每方十里	中国国家图书馆，《舆图要录》2614
程德全	黑龙江图	清光绪三十二年绘图晒印，1幅，1∶2000000，68×82厘米	中国国家图书馆，《舆图要录》2615
东三省陆军参谋处	黑龙江全境舆图	清光绪三十四年，彩色，1幅，1∶1310000，77.8×120厘米	中国国家图书馆，《舆图要录》2616
《黑龙江全图》		清光绪末年，绘本，画方不计里，1册；与《光绪会典舆图》有关	中国国家图书馆，《舆图要录》2617
林传甲等	黑龙江省教科新图	清宣统元年，京师北洋石印局石印本，1幅，1∶2000000，63.4×80厘米	中国国家图书馆，《舆图要录》2618
黑龙江调查局《黑龙江全省舆图》		清宣统三年，彩色，1册29幅，33.5×45.4厘米	中国国家图书馆，《舆图要录》2619
	三姓至乌苏里口松花江南岸地势图	清光绪六年，彩绘本，1幅，69.5×109厘米	中国国家图书馆，《舆图要录》2632
	安宁府图	清宣统二年，彩绘本，1幅，画方不计里，59.6×53.5厘米	中国国家图书馆，《舆图要录》2666

续表

绘制者、刊刻者或作者和著作名或图册名	图名	绘制年代或收录地图的古籍的版本以及相关信息	收藏机构或者收录地图的古籍（包括现代影印本）等
	陕西舆图	清康熙年间，绢底彩绘，1幅分裱5条，256×320.5厘米	中国国家图书馆，《舆图要录》2693
西安节署	陕西省舆图	清咸丰四年，刻印本，彩色，计里画方每方百里，1幅，116.5×64厘米	中国国家图书馆，《舆图要录》2694
魏光焘《陕西全省舆地图》		清光绪二十五年，刻印本，计里画方，2册；与《光绪会典舆图》有关，	中国国家图书馆，《舆图要录》2695
《陕西舆地图》		清光绪年间，彩绘本，6幅，比例不等，22.5×31.5厘米	中国国家图书馆，《舆图要录》2696
《陕西省府州分图》		清光绪年间，彩绘本，12幅，比例不等，165×95.5厘米	中国国家图书馆，《舆图要录》2697
《陕西全省城镇乡自治区域图》		清宣统年间，石印本，二色，画方不计里，1册	中国国家图书馆，《舆图要录》2698
	榆林府图	清末期，彩绘本，1幅，190.5×86厘米	中国国家图书馆，《舆图要录》2778
	延安府属舆地图	清光绪年间，彩绘本，1幅，51.8×59厘米	中国国家图书馆，《舆图要录》2782
	汉中地图	清末期，彩绘本，1幅，80×60厘米	中国国家图书馆，《舆图要录》2809
	甘肃省嘉峪关内各县村镇全图	清同治年间，彩绘本，1幅，62×92.6厘米	中国国家图书馆，《舆图要录》2815
陈光在	甘肃全省舆地校订详明总图	清光绪二十九年，刻印本，计里画方每方百里，1幅分裱4条，102×92厘米；附经纬度表；仿胡林翼图	中国国家图书馆，《舆图要录》2816
李长林《甘肃全省舆地图》		清光绪三十二年，甘肃舆图局，绘本，2册120幅，比例不等	中国国家图书馆，《舆图要录》2817
联祐	甘肃全省舆图	清光绪三十二年，彩绘本，1幅，计里画方每方百里，165.4×270厘米	中国国家图书馆，《舆图要录》2818

续表

绘制者、刊刻者或作者和著作名或图册名	图名	绘制年代或收录地图的古籍的版本以及相关信息	收藏机构或者收录地图的古籍（包括现代影印本）等
	甘肃省地舆总图	清光绪年间，彩绘本，1幅，计里画方每方百里，52×74.5 厘米	中国国家图书馆，《舆图要录》2819
《甘肃全省舆地图》		清光绪年间，石印本，2册，比例不等；与《光绪会典舆图》有关	中国国家图书馆，《舆图要录》2820
	秦州并所属舆图	清光绪年间，彩绘本，1幅，54×62 厘米	中国国家图书馆，《舆图要录》2850
	秦州舆图	清光绪末年，彩绘本，1幅，46×52 厘米	中国国家图书馆，《舆图要录》2851
《狄道州全境舆图》		清光绪三十二年，彩绘本，画方不计里，2册 34 幅，30.5×27 厘米	中国国家图书馆，《舆图要录》2856
庞瑄	庆阳府图	明成化十一年刻石，民国年间拓本，1幅，190×87 厘米	拓本：中国国家图书馆，《舆图要录》2867
	甘州府属舆图	清光绪年间，彩绘本，1幅，63×112.6 厘米	中国国家图书馆，《舆图要录》2888
	“河州舆图”	清光绪年间，彩绘本，1幅，83.5×75.2 厘米	中国国家图书馆，《舆图要录》2893
《宁夏府舆图》		清雍正年间，彩绘本，4幅，图廓不等	中国国家图书馆，《舆图要录》2895
	固原州舆图	明末期，彩绘本，1幅，55×52 厘米	中国国家图书馆，《舆图要录》2905
	嘉峪关外安西青海合图	摹绘本，彩色，1幅，47.5×81 厘米；据《皇朝直省舆地全图》中的地图摹绘	中国国家图书馆，《舆图要录》2908
《西宁府舆图》		清末期，彩绘本，7幅，27.5×21 厘米	中国国家图书馆，《舆图要录》2918
《新疆图考》		清乾隆年间，刻印本，2册	中国国家图书馆，《舆图要录》2923
	新疆总图	清乾隆年间，彩绘本，1幅，60.2×112.4 厘米	中国国家图书馆，《舆图要录》2924
《西域舆图》		清中期，彩绘本，1册 17 幅	中国国家图书馆，《舆图要录》2925

续表

绘制者、刊刻者或作者和著作名或图册名	图名	绘制年代或收录地图的古籍的版本以及相关信息	收藏机构或者收录地图的古籍（包括现代影印本）等
	新疆舆地全图	清中期，刻印本，1幅，61×91.5厘米	中国国家图书馆，《舆图要录》2926
	新疆图	清同治三年，湖北崇文书局，刻印本，画方不计里，1幅，63×107厘米	中国国家图书馆，《舆图要录》2927
	新疆全境舆图	清末期，彩绘本，1幅，62.4×83厘米	中国国家图书馆，《舆图要录》2928
	新疆图	清末期，彩绘本，1幅，94.5×100厘米	中国国家图书馆，《舆图要录》2930
	嘉峪关外甘肃新属图	清末期，彩绘本，1幅，104×180厘米	中国国家图书馆，《舆图要录》2940
	"伊犁蒙古二十一城图"	清宣统三年，彩绘本，1幅，60×63厘米	中国国家图书馆，《舆图要录》2942
	嘉峪关外镇迪伊犁合图	清同治三年，刻印本，1幅，61×112.5厘米；湖北官书局"皇朝直省地舆全图"之一	中国国家图书馆，《舆图要录》2944
	嘉峪关外镇迪伊犁合图	彩色摹绘本，1幅，57.6×117.5厘米；湖北官书局"皇朝直省地舆全图"之一的摹绘本	中国国家图书馆，《舆图要录》2945
	"伊犁图"	清光绪年间，彩绘本，1幅，65.5×110厘米	中国国家图书馆，《舆图要录》2965
	"伊犁府图"	原图：清光绪年间，墨绘本，计里画方每方五十里； 静电复印本：据大连市图书馆藏图静电复印，1幅，22×32.2厘米	原图：大连市图书馆 静电复印本：中国国家图书馆，《舆图要录》2966
	"伊犁图"	原图：清光绪年间，彩绘本 静电复印本：据大连图书馆藏图静电复印本，1幅，56×126.3厘米	原图：大连市图书馆 静电复印本：中国国家图书馆，《舆图要录》2967
曾纪泽	伊犁全境图	清光绪七年，彩绘本，有缩尺，1幅，30.2×33.7厘米	中国国家图书馆，《舆图要录》2968

续表

绘制者、刊刻者或作者和著作名或图册名	图名	绘制年代或收录地图的古籍的版本以及相关信息	收藏机构或者收录地图的古籍（包括现代影印本）等
庆桂	伊犁全境图	原图：清光绪年间，墨绘本 静电复印本：据大连市图书馆藏图静电复印，1幅，238×58.7厘米	原图：大连市图书馆 静电复印本：中国国家图书馆，《舆图要录》2969
查廷干《两江浙闽舆地图考》		清光绪六年，彩绘本，1册	中国国家图书馆，《舆图要录》2973
	"江南通省地舆总图"	民国年间据清内阁大库本摄影复制，1幅，22.8×25厘米	摄影本：中国国家图书馆，《舆图要录》2974
	江南省全图	清光绪末年，彩绘本，计里画方每方六十里，1幅，80.5×92.5厘米	中国国家图书馆，《舆图要录》2975
	松江府属舆图	清末期，彩绘本，1幅，69.5×86.5厘米	中国国家图书馆，《舆图要录》3016
	"山东舆图"	1933年据清彩绘图摄制，原图约绘制于清雍正十二年，1幅，21.6×26.3厘米	摄影本：中国国家图书馆，《舆图要录》3117
"山东省舆图"		清同治年间，刻印本，彩色，存9幅，33×51厘米	中国国家图书馆，《舆图要录》3119
叶圭绶	山东全图	清光绪初年，刻印本，1幅分裱8轴，140×276厘米；计里画方每方五里	中国国家图书馆，《舆图要录》3120
叶圭绶《山东郡县图考》		清光绪八年，任道镕重刻本，1册15幅	中国国家图书馆，《舆图要录》3121
北洋陆军参谋处	山东地图	清光绪三十二年，彩色，有缩尺，1幅分切2张，62×102厘米	中国国家图书馆，《舆图要录》3123
	山东省全图	清光绪年间，彩色，刻印本，1幅，93×62.4厘米	中国国家图书馆，《舆图要录》3124
	"山东略图"	清光绪年间，彩绘本，1幅，59.5×69厘米	中国国家图书馆，《舆图要录》3125
	山东省全图	清光绪末年，上海商务印书馆，彩色，1∶5750000，1幅，87×127.4厘米	中国国家图书馆，《舆图要录》3127
《莱州府属各县详细图》		清光绪年间，刻印本，9幅，19.7×27.5厘米	中国国家图书馆，《舆图要录》3158

续表

绘制者、刊刻者或作者和著作名或图册名	图名	绘制年代或收录地图的古籍的版本以及相关信息	收藏机构或者收录地图的古籍（包括现代影印本）等
	青州府地舆全图	清光绪年间，刻印本，1幅，34×50.5厘米	中国国家图书馆，《舆图要录》3161
	兖州府所属城垣舆图	清光绪年间，彩绘本，1幅，57×55厘米	中国国家图书馆，《舆图要录》3445
	“武定府全图”	清光绪年间，彩绘本，1幅，94.8×91.2厘米	中国国家图书馆，《舆图要录》3516
	“武定府地舆图”	清光绪年间，彩绘本，1幅，49.5×51.5厘米；与“武定府全图”基本一致	中国国家图书馆，《舆图要录》3517
	沂州府地舆全图	清光绪年间，彩绘本，1幅，59.3×63.8厘米	中国国家图书馆，《舆图要录》3553
	莒州舆图	清光绪年间，彩绘本，1幅，89.5×52厘米	中国国家图书馆，《舆图要录》3560
	曹州府舆图	清光绪年间，彩绘本，1幅，114×48.2厘米	中国国家图书馆，《舆图要录》3568
	曹州府属舆图	清光绪年间，彩绘本，画方不计里，1幅，114×48.2厘米	中国国家图书馆，《舆图要录》3569
	“东昌府四至舆图”	清光绪年间，彩绘本，1幅，62.8×54.5厘米	中国国家图书馆，《舆图要录》3603
曾国藩、丁日昌《苏省舆地图》		清同治七年，刻印本，25册，计里画方不等	中国国家图书馆，《舆图要录》3688
曾国藩、丁日昌	“苏省五属图”	清同治七年，刻印本，计里画方每方二十里，1幅，61.4×93.5厘米	中国国家图书馆，《舆图要录》3689
丁雨生等	苏藩司属府厅州县全图	清光绪十年，上海点石斋，重印本，彩色，计里画方每方二十里，1幅，59×91厘米；《苏省舆地图》中苏松常镇太总图的重印本	中国国家图书馆，《舆图要录》3690
何绍章等“江苏五里方图”		清同治十二年，刻印本，18册，计里画方每方五里；还有苏属二十里方全图2册	中国国家图书馆，《舆图要录》3692
	江苏全省计里简明图	清光绪二十一年，彩色，石印本，1幅，55×46厘米；画方计里不等	中国国家图书馆，《舆图要录》3694

续表

绘制者、刊刻者或作者和著作名或图册名	图名	绘制年代或收录地图的古籍的版本以及相关信息	收藏机构或者收录地图的古籍（包括现代影印本）等
	江苏省全图	清光绪三十三年，上海商务印书馆编译所，彩色，1∶5750000，1幅，95×129厘米	中国国家图书馆，《舆图要录》3695
南洋陆地测量司《江苏省地图》		清光绪三十四年，1∶20000，25幅，36.8×46.8厘米	中国国家图书馆，《舆图要录》3696
	江苏省全图	清光绪末年，上海美华书馆，有缩尺，彩色，1幅，28.5×25厘米	中国国家图书馆，《舆图要录》3697
	江北徐淮海三属地图	清宣统年间，石印本，彩色，1∶700000，1幅，42.8×60厘米	中国国家图书馆，《舆图要录》3726
黄起凤《江宁府七县地形考略》		清同治年间，江楚书局，刻印本，1册；比例不等	中国国家图书馆，《舆图要录》3742
南洋陆地测量司"江宁府图"		清光绪三十二年，石印本，1∶20000，47幅，40×50厘米	中国国家图书馆，《舆图要录》3862
	徐州府属全图	清光绪年间，彩绘本，1幅，53.5×102厘米	中国国家图书馆，《舆图要录》3917
"扬州府图说"		清康熙年间，彩绘本，12幅合裱1幅，31.5×889.3厘米	中国国家图书馆，《舆图要录》3958
江苏通州直隶州州署	江南通州直隶州四境地舆全图	清光绪年间，彩绘本，1幅，31×35.2厘米	中国国家图书馆，《舆图要录》3973
《安徽省舆图》		清乾隆年间，彩绘本，1册14幅，45×30.5厘米	中国国家图书馆，《舆图要录》4058
	安徽全省地图	清同治年间，刻印本，彩色，画方不计里，1幅，103×63.6厘米	中国国家图书馆，《舆图要录》4059
福润等《江南安徽全图》		清光绪二十二年，上海点石斋，1册，比例不等；与《光绪会典舆图》有关	中国国家图书馆，《舆图要录》4060
	安徽省全图	清光绪三十四年，上海商务印书馆，彩色，1∶900000，1幅，81×52.8厘米	中国国家图书馆，《舆图要录》4061

续表

绘制者、刊刻者或作者和著作名或图册名	图名	绘制年代或收录地图的古籍的版本以及相关信息	收藏机构或者收录地图的古籍（包括现代影印本）等
	简明安徽全省图	清光绪末年，石印本，1幅，56×45厘米；计里画方每方五十里	中国国家图书馆，《舆图要录》4062
	安徽省全图	清宣统二年，上海商务印书馆编译所，彩色，1:450000，1幅，124×96.8厘米	中国国家图书馆，《舆图要录》4063
	凤阳府图	清光绪二十一年，彩绘本，计里画方每方五十里，1幅，32×22.3厘米	中国国家图书馆，《舆图要录》4077
	浙江全省舆图	清同治年间，浙江官书局，刻印本，1幅，93×51厘米	中国国家图书馆，《舆图要录》4188
宗源瀚等《浙江全省舆图并水陆道里记》		清光绪二十年，浙江官书局，石印本，比例不等，20册；与会典图有关	中国国家图书馆，《舆图要录》4189
曹珠源	浙江全省简明舆图	清光绪二十一年，石印本，计里画方每方五十里，1幅，57×52.6厘米	中国国家图书馆，《舆图要录》4191
	浙江省全图	清宣统三年，上海商务印书馆编译所，彩色，1:450000，1幅，94.8×133.8厘米	中国国家图书馆，《舆图要录》4192
	浙江省全图	清宣统年间，上海美华书馆，石印本，彩色，有缩尺，1幅，282×25.1厘米	中国国家图书馆，《舆图要录》4193
	宁波府图	清光绪年间，彩绘本，1幅，51×72厘米	中国国家图书馆，《舆图要录》4307
	温州府属全图	清光绪年间，彩绘本，计里画方每方二十里，1幅，61×49厘米；与光绪二十年《浙江全省舆图并水陆道里记》中的相关地图近似	中国国家图书馆，《舆图要录》4324
	“金华府图”	清光绪年间，彩绘本，1幅，49×48.5厘米	中国国家图书馆，《舆图要录》4361
	“衢州府境图”	清光绪年间，彩绘本，1幅，49.5×54厘米	中国国家图书馆，《舆图要录》4377

续表

绘制者、刊刻者或作者和著作名或图册名	图名	绘制年代或收录地图的古籍的版本以及相关信息	收藏机构或者收录地图的古籍（包括现代影印本）等
《江西全省图说》		明万历年间，绢底彩绘，1册现存37幅，28×26.4厘米	中国国家图书馆，《舆图要录》4421
	江西全省地舆图	据台湾“中央图书馆”藏原内阁大库清初彩绘本摄影，1幅分切6张，52×52.5厘米	摄影本：中国国家图书馆，《舆图要录》4422 原图：台湾“中央图书馆”，现应当在台北“故宫博物院”
“江西省府县分图”		清初，绢底彩绘，存84幅，28×26厘米；参考明万历《江西全省图说》绘制	中国国家图书馆，《舆图要录》4423
曾国藩等《江西全省舆图》		清同治七年，刻印本，计里画方不等，15册	中国国家图书馆，《舆图要录》4424
朱兆麟《江西全省舆图》		清光绪二十二年，石印本，计里画方不等，14册；与《光绪会典舆图》有关	中国国家图书馆，《舆图要录》4425
朱兆麟等《江西全省舆图》		清宣统元年，江西官纸刷印所，重印本，计里画方不等，14册	中国国家图书馆，《舆图要录》4426
瞿邦桢	江西图	据大连市图书馆藏清光绪三十二年彩绘本静电复印，1∶800000，1幅，83×59厘米	原图：大连市图书馆 静电复印本：中国国家图书馆，《舆图要录》4427
	吉南甘宁全图	清末，绘本，计里画方每方四十里，1幅，91.5×85.5厘米	中国国家图书馆，《舆图要录》4442
徐薰等	吉安府全图	清光绪末年，绘本，1幅，103×110厘米	中国国家图书馆，《舆图要录》4540
	赣州府属八县一厅地舆总图	清光绪年间，彩绘本，1幅，93×73厘米	中国国家图书馆，《舆图要录》4547
刘藩东	赣州府属县全图	清光绪年间，彩绘本，1幅，1∶250000，103.8×103.8厘米；据光绪二十二年《江西全省舆图》中“赣州府舆图”摹绘	中国国家图书馆，《舆图要录》4548

续表

绘制者、刊刻者或作者和著作名或图册名	图名	绘制年代或收录地图的古籍的版本以及相关信息	收藏机构或者收录地图的古籍（包括现代影印本）等
黄志钧	宁都州属县全图	清光绪年间，彩绘本，1幅，1∶250000，76×55厘米；据光绪二十二年《江西全省舆图》中相应地图摹绘	中国国家图书馆，《舆图要录》4550
夏尚声	南安府全图	清光绪年间，绘本，1幅，63×110厘米	中国国家图书馆，《舆图要录》4552
	福建舆图	清康熙年间，绢底彩绘本，1幅，640×640厘米	中国国家图书馆，《舆图要录》4566
傅以礼《福建全省舆地图说》		清光绪二十一年，石印本，计里画方不等，1册73幅；省图上有经纬网	中国国家图书馆，《舆图要录》4567
傅以礼《福建全省舆图》		清光绪三十一年，重印本，计里画方不等，2册	中国国家图书馆，《舆图要录》4568
《福建省图》		据清光绪二十一年傅以礼等《福建全省舆地图说》摹绘而成，彩色，计里画方不等，3册73幅	中国国家图书馆，《舆图要录》4569
朱宝善《福建内地府州县总图》		清光绪年间，刻印本，1册，有残	中国国家图书馆，《舆图要录》4570
《福建全省总图》		清咸丰年间，刻印本，计里画方不等，1册18幅	中国国家图书馆，《舆图要录》4602
	台江舆图	清光绪年间，彩绘本，计里画方每方五里，1幅，58×76厘米	中国国家图书馆，《舆图要录》4605
	河南通省舆图	清咸丰年间，刻印本，1幅，30.5×32.4厘米	中国国家图书馆，《舆图要录》4773
刘恂《河南省图》		清同治九年，刻印本，1册；计里画方每方二十里	中国国家图书馆，《舆图要录》4774
《河南全图》		清同治年间，彩绘本，1册；计里画方每方十里	中国国家图书馆，《舆图要录》4775
杨子明	河南全省图	清光绪二十一年，石印本，彩色，计里画方每方百里，1幅，73×74.2厘米；有经纬网格	中国国家图书馆，《舆图要录》4776

续表

绘制者、刊刻者或作者和著作名或图册名	图名	绘制年代或收录地图的古籍的版本以及相关信息	收藏机构或者收录地图的古籍（包括现代影印本）等
练兵处军令司《河南省地图》		清光绪三十二年，1：25000，35 幅，32.8×45.8 厘米	中国国家图书馆，《舆图要录》4777
军令司“河南省北部地图”		清光绪三十二年，1：25000，存 24 幅，33×46 厘米	中国国家图书馆，《舆图要录》4778
《河南全省地图》		清光绪年间，河南印刷局，石印本，1 册，比例不等	中国国家图书馆，《舆图要录》4779
河南陆军参谋处	河南省地舆图	清光绪年间，1：64000，彩色，1 幅，131×122 厘米	中国国家图书馆，《舆图要录》4780
	河南全省地舆图	清光绪年间，彩绘本，1 幅，86×63 厘米	中国国家图书馆，《舆图要录》4781
	河南省全图	清宣统年间，1：500000，1 幅分切 9 张，135.5×126 厘米	中国国家图书馆，《舆图要录》4782
	河南图	清宣统年间，石印本，彩色，1：1800000，1 幅，41.5×31.2 厘米	中国国家图书馆，《舆图要录》4783
	卫辉府总舆图	清光绪年间，彩绘本，1 幅，64×74 厘米	中国国家图书馆，《舆图要录》4811
《洛阳十邑舆图》		清嘉庆年间，绢底彩绘，10 幅，50×58 厘米	中国国家图书馆，《舆图要录》5017
文悌	河南府属舆地全图	清光绪年间，彩绘本，1 幅分裱 4 条，130.4×134.5 厘米	中国国家图书馆，《舆图要录》5018
《怀庆府各县乡村图》		清光绪年间，彩绘本，46 幅，27.6×38.4 厘米	中国国家图书馆，《舆图要录》5069
练兵处军令司《彰德至淇县地图》		清光绪三十二年，石印本，3 幅，1：100000，33×46 厘米	中国国家图书馆，《舆图要录》5082
	归德府舆图	清道光年间，彩绘本，1 幅，61×112 厘米	中国国家图书馆，《舆图要录》5134
《信阳州境镇集图》		清光绪年间，彩绘本，1 册，34×44 厘米	中国国家图书馆，《舆图要录》5197
	信阳形势图	清光绪末年，彩绘本，1 幅，46.4×46.2 厘米	中国国家图书馆，《舆图要录》5198

续表

绘制者、刊刻者或作者和著作名或图册名	图名	绘制年代或收录地图的古籍的版本以及相关信息	收藏机构或者收录地图的古籍（包括现代影印本）等
	禹州图	清中期，刻印本，彩色，1幅，计里画方每方十里，40.7×45厘米	中国国家图书馆，《舆图要录》5238
曹广权	河南禹州地图	清光绪三十二年，石印本，彩色，1∶100000，1幅，44.5×72厘米	中国国家图书馆，《舆图要录》5239
严树森	鄂省全图	清同治元年，刻印本，1幅，125.2×214.5厘米	中国国家图书馆，《舆图要录》5243
严树森	湖北地舆全图	同治元年《鄂省全图》的摹绘本，彩色，1幅分切6张，115×213厘米	中国国家图书馆，《舆图要录》5244
《湖北舆地图》		清光绪二十七年，石印本，4册，画方不计里，绘有经纬线；与《光绪会典舆图》有关	中国国家图书馆，《舆图要录》5246
《光绪湖北舆图》		清光绪二十七年，湖北善后局石印本，画方不计里，有经纬网，4册；据光绪《湖北舆地图》展拓石印而成，173幅	中国国家图书馆，《舆图要录》5247
《最详湖北分府图》		清光绪三十二年，武昌亚新铜版彩印地图据铜版印本，彩色，1册13幅；有经纬线	中国国家图书馆，《舆图要录》5248
	湖北省全图	清光绪三十三年，上海商务印书馆编译所，彩色，1∶470000，1幅，92.2×148.2厘米	中国国家图书馆，《舆图要录》5249
《湖北全省分图》		清光绪三十四年，武昌舆地学会，石印本，1册32幅，有经纬线	中国国家图书馆，《舆图要录》5250
《湖北省全图》		清光绪末年，石印本，朱色，1册84幅；有经纬线和画方；《湖北舆地图》的重印简本	中国国家图书馆，《舆图要录》5251
	襄阳府舆图	清末期，彩绘本，1幅，86.8×108.8厘米	中国国家图书馆，《舆图要录》5346

续表

绘制者、刊刻者或作者和著作名或图册名	图名	绘制年代或收录地图的古籍的版本以及相关信息	收藏机构或者收录地图的古籍（包括现代影印本）等
	荆门直隶州地舆图说	清光绪年间，彩绘本，1幅，61.6×55厘米	中国国家图书馆，《舆图要录》5358
	府属舆图（黄州）	清末期，彩绘本，1幅，70×100厘米，有残	中国国家图书馆，《舆图要录》5367
	黄州府八属舆图	据清末《府属舆图》摹绘而成，彩色，1幅，69.2×102厘米	中国国家图书馆，《舆图要录》5368
	郧阳府六县地舆全图	清末期，彩绘本，1幅，67.5×72厘米	中国国家图书馆，《舆图要录》5393
《湖南全省舆地图表》		清光绪二十二年，湖南抚署石印本，画方计里不等，16册；与《光绪会典舆图》有关	中国国家图书馆，《舆图要录》5407
彭清玮等《湖南舆图》		清光绪二十三年，摹绘石印本，计里画方每方十里，2册；据《光绪会典舆图》摹绘	中国国家图书馆，《舆图要录》5408
《湖南全省分图》		清光绪三十三年，武昌舆地学会，彩色，1册，比例不等，有经纬网	中国国家图书馆，《舆图要录》5409
《湖南全图》		清光绪年间，彩绘本，1册14幅	中国国家图书馆，《舆图要录》5410
《湖南省全图》		清光绪年间，绘本，二色，存13幅，21×27.5厘米	中国国家图书馆，《舆图要录》5411
	湖南全省舆图	清光绪年间，刻印本，计里画方每方百里，1幅分切4张，197.8×202厘米	中国国家图书馆，《舆图要录》5412
	湖南全省舆图	清光绪年间，刻印本，计里画方每方百里，1幅，63.6×64.5厘米	中国国家图书馆，《舆图要录》5414
	湖南省全图	清宣统二年，上海商务印书馆，彩色，1∶850000，1幅，79×55.5厘米	中国国家图书馆，《舆图要录》5415

续表

绘制者、刊刻者或作者和著作名或图册名	图名	绘制年代或收录地图的古籍的版本以及相关信息	收藏机构或者收录地图的古籍（包括现代影印本）等
	湖南省全图	清宣统二年，上海商务印书馆编译所，彩色，1∶560000，1幅，121×99.5厘米	中国国家图书馆，《舆图要录》5416
	湖南广西合图	清光绪年间，二色，绘本，画方不计里，1幅，57×57厘米	中国国家图书馆，《舆图要录》5435
黎志洛	楚黔毗联地舆全图	清光绪末年，彩绘本，1幅，61×106.5厘米	中国国家图书馆，《舆图要录》5436
	湖南长沙府全图	清光绪年间，绘本，画方不计里，1幅，25×34.5厘米	中国国家图书馆，《舆图要录》5437
	衡州府地舆图	清光绪年间，刻印本，1幅，58×60厘米	中国国家图书馆，《舆图要录》5481
	湖南岳州府图	清光绪末年，绢底彩绘，计里画方每方十里，1幅，91.5×91.2厘米	中国国家图书馆，《舆图要录》5492
	辰州府属舆地全图	清光绪年间，彩绘本，1幅，60×78.5厘米	中国国家图书馆，《舆图要录》5514
	广东舆图	据清初彩绘本摄制，原图藏清内阁大库，现藏台湾；摄影本，1幅，26.5×21.5厘米	原图：现应在台北“故宫博物院” 摄影本：中国国家图书馆，《舆图要录》5528
《广东图》		清同治五年，刻印本，画方不计里，3册	中国国家图书馆，《舆图要录》5529
瑞林等《广东图说》		清同治五年，刻印本，画方不计里，有经纬线，21册	中国国家图书馆，《舆图要录》5530
梁韬	广东省全图	原图为清光绪五年粤东羊城森宝阁活版印刷本，现藏大连市图书馆 静电复印本，1幅，107×117.2厘米，有经纬线	原图：大连市图书馆 静电复印本：中国国家图书馆，《舆图要录》5531
张人骏《广东舆地全图》		清光绪二十三年，石印本，比例不等，2册；与《光绪会典舆图》有关	中国国家图书馆，《舆图要录》5532

续表

绘制者、刊刻者或作者和著作名或图册名	图名	绘制年代或收录地图的古籍的版本以及相关信息	收藏机构或者收录地图的古籍（包括现代影印本）等
姚翰	广东通省地舆总图	据大连市图书馆藏清光绪二十三年彩绘本复制；静电复印本，1 幅，计里画方每方五十里，68.5×87.7 厘米	原图：大连市图书馆 静电复印本：中国国家图书馆，《舆图要录》5533
广东参谋处测绘科制图股《广东舆地全图》		清宣统元年，石印本，画方不计里，7 册 110 幅	中国国家图书馆，《舆图要录》5535
	广州府附佛冈厅赤溪厅图	清宣统元年，绘本，计里画方每方五十里，1 幅，63×58.5 厘米；据宣统元年《广东舆地全图》第一图放大摹绘	中国国家图书馆，《舆图要录》5561
	“连州舆图”	清光绪末年，彩绘本，1 幅，59.5×55.4 厘米	中国国家图书馆，《舆图要录》5721
苏凤文《广西全省地舆图说》		清同治六年，石印本，4 册 83 幅	中国国家图书馆，《舆图要录》5725
北洋机器总局图算学堂《广西舆地全图》		清光绪二十一年，石印本，重绘本，画方计里不等，2 册 104 幅；与《光绪会典舆图》有关； 清光绪二十四年重印本，2 册； 清光绪三十一年，修订重印本，2 册，上海沪江石印局	清光绪二十一年本：中国国家图书馆，《舆图要录》5726 清光绪二十四年本：中国国家图书馆，《舆图要录》5727 清光绪三十一年本：中国国家图书馆，《舆图要录》5728
王丙焘《新宁州地舆图》		清光绪三十四年，绘本，1 册	中国国家图书馆，《舆图要录》5762
	新宁州舆图	清光绪年间，绘本，计里画方每方五里，1 幅，44×50 厘米	中国国家图书馆，《舆图要录》5763
	柳郡暨邻近州县舆地新图	清光绪三十年，彩色，刻印本，1 幅，145×89 厘米，计里画方每方十里	中国国家图书馆，《舆图要录》5769
	郁林州舆图	清光绪末期，绘本，1 幅，60×62 厘米	中国国家图书馆，《舆图要录》5809

续表

绘制者、刊刻者或作者和著作名或图册名	图名	绘制年代或收录地图的古籍的版本以及相关信息	收藏机构或者收录地图的古籍（包括现代影印本）等
	奉议州图	清光绪年间，二色，绘本，计里画方每方五里，1幅，30.5×40.5厘米	中国国家图书馆,《舆图要录》5819
宋德功	琼郡地舆全图	据大连市图书馆藏清光绪二十六年彩绘本静电复印，1幅，计里画方每方十里，69×60厘米	原图：大连市图书馆 静电复印本：中国国家图书馆,《舆图要录》5824
	“儋州舆图”	清光绪末年，彩绘本，1幅，62.5×63.7厘米	中国国家图书馆,《舆图要录》5833
《四川分县详细图说》		清道光年间，绢底彩绘本，1册，仅存41幅	中国国家图书馆,《舆图要录》5855
	四川全图	清同治三年，湖北官书局，刻印本，1幅，计里画方每方百里，103.9×120.7厘米；同治三年湖北官书局“皇朝直省地舆全图”之一	中国国家图书馆,《舆图要录》5856
易崇阶	四川省舆地图	清同治八年，刻印本，计里画方每方百里，1幅分切2张，107×120厘米；据胡林翼地图缩绘	中国国家图书馆,《舆图要录》5857
游智开	四川地舆全图	清光绪十二年，1幅，91×167厘米；据同治十二年刻本重刊，原图作者不详	中国国家图书馆,《舆图要录》5858
傅崇矩	新绘四川全省明细舆图	清光绪二十八年，刻印本，彩色，1幅分切4张，计里画方每方五十里，151×315厘米	中国国家图书馆,《舆图要录》5860
吕兰	精校全川简明图	清光绪三十一年，彩色，刻印本，1幅，36×50厘米	中国国家图书馆,《舆图要录》5862
吕兰	四川省全图	清光绪年间，刻印本，彩色，1幅，70.3×108.5厘米	中国国家图书馆,《舆图要录》5863
容益光	四川全省府厅州县方域道里简明图	清光绪年间，四川官报书局，石印本，1幅，57×84厘米	中国国家图书馆,《舆图要录》5864
	四川地舆全图	清光绪末年，刻印本，1幅，94.8×153厘米	中国国家图书馆,《舆图要录》5865

续表

绘制者、刊刻者或作者和著作名或图册名	图名	绘制年代或收录地图的古籍的版本以及相关信息	收藏机构或者收录地图的古籍（包括现代影印本）等
	潼川府八属地舆图	清光绪年间，彩绘本，1幅，55×49厘米	中国国家图书馆，《舆图要录》5889
	龙安府疆圉全图	清光绪年间，彩绘本，1幅，计里画方每方三十里，50.6×58厘米	中国国家图书馆，《舆图要录》5891
	四川成都府地舆图	清宣统年间，彩绘本，1幅，26×36厘米	中国国家图书馆，《舆图要录》5933
	眉州地舆图	清光绪年间，彩绘本，1幅，66.5×56厘米	中国国家图书馆，《舆图要录》6056
	夔州府全图	清光绪年间，刻印本，彩色，1：450000，1幅，78×122.5厘米	中国国家图书馆，《舆图要录》6061
	重庆府涪州地舆全图	清光绪年间，彩绘本，1幅，57.8×46.8厘米	中国国家图书馆，《舆图要录》6075
	顺庆府呈造八属地舆图	清光绪年间，彩绘本，1幅，51.5×50厘米	中国国家图书馆，《舆图要录》6097
	四川雅州府舆图	清光绪年间，彩绘本，画方不计里，1幅，25.5×40厘米	中国国家图书馆，《舆图要录》6115
四川直隶松潘州署	“松潘直隶厅舆图说”	清道光九年，彩绘本，1幅，53×49厘米	中国国家图书馆，《舆图要录》6119
	茂州直隶州州属舆图	清光绪年间，绘本，1幅，35.6×47.5厘米	中国国家图书馆，《舆图要录》6120
	打箭炉厅舆图	清光绪年间，彩绘本，1幅，计里画方每方百里，52×71厘米	中国国家图书馆，《舆图要录》6128
	宁远府五属地舆全图	清光绪年间，彩绘本，1幅，56×58.2厘米	中国国家图书馆，《舆图要录》6129
	越嶲厅地舆图	清光绪年间，彩绘本，1幅，45.6×41.5厘米	中国国家图书馆，《舆图要录》6134
汉州州署	成都府汉州州属舆图	清光绪年间，刻印本，1幅，35×37厘米	中国国家图书馆，《舆图要录》6137
	贵州全省舆图说	清乾隆年间，彩绘本，7幅裱1条，28×328厘米	中国国家图书馆，《舆图要录》6149

续表

绘制者、刊刻者或作者和著作名或图册名	图名	绘制年代或收录地图的古籍的版本以及相关信息	收藏机构或者收录地图的古籍（包括现代影印本）等
顾德风测绘，贵州测绘舆图局校	贵州通省总图	清光绪十七年，刻印本，彩色，计里画方每方百里，1幅，53.5×63.8厘米；与《光绪会典舆图》有关	中国国家图书馆，《舆图要录》6150
顾德风	贵州通省舆图	清光绪二十八年，彩绘本，计里画方每方百里，有经纬网，1幅，27×33厘米	中国国家图书馆，《舆图要录》6151
	贵州全省舆图	清光绪年间，彩绘本，1幅裱装成册，87×148.3厘米	中国国家图书馆，《舆图要录》6152
贵州调查局《贵州全省地舆图说》		清宣统元年，石印本，4册凡17幅图，计里画方不等	中国国家图书馆，《舆图要录》6153
铜仁府署	铜仁府属舆图	清光绪年间，彩绘本，1幅，51×56厘米	中国国家图书馆，《舆图要录》6185
	松桃厅舆图	清光绪年间，彩绘本，1幅，53.1×58.5厘米	中国国家图书馆，《舆图要录》6189
	永宁州属舆图	清光绪年间，刻印本，彩色，1幅，55.5×44.4厘米	中国国家图书馆，《舆图要录》6196
黎平府署	黎平府地舆图	清光绪年间，彩绘本，1幅，50×73厘米	中国国家图书馆，《舆图要录》6201
清江厅署	清江厅全境舆图	清光绪年间，彩绘本，画方不计里，1幅，56.3×56.3厘米	中国国家图书馆，《舆图要录》6206
黄平州署	黄平州属舆图	清光绪年间，彩绘本，画方不计里，1幅，54.5×55.3厘米	中国国家图书馆，《舆图要录》6208
都匀府	都匀府所辖境内地舆全图	清光绪年间，彩绘本，1幅，53×58.2厘米	中国国家图书馆，《舆图要录》6218
《全滇舆图》		清乾隆年间，彩绘本，1册，30.7×20.5厘米	中国国家图书馆，《舆图要录》6224
	云南迤西道所属地舆全图	清道光年间，彩绘本，计里画方每方五十里，1幅，137×79厘米	中国国家图书馆，《舆图要录》6225

续表

绘制者、刊刻者或作者和著作名或图册名	图名	绘制年代或收录地图的古籍的版本以及相关信息	收藏机构或者收录地图的古籍（包括现代影印本）等
	“云南省全图”	清道光年间，刻印本，彩色，1幅，111.2×113.3厘米	中国国家图书馆，《舆图要录》6226
《云南全省舆图》		清道光年间，彩绘本，存16幅，36.7×48.7厘米	中国国家图书馆，《舆图要录》6227
	云南全图	清同治年间，彩绘本，计里画方每方百里，1幅，85×87厘米	中国国家图书馆，《舆图要录》6228
	云南全省舆图	清光绪年间，刻印本，画方不计里，1幅，133.3×133.3厘米	中国国家图书馆，《舆图要录》6229
龚启荪等纂辑，陆德浩等绘图《云南全省舆图》		清光绪年间，绘本，画方计里不等，26册102幅；与《光绪会典舆图》有关	中国国家图书馆，《舆图要录》6230
	云南	清光绪年间，彩色，1：1000000，1幅，30×51厘米	中国国家图书馆，《舆图要录》6232
云南防团兵备处	云南全省舆图	清宣统三年，天津中国地学会，重印本，二色，1幅，89.7×85厘米，有经纬度	中国国家图书馆，《舆图要录》6233
黄诚沅等《临安开化广南三府舆图》		清光绪二十八年，石印本，计里画方不等，总图有经纬度，1册16幅	中国国家图书馆，《舆图要录》6254
	云州图说	清光绪年间，彩绘本，1幅，52×47厘米	中国国家图书馆，《舆图要录》6298
	“永北直隶厅地舆图”	清光绪年间，绘本，画方不计里，1幅，47×39.5厘米	中国国家图书馆，《舆图要录》6305
廖廷玉	中甸厅地舆全图	清光绪二十七年，彩绘本，计里画方每方八十里，1幅，36×49厘米	中国国家图书馆，《舆图要录》6328
	西藏全图	根据清同治三年，湖北官书局《皇朝直省地舆全图》中的“西藏全图”摹绘。彩色摹绘本，1幅，47×90厘米	中国国家图书馆，《舆图要录》6329

续表

绘制者、刊刻者或作者和著作名或图册名	图名	绘制年代或收录地图的古籍的版本以及相关信息	收藏机构或者收录地图的古籍（包括现代影印本）等
肖绍荣	卫藏全图	清光绪十二年，彩绘本，1幅，62.5×108.4厘米	中国国家图书馆,《舆图要录》6330
	西藏地方图	清光绪年间，彩绘本，1幅，61×89厘米	中国国家图书馆,《舆图要录》6332
	西藏全图	清光绪年间，绢底彩绘本，1幅，94×138厘米	中国国家图书馆,《舆图要录》6333
瞿继昌《西藏全境舆地图说》		清光绪年间，绘本，画方计里不等，11幅，图廓不等	中国国家图书馆,《舆图要录》6346

第四篇 城池图

长期以来编撰的中国古代地图的图录或者图目都习惯将“城市图”作为单独的一类列出，但由于中国古代并没有现代意义的“城市”的概念，只有作为地理空间的“城”或者“城池”的概念，因此也就没有现代意义的“城市图”，而只有“城图”或者“城池图”。同时，也正是由于中国古代只是将“城池”作为地理空间来看待，而没有认为其具有太多的特殊性，因此与其他类型的地图相比，流传下来的中国古代的城池图数量也并不算多。只是到了近代以来，随着现代意义的起源于西方的“城市”概念被引入中国，同时随着社会的近代化，“城市”自身迅速发展，从而远远超越于其他聚落之上，其特殊性和重要性日益突出，由此，为了满足城市的各种功能以及城市生活的需要，绘制和出版的“城市图”的数量也日益增多。因此，从“城池图”到“城市图”的演变，也反映了一种社会的变革。为了展现这种变革，以及遵从传统的习惯，本书也将“城池图”单列出来。上述这些也是本篇第一章所讨论的内容。第二章则是对以往中国古代城池图的研究成果进行了简要概述。第三章也是本篇的主要部分，按照时间顺序，对中国古代城池图演化的三个阶段进行了介绍，即：萌芽时期的汉代、稳定时期的宋代至清中期，以及转型时期的清末。第四章，则是对以往讨论的中国城池图的绘制技术在近代转型的反思，认为这种转型是在一种“科学主义”的背景下发生的，因此带有一定的“被科学化”的意味，且“窄化”了城市图的功能，且这一认知也适用于近代时期其他类型地图的转型上。附录一、二和三主要是对三幅城池图绘制时间的考订，希望由此能进一步展现中国古代地图绘制的复杂性。

第一章　中国“城市”概念的从无到有

第一节　中国古代只有“城池”而无“城市”的概念

不可否认，中国古代确实存在“城市”一词，而且产生的时间较早，且也经常出现，在电子版《四库全书》中以“城市”一词进行检索，总共命中3423条[①]，如《史记·赵世家》“韩氏上党守冯亭使者至，曰：‘韩不能守上党，入之于秦。其吏民皆安为赵，不欲为秦。有城市邑十七，愿再拜入之赵，听王所以赐吏民”[②]，又如《后汉书·法雄传》“雄乃移书属县曰：凡虎狼之在山林，犹人之居城市。古者至化之世，猛兽不扰……”[③]。关于这些“城市邑”“城市”，有些学者认为表达的即是现代“城市”的含义，当然这也与这些学者所持的“城市”概念的界定有关。如马正林在《中国城市历史地理》一书中提出的“城市”概念是“也就是说，中国古代的城是以防守为基本功能。城市则不然，它必须有集中的居民和固定的市场，二者缺一都不能称为城市。根据中国历史的特殊情况，当

---

① 其中有很多并不是作为“城市”一个词汇出现，或是“城”和“市”两个概念的合称，或而偏重于“市”，如《后汉书》卷四十一《刘玄传》：“乃悬莽首于宛城市”；《陈书》卷十二《徐度传》：“高祖与敬帝还都。时贼已据石头城，市鄽居民并在南路，去台遥远，恐为贼所乘”，因此实际上命中的次数要远远少于3423。

② 《史记》卷四十三《赵世家》。

③ 《后汉书》卷三十八《法雄传》。

在城中或城的附近设市，把城和市连为一体的时候，就产生了城市”[①]，并由此推断中国古代城市出现的时代应该是西周，即“夏商的都城是否设市，既无文献上的依据，也没有考古上的证明，只有西周的都城丰镐设市，有《周礼·考工记》为证”[②]，并由此认为文献中出现的“城市邑”和“城市”即是现代意义的“城市”概念。他提出的这一对城市概念的界定，即“城（城墙）”+“市” = “城市”，在中国古代城市研究中具有一定的代表性。[③] 虽然不能说马正林提出的认识是错误的，毕竟关于“城市”的概念至今也没有达成一致的意见[④]，但这并不能说明古代文献中出现了“城市”一词，就说明在当时已经具有了现代“城市”的概念。当然，我们可以用现代的“城市”概念来界定古代的聚落，但无论近现代“城市”的概念如何界定，实际上都是从本质上（主要是经济、社会结构）将一组特殊的聚落与乡村区分开来，那么我们首先需要考虑的是中国古代是否曾将某些聚落认为是一种特殊的实体，如果存在这种认识，那么这些特殊的聚落是否与近现代的“城市”概念存在关联？下面先对这一问题进行分析：

除了辽、金、元三个少数民族政权之外，在中国古代的行政体系中，并不存在单独的现代意义的“建制城市”。韩光辉在《元代中国的建制城市》[⑤]、《中国元代不同等级规模的建制城市研究》[⑥]、《宋辽金元建制城市

---

① 马正林：《中国城市历史地理》，山东教育出版社 1998 年版，第 18 页。

② 马正林：《中国城市历史地理》，山东教育出版社 1998 年版，第 19 页。

③ 董鉴泓：《中国城市建设史》，中国建筑工业出版社 1989 年版，第 5 页等。

④ 总体来看，马正林所提概念涵盖的范围过于宽泛了，有“市”和一定的居民即可以为城市，且不说其中的市是否是固定市还是集市，人口要到多少才算是达标，如果按照这一概念，不仅中国古代大多数行政城市，以及众多的乡镇聚落都可以作为城市，而且世界古代的大多数聚落似乎也可以界定为城市了。对于这种定义，李孝聪在《历史城市地理》一书中进行了批评，即“而且，城市作为人类社会物质文明与精神文化最重要的载体，仅仅用城墙和市场这两个具体而狭隘的标准来衡量也是缺乏说服力的”，山东教育出版社 2007 年版，第 4 页。此外，由于“城市”一词具有的误导性，让人容易理解为“城”+“市”，因此有学者认为应当放弃对这一词汇的使用，参见王妙发、郁越祖《关于“都市（城市）”概念的地理学定义考察》，《历史地理》第 10 辑，上海人民出版社 1992 年版，第 133 页。而且“城市”一词在古代可能仅仅表示“城”的含义，这点参见后文分析。

⑤ 韩光辉：《元代中国的建制城市》，《地理学报》1995 年第 4 期，第 324 页。

⑥ 韩光辉、刘旭、刘业成：《中国元代不同等级规模的建制城市研究》，《地理学报》2010 年第 12 期，第 1476 页。

的出现与城市体系的形成》[1] 以及《宋辽金元建制城市研究》[2] 等论著中对辽金元时期，尤其是元代“建制城市”的出现和发展过程进行了叙述。根据韩光辉的分析，设置建制城市（也就是录事司）的标准，并不是现代通常用来界定“城市”的经济、人口等数据，而主要依据的是城市的行政等级，即“录事司，秩正八品。凡路府所治，置一司，以掌城中户民之事。中统二年，诏验民户，定为员数。二千户以上，设录事、司候、判官各一员；二千户以下，省判官不置。至元二十年，置达鲁花赤一员，省司候，以判官兼捕盗之事，典史一员。若城市民少，则不置司，归之倚郭县。在两京，则为警巡院”[3]，从这一文献来看，界定“建制城市”的标准首先是行政等级，即“路府治所”，然后才是人口，如果行政等级不高，人口再多也不能设置录事司；同时，文献中对于“若城市民少，则不置司”中的“民少”并没有具体的规定，另外不设判官的标准为二千户以下，并且没有规定下限，则更说明“民少”的标准是模糊不清的。不仅如此，虽然我们不能确定元代“城市”发展的水平，但明清时期“城市”的发展水平应当不会低于元代，而这种“建制城市”却在元灭亡后即被取消，从这点来看，“建制城市”的出现并不能代表中国“城市”的发展水平，而且也没有确定成为一种传统，可能只是中国历史发展中的偶然现象。总体来看，就行政建制方面而言，中国古代缺乏现代意义的“城市”的划分标准，“城”通常由同时管辖周边郊区的附郭县（府州及其以上行政层级）或者县管辖，“城”与其周边地区的区分在行政层面上并不重要。

不仅如此，在漫长的历史中，除了元朝之外，清末之前几乎没有用来确定某类特殊聚落地位的标准。在各种文献中提到的“城”，通常是那些地方行政治所和一些修筑有城墙的聚落，因此如果要寻找划分标准的话，那么就是“地方行政治所”和“城墙”，但这两者又不完全统一。一方面，

---

① 韩光辉、林玉军、王长松：《宋辽金元建制城市的出现与城市体系的形成》，《历史研究》2007 年第 4 期，第 42 页。

② 韩光辉：《宋辽金元建制城市研究》，北京大学出版社 2011 年版。

③ 《元史》卷九十一《百官志》。

至少从魏晋至明代中期，很多地方行政治所并没有修筑城墙[①]；另一方面大量修筑有城墙的聚落又不是地方行政治所。因此，中国古代文献中的“城”，其实包含有两方面的含义，一方面是地方行政治所（不一定修筑有城墙）；另一方面是有墙聚落。两者之中，都涵盖了各色各等差异极大的聚落，有墙聚落中既有规模居于全国首位的都城，也有周长不超过二三里围绕一个小村落修建的小城堡。而行政治所，通过表4－1所列出的清代府州县城城垣周长的统计数据来看，各级行政治所的城池周长都存在巨大的差异[②]。因此文献中“城”和“城池”这类概念实际上表示的是一种地理空间，而并不具有太多的其他意义。

表4－1　　清代府州县城城垣周长统计

城市规模	0—1千米	1—2千米	2—3千米	3—4千米	4—5千米	5—6千米	6—7千米	7—8千米	8—9千米	9—10千米	10千米以上	总共（座）
省级城市	0	0	0	0	0	3	2	3	2	2	6	18
府级城市	4	11	30	35	27	64	16	12	5	2	14	220
县级城市	52	308	395	175	108	84	9	11	1	2	7	1152

在中国古代编纂的各种志书中，涉及地方的部分，很少将与城有关的内容单独列出。如现存最早的地理总志《元和郡县图志》，其中所记政区沿革、古迹、山川河流都没有区分城内和城外，而且也极少记录城郭的情况。《元和郡县图志》之后的地理总志，虽然记述的内容更为丰富，但也大致遵循这一方式，没有强调“城”的特殊性。地理总志以外的其他志书也基本如此，如《十通》，在记述各种经济数据（如人口、税收等）、山川、衙署等内容时，大都不将城的部分单独列出。宋代之后保存至今的地方志中虽然通常有“城池”一节，但主要记录的是城墙和城壕的修筑情况；“坊市”中虽然主要记载的是城内的坊（或牌坊）和市的分布，并与城外的乡村（或者厢、隅、都等）区分开来，但这可能是受到行政建置

① 参见成一农《中国古代地方城市筑城简史》，《古代城市形态研究方法新探》，社会科学文献出版社2009年版，第160页。

② 参见成一农《清代的城市规模与城市行政等级》，《古代城市形态研究方法新探》，社会科学文献出版社2009年版，第126页。

（城内与乡村的行政建置存在差异）的影响；在其他关于地理的章节（如桥梁、寺庙）、关于经济的章节（如食货、户口[①]）等中基本看不到对城的强调。

此外，除了极少数“城”（如北京、杭州、西安、开封）之外，中国古代极少见到关于“城”的志书。虽然有学者将少数这类志书认为是“城市志”，如毛曦在《中国城市史研究：源流、现状与前景》一文中认为“都邑志是专门的城市志，属于专题地理志的一种。中国古代有《洛阳伽蓝记》、《三辅黄图》、《雍录》、《唐两京城坊考》、《宋东京考》等大量的都城志。宋以来许多史书中开始增设‘都邑’的专题内容，郑樵《通志》专设《都邑略》（《续通志》和《清朝通志》延续了这一体例），王应麟《通鉴地理通释》设有《历代都邑考》，董说《七国考》设置《都邑》专卷，唐宋以来修撰的《会要》中亦多设有《都邑》专题。顾炎武的《历代宅京记》则是我国第一部辑录都城历史资料的都城总志。此外，还有以城市社会文化生活为主要内容的专门著述，如孟元老《东京梦华录》、吴自牧《梦粱录》、周密《武林旧事》等”[②]，但是这些志书，其中一些并不能被确凿地认为就是“城市志”，因为这些志书也可以被认为是关于“城”或“城池”的专志，如《洛阳伽蓝记》等；还有一些志书，如《通志·都邑略》，记述的是都城，而且内容基本上是对都城位置的考订和描述，虽然后续志书中《都邑》的内容有所扩展，但也只是记载城池和宫殿的情况以及大致的沿革，与当代“城市志”的内容和目的相差极远，而且《通志·都邑略》的开篇即叙述“建邦设都，皆凭险阻。山川者，天之险阻也。城池者，人之险阻也。城池必依山川以为固”[③]，其所谓“都邑”似乎对应的是“城池”。因此上述材料并不能证明中国古代存在“城市”“城市志”或者关于“城市”的研究，而可能仅仅是关于“城”或者“城池”的记述。因此，可以认为在这些志书的编纂者看来，“城”虽然有一定的特殊性，可以被单独记录，但这种特殊性与欧洲中世纪以来那些具有特殊

---

① 这也使长期以来中国古代“城市人口”的研究面对着巨大的困难。

② 毛曦：《中国城市史研究：源流、现状与前景》，《社会科学》2011年第1期，第161页。

③ 《通志》卷四十一《都邑略》，中华书局1995年版，第561页。

地位的“城市”显然是不同的。

此外，虽然中国古代早已有“城市”一词，但其含义与近现代的概念并不相同，如清代编纂的关于北京的《日下旧闻考》中有以“城市”命名的章节，记载的是城内的街巷、寺庙、景物等，但该书的体例是分区域记述与“北京”有关的内容，与“城市”对应的章节分别为“皇城”、“郊坰”和“京畿”等，因此“城市”一词在这里很可能只是一种空间分区，表示的是城墙以内皇城以外的范围，类似于“城”或者“城池”。另如《后汉书·西羌传》记“东犯赵、魏之郊，南入汉、蜀之鄙。塞湟中，断陇道，烧陵园，剽城市，伤败踵系，羽书日闻”[①]；又如《北齐书·阳州公永乐传》“永乐弟长弼，小名阿伽。性粗武，出入城市，好殴击行路，时人皆呼为阿伽郎君”[②]，这些文献中的“城市”一词同样并不一定表示现代意义的“城市”，很可能只是“城”“城池”“市”的同义词，而且文献中这类的用法还有很多。总体来看，中国古代文献中的“城市”一词很可能并不表示现代或者西方与文化、文明、公民以及市民等概念有关的含义。

不仅文献如此，在流传至今的古代舆图中，极少出现现代意义的“城市图”，大部分描述有“城”的舆图往往将城与其周边区域绘制在一起。当然方志中的“城池图”是例外情况，其表现的是整个政区的组成部分之一，在明清时期的很多方志之中，除了“城池图”之外，还有着大量表示乡村的“疆里图”，因此这种“城池图”表现的实际上是一种地理单元，重点并不在于强调城的特殊性。

另外宋代保存下来的几幅“城图”，都有着特殊的绘制目的，《平江图》是在南宋绍定二年（1229）李寿朋对苏州里坊进行了调整并重修了一些重要建筑之后绘制的，是用来表示这些修建结果的地图；《静江府城图》则是出于军事目的大规模修建静江府城池之后，用来记录修城经过和花费的城图，图中上方的题记中详细记载了修城的经过和所修城池的长宽高、用工费料和当时经略安抚使的姓名即是明证，从文献来看，这样的城图在宋代还有一些。宋代之后直至清末之前，除了都城之外，与其他专题图

---

① 《后汉书》卷八十七《西羌传》。

② 《北齐书》卷十四《阳州公永乐传》。

（如河工图、园林图）相比较，以“城”为绘制对象的舆图较为少见。以《美国国会图书馆藏中文古地图叙录》[①] 一书为例，其中收录有美国国会图书馆所藏中文古地图约 300 幅，其中城图仅有 19 幅。在这 19 幅城图中，北京地图有 6 幅，其余的 13 幅地图中绘制于同治时期的 2 幅，光绪时期的 8 幅，清后期的 1 幅（即《浙江省垣水利全图》，李孝聪教授认为该图与清同治三年浙江官书局刊印的《浙江省垣城厢全图》刊刻自同一时期或稍晚），绘制于清代中期的只有 2 幅（《莱州府昌邑县城垣图》[②] 和《宁郡地舆图》）。与今天大量出现的城市图不同，除了方志中的“城池图”和单幅的都城图之外，中国古代极少将“城”作为一种单独的绘图对象。

总体来看，中国古代可能存在有现代意义的“城市”，但并没有突出强调某类聚落性质上的特殊性。“城”“城池”甚至“城市”的划分标准很可能只是基于地理空间，而不是现代的从内涵上进行的界定，同时也没有从经济、社会等方面对聚落进行划分的标准，因此可以认为中国古代并无现代意义上的“城市”这样的概念。

出现这种情况，并不是说明中国古代没有现代意义的城市，而是说明中国古代并没有一种我们现代认为的“城市”的概念或者认识。当然，在研究中我们依然可以用现代的“城市”概念来界定中国古代，并划分出一类研究对象。不过在迄今为止中国古代“城市”的具体研究中，讨论“城市”定义的论著不少，但确实能在研究中提出某一具体的界定“城市”的标准，并应用到实际研究中的则是少而又少，这也是很多古代“城市”研究所遇到的不可避免的问题，对此研究者采取了一些灵活的处理方式：

如避免使用“城市”一词，而采用更为宽泛的“城镇”等词。如刘景纯的《清代黄土高原地区城镇地理研究》，其第二章“城镇的发展与城镇体系的完善”中的第一节“府州县城镇”包括“府、州城”和“县城”，第二节“市镇的普遍兴起及其相关问题”中包括“市镇的普遍兴起”和

① 李孝聪：《美国国会图书馆藏中文古地图叙录》，文物出版社 2004 年版。

② 李孝聪教授对《莱州府昌邑县城垣图》的年代判断存在的问题，该图应该是清末光绪年间绘制的，具体参见本篇的附录二的介绍。

“市镇及其相关问题”，显然该书中第二章标题中“城镇”一词的“城”指的是行政治所，而“镇”指的是市镇，由此避免了“城市”和“镇”的界定问题。在第三节中作者自己也谈到“因而这里的‘城镇’实际上包括府、州、县城及古代方志中所说的市镇和市集等，其概念的内涵更为宽泛”①。成一农《古代城市形态研究方法新探》一书在第六章中则直接将“地方城市”界定为“设有各级国家地方管理机构衙署的城市”，也就是所谓的设置有行政治所的聚落。②

在考古学中，有时则用“城址”“城”来代替“城市”。如马世之《中国史前古城》，该书绪论中对“城市”的概念进行了大量讨论，但在最后部分提到“本书是一部探讨中国史前城址的著作，兼及城市、国家和文明的起源。初名《中国史前城市》，后来考虑到其内容并不涉及那些‘无墙设防的大型中心聚落’，即没有城垣的早期城市，恐有名不符实之嫌。思忖再三，最后定名为《中国史前古城》，相比之下，这样的书名可能更加准确和实际一些”③，其实从该书前文所述来看，作者并没有将城墙作为确定城市的重要标准，在这里以“城”而不是“城市”为书名，很可能确实是因为讨论城市的概念容易，在实际研究中用概念来界定具体研究对象困难。

还有一些研究者，在提出一些界定方式之后，在具体研究中则有意无意地采用了一些含混的词汇，以避免用“城市”的概念来界定具体的聚落。如许宏《先秦城市考古学研究》一书在绪论中提出了中国早期城市的几个主要特征：“(1) 作为邦国的权力中心而出现，具有一定地域内的政治、经济和文化中心的职能；王者作为权力的象征产生于其中，在考古学上表现为大型夯土建筑工程遗迹（包括宫庙基址、祭坛等礼仪性建筑和城垣、壕）的存在。(2) 因社会阶层分化和产业分工而具有居民构成复杂化的特征，非农业生产活动的展开使城市成为人类历史上第一个非自给自足的社会；政治性城市的特点和商业贸易欠发达，又使城市主要表现为社会

---

① 刘景纯：《清代黄土高原地区城镇地理研究》，中华书局2005年版，第7页。

② 成一农：《古代城市形态研究方法新探》，社会科学文献出版社2009年版，第160页。

③ 马世之：《中国史前古城》，湖北教育出版社2003年版，第7页。

物质财富的聚敛中心和消费中心。(3) 人口相对集中，但处于城乡分化不甚鲜明的初始阶段的城市，其人口的密集程度不构成判别城市与否的绝对指标”①，但在具体分析时，书中很多子标题使用的是“城址”而不是“城市”一词。此外，在“春秋战国时期城市的转型与发展”一章的“一般城市遗址与军事城堡”中，并没有对所分析的“城市”按照其在绪论中所列的三点特征进行界定。

这其实从另一个侧面证明了中国古代缺少与现代“城市”相对应的概念，由此使中国古代缺乏用来界定现代意义的“城市”的数据，因而用现代的“城市”标准来界定古代的聚落变得非常困难。

总体而言，中国古代肯定存在“城市”（具体如何界定则需要根据所使用的概念)，但并无类似于近现代或者西方从经济或社会的角度界定的“城市”的概念和划分标准，而只有“城”或者“城池”这样的地理空间的划分。只是到了清末，随着与西方接触的密切，西方“城市”的概念才逐渐进入中国，中国独立于乡村的“城市”的意识才逐渐明晰，也才开始注意城乡之间的划分。

第二节　“城市”概念的产生

光绪三十四年（1908)，清政府颁布《城镇乡地方自治章程》，后又颁布《府厅州县地方自治章程》规定府州厅治城为“城”，也就是今天意义上的“市”，由此才第一次明确了城市作为一政治单位，也才明确了“城市”的概念，但其内容大致抄袭日本的制度②。民国时期，曾于1912年颁布《市乡组织法》试图建立欧洲式的市镇制度，1921年内务部又以“大总统敕令”的形式颁布了《市自治制》，从国家层面上开了中国的城市建制，并设立南京、上海两个特别市，无锡、杭州、宁波、安庆、南昌、汉

① 许宏：《先秦城市考古学研究》，北京燕山出版社2000年版，第9页。

② 王萍：《广东省的地方自治——民国二十年代》，《“中央研究院”近代史研究所集刊》第7期，1978年，第485页。

口、广州、梧州八个普通市。[①] 同时南方革命政府控制下的广州，于1918年设市政局，1921年正式成立广州市，1926年北伐战争时期孙科在广州主持颁布并实行了《广州市暂行条例》，由此也展开了中国真正意义上的城市改革。1928年，南京国民政府公布《特别市组织法》和《市组织法》[②]，设立北平、天津、哈尔滨、上海、南京、青岛、汉口、广州8个特别市和苏州、杭州、蚌埠、芜湖、长沙等17个普通市。1930年，又公布了《市组织法》，废止特别市和普通市的差异，而以隶属关系决定其地位差异，同时由于该法令提高了设置标准，市的数量有所减少，到1932年底，共有4座院辖市（北平、上海、南京、青岛）和9座省辖市（天津、杭州、济南、汉口、广州、汕头、成都、贵阳和兰州）；1948年发展到67座，其中直辖市12座，省辖市50座，专署辖市5座。[③]

同时，在20世纪二三十年代曾出现了市政改革运动，一些学者对于"市政"发表了大量论述著作，如董修甲先后出版了《市政学纲要》[④]、《市政问题讨论大纲》[⑤] 以及《市组织论》，此外还有张锐编著、梁启超校阅的《市制新论》[⑥] 等，这些著作大都参照西方理论、模式，提出与市政有关的各种理论和组织方法。

在这一系列过程中，无论是关于设"市"的各项制度、法令，还是在市政改革运动中学者们撰写的各种论著以及颁布的条例，都是以西方（包括日本）的"城市"作为参考对象。虽然对于界定"城市"的标准一直没有一种统一的意见，甚至今天常用的用人口界定城市的标准，直至中华人民共和国成立后才由中央政府颁布[⑦]，但无论是学术界还是民众都已经意识到作为一种特殊的聚落，"城市"与乡村之间存在本质的差异。

---

① 顾朝林：《中国城市地理》，商务印书馆2002年版，第84页。

② 参见涂文学《"市政改革"与中国城市早期现代化》，华中师范大学中国近现代史专业博士学位论文，2006年。

③ 顾朝林：《中国城市地理》，商务印书馆2002年版，第85页。

④ 董修甲：《市政学纲要》，商务印书馆1927年版。

⑤ 董修甲：《市政问题讨论大纲》，上海青年学会书报部1929年版。

⑥ 张锐编著、梁启超校阅：《市制新论》，商务印书馆1926年版。

⑦ 参见侯杨方《20世纪上半期中国的城市人口：定义及估计》，《上海师范大学学报（哲学社会科学版）》2010年第1期，第27页。

与此同时，虽然所用词汇各有不同，但出现了大量专门记录“城市”的著作，同时也开始出现一些真正意义上的“城市”和“城市史”的研究著作，如傅崇兰提出“直到近代，梁启超先生写了一篇《中国都市》的短文，内容属于萌芽状态的城市史”①。查阅材料，梁启超确实曾经撰写过两篇关于都市的论文，即《中国都市小史》② 和《中国之都市》③，发表的时间都是1926年。④ 不过这两篇论文并不是最早的中国城市史的研究著作，实际上，在此之前已经出现了一些关于城市史的研究，如1914年《地学杂志》上发表的《各地都会历年久蹔（暂）之统计》⑤ 以及1914年的《上海开埠史述》⑥ 等等。不过，根据《中国历史地理学论著索引》⑦ 统计，从20世纪初至20世纪中叶关于城市史和历史城市地理的论著并不是很多，如关于北京，较早的论文有1916年郑定谟的《北京建都考》⑧，1929年奉宽的《燕京故城考》⑨，1930年朱紫江、阚铎的《元大都宫苑图考》⑩ 以及1936年王璧文的《元大都城坊考》⑪ 等。又如，王卫平等认为“民国时期（1925年）王謇的《宋平江城坊考》也许是最早研究江南城市（苏州）史的专著之一”⑫；熊月之等认为“20世纪30年代，陶希圣、全汉升等人关于长安、古代行会制度的论文为城市史研究的起步”⑬。城市史研究论著的大量涌现应当是在1949年之后。此外，值得注意的是这一时期

---

① 傅崇兰、孟祥才、曲英杰、吴承照：《曲阜庙城与中国儒学》“序”，中国社会科学出版社2002年版。

② 梁启超：《中国都市小史》，《晨报七周纪念增刊》1926年10月。

③ 梁任公（启超）：《中国之都市》，《史学与地学》第1、2期，1926年12月、1927年7月。

④ 熊月之、张生再：《中国城市史研究综述（1986—2006）》一文中认为梁启超的这两篇论文，“实开近代意义上的城市史研究之先声”，《史林》2008年第1期，第21页。

⑤ 《各地都会历年久蹔（暂）之统计》，《地学杂志》5：11，6：2，4，4，1914年。

⑥ 《上海开埠史述》，《东方杂志》11：5，1914年11月。

⑦ 杜瑜、朱玲玲：《中国历史地理学论着索引》，书目文献出版社1986年版。

⑧ 郑定谟：《北京建都考》，《地学杂志》1916年7：3。

⑨ 奉宽：《燕京故城考》，《燕京学报》第5期，1929年6月。

⑩ 朱紫江、阚铎：《元大都宫苑图考》，《中国营造学社汇刊》6：3，1930年12月。

⑪ 王璧文：《元大都城坊考》，《中国营造学社汇刊》6：3，1936年9月。

⑫ 王卫平、董强：《江南城市史研究的回顾与思考（1979—2009）》，《苏州大学学报（哲学社会科学版）》2010年第4期，第1页。

⑬ 熊月之、张生：《中国城市史研究综述（1986—2006）》，《史林》2008年第1期，第21页。

一些城市的舆图数量也大为增加，如北京 1840 年之前的城池图仅有 9 种，1840 年之后至 1949 年的则猛增到 51 幅以上，这一变化当与现代“城市”概念的产生以及“城市”重要性的提升有关。

总体来看，近代随着与西方的接触日益密切，“城市化”脚步加快，人们逐步意识到一些“城”或“城池”具有区别于其他聚落的经济、文化、社会结构，对于国家（区域）、社会具有超乎寻常的重要性，同时在国家近代化过程中逐渐吸收了西方“城市”的概念，中国原本的“城”和“城池”的概念则逐渐弱化，由此才形成了中国自己的“城市”概念。与此同时，城市图的绘制也才逐渐增加和受到重视。

综上而言，由于中国古代并没有现代意义的“城市”的概念，只有作为地理空间的“城”或者“城池”的概念，因此也就没有现代意义的“城市图”，而只有“城图”或者“城池图”。在现代人编纂的众多中国古代地图的图集以及图录中，“城市图”通常被列为一类，且在现代社会中“城市图”属于非常重要的一类地图，因此一方面是尊重长久以来的学术习惯；另一方面因为在中国地图绘制近代转型中，“城池图”向“城市图”的转型是非常值得挖掘的一个问题，因此本书将“城池图”作为单独一类进行叙述。①

---

① 在中国古代的舆图编目中，“城池图”被放置在包括总图、政区和道里图在内的舆地类中，且通常与后两者混杂在一起，如《萝图荟萃》。

第二章　中国古代城池图研究综述

以往对中国古代城池图的研究主要分为两类，一类是对城池图本身的研究，另一类是以城池图为基本史料对中国古代的城或城池[①]进行的研究，下面分别进行介绍。

第一节　对城池图本身的研究

对城池图本身的研究，是以往中国古代城池图研究的主要方面，主要代表作有汪前进《〈平江图〉的地图学研究》[②]、张益桂《南宋〈静江府城池图〉简述》[③]、曹婉如《现存最早的一部尚有地图的图经——〈严州图经〉》[④]、汪前进《南宋碑刻平江图研究》[⑤]、胡邦波《景定〈建康志〉中的地图研究》[⑥]、杨文衡《〈长安志图〉的特点与水平》[⑦]、胡邦波《至正

---

① 由于在以往的研究中一般都被称为“城市”，因此在后文中“城池”和“城市”有时也会混用。

② 汪前进：《〈平江图〉的地图学研究》，《自然科学史研究》1989年第4期，第378页。

③ 张益桂：《南宋〈静江府城池图〉简述》，《广西地方志》2001年第1期，第43页。

④ 曹婉如：《现存最早的一部尚有地图的图经——〈严州图经〉》，《自然科学史研究》1994年第4期，第374页。

⑤ 汪前进：《南宋碑刻平江图研究》，曹婉如主编《中国古代地图集（战国—元）》，文物出版社1990年版，第50页。

⑥ 胡邦波：《景定〈建康志〉中的地图研究》，曹婉如主编《中国古代地图集（战国—元）》，文物出版社1990年版，第69页。

⑦ 杨文衡：《〈长安志图〉的特点与水平》，曹婉如主编《中国古代地图集（战国—元）》，文物出版社1990年版，第91页。

〈金陵新志〉中的地图研究》[①]、钟翀等《〈浙江省垣城厢图〉考》[②]、钟翀《〈天津城厢形势全图〉与近代早期的天津地图》[③] 以及朱竞梅的《北京城图史探》[④] 一书等。从研究角度来看，主要是从绘制的技术层面，或者地图的科学性入手对地图的分析，因此研究的主要内容除了必须涉及的绘制时间、表现内容以及地图的谱系之外，主要是对地图的比例尺、准确程度、方位、图例等（以上内容在论文中有时被称为“数理要素”）的分析。但问题在于这种分析的视角是建立在现代地图理论基础之上的，或者说这种分析的视角有一个假定的前提，即中国古代舆图与现代地图一样注重定量或者数字。但这一前提在以往研究中并没有得到充分的论证，而就中国古代城池图的发展历程来看，似乎也不存在定量或者数字的传统。

就比例尺而言，虽然中国古代传统舆图有“计里画方”的方法，但这种方法应用的并不广泛，尤其是在城池图中，使用“计里画方”绘制的可以说是凤毛麟角，只是在清末才在少量城池图的绘制中加以运用。此外，在上述中国古代城池图的研究中，所提及的比例尺一般都是研究者自己测算的，如胡邦波《景定〈建康志〉中的地图研究》中指出“府城之图”比例为 1：20000[⑤]；杨文衡《〈长安志图〉的特点与水平》认为奉元城图的比例尺为 1：7500[⑥]；胡邦波《至正〈金陵新志〉中的地图研究》认为“府城之图”比例尺为 1：10000 至 1：20000 不等，平均比例尺为 1：10000；“集庆府城之图”比例尺为 1：10000[⑦]。但整幅图，甚至是东南西北四个方向的比例尺，并不能证明地图中的所有地理要素是按照比

---

① 胡邦波：《至正〈金陵新志〉中的地图研究》，曹婉如主编《中国古代地图集（战国—元）》，文物出版社 1990 年版，第 98 页。

② 钟翀等：《〈浙江省垣城厢图〉考》，《中国历史地理论丛》2015 年第 4 期，第 84 页。

③ 钟翀：《〈天津城厢形势全图〉与近代早期的天津地图》，《历史地理》第 27 辑，上海人民出版社 2013 年版，第 312 页。

④ 朱竞梅：《北京城图史探》，社会科学文献出版社 2008 年版。

⑤ 胡邦波：《景定〈建康志〉中的地图研究》，曹婉如主编《中国古代地图集（战国—元）》，文物出版社 1990 年版，第 76 页。

⑥ 杨文衡：《〈长安志图〉的特点与水平》，曹婉如主编《中国古代地图集（战国—元）》，文物出版社 1990 年版，第 93 页。

⑦ 胡邦波：《至正〈金陵新志〉中的地图研究》，曹婉如主编《中国古代地图集（战国—元）》，文物出版社 1990 年版，第 102 页。

例绘制的，因此这种对比例尺的测算并没有太大的意义。与上述研究不同，汪前进在《〈平江图〉的地图学研究》一文中对《平江图》某些部分的比例尺进行了测量，提出“城内南北为1：1500，东西为1：2300，平均为1：2000。子城是平江府的政治中心，因而在《平江图》中按照更大的比例尺绘制：南北为1：175，东西为1：167，平均为1：170”。虽然其测量的内容稍多，但无论是整幅图的比例尺，还是子城的比例尺，并不能说明其中的建筑，如花园、河流宽度、街道宽度是按照比例尺绘制的，汪前进提供的数字恰恰说明《平江图》中各个部分的比例尺存在极大的差异，因而很可能其本身不是基于比例尺绘制的，而且像后文所叙述的，这种突出绘制某些地理要素的现象在中国古代城池图中广泛存在，因此很难想象这些地图绘制者有着现代比例尺的概念。追求绘制内容的准确性，以及地理要素相对位置的准确性，可以说是一种人的本能，在我们随手为别人绘制指路草图时候，我们的潜意识中不是也考虑到了准确性吗？[①]

汪前进在《〈平江图〉的地图学研究》一文中提出的一个见解非常值得注意，他“通过文献资料（范成大《吴郡志》和王謇《宋平江城坊考》等）与《平江图》对比分析，发现绘图者具有一定的‘制图综合’思想。所谓‘制图综合’就是对实地的景物，或在把原来比较详尽的地图缩小成更小比例尺的地图时，对原内容所作的取舍和概括的方法。如平江府城在绘图时期存在着巷、行、市等建置，由于该图比例尺的关系，绘图者全部舍去，这对图本身的清晰度的提高和重点内容的突出都具有积极意义”。汪前进提出的“制图综合”虽然是建立在比例尺的基础之上的，但这种认知无疑是有道理的，不过为什么要舍弃巷、行、市，而突出表现其他内容，似乎更应该值得我们思考！地图并不等同于照相，不可能将所有地理要素绘制在地图上，因此在绘制地图时必定要有所取舍，而且随着绘制范围的不同其取舍也必定存在着差异。但根本问题在于，绘图者对绘图内容取舍的标准是什么？这是今后研究中应当注意的。

---

① 假设在我们随手绘制一幅示意图的话，也会尽量使图的长宽比例接近于实际情况，也会使图中各种要素之间的相对位置符合实际情况，这似乎是人之常情或者说是人的本能。在这种情况下，很难认定绘图者有什么比例尺的概念，因为连绘图者都不知道自己绘制出的地图的比例尺是多少。

除此之外，还存在一些地图谱系的研究，如朱竞梅的《北京城图史探》① 一书，对近代之前，尤其是清代中后期北京城图的谱系及其发展过程进行了梳理。

更为值得注意的是，近年来钟翀基于长期的积累，进行了一系列城市地图谱系的研究，其中最具代表性就是他的《近代上海早期城市地图谱系研究》一文。该文认为“上海的近代城市地图绘制曾引领风气之先，不过由于此类地图数量繁多、形态复杂且收藏分散，至今尚未进行较为系统的整理研究。本文将在考察此类地图传存历史的基础上，通过对其地图形态及诸种生成背景的分析，阐明近代早期上海的城市地图，主要存在‘县城图系’、‘上海城郊全图系’、‘上海县城厢租界全图系’、‘实测上海城厢租界图系’四种不同的谱系，同时还对这些早期城市地图的制图技术与特色、印刷业发展、绘图人物与团体、地图的流行与使用等进行初步探讨。”②

而钟翀的《宋元版刻城市地图考录》一文则是目前仅见的对宋元城池舆图的综合性研究，颇有开创性。该文从各类古籍中收录了共42 种宋元版刻城市地图，“从图式上看，这 42 种地图明显可区分为江南地区城市地图与其他区域的城市地图这两大类型，前者存数最多，涉及城市包括临安、建康、明州、台州、严州等都城或府州级城市，乃至常熟、江阴、黄岩、定海（今镇海）等县城；后者仅见长安、东京、洛阳等都城以及《永乐大典》幸存的汀州、潮州、邕州等数城，两者在图式与表现内容上均差别甚大”。其中“其他区域的城市地图”，“从具体的绘制手法上看，例如以城墙、道路等线状地物的表达，既有采用单线线描的简单表达形式（如《雍录》所收《汉长安城图》等）、也有采用较为复杂立面图形式来描摹城墙等地物的（如《潮州城图》等），对于其他地物的表现也比较多样，因此较多呈现创作的个性。当然，在图式上还是有些共同特色的，若以《奉元城图》观之，此类地图大致可总结为以下两点”，即“此类城市地图以围郭与城内衙署等政治性机构为表现主体，有的也描绘一些祠庙或古迹名

① 朱竞梅：《北京城图史探》，社会科学文献出版社 2008 年版。

② 钟翀：《近代上海早期城市地图谱系研究》，《史林》2013 年第 1 期，第 8 页。

胜，除了《唐都城内坊里古要迹图》等极个别图之外，大多没有表现街巷路网，最多仅绘出联通主要城门或政治核心机构的主干道路，而对于坊、市等城市建成区或商业区的描绘虽不能说完全忽视，但也显得十分简化”，“衙署机构的描绘一般采用局部放大的‘凸镜处理’方式”[①]；而江南地区城市地图在绘制方式上的主要有三点特征，即“与其他区域的城市地图相比，虽然围郭与城内衙署仍作为主要内容，但一般也会留意对其他公共设施的表现，同时，描绘详细的路网也是江南城市图最显著的特点，再结合对城内水道与桥梁的表现”；“从图式上看，宋元江南城市地图也已出现非常高的共性。主要表现为：街道统一以描绘石板或阶梯的双线加细横线方式来表达；河道或湖塘一般以水波纹加以填充；桥梁径以街路横压河道并在街路上加注桥名为原则、少数重要或考究的也有绘出桥形的；衙署祠庙一般以统一的图例表达，少数重要机构则一般会另绘子城图、衙署图等以详细表现其内部构造。并且，上述特征在著名的南宋苏州石刻地图——《平江图》也可观察到。此类高度一致的绘制图式，真实反映了宋元江南的测绘者与图版雕刻匠团体的绘制传统，甚至可以推测这类技术不仅传承有绪，而且很可能其参与者就是数代连绵的同一批匠人”[②]；“从明清方志等材料来看，宋元时代在江南地区出现的此类高度特化的城市地图制作方式并没有流传下来。入明以后，此类地图就已步入退化通道……到明中期以后，与版刻的粗率化相一致，此种退化倾向在城市地图制作上也愈发显著……此时大多数的版刻城市地图均已退行至与宋元其他区域城市地图类似的示意图形式的表现上了”。[③]

钟翀古代城池图方面的研究还有：《近代以来日本所绘上海城市地图通考》[④]、《近代日本测绘中国城市地图之再考》[⑤]、《日本所绘近代中国城

① 钟翀：《宋元版刻城市地图考录》，《社会科学战线》2020年第2期，第134页。

② 钟翀：《宋元版刻城市地图考录》，《社会科学战线》2020年第2期，第135页。

③ 钟翀：《宋元版刻城市地图考录》，《社会科学战线》2020年第2期，第136页。

④ 钟翀：《近代以来日本所绘上海城市地图通考》，《历史地理》第32辑，上海人民出版社2015年版，第317页。

⑤ 钟翀：《近代日本测绘中国城市地图之再考》，《都市文化研究》第17辑，上海三联书店2017年版，第3页。

市地图刍议》[①]、《日本所绘近代中国城市地图研究序论》[②] 以及《近代以来日本所绘南京城市地图通考》[③] 等。

此外，近年来一些城市和研究机构也编绘了一些城市的地图集，这些图集中虽然不乏政区图，但其中也包含有一定数量的城池图，如《重庆古旧地图集》[④]、《武汉历史地图集》[⑤]、《广州历史地图精粹》[⑥]、《东莞历代地图集》[⑦]、《杭州古旧地图集》[⑧]、《澳门历史地图精选》[⑨] 以及《温州古旧地图集》[⑩]，还有收录中国国家图书馆所藏北京古地图的《北京古地图集》[⑪] 以及首都图书馆出版的馆藏北京古代舆图图录《北京历史舆图集》[⑫]；等等；近两年出版的具有重要影响力的则是《上海城市地图集成》[⑬] 和《南京古旧地图集》[⑭]；此外，还有郑锡煌主编的《中国古代地图集·城市地图》[⑮]。

---

① 钟翀：《日本所绘近代中国城市地图刍议》，《陕西师范大学学报（哲学社会科学版）》2017年第3期，第123页。

② 钟翀：《日本所绘近代中国城市地图研究序论》，《都市文化研究》第14辑，上海三联书店2016年版，第129页。

③ 钟翀：《近代以来日本所绘南京城市地图通考》，《都市文化研究》第15辑，上海三联书店2016年版，第110页。

④ 蓝勇：《重庆古旧地图集》，西南师范大学出版社2013年版。

⑤ 武汉历史地图集编纂委员会编辑：《武汉历史地图集》，中国地图出版社1998年版。收录了武汉地区古旧地图百余幅。

⑥ 《广州历史地图精粹》，中国大百科全书出版社2003年版。收录上自康熙二十四年（1685），下迄1949年的地图97幅。

⑦ 《东莞历代地图集》，中国人民政治协商会议东莞市委员会文史资料委员会2002年版。收集了明、清、民国及中华人民共和国成立后出版的与东莞有关的地图100余幅。

⑧ 杭州市档案馆编：《杭州古旧地图集》，浙江古籍出版社2007年版。收录杭州地区的古旧地图222幅。

⑨ 邹爱莲、霍启昌主编：《澳门历史地图精选》，文华出版社2000年版。收录上起明隆庆四年（1570），下至宣统二年（1910）与澳门有关的古代舆图78幅。

⑩ 钟翀：《温州古旧地图集》，上海书店2014年版。

⑪ 中国国家图书馆等：《北京古地图集》，测绘出版社2010年版。

⑫ 《北京历史舆图集》，外文出版社2005年版。共收录各种北京古旧舆图800余幅，其中包括一些外文地图。

⑬ 孙逊、钟翀：《上海城市地图集成》，上海书画出版社2017年版。

⑭ 胡阿祥等：《南京古旧地图集》，凤凰出版社2017年版。

⑮ 郑锡煌主编：《中国古代地图集·城市地图》，西安地图出版社2005年版。收录了大量城市舆图，并在图录之后附有多篇具有学术价值的研究论文。

第二节　以城池图为史料进行的研究

以城池图为基本史料对城市本身进行的研究在以往城池图的研究中数量较少，其中具有代表性的有徐苹芳《马王堆三号汉墓出土的帛画“城邑图”及其有关问题》，该文在分析了七幅汉代城池图之后，提出“汉代地方城市中的官吏府舍为城市的最重要部分，外围多用垣墙包绕，形成了城内的另一个小城，即所谓‘子城’”[①]。于凤军《明至民国时期方志舆图中韩城县境的景观格局与景观变迁》[②]，通过对韩城县方志中的舆图，尤其是对分野图和县境图内容的比较分析，并结合方志的文字内容及其他文献资料，对明代至民国韩城县境内的景观格局作了简要的概括，以此为基础分析了韩城县境西北山区森林的减少与童山的增多以及原因。李孝聪《清末云南省城图与昆明城市建设发展史》[③]，以《云南省城图》为线索，勾勒出了昆明城市的发展轨迹。此外还有，高泳源《从〈姑苏城图〉看清末苏州的城市景观》[④]、郑锡煌《北京的演进与北京城地图》[⑤]、廖志豪和汪前进《从苏州府城图看明代苏州经济的发展》[⑥]、杨文衡《太原城市地图及太原城市发展演变史略》[⑦]、傅林祥《上海城市化进城的古旧地图反映》[⑧]、阙

① 徐苹芳：《马王堆三号汉墓出土的帛画“城邑图”及其有关问题》，《简帛研究》第1辑，法律出版社1993年版，第108页。

② 于凤军：《明至民国时期方志舆图中韩城县境的景观格局与景观变迁》，《中国历史地理论丛》2004年第1辑，第82页。

③ 李孝聪：《清末云南省城图与昆明城市建设发展史》，郑锡煌主编《中国古代地图集·城市地图》，西安地图出版社2005年版，第328页。

④ 高泳源：《从〈姑苏城图〉看清末苏州的城市景观》，《自然科学史研究》1996年第2期，第161页。

⑤ 郑锡煌：《北京的演进与北京城地图》，曹婉如主编《中国古代地图集（清代）》，文物出版社1997年版，第165页。

⑥ 廖志豪、汪前进：《从苏州府城图看明代苏州经济的发展》，曹婉如主编《中国古代地图集（明代）》，文物出版社1994年版，第59页。

⑦ 杨文衡：《太原城市地图及太原城市发展演变史略》，郑锡煌主编《中国古代地图集·城市地图》，西安地图出版社2005年版，第255页。

⑧ 傅林祥：《上海城市化进城的古旧地图反映》，郑锡煌主编《中国古代地图集·城市地图》，西安地图出版社2005年版，第263页。

维民《杭州城市发展与杭州城池地图概述》[①] 以及胡玉冰等的《〈花马池城图〉晚清西北地方士人的心态和选择》[②] 等。总体看，从这个视角进行的研究数量还不多，且大多数研究局限于通过古地图叙述城市地理景观的变化，并没有对地图所反映的一些深层次的问题进行发掘和探讨，像徐苹芳那样以地图为史料揭示历史问题的研究仍是凤毛麟角。

需要强调的就是近年来，钟翀利用古地图进行了一些古代城市形态复原的研究，主要集中在《江南子城的形态变迁及其筑城史研究》[③]、《温州城的早期筑城史及其原初形态初探》[④] 以及《宋代以来常州城中的"厢"——城市厢坊制的平面格局及演变研究之一叶》[⑤] 等文，其所使用的方法就是基于康泽恩学派的实践经验，即"德国聚落史地学前驱施吕特以城市实测平面图为主要分析资料，通过对城市形态中所谓'形态基因'的提取与考察，回溯城市形态变迁史，由此建立起西方城市史地的形态学派；正是在运用大比例城市古地图与中世纪以来丰富地籍记录的基础上，英国史地学者康泽恩提出了系统的城市历史形态分析方法，根据时空累积变化的形态比较，有效归纳了城镇平面格局动态变化中的诸种继承性现象"[⑥]。基于这一研究方法，钟翀利用近代城市实测地图，并通过地图结合实地考察，发现了一些城市中具有继承性的"形态框架"，由此复原了一些江南城市不同时期的城市布局以及城市基层组织的空间分布，使我们可以比以往更为深入地了解这些城池城市形态的演变过程。

此外，笔者还曾以宋元明清的城池图为史料，探讨了这一时期地方城

---

① 阙维民：《杭州城市发展与杭州城池地图概述》，郑锡煌主编《中国古代地图集·城市地图》，西安地图出版社 2005 年，第 276 页。

② 胡玉冰等：《〈花马池城图〉晚清西北地区士人的心态和选择》，《宁夏社会科学》2018 年第 3 期，第 174 页。

③ 钟翀：《江南子城的形态变迁及其筑城史研究》，《史林》2014 年第 4 期，第 1 页。

④ 钟翀：《温州城的早期筑城史及其原初形态初探》，《都市文化研究》第 12 辑，上海三联书店 2015 年版，第 162 页。

⑤ 钟翀：《宋代以来常州城中的"厢"——城市厢坊制的平面格局及演变研究之一叶》，《杭州师范大学学报（社会科学版）》2016 年第 1 期，第 100 页。

⑥ 钟翀：《温州城的早期筑城史及其原初形态初探》，第 163 页。

池城墙修筑、城池内衙署的空间分布和演变以及子城的选址及原因。[①]

总体来看，以往对中国古代城池图的研究虽然取得了众多研究成果，但也存在着一定的局限。对地图本身的研究过多地局限于现代地图绘制技术，且缺乏对中国古代城池图的整体性介绍，同时对城池图所反映的内容也缺乏深入研究。本书以中国地图学史为研究对象，因此此处将结合以往的研究，对中国古代城池图的整体情况及其变化进行介绍。

① 成一农：《中国古代城市舆图研究》，《中国社会科学院历史研究所学刊》第6集，商务印书馆2010年版，第605页。

第三章　中国古代城池图的发展过程[①]

第一节　概述

中国古代城池图发展大致可以划分为三个阶段，即萌芽时期的汉代、稳定时期的宋至清中期，以及转型时期的清末。

将汉代独立出来作为萌芽时期稍显勉强，因为这一时期的七幅“城池图”中有六幅是墓葬壁画，另外一幅也出自墓葬，因而无法确定这些“图”是否能代表当时的城池图。而且虽然这些城池图所表现的实用性与后代的城池图类似，但自汉代至宋代的漫长岁月中没有一幅城池图传世，其间的演变脉络，并不是很清楚，两者之间是否存在联系也难以确定，因此在这里将汉代作为萌芽期只是为了介绍的方便。

宋至清中期。这一时期，无论是利玛窦传入的西方地图，还是康乾时期绘制的全国测绘地图，都没有对传统城池图的绘制造成影响。虽然乾隆《京城全图》的准确程度让人惊讶，但是有着这样准确性的城池图在中国古代极为少见，在这种情况下，我们就不得不考虑中国古代城池图是否有着另外的价值趣向。李孝聪提出的一个研究视角是非常值得注意的，他通过对中国古代地图方位的研究，认为“中国古代人的地图从表面上看，似乎不如西方人的地图那么精确，但是中国人的地图体现了相当明确的务实

---

① 本章来源于笔者撰写的《中国古代城市舆图研究》（《中国社会科学院历史研究所学刊》第6集，商务印书馆2010年版，第605页）一文。

性。无论造送官府，还是民间存读，大多数中国人编制的地图都是为了使用”①。当然，从理论上来讲，地图绘制的根本目的就是为了使用，但是地图不等于照相，不可能将所有的地理要素都绘制在地图上，因此只能将使用者需要和关注的内容绘制在地图上。从这一视角来看，宋代至清代中期，中国古代城池图所选择绘制的内容没有发生太大的变化，图中绘制的基本上是与地方治理有关的内容，或者说城池图最初的绘制目的主要是为各级官方机构服务的。当然这一时期也存在出于其他目的绘制的城池图，由于其绘制目的不同，因此图中所反映的内容也存在一定多样性，但总体看来流传至今的这类城池图并不多。

清末，尤其是光绪年间，随着社会的变革，城池图的绘制目的也开始发生变化，不仅这一时期的城池图中出现了反映这一时期城市变化的新内容，如天主教堂、火车等等，而且也出现了为了民间使用而绘制的城池图。除了内容的转型之外，这一时期用西方测绘技术绘制的城池图开始大量出现，不过需要考虑的就是这种技术上的转型是否像我们通常认为的那样是完全正确的？还是其中有着盲目的“被科学化”的因素。②

第二节　中国古代城池图的萌芽时期——汉代

至今发现最早的城池图应该是马王堆汉墓出土的《城邑图》，可能绘制于公元前168年或之前不久，图面残损比较严重，不过可以看出，城垣用细墨线勾画，有内外两重，内垣有城门三座。城内上半部分有数个大小不等的方形或长方形，可能表现是某些建筑。下半部分的左侧，绘制一长方形框，主要建筑物集中在此。

在内蒙古自治区和林格尔县东汉护乌桓校尉墓葬中发现了五幅城池图，时间约为东汉末年（公元2世纪之后）：

宁城图：图中绘制的内容有：城垣，包括雉堞、城门；护乌桓校尉幕府、营房、曹舍、仓库等，是图中的主要内容；“宁城寺门”，是宁城官署

---

① 李孝聪：《古代中国地图的启示》，《读书》1997年第7期，第140页。

② 这一问题将在本篇第四章中进行简要讨论。

所在；“宁市中”，是宁城中的市场。①

繁阳县城图：墓主出任护乌桓校尉前，曾由“行上郡属国都尉”迁“繁阳县令官寺”。繁阳县城图绘有城墙，图中突出绘制的应该是墓主任繁阳县令时的官衙建筑。②

土军城图：城平面近方形，一门，都尉治所在城内中央，面积占全城二分之一强。城内除都尉府外，没有绘制其他建筑。

离石城图：城平面为方形，二门，中央有小城。

武成县图：平面为方形，绘有南门，南门内稍东为“武成寺门”“武成长舍”，在武成县衙内有一院落，绘生活像。

此外，在朝鲜平安南道顺川郡龙凤里辽东城塚壁画墓中还有一幅辽东城图，时间约为公元五世纪：该图平面作扁方形，城内西南隅有小城，内有楼阁，应是衙署所在。城东西两垣上各开一门，两门之间的大路横穿辽东城中部和小城北部。③

需要指出的是，上述七幅地图中的六幅都是墓葬中的壁画，其绘制似乎在于表现墓主在世时的生活场景和经历，因此这些图性质应该更近于绘画。总体而言，除了漫漶不清的马王堆汉墓的“城邑图”外，至今没有发现确实为汉代的城池图。

就绘制方法而言，马王堆汉墓的“城邑图”和“辽东城图”，近似于后代城池图中的平立面结合的画法；其他五幅地图，其画法与后代城池图中的形象画法比较接近，当然实际上更近似于绘画。而且和林格尔县东汉护乌桓校尉墓葬中的五幅中地图，选择绘制的内容以及突出表现的内容，都与墓主生平经历有关。

---

① 郑锡煌主编：《中国古代地图集·城市地图》，西安地图出版社 2005 年版，第 179 页。

② 曹婉如主编：《中国古代地图集（战国—元）》，文物出版社 1990 年版，第 2 页。

③ 以上参见徐苹芳《马王堆三号汉墓出土的帛画“城邑图”及其有关问题》，《简帛研究》第 1 辑，法律出版社 1993 年版，第 108 页。

第三节　中国古代城池图的稳定时期——宋至清中期

一　宋元时期的城池图

宋元时期的城池图大致可以分为两类：

（一）保存在石碑上的城池图

宋元时期保存在石碑上的城池图即“平江图”“静江府城图”“鲁国之图”。

“静江府城图”，约绘制于南宋咸淳八年（1272），图中的自然景观和人文景观名称共112处，其中军事机构设施69处，很明显这幅地图重在表现的是城市中的军事机构。同时，地图上方附有修城记，记载了修城的经过和所修城池的长、宽、高，用工费料以及当时经略安抚使的姓名。① 根据研究，此次静江府城的修建最初是由李曾伯主持的，开始于宝祐六年（1258），此后先后由知静江府、广西经略安抚使朱禩孙、赵与霖、胡颖继续主持建造，前后连续达14年之久，由此来看显然这幅地图是这次修城的结果。而这次修城的目的“是为了防御元朝的南侵。当宝祐六年（1258）李曾伯开始修城时，元兵已从云南打到邕州（今南宁）附近，在这种形势下，镇守桂林的李曾伯兴工动土，修复城池，其目的是十分清楚的”②。

在李曾伯的文集《可斋杂藁·续稿》的“后卷九”中收录了其所撰写的“缴城图奏”，其中具体说明了这次修城的起始的时间、原因以及修城的过程，即“臣误蒙恩擢，再牧桂林，当敌人干腹之浸，深以藩府札仰而为急。臣自去春领事后，遵奉宸筭，修浚城池，即与谙历将帅相视形势，于旧城之北，循离江扼桂岭，创建新城三面，因山而设险，引水而灌濠，与旧城相通，稍加展拓，可以容众……”③。尤其值得注意的是，在此次修筑工程中，为了向朝廷报告修筑的过程以及经费情况，李曾伯曾经绘制过

---

① 曹婉如主编：《中国古代地图集（战国—元）》，文物出版社1990年版，第7页。

② 张益桂：《南宋〈静江府城池图〉简述》，《广西地方志》2001年第1期，第53页。

③ 李曾伯：《可斋杂藁·续稿》后卷九“缴城图奏”，四库全书本。

一幅地图并与记录了相关费用的册子一起上报给朝廷，即“除已详具图册，申密院外，所合绘画小图，开具总费造册一本，谨用彻尘睿览”。并且通过“小图”说明当时静江府城修筑中存在的问题，即“惟是，桂旧内郡，素为空疏，今在边防，皆当严备。其新旧两城工役之已办者固粗具，而未办者则尚多，最是旧城正西一面，基矮而砖薄，濠迫而墙狭，势用重砌城身，帮阔濠岸，羊马墙之类皆用改筑，深虑事力单微，工费繁浩……”[①]。从这段文字描述来看，李曾伯绘制的这幅小图，在内容上应该与在今天所见到的《静江府城图》类似，即绘制了修城过程中修筑的军事工事，并且通过文字注记说明了经费的使用情况。宋代在修筑城墙的过程中或者之后，绘制城图并向朝廷进呈并不仅此一例，如李新撰的《跨鳌集》卷十三中有“进潼川府修城图状”，详细叙述了修城的经过和花费的钱粮，可以推断这幅《潼川府城图》绘制的内容和文中的题记也应与《静江府城图》类似。因此可以认为，筑城之中以及之后绘制城图，向朝廷呈报修筑过程以及钱粮的花费情况，是宋代的一项制度，因此也就可以解释《静江府城图》重在表现城市中的军事机构的原因了，而该图也很可能是根据上报朝廷的地图绘制的。

“平江图”，绘制于南宋绍定二年（1229），据推测是在平江知府李寿朋主持下完成的。图中所绘人文景观、自然景观约 640 处，标注名称的有 613 处；其中人文景观 572 处，包括官廨、营寨等军政机构 93 处，寺庙庵斋等 111 座，坊 65 座，桥梁 303 座。[②] 根据《吴郡图》卷十的记载：“李寿朋，朝请大夫，直宝谟阁。绍定元年十二月二十八日到任，二年十月二十七日除，依旧直宝谟阁，荆湖北路转运判官。”[③] 李寿朋在短暂的任期内，曾经对苏州的坊进行了调整[④]，又重修了盘门和城楼，新建了激赏西库、激赏南库和望云馆，并刊印和增补了《吴郡志》，“平江图”可能正是

① 李曾伯：《可斋杂藁·续稿》后卷九“缴城图奏”，四库全书本。

② 曹婉如主编：《中国古代地图集（战国—元）》，文物出版社 1990 年版，第 6 页。

③ （宋）范大成纂修《吴郡志》，卷十一“题名”，《宋元方志丛刊》第 1 册，中华书局 1990 年版，第 776 页。

④ （宋）范大成纂修《吴郡志》，卷六“坊市”，“右六十五坊，绍定二年春，郡守李寿朋并新作之，壮观视昔有加”，《宋元方志丛刊》第 1 册，中华书局 1990 年版，第 735 页。

这些活动的结果。从绘制内容，图中详细绘制了城中的道路、桥梁、祠祀建筑和坊，这正是宋代城池图的一个特点，在其他方志图中都有所反映。还需要提及的是图中对于衙署，尤其是子城的表现，汪前进在《〈平江图〉的地图学研究》一文中指出“城内南北为1∶1500，东西为1∶2300，平均为1∶2000。子城是平江府的政治中心，因而在《平江图》中按照更大的比例尺绘制：南北为1∶175，东西为1∶167，平均为1∶170”，显然衙署所在的子城在绘制时被刻意地放大了，这显示了“平江图”所要突出显示的内容。总体来看，就绘制内容而言，“平江图”更接近于宋代方志中的城池图，其绘制目的与下文所分析的方志图应该是类似的。

“鲁国之图”，1985年发现于湖北省阳新县，原图绘者不详，据孙果清考证，该图绘制于北宋政和四年（1114）之前，南宋绍兴二十四年（1154）刻石。图中主要绘制了孔庙、鲁国故都遗址、颜庙、文宪王庙（周公庙）、胜果寺、颜母庙、宣圣庙等寺庙，城北部和东部的孔子墓、伯鱼墓等墓葬以及众多居民点和古城遗址。对于这幅图绘制的目的，虽然没有明确的记载，但是绍兴二十四年刻石时的“识”中记“今幸承乏敢请于郡模刻置大成殿之东庑，庶使朝夕于斯者，得以考圣贤之轨躅，而他日成材之效举，无愧于从游速肖之例。仰副圣朝化成之文，则此图亦不为无补”[①]，也就是说这幅地图绘制目的是为了教化士子，同时图中绘制的基本上都是关于圣迹的内容也体现了这幅图绘制的目的。[②]

（二）宋代方志中的城池图

关于宋代方志中地图的绘制目的，文献中缺乏明确记载，但是方志图出自方志，正如《至正金陵新志》“修志本末”所述“古之学者，左图右书，况郡国舆地之书，非图何以审订。至顺初，元郡士戚光纂修续志，屏却旧例，并去其图，览者病焉。今志一依旧例，以山川、城邑、官署、古

---

① 孙果清：《宋代石刻鲁国之图的初步探讨》，曹婉如主编《中国古代地图集（战国—元）》，文物出版社1990年版，第24页。

② 对《鲁国之图》图面内容的分析，可以参见李零《读〈鲁国之图碑〉》，《中国文化》第44期，中国文化杂志社2016年版，第65页。

迹次第为图，冠于卷首，而考其沿革大要，各附图左，以便观览”①，方志图是为了便于使用者阅读方志而绘制的，由此可以推论宋元方志编纂的目的，在一定程度上也能代表方志图绘制的目的。

宋元方志的编纂目的，在当时的方志中多有记载，如《吴郡图经续记》序“按《唐六典》职方氏，掌天下之地图。凡地图命郡府三年一造，与版籍偕上省，圣朝因之，有闰年之制。盖城邑有迁改、政事有损益、户口有登降，不可以不察也”②；又如《新安志》淳熙二年（1175）罗愿序记：“夫所为记山川道里者，非以示广远也，务知险易不忘戒也；其录丁口顷亩，非以览富厚也，务察息耗毋繇夺也；其书赋贡物产，非以给嗜欲也，务裁阔狭同民利也；至于州土沿革、吏治得失、风俗之媺恶，与其人材之众寡，是皆有微旨，必使涉于学者纂之”③；《宝庆四明志》罗浚序“图志之不详在郡国，且无以自观，而何有于诏王道哉！欲知政化之先后，必观学校之废兴；欲知用度之赢缩，必观财货之源流；观风俗之盛衰，则思谨身率先；观山川之流峙，则思为民兴利。事事观之，事事有益，所谓不出户，而知天下者也”④；《景定建康志》马光祖序曰“郡有志，即成周职方氏之所掌，岂徒辨其山林、川泽、都鄙之名物而已。天时验于岁月灾祥之书，地利明于形势险要之设，人文著于衣冠礼乐风俗之臧否。忠孝节义表人材也，版籍登耗考民力也，甲兵坚瑕讨军实也，政教修废察吏治也，古今是非得失之迹垂劝鉴也。夫如是，然后有补于世，郡皆然，况陪都乎？”⑤；《齐乘》苏天爵序“今齐为山东重镇，所统郡县五十有九，宦游于齐者获是书观之，宁无益乎？”⑥；《至正金陵新志》“修志文移”记“集庆为江南要郡，自我朝混一，迨今六十八年。中间恩命之所加，风化

---

① （元）张铉：《至正金陵新志》“修志本末”，《宋元方志丛刊》第6册，中华书局1990年版，第5285页。

② （宋）朱长文：《吴郡图经续记》“序”，《宋元方志丛刊》第1册，中华书局1990年版，第639页。

③ 《新安志》，《宋元方志丛刊》第8册，中华书局1990年版，第7599页。

④ （宋）胡榘，罗浚纂修：《宝庆四明志》“序”，《宋元方志丛刊》第5册，中华书局1990年版，第4989页。

⑤ （宋）周应合：《景定建康志》，《宋元方志丛刊》第2册，中华书局1990年版，第131页。

⑥ （元）于钦：《齐乘》，《宋元方志丛刊》第1册，中华书局1990年版，第509页。

之所被，台察之设置，州郡之沿革，名宦之政绩，人才之贤否，山川之变迁，风俗之移易，与夫忠臣、孝子、义夫、节妇俱有关于政教甚大，苟不广其见闻，考之事实，裒集成编，以续前志，岁月既久，渐致湮沉如蒙”①。由这些叙述来看，宋元地方志书修撰的一个重要目的就是为地方治理服务，即要“有补于世”“宦游于齐者获是书观之，宁无益乎”。志书中地图的绘制当也要反映这一目的，而且当时的士人也意识到了地图在地方治理中的重要作用，如宋代官箴之书《州县提纲》卷二“详画地图”载：“迓吏初至，虽有图经，粗知大概耳。视事之后，必令详画地图，以载邑井都保之广狭，人民之居止，道涂之远近，山林田亩之多寡、高下，各以其图来上，然后合诸乡邑所画总为一大图，置之坐隅，故身据厅事之上，而所治之内，人民、地里、山林、川泽俱在目前。凡有争讼，有赋役，有水旱，有追逮，皆可以一览而见矣。昔吕惠卿，虽不足言，观其以居常按视县图，究知乡村、地形、高下为治县法，盖亦有所见也。”②

下面从宋元方志中城池图的绘制内容入手，对这一问题进行论述。表4－2整理了44幅宋元方志中所收城池图③绘制的地理要素。

表4－2　　宋元方志中城池图所绘地理要素分类

地图名称	城墙	街道	坊	仓库	衙署④	祭祀地⑤	庙学	其他组成要素
《咸淳毗陵志》武进县境图	●				●	●		
《咸淳毗陵志》晋陵县境图	●				●	●		
《咸淳临安志》京城图	●	●	●	●	●	●	●	王府、住宅
《咸淳临安志》余杭县境图	●	●		●	●	●	●	
《咸淳临安志》临安县境图	●	●	●	●	●	●	●	市场
《咸淳临安志》於潜县境图	●			●	●	●	●	义冢

① （元）张铉：《至正金陵新志》“修志文移”，《宋元方志丛刊》第6册，中华书局1990年版，第5280页。

② 《州县提纲》，四库全书本。

③ 此处还包含了一些辖境图。中国古代的辖境图按照对城市表现方式的不同，可以分为两类，一类用符号代表治所城市；另一类则绘制了治所城市中的一些建筑。其中后一类辖境图绘制城市时所选择的内容是值得注意的，因此将这类辖境图列入城市图的范畴。

④ 主要指府治、州治、县治等地方行政机构的官署。

⑤ 包括各类民间、官府修建的坛庙。

续表

地图名称	城墙	街道	坊	仓库	衙署	祭祀地	庙学	其他组成要素
《咸淳临安志》富阳县境图	●			●	●	●	●	李丞相府
《咸淳临安志》新城县境图	●				●	●	●	
《咸淳临安志》盐官县境图	●	●		●	●	●	●	鼓楼
《咸淳临安志》昌化县境图		●	●		●	●	●	
《景定建康志》府城图	●	●	●	●	●	●	●	
《景定建康志》江宁县境图	●				●			
《景定建康志》上元县境图	●				●			
《景定建康志》句容县图	●				●	●		
《景定建康志》溧水县城图	●				●			
《景定建康志》溧阳县城图	●				●		●	
《淳熙严州图经》建德府内外城图	●	●	●	●	●	●	●	瓦子
《淳熙严州图经》府境图	●				●			
《淳熙严州图经》建德县境图	●				●	●	●	安养院
《淳熙严州图经》淳安县境图	●				●	●	●	
《淳熙严州图经》桐庐县境图				●	●	●	●	
《淳熙严州图经》遂安县境图				●	●	●	●	
《淳熙严州图经》寿昌县境图				●	●	●	●	
《淳熙严州图经》分水县境图			●	●	●	●	●	
《嘉定赤城志》罗城图	●	●	●	●	●	●	●	
《嘉定赤城志》州境图	●				●			塔
《嘉定赤城志》黄岩县治图		●	●	●	●	●	●	
《嘉定赤城志》黄岩县境图	●				●			
《嘉定赤城志》临海县治图		●		●	●	●	●	鼓楼
《嘉定赤城志》天台县境图	●				●			
《嘉定赤城志》仙居县治图		●	●	●	●	●	●	
《嘉定赤城志》宁海县治图		●	●	●	●	●	●	
《嘉定赤城志》宁海县境图	●			●	●		●	
《临汀志》"郡境图"	●	●		●	●	●	●	
《临汀志》"郡城图"	●	●		●	●	●	●	
《临汀志》"长汀县境图"	●				●			

续表

地图名称	城墙	街道	坊	仓库	衙署	祭祀地	庙学	其他组成要素
《宝庆四明志》“慈溪县治图”		●		●	●	●	●	
《宝庆四明志》“奉化县境图”					●	●	●	
《宝庆四明志》“鄞县县境图”	●			●	●	●	●	
《宝庆四明志》“昌国县境图”			●		●	●	●	
《宝庆四明志》“象山县境图”		●			●	●	●	市场
“潮州城图”①	●	●		●	●	●	●	
至正《金陵新志》中的“集庆府城之图”	●	●	●	●	●	●	●	
《长安志》中的“奉元城图”	●	●	●	●	●	●	●	民居、市场、勾栏

在表4－2收录的44幅宋元方志城池图中，所有地图中都出现了衙署，出现率100%；有34幅地图中出现了“祭祀地”，出现率77.3%；有33幅地图中出现了庙学，出现率75%；有31幅地图中出现了城墙，出现率70.5%；有25幅地图中出现了仓库，出现率56.8%；有19幅地图中出现了街道，出现率43.2%；坊只出现在13幅地图中，出现率29.5%。由此，从表4－2可以看出，宋代方志中的城池图主要表现的是衙署、祭祀、庙学、城墙、仓库等与“官”有着密切关系的建筑，而对其他内容则表现得比较粗略，这也印证了上文提出的方志图绘制的目的在于为地方治理服务。

为了进一步说明这一问题，表4－3对比了《嘉定赤城志》中关于台州城内建筑的记载与绘制于“罗城图”中的内容。

表4－3　《嘉定赤城志》中对台州城内建筑的记载与“罗城图”所绘内容的对比

地图名称	城墙	坊巷	市场	馆驿	桥梁	庙学	校场	衙署	仓库	寺院宫观	祠庙
《嘉定赤城志》	●	●	●	●	●	●	●	●	●	●	●
《嘉定赤城志》罗城图	●	●		●		●	●	●	●	●	●

① 对于这幅地图的绘图年代，参见本章附录一的考证。

从表4－3来看，《嘉定赤城志》中关于台州城内建筑的记载大都在“罗城图”中有所表现，志书中有记载而图中没有绘制的只有市场和桥梁。《嘉定赤城志》在每卷之首都说明了该卷所载内容的意义，如“地理门二”记“自古建郡若邑，倚城以为命，然必择胜地焉……今城垒骋目而望，据大固山，介天台括苍间，中峰对峙，如入几席，天台、仙居二水别流，至三江口而合，萦纡演迤，环拱其郛，岩光川容，吞吐掩映于烟云缥缈之际，真足以奠城社、表宅里、聚廛市，以雄跨一方矣”①；卷四“公廨门一”记：“先圣庙、社稷坛，非公廨也，首之者何也？社稷主此土，而先圣主此道，无此道则无此土矣，无此土而欲治此土得乎？先庙次坛，示有本也。若学宫与贡院，则为国造士；教场则为国简兵。士以宣道业善政治，兵以昭威锐詟不轨，文武二柄略具，故不敢混诸官舍而附于庙社之后，庶览者得详焉”②；卷七“公廨门四”：“仓库财用之所藏也，场务以下，财用之所出也。古者山泽之利，与民共之。后世既专之官，而茶盐酒税之禁，日涌月溢，虽明知其朘削，而郡国之百须在焉，欲罢盖不能也。台濒海故有盐，负山故有茶，民力役劳生故不能无酒，昔固笼而之公上矣。比岁茶场既废，二盐监改隶他郡，所谓酒坊败阙亦累累有之，独官酤仅行商税，尚亡恙，均节剂量，使州用无匮，而民力不伤，此固善为政者之所乐闻也”③；卷二十七“寺观门一”：“自佛老氏出，摩荡掀舞，环一世而趋之，斯道殆薄蚀矣。粗之为祸福，使愚者惧，精之为清净寂灭，使智者惑，盖其窃吾说之似以为彼术之真，如据影搏物而熟视之则非也。以故台之为州，广不五百里，而为僧庐、道宇者四百有奇，吁盛哉！今吾孔子、孟子之像设不增，或屋仆漫不治，而穹堂伟殿独于彼甘心焉，岂其无祸福以惧人，而无思无为之旨，反出清净寂灭之下邪，今备录之，非以滋惑，亦使观者知彼之盛，而防吾之衰，庶少辅世教云尔”④；卷三十一“祠庙门”：“夫以劳定国以死勤事，御大菑捍大患则祀之，此先王之制也。余

---

① （宋）黄㽦、齐硕修，陈耆卿纂：《嘉定赤城志》卷一“地理门二”，《宋元方志丛刊》第7册，中华书局1990年版，第7290页。

② （宋）黄㽦、齐硕修，陈耆卿纂：《嘉定赤城志》卷四“公廨门一”，第7310页。

③ （宋）黄㽦、齐硕修，陈耆卿纂：《嘉定赤城志》卷七“公廨门四”，第7329页。

④ （宋）黄㽦、齐硕修，陈耆卿纂：《嘉定赤城志》卷二十七“寺观门一”，第7477页。

观州之神祠，错峙纷出，以其牖一时之民，而庙千里之食，岂曰无之。亦有空山断蹊踵讹沿谬，而风靡波荡遂赘疣其间者，岂其乐鬼重巫，越之遗风固尔耶。昔狄仁杰巡抚江南，毁淫祠至千七百，惟存禹太伯以下四人，夫四人者，不可数见，而千七百之淫祠，今未必不烂漫于宇宙间也，犹以土俗传信，重于锄剔，姑并存之，使来者择焉"①。通过几段文字来看，之所以在志书中记载上述内容，主要是出于地方治理的目的。在这几段综述性的文字中没有提及，而在志书中又有记载的有：衙署、市场、坊巷、馆驿和桥梁，其中衙署的意义不用强调也是不言自明的，馆驿属于驿站系统，剩下市场、坊巷和桥梁似乎与地方治理关系不大，或者说应该并不是地方官吏主要关心的内容，而正是其中的市场和桥梁在"罗城图"中没有绘制出来。因此我们可以认为，通过比照《嘉定赤城志》记载的内容和"罗城图"所绘内容，城池图中绘制的内容是对志书中记载的进一步选择，进一步摈弃了与地方治理关系不太密切的内容。

这里虽然强调城池图，尤其是方志中的城池图中绘制的基本上是与地方治理有关的内容，或者说城池图绘制的最初目的主要是为各级官方机构服务的，但并不是说这些城池图只有各级官吏可以使用。虽然还没有直接证据，但从现有资料可以推测，某些城池图在当时应该是公开的，如"平江图"藏于苏州的文庙，"静江府城图"摹刻于鹁鸠山（今广西壮族自治区桂林市北鹦鹉山）南麓石崖，都没有秘不示人。方志图更是如此，宋元时期的方志，民间是可以收藏和阅读的，如根据《三阳图志·潮州府志书序》中的记载，元代以前志书"其板藏于宣圣庙之万卷楼。至正末毁于兵。大半虽存，已非完璧。民间所藏全本，仅有一二"②，因此方志以及方志图也不是完全隐秘的。但是这并不能否认方志以及方志图是各级官吏治理地方的重要参考资料，而《三阳图志·潮州府志书序》所提及仅存的"民间所藏全本"，最终之所以散佚，正是因为"仕于此者，往往索取而去，其书由是而废"③。而且，虽然方志图绘制的最初目的在于地方治理，

---

① （宋）黄㽦、齐硕修，陈耆卿纂：《嘉定赤城志》卷三十一"祠庙门一"，第7516页。
② 《永乐大典》卷五三五四"城池"，中华书局1986年版，第2452页。
③ 《永乐大典》卷五三五四"城池"，中华书局1986年版，第2452页。

或者是为各级官吏服务的，但由于这些图是公开的，因此在具体使用中这种功能有可能会发生变化。在宋元时期以至于明清时期，类似于“鲁国之图”，其绘制目的不在于为地方治理服务的城池图是非常少见的。

通过上述分析可以看出，宋元城池图由于其绘制的主要目的在于地方治理，服务对象主要是地方官吏，因此图中主要绘制的是衙署、祭祀建筑、庙学、城墙、仓库等建筑；同时，出于其他目的绘制的城池图并不多见。

二 明清时期的城池图

明清时期的城池图数量众多，难以一一叙述，因此按照城池图的种类分类进行描述。

（一）方志中的城池图

明代方志中有对方志图绘制目的的论述，如崇祯《吴县志》“吴县志编例”云：“志必有图，盖古人左图右史之为学尚矣……今山川、险要、城郭、桥梁、道路并有绘图，似可于几案间阅历四境……方今南北多警，修炼储备至谨圣怀，故形胜、城池、仓储、兵防诸类特加详核，而于图与说尤相为表里，考据无患不确”[①]；嘉靖《淄川县志》“图考”记“兹据皇朝疆域及历代图经，证以诸家纪传，作为图考，俾阅之者披图则可以知一邑之概。图其可以已乎？政之首务莫斯为要”[②]；此外，潘晟在《明代方志地图编绘意向的初步考察》一文中将明代方志地图的绘制目的进行了整理，并将其细分为三点，其中第三点就是“明代方志地图的编绘者认为，地图的编绘不仅有利于直接的地方统治这一有形政治活动，而且在无形的意识形态方面同样具有重要的教化作用”[③]，由此来看明代方志图绘制的目的是为了地方治理的需要，这一点与宋代相比并无根本性的变化。

从实际情况来看，宋代城池图对绘图内容的选择也被后来的城池图所继承，明清方志中的城池图所选择绘制的内容也基本与地方治理有关。以

---

① （崇祯）《吴县志》“吴县志编例”，《天一阁藏明代方志选刊续编》第15册，上海书店1990年版，第165页。

② （嘉靖）《淄川县志》卷一“图考”，《天一阁藏明代方志选刊》第43册，上海古籍书店1982年版。

③ 潘晟：《明代方志地图编绘意向的初步考察》，《中国历史地理论丛》2005年第4辑，第115页。

《天一阁藏明代方志选刊》和《天一阁藏明代方志选刊续编》中的城池图为例，在304幅城池图中，有298幅绘制了衙署，出现率98%；有273幅绘制了城墙，出现率90%；有271幅绘制了庙学，出现率89%；有253幅绘制了祭祀地，出现率83%；有169幅绘制了街道，出现率56%；有147幅绘制了仓库，出现率48%；有32幅绘制了坊，出现率11%；此外养济院出现在65幅图中，出现率21%。这些统计数字与宋代方志中的城池图相比并没有太大变化，绘制的依然是与地方治理有关的内容。

清代方志中的城池图数量众多，在这里不能一一列举，但上述价值取向并没有发生改变。一些清代方志在卷首叙述绘图目的的时候，直接描述了地图中应该绘制的内容，如（康熙）《天津卫志》载："其中大小衙门，及寺观、宫庙、庵祠、牌坊之丽，洵称壮观，巍然一大都会也，因绘为图以资披览"[①]；又如（乾隆）《诸城县志》载："县号山水之窟，名且大者，尽貌之，而城郭、署廨，亦所弗遗"[②]；（乾隆）《平原县志》记"故星野之分，疆里之限，川泽之所经，城池、坛庙、署廨、仓局、邮汛、镇集之所在，时殊地异，非图莫显也"[③]；（雍正）《馆陶县志》："旧有图经，画其城郭、山川、乡鄙之状，俾披览者因地设险，以域吾民，以是知《周礼》设职方掌图籍之意，滚且远矣。兹依故式重绘图如左"[④]等。此外，（道光）《重修胶州志》在记载删除旧志中所绘八景图的目的时提出"八景所在游眺，无关治理，故皆删之"[⑤]，暗含了方志中地图绘制的政治目的。

通过上述分析来看，由于方志地图绘制目的在于地方治理，因此明清方志中的城池图上绘制的主要是衙署、祭祀建筑、庙学、城墙、仓库等与治理地方有关的建筑。

（二）京城图

京城图属于单幅城池图的一种，但是北京作为明清时期的国都，绘制了远比其他城市更多的城池图，因此在这里作为一个单独的类型进行分析。

---

① （康熙）《天津卫志》，成文出版社有限公司1968年版，第18页。
② （乾隆）《诸城县志》，成文出版社有限公司1976年版，第63页。
③ （乾隆）《平原县志》"平远县志图考"，成文出版社有限公司1976年版，第23页。
④ （雍正）《馆陶县志》卷一"图考"，成文出版社有限公司1968年版，第43页。
⑤ （道光）《重修胶州志》"重修胶州志姓氏"，成文出版社有限公司1976年版，第31页。

北京城现存最早的一幅全图是绘制于明嘉靖十年至四十年（1531—1561），刊行于万历年间的《北京城宫殿之图》。[①] 图中用形象画法绘制了宫殿建筑、衙署、坛庙、城垣和主要街道，但很明显的是此图的比例严重失调，其中宫殿的比例过于夸张，这种夸张显然并不是测绘的问题，而是绘图者有意为之，而这正符合该图的名称——《北京城宫殿之图》。根据任金城的分析，图中所绘宫殿使用的是嘉靖四十一年（1562）更改宫殿名称之前的名称，因此该图应该绘制于嘉靖四十一年之前。地图上端所记歌谣中最后的年号为“万历”，并将“万历”称为“今上”，因此该图应刻印于万历年间。[②] 该图绘制者不详，由地图上端的歌谣来看，这幅地图应该是在民间流传的；但地图上端的歌谣在嘉靖时期的原图中肯定是没有的，同时值得注意的是在一些建筑上，还附有文字注记，主要有以下几处，午门前注有“此丹墀端门至午门直八十丈长，横六十四丈”；奉天殿前东西文武楼处注有“十二丈”；在南正宫注有“正统□位□□居此”；南城殿注有“景泰在此养病”；在左右腋门后的建筑中分别注有“朝房二十八间”“朝房二十间”等。这些注记比较正式，与地图上端通俗的民谣以及奉天殿中绘制的人物在风格上相比，显得格格不入，由此可以推测，这幅地图原来可能是嘉靖时期官方绘制的，目的可能是表现北京城内的宫殿和寺庙，到了万历时期，这幅地图通过某些途径流入民间，民间书商为了牟利对地图进行了改绘。当然，也有可能该图绘制于更晚的时间。

“清雍正北京城图”，该图原无图名，也不记绘制者姓名与绘制年代，据侯仁之考证，该图绘制于雍正年间，因此定名为“清雍正北京城图”。此图“皆用墨绘，街道胡同的详细程度，与乾隆五十三年（1788）初刊吴长元《宸垣识略》一书的木刻分幅附图相近似……此图绘制的主要目的，似乎仅在于表示街巷分布，兼及重要官署庙宇以及仓场贡院等项”[③]。虽然

---

① 任金城：《明刻〈北京城宫殿之图〉——介绍日本珍藏的一幅北京古地图》，《北京史苑》第3辑，北京出版社1985年版，第423页。

② 任金城：《明刻〈北京城宫殿之图〉——介绍日本珍藏的一幅北京古地图》，《北京史苑》第3辑，北京出版社1985年版，第423页。

③ 侯仁之：《记英国国家图书馆所藏〈清雍正北京城图〉》，《历史地理》第9辑，上海人民出版社1990年版，第38页。

侯仁之没有解释为什么此图的绘制“似乎仅在于表示街巷分布，兼及重要官署庙宇以及仓场贡院等项”，但如果仅仅是扫视这一幅地图，这一结论是非常明显的，因为图中重要的官署、庙宇以及仓场贡院等都是用立面形式绘制的，与图中所绘其他内容形成了明显的反差。

《北京内外城全图》，孙果清认为“从地图内容、规模、绘制技术等方面看，它绝非出自民间艺人之手，必然是在官府的主持下，组织绘图人员、利用内务府档案资料，采用集体合作的方式绘制而成的”。关于其绘制年代，孙果清认为绘制于道光年间。[①] 该图采用平面与立面相结合的方法绘制，其中河湖、水渠、街道、街区均采用平面方法绘制，而紫禁城、皇城和内城的城墙、城门、门楼及部分寺观、塔院则采用立体写景法描绘，表现的方法与“清雍正北京城图”非常类似，显然这幅官方绘制的地图所要体现的内容也就非常明显了。

《乾隆京城全图》，绘制于乾隆十五年（1750），经由实地测绘而成，图幅总长 14.01 米，宽 13.03 米。据杨乃济《乾隆京城全图考略》和侯仁之主编《北京历史地图集》所述，该图是以 1∶650 的比例尺绘制的。可以说这幅地图是中国古代最为符合现代标准的“准确”的城池图，“除城门及主要街巷标注名称外，只有宫殿、苑囿、坛庙、寺观、官署和王公府第、敕建祠堂标以名称，其余皆无文字标识”[②]，同时这些标注名称的建筑，均用深墨色粗线勾画，由此这幅地图所要表现的内容与其他城池图相比并没有本质的区别。

此后，北京城市地图大量增加，而且除了官府绘制的之外，还出现了大量坊间绘制的北京城池图，但其绘制内容根据朱竞梅的分析“无论官绘还是坊刻私绘，大多把北京城的街道、衙署，府第、祠庙等作为主要内容加以反映”[③]。之所以这些坊间绘制的北京城池图，其绘制内容与官方绘制的城图没有本质的区别，原因可能有以下两点：第一，绘制城图所用的资

---

① 孙果清：《现存最早的一幅绢地彩绘〈北京内外城全图〉》，www. nlc. gov. cn/service/wjls/pdf/09/09_07_a4b13c3. pdf。

② 杨乃济：《〈乾隆京城全图〉考略》，《故宫博物院院刊》1984 年第 3 期，第 24 页。

③ 朱竞梅：《清代北京城市地图的绘制与演进》，《侯仁之师九十寿辰纪念文集》，学苑出版社 2003 年版，第 332 页。

料，只能来源于官方，甚至只能按照官方绘制的地图改绘，如在清代中期之后大量北京城图都绘制了八旗界址，甚至分别绘制了满洲、蒙古、汉军八旗以及堆拨房或官所，这些资料是民间难以搜集和得到的；第二，这些坊间绘制的地图，从用途上来说，并不是为了一般百姓使用的，一方面图中的官署、府第、八旗界址甚至堆拨房对于民间来说并没有太大的实际用途，另一方面如果按照朱竞梅的分析，这一时期地图“绘制的目的，由过去服务于统治者的国家治理和军事部署为主，逐渐开始迎合和满足普通人外出经商、游历、赶考等活动的需要”[①]，但在这些北京城图中，与“外出经商、游历、赶考等活动”有关的内容基本上是看不到的，而且这些地图大量流传于国外，似乎其绘制目的在于收藏，实用性并不是很强。

根据朱竞梅的研究，清代中期之后，民间绘制的北京城图主要形成了以下两个谱系[②]：

“首善全图”系统，这是清代中叶之后民间绘制的北京城图中的主流，比较典型的有中国国家图书馆等机构所藏丰斋制《首善全图》。该图木刻印本，墨印上色，幅框108.5×63.5厘米，大致绘制于嘉庆年间，图幅右下方署名“丰斋”，所绘范围包括北京内外城，但皇城、紫禁城内基本空白，且刻版时将北京内外城的“凸”字形轮廓简化为“日”字形。属于这一系统的还有大英图书馆藏《首善全图》、谈梅庆绘《京城内外首善全图》等。

“精绘八旗布防”系统，该系统最大的特点就是将京城中八旗各旗营所属满洲、蒙古、汉军标绘在地图上，有些还标记了八旗分汛地即骁骑营营房（堆拨房）的位置、防守的栅栏或所属的八旗官所，且这一系统的地图通常绘制的比较精美。比较典型的有中国国家图书馆所藏《京城内外全图》，图幅纵240厘米，横180厘米，绢底彩绘，绘制时间大致在道光二十五年（1845）。这一系统的地图在大英图书馆、伦敦SPINK&SON LTD. 以及加拿大皇家安大略博物馆等都有收藏。

---

① 朱竞梅：《清代北京城市地图的绘制与演进》，《侯仁之师九十寿辰纪念文集》，学苑出版社2003年版，第345页。

② 以下介绍摘录自朱竞梅《北京城图史探》第四章“清中期的地图嬗变”，社会科学文献出版社2008年版，第93页。

（三）单幅的城池图

明清时期单幅的城池图数量不多，虽然其中大部分的绘制者并不清楚，但从其绘制内容来看，与方志中的城池图相近，只不过由于图幅往往要大于方志中的城池图，因此各类要素表现得更为丰富，基于此可以推测这些单幅的城池图其绘制目的主要也是为了地方治理，如《江西省府县分图》中的“九江府图”[1] 中绘制的主要是衙署、庙学、仓库以及祭祀建筑，绘制内容基本与方志中的城池图类似，《江西省府县分图》中的“南康府图”“高安县图”“鄱阳县图”的绘制内容也与此类似。

此外，某些省、府地图和地图集中也较为详细地绘制了城池。如绘制于明万历时期的《泉州府图说》[2]，该图按照李孝聪的判断，其绘制“目的是提出一些为加强该地区对潜在威胁的防御措施，呈请上级官员审核”，因此是官方绘制的地图。在图中比较详细地绘制了泉州府所辖城池，其中安溪县城中绘制了安溪县、儒学、城隍、公馆、分司、预备仓、席公祠等；在德化县城中及周围绘制了德化县、城隍庙、文公祠、分司、山川

---

① 曹婉如主编《中国古代地图集（清代）》对《江西省府县分图》著录如下：“此图是清康熙年间省级地图集之一，作者不详。内容包括：九江、南康、饶州、广信、建昌、抚州、临江、吉安、瑞州、袁州、赣州等府图十一幅和分县图七十三幅。各图皆绢底彩绘，用传统的地形地物形象画法，精细地绘出了江西省各府、县的地理概况……从所选以上四幅府、县地图中可以看出，本图有以下特点：……突出县城，忽视村镇。各图都以县城为重点，对县城及其衙署、学校、仓廪和名胜古迹等皆有较详的反应，但对县城以外的村镇则有所忽略”，文物出版社 1997 年版，第 3 页。

② 李孝聪《美国国会图书馆藏中文古地图叙录》（文物出版社 2004 年版，第 91 页）中对此图的著录为：

明万历三十年（1602），绢本色绘，29 幅舆图附图说，册装，每页 27 × 37 厘米。

锦缎封面，图题贴签，字迹漫漶，图题据总图图文题目而推定；国会图书馆旧目录定图题名“福建省海防图”，与图集内容不符。该地图集一图一说，不注比例和方位。地图表现福建省泉州府统辖的陆境、海疆，按各县、卫所、巡检司分幅，描绘所属地域内的山岭、河川、海岸、岛屿等地理环境，以及城镇和军事守御处所的分布。山岭绘立面形象，水面加绘波纹，凡城镇卫所汛司皆绘有城墙，关隘绘寨门符号，其余聚落仅标注地名而无符号。

图说描述该县、卫、所或巡司的地理位置、兵要、商贸形势，城池最初修筑的历史，以及倭寇入侵的情况。

根据地图的色彩和表现手法，结合图说中提到的年代，最迟者为明万历三十年（1602）泉州知府筹划海上汛地事；又厦门未见标注，仍标作“中左千户所”，永春县亦未升州。故推断此图集应绘于明朝明万历三十年（1602）或稍后时期。目的是提出一些为加强该地区对潜在威胁的防御措施，呈请上级官员审核。

“地图部原系列号：2002626790”。

坛、文庙、儒学等；在惠安县城中绘制了锦田驿、府官、惠安县、按察司、儒学、城隍庙、布政司等；在泉州府（晋江县）城中绘制的内容较多，但基本上也都是与官方有关的建筑。总体看来，绘制的内容基本上与方志图绘制的内容一致，这与其为官府使用的绘图目的密不可分。

又如《淮安府图说》中“海州图”[①]，该图类似于区域图，但图中较为详细地绘制了城池。在城池中绘制的主要是各种衙署，还有儒学和大慈寺，绘制内容基本上与方志中的城池图类似。《淮安府图说》中的其他几幅图，如“盐城县图”“沭阳县图”等绘制内容与“海州图”基本类似。

只有一些内容较为特殊的城池图中，由于使用目的不同，因此在图中绘制了一些特殊的内容，如：

“苏州府城内水道总图”中除绘制出重要的衙署之外，还绘制了城内的河道。绘制更为详细的“苏州府城内水道四隅分治图”，除了绘制衙署、庙学、仓场之外，重点绘制了河道以及河道上的桥和河道附近的塔，而中国古代河道附近的塔有时是作为航行的指示标志，由此这幅地图中选择绘制的内容体现了这幅图的绘制目的，即在于表达苏州府城中的水道及其相关建筑。[②]

此外，宋代的用于说明和展示城池修建所需经费、施工地段以及建造结果的城池图在明清时期依然存在，虽然至今看到的数量不多。如乾隆四十三年（1788）的《修筑武昌城垣图》，此次修筑是由巡抚陈辉祖奏请的，该图附属于陈辉祖撰写的奏折，图纵 42 厘米，横 76 厘米，纸本设色，图中用形象画法绘制出了武昌的城门、城楼、城墙及其走向，其他建筑、山川绘制的极为简略，用 13 张黄色贴签标明了城墙塌损的地段和长度。[③] 类似的地图还有清乾隆时期的《重修台郡各建筑图说》[④]、道光年间的《喀什

---

① 按曹婉如主编《中国古代地图集（明代）》的著录（文物出版社 1994 年版，第 5 页），该图说大约撰成于万历十一年（1589 年）或者稍后，作者不详。

② 按照曹婉如主编《中国古代地图集（明代）》（文物出版社 1994 年版，第 19 页）的著录，这两幅地图出自明崇祯年间的《吴中水利全书》，其中“苏州府城内水道总图”“图中以三横四直为骨干，将近百条经纬交织的长短水道尽行绘出……桥梁共三百四十座”。

③ 参见冯明珠等主编《笔画千里——院藏古舆图特展》，台北“故宫博物院”2008 年版，第 58 页。

④ 参见冯明珠等主编《笔画千里——院藏古舆图特展》，台北“故宫博物院”2008 年版，第 56 页。

葛尔新建城图》①，以及光绪年间的《绥芬县城建城图说》② 等。

总体来看，明清时期，方志中的城池图，由于其绘制主要是为各级官吏治理地方服务，因此选择绘制的内容基本上都是与地方治理有关的内容；而单幅的城池图，除了少量地图外，从绘制内容上来看基本与方志图类似，其绘制目的同样应与地方治理有关。与宋元时期类似，这一时期只有少量城池图由于有着特殊的目的，图中绘制的内容绘制与众不同。

第四节 中国古代城池图的转型时期——清末

在清末，受到西方思想的冲击，中国古代传统舆图绘制方法开始向现代转型，受到这一冲击的影响，出现了一些采用现代绘图技术绘制的城池图，如光绪二十五年（1899）的《山西省城全图》、光绪三十一年（1905）的《保定府城图》和光绪末年的《张家口市街图》等等。但需要注意的是，与此同时也存在很多沿用传统绘制方法的地图，如光绪二十九年（1903）用“计里画方”绘制的《四川省城街道图》，甚至仍然能看到平立面结合或者鸟瞰式的城池图，如光绪二年（1876）的《湖北汉口镇街道图》③、光绪二十

---

① 参见冯明珠等主编《笔画千里——院藏古舆图特展》，台北“故宫博物院”2008 年版，第 62 页。

② 参见冯明珠等主编《笔画千里——院藏古舆图特展》，台北“故宫博物院”2008 年版，第 68 页。

③ 李孝聪《美国国会图书馆藏中文古地图叙录》（文物出版社 2004 年版，第 112 页）中对此图的著录为：

（清）湖北官书局编制，清光绪三年（1877）湖北藩司刻印本，未注比例，二印张拼合，整幅 63 × 165 厘米。

以鸟瞰式形象画法展现汉口镇的街道建筑布局，镇内外的河湖环境。用立面形象画出湖北镇的城墙、城门、桥梁，无论主要街道或小巷皆用双线表示，官署、寺庙、公共建筑均用立体形象化符号表示。着重描绘了两个街区，一个是正街、黄陂街、万年街一带的会馆、庙宇；另一个是长江堤岸街新开辟的商埠地，江汉关、轮船招商局、英、美、俄、法领事署、跑马场、天主教礼拜堂等均画出洋楼形象。地图内容已经有了新的因素，而地图的绘制仍然是传统的表示法。

与清同治三年（1864）湖北官书局编制的《武汉城镇合图》的汉口镇相比，前者多描绘清朝的官司衙门，此图则增加了很多外国机构的内容，反映从 1862 年汉口开埠以后至 1877 年十多年间汉口镇的新商埠用地有了很迅速的发展。

1959 年 12 月 3 日入藏。原东方收藏品第 42 号。

地图部原系列号：gm71005145。

五年（1899）的《天津城厢保甲全图》[1]、绘制于清末的《福州城图》[2]，以及绘制于光绪年间的《营口图式》[3]。这类地图中最为典型的是收藏在美国国会图书馆的《莱州府昌邑县城垣图》，从绘制风格来看，该图非常类似于明清时期官方绘制的城池图，因此李孝聪教授在著录该图时，将其绘制时间断定在清中叶[4]，但仔细考订，该图实际上应绘制于清光绪十九年至三十年之间[5]。

---

① 李孝聪《美国国会图书馆藏中文古地图叙录》（文物出版社2004年版，第106页）对此图的著录为：

（清）冯启鵕绘，清光绪二十五年（1899）彩绘本，55×111厘米。

总理天津城厢保甲事宜延津李荫梧敬题，由此来看，该图可能即为李氏需要所绘。此图为鸟瞰画的形式，不注比例；受图幅尺寸所限，方位也不准确，基本上以上方为北。描绘天津旧城内外，及海河、南北大运河沿岸的街巷、建筑景致。突出表现官司机构、寺庙、工厂、租界、洋房、店铺、河道桥梁等建筑物，津卢、津榆铁路也画得很形象。反映天津开埠后城市的发展变化。

天津城厢保甲全图是19世纪末叶中国城市景观地图的典型。

1952年3月，作为赠品人东方特藏，第75号。

地图部原系列号：gm71005155。

② 《中国古地图精选》对该图的著录为“此图未标作者和成图时间。图中出现‘领事府’，据文献载，福州是在1842年《中英南京条约》后开放商埠，次年英国在此设立领事。由此可知此固当绘于该年之后。又光绪二十年（1894）各省实行新军制，图中仍用旧制，可知此图绘于该年以前。此图以北为上，图中以立体的形式绘制官署、街道、寺庙、工厂、书院、山丘、水道和桥梁等”，中国世界语出版社1995年版，第85页。

③ 《中国古地图精选》对该图的著录为“此图未记绘者和成图时间。从‘海务关’、‘洋海关’、‘洋务局’等地名分析，此图当绘于光绪年间。此图所绘地域是今辽宁营口市。图以上方为南，下方为北。图中主要以城区内容为主，绘有官署、民居、寺庙、营房、城墙等。城北绘有辽河，河中有兵舰‘天津’号和‘大沽’号，另有未标名的兵船、民船数只。此图无比例尺，地物大多以立面形式绘制，写实性较强”，中国世界语出版社1995年版，第85页。

④ 李孝聪《美国国会图书馆藏中文古地图叙录》（文物出版社2004年版，第109页）中对此图的著录为：

莱州府昌邑县城垣图，清中叶，官署呈送本，纸本彩绘，未注比例，单幅43×49厘米。

该图背面用黄纸封裱，贴红签图题：“署莱州府昌邑县城垣图”，表明这是一幅由山东省莱州府所属昌邑县官署绘制的官方收藏或呈送给上级官府的县城图。

图的方位以上方为北，用简单扼要的形象画法，表现昌邑县城的建筑布局。描绘出县城的城墙、三座城门与东南角的文昌阁，城内的主要街道、水塘（注记‘湾’），重要的官署衙门、文庙、县仓、书院，以及祠、庙、殿、堂等祭祀场所。还画出了城门外的驿路、铺站和军队驻地（注记‘墩’）。所有图上地物均采用形象化的符号标志，并很夸张，只表示昌邑县城的大致轮廓和城市内外建筑的相对位置，不体现精确的位置。图上内容也仅仅是官方地图必须要表现的规定的要素，这是中国古代传统城市地图典型的表现形式。

恒慕义（A. W. Hummel）1930年购入美国国会图书馆，第28号。

地图部原系列号：gm7100505。

⑤ 参见本篇附录二的分析。

但是，这一时期无论是用现代测绘技术绘制城池图，还是用传统方法绘制的城池图，其中大部分的绘制内容，并没有发生本质的变化。如：

《山西省城全图》，该图由“杜联瑞绘制于光绪三十一年，图的下端分别标有比例尺、坐标、图例，比例尺为五千分之一”①，显然是用现代测绘技术绘制的，但图中绘制的内容依然是衙署、仓场、庙学、祭祀建筑，其他地理要素则表现的很少②。

《山西省城街道暨附近坛庙村庄图》，张德润绘，清光绪年间（1879—1890）濬文书局刻印本，裱装挂轴，56×59 厘米。图中除了绘制自然景观、街道、钟鼓楼、牌坊、衙署之外，绘制最多的地理要素就是太原城内外的各种坛庙，这种对绘制内容的选择也正符合该图的标题。③ 李孝聪在著录中提及的“由于没有比例测算，所以该图只能表示太原城的大致轮廓与城市内外地物的相对位置，不能体现准确的位置与实际情况，这是中国古代传统城市地图典型的表现形式，反映了绘制者感兴趣或必须上图的内容”。

《粤东省城图》，光绪二十六年（1900）羊城澄天阁点石书局镌印，虽然该图是民间绘制的，但除了街道之外，图中主要表现的依然是衙署、祠祀、庙学等内容。

---

① 曹婉如主编：《中国古代地图集（清代）》，文物出版社 1997 年版，第 16 页。

② 《中国古地图精选》对该图的著录为“此图由沐思人杜联瑞绘于光绪三十一年（1905年），比例尺为 1∶5000。图下还绘有方位图、图例。此图是今山西省太原市城区地图，图中绘有街道、衙署、学堂、会馆、寺庙、戏楼、牌坊和军营等”，中国世界语出版社 1995 年版，第 85 页。

③ 李孝聪《美国国会图书馆藏中文古地图叙录》（文物出版社 2004 年版，第 108 页）中对此图的著录为：

此图描绘山西省城太原城内的街道、建筑布局和附近的村庄坛庙。太原城内的大街小巷、水塘、钟鼓楼、牌坊、各级官署、仓储、书院、寺庙宫观均详细上图，城墙与建筑物用立体形象化符号表示，满城标志于城西南角；城市周围的坛庙、村庄、教场也用透视图画形象表现，用双线条绘出城西的汾水。由于没有比例测算，所以该图只能表示太原城的大致轮廓与城市内外地物的相对位置，不能体现准确的位置与实际情况，这是中国古代传统城市地图典型的表现形式，反映绘制者感兴趣或必须上图的内容。

浚文书局，因山西巡抚曾国荃奏请成立书局，于清光绪五年（1879）创办于山西省太原府，二十四年（1898）开始采用机器印书，系专门从事刻书事业的机构。作者张德润是清末浚文书局委员。

恒慕义（A. W. Hummel）1930 年购入美国国会图书馆，第 36 号。

地图部原系列号：gm71005056。

《浙江省垣坊巷全图》，同治年间（1864—1874）绘制[①]，“此图用传统的平、立面相结合的形象画法，详细描绘浙江省城杭州城内的街巷、河渠、桥梁、官署、寺庙等在城内的位置布局”。

需要注意的是，这一时期由于民间印书局的大量出现，民间印制的地图也开始增加，城池图的流传范围逐渐广泛，如朱竞梅分析《京城详细地图》“是清末发行范围较广、发行量较大的一幅北京城市地图，初印本在光绪三十一年（1905）即绘制完成并付梓印行，很快在社会上广泛流布。宣统三年（1911）五月初一日，上海商务印书馆发行了第五版，在北京、汉口、天津、长沙、奉天、重庆、开封、成都、海南、广州、太原、福州各地商务印书馆出售”[②]。这些民间印制的地图，其制图目的当然不可能仅仅局限于地方治理，而应当有着更为广泛的用途。如清光绪十年（1884）的点石斋《上海县城厢租界全图》的题记中记录了该图的绘制目的“上海一邑为通商要口，其中外交涉，公私宂聚，毂击肩摩，轴□相接，洵称繁盛之区。第地形之要冲，水道之源委，尤必详绘以图，庶商贾往来，潜以地势者有所尊循，而不致伥焉无之也”；再如光绪十四年（1888）绘制的《广东省城全图·陈氏书院地图》，该图附记说明了绘图的目的，即“现拟

---

① 李孝聪《美国国会图书馆藏中文古地图叙录》（文物出版社 2004 年版，第 107 页）中对此图的著录为：

清同治年间（1864—1874），不具撰人，彩绘本，未注比例，裱装 63×94 厘米。

该图卷从右向左展开，方位墨书于图的四缘，图内注记书写以上方（西方）为视图正方向。

此图用传统的平、立面相结合的形象画法，详细描绘浙江省城杭州城内的街巷、河渠、桥梁、官署、寺庙等在城内的位置布局。杭州城和满城的城墙、城门都用立体形象表示，双线灰色表示河渠，点线表示街巷，用房屋形式表示各类建筑，凤凰山及山上的建筑也画的很细致。这幅地图使用的形象化地物标志，反映中国古代舆图通常采用的传统固定式符号。

清咸丰九年（1859），署名坦坦居主人者曾刻印《浙江省垣坊巷全图》描绘浙江省城杭州城的布局，同治三年（1864）浙江官书局刊印尺寸略大的《浙江省垣城厢全图》，此后坊间竞相摹刻。本图可能即摹绘自上述二图，而时间稍晚。

朱毓文，字鹿宾，号坦坦居，浙江海盐人。嘉庆庚辰进士，授安徽舒城县知县，贵州仁怀县知县署安平县事，年六十二辞官归邑，家居八年卒。着有《坦坦居诗文稿》。

恒慕义（A. W. Hummel）1930 年购人美国国会图书馆，第 32 号。

地图部原系列号：gm71005032。

② 朱竞梅：《清代北京城市地图的绘制与演进》，《侯仁之师九十寿辰纪念文集》，学苑出版社 2003 年版，第 350 页。

绘此图式，系城外十里之遥，相隔省城颇远，今将城外各街道分列明晳，以便本姓人熟悉路径，不至迷途，皆可进入书院之门”，很明显这幅地图是为陈氏子弟前往陈氏书院学习而绘制的，图中除了一般的地理事物之外，在城外绘制了由各城门前往书院的道路。

虽然城池图的绘制目的与以前相比出现了松动，但就具体绘制内容上来看，这类民间绘制的地图与其他城池图差别并不明显，主要仍以衙署、寺庙、学校、仓库、街道等为主体。当然，其中也出现了一些新的，或者是以前传统城池图不太重视的内容，如光绪十年（1884）的点石斋《上海县城厢租界全图》中绘制了“公所”“书馆”“医院”；宣统元年（1909）的《详细帝京舆图》在地图两侧列有“各省会馆基址”，记录了北京城近400个会馆的具体地址，其目的显然是为前往北京的各省人士服务的。这种以一般民众使用为目的而绘制的地图，在内容上当然会反映一些民众所需要的内容，但是一方面这种地图在清末刚刚出于起步阶段，因此一些民众的需求还没有完全反映在地图上；另一方面，这些地图在民众中的使用可能仍不普及，还没有深入普通民众中，因此在现代地图中经常出现的与我们日常生活关系密切的内容，如市场、店铺、旅店、金融等要素，在这一时期的地图中还没有出现，或者还不是绘制的重点。

而且，这种绘制内容的扩大，在某些官绘的城池图中也有所表现，如光绪二十五年（1899）的《天津城厢保甲全图》，图中除了官司机构、寺庙、河道桥梁等建筑物外，还绘制了工厂、租界、洋房、店铺、铁路等建筑等；又如光绪十九年（1893）舆图馆测绘的《陕西省城图》[1]，其中除了绘制街道、衙署、寺庙之外，也绘制了大大小小的会馆，会馆虽然也存在于之前的少数城池图中，但像这幅地图一样对会馆和公所表现的如此详尽的却是非常少见的；与此类似的还有光绪三年（1877）湖北官书局编

① 该图参见曹婉如主编《中国古代地图集（清代）》，文物出版社1997年版，第201页。

制，湖北藩司刻印本的《湖北汉口镇街道图》①，以及四川总督岑春煊为了解省城街道情况而实地测绘，光绪二十九年（1903）付梓的《四川省城街道图》② 等。这主要是由于随着城市中出现的新的因素，政府所关心的内容也有所扩大。

此外，从方志图来看，一方面方志中城池图的绘图技术并没有发生变化，传统绘图方法绘制的城池图往往与用开方法绘制的疆域图等并列存在③，如在光绪《德平县志》中即有用开方法绘制的“开方舆地新图”，也有用平立面画法绘制的“城池图”；在光绪《日照县志》中即有用开方法绘制的“疆域图”，也有用平立面画法绘制的“城池图”等。另一方面由于这一时期方志的功能没有发生变化，因此方志中城池图的绘制内容也没有太大的变化。

总体来看，清末单幅城池图的绘制方法发生了重大变化，但是就城池图所表现的内容来看，并没有发生根本性的变化。但是这一时期的某些地图，其绘制目的已经发生了转化，即开始为一般民众的使用而服务。从地图使用目的来讲，这一时期是中国古代城池图的转型期，同时由于正如本篇第一章所述，这一时期现代意义的“城市”概念的逐渐形成，因此此后

---

① 李孝聪《美国国会图书馆藏中文古地图叙录》（文物出版社 2004 年版，第 112 页）中对此图的著录为：

（清）湖北官书局编制，清光绪三年（1877）湖北藩司刻印本，未注比例，二印张拼合，整幅 63 × 165 厘米。

以鸟瞰式形象画法展现汉口镇的街道建筑布局，镇内外的河湖环境。用立面形象画出湖北镇的城墙、城门、桥梁，无论主要街道或小巷皆用双线表示，官署、寺庙、公共建筑均用立体形象化符号表示。着重描绘了两个街区，一个是正街、黄陂街、万年街一带的会馆、庙宇；另一个是长江堤岸街新开辟的商埠地，江汉关、轮船招商局、英、美、俄、法领事署、跑马场、天主教礼拜堂等均画出洋楼形象。地图内容已经有了新的因素，而地图的绘制仍然是传统的表示法。

与清同治三年（1864）湖北官书局编制的《武汉城镇合图》的汉口镇相比，前者多描绘清朝的官司衙门，此图则增加了很多外国机构的内容，反映从 1862 年汉口开埠以后至 1877 年十多年间汉口镇的新商埠用地有了很迅速的发展。

1959 年 12 月 3 日入藏。原东方收藏品第 42 号。

地图部原系列号：gm71005145。

② 该图参见曹婉如主编《中国古代地图集（清代）》，文物出版社 1997 年版，第 201 页。

③ 在光绪之前的地方志中，用开方法绘制的疆域图并不多见。参见邱新立《民国以前方志地图的发展阶段及成就概说》：“但直到清代，一般官绘地图还是山水画式技法和标注四至道里，绝少画方。可见旧志地图的绘制以画方为个例，不画方为主流”，《中国地方志》2002 年第 2 期，第 74 页。

在民国时期为普通民众使用的城市图大量出现。如建设图书馆编绘的《最新北平全市详图》，该图附“北平官署学校、街巷更名、游览处所、公寓旅馆名称地址、会馆以及电车站等一览表”[①]，由这些附表来看，很明显大部分都是为普通民众使用地图服务的；又如民国三十年（1945）邵越崇编的《袖珍北京市分区详图》，该册“以北平工务局实测图为蓝本增修编绘……反映了当时各大机关、团体、银行、邮局、医院、庙宇、教堂、旅馆、饭店、商店的分布情况。末附内外城街巷索引、旅游指南”[②]，与传统城池图相比，该图的绘制内容有所扩大且附有旅游指南，由此很明显其绘制目的是为了一般民众服务的。

上述只是从近代城市图的绘制内容和绘制技术角度进行的简要分析，然而就中国近代城市地图绘制技术的转型而言，目前研究最为深入的当属钟翀，除了之前提到的其撰写的《近代上海早期城市地图谱系研究》[③]、《近代以来日本所绘上海城市地图通考》[④]、《近代日本测绘中国城市地图之再考》[⑤]、《日本所绘近代中国城市地图刍议》[⑥]、《日本所绘近代中国城市地图研究序论》[⑦] 以及《近代以来日本所绘南京城市地图通考》[⑧] 之外，其在《中国近代城市地图的新旧交替与进化系谱》一文中，更是对近代中国城市图的演变脉络进行了简要的梳理。大致而言，该文认为近代城市地图的变化历程可以分为四个阶段，即：前近代至近代初期、同光中兴时

① 北京图书馆善本特藏部舆图组编：《舆图要录——北京图书馆藏6827种中外文古旧地图目录》，北京图书馆出版社1997年版，第100页。

② 北京图书馆善本特藏部舆图组编：《舆图要录——北京图书馆藏6827种中外文古旧地图目录》，北京图书馆出版社1997年版，第102页。

③ 钟翀：《近代上海早期城市地图谱系研究》，《史林》2013年第1期，第8页。

④ 钟翀：《近代以来日本所绘上海城市地图通考》，《历史地理》第32辑，上海人民出版社2015年版，第317页。

⑤ 钟翀：《近代日本测绘中国城市地图之再考》，《都市文化研究》第17辑，上海三联书店2017年版，第3页。

⑥ 钟翀：《日本所绘近代中国城市地图刍议》，《陕西师范大学学报（哲学社会科学版）》2017年第3期，第123页。

⑦ 钟翀：《日本所绘近代中国城市地图研究序论》，《都市文化研究》第14辑，上海三联书店2016年版，第129页。

⑧ 钟翀：《近代以来日本所绘南京城市地图通考》，《都市文化研究》第15辑，上海三联书店2016年版，第110页。

期、光绪《会典舆图》时期以及庚子辛丑前后。[①]

前近代至近代初，“从目前掌握的资料来看，在第二次鸦片战争期间（1856—1860），英、法等国的军队或其在华商人及传教士开始在广州、上海、北京、天津、烟台等地开展独立施测，并绘制了部分比例尺在1比1左右的较为精确的城市地图，这一时期可以说是第一波较为集中的西洋城市测绘阶段”，“外国测制机构在华第二波较为集中的城市测绘出现在八国联军入侵之际，其时国门洞开，英、法、美、日、俄、德等国机构应时局变动竞相测制中国城市地图，该时期制作的城市地图，其绘制对象主要是中心大都市及沿海、沿江的开埠口岸，如北京、天津、上海、广州、长沙、重庆等”[②]。

同光中兴时期，这一时期“受西洋实测图的刺激与地方都市加速近代化的推动，本邦人士的城市地图绘印进入新的阶段。这一时期城市地图创作趋于活跃，许多中心大都市如北京、上海、杭州、广州、福州、汉口、重庆，乃至济南、太原、保定、苏州等省会级城市，都出现了具有丰富内容与浓郁地方特色的城市地图”，“这一时期各地的地图创作情况较为复杂，但若以近代实测技术运用与否这一标准来衡量的话，大致应可区分为‘早期实测型城市地图’与‘近代改良型城市地图’两大类（表一），前者是指受近代制图技术和近代印刷术的强烈影响，由国人直接采用近代实测技术（或受西法测绘的竞争，强化‘计里画方’的准确性）而绘制的一类近代城市地图……而‘近代改良型城市地图’则是指渊源于本地的城市绘图（多为明清时期的方志类绘图），但因受近代实测图的影响或竞争，对地图的内容和形式进行较大的改良，使得图上表现更为丰富、更具实用性的一类近代城市绘图”[③]。且钟翀在文中列出了各个城市流行的地图系统及其替代关系，即：

---

① 钟翀：《中国近代城市地图的新旧交替与进化系谱》，《人文杂志》2013年第5期，第90页。

② 钟翀：《中国近代城市地图的新旧交替与进化系谱》，《人文杂志》2013年第5期，第92页。

③ 钟翀：《中国近代城市地图的新旧交替与进化系谱》，《人文杂志》2013年第5期，第94页。

城市	所属类型	城市地图系统	现存资料显示该系统地图的刊印时期	其后的替代系统
上海	早期实测型城市地图	上海县城厢租界全图	1875—1901	实测上海城厢租界全图（1910）
广州		粤东省城图	1884—1905	广东省城内外全图（1907）
福州		福建省会城市全图	1864—1911	福州城台地图（1212）
杭州		浙江省垣坊巷全图	1859—1878	浙江省城图（1892）
苏州		苏城地理图—苏城厢图	约1864—1903	苏州巡警分区全图（1908）
无锡		县城图	1881—1900	无锡实测地图（1912）
北京	近代改良型城市绘图	京城内外首善全图	约1862—1915	京城详细地图（1905）
南京		江宁省城图	1856—1908	陆师学堂新测金陵省城全图（约1902—1903）
苏州		姑苏城图	1872—1906	苏州巡警分区全图（1908）
重庆		重庆府治全图	1886—1900	重庆租界商埠图（1907）
济南		省城街巷全图	1889—1902	济南省城及商埠图（1909）
保定		直隶省城街道图	约1880—1884	保定府城图（1905）
太原		山西省城街道暨附近坛庙村庄图	约1864—1898	山西省城全图（1905）
汉口		湖北汉口镇街道图	1877年前后	汉口全图（1909）
武昌		湖北省城内外街道总图	约1875—1888	武昌省城最新街道图（1909）
天津		天津城厢形势全图	1898—1901	天津全埠详细新图（1908）
成都		成都图	约1852—1875	四川省城街道图（1894）

光绪《会典舆图》时期，“以《会典舆图》为契机，各省陆续延聘江浙、湖广、天津等地精通测绘人士，在测绘技术上初步实现了由传统绘图

向近代测绘的过渡，并训练了一批掌握近代实测技术的专业制图人员，其中有些专业人士在完成《会典舆图》之后，便着手开展了部分城市的地图测绘，是为我国近代城市地图绘制之又一变化”①，典型的如成都、西安、杭州、绍兴等城市。这些地图“也仍然带有一些中西折衷的特点，其主要表现为：首先最为突出的一点是……在测量技术上，此类城市地图仍采用计里画方、以量为主的传统制图方式……其次，从成都图等几种现存资料来看，当时绘图者似乎主要针对此前改良型城市绘图在地物表现上变形这一方面的不足，却尚未运用地形测绘、尚未关注对符号的统一使用等其他方面……再者，在印刷技术上，仍以传统的木刻水印为主，最多也只是进化到单色石印，对于地图这样表达要素较多的印刷品而言，显然在表现力上也仍有改进的余地”②。

庚子辛丑前后，随着军校以及测绘学校在各省的建立，在许多城市都出现了由新式军校或测绘学校绘制的、测制精良的近代城市地图，“此番军方主导的新式城市地图绘制精准，对于前述传统城市绘图或绘印不甚精确的过渡型近代城市地图而言实为一大变革，因此它的出现直接刺激了其他一些对地图要求较高的政府职能部门（如各地巡警、地政等科）以及许多民间机构纷纷开展新式城市地图的绘制”③。

最后，钟翀对近代时期城市图绘制的转型进行了总结，即“就测量技术而言，中国城市地图的近代化主要表现为西洋近代实测技术的实施和本土化的渐次推展；而就制图法而言，则显示了从强调次序、立体感的景观式绘图，到普遍运用‘计里画方’等传统实测技术的过渡型城市地图，最终进化到强调距离和方位的准确性、重视交通与设施的近代实测型平面图这样的演替趋势；再就印刷术而言，则普遍经历了由绘本或木刻向石印进而发展成为现代胶印这样的变化，其中又以石印的盛行最具时代特色；最

① 钟翀：《中国近代城市地图的新旧交替与进化系谱》，《人文杂志》2013 年第 5 期，第 100 页。

② 钟翀：《中国近代城市地图的新旧交替与进化系谱》，《人文杂志》2013 年第 5 期，第 101 页。

③ 钟翀：《中国近代城市地图的新旧交替与进化系谱》，《人文杂志》2013 年第 5 期，第 103 页。

后从售卖和发行——即地图的功用、绘制者与受众来分析，近代城市地图已经大大突破原先仅仅局限于宫廷文书与军机秘密、少数精英人士的雅集或赏玩这样一些极为狭小的场合，在这半个多世纪的时间里，将地图文化逐渐推广到普通民众与商业竞争的广阔层面上，因此可以说它在启迪民智、传播近代地理观念方面具有重要的意义，乃我国科技近代化的一个具体表现”①。

① 钟翀：《中国近代城市地图的新旧交替与进化系谱》，《人文杂志》2013 年第 5 期，第 104 页。

第四章　近代中国城市地图绘制技术的转型：一个简短的讨论

以往对于中国近代城市图绘制技术转型原因的研究，基本都认为主要是受到西方测绘技术的影响①，这点当然是毫无疑义的，因为这一时期不仅是城市图，而且包括几乎所有种类的地图，都开始抛弃原有中国地图的绘制方法，开始向西方，也就是近代地图绘制方法转型。

但地图绘制方法的转型除了技术本身的发展之外，更应当是为了满足时代的需要，那么由此而来的问题就是，与中国传统城市图的“写意”相比，西方城市地图的绘制更侧重于“准确”，而在中国的近代，这种“准确”所具有的优势到底是什么，或者满足了当时的哪些具有紧迫性的需求？对于以往中国舆图的研究来说，这似乎是一个不言自明的问题，因此以往的学者没有给以足够的重视，大都只是给予一个笼统的回答，如钟翀提到“19 世纪中叶以来，全球范围的产业革命与海域流通的扩张，为我国传统都市带来了前所未有的巨大变化，新兴区域中心城市与开埠港市的发达、近代产业与市民阶层的兴起，都给城市地图的绘制提出了迫切的革新需求，而以西洋实测平面图为基础的近代测绘，恰好为这一革新提供了必要的技术手段，我国的近代城市地图正是在此种

① 夏小琳等：《中国近代城市地图发展历程的分析与思考》，《地球信息科学》2016 年第 1 期，第 77 页；钟翀：《中国近代城市地图的新旧交替与进化系谱》，《人文杂志》2013 年第 5 期，第 90 页。

内外环境之下应运而生的"[①]。又如席会东提出"清朝晚期西方列强在中国开埠城市设立租界，将西方城市的规划理念和管理模式传入中国城市，改变了开埠城市的外部形态和功能结构，也对城市图提出了新的要求。近代城市形态和功能的日趋复杂、西方近代测绘方法的传入和清朝'洋务运动'的开展，推动了城市地图不断走向多样化、专门化和近代化"[②]。不过上述对于问题的解答并不能让人满意，对此需要从两个方面入手进行讨论：

第一，近代中国城市功能发生了极大的改变和扩展，这点是没有问题的，但其中到底是哪些功能促成了城市地图绘制技术的改变，也就是席会东所说的"对城市图提出了新的要求"的"要求"到底是什么？与中国古代的城池图相比这些"要求"为什么以及如何促成了城市地图绘制技术的改变？之所以强调这一点是因为很多所谓的近代城市的"要求"，实际上在中国古代也是存在的。如近代城市中出现了大量市政工程，不过中国古代的城池中也有着基础设施的建造和维护的问题，如城池中水道的疏浚和维护，而为了解决这样的问题也绘制有地图，如上文提到的《浙江省垣水利全图》，还有明崇祯年间刊刻的《吴中水利全书》中的《苏州城内水道总图》，该图详细绘制了苏州城内的水道 82 公里、桥梁 340 座。这些河道的疏浚和治理必然产生了一定的可以用来绘制准确地图的测量数据，但中国古代的这类地图依然是示意的。此外，明代中期以来持续不断的城墙的修筑，也产生了一些可以让地图绘制得更为准确的数据，在现代人看来也由此带来了让地图绘制更为准确的要求，但同样未能促使中国城池图绘制的更为精准。

还有产权的问题，中国古代土地的产权虽然与西方相比可能存在一些差异，但同样强调对于地产范围的明确记载，只不过中国古代对此主要以文字记载为主，虽然绘制有地图，但基本只是示意图，最为典型的就是明代的鱼鳞册。虽然目前这方面存世的材料不多，但中国古代对于城池中地产的所有权和范围也有着明确的记载，如西安碑林藏金代的《京兆府提学

---

① 夏小琳等：《中国近代城市地图发展历程的分析与思考》，《地球信息科学》2016 年第 1 期，第 77 页；钟翀：《中国近代城市地图的新旧交替与进化系谱》，《人文杂志》2013 年第 5 期，第 104 页。

② 席会东：《中国古代地图文化史》，中国地图出版社 2013 年版，第 129 页。

所帖》碑，是当时京兆府路管理提学所发给京兆府学的一份赡学房舍地土清册，其中详细记载了府学所属房产、地产的范围和四至，如“东柴市，冯元仲于开士通处兑到马千元佃本街东壁地基，东西长壹佰陆拾肆尺，南北阔贰丈伍尺，南寺墙，西宫街，南钟府……”①，而这些也是可以通过地图来表达的，但目前并没有发现具有这样功能的中国古代的城池图。虽然《乾隆京城全图》详细绘制了北京城中的每座建筑，显然是测绘的结果，但该图并没有用于对城内房产或者其他事物的管理，因此该图并不是为了解决实际问题而绘制的。

当然，这并不是说在具体需求方面，中国古代与近现代没有本质的区别，而是希望强调以往的研究对于这一问题并没有提出足够深入的分析，即需求的增加、变化与地图绘制技术的变化之间是否存在必然联系，以及前者是如何推动后者的变化的，这些依然都是需要讨论的问题。

第二，以往对于中国近现代城市图转型的研究，基本都强调西方或者近现代城市图在测绘技术上，或者说就是绘制准确方面的优势，但问题在于，当时所有的需求是否只能通过准确、科学的地图来满足？这并不是一个可以明确得出肯定答案的问题。如上文提到的中国古代城池内部基础设施的建造以及地产的管理，完全可以基于文字描述并配以示意性的地图来表示，而这也是中国古代大量工程图的表达方式。这种现象也存在于欧洲，如在英格兰，尽管土地测量紧随着16世纪上半叶开始的宗教改革之后大量地产的转移而得迅猛发展，但地图绘制一直“落后”，而这一现象延续到了16世纪末。② 根据这一现象，可以得出的合理的推论就是，即使那些今天看起来必须用准确、科学的地图来满足的需求，基于不同的实用层次、目的，对于地图准确性的要求也是不同的。

基于对上述两个问题的阐释，我们就有理由对清末用传统方式绘制的城市图的长期存在进行一些解释。钟翀曾对清末基于传统绘图技术改良后的地图长期流行的原因进行了推测，提出“那么，此类未经西法实测、地

---

① 国家图书馆善本金石组：《辽金元石刻文献全编》，国家图书馆出版社2003年版，第55页。

② David Woodward, “ Cartography and the Renaissance: Continuity and Change”, J. B. Harley and David Woodward, *The History of Cartography*, vol. 3, *Cartography in the European Renaissance*, p. 9.

物表现出现较多变形的城市绘图，何以能在晚清许多城市的地图市场盛行一时呢？仔细分析同光年间的改良型城市地图可以看到，虽然西洋实测城市平面图具有距离、方位精确度上的优势，但出自本地人士之手的此类地图，大多渊源于当地历史悠久的传统景观图式形象绘法，对尚未习得西洋实测技术的绘图者以及尚未习惯阅读近代实测地图的普通受众而言，显然传统的城市绘图更符合绘制习惯与直观的空间感觉，加之此类绘图在相对位置关系的准确性和街巷等交通要素标注的详细程度这两方面下了很多功夫，较之此前图幅狭小、标注稀疏的方志类插页绘图来说，其实用性也大大增强了，因此能够在西风东渐的晚清某一特殊时期上取得立足之地，甚至在某些内地城市还能占据地图市场长达半个世纪之久"。[1] 这一分析，虽然有着合理性，即传统的绘图方式符合中国人的阅读习惯，但这种思路依然还是强调地图的"经世致用"的功能，但如果不拘泥于地图的绘制必须建立在准确性和科学性的基础上，且从地图更为广泛的功能进行考虑的话，那么这一时期传统城市图的广泛存在也就是完全可以理解的事情了。

最后，如果将中西方城市图绘制技术的近代化放在整个地图绘制史的背景下进行观察的话，就会看到这一时期也是地图绘制技术发生重大变革的时期，简言之就是以地理坐标为基础，从垂直的、一个空中的人类绝不可能的视角来绘制地图的方法，被接受作为绘制地图的一种方法，而且日益成为唯一一种被接受的地图绘制方法，这一过程本身就带有一定程度的"被科学化"的意味，且也符合近代以来中国推崇"科学"的社会心理，正如图尔明所说"对于托勒密提出的作为一种地图绘制控制点的经线与纬线交叉的使用，与一名研究者搜集关于世界的观察资料然后将它们与自然法则的框架进行比较的过程没有什么不同。毫不奇怪的是，地图被用作现代科学的一种象征"[2]。

---

① 钟翀：《中国近代城市地图的新旧交替与进化系谱》，第100页。

② Stephen Edelston Toulmin, *Knowing and Acting: An Invitation to Philosophy* (New York: Macmillan, 1976), and David Turnbull, *Maps Are Territories, Science Is an Atlas: A Portfolio of Exhibits* (Geelong, Australia: Deakin University Press, 1989)，引自 David Woodward, " Cartography and the Renaissance: Continuity and Change", p. 17。

通过上述简要分析可以认为包括城市地图在内的很多类型的地图所蕴含的某些功能不需要建立在准确性和科学性基础之上，而在近代地图“科学化”的过程中，用于表达这些功能的绘图方法由于不符合“科学”的要求，因此被逐渐抛弃，而建立在这些方法之上的功能也就逐渐消失或弱化。因此，包括城市图在内的地图的“近代化”和“科学化”，实际上是在追求科学性和准确性的同时，对地图功能进行了“窄化”，由此形成的影响至今的包括城市图在内的各类地图都可以被看成某种程度的“被科学化”的结果，即虽然科学和准确的地图可能满足了近现代城市发展的某些需求，但这种“科学化”在某些方面或某种程度上是盲目的，是以不自觉地抛弃某些功能为代价的。[1]

① 关于地图转型更为细致的讨论，参见本书第九篇第二章。

附录一 《永乐大典·潮州城图》成图时间考

在《永乐大典》卷5343中收录了一部明代潮州地区志书[①]的残卷，附有府县地图六幅，有学者认为其中的《潮州城图》[②]是以宋代志书中的地图为底图绘制的[③]，较早提出这一观点的是陈香白和郑锡煌，即“《永乐大典》卷五三四三所辑‘潮州城图’是元、明之际以宋代所绘‘潮州城图’为底本的摹绘图。为了适应当时政治的需要，在摹绘过程中增加了数个元明两代的建置”[④]，关于宋代底本的年代，作者认为应“绘制于宋端平年间（1234—1235），绘制人可能是《潮州图经》（1235）的作者黄梦锡等人”[⑤]。作者对这幅地图年代的判定主要是从城墙的修筑年代入手，并没有对图中所绘内容进行充分的分析，因此这一观点存在值得商榷之处。

这一观点最明显的错误是认为这幅地图是元、明之际以宋代绘制的《潮州城图》为底本摹绘的，因为该图中存在几个明显不属于宋、明，而

---

① 曹婉如主编：《中国古代地图集（战国—元）》（文物出版社1990年版）称这部志书为《三阳志》，但并无确凿依据。

② 这幅地图并未注录名称，在研究文章中多将其称为《潮州城图》，本章也遵从这一习惯称法。但从后文来看，这幅地图应该称为《潮州路城图》。

③ 曹婉如主编：《中国古代地图集（战国—元）》，文物出版社1990年版，第11页。还有些学者认为这幅地图绘制于宋代，正如后文所分析的，图中存在大量元代的内容，因此不可能成图于宋代，持这种观点的有曾新：《旧志古城图在复原古代城市历史面貌中的作用——以古代广州城地图为例》，《中国地方志》2005年第8期，第32页；曾秋潼：《潮州开元寺天王殿的特点及其历史价值》，《广东史志》1998年第1期，第54页。

④ 陈香白、郑锡煌：《〈永乐大典〉所辑“潮州城图”考略》，《自然科学史研究》1989年第3期，第276页。

⑤ 陈香白、郑锡煌：《〈永乐大典〉所辑“潮州城图”考略》，《自然科学史研究》1989年第3期，第272页。

只属于元代的建筑，即录事司、路学、分司和三阳驿[1]，同时，明代潮州城代表性的建筑“潮州卫”“潮州府”等在图中都没有出现，因此根据内容来看，很明显这幅图反映的并不是明代的情况。同时需要注意，《潮州城图》之前的两幅图（从内容来看应该是“潮州府境图”和“海阳县境图”）中已经按照明代当时的实际情况绘制了“潮州卫”和“潮州府”。那么问题在于，既然当时已经绘制了反映明代行政建制等地理情况的辖境图，那么作为明代的方志，在按照宋图摹绘的时候，为什么不增添明代的内容，却要添加众多元代的内容呢？因此，《永乐大典》中的《潮州城图》不可能是元、明之际以宋代地图为底本摹绘。

由于图中存在大量元代的建筑，因此这幅地图显然不可能绘制于宋代，那么这幅地图的绘图就存在两种可能：一、绘制于元代；二、元代根据宋代底本摹绘。下面即对这两种可能性进行分析：

根据“三阳志潮州图经序”，宋代对志书曾进行过四次修撰，但根据记载只有淳熙二年（1175）的那次修撰时绘制了地图，即“其文典、其事实、其地形，则绘以图，使览者一开卷而尽得之”[2]。根据《永乐大典》志书残卷所引《三阳志》的记载，潮州东半部的城墙修建于端平初[3]，韩山书院建立于淳祐三年，公元书院建立于淳祐九年。如果将这些建筑以及那些元代的建筑从“潮州城图”中抹除的话，那么这幅“潮州城图”将与《永乐大典》中的“潮州城图”明显不同，显然这幅地图不可能是《永乐大典》“潮州城图”的底本。李香白强调的端平二年（1235）的那次修撰，根据记载来看，只是对文字进行修订，并没有记载绘图的情况。[4]

根据记载元代也曾修撰过志书，“三阳图志潮州府志书序”记“潮郡乘曰：《三阳图志》。图则明而易见，志则久而不亡。郡之有此其来尚矣。自宋历元，其山川、城郭、风土、人物，与夫社稷、学校、钱粮、户口之

---

① 对这几个建筑修建年代的考订参见后文。

② 《永乐大典》卷五三四三，中华书局1986年版，第2468页。

③ 《永乐大典》卷五三四三，中华书局1986年版，第2452页。

④ 《永乐大典》卷五三四三“三阳志潮州图经序”：“于是搜访事迹，抽绎典故。可删则删，可录则录，粲然靡不具载”，中华书局1986年版，第2469页。

类，靡不具载而无遗”[①]。并且，《永乐大典》明代志书残卷中凡引用《三阳图志》的部分，基本上都是对元代情况的叙述，因此可以推测《三阳图志》就应该是元代志书的名称。基于《三阳图志》这一名称以及通过“图则明而易见，志则久而不亡”的描述来看，元代的志书似乎应该有图。

通过上述分析来看，潮州地区志书中最早的地图，应该绘制于淳熙二年（1175），但此图不可能是《永乐大典·潮州城图》的底本。端平二年（1235）修撰的志书可能没有图，即使有图也可能是沿用淳熙二年的图。元代《三阳图志》则可能有图。因此可以认为《永乐大典·潮州城图》来源于元代《三阳图志》的可能性比较大。当然，也存在端平二年重新绘制地图，但失于记载，由此也存在元代的《三阳图志》以端平二年的地图为底本摹绘的可能。为了进一步分析这一问题，下面通过对图中内容的考订来确定此图绘制的时间。图中修建时间可考的建筑有：

三阳驿，“凤城驿，在北门外，宋绍兴间建于上水门，名曰凤水，又曰凤啸，元至元间又建马驿于正街左，名曰三阳，洪武二年置凤城水马驿，三年迁水驿于北门堤左，八年知府王清迁马驿于县学右”[②]，可知图中所绘“三阳驿”只可能出现在元代。

开元寺，“唐开元间建”[③]。

光孝寺，“即报恩寺，在北门外，元至元二十三年创”[④]。

宝积寺，“即古静乐寺，在南厢一里，元至元二十三年创”[⑤]。

玄妙观，“即天庆观，在城内，宋政和元年创，原额海潮”[⑥]。

---

① 《永乐大典》卷五三四三，中华书局1986年版，第2468页。

② （嘉靖）《潮州府志》卷二，《日本藏中国罕见地方志丛刊》，书目文献出版社1991年版，第190页。

③ （嘉靖）《潮州府志》卷八“寺观”，《日本藏中国罕见地方志丛刊》，书目文献出版社1991年版，第283页。

④ （嘉靖）《潮州府志》卷八“寺观”，《日本藏中国罕见地方志丛刊》，书目文献出版社1991年版，第283页。

⑤ （嘉靖）《潮州府志》卷八“寺观”，《日本藏中国罕见地方志丛刊》，书目文献出版社1991年版，第283页。

⑥ （嘉靖）《潮州府志》卷八“寺观”，《日本藏中国罕见地方志丛刊》，书目文献出版社1991年版，第284页。

南山寺，“在南厢一里，宋绍兴间建”①。

此外，韩山书院建立于淳祐三年（1243）②；公元书院建立于淳祐九年（1249）③；录事司建于至元二十一年（1284）；分司（即廉访分司）建于同年④。

路学，陈香白认定“路学”建于宋代，明显是错误的。其根据的《宋史·职官志》：“庆历四年，诏诸路、州、军、监，各令立学”，正确的句读应该为“庆历四年，诏诸路州、军、监各令立学”⑤，因此这句话并不能作为潮州建有路学的依据。且宋代并无潮州路，其学只能是“州学”，称为“路学”，只可能是在元代设立潮州路之后。

海阳县署，“在正街西宝善坊，旧在海阳山右，宋迁入州治内华萼坊，大明洪武二年迁今地（即元录事司故址）”⑥。由此来看，图中的“海阳县”表示的应该是明代之前的情况。

县学，“县学旧在府治西偏，附郡学右，宋绍兴中县令陈垣迁制锦坊……景炎三年毁。元代遂不复建。洪武二年，通判张杰始建学”⑦。由此来看，县学只应当存在于宋、明两代。但如果考虑到县学虽然建炎三年（1278）被毁，但同时毁圮的还有郡学，“大兵破潮城，庙学、乐器、祭器悉付一炬，独书阁岿然……”⑧，“以上学舍斋堂，兵火后皆废”⑨，其重建是在至元二十一年（1284），即“乾清坤夷，此邦始建学校”⑩，此时可能还没有最终决定是否重建县学，但作为重要的标志性建筑，在元代依然可能将其遗迹绘制于地图上。

---

① （乾隆）《潮州府志》卷十五“寺观”，成文出版社有限公司1966年版，第178页。

② 《永乐大典》卷五三四三“书院”，中华书局1986年版，第2466页。

③ 《永乐大典》卷五三四三“书院”，中华书局1986年版，第2467页。

④ 《永乐大典》卷五三四三“公署”：“廨宇，潮之廨宇兵毁后墟矣。至元二十一年枢使月的迷失来潮分拣，郡守丁侯聚募役、剪荆棘、畀瓦砾，始创官廨三座，仪门两廊，后累政续续葺补……录事司衙在太平桥之右；廉访分司在道爱坊内”，中华书局1986年版，第2460页。

⑤ 《宋史·职官志》。

⑥ （嘉靖）《潮州府志》卷二，《日本藏中国罕见地方志丛刊》，书目文献出版社1991年版，第188页。

⑦ （乾隆）《潮州府志》卷二十四“学校”，成文出版社有限公司1966年版，第418页。

⑧ 《永乐大典》卷五三四三“学校”，中华书局1986年版，第2462页。

⑨ 《永乐大典》卷五三四三“书院”，中华书局1986年版，第2463页。

⑩ 《永乐大典》卷五三四三“书院”，中华书局1986年版，第2463页。

州治，从其位置和名称上来看，当属宋代建筑无疑。但《永乐大典》卷五三四三“归附始末”引“三阳图志元平潮州始末”记载，至元十五年（1278）攻占潮州之后“自是数年干戈抢攘，生灵鱼肉……至元二十一年甲申枢密副使月的迷失来潮，分拣散兵归农。时丁侯聚来守此邦，遗黎自此始睹天日……”[①] 在“建置沿革”条中也有类似记载，“潮州路……元至元十五年归附，十六年改为总管府，以孟招讨镇守。未几，移镇漳州，土豪各据其地。二十一年，广东道宣慰使页特密实，以兵来招谕。既去，二十三年，复，为江西等处行枢密院副使兼广东道宣慰使以镇之，始定”[②]。即，虽然至元十六年设立了总管府，但很快就放弃了这一地区，直至至元二十三年之后再次建立比较稳定的统治。在这种战乱时期，行政名称混乱也可能存在，而且在元代《三阳图志》中有时仍将潮州路称为潮州，如在《永乐大典》残志“田赋”条中引《三阳图志》“本州自归附以来”“本州三县一司”。由此来看，“州治”这一称呼在元代仍然有可能出现。

州学门，从名称上看，来源于宋代的州学。虽然州学在元代已经改为路学，但是作为门的名称，或者说地理标志，具有一定的稳定性，改称也往往具有一定的滞后性。因此，在图中出现“州学门”，并不能说明其反映的就是宋代的内容。

城墙，图中绘制了城墙，并没有反映出至元二十一年（1284）平城的情况[③]，这也是陈香白将这幅图定为宋代的主要依据之一，但也存在当时城墙没有完全拆除的可能。

通过对图中所绘兴建时间可考建筑的分析，可以得出以下结论：图中基本上没有绘制明代所独有的建筑，同时宋代独有的建筑也极少，图中大量出现的是建造于元代的建筑，如宝积寺、光孝寺、录事司、路学、三阳驿、分司，而其中录事司、路学、三阳驿和分司是元代独有的建筑。因此，《永乐大典·潮州城图》所表现的时段应该是元代。当然，图中也存在一些是宋代独有的建筑，如“县学”“城墙”，因此虽然可能性很小，但

---

① 《永乐大典》卷五三四三“归附始末”，中华书局 1986 年版，第 2450 页。
② 《永乐大典》卷五三四三“建置沿革”，中华书局 1986 年版，第 2449 页。
③ 《永乐大典》卷五三四三“城池”，中华书局 1986 年版，第 2452 页。

也存在元代绘制时参照了宋代地图的可能。不过，按上文分析来看，如果去除元代的内容之后，宋图和元图之间差异很大，因此即使是参照了宋代的地图，也并不能认为《永乐大典·潮州城图》是以宋代的地图为底图摹绘的。而且需要注意的是，在《三阳图志潮州府志书序》中记志书“其板藏于宣圣庙之万卷楼”①，“学校”条中也有“《新修潮阳图经古瀛乙丙集》三百二十五板”② 的记载，由此当时的志书是刻板印刷，在这种情况下，如果摹绘前代地图，那么没有理由将已经消失的“县学”“城墙”费力地刻于新板之上，这进一步证明这幅地图不可能是以宋代地图为底图摹绘的。

因此，通过上文分析，《永乐大典·潮州城图》应绘制于元代，并极有可能出自元代的《三阳图志》。而且这一推论还存在一强证。在《永乐大典·潮州城图》之后有一幅《疆域图》，图中虽然标有“潮州”，但也绘制了梅州，此图显然不可能绘制于宋代，因为作为同级政区，潮州不可能管辖梅州。如前文所述潮州路在元代也可以称为潮州，而且元代潮州路确曾下辖过梅州，《永乐大典》卷五三四三“建置沿革”条引《元一统志》“元贞元元年，以梅州来属”③，《元史·仁宗本纪》载“（延祐四年十月）改潮州路所统梅州隶广东道宣慰司”④。此外，该图中还绘制了“三河站”“武宁站”“三河站”“黄岗站”，“站”只有在元代的设立“站赤”后才出现的，不仅如此，上述“站”的名称都出现于《永乐大典》卷五三四三“公署”条“元混一区宇，制度更新”一句之后，因此可以肯定这是一幅元代的“潮州路疆域图”，其绘制时间应该在元贞元元年（1295）至延祐四年（1317）之间。由此也可以从另外一个角度证明，这幅元代《潮州路疆域图》之前的《潮州城图》应该也绘制于元代，而且其绘制时间极有可能也是在贞元元年至延祐四年之间。最后需要说明的是这幅图的名称应该改为“潮州路城图”。

---

① 《永乐大典》卷五三四三“三阳志潮州府志书序”，中华书局 1986 年版，第 2468 页。

② 《永乐大典》卷五三四三“学校”，中华书局 1986 年版，第 2463 页。

③ 《永乐大典》卷五三五四“建置沿革”，中华书局 1986 年版，第 2449 页。

④ 《元史》卷二十六《仁宗本纪》。

附录二 《莱州府昌邑县城垣图》绘制时间考

李孝聪在《美国国会图书馆藏中文古地图叙录》中介绍了美国国会图书馆收藏的一幅昌邑县城图，该图“背面用黄纸封裱，贴红签图题：‘署莱州府昌邑县城垣图’，表明这是一幅由山东省莱州府所属昌邑县官署绘制的官方收藏或呈送给上级官府的县城图”①。关于这幅地图的绘制年代，李孝聪判断应当是清代中期。根据该图的绘制特点和图中所绘建筑的位置，可以确定他的判断应当无误。

由于该图绘制的较为详细，本附录试图在李孝聪研究的基础上，以乾隆《昌邑县志》等方志材料为基础，对其绘制年代进行更为具体的考订。

图中所绘建筑中，在方志中可以找到与断定绘图时间有关的有：

1. 城墙和城门。按照乾隆《昌邑县志》记载，昌邑县自宋建隆三年（962）筑城之后即为东西南三门，而图中昌邑县西门两座，东门一座，与文献记载不符，但查该县志所附“县城图”，城门确实为西门两座，东门一座，而且与图所绘方位相当。另县志记载“康熙十六年，知县沈一龙重修三城门楼增至三级”②，而图中所绘为两层，但县志所附“县城图”中城门也是两层，这些差异的出现很可能是因为该图只是一种示意图。

2. 文昌阁。《莱州府昌邑县城垣图》在城东南角上绘制有“文昌阁”，但其没有出现在乾隆《昌邑县志》“县城图”中，查县志记载“嘉靖四十五年知县李天伦重修，增东南角楼曰文笔峰，供文昌于上，颜曰奎光……

① 李孝聪：《美国国会图书馆藏中文古地图叙录》，文物出版社2004年版，第109页。

② （乾隆）《昌邑县志》卷二“城池”，成文出版社有限公司1976年版，第99页。

万历四十□年，小修城池，移文昌于东山颠，城之角楼遂废”[①]；“文昌庙，在东山，明万历四十六年知县周学闵迁建”[②]，根据这两条记载，东南角上的文昌阁在万历四十六年（1618）就已经废弃了，直至乾隆《昌邑县志》修撰的时期也没有重建，那么由此这条史料与该图绘制于清代中期的推断产生了矛盾。不过，还需要对图中其他建筑的修建时间进行考订，才能得出进一步的结论。

3. 仓。乾隆《昌邑县志》载“预备仓，在县治南，明季废，今改为普济堂。雍正九年知县刘书奉文重修仓厫，在县治东察院旧址……”[③]，此外县志所记的“社谷仓”都在四乡，而城内别无其他仓，由于可以认为图中绘制于县治和文庙东侧的“仓”应当就是预备仓，其原来位于图中普济堂的位置，雍正九年（1731）修建于图中绘制的位置。

4. 普济堂。乾隆《昌邑县志》记“普济堂，即预备仓旧地，雍正十二年知县严有禧檄令知县屠用中倡捐设立……”[④]，结合上条材料，可以认为图中所绘的普济堂应当修建于雍正十二年（1735）。

5. 忠义祠、节孝祠。乾隆《昌邑县志》记“忠义祠，在学宫内，雍正五年知县袁□奉文新建”“节孝祠，在常平仓东，雍正五年知县袁□奉文新建”。从这两段文字来看，忠义祠和节孝祠都是新建的，但两者位置与图中所绘存在较大差异，尤其是节孝祠，图中绘制在西门内靠近城墙的位置。由此来看，图中所绘应当不是雍正五年（1727）新建的位置，或可能在之前曾经有过忠义祠和节孝祠，但很久之前就废弃了，所以雍正五年的修建被称为新建；或乾隆《昌邑县志》编纂之后，两祠的位置又发生了变化。

此外图中县衙等官衙的建筑位置与乾隆《昌邑县志》的记载大致相符，不过“千总署”在县志中没有记载。乾隆《昌邑县志》所附“县城图”中只绘制有“把总署”，正文中没有记载设置把总的时间，这点还有待考订。

---

① （乾隆）《昌邑县志》卷二“城池”，第98页。
② （乾隆）《昌邑县志》卷四“祀典”，第189页。
③ （乾隆）《昌邑县志》卷三“仓储”，第167页。
④ （乾隆）《昌邑县志》卷三“恤养”，第168页。

那么结合上述史料对于《莱州府昌邑县城垣图》的绘制时间可以做出以下两种假设：

1. 根据文昌阁来看，原图绘制于嘉靖四十五年（1566）至万历四十六年（1618）之间，清代雍正时期以此为基础增补了一些当时的建筑，但问题在于图中并没有表现此时新建于学宫和常平仓附近的节孝祠和忠义祠，由此来看，这一推测成立的可能性似乎不太大。

2. 可能绘制于乾隆之后，也就是方志修撰之后，此时东南角上的文昌阁又进行了复建，忠义祠和节孝祠的位置也都发生了变化，由此该图绘制的时间可能要晚至清代中后期。这一解释比较符合常理，成立的可能性较大。

为了对上述两种推测进行判断，还需要查找修撰时间较晚的文献，可以使用的有光绪《昌邑县续志》。下面对其中记载的可以用来判断成图年代的建筑物的修建时间进行分析：

1. 将光绪《昌邑县续志》所附“县城图”与《莱州府昌邑县城垣图》相比较，两者非常相似，东南角都有文昌阁（县城图中标识为“魁星楼”），节孝祠都位于东门内路南靠近城墙的位置，乾隆志及其图中缺载的千总署（始建时间，县志中记载为“无考”）、傅公祠的位置两图也一致。存在差异的就是“县城图”的忠义祠位于“仓廒”的东南侧，而《莱州府昌邑县城垣图》中则位于东侧；“县城图”中没有了县丞署，而多出了更具有近代意味的“巡警局”；城市中部的“书院”也标注“今作学堂”。

2. 县丞署（巡警局）。光绪《昌邑县续志》记“县丞署在县署东，自光绪二十九年曹县丞移防丈岭，其署遂空，今改为巡警局”[1]。虽然方志中没有记载改为巡警局的时间，但光绪《昌邑县续志》修撰于光绪三十三年（1907），而这也就可以作为改设巡警局的时间的下限。

3. 书院（学堂）。“凤鸣书院，在学宫南，道光二十七年知县刘扬廷、典史姜照倡捐因诂经书院旧址创修为考课之地……”[2]；“高等小学堂，光绪三十年奉文停科场立学堂，知县吴廷祚改凤鸣书院为高等小学堂”[3]，由

---

① 光绪《昌邑县续志》卷二“公署”，《中国地方志集成·山东府县志辑》第39册，北京图书馆出版社2004年版，第558页。

② 光绪《昌邑县续志》卷四“学校”，第573页。

③ 光绪《昌邑县续志》卷四“学校”，第574页。

此书院改为小学堂的时间为光绪三十年（1904）。

4. 忠义祠、节孝祠。“忠义祠，初在文庙西南隅，光绪五年移学署前”[①]，结合“县城图”中所绘，其与《莱州府昌邑县城垣图》中为位置大体相似；“节孝祠，同治六年由常平仓移学署前，光绪五年移关帝庙西”，其与《莱州府昌邑县城垣图》所绘位置一致。

5. 文昌阁。“文昌阁在城垣东南隅，道光二十三年知县李著建草阁三间，光绪元年知县茅方廉率绅士刘兰洲等改建魁文阁三级，周六楹；十九年，绅士刘乃庚尹聘三重修增建启圣宫[②]。”除了“魁文阁”在《莱州府昌邑县城垣图》标为“文昌阁”之外，《莱州府昌邑县城垣图》绘制于文昌阁旁的“启圣宫”按照县志记载应当修建于光绪十九年（1893）。

6. 傅刚勇祠。“傅刚勇祠，在东门里，光绪十六年绅耆呈请抚宪张曜奏准建立。”[③]

总体而言，由于《莱州府昌邑县城垣图》中所绘基本与光绪《昌邑县续志》吻合，尤其是节孝祠移建到图中所绘位置的时间是在光绪五年（1879），因此也使之前的第一种假设不可能成立。就第二种假设而言，图中所绘上述建筑物始建时间最晚的应当是“启圣宫”，时间是光绪十九年，这应当是该图绘制时间的上限。此外县丞署虽然于“光绪二十九年曹县丞移防丈岭，其署遂空”，但并未废除，因此不应当作为该图绘制的上限。而图中县丞署没有改标为巡警局，而书院也未改标为小学堂，由此可以将改设小学堂和巡警局的时间作为该图绘制时间的下限，也就是大约在光绪三十年。因此，《莱州府昌邑县城垣图》绘制的时间应当是在光绪十九年至三十年之间。

最后，对《莱州府昌邑县城垣图》的分析再次验证，晚至清末，中国依然存在用传统绘制方法绘制的地图，不过，这并不代表当时的绘图人“保守”“顽固不化”，而是告诉我们对于中国古地图的研究应当具有更为广阔的视野，并用“同情”的视角去看待。

---

① 光绪《昌邑县续志》卷四“祀典”，第578页。
② 光绪《昌邑县续志》卷四“祀典”，第579页。
③ 光绪《昌邑县续志》卷四“祀典”，第579页。

附录三　美国国会图书馆藏“清军围攻金陵城图”研究

美国国会图书馆收藏有一幅“清军围攻金陵城图”[①]，纸本彩绘，未注比例，装裱为横卷轴，图幅 91 ×145 厘米。从绘制内容来看，这是一幅以描绘清军围攻太平天国控制下的江宁府为主要内容的地图，图中较为详细地表现了清军与太平天国军队在江宁府城外、外郭城内的军事部署、战斗场景，以及江宁府城、外郭城的城墙和城内的街道、衙署、寺庙等地理景观。以往除了李孝聪和林天人分别在《美国国会图书馆藏中文古地图叙录》[②] 和《皇舆搜览——美国国会图书馆所藏明清舆图》[③] 两书中对这两幅地图进行了描述之外并无具体的研究论文，因此此处试图对这幅地图进行一些初步的研究。

一　地图的内容及绘制者

与大多数中国古代地图类似，“清军围攻金陵城图”并没有标明绘制者，林天人和李孝聪教授也未对此进行推测。

现在已经发现了一些与太平天国有关的地图，大致可以分为两大类：一类为军事地图，如华林甫《英国国家档案馆庋藏近代中文舆图》[④] 中所收录的部分地图；另一类是以台北故宫收藏的《平定粤匪图》为代表的，

---

① 该图并无图名，林天人按照图中所绘内容，将这幅地图定名为“清军围攻金陵城图”。

② 李孝聪：《美国国会图书馆藏中文古地图叙录》，文物出版社 2004 年版，第 116 页。

③ 林天人：《皇舆搜览——美国国会图书馆所藏明清舆图》，“中研院”数位文化中心 2013 年版，第 296 页。

④ 华林甫：《英国国家档案馆庋藏近代中文舆图》，上海社会科学院出版社 2009 年版。

战争结束之后官方绘制的描述双方军队交战场面的作战场面图①。

从绘制内容上来看，这些军事地图或彩色，或黑白，图中的内容大都较为简单，一般绘有山脉、河流、城镇、聚落和关口，只是通过贴签或者文字的形式详细标注驻军的位置、数量以及各地之间的距离，因此可以认为这些军事地图很可能是以当时的政区图为底图改绘的。② 官绘的作战场面图通常非常精美，图面上绘有大量人物，但基本没有文字，只是在图后附有阐释战争过程的图说，在形式上更近似于绘画。

“清军围攻金陵城图”中，府城外、外郭城内的部分，通过人物所扛旗帜标注了清军和太平天国军队的部署情况，标绘了双方重要的军队驻地，此外在府城内外标注了某些地点之间的距离，这些内容与军事地图较为相近。但与军事地图不同的是，图中在府城外绘制了大量正在交战的人物，这点又与作战场面图较为近似。不过，这些人物绘制的非常粗陋，显然不是出自宫廷画师和官方画师的手笔，也应当不是受过严格训练的士大夫的作品，而且图中有些内容显得过于“幼稚”，如“向大人营”中的“向大人”（向荣）手中拿着一根烟杆，画面的右下角还绘制了一些“生活场景”并用文字加以标注，如“买水烟”“补衣服”“剃头的”，甚至还绘制了挂有人头的两个架子，这些内容说明这幅地图似乎非常有可能出自民间工匠之手。不过，由于图中的军事内容非常详细，而这些是民间不容易掌握的，因此可以大致推测，“清军围攻金陵城图”应当是民间画师以流散出来的官绘本军事地图或相关资料为基础，增补大量人物画像而成的。

此外，这一地图还存在一点与众不同之处。中国古代的政区图、交通图等专题图，虽然也会绘制城池内部的建筑，但大都非常简略，如绘制于洪武二十九年至三十年（1396—1397）的《南京至甘肃驿铺图》③；而中

---

① 参见李泰翰《兵临城下——评介〈平定粤匪图〉中的〈金陵各营屡捷解围图〉》，（台北）《故宫文物月刊》2005 年第 3 期。

② 参见华林甫《英藏清军镇压早期太平天国地图考释》，《历史研究》2003 年第 2 期，第 65 页。

③ 参见刘夙《台北“故宫博物院”藏明代驿路图初探》，李孝聪主编《中国古代舆图调查与研究》，中国水利水电出版社 2019 年版，第 414 页。该图现收藏于台北“故宫”，彩绘，纸本长卷，55 × 2432 厘米；图上的地物范围，东南起江浦县（今南京市江浦区）、西北至沙州城（今甘肃敦煌西）的驿路所经的狭长地带。

国古代的城池图，虽然大都也绘制有城池周边的地理景物，但通常非常简略，如著名的宋代的《平江图》和《静江府城图》。而“清军围攻金陵城图”虽然绘制的是江宁府外郭城以内的范围，但府城内、外绘制的重点并不相同，府城内主要绘制的是街道、衙署、寺庙，类似于城池图；而府城外主要绘制的是山川，则近似于政区图。同时，现存的一些清代的南京城图中都没有绘制外郭城，如绘制于同治七年（1868）或稍后不久的《江宁府图》[①]、光绪末至宣统初绘制的《测绘金陵城内地名坐向清查荒基全图》[②]，而且文献中记载的江宁府城通常也指的是府城，并不包括外郭城，由此可以认为清代江宁府府城外、外郭城内的区域应当被看成城外，因此就绘制内容而言，“清军围攻金陵城图”似乎是一幅城池图与一幅以政区图为基础绘制的军事图的整合。这种两种绘制风格的地图的结合也进一步佐证了这幅地图很可能是出自民间工匠之手。

二 地图的年代

关于地图的绘制年代，林天人推测该图为咸丰三年（1853）至咸丰六年（1856）五月之间所绘，其依据是向荣率军围攻南京城应当是在咸丰三年太平天国军队占领南京之后，而咸丰六年五月江南大营被太平军击溃，向荣也在此后不久去世。林天人的这一推测存在很大合理性，但也存在值得继续讨论的余地。

第一，林天人所得出的结论实际上是地图所表现的年代，而不一定是地图绘制的年代。与现代地图不同，中国古代地图经常存在绘制年代与表现年代不一致的现象。其原因主要是中国古代有些地图的绘制过程较为复杂，也许是根据以往资料绘制的，也许是根据其他地图改绘、摹绘的，也许是后世根据前代地图摹绘的等等，因此判断其绘制时间非常困难。[③] 就“清军围攻金陵城图”而言，按照目前的线索我们实际上很难断定其具体

---

① 参见曹婉如主编《中国古代地图集（清代）》“图版说明”，文物出版社 1997 年版，第 15 页。该图出自《长江图册》，现藏于中国历史博物馆。

② 参见曹婉如主编《中国古代地图集（清代）》“图版说明”，文物出版社 1997 年版，第 16 页。

③ 参见本书第一篇第五章。

的绘制年代，只是按照美国国会图书馆的记载，该图为恒慕义（A. W. Hummel）于1930年购入，因此该图应当绘制在这一时间之前。

第二，林天人考订的该图所表示的时间还可以进行缩小。在分析之前需要说明的一点是，如上文所推测，该图有可能是在两幅地图的基础上改绘的，因此需要对这两幅地图所表现的年代分别进行判断。

首先是表示清军围攻江宁府的军事图。太平天国军队占领南京之后，向荣率领的清军对南京城的围攻虽然一直持续，但大规模的攻击主要集中在咸丰三年（1853）和咸丰四年，并且都取得了一定的战果。通过将这两次围攻战的过程和结果与地图比较，实际上很容易确定该图所描绘的时间。

按照光绪《金陵通纪》的记载，咸丰三年二月向荣率兵至南京之后"乘锐破贼二十余垒，遂壁孝陵卫。庚子，攻朝阳门外土城，克之"；"庚戌，向军破贼通济门外三垒。乙卯，袭七桥瓮，据之，断其南北往来路。丁巳，乘雾夺钟山。辛酉……荣傍城筑十八垒，贼不敢启东门"①。"清军围攻金陵城图"所描绘的清军对太平天国军队的攻击，主要是从东、南、北三面，文献中提到的朝阳门外和通济门外的太平天国的军营在图中都有表示，紫金山（钟山）也基本被清军所控制，图中的"向大人营"虽然位于孝陵卫以北，但从孝陵卫附近所绘的那些生活场景来看，这里很可能是清军的大本营，符合文献"遂壁孝陵卫"的记载。不过由此并不能直接得出该图所表示的就是清军咸丰三年围攻南京城的场景，毕竟向荣率军攻击南京城长达4年之久，也许类似的攻击过程后来也曾出现过。

光绪《金陵通纪》对于咸丰四年向荣所率清军的围攻有着如下记载，"闰七月，镇江援贼与城贼约攻大营，向荣自将驻上方桥指挥诸军，败之。他股由雨花台、洪武门扑七桥瓮营，将军苏布通阿迎击，亦溃退"②；"（冬十月）是月，向军克雨花台石垒，乃逼南门而营，贼烧毁报恩寺塔，惧为官兵所踞也"③。这段记载与图中所绘存在两处不同之处：其一，图中虽然没有绘制上方桥，但按照现在上方桥的位置推断，图中"向大人营"显然

① （清）陈作霖编辑：光绪《金陵通纪》，成文出版社有限公司1970年版，第546页。
② （清）陈作霖编辑：光绪《金陵通纪》，成文出版社有限公司1970年版，第549页。
③ （清）陈作霖编辑：光绪《金陵通纪》，成文出版社有限公司1970年版，第549页。

过于偏北了。其二，按文献记载，这次进攻清军主要攻击方向是在城南，这与图中所绘不符，图中虽然也有一支清军指向雨花台，但距离尚远，而且由于这幅地图从绘制内容来看着重表现的是清军所取得的胜利，因此图中不应该忽略攻占雨花台这一标志性的胜利。从上述内容来看，该图表现的是咸丰四年（1854）清军对于南京城的攻击的可能性不大。顺带提及的是，由于报恩寺塔毁于咸丰四年的战争，而图中报恩寺塔依然存在，因此该图也就不可能表示的是咸丰四年之后的场景了。

通过上述分析，可以大致认为“清军围攻金陵城图”中军事图的部分所表现的应当是咸丰三年向荣率军至南京之后对太平天国军队展开的攻势以及所取得的战果。

对“清军围攻金陵城图”上描绘江宁城内的地图所表现的时间也可以进行一些简单的推测。从清初至被太平天国攻占之前，南京城内的地理要素变化不大，较为明显地可以体现地图表示时间的就是江宁织造署。《嘉庆新修江宁府志》记载“江宁织造署，旧在府城东北督院署前，乾隆十六年以改建行宫……乾隆三十三年，织造舒□买淮清桥东北民房改建织造衙署”[①]，图中织造署位于府城南侧、驻防城以西，淮清桥以东，由此来看，该图所表示时间不会早于乾隆三十三年（1768）。不过，这一时间范围还可以进一步缩小，同治《续纂江宁府志》卷七“建置・书院”条中记“凤池书院，旧在县学忠义祠后。道光间，移旧王府园绣春园池馆，水木冠于一时。贼毁之，今移武定桥东新廊。同治三年，收买民基改建房屋二十七间”[②]，图中凤池书院正绘制在王府园的东北；另在该书卷十“大事纪”中记载“（道光）十三年，江宁府俞德渊移建凤池书院于五松园”[③]，由于再无其他资料记载凤池书院在道光年间还曾发生过迁建，因此这两条材料记载的应当是同一件事情。由此，该图表示时间的上限可以进一步压缩到道光十三年（1833）。

---

① （清）吕燕昭修，姚鼐纂：嘉庆《新修江宁府志》卷十二“建置・官署”，成文出版社有限公司1974年版，第459页。

② （清）蒋启勋等修，汪士铎等纂：同治《续纂江宁府志》卷七“建置・书院”，《中国地方志集成・江苏府县志辑》，江苏古籍出版社、上海书店和巴蜀书社1991年版，第64页。

③ （清）蒋启勋等修，汪士铎等纂：同治《续纂江宁府志》卷十“大事纪”，第118页。

关于该图所表现时间的下限，也可以进行一些推断。如上文所述，图中报恩寺塔依然存在。此外，同治年间清军收复南京之后，在恢复一些被战火毁坏的建筑时，某些建筑迁移了位置，图中对于这些迁建后的建筑皆无表示：如武庙，同治《续纂江宁府志》卷四“祠祀”载：“武庙，旧在钦天山，咸丰四年升中祀。同治六年，建于中正街。八年，移建鸡鸣山府学旧址，官祭以二仲”①，图中“武夫子庙”被绘制在紧邻观星台所在小山的东南角下，据同治《续纂江宁府志》卷八“名迹”记载“西钦天山……明观象台在其上”，因此图中“武夫子庙”所临的小山应当就是钦天山；江宁府学，同治《续纂江宁府志》卷五载“江宁府学，明之国子监也。自嘉庆二十四年二月朔天火后，建置一新。贼甫入城，首先毁之。同治四年，李鸿章权总督，改卜于明朝天宫旧址，即山为基，因运渎为泮池”②，图中朝天宫依然存在，附近没有绘制府学，虽然在鸡鸣山麓没有绘制府学，但很可能这体现了此时府学已经被毁的情况。而上述迁建后的建筑在详细表现了同治之后南京城地理景观的《金陵省城古迹全图》中都有所表现③，两幅地图形成了鲜明的对比。

因此，可以认为“清军围攻金陵城图”城内的部分展示的应当是道光十三年至咸丰三年（1833—1853）太平天国军队占领南京之前的地理景观。

存留于世的中国古代地图大部分都是清代晚期的，从这一点来看，《清军围攻金陵城图》并不算十分珍贵，不过由于其所具有的三点特殊性，因此依然具有较高的研究价值：

第一，如本篇第一章所述，中国古代并不存在类似于今天的城市概念，而且除了辽金元少数几个政权之外，大多数时期没有以城市为主体的行政建制，因此与以政区图、河工图为代表的专题图相比，中国古代以城池为主题的专题地图并不算多。除了方志中的城池图之外，现存的单幅的

---

① （清）蒋启勋等修，汪士铎等纂：同治《续纂江宁府志》卷四“祠祀”，第38页。

② （清）蒋启勋等修，汪士铎等纂：同治《续纂江宁府志》卷五“学校”，第45页。

③ 图中在“报恩寺”寺处标有“今无”，在聚宝门外绘制有“制造局”并标有“昔无”，且在“大佛寺”的左上角标有“本朝更名碑亭”，因此这幅图表现的应当是清代同治四年（1865）之后的南京地理景观。

城池图大都是清代晚期的，尤其又以同治、光绪之后的城池图居多。由于受到近代科技的影响，这类城池图中的大部分都有着近现代地图的特色，如基于实测、使用了比例尺等。现存的以南京为表现对象的城池图也是如此，除了方志图之外，《清军围攻金陵城图》之前的单幅城池图数量屈指可数，如收藏在美国国会图书馆中的朝鲜景宗年间（1721—1724）朝鲜人绘制的《大明一统山河图》中的《南京城图》①，不过其对南京城的表现极为简略；又如收藏在英国皇家地理学会的清代后期的《金陵图》②和大英博物馆的咸丰六年（1856）编制的《江宁省城图》③。因此，详细表现了南京城内街道、建筑布局的《清军围攻金陵城图》在中国古代地图史上具有一定的价值。

第二，如前文所述，中国古代的政区图和军事图多注重自然景物、道路、聚落的描绘，但其中的聚落大都只是表现大致的轮廓和位置，对于城池内部描绘的较为简略；与此同时，中国古代的城池图主要着重于城池内部的描绘，对于城池外部通常绘制的极为简略。如前文所述，《清军围攻金陵城图》中府城内外描绘的重点不同，很可能是两种地图整合而成的。中国古代确实存在一些在之前地图基础改绘而成的地图，其中最为著名的就是《广舆图》，不过其中大多数都是基于同类地图的改绘，《清军围攻金陵城图》的这种改绘方式并不多见。此外，以往对于中国古代地图绘制方法的关注较少，少量的研究多注重从地图之间的相似之处入手分析地图之间的传承，较少注意地图具体的绘制方法和过程，因此《清军围攻金陵城图》为我们今后深入研究中国古代地图的绘制方法提供了一个很好的切入点。

第三，以往中国地图学史的研究或注重那些体现了科学性、准确性的地图，这些地图大都是由著名的学者，如黄裳、朱思本、罗洪先绘制的；或注重那些与王朝的运作存在密切联系的地图，如运河图、黄河图、海防图、边防图，而这些地图大部分是由政府绘制的，也有部分是由学者、官

① 参见李孝聪《美国国会图书馆藏中文古地图叙录》，文物出版社2004年版，第10页。
② 李孝聪：《欧洲收藏部分中文古地图叙录》，国际文化出版公司1996年版，第104页。
③ 李孝聪：《欧洲收藏部分中文古地图叙录》，国际文化出版公司1996年版，第105页。

员利用国家档案绘制的。受到上述研究倾向的影响，以往对于那些由民间绘制的地图多所忽略，甚至也没有刻意去辨识民间绘制的地图。不过，中国古代大部分时期，对于地图的流传并没有进行限制，因此民间绘制的地图应当有着一定的数量，而且现在也确实能辨识出一些民间绘制的地图，如南宋陈元靓《事林广记》收入的《大元混一图》和日本宫城县东北大学图书馆藏的《北京城宫殿之图》，本附录所分析的《清军围攻金陵城图》也应当出自民间私人之手。由于以往研究中对于民间所绘地图的忽略，而地图又是一种知识的承载形式，除了是人们对于地理景观的主观认识和主观再现之外，也是人们对于事件、人物的主观理解和再现，因此这方面的研究将会推动我们对于“知识”在古代民间的形成和传播的认识和理解，可以说《清军围攻金陵城图》是今后这方面研究很好的范例。

附表三 城池图

本附表不包括方志中的单幅或者成套的城池图；也不包括那些较为详细地绘制了城池内部建筑物的区域图、河工图、道路图、海防图等地图（集）。

城池名	图名	绘制年代或收录地图的古籍的版本以及相关信息	收藏机构或者收录地图的古籍（包括现代影印本）等
	“宁城图”	东汉	内蒙古自治区和林格尔东汉护乌桓校尉墓
	“繁阳县城图”	东汉	
	“土军城图”	东汉	
	“离石城图”	东汉	
	“武成县图”	东汉	
	“辽东城图”	公元5世纪	朝鲜平安南道顺川郡龙凤里辽东城塚壁画墓
	“城邑图”	西汉初年	马王堆汉墓出土 影印本：中国国家图书馆；《舆图要录》，5458
保定	保定府城图	清光绪三十一年，北洋陆军学堂测绘，石印本，1∶2000，1幅，88.5×96厘米	中国国家图书馆，《舆图要录》1682
	保定城关地舆全图	清宣统年间，保定工巡局绘，石印本，1∶5000，1幅，69.8×65.9厘米	中国国家图书馆，《舆图要录》1683
北京	北京城宫殿之图	明嘉靖十年至四十年，刊行于万历年间，木刻墨印，1幅，99.5×49.5厘米 静电复印本，1幅，100×50厘米	原图：日本宫城县东北大学 静电复印本：中国国家图书馆，《舆图要录》0995

续表

城池名	图名	绘制年代或收录地图的古籍的版本以及相关信息	收藏机构或者收录地图的古籍（包括现代影印本）等
北京	乾隆京城全图（清内务府藏京城全图）	清乾隆十五年本，分裱51帧，图幅总长14.01米，宽13.03米 1940年北平故宫博物院影印本，1幅分切208张，每张22.5×27.7厘米 1940年日本兴亚院华北联络部影印本，1幅分切17排，357×278.3厘米	原图版：故宫博物院 北平故宫博物院影印本：美国国会图书馆，G2309.P4.C5，81040930；《美国国会图书馆藏中文古地图叙录》；中国国家图书馆，《舆图要录》1000 日本兴亚院影印本：美国国会图书馆，G2309.B4Q5，2002626742；《美国国会图书馆藏中文古地图叙录》；中国国家图书馆，《舆图要录》1001
	宿卫第一标守卫禁城及海墙各地段略图	清宣统年间，纸本墨绘，1幅，65.4×43.5厘米	中国科学院图书馆，史580126；《舆图指要》
	“京师巡捕五营汛堆配置图”	清乾隆十六年至二十九年，纸本彩绘，1幅，100×114.2厘米	中国科学院图书馆，史580036；《舆图指要》
	京师内外城马路全图	清宣统二年，纸本彩绘，1幅，82.5×57厘米	中国科学院图书馆，史580203；《舆图指要》
	京师九城全图	清后期，绢本色绘，1幅，120×119厘米	美国国会图书馆，G7824.B4.C5，gm71002465；《美国国会图书馆藏中文古地图叙录》；《皇舆搜览》
	李明智绘，北京全图	清咸丰十一年至光绪十三年，彩绘，1幅，98×61厘米	美国国会图书馆，G7824.B4.L5，gm71005149；《美国国会图书馆藏中文古地图叙录》；《皇舆搜览》
	京城全图	清中叶，布基刻印本，1幅，103×56厘米	美国国会图书馆，G7824.B4A5.C5，92682865；《美国国会图书馆藏中文古地图叙录》；《皇舆搜览》
	北京城郊图	清光绪年间，彩绘本，1幅，2板拼合，63×84厘米	美国国会图书馆，G7824.B4.P4，gm71002466；《美国国会图书馆藏中文古地图叙录》
	“北京内城图”	清乾隆十七年至二十年，纸本彩绘，1幅，85×109厘米	英国博物馆；《欧洲收藏部分中文古地图叙录》；英国图书馆；《方舆搜览》
	“北京内城图”	清乾隆年间，纸本彩绘，1幅，88×114厘米	荷兰海牙米尔曼艺术博物馆；《欧洲收藏部分中文古地图叙录》
	“京师内城图”	清中叶，绢本彩绘，1幅，88×110厘米	巴黎法国国家图书馆；《欧洲收藏部分中文古地图叙录》

续表

城池名	图名	绘制年代或收录地图的古籍的版本以及相关信息	收藏机构或者收录地图的古籍（包括现代影印本）等
北京	首善全图	清中叶，刻本，1幅，112×64厘米	《欧洲收藏部分中文古地图叙录》
	“精绘北京旧城图”（“精绘北京图”）	清嘉庆年间（也有观点认为应为乾隆十二年至四十一年），纸本彩绘，1幅，185×220厘米	英国博物馆；《欧洲收藏部分中文古地图叙录》；英国图书馆；《方舆搜览》
	首善全图	清后期，刻本，1幅，111×63厘米	《欧洲收藏部分中文古地图叙录》
	京城全图	清后期，刻本，上色，1幅；与刻本《首善全图》近似，96×59厘米	《欧洲收藏部分中文古地图叙录》
	首善全图	清代，纸本彩绘，1幅，150×73厘米	《欧洲收藏部分中文古地图叙录》；英国博物馆
	“京城内城图”	清后期，纸本彩绘，1幅，161×140厘米	《欧洲收藏部分中文古地图叙录》；“SPINK&SON Ltd.”
	“京师内城图”	清后期，绢本彩绘，1幅，176×157厘米	《欧洲收藏部分中文古地图叙录》；英国皇家地理学会
	京城内外首善全图	清光绪年间，谈梅庆摹刻，墨印本，1幅 静电复印本，1幅，62×52厘米	原图：《欧洲收藏部分中文古地图叙录》；英国皇家地理学会；大连市图书馆 静电复印本：中国国家图书馆，《舆图要录》1005
	“北京宫殿图”	明嘉靖四十一年至明末，纸本彩绘，1幅，169×156厘米	台北“故宫博物院”，平图021470；《笔画千里》
	“皇城宫殿衙署图”	清康熙年间，纸本彩绘，1幅，238×178厘米 摄影本，1幅，27×21厘米	原图：台北“故宫博物院”，平图021601；《笔画千里》 摄影本：中国国家图书馆，《舆图要录》0997
	首善全图	清嘉庆年间，丰斋制，刻印本，1幅，108.5×63.5厘米	中国国家图书馆，《舆图要录》1003
	京城内外首善全图	清末，刻印本，1幅，52×52厘米	中国国家图书馆，《舆图要录》1006
	最新北京精细全图	清光绪三十四年，常琦测绘，刻印本，1幅，80.5×69.7厘米	中国国家图书馆，《舆图要录》1009

续表

城池名	图名	绘制年代或收录地图的古籍的版本以及相关信息	收藏机构或者收录地图的古籍（包括现代影印本）等
北京	京城内外全图	清光绪年间，赵宏绘，斌元堂石印本，计里画方每方一里，1幅，64×54厘米	中国国家图书馆，《舆图要录》1010
	北京内城图	清光绪末年，彩绘本，1幅，83.5×85.2厘米	中国国家图书馆，《舆图要录》1012
	京师全图	清光绪末年，石印本，彩色，1幅，56×71.5厘米	中国国家图书馆，《舆图要录》1013
	紫禁全图	清光绪末年，绘本，1幅，54×37.6厘米	中国国家图书馆，《舆图要录》1014
	北京地图	清光绪末年，彩绘本，6幅，图廓不等	中国国家图书馆，《舆图要录》1015
	北京皇城全图	清光绪末年，彩绘本，1幅，118×102.5厘米	中国国家图书馆，《舆图要录》1017
	最新北京内外首善全图	清光绪末，自强书局石印本，1幅，62×41厘米；类似于谈梅庆图	中国国家图书馆，《舆图要录》1018
	最新北京舆图	清光绪末，林屋洋行石印本，彩色，1幅，50×45.2厘米	中国国家图书馆，《舆图要录》1019
	详细帝京舆图	清宣统元年，刻印本，彩色，1幅，70.8×50.5厘米	中国国家图书馆，《舆图要录》1020
	最近北京精细全图	清宣统元年，北京集成图书公司，彩色，1幅，75.5×52厘米；与常琦图近似	中国国家图书馆，《舆图要录》1021
	北京	清宣统三年，禁卫军印刷所绘，石印本，1∶25000，1幅，38×49.5厘米	中国国家图书馆，《舆图要录》1022
	京城详细地图	清宣统三年，上海商务印书馆第5版 静电复印本，1幅，76.2×58.6厘米	原图：大连市图书馆 静电复印本：中国国家图书馆，《舆图要录》1024
	详校首善全图	清宣统元年，铜版印本，彩色，1∶17500，1幅，74×51.3厘米	中国国家图书馆，《舆图要录》1025
博平	东昌府博平县城图	清光绪年间，彩绘本，1幅，42×43厘米	中国国家图书馆，《舆图要录》3628

续表

城池名	图名	绘制年代或收录地图的古籍的版本以及相关信息	收藏机构或者收录地图的古籍（包括现代影印本）等
博兴	青州府博兴县城图	清同治年间，王保和绘，绘本，1幅，25.5×41.8厘米	中国国家图书馆，《舆图要录》3541
	青州府博兴县城图	清宣统元年，顾斑绘，彩色，1幅，26.2×44.5厘米	中国国家图书馆，《舆图要录》3543
曹县	曹县城图	清光绪年间，彩绘本，1幅，52.2×54.4厘米	中国国家图书馆，《舆图要录》3581
昌邑	莱州府昌邑县城垣图	清光绪十九年至三十年之间，43×49厘米	美国国会图书馆，G7824.C35A4.L3，gm7100505；《美国国会图书馆藏中文古地图叙录》；《皇舆搜览》
朝城	朝城县城垣图	清光绪年间，绘本，1幅，47×50厘米	中国国家图书馆，《舆图要录》3623
陈州	“陈州街道略图”	清光绪年间，彩绘本，1幅，57.4×50.4厘米	中国国家图书馆，《舆图要录》5152
成都	四川省城街道图	清光绪二十年，吴邵伯，刻印本，1幅，69×113厘米	中国国家图书馆，《舆图要录》5928
	新测考订四川成都省城内外街道全图	清光绪二十八年，傅崇矩，成都图书局，刻印本，1：18000，1幅，46×45厘米	中国国家图书馆，《舆图要录》5929
	成都省城街道图	清光绪三十年，四川官书局，石印本，1：94000，1幅，40.6×55.3厘米	中国国家图书馆，《舆图要录》5930
	四川省城街道图	清光绪三十三年，吴兰，计里画方每方一里，彩色，1幅，55×75厘米	中国国家图书馆，《舆图要录》5931
	四川省会城池全图	清光绪年间，刻印本，1幅，64×112厘米	中国国家图书馆，《舆图要录》5932
承德	热河郡街全图	清光绪三十二年，程廷镛，刻印本，有缩尺，1幅，61.8×116厘米	中国国家图书馆，《舆图要录》1779
单县	单县城池图	清光绪年间，刻印本，1幅，31.2×55.1厘米	中国国家图书馆，《舆图要录》3584
德平	德平县城图	清光绪年间，刻印本，1幅，22.5×28厘米	中国国家图书馆，《舆图要录》3503
峨眉	峨眉县城图	清光绪年间，彩绘本，1幅，33.5×34厘米	中国国家图书馆，《舆图要录》6144

续表

城池名	图名	绘制年代或收录地图的古籍的版本以及相关信息	收藏机构或者收录地图的古籍（包括现代影印本）等
福州	“福州府城图”	清中叶，纸本彩绘，1幅，145×95厘米	《欧洲收藏部分中文古地图叙录》；英国皇家地理学会
	“福州府城图”	清后期，纸本彩绘，1幅，88×95厘米	《欧洲收藏部分中文古地图叙录》；英国皇家地理学会
	福州城图	清嘉庆年间，绘本，1幅 静电复印本，1幅分切3张，123×60厘米	原图：中国国家图书馆 静电复印本：中国国家图书馆，《舆图要录》4606
	福州城市图	清同治二年，刻印本，1幅，120.5×59厘米	中国国家图书馆，《舆图要录》4607
	福建省会城市全图	清同治年间，胡东海，刻印本，1幅，125×103.7厘米	中国国家图书馆，《舆图要录》4608
	福建省会城市图	清末，绘本，1幅，123×109厘米	中国国家图书馆，《舆图要录》4609
高邮	高邮县城厢平面图	清光绪年间，刻印本，计里画方每方百丈，1幅，46.2×70厘米	中国国家图书馆，《舆图要录》3964
高苑	青州府高苑县城图	清光绪年间，刻印本，1幅，23.5×33.4厘米	中国国家图书馆，《舆图要录》3375
观城	观城县城图	清光绪年间，绘本，1幅，42.7×41.2厘米	中国国家图书馆，《舆图要录》5108
	观城县县城图	清光绪年间，绘本，1幅，25.8×65.8厘米	中国国家图书馆，《舆图要录》5109
广州	粤东省城图	清光绪二十六年，羊城澄天阁点石书局，石印本，手彩上色，1幅，33×61厘米	美国国会图书馆，G7824.G8.Y8，gm71005225；《美国国会图书馆藏中文古地图叙录》
	“广州城被灾图”	清道光年间，纸本彩绘，1幅，70×60厘米	《欧洲收藏部分中文古地图叙录》；英国国家博物馆
	广州省城图	清后期，墨绘横幅，55×198厘米	《欧洲收藏部分中文古地图叙录》；巴黎法国国家图书馆
	广东省城图	清咸丰年间，刻印本，有缩尺，1幅，34.2×58.7厘米	中国国家图书馆，《舆图要录》5599

续表

城池名	图名	绘制年代或收录地图的古籍的版本以及相关信息	收藏机构或者收录地图的古籍（包括现代影印本）等
桂林	“静江府城池图”	南宋咸淳八年刻石，321×298厘米 1983年缩绘本，1幅，50×45.8厘米	原图石：桂林市城北鹦鹉山南麓三面亭的石崖上 桂林市地名委员会办公室缩绘本：中国国家图书馆，《舆图要录》5778
	桂林省城图	清光绪年间，石印本，计里画方每方九十丈，1幅，134.6×79.6厘米	中国国家图书馆，《舆图要录》5780
	广西省城街道图	清光绪年间，刻印本，1幅，90×62厘米	中国国家图书馆，《舆图要录》5781
杭州	“浙江省垣坊巷全图”	同治年间，彩绘本，1幅，63×94厘米	美国国会图书馆，G7824.H2A5.H3，gm71005032；《美国国会图书馆藏中文古地图叙录》；《皇舆搜览》
	浙江省垣水利全图	清后期，浙江官书局刻印本，1幅，152×84厘米	美国国会图书馆，G7824.H2N44.C5，81040930；《美国国会图书馆藏中文古地图叙录》；《欧洲收藏部分中文古地图叙录》；英国博物馆；《皇舆搜览》
	浙江省城水利全图	清后期，拓片，1幅，裱装，75×149厘米	《欧洲收藏部分中文古地图叙录》，流传较广
	浙江省垣坊巷全图	清后期，刻本，1幅，60×95厘米	《欧洲收藏部分中文古地图叙录》；英国图书馆地图部
	浙江省垣城厢总图	清同治三年，浙江官书局制，刻印本，1幅，149×82厘米	中国国家图书馆，《舆图要录》4262
	浙江省垣城厢分图	清同治三年，浙江官书局制，计里画方每方九丈，刻印本，78幅拼合，每幅56×63厘米	中国国家图书馆，《舆图要录》4263
	浙江省垣坊巷全图	清同治六年，坦坦居主人制，刻印本，1幅，49×83.5厘米；同治六年许嘉德据咸丰九年坦坦居主人刻本重刻	中国国家图书馆，《舆图要录》4264
	杭州坊巷图	清宣统年间，浙江官书局刻印本，1∶6000，1幅，109×63厘米	中国国家图书馆，《舆图要录》4266
侯官	侯官城图	清光绪年间，彩绘本，1幅，72×52.5厘米	中国国家图书馆，《舆图要录》4622
济南	济南府城图	清光绪年间，彩色，1∶10000，1幅，35.2×49.7厘米	中国国家图书馆，《舆图要录》3308

续表

城池名	图名	绘制年代或收录地图的古籍的版本以及相关信息	收藏机构或者收录地图的古籍（包括现代影印本）等
济宁	济宁直隶州城垣图	清光绪年间，彩绘本，1幅，28.5×30厘米	中国国家图书馆，《舆图要录》3447
剑城	剑城图	清光绪年间，傅伟仁制，彩绘本，1幅，109×172厘米	中国国家图书馆，《舆图要录》4524
金乡	金乡县城图	清光绪年间，刻印本，1幅，28×27.5厘米	中国国家图书馆，《舆图要录》3466
九江	九江城内附近略图	清光绪末年，彩绘本，1：5000，1幅，60×58厘米	中国国家图书馆，《舆图要录》4489
喀什噶尔	喀什噶尔新建城图	清道光年间，纸本彩绘，1幅 37.5×42厘米	台北“故宫博物院”，故机058957；《笔画千里》
昆明	云南省城地舆全图	清光绪年间，彩绘本，1幅，55×42厘米	中国国家图书馆，《舆图要录》6276
乐陵	武定府乐陵县城图	清光绪年间，绘本，1幅，28×25.4厘米	中国国家图书馆，《舆图要录》3499
林县	林县城图	清光绪年间，彩绘本，1幅，47.5×51厘米	中国国家图书馆，《舆图要录》5090
灵宝	灵宝县城池街道图	清光绪年间，彩绘本，1幅，42×47厘米	中国国家图书馆，《舆图要录》5123
龙陵	议设龙陵城图式	清乾隆年间，彩绘本，1幅，54×77厘米	中国国家图书馆，《舆图要录》6302
洛阳	河南省城地舆全图	清光绪三十三年，石印本，彩色，1：50000，1幅，122.6×88.5厘米	中国国家图书馆，《舆图要录》4969
	河南省城街道全图	清光绪年间，陆钢绘，刻印本，1幅，61.5×52.6厘米	中国国家图书馆，《舆图要录》4970
	河南省城图	清光绪年间，陆钢绘，彩绘本，1幅，108×120厘米；《河南省城街道全图》的摹绘放大本	中国国家图书馆，《舆图要录》4971

续表

城池名	图名	绘制年代或收录地图的古籍的版本以及相关信息	收藏机构或者收录地图的古籍（包括现代影印本）等
南昌	“江西省城图”	清末，刻印本，彩色，1幅，93×62厘米	中国国家图书馆，《舆图要录》4465
	江西省城舆图	清光绪二十九年，夏之麒等绘，石印本，1∶3000，1幅，140×95厘米	中国国家图书馆，《舆图要录》4466
	江西省城内外全图	清光绪三十二年，刘槐森等测制，曹青藩校注，江西督练公所教练处石印本，1∶2500，1幅，103×71厘米	中国国家图书馆，《舆图要录》4467
	“江西省城图”	清光绪年间，彩绘本，1幅，72×68厘米	中国国家图书馆，《舆图要录》4468
南京	“清军围攻金陵城图”（“清军克复南京图”）	清道光十三年至咸丰三年，纸本彩绘，装裱横卷轴，91×145厘米	美国国会图书馆，G7824.N3R3.K8，gm71005033；《美国国会图书馆藏中文古地图叙录》
	金陵图	清后期，纸本彩绘，1幅，135×140厘米	英国国家地理学会；《欧洲收藏部分中文古地图叙录》
	江宁省城图	清咸丰六年，袁青绶编制，刻本，1幅，61×110厘米	《欧洲收藏部分中文古地图叙录》；英国博物馆；《方舆搜览》；英国图书馆
	江宁省城图	清同治十二年，尹德纯识，刊刻本，1幅，61×112厘米	《欧洲收藏部分中文古地图叙录》；英国皇家地理学会
	南京城图（江宁省城图）	清晚期，邓启贤编制，朱墨两色套印，裱装成挂轴，1幅，78×77厘米	《欧洲收藏部分中文古地图叙录》；英国博物馆；《方舆搜览》；英国图书馆
	江宁省城图	清同治十二年，木刻本，1幅 静电复印本，1幅，61×95厘米	原图：大连市图书馆 静电复印本：中国国家图书馆，《舆图要录》3860
	“江宁城图”	清末，邓启贤绘，木刻本 静电复印本，1幅分切2张，78×78厘米	静电复印本：中国国家图书馆，《舆图要录》3861
	“江宁府图”	清光绪三十二年，南洋陆地测量司制，石印本，47幅，每幅40×50厘米	中国国家图书馆，《舆图要录》3862
	“江宁府城图”	清光绪年间，刻印本，1幅分切4张，233×188厘米	中国国家图书馆，《舆图要录》3863

续表

城池名	图名	绘制年代或收录地图的古籍的版本以及相关信息	收藏机构或者收录地图的古籍（包括现代影印本）等
南京	“江宁城图”	清光绪年间，绘本，1幅 晒印本，1幅，35.4×35.5厘米	晒印本：中国国家图书馆，《舆图要录》3864
	“江宁府城图”	清光绪末年，绘本，2色，1幅，79.5×80厘米	中国国家图书馆，《舆图要录》3865
	陆师学堂新测金陵省城全图	清宣统元年，陆师学堂制，石印本，彩色，1∶10000，1幅，112×93.5厘米	中国国家图书馆，《舆图要录》3866
宁波	宁郡地舆图	1796年至1820年，纸本彩绘，1幅分切两张，整幅113×96厘米	美国国会图书馆，G7824.Y42A5.N5，gm71002469；《美国国会图书馆藏中文古地图叙录》；《皇舆搜览》
濮州	曹州府濮州城图	清光绪年间，彩绘本，1幅，45.8×47.5厘米	中国国家图书馆，《舆图要录》5112
清平	清平县城图	清光绪年间，刻印本，1幅，23.6×40.4厘米	中国国家图书馆，《舆图要录》3633
曲阜	鲁国之图	南宋绍兴二十四年刻石 拓本，1幅，179×88厘米	图石：湖北省阳新县第一中学 拓本：中国国家图书馆，《舆图要录》3682
泉州	“泉州城图绘”	清光绪年间，彩绘本，1幅，135×76.6厘米	中国国家图书馆，《舆图要录》4653
厦门	厦门城市全图	清光绪末年，厉明度绘，石印本，彩色，1∶5000，1幅，71×43.6厘米	中国国家图书馆，《舆图要录》4631
山海关	山海关全图	1900年，彩绘于棉布上，裱装，1幅，93×156厘米	《欧洲收藏部分中文古地图叙录》；英国博物馆
上海	上洋城全图	清后期，蒋荣地彩绘，纸本，1幅，50×50厘米	《欧洲收藏部分中文古地图叙录》；英国皇家地理学会
	“上海县水道图”	清同治九年，纸本彩绘，1幅，64×56厘米	《欧洲收藏部分中文古地图叙录》；英国博物馆
	上海县城厢租界全图	清光绪元年，许雨苍测绘，李凤宝刊印，1幅，140×83厘米	《欧洲收藏部分中文古地图叙录》；中国国家图书馆，《舆图要录》3100；《方舆搜览》；英国图书馆
	上海县城及英法租界图	清同治年间，绘本，有缩尺，1幅，34×28.5厘米	中国国家图书馆，《舆图要录》3099
	上海县城厢租界全图	清光绪六年，许雨苍绘，上海点石斋石印本，彩色，有缩尺，1幅，135.2×62.6厘米	中国国家图书馆，《舆图要录》3101

续表

城池名	图名	绘制年代或收录地图的古籍的版本以及相关信息	收藏机构或者收录地图的古籍（包括现代影印本）等
上海	上海县城厢全图	清光绪十年，上海点石斋石印本，彩色，1∶6250，1幅，112.5×64厘米；光绪元年许雨苍本的描摹缩印	中国国家图书馆，《舆图要录》3102；美国国会图书馆，G7824. S2F3.T5，gm71005225；《美国国会图书馆藏中文古地图叙录》；《欧洲收藏部分中文古地图叙录》
	上海城厢租界南北市略图	清宣统元年，有缩尺，2幅，每幅17×22.5厘米	中国国家图书馆，《舆图要录》3103
绍兴	绍兴府城衢路图	光绪十九年，宗能、许模等编制，刻本，1幅，50×62厘米	《欧洲收藏部分中文古地图叙录》；英国博物馆
	绍兴府城衢路图	清光绪十九年，杨梯等制，绘本，1幅 晒印本，1幅，56.7×49.3厘米	绍兴市城市局晒印本：中国国家图书馆，《舆图要录》4349
	绍兴府城衢路图	清光绪三十四年，李文铨据杨梯本重绘，石印，彩色，1幅，59×56厘米	中国国家图书馆，《舆图要录》4350
莘县	东昌府莘县舆图说	清光绪年间，刻印本，1幅，19.5×27.5厘米	中国国家图书馆，《舆图要录》3617
沈阳等	“奉天各城分图”	清同治年间，彩绘本，19幅，63×64厘米；省城、兴京、辽阳、牛海城、盖州、熊岳、开原、铁岭、复州、凤凰城、产木参山、锦州、广宁、义州、抚顺、金州、岫岩、围场、昌图	中国国家图书馆，《舆图要录》2412
寿张	寿张县城图	清光绪年间，彩绘本，1幅，49.1×42.8厘米	中国国家图书馆，《舆图要录》3638
苏州	平江图	宋绍定二年，刻石，李寿鹏编 拓本，1幅，279×138厘米 缩印本，1幅，86.2×59.4厘米	图石：苏州碑刻博物馆 拓本：中国国家图书馆，《舆图要录》4004 缩印本：苏州城建局所绘，1997年；中国国家图书馆，《舆图要录》4005
	姑苏城图	清道光二年，周裕昌重刊乾隆己丑韩傅椿原刻本，1幅，111×84厘米	《欧洲收藏部分中文古地图叙录》；英国皇家地理学会
	姑苏城图	清乾隆四十八年，韩傅春编，胡世铨重刻本，木刻本，1幅 静电复印本，1幅分切2张，112.5×82.5厘米	静电复印本：中国国家图书馆，《舆图要录》4006

续表

城池名	图名	绘制年代或收录地图的古籍的版本以及相关信息	收藏机构或者收录地图的古籍（包括现代影印本）等
苏州	苏城厢图	清光绪末年，刻印本，画方不计里，1 幅，53.8 × 42.6 厘米	中国国家图书馆，《舆图要录》4008
	苏州城厢内外全图	清末木刻本，1 幅 静电复印本，1 幅，94 × 59 厘米	原图：中国国家图书馆 静电复印本：中国国家图书馆，《舆图要录》4009
	苏州城厢全图	清宣统年间，刻印本，画方不计里，1 幅，54.5 × 43.2 厘米	中国国家图书馆，《舆图要录》4010
	姑苏城图	清彩绘本，1 幅 静电复印本，1 幅，81 × 48 厘米	原图：大连市图书馆 静电复印本：中国国家图书馆，《舆图要录》4011
	苏州各国租界并马路图	清光绪二十三年，彩绘本，1 幅，36.2 × 60.3 厘米	中国国家图书馆，《舆图要录》4016
	苏州日本租界并马路图	清光绪二十三年，彩绘本，1 幅，34.2 × 60.3 厘米	中国国家图书馆，《舆图要录》4017
台北	《重修台郡各建筑图说》之“台湾郡城图”	清乾隆年间，纸本彩绘，1 幅，33 × 41.5 厘米	台北“故宫博物院”，平图 020971；《笔画千里》
	“台湾郡城图”	清乾隆年间，彩绘本，1 册	中国国家图书馆，《舆图要录》4709
台州	“台州府城图”	清末，彩绘本，1 幅，41.5 × 45.4 厘米	中国国家图书馆，《舆图要录》4389
太原	山西省城街道暨附近坛庙村庄图	光绪五年至二十四年，张德润绘，濬文书局刻印本，裱装挂轴，1 幅，55.5 × 58.8 厘米	美国国会图书馆，G7824.T3A5.C4，gm71005156；《美国国会图书馆藏中文古地图叙录》；中国国家图书馆，《舆图要录》2000；《皇舆搜览》
	山西省城全图	清末，杜联瑞绘，彩绘本，1：5000，1 幅 静电复印本，1 幅，89.2 × 64.9 厘米	原图：大连市图书馆 静电复印本：中国国家图书馆，《舆图要录》2002
天津	天津城厢保甲全图	清光绪二十五年，冯启鹩绘，彩绘本，1 幅，55 × 111 厘米	美国国会图书馆，G7824.T5A3.F4，gm71005155；《美国国会图书馆藏中文古地图叙录》；《皇舆搜览》
	“天津府城图”	清同治年间，彩绘本，1 幅，95.6 × 28 厘米	中国国家图书馆，《舆图要录》1234
	天津城池围墙图	清光绪初年，彩绘本，1 幅，55.5 × 65.5 厘米	中国国家图书馆，《舆图要录》1235
	津邑壕墙全图	清光绪年间，彩绘本，1 幅（与《天津城池围墙图》近似） 静电复印本，1 幅，66 × 87 厘米	原图：大连市图书馆 静电复印本：中国国家图书馆，《舆图要录》1236

续表

城池名	图名	绘制年代或收录地图的古籍的版本以及相关信息	收藏机构或者收录地图的古籍（包括现代影印本）等
武汉	湖北汉口镇街道图	清光绪二年，湖北官书局编制，湖北藩司刻印本，1 幅，80 × 171.5 厘米	美国国会图书馆，G7824.H22A5.H8，gm71005145；《美国国会图书馆藏中文古地图叙录》；中国国家图书馆，《舆图要录》5295
	武汉城镇合图	清同治三年，湖北官书局，刻印本，1 幅，118 × 119 厘米	美国国会图书馆，G7824.W8A5.W8，gm71005123；《美国国会图书馆藏中文古地图叙录》；《皇舆搜览》；中国国家图书馆，《舆图要录》5293
	湖北省城内外街道总图	清光绪九年，湖北善后总局刊，刻印本，1 幅，126.8 × 77.6 厘米	美国国会图书馆，G7824.W7P2.H8，gm71005211；《美国国会图书馆藏中文古地图叙录》；中国国家图书馆，《舆图要录》5297
	湖北省城内外街道总图	清光绪九年，湖北善后总局刊，布基刻印本，两印张拼合，整幅 117 × 82 厘米	美国国会图书馆，G7824.W7A5.W8，gm96685914；《美国国会图书馆藏中文古地图叙录》
	奏为请修武昌城垣	清乾隆四十三年，陈辉祖等奏折附图，1 幅，42.5 × 76.5 厘米	台北“故宫博物院”，故机 021430；《笔画千里》
	湖北武汉全图	清光绪二年，每云斋画馆，石印本，彩色，1 幅，37.2 × 63.6 厘米	中国国家图书馆，《舆图要录》5294
	武昌城外街道图	清光绪三年，湖北藩署，木刻版，1 幅 静电复印本，1 幅，66 × 56 厘米	静电复印本：中国国家图书馆，《舆图要录》5296
	武汉略图	清光绪三十年，湖北常备军第一镇工兵营制，彩色，1∶50000，1 幅，50 × 45.3 厘米	中国国家图书馆，《舆图要录》5298
	武汉三镇图	清光绪年间，彩绘本，1 幅，96.5 × 175.7 厘米	中国国家图书馆，《舆图要录》5299
	湖北省城街道图	清光绪年间，湖北官书局刻印本，1 册 23 幅	中国国家图书馆，《舆图要录》5300
	汉口全图	清光绪年间，周衡方绘，石印本，1 幅分切 4 张，182.6 × 316.8 厘米	中国国家图书馆，《舆图要录》5301
	湖北省城内外详图	清宣统元年，詹贵珊等制，1∶4000，1 幅，151 × 90.5 厘米	中国国家图书馆，《舆图要录》5302
	武昌省城最新街道图	清宣统元年，1∶4000，1 幅，104 × 57.5 厘米	中国国家图书馆，《舆图要录》5303

续表

城池名	图名	绘制年代或收录地图的古籍的版本以及相关信息	收藏机构或者收录地图的古籍（包括现代影印本）等
西安	陕西省城图	清光绪十九年，舆图馆测绘，刻印本，计里画方每方五十丈，1幅，37×53厘米	美国国会图书馆，G7824.X52.C5，gm71005147；《美国国会图书馆藏中文古地图叙录》；《皇舆搜览》
	陕西省城图	清光绪十九年，中浣舆图馆测绘，刻印本，计里画方每方五十丈，1幅，58×59厘米	中国国家图书馆，《舆图要录》2744
	“长安城图”	宋吕大防等制，1936年前后山西考古学会据拓本影印，朱色，1幅，121×123厘米	拓本的影印本：中国国家图书馆，《舆图要录》2743
营口	营口图式	光绪年间	《中国古地图精选》
张家口	“张家口街道图”	清光绪年间，绘本，1∶4000，1幅，113×55.4厘米	中国国家图书馆，《舆图要录》1752
长春	吉林省城拟开商埠规划图	宣统元年，彩绘，1幅，36.8×46.2厘米	中国科学院图书馆，史263973；《舆图指要》
长山	长山县城图	清光绪年间，彩绘本，1幅，24×22.7厘米	中国国家图书馆，《舆图要录》3551
长阳	长阳县城市图说	清光绪末年，长阳县署绘，彩绘本，1幅，31.5×57.5厘米	中国国家图书馆，《舆图要录》5356
镇江	“镇江城西门外洋商租界地图”	清光绪末年，彩绘本，1幅，51×104厘米	中国国家图书馆，《舆图要录》3987
重庆	刘子如绘，增广重庆地舆全图	清光绪年间，刘子如据张云轩《重庆府治全图》旧板扩充增补，9印张，整幅83×150厘米	美国国会图书馆，G7824.C7A3.Z3，2002626731；《美国国会图书馆藏中文古地图叙录》；《欧洲收藏部分中文古地图叙录》；英国皇家地理学会
	渝城图	清后期，王尔鉴编制，纸地色绘，1幅，116×240厘米	《欧洲收藏部分中文古地图叙录》；巴黎法国国家图书馆
	重庆府治全图	清光绪十二年，达国璋绘，刻印本，1幅，81.3×148.5厘米	中国国家图书馆，《舆图要录》5969
	重庆府治全图	清光绪年间，张云轩绘，刻印本，彩色，1幅，77.5×145厘米；风格与光绪十二年本相近	中国国家图书馆，《舆图要录》5970
诸城	诸城县城垣图	清同治年间，彩绘本，1幅，50×31厘米	中国国家图书馆，《舆图要录》3654
汶上	汶上县城垣图	清光绪年间，纸本设色，1幅，49.5×49厘米	北京大学图书馆；《皇舆遐览》

第五篇 海 图

虽然传统观点认为中国历代王朝不是“海洋国家”，但这并不说明历代王朝缺乏与海洋的联系或者不重视海洋，而且确实中国古代，尤其是明清时期留存下来了数量可观的与海洋有关的“海图”。按照功能，这些“海图”大致可以分为“航海图和海运图”、“海防图”以及“海塘图”三大类，下面分章对这三类“海图”进行介绍。

第一章　航海图和海运图

第一节　航海图

中国古代航海中用于标识和记录航线的主要技术就是所谓的“针路”，即以航行时间代表航行距离，并结合罗盘方位来表示航行路线，其中罗盘方位通常用八卦、天干和地支表示，而时间通常用代表2小时的“更”表示。罗盘方位又有两种方式，一种是罗盘上的24个方向，这24个方向通常被称为“单针”（“丹针”）或“正针”；另一种是表示24个方向中的两个相邻方向之间的方向，这些则被称为“缝针”。如“丹巳针”就是正针，“艮寅针”“丑艮针”就是缝针。“丹巳针”实际上就是“单巳针”，所指的方向就是“巳”，大致为150度；而“艮寅针”“丑艮针”则分别表示罗盘方位位于“艮”和“寅”、“丑”和“艮”之间，大致分别相当于45度与60度之间，以及30度与45度之间。而这些词汇中的“针”，也就是罗盘上的指针，这也是“针路”一词的来源。在确定方向之后，还要确定航行距离，“三更”“四更”“五更”就代表分别需要航行6小时、8小时和10小时，由此“针路”也被称为“更路”；至于每更对应的航行距离，有着不同换算标准，一般认为大致相当于60里，不过有时也换算为70里。

中国古代通常用文本的方式来记录这些航线的数据，且现存的这类文本主要流行于民间，在福建、台湾和广东一带通常将其称为“针路簿”，而在海南则称为“更路簿”，目前学界通常使用“更路簿”一词。这方面的研究众多，具体可以参见王崇敏等《〈更路簿〉发现和研究40年》①、刘义杰《〈更路簿〉研究综述》②，以及温小平《更路簿研究的历史、现状及未来展望》③ 等文的综述；关于“针路簿”“更路簿”的各种版本，则可以参见张荣《版本学视野下的〈更路簿〉研究》④ 等。需要注意的是，在用“针路”记载航线和航程的时候，通常也需要使用一些地理要素作为地标来标识一段航程的起点，如“自大潭过东海，用乾巽使到十二更”，其中“乾巽”是“针”也即方向，“十二更”则是时间也代表距离，而“大潭”则相当于作为起点的地标。

除了这些文本之外，中国古代也存留下来一些记录了“针路”，或者只是简单的记录了航线以及航行时作为参照物的地理标志物的航海图。需要考虑的是，正如上文所述，“针路”以及“更路簿”中记载的航行数据，实际上都需要利用一些地理要素，而在海域中航行时，仅仅依靠只记录有地理要素名称的文本，似乎难以将这些地理要素与海中看到的景物进行对照，因此标绘有地理要素以及地理要素之间相对位置的地图似乎是一种更好的选择，但有趣的是，中国古代留存下来的这样的地图数量并不多，这似乎是今后中国古代“更路簿”和航海图研究中应当重视的一个问题。下面即对目前保存下来的中国古代的航海图进行介绍。

一 《郑和航海图》

明清时期留存至今最为著名的航海图就是《郑和航海图》，相关研究众多，如较早的向达整理出版的《郑和航海图》⑤、严敦杰的《释〈郑和

① 王崇敏等：《〈更路簿〉发现和研究40年》，《中国史研究动态》2018年第6期，第38页。

② 刘义杰：《〈更路簿〉研究综述》，《南海学刊》2017年第1期，第9页。

③ 温小平：《更路簿研究的历史、现状及未来展望》，《南海学刊》2019年第2期，第76页。

④ 张荣：《版本学视野下的〈更路簿〉研究》，《南海学刊》2017年第2期，第32页。

⑤ 向达整理：《郑和航海图》，中华书局1961年版。

航海图〉引言》[1]、朱鉴秋的《古今对照郑和航海图》[2] 和《新编郑和航海图集》[3] 等。[4]

《郑和航海图》的原图已经佚失，目前研究者主要使用的是明晚期茅元仪编纂的《武备志》中保存的摹本，《武备志》中这幅地图的图名为“自宝船厂开船从龙江关出水直抵外国诸番图”，研究中常用的图名《郑和航海图》实际上是一种代称和简称。

根据研究，这幅地图绘制于洪熙元年（1425）之后至郑和第七次航行之前，当然，这实际上是这幅地图表现的时间。由于收录在《武备志》中，受到书籍装订形式的影响，地图被切割为 20 页，且图后还附有“过洋牵星图”2 页，之前还有序言 1 页。从绘制方式来看，原图应当是长卷式的，涵盖的地理范围非常广大，大致从南京向东至长江口，出长江口之后沿着江苏、浙江、福建、广东海岸西南行，经海南岛东侧至越南，然后经中南半岛，穿过马六甲海峡，抵达印度半岛和阿拉伯半岛，最终抵达非洲东部。由于是长卷式的地图，因此该图的正方向不断变化，如从南京至长江口的一段，虽然航线是自西向东，但由于中国的长卷地图，包括图画，在观看时都是自右向左展开的，因此为了将地图展开的方式与船只的航行方向匹配起来，表现这一段航线的地图的方向为上南下北，左东右西，由此随着地图的展开，郑和船队的航线也就随之展现出来。而在沿海岸航行时，船只上的导航员需要通过对照地图来观察陆地上的一些重要地标，然后由此来确定当前的位置，当导航员将地图与地标进行对照时，最为方便的方式就是将两者的方向摆放一致，而在船上最为便利的摆放方式就是图中海在导航员的近侧而陆地在远端，由此在地图上，海就永远被绘制于地图的下方，而陆地在上方。

《郑和航海图》上描绘的航线基本是沿岸航行，因此在陆地上标绘有一些便于航行时进行参照的地标以及船只可以停靠之处，如沿岸的岛礁、

---

① 严敦杰：《释〈郑和航海图〉引言》，《自然科学史研究》1986 年第 1 期，第 61 页。

② 朱鉴秋：《古今对照郑和航海图》，中国人民解放军海军海洋测绘研究所 1985 年版。

③ 朱鉴秋：《新编郑和航海图集》，人民交通出版社 1988 年版。

④ 关于《郑和航海图》的复原研究，可以参见张箭《〈郑和航海图〉的复原》，《四川文物》2005 年第 2 期，第 80 页。

港湾、河口以及城邑等等，更为重要的是在海域中标绘有具体的航线，并注明了“针路”，如“东沙用丹巳针三更船平牛山”“乌丘山用艮寅针四更船，平牛山用丑艮针五更”。

一般而言，“针路”主要适用于近岸航行，虽然其在远洋航行中也有一定价值，但随着距离的增加以及误差的累积，航行的危险程度也不断提高，因此在远洋航行中，尤其是长距离的远洋航行中，中国古代以及其他古代文明普遍使用“星辰定向”的航行方式，这在中国古代则被称为“过洋牵星”。这种航行方式的基本原理是，由于在地球上的不同纬度，同一星座或者恒星在地平线上的高度是不同的，由此就可以通过观察星辰在天空中的位置来确定船只所在的纬度。《郑和航海图》中绘制有四幅“过洋牵星图”，即：《古里（大致位于今印度西南部喀拉拉邦的科泽科德）往忽鲁谟斯（即今霍尔木兹）过洋牵星图》《锡兰山（今斯里兰卡）回苏门答腊过洋牵星图》《龙涎屿（可能是今印度尼西亚苏门答腊北部亚齐附近海域的布拉斯岛）往锡兰山过洋牵星图》《忽鲁谟斯回古里过洋牵星图》。

最后需要提及的就是茅元仪《武备志》收录《郑和航海图》的原因，对此周运中进行过分析[①]。大致而言，中国古代的“武功”不仅仅包括武力、军事这样的含义，而且还包括茅元仪在《武备志》序言部分对“武功”一词的解释，即“不穷兵，不疲民，而礼乐文明赫昭异域，使光天之下，无不沾德化焉”，从这一角度而言，郑和下西洋传播了明朝的声威，且使“四夷来朝”，因此同样属于“武功”的范畴。

也正是基于这一原因，该图还被收录在了《南枢志》的“朝贡部”的“西南海道考”中，图名则为“航海图”。将两幅地图进行对比，两者所绘非常相近，尤其是图面上对地理要素的描绘方面基本完全一致，但也存在一些差异，如：《南枢志》中缺少了“过洋牵星图”中的后两幅；两者图面上用于记录“针路”的文字的位置以及文字的内容存在少许差异。对于《武备志》和《南枢志》的版本以及其中《郑和航海图》的异同，可以参

---

① 参见周运中《〈郑和航海图〉三题》，《郑和研究》2008 年第 1 期，第 60 页。

见周运中《论〈武备志〉和〈南枢志〉中的〈郑和航海图〉》[1]。

此外，在明代施永图《武备地利》（清雍正刻本）中有一幅“通外国图”，该图所绘地理要素与《武备志》和《南枢志》中的《郑和航海图》近似，但该图不仅刻印粗糙，而且在文字方面存在很多错误，如将“天宁洲”错写为“六宁洲”等；同时也有一些改动，如将“太仓卫”改为“福山卫”，并在其左侧增加了“常熟县”等。此外，“通外国图”还缺少了最后的4幅“过洋牵星图”。

二　“东西洋航海图”（“雪尔登地图”）

2008年初，美国佐治亚南方大学副教授巴契勒（Robert K. Batchelor）于访问牛津大学期间，在博德利图书馆偶然发现了一幅中文古地图，这幅地图的出现引起了学术界的广泛关注。按照博德利图书馆的记录，这幅地图是1659年由雪尔登（Johan Selden）捐赠的，因此这幅地图最初被命名为“雪尔登地图”，但目前也有很多学者认为该图的名称应为“东西洋航海图”[2]，本书即采用后一种说法。

“东西洋航海图”，图幅纵158厘米，横96厘米，纸本彩绘。全图上北下南，反映了以中国为中心的东亚地区，包括西伯利亚、印度尼西亚、日本、菲律宾群岛、印度洋东岸等，且详细标绘了这一空间范围内海上的航行路线。在中国大陆部分，标出了明朝两京（北京、南京）十三省，以及对应的星宿分野。北京、南京以及各省名称都书写在用红色粗线绘成的大圆圈里，二十八宿的星座名称书写在红色小圆圈内，州府的名称则书写在褐色小圆圈内。

这幅地图的捐赠者雪尔登，17世纪初曾在英国议会负责出口事务，并

---

① 周运中：《论〈武备志〉和〈南枢志〉中的〈郑和航海图〉》，《中国历史地理论丛》2007年第2辑，第145页。

② 钱江：《一幅新近发现的明朝中叶彩绘航海图》，《海交史研究》2011年第1期，第1页；郭育生等：《〈东西洋航海图〉成图时间初探》，《海交史研究》2011年第2期，第61页。也有学者将其称为《郑芝龙航海图》，如林梅村（《〈郑芝龙航海图〉考——牛津大学博德利图书馆藏〈雪尔登中国地图〉名实辨》，《文物》2013年第9期，第64页）；也有学者将其称为《明代中叶福建航海图》，如钱江（《一幅新近发现的明朝中叶彩绘航海图》，《海交史研究》2011年第1期，第1页）。

对收藏感兴趣。当时，为了发展与东方的贸易，英国成立了东印度公司，在东南亚从事商业活动。而这幅地图就是雪尔登从一位在印度尼西亚万丹从事贸易的中国福建商人手中购得的。雪尔登去世于1654年，1659年他的部分藏品捐献给了博德利图书馆。“东西洋航海图”此后并没有被埋没在图书馆的故纸堆中。1679年，比利时在华耶稣会士柏应理（Philippe Couplet）奉命前往罗马，他的随从中有一位名为沈福宗的中国人。在欧洲期间，沈福宗曾随同柏应理觐见过法王路易十四，拜见过当时的教皇英诺森十一世，随后还受邀前往英国。1687年，柏应理和沈福宗在伦敦觐见了英国国王詹姆斯二世，英王对他留下了深刻的印象，因而让宫廷画师为他绘制了一幅真人大小的全身油画像，这幅画像至今还收藏在温莎堡女王画室。在英国期间，沈福宗受邀为牛津大学博德利图书馆的中文藏书编写了首份目录，而大英博物馆的奠基人汉斯·斯隆曾就“东西洋航海图”上的一些名称求教于沈福宗，并根据沈福宗的回答在图上作了一些拉丁文注释，这幅地图上目前在一些汉文地名旁的拉丁文很可能就是当时留下的。①

关于这幅地图的绘制时间，有着众多观点，如陈佳荣认为应绘制于天启四年（1624）②、钱江认为应当绘制于明代中期③、郭育生等认为应绘制于嘉靖末年至万历中叶（1566—1602）④、龚缨晏认为应绘制于1607年至1624年之间⑤等，而林梅村认为该图绘制于崇祯六年至崇祯十七年（1633—1644）之间⑥。

此外，无论是中西方地图，除了部分挂图之外，绝大部分地图都是横长的，而“东西洋航海图”则是纵长的，看上去总觉得有些别扭⑦。仔细阅览地图，还会发现地图左侧的“星宿海”只绘制了一半，且左侧的河流

---

① 参见林梅村《〈郑芝龙航海图〉考——牛津大学博德利图书馆藏〈雪尔登中国地图〉名实辨》，《文物》2013年第9期，第64页。

② 陈佳荣：《〈明末疆里及漳泉航海通交图〉编绘时间、特色及海外交通地名略析》，《海交史研究》2011年第2期，第52页。

③ 钱江：《一幅新近发现的明朝中叶彩绘航海图》，《海交史研究》2011年第1期，第1页。

④ 郭育生等：《〈东西洋航海图〉成图时间初探》，《海交史研究》2011年第2期，第61页。

⑤ 龚缨晏：《国外新近发现的一幅明代航海图》，《历史研究》2012年第3期，第156页。

⑥ 林梅村：《〈郑芝龙航海图〉考——牛津大学博德利图书馆藏〈雪尔登中国地图〉名实辨》，《文物》2013年第9期，第64页。

⑦ 这一认知最早是由孙靖国提出的。

等地理要素也都表现得不完整，这在这一时期的中西方地图中也不常见。而且海中的航线在地图左侧的“古里国”戛然而止，这也显得颇为突兀。按照目前揭示的材料，“东西洋航海图”最初是作为包装纸，连同中国货物一起卖给当地商馆的英国人的。而作为包装纸，地图就有可能被“按需取材”。因此，有理由认为这幅地图很可能是一幅残图，只是原有地图的东半部分。

到目前为止，很多研究者认为这幅地图是中国人绘制的，甚至具体到认为是由一位闽南到海外经商的商人绘制的①，毕竟全图使用的是汉字，地图上绘制航海路线也是中国人的方式，但这种认知似乎低估了这幅地图的内涵。

可以明确的是，“东西洋航海图”与流传至今的清代中晚期之前中国人绘制的“寰宇图”或者“亚洲地图”在外观上和所呈现的世界秩序上迥然不同。中国传统的“寰宇图”和“亚洲地图”，不仅将中国放在地图的中心，且占据了图幅绝大部分的面积，周边各国和地区在地图上基本是“见缝插针”；而且中国传统地图对于临近的朝鲜、日本的绘制很多时候都是示意性的，更别说是东南亚各国了，基本都是随意在海中点缀一些岛屿和文字，甚至还标注有“女人国”“小人国”“毛人国”等现在看来异常荒诞的传说中的国度。典型的如康熙时期的《大明九边万国人迹路程全图》②。而当时的欧洲，随着大航海以及地理大发现，开始摆脱了中世纪T—O 地图的影响，地图的绘制越来越追求准确性，尤其是对海岸以及岛屿的描绘。整体上看，“东西洋航海图”显然已经有了近代地图的意味，对于陆地和岛屿的表示较为准确，因此虽然使用的是汉字，但该图在整体上显然应当属于当时的西方地图绘制体系，而不符合中国古代舆图绘制的传统。

当然，如果这么认识这幅地图，同样也是低估了这幅地图的内涵。这幅地图中的中国部分，应当来源于中国地图，而且很容易追溯其源头。在

---

① 如一些英国研究者（参见钱江《一幅新近发现的明朝中叶彩绘航海图》，《海交史研究》2011 年第 1 期，第 2 页）以及钱江、龚缨晏等学者。

② 关于中国古代绘制的寰宇图，参见本书第二篇。

明代中晚期，广泛流传有基于桂萼《广舆图叙》“大明一统图”绘制的“二十八宿分野图”①。这类地图有着一些与众不同的特征，如将黄河源绘制为葫芦形，且分别标为“黄河源”“星宿海”，还有就是图面上标注着“井鬼”“虚”等与分野有关的大量内容，这些特点也体现在了“东西洋航海图”中。而且，还能进一步指出“东西洋航海图”中的中国部分，与明代后期大量印制和传播的民间日用类书中流行的“二十八宿分野图”谱系的地图更为近似，如《新刻天下四民便览三台万用正宗》中等的“二十八宿分野皇明各省舆地总图”，明显的相似特征有两点，一是都将地图左侧的“丽江西北至河一千五百里”中的“丽江”标注为“丽河”，二是都将中国境内的河流与省界用相同的线条加以表现，而这两点是其他“二十八宿分野图”所没有的。

值得注意的还有“东西洋航海图”上对海上航线的呈现，用的也是中国传统的“针路”的方式，如图左侧文字注记的航路：〇古里往阿丹国去西北计用一百八十五更（阿丹国，即今也门）；〇古里往法儿国去西北计用一百一十更（法儿国，即今阿曼苏丹国）；〇古里往忽鲁谟斯用乾针五更，用乾亥四十五更，用戌一百更，用辛戌八十五更，用子癸二十更，用辛酉五更，用亥十更，用乾亥三十，用子五更（忽鲁谟斯，即今伊朗霍尔木兹）。

因此，总体上“东西洋航海图”是在当时的一幅中国地图的外面套叠上了一幅西方地图，正是这种套叠，由此使这幅地图比例有些失衡，中国部分显得过小，而日本、东南亚显得过大。②

“东西洋航海图”在北方沙漠中标绘有“总联城”，这个名称不存在于中国古代文献中，对应的很可能就是“二十八宿分野图”中在同一位置上绘制的“韃靼”，当然也可能是对“二十八宿分野图”左上角“統職方”的错误判读，这些似乎说明绘制者应当不熟悉中国地图的绘制文化，也不熟悉中国地理情况和历史。因此，这幅地图的绘制者应当既能看懂西方地

---

① 参见本书第二篇第九章的附论。

② 林梅村也指出了这幅地图受到了西方地图的影响，即“此图的绘制显然借鉴了料罗湾大捷缴获的西方海图”，参见林梅村《〈郑芝龙航海图〉考——牛津大学博德利图书馆藏〈雪尔登中国地图〉名实辨》，《文物》2013年第9期，第79页。

图，又有着一定的中文知识，由此可以在日本、朝鲜、吕宋、东南亚等地点上标注惯用的中文名称，且熟悉中国的航海技术，同时又不太了解中国传统地图的表现习惯和地理情况。显然，这样的人在当时应当是不存在的，但对此很可能的一种解释就是，这幅地图最初的绘制者是懂得一些中文的西方人，其将中国和西方地图结合起来，而后来由一位中国人在摹绘这幅地图的时候，将地图上中国以外部分的西文去掉而补充上了中文。

其实，这样的混合了东西方地图文化和传统的地图在当时不只这一幅。1511 年，葡萄牙地图学家阿尔布开克（Albuquerque）发现了一幅爪哇导航员的大型航海图，这幅地图有着“好望角、葡萄牙和巴西的土地”的信息和“对红海和波斯海、克洛韦群岛，中国人和戈尔［福莫萨和琉球群岛的居民］的航海，以及船只遵从它们的恒向线和直接航线，以及内陆，和王国彼此之间边界的划分”的描述。不幸的是，这一珍贵地图的原件遗失了。1512 年，阿尔布开克送给国王的只是一幅翻译为葡萄牙语的地图的东半部分，对于这幅残缺的地图，他对国王进行了如下描述：“殿下可以看到那些中国人和戈尔所来自的地方，以及您的船只必然采用的前往克洛韦群岛的航线，以及金矿所在的位置，还有爪哇和班达岛，生产肉豆蔻和豆蔻香料的岛屿，暹罗国王的土地，以及中国人航行的终点的位置，其采用的航向，以及他们为何没有航行的更远”。[①] 从文字描述来看，这幅地图与“东西洋航海图”无论是在描绘的范围、蕴含的多元文化、流传的过程还是对航线的表现上，甚至“残”的状态方面何其相似，这种相似恰恰是在当时全球化的背景下造成的，偶然也有必然。此外，还可以提到一幅保存在日本京都大学的可能绘制于 18 世纪且没有图名的地图，其同样是由用中国古代地图方式呈现的中国部分与用西方地图方式表现的东亚和东南亚部分混合构成的[②]。因此，“东西洋航海图”应当就是那个东西方交往非常密切的时代的产物。

该图中绘制的东、西洋航路共有 18 条，包括 6 条东洋航路和 12 条

---

① Maria Fernanda Alegria, Suzanne Daveau, JoÃo Carlos Garcia and Francesc RelaÑo, “Portuguese Cartography in the Renaissance”, David Woodward eds. *Cartography in the European Renaissance.* Chicago and London: The University of Chicago Press, 2007, p. 1013.

② 关于这幅地图的介绍，参见本书第二篇第八章。

西洋航路。其中东洋航路主要有：1. 漳泉（漳州、泉州）往琉球航路；2. 漳泉往长崎航路；3. 漳泉往吕宋（菲律宾吕宋岛）航路；4. 潮州往吕宋航路；5. 吕宋往苏禄（菲律宾苏禄岛）航路；6. 吕宋往汶莱（今文莱）航路。西洋航路主要有：1. 漳泉经占城、柬埔寨往咬留吧（印度尼西亚巴达维亚）航路；2. 漳泉经占城、柬埔寨往满喇咖（今马来西亚马六甲）航路；3. 漳泉经占城、柬埔寨往暹罗航路；4. 漳泉经占城、柬埔寨往大泥（又作浮泥、佛打泥、孛大泥，今泰国北大年）、吉兰丹（今马来西亚东海岸）航路；5. 漳泉经占城、柬埔寨往旧港（又作巴林冯、浮淋邦，今印度尼西亚苏门答腊的巨港）及万丹（又作下港，今印度尼西亚爪哇岛西端）航路；6. 满喇咖往池汶（今东帝汶帝汶岛）航路；7. 满喇咖往马神（又作文郎马神、马辰，今印度尼西亚加里曼丹岛南部）航路；8. 满喇咖沿马来半岛西岸北上缅甸南部航路；9. 万丹绕行苏门答腊岛南岸航路；10. 咬留吧经马六甲海峡往阿齐（今印度尼西亚苏门答腊岛北部）航路；11. 咬留吧往万丹航路；12. 阿齐出印度洋往印度傍伽喇（今印度孟加拉）、古里（今印度喀拉拉邦）航路。在上述航路中，除了自福建沿海前往日本长崎、马尼拉，以及经由柬埔寨南部往印度尼西亚爪哇岛北岸咬留吧这三条航线是穿越大海直航之外，其余的航路基本上都是沿岸航行。①

三 前往琉球的航海图

明清时期琉球属于中国的藩属国，因此明王朝和清王朝都曾多次派遣使者前往琉球，由此留下来了一些前往琉球的“针路图”。

明代，在萧崇业、谢杰的《使琉球录》中有一幅“琉球过海图”；在夏子阳、王士祯的《使琉球录》中有一幅“过琉球海图”。这两部《使琉球路》都是万历时期出使琉球的使者所作，在时间上，萧崇业和谢杰要早于夏子阳和王士祯。

初看起来萧崇业、谢杰《使琉球录》“琉球过海图”与夏子阳、王士祯《使琉球录》“过琉球海图”并不相同。“琉球过海图”使用的是形象画法，以侧立面的形式描绘了“祭海坛”“梅花所”、沿途的岛屿以及琉球

① 钱江：《一幅新近发现的明朝中叶彩绘航海图》，《海交史研究》2011 年第 1 期，第 4 页。

的“天使馆”“琉球城”；而“过琉球海图”中除了“梅花所”“小琉球”“迎恩亭”“天妃宫”“天使馆”用侧立面的方式绘制之外，其余地理要素都只是使用文字标注在地图上。但如果进行比较的话，可以发现两者所描绘的内容在很多方面是相近的，如描绘的都是从福建梅花所附近出发且抵达琉球那霸港的航线；海域中标绘的岛屿很多也是相似的，如小琉球、鸡笼屿、花瓶屿、彭佳山、钓鱼屿、黄尾屿、赤屿和马齿山等；图面上用文字注记的“针路”中的大部分也是一致的，如“乙卯针四更船取黄尾屿”。当然，由于当时使者前往琉球时所使用的航线可能就是一条，因此两图的相似性并不能说明两者存在明确的抄袭或者承袭关系。而且，两者也存在一些区别，如“过琉球海图”，在琉球上绘制了“迎恩亭”“天妃宫”“三十六姓营中”，而这些都没有出现在“琉球过海图”中；对于“针路”的记载也有一些区别，如关于前往那霸的最后一段航线，“过琉球海图”中记载为“巽针一更，取马齿山，□到琉球那霸港，大吉”，而“琉球过海图”中则记载为“又乙卯针，六更船，取马齿山，直到琉球，大吉”。

目前可见的清朝前往琉球的航海图有以下几幅：

中国国家图书馆保存有一幅彩绘本《封舟出洋顺风针路图》，描绘了由福州罗星塔出航，经过东沙、彭湖、鸡笼山、花瓶屿、彭佳山、钓鱼台、黄尾屿、赤尾屿、姑米山，最终抵达琉球的那霸港，以及由那霸港返回福州的航线，且在航线上标注了针路。《封舟出洋顺风针路图》图名中所谓的“封舟”就是册封使者所乘的船只，因此该图描绘的是清朝前往琉球的使者的航行路线。该图还附有一幅描绘了“封舟”船只样貌的图像，图名为“丙子年封舟图”，据查清代在丙子年遣使册封琉球只有乾隆二十一年（1756），这一年担任册封正副使的是翰林院侍读全魁和编修周煌。而周煌返回后还撰写有一部《琉球国志略》，书中附有一幅“针路图”，该图与《封舟出洋顺风针路图》几乎完全一致，只是因为是刻印本，所以是黑白两色。因此，《封舟出洋顺风针路图》与周煌《琉球国志略》“针路图”应当有着明确的渊源关系。

不过，这两幅地图并不是这一“针路图”最早的版本，在清代徐葆光《中山传信录》康熙六十年（1721）二友斋刻本中有一幅几乎完全一样的

"针路图"。与周煌一样，徐葆光曾于康熙五十八年（1719）出使琉球，并于康熙五十九年返回。《中山传信录》就是其在琉球期间，搜集相关以及亲身见闻游历汇编成书的。但该书中的"针路图"是否是该图最早的版本，尚未可知。

此外，在清代潘相《琉球入学见闻录》的清乾隆三十三年（1768）刻、道光二十年（1840）重修本中也收录有一幅与上述三幅地图一样的"针路图"。

四 其他航海图

除了上述这些或具有影响力，或"著名"，或有着谱系可循的航海图之外，明清时期还存在其他一些航海图。

明代邓钟《安南国志》中有一幅"往交趾图"，绘制了前往交趾的海陆路程，其中海路仅描绘了广东海道的一段，大致从廉州乌雷山出发，经永安州、万宁州之涂山海口，再沿江进入交趾都城，地图上用虚线标绘了这条航线，但并未记录针路以及需要参照的地理事物，只是在一些沙洲上标记了需要注意的内容，如"永安州"下标注"潮退见，潮满不见，船误闯则坏"。

明代郑舜功《日本一鉴》一书用文字和海图详细记述了从珠江口至广东、福建、台湾沿海，经钓鱼岛、琉球群岛至日本大阪湾的航路；书中收录有一幅名为"沧海津镜"的航海图，但只是标绘了航线上的岛屿，而没有具体标绘针路。

1956年，地理学家章巽在上海来青阁书庄旧书摊购买了一套古代抄本地图集，其对这套地图集加以研究整理后出版了《古航海图考释》[①] 一书。图集中有航海图69幅，绘制范围北起辽东湾，沿山东、江苏、上海、浙江、福建各地，南达珠江口以外。图集绘制得非常简单，大致用线条勾勒了海岸、山脉、岛屿的轮廓，用文字标注了地名，注明是否可以航行以及注意事项等信息，有时也注记了一些针路，且用词相当口语化，如"船在两广，对坤未看入此形，船取金钵碎屿、大浮屿，好泊船""船在普陀二

---

① 章巽：《古航海图考释》，海洋出版社1980年版。

更开，用丁未取九山”。总体来看，该图册虽然使用了针路，但实际上以地理景物为主要的导航方式。目前学界普遍认为这应当是一套民间使用的航海图，应当属于针路簿的范畴。

美国耶鲁大学斯特林纪念图书馆藏有一套大致绘制于清末的《古航海图》。李弘祺介绍了这一《古航海图》的来源，即“1841 年中英鸦片战争时，一艘名为‘先驱’号的英国军舰包围没收一艘约四五百吨重的传统中国商船。在这艘中国船上，英国军官拿走了一册商船航海时使用的航海图。后来，这册航海图流传到耶鲁大学的图书馆”①，因此这一航海图集是来自中国商船上的，应当是有着实用性的航海图。“这册海图共有 123 幅，用毛笔画就，北自辽东半岛，南到马来半岛沿岸。绘的是沿海各港口山岭岛屿的形状、航道的深浅、罗盘的针位等航行时必须知道的资料”②。

李弘祺还将这一航海图的内容归纳为以下三点：

> 一、它把沿海各主要港口的形势加以图示。一般是把山或港口附近的岛屿的形状画了出来，例如“正北作此形”，好让水手们可以确认他们所看到的陆地。在定方向时当然用的是罗盘的针位。凡陆地（特别是山）都着以墨色，设色还分深浅，让使用的人方便辨认。
>
> 二、航道的深度：这方面的资料最为详细，用文字说明水深，其量度的单位是传统的“托”。一“托”大约是一个人两手摊开的长度，例如图 21（海南岛大州山）中的“看见此形打水五十托泥地”便是。
>
> 三、航行的距离和方向：有时航道曲折，深浅不同，必须在航行一段距离之后改变方向，再三迂回才能出入。记载方向的是罗盘的针位，而距离则一般用“更”。③

清代郁永河《裨海纪游》道光十五年（1835）赵达纶刊本中的“宇内

---

① 李弘祺：《美国耶鲁大学图书馆珍藏的古中国航海图》，《中国史研究动态》1997 年第 8 期，第 24 页。

② 李弘祺：《美国耶鲁大学图书馆珍藏的古中国航海图》，《中国史研究动态》1997 年第 8 期，第 24 页。

③ 李弘祺：《美国耶鲁大学图书馆珍藏的古中国航海图》，《中国史研究动态》1997 年第 8 期，第 24 页。

形势图”，以较为抽象的方式绘制了清朝沿岸、东南亚、东亚、南亚各国以及海域中岛屿的位置，并标注了一些航行的路线和更路，如“宁波至日本三十五更”“厦至日本七十二更”等。

中国第一历史档案馆藏有康熙五十五年（1716）闽浙总督觉罗满保编制的彩绘本《西南洋各番针路方向图》一幅[①]，以及康熙五十六年（1717）福建水师提督施世骠编制的墨绘着手彩《东洋南洋海道图》一幅[②]。两幅地图有着相似的形式和覆盖范围，绘制范围大致为东海、南海以及周边海域，图中还标绘了主要的岛屿，在南海西部海域中绘制了一块由棕黄色长带状密集点组成的沙滩，注记“长沙”，这是16世纪初至19世纪初，最晚延续至19世纪中期的欧洲地图的特征，而目前没有证据证明这种绘制方式来源于中国古代地图。[③] 两图的图面内容基本相近，唯注记用字稍有异。在这两幅地图上南海诸岛的名称使用汉字书写，有些是中国人自己命名，也有一些岛礁采用西文音译转写成中文。

就绘制背景而言，康熙五十六年春正月，清廷令广东、福建、沿海一带水师各营巡查南洋吕宋、噶罗吧等处入出商船。基于此，闽浙总督觉罗满保、福建水师提督施世骠分别编制了《西南洋各番针路方向图》和《东洋南洋海道图》，其用意是显示由福建厦门为到发港，与南洋诸国、东洋日本相互联系的海上航路的走向，以实施监管，为去京师北京向朝廷禀报时作参照。[④]

施世骠《东洋南洋海道图》用红线表示海上航路，注记航路分合的节点、罗盘针的航向方位，航路所经地区的物产，如“往吕宋从此分，用丙午针壹百肆拾肆更取圭屿入吕宋港”“吕宋出稻米、鹿脯、苏木、鹿皮、牛皮，每年贸易银数十万两，系大西洋载来”。《西南洋各番针路方向图》则没有标绘具体的航向。

---

① 中央档案馆明清档案部，全宗号：舆1099，轴背：彩菱，贴黄签图题：“西南洋各番针路方向图 进臣觉罗满保恭”。

② 中央档案馆明清档案部，全宗号：舆198（贴红签），国立北平故宫博物院文献馆“东洋南洋海道图”；（挂签）舆337登532，轴背：蓝绫，贴白签图题：“东南洋海道图 进 福建水师提督施世骠”。

③ 丁雁南：《地图学史视角下的古地图错讹问题》，《安徽史学》2018年第3期，第20页。

④ 李孝聪：《中外古地图与海上丝绸之路》，《思想战线》2019年第3期，第115页。

台北“故宫博物院”藏清乾隆三十四年（1769）两广总督李侍尧呈《奏为遵旨查询暹罗国情形由》摺件的附图《查询广东至暹罗水陆道里图》，该图纸本彩绘，绘制较为简单，在陆地上仅仅标识了“东京”“安南国”“占城”“暹罗城”四个地名，在海域中通过贴黄简单地标注了航行距离和时间，如“琼州岛”的贴黄为“虎门至琼州十八更”；在“虎门”处的贴黄则记录了全部航程，即“自广东虎门出口，放洋至暹罗城，共一百四十八更，每更七十里，共计一万零三百六十里”。因此，这幅地图实际上只是记载了“道里”，而没有记载具体的航线。

台北“故宫博物院”藏清乾隆三十六年（1771）军机档摺附图《暹罗航海图》，该图纸本彩绘，显示了中南半岛分属暹罗、花肚番（缅甸）和青霾（清迈王国）的地界，用红点线描绘了自暹罗城至被缅甸占据的青霾的数条道路，墨书所需途程时日；贴黄注记同一地点旧图标记的名称，沿海注记自暹罗走海路航行去缅甸的航行时间，即“暹罗海路至枋行于九月、十月之间，顺风扬帆约十五、六日方得到”，以及“枋行海路至红纱于十一、二月之间，顺风扬帆约十五、六日方得到”。

英国图书馆所藏《大清一统海道总图》，绘制于清同治十三年（1874）之后，墨色石印，绘制范围自广东广州府石头湾一带，往北直至中朝边境鸭绿江江口附近；地图左侧图题下方也标注了该图的绘制范围，即“自北极出地 21 度 30 分，至 41 度 6 分，自偏西 3 度 55 分，至偏东 11 度 15 分”。该图标绘有以北京为中央经线的经纬网，详细注明了沿岸的水深、岛屿，但未像中国传统航海图那样标注具体的航海路线，因此是一幅使用现代测绘技术绘制的航海图。中国国家图书馆藏有一幅同名的，绘制于光绪年间的海道图，两图所绘基本一致。此外，中国国家图书馆藏绘制于光绪年间的 12 分幅的“中国海道图”，同样绘制有以通过北京的子午线为中央经线的经纬网，且注明了水深和磁偏角，12 分图为：直隶山东图、盛京山东朝鲜图、舟山列岛图、韭山至温州图、温州至福州图、福州至南日屿图、福州至台湾图、泉州至台湾图、厦门至诏安湾图、汕头至碣石镇图、捷胜所至香港图、香港至广州府图。

需要注意的是，在清代晚期也存在用传统方式绘制的航海图，如中国国家图书馆所藏清光绪年间绘制的 1 册《航海图》。这套图集使用“计里画方”绘制，每方百里，首为图说，然后为8幅地图，即：由江苏上海县黄浦江出吴淞口过佘山至黑水洋图、江苏东北黑水洋过大沙图、山东东南黑水大洋图、由黑水洋至山东登州府过石岛等处海道图、由登州迤西过小石岛等处海道图、船至天津大沽口暨陆路顺天等处地方图、登莱迤西沿渤海南岸牡蛎嘴等处至大沽要隘图以及金州厅迤北沿渤海北岸牛庄口等处要隘图。[①]

此外，一些寰宇图和舆地总图上有时也标绘有海上航线，如明代叶盛《水东日记》中保存的元代清濬的“广轮疆里图”上除标绘了元代的两条海运路线之外，还用文字标注了从一条自泉州出发的前往“忽鲁汶思”的海上航线，即“自泉州风帆六十日至八哇，百二十八日至马八儿，二百余日至忽鲁汶思”。

第二节　海运图

一　寰宇图和全国总图中对海运路线的描绘

中国古代留存下来的海运图数量有限，其中流传最广的就是以《广舆图》“海运图”为代表的明代晚期众多书籍中的“海运图”。不过在此之前以及之后，在一些寰宇图和全国总图中有时也标绘有一些海运路线，其中目前所见时代最早的当数宋代的《舆地图》，在海中标注有“过沙路”、“大洋路”和“海道舟舡路”，但没有绘制具体的航行路线。

在明代叶盛《水东日记》中保存的元代清濬的“广轮疆里图”中也标绘了海运路线，即“壬辰前行北路”和“辛卯前行北路二月至成山”，且标绘了具体的航行路线，大致而言后者为一条近岸的海运路线，而前者则深入大洋。根据文献记载，元代的海运路线主要有三条，其中最早的一条使用的时间是从元世祖至元十九年（1282）至二十八年（1291，也即辛卯年），大致航线是由崇明的西边出海，经海门（今海门县东）附近的黄连

① 北京图书馆善本特藏部舆图组编：《舆图要录——北京图书馆藏6827种中外文古旧地图目录》，北京图书馆出版社1997年版，第80页。

沙头及其北的万里长滩，靠着海岸北航，又转东过灵山洋（今青岛以南海面）靠着胶东半岛的南端向东北以达半岛最东端的成山角，由成山角转而西行，通过渤海南部，到渤海湾西头进入界河口（今海河口），沿河可达杨村码头（武清县）的终点。这一航线全程13000多里，路程长，其南侧成山角以南的大段航程离岸不远，浅沙甚多，航行不便，航行时间要长达几个月之久，且多危险。壬辰年，也就是元世祖至元二十九年（1292），开辟了新的海运路线，即自刘家港出海，得西南顺风，一昼夜行一千多里到青水洋（即近海），过此值东南风三昼夜可达黑水洋（即深海），再利用东南季风向成山放洋，转过成山角，沿渤海南部西航，过刘岛、芝罘，直抵界河口。这条航线比较直，避免了近岸多泥沙的航行，还可以利用太平洋上自南面北的黑潮暖流，半个月就可到达。不过，仅仅是在第二年，也即至元三十年（1293），又开辟了新的海运路线，从刘家港入海，由崇明岛的三沙入黑水大洋，向北航行至成山角，折而西过刘家岛、沙门岛，过莱州湾抵界河口。这条航线更进入深海，路线更直，且更多利用东南季风，所以，时间也就更缩短了，顺风时只要十天左右便航完全程了。大致而言，“广轮疆里图”描绘的海运路线应当是前两条路线。

明代的一些寰宇图和全国总图中也标绘有海运路线，如《古今形胜之图》在山东半岛以南标有“成化壬辰，以漕运由此路，三五至成山甚便，今从闸，海运不通”。《皇明职方地图》“皇明大一统图”和《图书编》“古今天下形胜之图”中此处的注记为：“成化壬辰以前，漕运由此路，三五日至成山，今从闸河，海运不通”。

清代的少量寰宇图和全国总图中也标绘有海运路线，如《程赋统会》“大清天下全图”中在地图右侧的海域中标绘了一条海运路线，且注记为“海运道”。《大清万年一统天下地理全图》的一些版本，在海域中也绘有一条或多条海道或海运路线，但没有用文字进行标识。

二 明代的“海运图”

以“海运”为主题古代地图，目前所见最早的当是《海道经》中的“海道指南图”。《海道经》原书没有注明作者和制作时间，但通常认为该书最初编纂于元代，后经增修，大致成书于明永乐年间，但周运中则认为该书的成书有着相当长的时间过程，其中“海道指南图”、针路、歌诀是明代前期船民所作，明代中后期才经人补辑汇编而成为《海道经》[①]。《海道经》中的“海道指南图”，由6幅地图拼合而成，全图东在上，西在下，主要描绘了由南京龙江关出发，从太仓刘家港出海，南至宁波，北至渤海湾直沽、旅顺等地的漕运路线。该图可能是与《海道经》中“海道”部分配合使用的。据周运中的研究，《广舆图》中的“海运图”可能是“海道指南图”的修正本[②]。

在明代晚期流传最广的则是《广舆图》中的“海运图”（2幅）。该图用“计里画方”绘制，每方百里，绘制范围右起与朝鲜交界的鸭绿江口，左至福州福清；图面内容大致呈“一”字型展开，海在地图的下方，陆地位于上方；在海中用双线标绘了渤海湾内以及大致沿着海岸线的以直沽口为中心的海运路线。图后附有《海运建置》，记述了元朝和明初海运的情况，还有与地图相呼应的“海道”一节，详细记述了4条海道路程，即从福建布政司水波门船厂到靖海卫、刘家港到牛庄、直沽到刘家港以及辽河口至刘家港的海道，最后还附有“占验”，分九项记录了海上观测气象的口诀。《海运图》图后所附文字中的大部分来自《海道经》，其中“占验”部分与《海道经》中的“占天”等九门几乎完全一致；“海道”部分则比《海道经》中的“海道”简略，但所记载的路线和措辞几乎一致；“海运建置”则在《海道经》中相关内容的基础上有所增补。《广舆图》“海运图”本身与郑若曾《郑开阳杂著》的《海运图说》中的“海运图”非常相似，两者之间，罗洪先绘制《广舆图》时参考了郑若曾绘制的地图和撰写的文字材料的可能性更大一些。[③]

与北方相比，中国的南方开发较晚，但在宋代之后，南方的农业经济开始逐渐超过了北方。明初定都南京，使政治中心与经济中心整合在了一起。然而明成祖朱棣击败建文帝夺得帝位之后，一方面为了加强北方地区的军事防御；另一方面北京是其起家之地，根深蒂固，因此迁都北京，但

---

① 周运中：《〈海道经〉源流考》，《海交史研究》2007年第1期，第129页。
② 周运中：《〈海道经〉源流考》，《海交史研究》2007年第1期，第131页。
③ 具体参见本书第一篇第二章相关部分的分析。

却由此造成了政治中心、军事中心与经济中心的分离。集中在京城的皇室、大量官员及其家属以及北方屯驻的数十万大军的粮食供应主要依靠南方，因此从永乐时期开始，南方粮食的北运，也就是漕运，因事关国家命脉，就成了政府关心的最为重要的问题之一。

需要说明的是，明朝黄河下游的河道并不是像今天这样呈东北方向斜穿整个华北平原流入渤海，而主要是通过淮河的河道流入黄海。虽然这条河道早在宋代就已经形成，但在很长时期内，黄河通往淮河的河道并不固定，分由濉、涡、颍、浍等河入淮，而且经常发生泛滥和改道。不仅如此，到了16世纪，随着泥沙的日益淤积，黄河决口日渐增多，尤其是山东境内曹县、单县一带北岸的决口日益增多，而这正是明王朝所担心的。这是因为黄河泛滥不仅会对平原地区的城市、人口和社会生产造成大量的破坏，而且也威胁到明王朝的生命线——漕运的通畅。

为了避免黄河河道对漕运的影响，明初，主要袭用了元朝的漕运方式，也就是通过海运。海运最初耗时极长，不过经过元朝三次对航道的改进，海运的时间由最初的两月余，缩短为顺风十日，极为便捷，但最终形成的航道主要依赖远洋航行，在当时的技术条件下风险较大，经常损失惨重，如洪武七年（1374），沉船40余艘，损失粮食4700余石，淹死官军717人，马40余匹。正是如此，经过权衡，以及大运河重要河段会通河（临清—须城，今东平）的重新开通，最终在永乐十三年（1415）停止了海运。

停止海运之后，明朝的粮食运输完全依赖大运河，由此大运河成为整个明王朝粮食供应的主干道，毫不夸张地说，大运河也就成为事关明王朝存亡的咽喉命脉。因此，维系大运河的畅通就成为明朝政府的首要工作之一，而大运河畅通的关键中的关键就是黄河。黄河的徐州至淮阴段兼作运河，是大运河的“咽喉命脉所关，最为紧要”，一旦决口，漕运断绝，后果不堪设想，而更为糟糕的是明代嘉靖以后这一河段的河患日益频繁，如嘉靖四十四年（1565）黄河决口散乱北流，混浊汹涌的洪水冲毁运河大堤，涌入昭阳湖中，使山东南阳到江苏留城之间的190多里运河全部淤毁。因此，在这种情况下，“治黄保运”成为明朝国家治理和士大夫长期关注的焦点问题。

可能正是因为大运河漕运存在这样的缺陷，因此到了弘治时期（1487—1505），海运又再次被提出，并且此后历代都有朝臣进行过恢复海运的努力。当时主要有两种方案，一种是所谓的胶莱河海运，也就是恢复元朝人在山东半岛曾尝试开通过的胶莱运河（连通胶州湾和莱州湾的运河），由此海运的船只可以从海上抵达胶州湾，然后经由胶莱运河，从莱州湾入渤海，直抵直沽，由此躲开从海上绕行山东半岛的危险。这一方案，最早是在正统年间提出的，嘉靖十一年至万历三年（1532—1575）则提出得更为频繁，虽然经历了数次勘查，但直至明末也没有实现。第二种方案就是直接海运，最有影响力的倡导者就是弘治年间的丘濬，但直至明末，除了短暂的小规模试行之外，一直也没有成为一项正式制度。不过可以看出，恢复海运，减少对大运河的依赖，是明代后期黄河泛滥加剧之后，士大夫们所设想的一种替代措施。

上述情况，应当也是郑若曾和罗洪先绘制“海运图”的背景，同样正是这样的原因，在明代后期大量的书籍中都引用了这幅地图，如茅元仪《武备志》、陈组绶《存古类函》、王鸣鹤《登坛必究》、朱国达等《地图综要》、张天复《皇舆考》、王圻《三才图会》、章潢《图书编》、施永图《武备地利》和何镗《修攘通考》，甚至到了清代，这幅地图依然被引用，如邵远平的《续弘简录元史类编》和朱约淳的《阅史津逮》。

此外，在茅瑞征的《万历三大征考》“东夷考略”中还有一幅“饷辽海路”，绘制了从山东登州至辽东的海运路线，还在一些海湾处用文字标注了泊船的数量，如“双岛至羊头凹四十里，河泊舡四十只，泥滩老水”“南套至盖州二十里，泊舡百余，号泥滩薄水”；还记载了一些岛屿之间的距离，如“长行岛至老瓜岛六十里”。按照研究，“饷辽海运”的开通是为了支援在辽东地区与女真的战争，开通的时间是在万历四十六年（1618），起点是在山东的登州和莱州。“饷辽海运”一直持续到泰昌元年（1620），最终由于海运存在的诸多困难而终止①。

梁梦龙的《海运新考》中有两幅海运简图，即“海道总图”和“海

---

① 韩行方：《明朝末期登莱饷辽海运述略》，《辽宁师范大学学报（社会科学版）》1992 年第 4 期，第 85 页。

道新图”。两幅地图绘制得非常简单，其中“海道总图”绘制范围大致从松江府、上海至直沽，图中突出绘制了山东半岛、通州和海门以及常州府、苏州府和太仓州所在的地域，因此整体变形很大，所绘的海道则基本是从黄河口出发绕行山东半岛至直沽；“海道新图”的绘制范围是从淮安府至直沽，只是突出绘制了山东半岛，所绘海道同样是从黄河口出发直至直沽。

三　清代的海运图

存世的清代海运图数量有限，且绘制时间基本集中在清代晚期，目前所见的大致有：

美国国会图书馆所藏《江海全图》，该图纸本彩绘，长卷裱轴，李孝聪认为该图绘制于19世纪中叶①，也有学者认为该图绘制于嘉庆十七年至道光二十三年（1812—1843）之间②。《江海全图》大致陆地在下，海在上，绘制范围东起宁波、镇海一带，沿海绘制有上海、常熟、松江、崇明以及黄河海口、山东半岛、渤海湾以及辽东半岛，因此大致而言，东在地图的上方；沿岸绘制了岛礁、沙洲、河口，并标注了一些沿岸的府州县。地图左上方的图注中记录了“水道里数”，即“上海至吴淞口五十里，吴淞口至崇明新开河一百十里，又七十里至十滧，又一百八十里至佘山，又一千五、六百里至鹰游门，之直东又六百余里至石岛，又一百四十里至成山，又五、六百里至庙岛，又九百余里至天津八口，湾曲甚多，一百八十里至府城东关。自成山至铁山七百余里，又五百余里至牛庄。自成山至深洋河九百余里。总共计之，自上海至关东不约在四千里之内外，自上海至宁波约五、六百里”，也即记述了从上海至天津，以及从成山至牛庄等的大致航行里程，且在沿岸各处注记了一些水深数据，不过图面上并未绘制航线。

中国国家图书馆藏清同治十三年（1874）胡振馨据其父道光六年

① 李孝聪：《美国国会图书馆藏中文古地图叙录》，文物出版社2004年版，第169页。
② 林天人：《皇舆搜览——美国国会图书馆所藏明清舆图》，“中研院”数位文化中心2013年版，第316页。

(1826) 绘制的原图摹绘的《海运全图》，该图绘制范围右起吴淞口以东的宁波，左至与高丽交界处；使用“计里画方”绘制，每方二百里；图中绘制了一条从吴淞口至直沽口的海运路线，从图中所绘路线来看，采用的应当是远洋的航线。在地图上方用文字描述了分成5段的运输路线的航程以及距离海岸的距离、是否可以泊船、罗盘方位以及航行中应当注意的情况等信息；在海域中绘制了一些与航行有关的地理要素，并用文字进行了描述，如淮河口外的文字注记为：“大尖沙，古称万里长沙，自西至东，横亘甚长，南北约宽五十里，水深九丈，杆至沙南针宜略偏东，过此五十里，至沙北，水深至二十丈，针用正北，又行二百里，水深二十丈，系清水洋面，宜东南二面风”。胡振馨摹绘该图的目的在图左其所作的图记中有所记述——“方今黄流变迁，运河淤浅，全赖海道以裕京仓，若持此以往，未始非蠡测之一助云耳!”

这一时期的“海运图”还有陶澍的《陶文毅公全集》和《陶云汀先生奏疏》中的“海运图”，这两幅地图几乎完全一致。王耀曾将《陶文毅公全集》中的“海运图”与《江海全图》进行过比较，认为这两图虽然都是对道光六年（1826）海运的呈现，但存在巨大差异，如陶澍的地图海在下、陆地在上，还有水深数据上的差异，以及在绘制区域和细部特征上都存在差异，但航运路线则基本一致。[①] 实际上陶澍的这两幅地图与《海运全图》相比，虽然两者海陆位置不同，且在地理要素上要存在重要差异，但两者的一些文字注记几乎相同，如对淮河口外“大尖沙”的文字注记等，且两者描述的海运路线也基本一致。

中国国家图书馆还藏有一幅彩绘清道光二十三年（1843）至同治五年（1867）间绘制的《直东江浙海道全图》[②]，该图所绘与上述几幅地图，在内容上也比较近似，只是注记的内容偏少，如对“大尖沙”的文字注记仅为“大沙，俗称万里长沙，东西无可计，南北宽约五十里”，且该图方位为上北下南，左西右东。

---

① 参见王耀《〈江海全图〉与道光朝海运航路研究》，《故宫博物院院刊》2018年第5期，第132页，

② 图中标绘有道光二十三年（1843）定海直隶厅和金州厅，而没有设置于同治五年（1867）的营口厅。

有清一代，因为黄河淤塞、泛滥等问题，经常导致通过运河的漕运受到阻碍，因此与明朝类似，也一直有恢复海运的主张，尤其是在清代晚期，最终在道光六年（1826）曾将苏松常镇太四府一州的粮食改由海运，路线也基本上是由上海至直沽，因此上述这几幅地图应该都是在这一背景下绘制的，且它们之间应当存在一些参照关系。

第二章　海防图

第一节　研究综述

明清时期都遇到了严重的海防问题，如明代前期和嘉靖时期的倭寇问题，清朝前期所面对的台湾郑氏政权的威胁以及晚期来自西方列强的军事威胁。在面对这些海防问题的时候，明清时期都绘制了一些“海防图”，这些海防图也成为我们了解明清海防思想的重要史料。以往虽然对明清海防图有过一些研究，但基本集中于郑若曾的《万里海防图》和陈伦炯的《海国闻见录》这两个谱系上。由于除了这两个谱系之外，明清还存在其他众多海防图，因此这样的梳理并不全面，无法反映明清海防图的全貌，且以往对于这两个谱系的梳理也存在诸多问题。本章希望在前人研究成果的基础上，对明清海防图的谱系和发展脉络进行更为全面的梳理，现对以往的研究成果进行一些介绍。

较早对中国古代海防图进行梳理的是海外的研究者，如李约瑟在《中国科学技术史》中就对中国古代的海图进行过简要归纳，但主要介绍的是《郑和航海图》的绘制背景和留存情况。[①] 海外较为重要的研究者则是英国的米尔斯（J. V. Mills），他在 1953 年发表的论文“《三幅中国地图》（Three Chinese Maps），介绍了英国图书馆地图部所收藏的三幅清代绘本中

---

① ［英］李约瑟：《中国的航海图》，李约瑟《中国科学技术史》第 5 卷第 1 分册，《中国科学技术史》翻译小组译，科学出版社 1976 年版，第 159 页。

国地图，其中两幅是长卷式的海岸图，是中英鸦片战争前夕的作品，很可能都是当时英国情报人员所搜集的，第一幅地图本身长5.2公尺，阔36公分，绘制在纸上，展现了整个中国海岸，题为《七省海岸全图》；第二幅地图本身长5.5公尺，阔28公分，绘制在绢上，也是呈现了整个中国海岸，但绘图的比第一幅精细”。[①] 米尔斯在1954年发表的《中国海岸地图》（Chinese coastal maps）[②] 一文中评介了12种中国的海防和航海地图，涉及的信息包括前人研究成果、收藏者、地图的内容、作者、绘制年代、比例尺、地图方位、版式、符号等，这12种地图是：（1）《郑和航海图》；（2）《广舆图》；（3）美国国会图书馆藏绘本《万里海防图》；（4）《筹海图编》地图；（5）《海国闻见录》地图；（6）巴格罗（L. Bagrow）藏绘本地图，绘制年代约为1731年，中文图名不详；（7）伦敦皇家地理学会藏绘本《五口海路全图》；（8）伦敦皇家亚洲学会藏斯汤顿（Staunton）所赠绘本地图，绘制年代约为1893年，中文图名不详；（9）大英博物馆藏绘本《七省沿海图》；（10）大英博物馆藏爱德华兹（Francis Edwards）公司赠绘本地图，绘制年代约为1840年，中文图名不详；（11）巴格罗藏绘本《海疆洋界形势全图》；（12）巴格罗藏绘本地图，1884年翁大程（Weng Ta-Cheng）绘制，中文图名不详。[③]

对海防总图进行系统梳理和研究的则是国内学者，其中较早的就是曹婉如，其在《郑若曾的万里海防图及其影响》一文中认为《万里海防图》有着三种版本，即：72幅的《万里海防图》，也即嘉靖辛酉年（1561）成书的《筹海图编》卷一中的一系列“沿海山沙图”，包括“广东沿海山沙图”（11幅）、“福建沿海山沙图”（9幅）、“浙江沿海山沙图”（21幅）、“直隶沿海山沙图”（8幅）、“山东沿海山沙图”（18幅）和“辽东沿海山沙图”（5幅），绘制范围从广西钦州龙门港至辽东的鸭绿江；而《郑开阳

① 姜道章：《二十世纪欧美学者对中国地图学史研究的回顾》，《汉学研究通讯》17：2（总66期），1998年，第171页。米尔斯的原文发表在：J. V. Mills, “Three Chinese Maps”, *The British Museum Quarterly*, Vol. 18, No. 3 (1953), pp. 65 – 77.

② J. V. Mills, “Chinese coastal maps”, *Imago Mundi*, Vol. 11 (1954), pp. 151 – 68.

③ 姜道章：《二十世纪欧美学者对中国地图学史研究的回顾》，《汉学研究通讯》（总第66期），1998年，第171页。

杂著》卷一和卷二的《万里海防图论》中的“万里海防图”与此图基本一致。12幅的简本《万里海防图》，即《郑开阳杂著》卷八《海防一览》中的12幅地图，且其认为72幅的《万里海防图》和12幅的地图之间并没有直接的渊源关系。还有一种12幅的详本《万里海防图》，曹婉如认为虽然郑若曾所绘的12幅详本《万里海防图》的原本已经散佚，但第一历史档案馆保存的万历三十三年（1605）徐必达题识《乾坤一统海防全图》应是根据郑若曾的原本摹绘的，且这一12幅详本是12幅简本的底图。该文然后介绍了这三种《万里海防图》的绘制特征，如：图幅呈“一”字展开，不讲究方位的准确性，海居于地图上方而陆地在下方，且原图应当均有画方。最后还谈及了郑若曾图的影响，认为徐必达识《乾坤一统海防全图》、邓钟《筹海重编》、王在晋《海防纂要》、范涞《两浙海防类考续编》、蔡冯时《温处海防图略》以及谢廷杰《两浙海防类考》、宋应昌《全海图注》中的地图都应属于郑若曾《万里海防图》系统。[①]

钟铁军的《明清传统沿海舆图初探》[②]一文，虽然发表时间很晚，但成文于2009年前后。该文将明清海图的发展过程放置在明清海防及其政策演变的历史背景中进行了讨论，这是之前中国古代海图以及海防图研究所缺乏的。其提出“明代海防图的编绘与抗倭形势息息相关……但到嘉靖年间，倭寇入侵突然出现了井喷，无论是入侵的人数规模，还是侵扰的地域，都是史无前例的，史称‘嘉靖大倭寇’，朝廷被迫投入大量的兵力来平息倭患。经过长期的战争，到嘉靖末年，倭寇终于被平息了，但弥漫在人们心头的阴影一时之间却难以去除，到万历二十年，日本入侵朝鲜，又引起了朝野震惊，人们担心日本人会再次大规模入侵，因此整饬海防的呼声再度高涨”，“了解这一背景之后，我们不难理解为什么在嘉靖、万历年间会大量涌现海防图”[③]。不仅如此，在曹婉如的基础上，该文列出了更多

① 曹婉如：《郑若曾的万里海防图及其影响》，曹婉如主编《中国古代地图集（明代）》，文物出版社1995年版，第69页。

② 钟铁军：《明清传统沿海舆图初探》，李孝聪主编《中国古代舆图调查与研究》，中国水利水电出版社2019年版，第262页。

③ 钟铁军：《明清传统沿海舆图初探》，李孝聪主编《中国古代舆图调查与研究》，中国水利水电出版社2019年版，第272页。

的受到郑若曾《万里海防图》影响的地图。对于清代的海图，钟铁军提出，其较明代的海图主要出现了以下一些变化，即表现的海域跨度更大，同时出现了一些区域性的海图；重视台湾和澎湖；受到陈伦炯《海国闻见录》影响，形成了新的地图谱系，大致有《海疆洋界形势全图》系列、《七省沿海图》系列和《沿海全图》系列，约 19 种（幅）地图。在文后，钟铁军还分析了受到天启本《筹海图编》影响的《万里海防图》中存在的浙江台州部分地图错置的问题；且提出刻本地图也可以被转绘为绘本，两者之间的关系并不像之前通常认为的那样是单向的，而应是双向的。

李新贵通过四篇论文，即《明万里海防图初刻系研究》①、《明万里海防图之全海系探研》②、《明万里海防图之章潢系探研》③ 和《明万里海防图筹海系研究》④，对明代后期海防图的谱系进行了梳理，提出了一些不同于之前的观点，具有一定的新意。大致而言，李新贵基于地图的绘制内容以及背后所反映的海防思想，将明代晚期的海防图分为以下四个谱系。

“万里海防图”初刻系，“初刻图是郑若曾、唐顺之绘制的 12 幅的沿海图。初刻系指包括此图在内及受其影响而摹绘的《海防一览》等。该图系有三个突出特征：突兀海中的半岛与控遏倭寇的岛；沿海、陆地的建置数量不等地标绘图上；每幅图都有不同的纵深。初刻系背后隐藏着绘图者军事协同与经济贸易相结合的海防思想”⑤。

“明万里海防图”筹海系，“筹海图是郑若曾、胡宗宪绘制的《沿海山沙图》。筹海系包括此图及受其影响摹绘的《海不扬波》等。该图系有三个突出特征：近洋，绘制有停泊战舰的岛屿；沿海，绘制出支援海洋作战的建置与辅助作战的设施；因增添沿海设施与减少内地建置所形成较短图之纵幅，也是该图系的显著特征。筹海系背后隐藏着绘图者远洋出击与近洋防御协同的海防思想”⑥，且其认为这一图系与初刻系存在巨大的差异。

---

① 李新贵：《明万里海防图初刻系研究》，《社会科学战线》2017 年第 1 期，第 95 页。
② 李新贵：《明万里海防图之全海系探研》，《史学史研究》2018 年第 1 期，第 35 页。
③ 李新贵：《明万里海防图之章潢系探研》，《史学史研究》2019 年第 1 期，第 8 页。
④ 李新贵、白鸿叶：《明万里海防图筹海系研究》，《文献》2019 年第 1 期，第 176 页。
⑤ 李新贵：《明万里海防图初刻系研究》，《社会科学战线》2017 年第 1 期，第 95 页。
⑥ 李新贵、白鸿叶：《明万里海防图筹海系研究》，《文献》2019 年第 1 期，第 176 页。

“明万里海防图”全海系，“《全海图注》是山东巡抚宋应昌编绘的海防图。全海系包括此图注与受其影响而绘制的《筹海重编·万里海图》，及以后者为基础绘制的《虔台倭纂·万里海图》。该图系具有三个突出特征：营兵制的职官系统；港澳标注着停泊各种方位风向、数量不等的船只，或至周边的距离；沿海则保留着部分卫所。全海系背后隐藏着绘图者对当时海防思想的抉择”①。但对于这一图系与其他图系之间的关系，李新贵没有给出明确的结论。

“明万里海防图”章潢系，“章潢图是嘉靖四十一年左右章潢绘制的《万里海防图》。章潢系包括此图及受其影响所绘的崇祯元年《全边略记·海防图》、崇祯六年《地图综要·万里海防全图》、崇祯九年《皇明职方地图·万里海防图》、康熙年间《万里海防图》。该图系具有三个突出特征：图上绘制了简要的七条图注；沿海区域间有明确的分界点；海上有防御倭寇的防线。地图绘制者的绘图特征表明其绘图的目的，就是要完善明代的卫所体系；卫所体系的首要防御对象是沿海不法之民，同时还要灵活处理来华的日本人”②。这一图系应当参考了初刻系，但在文中李新贵对两者的关系没有给出明确的结论。

需要指出的是，李新贵的这四篇文章虽然对前人研究有着一定的突破，且有着一定的学术价值，但其对地图谱系的划分以及某些地图谱系的归属都存在一些问题，具体见后文分析。

王耀在《清代〈海国闻见录〉海图图系初探》一文中对其所过目的16种受到陈伦炯《海国闻见录》影响的地图的谱系进行了梳理，认为“基本可以认定《海国闻见录》系列海图在发展演变过程中，发生了明显分化，形成了在绘画内容、文字注记等方面各具特征的三个子图系。一般而言，《四海总图》图系在亚洲大陆东部标注‘中华一统’，并在朝鲜半岛标注‘高丽’。《环海全图》图系则在清朝统治区域内增注了大量的区划名称、边疆地名，并标注‘朝鲜’；同时在卷首增加了大段的总括性文字，在《台湾图》的题记中提到‘乾隆甲午年丈量得实’。《天下总图》图系

① 李新贵：《明万里海防图之全海系探研》，《史学史研究》2018年第1期，第35页。
② 李新贵：《明万里海防图之章潢系探研》，《史学史研究》2019年第1期，第8页。

则在亚洲大陆东部示意性地绘制了几字形的黄河及长江与洞庭湖、鄱阳湖等，在朝鲜半岛标注‘高丽’；同时在卷末附注了‘东洋记’‘东南洋记’等大段文字”①，其主要判断标准和图系的命名来源于地图中第一幅图的名称和内容，不过其似乎没有考虑这样分类的意义是什么。

孙靖国的社科基金项目“明清沿海地图研究”（12CZS075）的结项报告在尽量全面地搜集和整理明清时期各类海图的基础上，对明清时期的海防图、航海图、海塘图、盐场图以及江防图的发展脉络和谱系进行了梳理和分析，对清代晚期沿海图的转型进行了讨论，并且深入讨论了明清沿海地图上岛屿的呈现方式。由于该报告为未刊稿，因此在此对其中涉及海防图的部分进行简要介绍：

报告的第一章在明代海防形势和政策的背景下对明代的海防图进行了讨论，且以对当时和后世影响最大的郑若曾系列地图为中心进行了研究，“首先对其著作的版本进行了梳理，对其现存的著作版本进行了研究，考证出民国陶风楼影印的《郑开阳杂著》是清光绪、宣统时期的摹绘本，系根据康熙三十年（1691）郑若曾的五世孙郑起泓及其子郑定远刊刻之《郑开阳杂著》抄录或转抄，除少数缺失内容外，基本能反映康熙刻本原貌，而文渊阁四库本则有多处窜改。经过将《筹海图编》《郑开阳杂著》和《江南经略》等著作中200种地图共694叶与明代众多其他图籍进行对比，笔者发现：郑若曾在编撰其著作过程中，曾参考、改编了包括《广舆图》《南畿志》《苏州府志》《使琉球录》，以及南京都察院所绘江防信地地图等多种图籍，研究其地图的来源，对于研究明代中后期地图的绘制以及流传，有重要的意义，甚至在推测其地图可能源自某亡佚之书的前提下，对明代亡佚古籍亦有补阙之价值”②。

报告的第六章则重点讨论了清代陈伦炯《海国闻见录》系统的地图。孙靖国在前人研究基础上，搜集了43种陈伦炯系统的地图，“指出‘环海全图’当为摹绘《海国闻见录》时参照了别的东半球投影地图所致”。此

① 王耀：《清代〈海国闻见录〉海图图系初探》，《社会科学战线》2017年第4期，第112页。

② 孙靖国：《明清沿海地图研究》结项报告，未刊稿，第317页。

外，还对陈伦炯《海国闻见录》的版本进行了分析，“认为此书在乾隆年间有两个刻本：乾隆九年和五十八年本，之后有四库抄本、艺海珠尘和昭代丛书本”，并对不同版本的差异进行了对比。[①]

除了上述这些系统性的研究之外，多年来还存在一些对单幅海防图的研究，代表性的如姜勇和孙靖国的《〈福建海防图〉初探》，提出“《福建海防图》绘制于万历二十五至三十二年之间，以描绘明廷在消弭倭患之后在福建沿海地区的山川形势和军事布防态势为主……从绘制风格与部分地物的绘制手法来看，《福建海防图》虽与嘉靖年间郑若曾的《筹海图编》中《沿海山沙图》颇有渊源，但因其系纸本彩绘而非刻版，较好地反映出作者最初所编绘舆图的原貌，可作为明代末期在海防军事战守中所使用的绘本舆图的样本”[②]。将海防图与海防思想联系起来的则如贾浩的《〈沿江沿海各省炮台图说〉与叶祖珪的海防思想》[③]；将海防图作为史料进行史学研究的则有孙靖国的《黄叔璥〈海洋图〉与清代大兴黄氏家族婚宦研究》[④]，该文“对台北故宫博物院所藏清代首任巡台御史黄叔璥所绘《海洋图》的图文进行了考证与研究，对黄叔璥生卒年与其家族——顺天大兴黄氏的发展轨迹及其婚姻圈等问题进行了考察和探讨。研究发现，黄氏家族本为明代辽东世袭武官，在明代后期之后逐渐走上科举入仕之途，而清初对辽东士子的倚重亦为其家族兴盛的重要因素。其婚姻对象以科举世家为主，其中以直隶同乡为多，体现出了清代华北科举世家婚姻的一些特点与取向”。还有少量的以方志中的海防图为对象的研究，如何沛东的《清代方志舆图的海防描绘——以〈嘉兴府志·海防图〉为例》[⑤]。

---

① 孙靖国：《明清沿海地图研究》结项报告，未刊稿，第318页。

② 姜勇、孙靖国：《〈福建海防图〉初探》，《故宫博物院院刊》2011年第1期，第67页。

③ 贾浩：《〈沿江沿海各省炮台图说〉与叶祖珪的海防思想》，《中国国家博物馆馆刊》2016年第8期，第115页。

④ 孙靖国：《黄叔璥〈海洋图〉与清代大兴黄氏家族婚宦研究》，《安徽史学》2018年第3期，第27页。

⑤ 何沛东：《清代方志舆图的海防描绘——以〈嘉兴府志·海防图〉为例》，《海洋史研究》第12辑，社会科学文献出版社2018年版，第234页。

第二节　明清时期的“海防总图”[1]

一　明代晚期“海防总图”的谱系

以曹婉如为代表的研究者认为，明代晚期的大量“海防总图”以及一些区域海防图是基于郑若曾的《万里海防图》绘制的，且其绘制的《万里海防图》按照成图时间分为：12幅详本的《万里海防图》，以徐必达题识《乾坤一统海防全图》为代表；72幅的《万里海防图》，以《筹海图编》和《郑开阳杂著》中的“沿海山沙图”为代表；以及12幅简本的《万里海防图》，以《郑开阳杂著》中的“万里海防图”为代表。

而李新贵则提出明末的海防图实际上有四个系统，即“万里海防图”初刻系，受其影响的地图则为《海防一览》、《乾坤一统海防全图》以及《筹海全图》；“明万里海防图”筹海系，也就是曹婉如所说的72幅的《万里海防图》，受其影响地图包括《武备志》“沿海山沙图”和台北“故宫博物院”藏《海不扬波》；“明万里海防图”全海系，即宋应昌的《全海图注》，以及受其影响的《筹海重编》“万里海图”和《虔台倭纂》“万里海图”；应当参考了初刻系的，“明万里海防图”章潢系，也即章潢绘制的《图书编》中的“万里海防图”，以及受其影响的《全边略记》“海防图”、《地图综要》“万里海防全图”、《皇明职方地图》“万里海防图”和美国国会图书馆藏《万里海防图》。且认为这四者反映了不同的海防思想。

下文，即以上述两者的研究为基础进行讨论。

首先，无论是12幅的还是72幅的《万里海防图》都与郑若曾存在密切的关系，这是目前学术界的共识，只是李新贵认为12幅的《万里海防图》最初的绘制者还包括了唐顺之，这是一种合理的观点。

关于郑若曾的生平，尤其是其与绘制海防图有关的经历，孙靖国进行了详尽的分析。[2] 郑若曾（1503—1570），字伯鲁，号开阳，南直隶苏州府

---

① “海防总图”指的是其绘制范围大致囊括了明清两朝整个海岸线的海防图。

② 孙靖国：《明清沿海地图研究》结项报告，未刊稿，第35页。

昆山人，曾先后师从魏校、湛若水、王守仁等名儒，并与吕柟、王畿、唐顺之、茅坤等学者结交。明嘉靖十六年（1537）和十九年（1540），郑若曾两次以贡生参加科举考试，落榜之后绝意仕途，潜心治学。嘉靖时期，倭寇为患整个东南沿海，郑若曾的家乡昆山，正是倭寇侵扰的重灾区。明代中期，王朝初年确立的岸上防御体系的核心——卫所制逐渐衰败，失去作用，因此众多有识之士提出了“御之于海”的抗倭策略，主张海陆结合，在近海岛屿和海面建起第一道防线，将原陆上卫所防线作为第二道防线，并绘制了各种海防图。在这种背景下，唐顺之和郑若曾编纂了《沿海图》12 幅。由此，郑若曾受到当时负责抗倭的总督胡宗宪的重视，被聘入幕府。在胡宗宪的支持下，郑若曾“详核地利，指陈得失，自岭南迄辽左，计里辨方，八千五百余里，沿海山沙险阨延袤之形，盗踪分合入寇径路，以及哨守应援，水陆攻战之具，无微不核，无细不综，成书十有三卷，名曰《筹海图编》……余（胡宗宪）既刊其《万里海防》行世，复取是编厘订，以付诸梓”①。

《筹海图编》是一部关于抗倭和海防建设的巨著，内容遍及沿海地理形势、历代中日关系、日本情况、倭寇为患由来、倭寇武器装备与战略战术、倭寇入侵日期和道路、明朝海防部署、海防战略、武器装备以及平倭之功绩等方方面面。在海防思想上强调“防海之制，谓之海防，则必宜防之于海”。全书共有地图 114 幅，一般采用文随图后的方式，分为《舆地全图》《沿海山沙图》《日本国图》《日本岛夷入寇之图》《沿海郡县图》等部分，卷一即为《舆地全图》与《沿海山海图》，后者也就是 72 幅的《万里海防图》。

可以肯定的是 12 幅简本的《万里海防图》与 72 幅的《万里海防图》确实存在较大的不同，曹婉如和李新贵都已经指出了两者之间所存在的较大差异，大致而言，即：1. 12 幅的《万里海防图》在海域中绘制有大量岛屿，而 72 幅的《万里海防图》在海域中绘制的岛屿要少了很多；2. 12 幅的《万里海防图》在图面上绘制了更为广大的内陆地区，标绘了一些内陆

---

① （明）胡宗宪：《筹海图编序》，（明）郑若曾撰，李致忠点校：《筹海图编》，中华书局 2007 年版，第 991 页

地区的州县，而72幅的《万里海防图》对于陆地的描绘基本只局限于沿海地区；3.12幅的《万里海防图》在图面上方存在大量的文字注记，记述了岛屿港湾的形势以及军事价值，而72幅的《万里海防图》图面上的文字注记极少。

因此，12幅的“万里海防图”谱系是成立的，但李新贵将其命名为“初刻系”，有些含义不清，“郑若曾12幅《万里海防图》谱系”这样的命名似乎更为明确一些。

李新贵认为“明万里海防图”章潢系受到12幅系统的影响，这点存在明显的问题。首先其认为这一系统的起始者或者最初地图的绘制者为章潢，但章潢是《图书编》的作者，而《图书编》中大部分地图（甚至文字）都来源于之前已经出版的材料，也就是说《图书编》实际上是一部摘抄已有作品的著作，也即正如《四库全书总目提要》所记“是编，取左图右书之意，凡诸书有图可考者，皆汇辑而为之说……亦不及潢书之引据古今，详赅本末，虽儒生之见，持论或涉迂拘，然采摭繁富，条里分明，浩博之中，取其精粹，于博物之资，经世之用，亦未尝无百一之裨焉”。因此不能不加考订地就将章潢认为是《图书编》中“万里海防图”的作者，也不能直接将地图和相关文字所反映的海防思想认为就是章潢始创的思想。

更为重要的是，如果对比图面内容，《图书编》中的22图幅的“万里海防图”显然与72幅的《万里海防图》在绘制内容上更为近似。以“杭州”附近地区为例，其并没有像12幅《万里海防图》那样绘制到内陆地区的昌化、于潜等地，而与72幅的《万里海防图》近似，基本只是局限于沿海州县，较大的差异在于在杭州以南标绘了“西湖”；12幅的《万里海防图》中标注了杭州府所辖的仁和、钱塘2县，但未绘制杭州城的轮廓，而在72幅的《万里海防图》中除此之外还标注了前右二卫且绘制了杭州城的轮廓，这点《图书编》“万里海防图”与72幅的《万里海防图》是一致的；《图书编》“万里海防图”未绘制出12幅《万里海防图》中杭州以东海域中的大量岛屿，而只是像72幅《万里海防图》那样标绘了少量地名和岛屿，且这些地理要素都存在于72幅的《万里海防图》上，如“鳖子门”、“茶圃门”、“栲门”和“火焰头”等；图中缺乏12幅《万里海防图》上的大量文字注记。因此，整体而言，该图是根据72幅《万里海防图》缩绘的。当然由于地图的图幅从72减少为22，因此随着图幅的大量减少，图面内容也进行了相应的简化，如减少了海中岛屿的标绘，陆地上的建制则主要保留了72幅《万里海防图》上的府州县和卫所，而省略了更为细致的烽堠、巡司和山隘等“不太重要”的、在军事层级上较低的地理要素。而且，正是由于这一原因，其所绘内容并不能证明李新贵所阐述的章潢的海防思想，即“要完善明代的卫所体系”。因此，“章潢《图书编》‘万里海防图’谱系”确实存在，但其应当是72幅《万里海防图》的子类。

《虔台倭纂》“万里海图”比较特殊，其由38幅图幅构成，就图面内容应当更接近于72幅的《万里海防图》，而不是像李新贵认为的是受到中国国家图书馆藏《全海图注》的影响。如其图面上对于杭州府城的描绘近似于72幅《万里海防图》，且缺乏《全海图注》上极为有特点的江防的部分。不过，由于是缩绘，因此绘制者省略了72幅《万里海防图》上的一些内容，但与此同时也增加了少量内容，如广东的“防城营”军事要素等，此外在图面上还增加了一些文字注记。

中国国家图书馆藏《全海图注》，原图无图名，根据李化龙为其所作《全海图注序》中相关内容，定名为“全海图注”。序文中李化龙提到此系“大中丞宋公所辑”，曹婉如据此通过分析认为“大中丞宋公”即宋应昌[①]。该图纸本雕版墨印，1幅，纵30.6厘米，横1309.3厘米，折叠成册，每摺宽11.4厘米。绘制时并无严格的固定方位，按照海洋在上，陆地在下的体例，由右向左作“一”字式展开，方向随海岸线的变化而转换。图中描绘了自广东防城营（今属广西壮族自治区防城港市）至长江口的海洋、岛屿、海岸、港湾、山川、城邑以及军事驻防情况，且还描绘了长江口至南京附近长江两岸的情况，并附有“日本岛夷入寇之图”。因此该图实际上属于“江防海防”图，但其中江防的部分要比其他江防图少很多，

① 曹婉如主编：《中国古代地图集（明代）》，文物出版社1995年版，第10页。

只是截止于南京附近的太平府，而不是九江。[①] 从绘制内容来看，与12幅和72幅的《万里海防图》谱系相比，该图更偏重于对海洋的描绘，但海中并没有绘制太多的岛屿，只是在某些岛屿附近标注有一些可以泊船的数量，如“常熟县”附近的注记为：“外浅内深”“泊南北风船三十只”；“旧崇明”附近的注记为：“至刘家河一潮水”等。陆地上主要标注州县、港口、巡司、把总、参将、卫所、沿岸的墩以及一些寺、亭、坡等地理要素，其中对于卫所的描绘似乎要少于“万里海防图”系统。总体而言，该图与12幅和72幅的《万里海防图》都存在较大差异，确实如李新贵所言，可以构成一个系统，其与12幅和72幅的《万里海防图》之间应当没有太多的参照关系，但目前尚未找到明确受到其影响的其他海防总图。

通过上述分析，大致而言，存世的明代晚期的海防总图有两个具有影响力的谱系，即郑若曾12幅《万里海防图》谱系和郑若曾72幅《万里海防图》谱系，而郑若曾72幅《万里海防图》谱系中还存在以章潢《图书编》“万里海防图”为代表的子类。下表列出了明代这两个海防图谱系的特征及目前搜集到的属于这些谱系的地图。

表5-1　　明代晚期“海防总图”谱系

<table>
<tr><th>谱系名称</th><th>谱系特征</th><th>地图</th></tr>
<tr><td rowspan="4">郑若曾12幅《万里海防图》系统</td><td rowspan="4">按照海洋在上，陆地在下的体例绘制，由右向左作“一”字式展开，方向随海岸线的变化而转换。绘制范围西起广东的钦州，东至朝鲜半岛。海域中绘制有大量岛屿，陆地部分标绘了一些内陆地图的州县。在图面上方存在大量的文字注记，记述了岛屿港湾的形势以及军事价值</td><td>《郑开阳杂著》“万里海防图”</td></tr>
<tr><td>徐必达识《乾坤一统海防全图》</td></tr>
<tr><td>中国国家图书馆藏《筹海全图》</td></tr>
<tr><td>《皇明经世实用编》“万里海防图”</td></tr>
</table>

① 关于“江防图”可以参见本章的附录，以及孙靖国《明清沿海地图研究》结项报告中相应的章节。

续表

谱系名称	谱系特征	地图
郑若曾72幅“万里海防图”系统	按照海洋在上，陆地在下的体例绘制，由右向左作“一”字式展开，方向随海岸线的变化而转换。绘制范围西至广东钦州所以西与安南交界处，东至辽东义州以东与朝鲜的交界处，且在广东之后附有琼州岛图。在海域中只描绘了一定数量的岛屿，对于陆地的描绘基本只局限于沿海地区，且图面上的文字注记极少	《筹海图编》“沿海山沙图”
		《郑开阳杂著》“沿海山沙图”
		《武备志》“沿海山沙图”
		《武备地利》“沿海山沙图”
		《筹海重编》各省海图
		台北“故宫博物院”《海不扬波》
郑若曾72幅“万里海防图”谱系之章潢《图书编》“万里海防图”子类	绘制内容与郑若曾72幅“万里海防图”谱系相比，进行了精简，减少了海中岛屿的标绘，陆地上的建制则主要只是保留了府州县和卫所	《图书编》“万里海防图”
		《全边略记》“海防图”
		《地图综要》“万里海防全图”
		《皇明职方地图》“万里海防图”
		美国国会图书馆藏《万里海防图》
		《虔台倭纂》“万里海图”

还要提及的是，明代后期的一些古籍中还有一些分省沿海海图，如《筹海图编》中的“广东沿海总图”“福建沿海总图”“浙江沿海总图”“南直隶沿海总图”“山东沿海总图”“辽东沿海总图”，由此似乎也构成了一套“沿海总图”。与这一时期其他海防总图不同，这套“沿海总图”并不呈“一”字展开，每幅地图都有着大致的正方向，即除了“辽东沿海总图”为上西下东之外，其他沿海总图基本为上北下南；绘制方式为陆地在上海在下，这类似于清代陈伦炯《海国闻见录》的谱系。需要注意的是，这些各省“沿海总图”在绘制的地理要素上存在差异，如在“广东沿海总图”“浙江沿海总图”“南直隶沿海总图”“广东沿海总图”中主要绘制的是府州县的行政建筑；而“福建沿海总图”除了标绘府州县外，还偏重于对卫所的描绘；而“山东沿海总图”中，没有绘制山东半岛的东部，且海域所占范围有限；“辽东沿海总图”则详细标绘了长城沿线的一些军事建置。因此，这套“沿海总图”有可能是用不同主题的政区图拼凑而成的。目前能见到的属于这一谱系的地图还有《武备志》《武备地利》《三才图会》中的各省“沿海总图”。

二　清代陈伦炯《海国闻见录》谱系

陈伦炯，字次安，号资斋，福建同安人。其父陈昂，曾经从事海上贸易，往来于东西洋。康熙二十年（1681），陈昂跟随施琅进攻澎湖，收复台湾，并奉施琅之命，出入东西洋，招访郑氏遗族。康熙三十年，任苏州城守游击，不久调定海左军，后任总河督标副将。康熙五十四年，升为广东碣石镇总兵，康熙五十六年任广东右翼副都统。陈伦炯为陈昂长子，受陈昂影响，对于沿海和海外情形非常熟悉，因而受到康熙帝的关注和赏识。台湾朱一贵起义爆发后，陈伦炯被派往福建任职，后任署台湾南路参将。雍正元年（1723），署台湾协副将；不久升澎湖协副将。雍正二年，调任台湾水师协副将。雍正四年，升台湾总兵。五年，调任广东高雷廉总兵官。雍正九年，署大荆营游击。十年，署福建澎湖协副将，后调署兴化协副将，署台湾水师营副将，后实授台湾水师协副将。雍正十二年，升为江南苏松水师总兵。乾隆六年（1741），调任狼山镇总兵。七年，升为浙江提督。乾隆十六年去世。① 总体而言，陈伦炯一生主要活动于海疆，且主要任职于澎湖、台湾、福建等地与海防有关的职位，且在雍正年间完成了《海国闻见录》的撰写。

《海国闻见录》的序言中对此书的撰写与其生平经历之间的关系进行过详细的描述，而其目的则有两点，即有助于海防以及有助于海外的经商：

> 先公少孤贫，废书学贾，往来外洋。见老于操舟者，仅知针盘风信；叩以形势则茫然，间有能道一、二事实者而理莫能明。先公所至，必察其面势、辨其风潮，触目会心，有非学力所能造者。
>
> 康熙壬戌，圣祖仁皇帝命征澎、台，遣靖海侯施公琅提督诸军，旁求习于海道者。先公进见，聚米为山，指画形势，定计候南风以入澎湖，遂藉神策庙算，应时戡定。又奉施将军令，出入东、西洋，招

① 参见吴伯娅《〈身见录〉与〈海国闻见录〉之比较》，《北京行政学院学报》2015年第1期，第114页；邱敏《〈海国闻见录〉与〈海录〉述评》，《史学史研究》1986年第2期，第43页；陈代光《陈伦炯与〈海国闻见录〉》，《地理研究》1985年第4期，第92页。

访郑氏有无遁匿遗人凡五载，叙功授职，再迁至碣石总兵，擢广东副都统，皆滨海地也。伦炯蒙先帝殊恩，得充侍卫，亲加教育，示以沿海外国全图。康熙六十年，特授台湾南路参将。皇上嗣位，蒙恩迁澎湖副将，移台湾水师副将，即擢授台湾总兵，移镇高、雷、廉，又皆滨海地也。伦炯自为童子时，先公于岛沙隩阻盗贼出没之地，辄谆谆然告之。少长，从先公宦浙，闻日本风景佳胜，且欲周咨明季扰乱闽、浙、江南情实；庚寅夏，亲游其地。及移镇高、雷、廉，壤接交址，日见西洋诸部估客，询其国俗、考其图籍，合诸先帝所图示指画，毫发不爽。乃按中国沿海形势、外洋诸国疆域相错、人风、物产、商贾贸迁之所，备为图志。盖所以志圣祖仁皇帝暨先公之教于不忘，又使任海疆者知防御搜捕之扼塞，经商者知备风潮、警寇掠，亦所以广我皇上保民恤商之德意也。

雍正八年岁次庚戌仲冬望日，同安陈伦炯谨志。

不过需要注意的是，在乾隆五十八年（1793）版《海国闻见录》中的马俊良、那苏图、纳兰常安和彭启丰所作的序言则更多强调的是该书对于海防的重要性：

重刻《海国闻见录》

陈资斋先生《海国闻见录》图说为防戌、经商比用之书，前升任香山明府彭竹林以是为出大洋、歼海寇，予见而爱之，摹绘手卷，藏诸行箧。今晴兰林先生复访得原本，校正贻予重刻，以广其传，俾有事洋面者咸知趋避。予老矣，如渊明之读《山海经》，不过藉以推扩见闻。世有伟人立勋溟渤，安知功名富贵不即在不龟手之药也哉？

乾隆癸丑年午月，浙江石门马俊良重订，蛟川林秉璐校字。

闻见录序

我国家历圣相承，德洋恩溥，版图所届，极地际天，盖自敻古以来，未有若斯之远且大者也，故其海防自塞外以迄幽、冀、齐、鲁、吴、越、闽、粤，袤延几千万里，列镇建营，星罗棋布，兼有额设戟舰，分员游巡海洋机宜，亦既谨严详备。当时所谓游魂伏莽，久已荡焉泯焉，于无何有之乡矣。独是外洋诸番种类繁杂，《山经》《海志》之所不能载，齐谐诺□之所不能言，使非怀文抱质，广见博闻者为之缀辑成篇，不几为史乘之未备欤？同安资翁陈老先生以闽南贵胄，少侍禁廷，余时即同厕班联，颇相莫逆，迨余秉钺两江，而先生适为崇明狼山两要镇。今余移节闽浙，先生又提督甬东，密迩海疆，嘤鸣有素，遂出所为《闻见录》者，属余论定。余乃知是录也，为其尊大人涉历海洋，穷极幽远，自日出之国以至穷沙极岛，凡身之所经，目之所睹，无不广讯博咨，熟悉端委，后以建绩澎湖，开镇百粤，而先生于过庭之日，东西渊源，故今《录》中如各洋道里之阻修，分野之向背，岛屿之远近，番国之怪奇，下至风俗、人民、物产、节候，无不详加综核，各极周详，他如沙礁之险夷也，使浮海者知所避就，崔伏之伏藏也，使哨巡者知所追捕，盖安邦靖匪之策于是乎在！吾闻古来以著述世其业者，班则为彪、固，马则有谈、迁。今先生是《录》得诸尊人所授，而又节钺所届，悉任海疆，故能缵承先志，衣德绍闻，至所云志圣祖仁皇帝暨先人之教于不忘，则是《录》也，益可以见先生忠孝之大节，岂与夫班马诸人徒以文字垂声而已？若余尸素海滨，涔蹄未涉，披展之下，不免望洋而叹也夫！

旹乾隆九年岁次甲子夏月，闽浙制使洪科弟那苏图拜撰

海国闻见录序

乾坤阖辟以来，海为大海者，晦也，言其荒远冥昧，闻见眩惑也。邵子云：所谓中国者，天下八十一分之一，有裨海环之，又有大裨海环之，闻见为难。陈白沙云：今之四海非海也，凡地下皆水，此乃水之溢出地者，闻见犹易。嗟乎！由二公之言观之，闻见难耶？易耶？吾闻忠于君者必能尽其职，苟职任海滨，测星辰之分野，占气候之速迟，辨饮食、言语之不同，察岛屿洲渚之各异，非如象罔之索珠，狼朡之覼金，则其言卓乎可传矣！我皇上四海一家，九有截服，钦圣圣之相承，丕无外之基业，万国衣冠共球毕至，所以颂升平而靖海氛者百有余年矣！其间水陆要隘军容严整，得人于师中，寄股肱于要地，皇图有磐石之安，金瓯无或缺之虑焉。同安资斋陈公以卓荦雄

才，世传其美，开阃崇明，移节甬上，为全浙金汤之倚。与余同守海邦，纵言防海之略，辄口讲指画，直授要隘百余所，若烛照数计，洞然无疑，指螺掌壑，当下可信，知其经临往复非一日矣。越时，邮寄《海国闻见录》二册，示余披其图绘注说，如览《十洲记》，如读《山海经》，前明《筹海图编》《纪效新书》逊其经画，能不望洋而惊？向若而叹耶？综其本末，盖由赠公宦浙江，及移粤镇，皆酷嗜周咨，凡汉夷舶师，滨海华颠之老，习知海事者，必详询而备志之。公复益以见闻，裒然成集。此手泽之所以长新，而公之丰功懋绩亦因之不朽矣！应亟寿之梓，上以佐庙算，下以协寅恭，有裨于经传之学，不其伟欤？是为序。

乾隆八年岁在癸亥嘉平月，纳兰弟常安拜题。

海国闻见录序

九州之大，环以裨海，混浤际天，冥晦莫测，《周礼·职方》晰载地域广轮土会、名物，而于海则阙如焉，非以蓬岛沧溟，固难寻其涯涘欤！我国家幅员广大，台湾亦臣服内郡，海岛承顺，纤尘不惊，往来帆舶咸得占风而至，不有纪载，曷以扬厉升平？天挺伟人，雄才世济，惟资斋陈公足当之。公自由从赠公宦游，熟闻海洋形势，识记倍万人，自建绩澎湖，开镇百粤，比今提督甬东，皆密迩海疆，任东南锁钥之寄，因出其《海国闻见录》视予，其形势则起辽左，达登莱，下迨江浙闽广，其方隅则由东洋、东南洋、南洋下迨大小西洋，其所见闻异词如鸣钟，为日苗，随水长光，怪陆离莫知纪极，凡山川之阨塞、岛屿之萦纡、道里之远近，及人物风土之奇异，如聚米画沙，一一笔之于书，绘之为图。噫！是编也，岂徒备职方之所未载，将使服官海邦者，策防御而警寇掠，商贾之往来海上者亦得涉险而无虞，于以佐圣朝清晏之泽于无垠，厥功伟哉！昔《诗》之美召公曰："于疆于理，至于南海"。而勉之以肇敏戎公且锡以圭瓒、秬鬯，使祀其先祖而终之，以对扬王休。惟公荷三朝厚恩，懋建勋绩，又能谨志赠公之教于不忘笃棐之忠，继述之孝，一身兼之宜乎！耀美旂常垂辉金石也，若徒美纪载之综核，是犹不免蠡测之见也夫？

乾隆九年岁次甲子仲冬月，长洲弟彭启丰拜题①

当然这种认识可能是因为这些作序者都是官员，因此习惯于从“官方”的视角来看待陈伦炯的《海国闻见录》，但在此背景下，无论如何陈伦炯书中所附地图无疑具有军事地图的性质，因此可以被认为是海防图。

《海国闻见录》全书分上、下两卷，上卷八篇，即“天下沿海形势”“东洋记”“东南洋记”“南洋记”“小西洋记”“大西洋记”“昆仑记”“南澳气记”。首篇“天下沿海形势”，自东北至南海简要介绍了海疆形势，其中重点在于浙、闽、粤三省以及台湾和澎湖。而“东洋记”记述的是朝鲜和日本；“东南洋记”关注于吕宋、文莱、苏禄、马神等南洋群岛诸国；“南洋记”则记述的是占城、柬埔寨、暹罗、缅甸、彭亨、麻喇甲等中南半岛国家；“小西洋记”关注于南亚以及西南亚；“大西洋记”则包括非洲、欧洲的一些主要国家；“昆仑记”论及七洲洋之南、大小昆仑山周围海域的形势；“南澳气记”则记载今南海诸岛一带海潮涨落等的情况。下卷主要包括6幅地图，即“四海全图”“沿海形势图”“台湾图”“台湾后山图”“澎湖图”“琼州图”。其中“沿海形势图”是一幅“海防全图”，该图与明代晚期的海防图相似，由右向左作“一”字式展开，方向随海岸线的变化而转换，但与明代晚期的海防图不同，该图海在下陆在上，绘制范围东起辽东半岛，西至防城以西的交趾界。

从陈伦炯的序言来看，该书似乎完成了雍正八年（1730），应当只是稿本，而该书的刻本，孙靖国“认为此书在乾隆年间有两个刻本：乾隆九年（1744）和五十八年本，之后有四库抄本、艺海珠尘和昭代丛书本”，而邱敏认为还有“《明辨斋丛书》本，《舟车所至》本”②。且据孙靖国的分析，四库本和乾隆五十八年本在内容上比较接近，而艺海珠尘本则作了较大的调整。

陈伦炯《海国闻见录》中的地图被清代中后期大量地图所采用，有完全直接摹绘、刻印的，有对其进行简单修订后摹绘或刻印的，也有按照需

① 以上文字转录自孙靖国的结项报告。

② 邱敏：《〈海国闻见录〉与〈海录〉述评》，《史学史研究》1986年第2期，第44页。

求对其进行节选或者增补后摹绘或刻印的。王耀在其研究中列出了其所过目的属于这一谱系的16种地图，并将它们分为《四海总图》图系、《环海全图》图系，以及《天下总图》图系①；而孙靖国则列出了多达43种，并认为《天下总图》图系是否成立还需要讨论②。下面即以这两者的研究为基础，结合笔者的认知对这些地图进行介绍和分析。

表5-2 陈伦炯《海国闻见录》谱系地图列

编号	名称	绘制年代或者地图表现的年代	收录的地图	版本或收藏地
1	清陈伦炯《海国闻见录》	雍正八年	四海总图、沿海全图、台湾图、台湾后山图、澎湖图、琼州图	《文渊阁四库全书》
2	清王之春《国朝柔远记》	1880年	环海总图、沿海舆图、台湾图、台湾后山图、澎湖图、琼州图	清光绪十七年广雅书局刻本
3	《各省沿海口隘全图》	乾隆年间	环海全图、海疆洋界全图、琼州图、澎湖图、台湾前山图、台湾后山图	台北“故宫博物院”
4	《七省沿海全图》	摹本，原图表现时间为乾隆五十二年至道光之前	环海全图、七省沿海全图、琼州图、澎湖图、台湾图、台湾后山图	美国国会图书馆
5	《海疆洋界形势图》	摹本，原图表现时间为乾隆五十二年至道光之前	环海全图、七省沿海全图、琼州图、澎湖图、台湾图、台湾后山图	美国国会图书馆
6	清金保彝摹绘“七省沿海全图”	清光绪七年	环海全图、七省沿海全图、琼州图、澎湖图、台湾图、台湾后山图	美国国会图书馆
7	“中华沿海总图”	清道光元年之前摹本，原图乾隆三十八年至五十一年	环海全图、中国沿海地图、琼州图、澎湖图、台湾前山图、台湾后山图	中国科学院图书馆

① 王耀：《清代〈海国闻见录〉海图图系初探》，《社会科学战线》2017年第4期，第112页。

② 孙靖国：《明清沿海地图研究》结项报告，未刊稿，第237页。

续表

编号	名称	绘制年代或者地图表现的年代	收录的地图	版本或收藏地
8	蔡鹤摹绘《中国沿海七省八千五百余海哩地图》	摹本，原图绘自清乾隆三十八年至六十年	天下总图、中国沿海图、台湾图、台湾后山图、澎湖图、琼州图	中国科学院图书馆
9	“沿海全图”	清晚期摹本，原图绘自清道光元年至咸丰四年	四海总图、沿海全图、台湾图、台湾后山图、澎湖图、琼州图	中国科学院图书馆
10	“中国沿海图”	清晚期摹本，原图绘自乾隆三十八年至六十年	四海总图、中国沿海图	中国科学院图书馆
11	周北堂绘，邵廷烈主持刻印《七省沿海全图》	清同治五年	环海全图、七省沿海全图	中国科学院图书馆
12	《七省沿海全洋图》	清光绪元年至三十四年摹绘本	四海全图、七省沿海图	第一历史档案馆
13	王沛光摹绘《沿海疆域图》	清光绪九年摹绘	四海全图、“沿海图”	第一历史档案馆
14	“七省沿海图”	清后期摹本，原图绘自乾隆五十二年至道光之前	环海全图、七省沿海全图、琼州图、澎湖图、台湾图、台湾后山图	英国图书馆地图馆
15	“沿海全图”	清后期，摹绘自清中叶“七省沿海图”		英国图书馆地图部
16	《中华沿海形势全图》	摹绘本，原图绘制于乾隆年间	“东半球图”、“沿海全图”、琼州图、澎湖图、台湾图、台湾后山图	北京大学图书馆
17	陈伦炯《沿海全图》	可能成于康熙年间	四海总图、沿海全图、台湾图、台湾后山图、琼州府、澎湖图	中国国家图书馆
18	《七省沿海图》	可能成于乾隆年间	地球图、环海全图、沿海总图、澎湖图、琼州图、台湾前山图、台湾后山图	中国国家图书馆

续表

编号	名称	绘制年代或者地图表现的年代	收录的地图	版本或收藏地
19	《沿海图》	可能成于乾隆年间	环海全图、沿海总图、琼州府、澎湖图、台湾图、台湾后山图	中国国家图书馆
20	《盛朝七省沿海图》	清嘉庆三年	环海全图、海疆洋界全图、琼州图、澎湖图、台湾前山图、台湾后山图	中国国家图书馆
21	清邵廷烈绘《七省沿海图》	可能成于清嘉庆年间；在周北堂七省沿海图基础上绘成	环海全图、七省沿海全图	中国国家图书馆
22	《沿海图》	清咸丰年间摹绘本	环海全图、沿海总图、琼州府、澎湖图、台湾图、台湾后山图	中国国家图书馆
23	清邵廷烈原绘《七省沿海全图》	同治五年但陪良重刊本	环海全图、七省沿海全图	中国国家图书馆
24	《七省沿海图》	约同治年间，据清乾隆年间绘本摹绘	地球图、环海全图、沿海总图、澎湖图、琼州图、台湾前山图、台湾后山图	中国国家图书馆
25	《新绘七省沿海要隘全图》	清光绪二十七年上海中西测绘馆石印本	环海全图、海疆洋界全图、琼州图、澎湖图、台湾前山图、台湾后山图	中国国家图书馆
26	《沿海全图》	清光绪年间	与七省沿海图近似，但次序错杂，有缺失	中国国家图书馆
27	《福建广东台湾沿海全图》	清嘉庆年间	附琼州图、澎湖图、台湾后山图及图说	中国国家图书馆
28	《沿海全图》		四海总图、沿海全图、台湾图、台湾后山图、澎湖图	天津市博物馆①
29	《沿海全图》		四海总图、沿海全图、琼州图、澎湖图、台湾图、台湾后山图	南京博物院②

① 姚旸：《记天津博物馆藏〈沿海全图〉》，《收藏家》2011年第10期，第58页。
② 王耀：《清代〈海国闻见录〉海图图系初探》，《社会科学战线》2017年第4期，第112页。

续表

编号	名称	绘制年代或者地图表现的年代	收录的地图	版本或收藏地
30	《沿海全图》		四海总图、沿海全图、台湾图、台湾后山图、琼州府、澎湖图	广东新会博物馆①
31	《海疆形势全图》		环海全图、海疆形势全图、琼州图、澎湖图、台湾前图、台湾后图	中国文化遗产研究院②
32	《中国沿海全图》		环海全图、沿海全图、琼州图、澎湖图、台湾图、台湾后山图	辽宁省图书馆③
33	《七省沿海图》		环海全图、沿海全图、琼州图、澎湖图、台湾图、台湾后山图	辽宁大学历史博物馆④
34	《七省沿海图》	乾隆五十二年至嘉庆元年	环海全图、沿海全图、台湾图、台湾后山图、澎湖图、琼州图	中国国家博物馆⑤
35	《沿海疆域图》		天下总图、沿海全图、台湾图、台湾后图、澎湖图、琼州图	中国文化遗产研究院⑥
36	《沿海全图》			中国社会科学院历史研究所⑦
37	《海防图》	光绪六年	环海全图、沿海全图、琼州图、澎湖图、台湾图、台湾后山图	哈佛大学燕京图书馆

① 王耀:《清代〈海国闻见录〉海图图系初探》,《社会科学战线》2017年第4期,第112页。

② 王耀:《清代〈海国闻见录〉海图图系初探》,《社会科学战线》2017年第4期,第112页。

③ 王耀:《清代〈海国闻见录〉海图图系初探》,《社会科学战线》2017年第4期,第112页。

④ 王耀:《清代〈海国闻见录〉海图图系初探》,《社会科学战线》2017年第4期,第112页。

⑤ 王耀:《清代〈海国闻见录〉海图图系初探》,《社会科学战线》2017年第4期,第112页以及孙靖国:《明清沿海地图研究》结项报告,未刊稿,第355页。

⑥ 王耀:《清代〈海国闻见录〉海图图系初探》,《社会科学战线》2017年第4期,第112页。

⑦ 孙靖国:《明清沿海地图研究》结项报告,未刊稿,第237页。

续表

编号	名称	绘制年代或者地图表现的年代	收录的地图	版本或收藏地
38	橘荫轩（陈锦）《浙江至奉天沿海图》	清光绪二年摹绘		中国国家图书馆①
39	《沿海防卫指掌图》	清末魏闫摹绘本		中国国家图书馆②
40	“台湾前山图”	清雍正五年至乾隆五十一年		英国国家图书馆
41	“台湾前山图”	清雍正九年至乾隆五十一年		英国国家图书馆
42	“台湾图”	清乾隆五十二年至嘉庆十五年		英国国家图书馆
43	“广东沿海图”	清顺治十年至康熙二十三年		中国科学院图书馆③
44	《广东沿海图》	清嘉庆年间		巴黎法国国家图书馆④

注：通常我们无法判断地图的绘制年代，而只能得知地图所表现的年代，由于笔者无法一一对相关地图进行考订，因此这里的年代通常引用于研究者的分析。同样由于笔者无法一一对相关地图进行查阅，因此这里地图的顺序也引用自曾经过目的研究者的记录。

总体而言，从表5－2来看，清代中后期，尤其是清代后期摹绘陈伦炯《海国闻见录》的绘本以及刻本地图数量众多，大致可以分为两种：

一种几乎是对陈伦炯《海国闻见录》地图的忠实复制，其差异主要在于第一幅地图“四海总图”是否被替换为“环海全图”或“天下总图”，而这也是王耀划分图系的主要依据；“琼州图”、“澎湖图”、“台湾图”和“台湾后山图”这四幅地图的排列顺序；以及摹绘者或者改绘者是否在地图之前、之后或者图面上增加了文字，而这些文字或来源于陈伦炯的《海

① 孙靖国：《明清沿海地图研究》结项报告，未刊稿，第237页。

② 孙靖国：《明清沿海地图研究》结项报告，未刊稿，第237页。

③ 孙靖国：《舆图指要：中国科学院图书馆藏中国古地图叙录》，中国地图出版社2012年版，第224页。

④ 李孝聪：《欧洲收藏部分中文古地图叙录》，国际文化出版公司1996年版，第58页。

国闻见录》，或来源于其他文献。下面逐一举例说明：

陈伦炯《海国闻见录》“四海总图”实际上是一幅东半球图，在亚洲大陆东部标注有“大清国”，将“清朝”称为“大清国”是传教士的习惯，不符合清代晚期之前中国地图的传统，因此这幅图显然应当来源于当时传教士绘制的地图。需要说明的是，由于“中华”一词出现的很晚，因此后续的一些摹本或者改绘本，在地图上将“大清国”替换为“中华一统”，如中国科学院图书馆所藏“沿海全图”，可以证明这些地图的绘制时代应该是较晚的。此外，除了绘本之外，一些刻本书籍中也收录了这幅“四海总图”，如清杜堮（1764 — 1859）《石画龛论述》中收录的一幅“东半球图”、成书于道光年间的姚莹的《康輶纪行》中的“陈伦炯四海总图”等。

“环海全图”同样是一幅东半球图，就图面内容而言，其与“四海总图”之间，在对“大清国”的描绘上存在显著的差异：“四海总图”中只是简单地在“清朝”控制区域中标注了“大清国”，在西北方向上绘制了类似于《广舆图》“舆地总图”上的“沙漠”；“环海全图”上则标绘了清朝的各省。不仅如此，两者对于东亚海域中日本、琉球、台湾以及吕宋等位置的标绘也存在差异；且“环海全图”中出现了南极大陆。但需要注意的是，除此之外的欧亚非大陆，以及南亚海域中海岛的位置和名称以及文字注释，两者几乎完全一致。因此这两图之间存在明确的承袭关系。且除了单幅的绘本和刻本地图之外，一些刻本书籍中也采用了这幅地图，如上表中的《国朝柔远记》，以及李兆洛《历代地理志韵编今释》同治九年刻本和同治十一年马征麟《历代地理沿革图》中的“地球上面图”。

关于“环海全图”最初改绘的时间，难以判断，但图面中几个重要的地理要素值得注意：第一，陈伦炯虽然长期在台湾任职，但在其《海国闻见录》的“四海总图”中，台湾依然只是被示意性的绘制，但在“环海全图”中，对台湾的描绘似乎是基于测绘的结果；第二，“环海全图”上，“清朝”范围内，除了各省之外，重点标注的区域集中在今天新疆范围内，且还有“尼布楚”“黑龙江”“推河”“毛明安”“翁机河”等北方地名，似乎说明改绘者重视的或者其所使用的底图应当偏重于边疆地区，因此似乎可以认为其改绘至少应当是在鸦片战争之后，也即清朝边疆地区受到的威胁日益严重的时期。

收录“天下总图”的地图目前只见到两幅，一幅是中国文化遗产研究院藏《沿海疆域图》；另一幅是中科院藏蔡鹤摹绘《中国沿海七省八千五百余海哩地图》，第一幅地图笔者没有看到原图，但据过目者王耀的描述，这两幅地图中收录的“天下总图”基本一致。与“环海全图”类似，“天下总图”应当也是依据“四海总图”改绘的。两者除了“清朝”之外，几乎完全一致。“天下总图”没有绘制南极，也没有对东亚海域进行改绘，只是在“四海总图”的清朝范围内增加了黄河、长江，并标注了一些省份名称。从《中国沿海七省八千五百余海哩地图》的图名中的“中国”来看，同样该图的年代应该是较晚的。

因此，可以大致认为，几乎所有的这些摹绘本和改绘本的时间应该都是较晚的，至少是在鸦片战争之后。

对于后四幅地图顺序变动的原因，目前缺乏资料无法进行深入的讨论，也许摹绘者和改绘者有着自己的出发点和认知，但也许是不经意造成的。总体来看，很多后来的摹绘本都调整了地图的顺序，将澎湖和琼州图放置在了两幅台湾图之前。

就增加的文字而言，很多摹绘本和改绘本在地图之前都增加了一段序言，在地图图面上增加了大量文字注记，如中国科学院图书馆藏的“中华沿海总图”、周北堂绘和邵廷烈主持刻印的《七省沿海全图》、美国国会图书馆藏《七省沿海全图》，以及中国国家图书馆藏嘉庆三年（1798）的《盛朝七省沿海图》等。其中嘉庆三年的《盛朝七省沿海图》的序言如下：

> 海防非可与江河同论也，盖护田畴、固城邑，与防江河之意同，而所以治防之道则异。旧有《海防通志》《筹海图编》等书，乃前朝专言备倭之略，匪特卷帙繁琐，抑且时势互殊。今则皇舆整肃，海宇澄清，内备塘工以捍潮，煮卤以益民生；外则招徕怀远，异产、珍错并各洋鱼虾、蜃蛤、苔藓、藻蜇，亦利育斯人于无。既惟是茫茫巨浸，岛屿星悬，枭獍潜踪，帆樯浮迹，为奠乂斯民计，不得不周以逻察，而逻察权宜又当先审诸形势焉。各省沿海郡邑，志载职其地者，

原可按图索治，至于全局形势，旧闻有总图，藏于天府，外省罕得览焉。今兹图考前人诸书之所载，并见闻之所及，统边海全疆，绘成长卷，今昔情形异宜，又细加考辑，参以注说，亦可收指掌之助云尔。

一、是图第绘边海形势，其毗连内地诸境，自有郡邑各图可考，凡系海疆州县，虽抵海边较远者，亦必酌量方位，书载以便查核。

一、水师重镇驻扎之所与郡县佐贰分防之处，第书地名，即可按查。

一、外洋险要与内洋岛屿庞杂，港口冲僻，为此图肯綮，是以详细咨访，按核现今情形确绘，即将各说于每段下分析注明，使阅之了然。

一、联省相接界限大段载明，至州县分界，每有改归增裁之处，可勿繁及。

一、卷首冠以二十四筹分向、《环海全图》于以先，见中华地之沿海大势如此。后阅口岸细图，其越近险易更加明悉。至中华所属边海界共七省，起辽左、盛京，东南盘旋转山东，至广省，南向转西，而抵安趾，以天度分得二十七度有零之界也。

大致而言，这篇序言强调的是这幅地图的海防价值。此外，在“沿海全图”的图面上也增加了大量与军事有关的文字注记，如“泉州府”下方的海域中“泉州北则崇武獭，南则祥芝永宁，左右拱抱，内藏郡治，下接金厦之岛，以达漳州，金为泉郡之下臂，厦为漳郡之咽喉”，经查，这段文字实际上来源于《海国闻见录》卷上的“天下沿海形势录”，原文为“泉州北崇武獭窟，南祥芝永宁，左右拱抱，内藏郡治，下接金厦二岛，以达漳州，金为泉郡之下臂，厦为漳郡之咽喉”；“南澳”下方的注记是“南澳东悬海外，捍卫漳之诏安，潮之黄冈、澄海，乃闽粤海洋适中之要区，又系全粤东蔽，地周三百余里，中分四澳，东折为青澳，险恶，泊舟患之，西折为深澳，可容千艘，隆澳其门户”，这段文字同样可以在《海国闻见录》卷上的“天下沿海形势录”中找到，即“南澳东悬海岛，捍卫漳之诏安，潮之黄冈、澄海，闽粤海洋适中之要隘”。大致而言，图中的文字注记，很多来源于《海国闻见录》，但一方面存在抄写上的错误；另一方面作者也增加了少量内容。

此外，在“琼州图”“台湾图”“澎湖图”上皆有一些图注，其中少量文字抄自《海国闻见录》，如对台湾郡治的描述，即“郡治南抱七昆身，而至安平镇大港，隔港沙洲接鹿耳门，再隔港之大线头沙洲而至隙仔海翁线，皆西护府治”。而“大海洪波，止顺逆，惟厦至台藏岸七百里，号曰横洋……次渡黑水沟，色如墨”一段文字，则与黄叔璥的《台海使槎录》中的文字近似。因此这些图注可能是摹绘者基于各方面的资料加工而成的。

就清代的海防而言，自康熙时期消灭了台湾的郑氏政权之后，直至鸦片战争之前，除了少量的海盗以及台湾地区零星的起义之外，海防不是国家的急务。而到了鸦片战争之后，海防问题突然之间严重了起来，而如后文所述，清代中期并没有太多的海图留存下来，更不用说在知识界和民间传播的海图了，因此在海防问题突然严重的时候，关心时政的士大夫以及民间人士无图可供参考，由此唯一与此有关的陈伦炯《海国闻见录》也就被广泛摹绘和改绘。当然，需要知道的是，此时距离陈伦炯地图的绘制已经将近百年，无论是政区，还是沿海的驻防情况都发生了变化，更为重要的是，此时的海防面对的也不是倭寇和海盗，而是有着坚船利炮的西方列强，同时海战方式也发生了根本性的变化，陈伦炯的地图显然已经过时了，但其依然被长期摹绘，这是非常值得分析的事情。

另外一种则是按照需要截取了《海国闻见录》所附的6幅地图中的一部分，并基于不同的绘制目的对原图进行了改绘，从而形成“新”的地图，典型的就是中国国家图书馆所藏的《福建广东台湾沿海全图》和《浙江至奉天沿海图》。其中改绘较少的就是《福建广东台湾沿海全图》，图前有一段文字，叙述了各地的水程以及海上的一些艰险。该图绘制范围右起福清县，西至与交趾的交界处，此后附有琼州图、澎湖图、台湾图以及台湾后山图；图面内容与《海国闻见录》“沿海全图”中相应的部分几乎完全一致。在地图的图面上以及所附“琼州图”“澎湖图”旁附有大量图记，而这些图记在陈伦炯《海国闻见录》地图的大量摹本和改绘本中也都存在，但存在一些错字和差异，如“泉州府”下方的海域中的图注为“泉州北则崇武獭窟，南则祥之永宁，右左拱抱，内藏郡治，下接登厦之岛，以达漳州，金为泉郡之下臂，厦为漳郡之咽喉”；“南澳”下方的图注是“南澳东悬海外，捍卫漳之诏安，潮之黄冈、澄海，乃闽粤海洋适中之要区，又系全粤东蔽，地周三百余里，中分四澳，东折为青澳，险恶，泊舟患之，西折为深澳，可容千艘，隆澳其门户”。

总体来看，清代中晚期陈伦炯《海国闻见录》谱系地图虽然数量众多，地图之间也确实存在一些差异，但并不存在根本性的差异，因此进一步划分谱系的意义并不太大，除非今后可以从摹绘和改绘它们的目的入手进行讨论，但这方面研究可能会受制于材料。

三　明清时期的其他“海防总图”

明清时期，还有一些不在上述两个谱系之中的“海防总图”，现举例简要介绍如下：

中国国家图书馆所藏《万里海防图》，该图为清道光二十三年（1843）朱子庚刻印本，1幅，墨印设色，绘制范围自广东钦州至辽东鸭绿江口，详细注明了各地海防以及备倭的情形，其中涉及北港（原注台湾）、澎湖等地有“郑芝龙出不意而图之”字样，因此原图应绘制于崇祯年间。[①]

明代王在晋《海防纂要》中有两幅海防图，即“广福浙直山东总图”和“山东沿海之图”。从图名来看，前者绘制范围应从山东直至两广，但该图绘制范围实际上从辽东的广宁至南京往南一些；而“山东沿海之图”，其绘制范围则从辽东直至广东。两图的共同特点就是，上南下北，右西左东，且虽然涵盖地域广大，但全图不成比例地突出绘制了山东半岛及其以北的部分。其中“广福浙直山东总图”只是简要绘制了沿海的府州，而“山东沿海之图”还标绘了内地的府州、辽东的府州县，以及山东半岛附近以及渤海湾中的一些岛屿。

明程百二《方舆胜略》中收录了一些地图，其中大部分抄自《广舆图》。这些地图中有一幅“海防图”，但《广舆图》中只有“海运图”而没有“海防图”，不过经过比对可以发现，这幅“海防图”实际上是《广

① 北京图书馆善本特藏部舆图组编：《舆图要录——北京图书馆藏6827种中外文古旧地图目录》，北京图书馆出版社1997年版，第84页。

舆图》“海运图”从兴化至朝鲜的部分，其虽然去掉了原图中绘制的海上的海运路线，但并没有完全消除“海运”的痕迹，如在图面上留下了一些与海运有关的文字注记，如山东半岛东侧的“海运至此转嘴”，山东半岛南侧的“白蓬头急浪如雪，见，可避”，以及“西那”北侧的“北去海运道”等。而且作者画蛇添足地在地图右上角标注“每方百里”，可能由此希望与书中各分省图的“画方”相一致，但由于该图绘制范围要超出单一省份，因此显然这幅图不可能是“每方百里”的。此外，明代潘光祖等辑《汇辑舆图备考》清顺治刻本中有一幅“海防图”，该图绘制范围和所标地名与《广舆图》的“海运图”几乎完全一致，只是将4图幅的“海运图”改为了5图幅，主要是将原图的后2图幅改为3图幅；且在这后3图幅的海域中增加了斜向的不同于周围海波纹的波纹线，但不知其用意如何。

清前期陈良壁《水师辑要》中的7幅分省海图，即“京东海图”“江南海图”“浙江海图”“福建海图”“粤东海图”“台湾海图”“澎湖海图”，基本构成了从广东至北直隶的完整的海防总图，图中标绘了海岸附近的府州县和卫所，以及近岸的岛屿，比较特殊的是还描绘了一些沿岸的沙洲。不过需要注意的是，这套海图的绘制方式并不一致，“京东海图”的正方向大致为上西下东，“粤东海图”为海在下陆在上，而“江南海图”“浙江海图”“福建海图”为海在上陆在下，“台湾海图”则标绘了海岸附近的陆上交通线以及港口的位置等，而“澎湖海图”则还在澎湖与大陆之间突出绘制了一条航海路线。还需要注意的是，该图的“粤东海图”与后文描述的清代杜臻《粤闽巡视纪略》“沿海总图”中的广东部分在某些地理要素的描绘上，以及在政区上存在近似。因此是否可以推测，至少在明代晚期在政府机构中留存有一些海图，这些海图在明末和清初被不同人士作为“范本”或者“底本”来绘制他们自己的海图。

清道光二十年（1840）黄爵滋的《海防图》，该图集共三册，其中图二册，表一册，该图绘制方向为上南下北，绘有经纬线，没有采用传统海洋图不论方位一字展开的画法，其中第一册自左至右依次绘有盛京、直隶、山东、江苏、浙江、福建等省沿海的防御情况，而第二册则着重绘制广东沿海的自然、人文、军事布防的情况。第三册则将所绘地域范围、经纬度并图中用于表现府、州、县的图式符号及沿海口岸、山隘、水道、驻兵额数等一一作了说明。

台北“故宫博物院”所藏清代前期黄叔璥（1680—1756）所绘“沿海岸长图”（又名“海洋图”），该图纸本彩绘，图幅 555 × 1648.5 厘米，图上未发现题名，收藏单位将其定名为“沿海岸长图”。该图呈“一”字形展开，描绘了中国大部分海岸线与濒临的海洋，还描绘了台湾、澎湖等沿海岛屿。图中只有极少数文字注记，如“鸡笼山”左侧“后山放洋北风至牛血坑十更”。学者根据地图前后的序文和跋文将地图的绘制者确定为黄叔璥，其为清代首任巡台御史，曾撰写过《台海使槎录》一书。①

第三节　明清时期区域和专题性的海防图

清末之前，明清时期的“海防总图”主要集中于一些谱系，但明清时期的区域和专题海防图则与此不同。大部分区域海防图可能是因事而绘，往往带有强烈的“原创性”，因此看不到太多的谱系。大致而言，清末之前的“海防总图”之外的海防图，基本都是针对某一地域的，如省、府、县等，清末开始产生了一些主题性的海防图。下文即按照区域和主题，对这些海防图类型进行分析。由于这些区域海防图并无太多的谱系关系，因此在每类中只是举例进行介绍。

一　明清时期的区域海防图

明代就已经存在区域海防图，如中科院图书馆藏“福建海防图”，姜勇和孙靖国对此进行过详细分析②，孙靖国在《舆图指要》中也进行过细致的讨论③。

“福建海防图”，纸本彩绘，长卷，图幅纵 41 厘米，横 580 厘米，大致绘制于明万历二十五年至三十二年（1597—1604）之间，原图无图题，

① 孙靖国：《黄叔璥〈海洋图〉与清代大兴黄氏家族婚宦研究》，《安徽史学》2018 年第 3 期，第 27 页。

② 姜勇、孙靖国：《〈福建航海图〉初探》，《故宫博物院院刊》2011 年第 1 期，第 67 页。

③ 孙靖国：《舆图指要：中国科学院图书馆藏中国古地图叙录》，中国地图出版社 2012 年版，第 324 页。

图名“福建海防图”为孙靖国基于所绘内容而起。如同明代的大部分海防图，该图绘制方式为陆地在下、海洋在上，绘制范围南起福建与广东交界的柘林湾、南澳岛，北至浙江南端的南麂岛，除闽浙、闽粤交界地区和台湾之外，图中还绘制了吕宋、琉球等地。该图主要以山水画的形式描绘了福建沿海的山川形势和军事驻防。此外，凡沿海港湾、巡司，多注记可以停泊船只的数目、兵卒的数量或到达附近驻防地的行程。图中一些重要区域有着大量文字注记，记载了明朝末年福建沿海军事布局和建设的丰富信息。

在明代的一些刻本书籍中也存在区域海防图。如明蔡逢时《温处海防图略》的万历澄清堂刻本中就有“温区海图”和“东洛图”，其中“东洛图”描绘了今天福建省福州市所属东洛列岛的情况，且标注了可停泊船只之处以及可以停泊船只的数量，甚至标出了在哪些风向之下可以航行和停泊船只；“温区海图”则描绘了温州附近的海岸布防情况，其绘制重点在于陆地上的防御设施，而没有对海域中的海岛等给予太多的关注。

又如明范涞《两浙海防类考续编》万历三十年（1602）刻本有着“全浙海图”和“浙海指掌图”。“全浙海图”不仅详细描绘了两浙地区沿海的布防情况，而且还绘制了一些海中的岛屿，更为重要的是用文字记录了某些具有重要军事防御价值的地理位置上曾经发生过的倭寇侵扰事件、当前驻扎的兵船数量，以及会哨的情况，如在“鲍四烽堠”左上方标注“此处极冲，左临外海深洋，贼船南北往来，常泊本岙，窃水或捉渔，□船只乘风奔突。今派温处参将中军把总一员、哨官一员，部领兵船五十四只泊守，专哨洞头门、坛头等处。北与本游左哨，南与金盘□游哨左哨各兵船会哨”。“浙海指掌图”则简要绘制了浙江省沿海岸的卫所和府州县，并且标注了海中的一些岛屿，大致可以看成浙江省沿海防御情况的示意图。

明郑若曾《江南经略》的《文渊阁四库全书》本中更是有着江南（南直隶）沿海众多区域的海防图，如“同里险要图”“震泽镇险要图”“吴塔险要图”等，甚至还有更为专题性的备倭线路图，如“嘉定县备寇水陆路图”等等。类似的还有明施永图《武备地利》清雍正刻本中各府州的沿海图，如“常州沿海图”“松江沿海图”等。

清代，尤其是清代后期的区域海防图的数量很多，尤其是存在数量众多的绘本图。如台北“故宫博物院”藏清康熙二十年（1681）之前绘制的《江苏海防图》，该图绘制范围北起云梯关以北的海州，南至柘林营外海普陀山一带，主要描绘了长江口两岸、崇明岛和江苏沿海各营的分布情况，图中共标识一州三县十八营，并有着大量文字注记。[①] 又如台北“故宫博物院”所藏绘制于清顺治三年（1646）至雍正九年（1732）的《登津山宁四镇海图》，绘制范围包括辽东半岛与山东半岛之间的渤海湾，陆地范围则南起淮安即黄河夺淮出海后的河口，北至广宁、辽阳一带即鸭绿江以东的朝鲜义州。[②] 又如中国国家图书馆所藏清光绪六年（1880）彩绘本的《山东海疆全图》，该图采用“计里画方”绘制，每方20里，陆地上绘制有道路路线，海中则绘制有近海的岛屿，图中左下角和右下角分别有“海疆道里形势考”以及“勘查沿海岛岸情形说”两段图说。再如中国国家图书馆藏清光绪年间绘制的彩绘长卷《直隶沿海图说》，包括有滦州刘家河口、乐亭清河河口等诸图，各图附有图说，记述了海口水势、设防情况、沙冈等地理要素以及村庄的情况，且用文字注记记述了炮台的设置情况，并用贴红记述了炮台现有火炮的数量以及是否需要修理。再如中国国家图书馆所藏清嘉庆年间彩绘长卷《浙江省全海图说》，绘制范围右起南镇、虎头鼻，左至乍浦所，图中描绘了沿海岛屿、礁石以及总兵管辖范围，并用文字注记描述了水路行程，还用红线和文字标注了各汛管辖洋面的范围。

值得注意的还有同治三年（1864）湖北官书局刻印的《南北洋合图》《南洋分图》《北洋分图》，其中《南北洋合图》的覆盖范围包括了从堪察加半岛至印度支那半岛的整个亚洲东海岸线，包括日本及中国内地；描绘了中国南、北洋海疆形势，绘制出重要的河流、国界与省界、城市、长城与柳条边墙。中国沿海标注详细，余则从略。《南洋分图》的覆盖范围从江苏省北部淤黄河口南至广东省与广西分界处，由南洋大臣分管的沿海地区。除海岸、岛屿外，还包括长江中下游流域，描绘了中国南洋海疆形

① 参见林天人主编《河岳海疆——院藏古舆图特展》，台北“故宫博物院”2012年版，第186页。

② 参见林天人主编《河岳海疆——院藏古舆图特展》，台北“故宫博物院”2012年版，第186页。

势。《北洋分图》的覆盖范围从江苏省北部淤黄河口以北至俄罗斯希鲁河（锡林河）河口，由北洋大臣分管的沿海疆域。除海岸、岛屿外，还详细绘出东北地区各条河流与朝鲜半岛。《南洋分图》和《北洋分图》用三角山形符号表现地形，着重绘制出沿海及通航河流沿岸的各级政区建制城市、场、所关隘。①

清代刻本书籍中的区域海防图数量不算太多，如杜臻的《粤闽巡视纪略》中有“沿海总图”，其绘制范围东起福建的“台山”和“东山台”，西至与安南交趾的交界处，地图呈“一”字形展开，海在地图下方，陆地在地图上方，详细标绘了沿岸的府州县和卫所、营寨等防御设施，以及近海的岛屿。

需要说明的是，中国国家图书馆藏清初绢底彩绘的《广东沿海图》，该图绘制范围东起大金门、大成所，西至龙门协以及与交趾相交的茅岭。整体而言，该图与杜臻《粤闽巡视纪略》“沿海总图”中的广东部分存在大量相似之处，最为典型的就是原本向南凸出的雷州半岛被变形为扁平状。当然也存在一些不同之处，如海南岛的形状在此图中近似圆形，而在《粤闽巡视纪略》“沿海总图”中则为长条形；此图对于港口以及某些地理要素的描绘要远远比《粤闽巡视纪略》“沿海总图”详细；该图中存在大量与军事有关的文字注记，如“琼州”之上的“琼州水师协副将一员，守备二员，千总二员，把总四员，兵一千一百八十名，旧设赶櫓船二只，（艍）船六只，两櫓、四櫓桨船六只”；在“海安”下的“海安营游击一员，守备一员，千总二员，把总四员，兵九百零三名，新添并造改双篷（艍）船共四只，又新添急跳桨船三只，旧设六櫓船三只，四櫓船二只，二櫓船二只”。大致可以推测杜臻的《粤闽巡视纪略》“沿海总图”中的广东部分有可能是根据清初绢底彩绘的《广东沿海图》改绘的。

总体来看，清代中期之前的区域海防图与“海防总图”近似，基本呈“一”字形展开，不太考虑实际的方向；到了清代晚期，受到地图绘制方法转型的影响，开始出现基于现代测绘技术绘制的海防图，如前文提及的

① 这三幅地图的描述参考了李孝聪《美国国会图书馆藏中文古地图叙录》，文物出版社2004年版，第174—175页。

《山东海疆全图》，虽然该图标注是以“计里画方”的方法绘制的，但从整体轮廓来看，其绘图数据应当来源于现代的测量技术；但需要强调的是，用传统方法绘制的区域海防图依然存在，而且依然数量不少。

二 专题性的海防图

现存最早的专题性的海防图同样出现在明代，不过基本都是“防倭”的专题图，其中流传最为广泛的就是来源于《筹海图编》的“日本岛夷入寇之图”。该图上东下西，日本居于地图上方，而中国大陆、朝鲜居于地图下方。从地图上方的“日本”“五岛”延伸出三条通往朝鲜和中国大陆的“总路”，即“倭寇至朝鲜辽东总路”“倭寇至直浙山东总路”“倭寇至闽广总路”，然后从各“总路”再延伸出多条“入侵”路线，并在地图上标明了这些路线最终“入侵”的具体地点，如“从此入朝鲜”“从此入登莱”“从此入台州”“从此入琼州”等。地图左上角的文字注记说明了沿海的航程，即“沿海从南而北，自广至辽纡萦八千五百余程，径直七千二百余里，自安南至朝鲜一万二千余里”。此外，该图在明朝境内有着“计里画方”，按照地图左上角的图记“界内每方二百里”。孙靖国在其结项报告中认为其与《广舆图》的“舆地总图”可能存在一定联系，即该图可能是截取了“舆地总图”的东半部分将其旋转 90 度，然后以此为底图绘制而成的。

这一专门描述倭寇入侵的专题性海防简图出现在大量明代后期的书籍中，如《万历三大征考》“日本岛夷入寇之图”、《地图综要》“日本岛夷入寇之图”、《师律》“日本岛夷入寇之图”、《海防纂要》“日本岛夷入寇之图”、《两浙海防类考续编》“倭夷寇道图”、《武备志》“日本入犯图”、《武备地利》“日本入犯图”、《图书编》“沿海界倭要害之地图”、《筹海重编》“日本入寇图”、《郑开阳杂著》“日本入寇图”以及《舆地图考》“海防总图”。这些书籍中的这一地图基本是对《筹海图编》“日本岛夷入寇之图”的摹绘，只是除《海防纂要》《武备志》之外，基本删掉了地图上的方格网，此外还有一些地图删除了左上角的图说。

比较特殊的是郑若曾《江南经略》中的“倭寇海洋来路之图”，该图方位是左东右西，上南下北，绘制范围局限于镇江府、常州府、苏州府和松江府，因此实际上是一幅区域的专题海防图。倭寇入侵的据点为地图左侧的“陈钱山”，除“自此犯闽广路”所涉及的地域超出地图绘制范围之外，其余各路多至钱塘江和扬子江之间各地，如“入扬子江北路”“自此犯松江”“入扬子江南路”“自此入钱塘江”“自此犯江阴”“自此犯京口”等。

此外，在《存古类函》和《武备要略》中还有“沿海防倭图”，两书中的这一地图基本一致。图中海在下方，陆地在上方，绘制范围右起朝鲜，左至福州，标绘了沿岸地区的一些州县和卫所，在海中标注了少量岛屿，在地图下方标注了“倭奴”。总体而言，与《筹海图编》“日本岛夷入寇之图”类似，这幅地图应当是一幅示意图。需要注意的是，如果将这幅地图与程百二《方舆胜略》中的“海防图”进行对比的话，可以发现两者存在众多类似之处，如河流和海岸的走向，当然也存在一些差异，如山东半岛上的登州被描绘为一个单独的岛屿，没有使用“计里画方”，海域中的文字注记等等，因此大致可以认为这两类地图应当存在一定的渊源关系，且都与《广舆图》“海运图”存在联系。

需要注意的是，这类防倭的专题海防图进入清代之后就不再出现，这应当与倭寇威胁的消失有关。清代的专题海防图主要集中于清代晚期，大致可以分为以下三类：

一类为显示沿海形势的“要害图”，其中典型的就是沈应旌（绘图生）摹绘，清朝末年（1904—1911）浙江督练公所参谋处测绘股印制的《浙江沿海要口全图》，该图石印上色，比例尺 1：300000，图幅 121 × 84 厘米，“附凡例、图例和罗盘针，采用格林尼治经纬网，东经 E120°35′至 123°5′，北纬 N27°50′—31°，用圆柱投影法绘制，覆盖范围：北起自杭州湾北岸与江苏省交界处，南止于温州府瓯江口，温州以南未绘。描绘浙江省嘉兴、杭州、绍兴、宁波、台州、温州六府沿海各要口的海岸地貌，凡岛屿、暗沙、礁石、山险、江流、桥梁、城镇、村屋、海塘、沙滩尽绘于图上，标注航道、水深”①，该图的绘制目的在凡例中有着明确交代，即“是图系就浙江省界沿海各要口山岛洋面绘成”，且“图凡有炮台之处，因限于比例，

① 李孝聪：《美国国会图书馆藏中文古地图叙录》，文物出版社 2004 年版，第 175 页。

不敷注字，另于分图详细载明，以便间检查”。

在各种“要害”中，河流的入海口又是海防图描绘的重中之重，这方面的典型作品有中国国家图书馆藏光绪年间卫杰编的《中国海口图说》。该图说分为3册，彩绘本，其中第一册为文字部分，首先是“中国海口形势总论”，然后是对从关东直至山东的北洋海口，以及从江苏至台澎的南洋海口形势的介绍，在“台澎海口形势论”之后还附有“台海土番形势论”和“台湾方言”。该册的后半部分则是“海口炮台说”，介绍了各种炮台的营建方式以及利弊。第二和第三册则是各海口的地图，在所有海口地图之前有一幅描绘了清朝控制范围的“总图”，其绘制重点集中在沿海地区，标绘了海中一些重要的岛屿和海口，且在右侧绘制了日本以及琉球。此后各图用“计里画方”绘制，对于陆地的描绘较为简单，主要标绘了海口附近的岛屿并用文字记述了海潮、沿岸的险阻、浅滩等情况。类似的还有英国皇家地理学会藏清后期纸本彩绘的《海口图》，第一历史档案馆所藏《沿海海口地舆图说》和《山东省沿海各口总图》，以及大连市图书馆藏清康熙年间彩绘《海口要隘水陆远近形胜全图》等。

一类为描绘沿海地区官兵驻防或“防汛”的专题海防图，如中国国家图书馆所藏清中期彩绘本《福建防汛图》，图中各府州用不同颜色区分，并标注“四至八到”及里程；用大量文字标注了各地的驻防情况，其中包括沿海地区，如在福州府城以东海边注记“闽安水师协左营驻防本镇，副将一员，千总一员，把总二员；右营驻防守千各一员，把总三员”；海上各岛屿重点标注了至其他岛屿的距离；在台湾标注“台湾北路中营协驻防彰化县副将、都司、千把各一员”“北路协左营驻嘉义县，守备一员，把总一员”。此外，在地图右侧用图注重点对台湾府的形势进行了描述，即“台湾府辖四县，在布政使司东南，孤悬海中，与福兴漳泉四郡（以下缺）东偏列岫，内为生番巢穴，人迹罕通，以鹿耳门为咽喉，澎湖为（以下缺）耳门无道里可稽，计一更为水程六十里，分昼夜为十更，有台至厦以东（以下缺）水沟黑水腥气。台地土松难筑城垣，奉旨栽种刺竹以固藩篱，建城门添炮台，不栽种者加木栅，周围起望楼”。

再如第一历史档案馆收藏的绘制于清顺治元年至同治六年（1644—1867）的《广东水师营官兵驻防图》，地图自右向左呈“一”字展开，用形象画法展现了广东境内的海岸线以及军队的驻防情况，所绘区域东起悬钟港、南澳镇，西至江坪、东兴街，标绘有府州县等聚落以及山川、岛屿、营寨、汛所和炮台的位置。其中营寨均标绘有营盘，各营地间标注管界、里程、水深等情况，并在各营寨处注明官兵驻防情况。①

一类为军事设施图，主要包括炮台图。典型者如中国国家图书馆藏清道光二十四年（1844）顾炳章等绘制的彩绘图册《广东炮台图册》，图册中共有图 31 幅，描绘了广东省城广州府珠江出海口两岸的炮台建设情况，其中包括东莞县虎门外炮台图 14 幅，番禺县、香山县和南海县炮台图 17 幅。各图用形象画法描绘了各炮台的形制及内部设施、布局，且所附图说对炮台所在位置、周边交通道路的情况、驻防官兵、火炮吨位及数目，以及内部修建的官署、神庙、药房（指火药库）等机构均详加叙述，并介绍了每座炮台的沿革、修建缘起和工程负责官员等信息。类似的还有中国国家图书馆藏清光绪年间彩绘图册《福建闽厦两海口各炮台全图》，其中包括“闽海口各炮台总图”1 幅、“厦门各炮台大要全图”1 幅以及各地明暗炮台图。还有中国国家图书馆藏《江阴南北两岸炮台附近防营全图》、咸丰之后绘制的《海阳县沿海疆域墩炮台等项海图》等等。

属于这类的还有布雷图，如国家图书馆所藏清光绪年间的彩绘《拟布澎湖水陆各要隘水旱雷图》，方位为上西下东，图中绘出了澎湖列岛及周边水域，标出了“厅城”和诸多地名。地图的重点在于呈现在澎湖列岛各处要隘以及附近水域中铺设水雷和旱雷的规划，在“厅城”附近用贴红标出“水雷场”，并在海中标出了“浮雷”和“沉雷”。地图的左上方贴有红签，并有大段文字注记讲述了澎湖列岛地理形势对于选择防御重点的制约，以及铺设水雷的困难，并对在何处铺设水旱雷，以及如何操作等技术问题进行了说明。

---

① 中国第一历史档案馆、广州市档案局等编：《广州历史地图精粹》，中国大百科全书出版社 2003 年版，第 27 页。

第四节 总结

总体而言，通过分析可以看出，目前存世的清代中期之前的海防图虽然有着一定的数量，但实际上种类非常有限，且基本集中于明代嘉靖之后直至清代乾隆时期。而留存于世的清代晚期的“海防总图”数量虽然众多，但陈伦炯《海国闻见录》谱系的地图占据了主导地位，当然这一时期也确实出现了一些用新的绘图技术绘制的“海防总图”。此外，清代晚期也出现了大量区域和专题性的海防图，就绘图技术而言，其中既有用传统绘图方式绘制的，也有用现代绘图技术绘制的。

海防图时间上的这种分布，应当与明清时期的海防状况存在密切的关系。关于明清时期的海防以及海防思想，前人研究众多，如《中国海防思想史》[①]、《清代前期海防：思想与制度》[②]、《明清海疆政策与中国社会发展》[③] 以及《明代海防述略》[④] 等论著。基于以往的研究，明代初年虽然也存在倭寇的袭扰，但一方面当时明朝的军事力量处于鼎盛时期；另一方面明朝在沿海建立了严密的卫所制度，倭寇的袭扰没有带来严重问题，虽然可能也绘制有一些海防图，但没有广为流传，因此这些海防图也就没有保存下来。而到了嘉靖时期，一方面由于明朝的海禁政策，使沿海的倭寇数量剧增；另一方面明朝的海防系统已经衰败，无法对数量如此众多且大范围的倭寇袭扰进行有效的应对，造成了严重的问题，由此不仅产生了一些海防图，且还广为流传。

到了清代初期，海防的主要问题是要解决占据台湾的郑氏，但平定台湾之后，在很长时期内清朝没有面对严重的海防问题，因此这一时期虽然绘制了一些海防地图，但其中一些似乎使用的是明代资料，而后来具有影响力的《海国闻见录》，其作者陈伦炯与康雍时期收复和稳定台湾存在密

① 海军学术研究所编：《中国海防思想史》，海潮出版社 1995 年版。

② 王宏斌：《清代前期海防：思想与制度》，社会科学文献出版社 2002 年版。

③ 王日根：《明清海疆政策与中国社会发展》，福建人民出版社 2006 年版。

④ 范中义：《明代海防述略》，《历史研究》1990 年第 3 期，第 45 页。

切的联系。此后，一段时期内，并没有产生太多新的海防图。

随着在第一次鸦片战争中的失败，清代长期松弛的海防再次得到了重视，由此开始了各类海防图的绘制，并且由于来自海上的威胁长期存在，各类海防图的绘制也就一直延续了下来。而且，由于战争方式和武器的革命性变化，传统的海防图逐渐不适用于新时代的需要，随之也就出现了用新的绘图方式绘制的海防图，因此这一时期应是海防图绘制的转折时期。

不过，有意思的是，目前存世的《海国闻见录》谱系中的绝大部分地图也恰恰摹绘和改绘于这一时期，显而易见的是，绘制于清朝中期的这一海防图对于近现代的海防而言，其价值已经极为有限，那么问题就是，绘制这些地图的用途是什么呢？大致可以认为这些改绘本和摹绘本的绘制目的可能并不那么单纯，这有待于今后的研究。

附 江防图

明代为了拱卫南京以及防止倭寇沿江而上，因此对于沿江，尤其是从九江至长江入海口一带的防卫也非常重视，设置有专门的职官和军队[①]，即“江防”。为了应对“江防”的需要，也出现了一些地图和附有地图的著作。孙靖国在《〈江防海防图〉再释——兼论中国传统舆图所承载地理信息的复杂性》[②]一文中对现存的一些重要的江防图及其关系进行了详细的分析，此处基于孙靖国的研究进行一些简要介绍。

明代吴时来主持编纂、王篆增补的《江防考》是留存下来的为数不多的明代江防著作，大致成书于嘉靖万历时期，现存明万历五年（1577）刻本。《江防考》中附有“江营新图”，“《江防考》所附的《江营新图》，亦以右为卷首，以册叶编排的形式，向左展开，形成‘一’字型的长卷。《江营新图》卷首亦起自江西九江府瑞昌县下巢湖，卷尾为金山卫处的长

---

① 王波在《明朝江防制度探讨》一文中对明代江防的设置进行了非常简单的介绍，王波：《明朝江防制度探讨》，《江海学刊》1996年第3期，第114页。

② 孙靖国：《〈江防海防图〉再释——兼论中国传统舆图所承载地理信息的复杂性》，《首都师范大学学报（社会科学版）》2020年第6期，第21页。

江口和海洋，标注有‘东南大海洋’和‘海内诸山’，卷末处署名为：‘游兵把总濮朝宗奉委重校’”①，根据孙靖国的分析，该图所表现的时间当在明嘉靖十九年（1540）之前，但图中也存在明嘉靖三十六年（1557）之后的信息。

中国科学院文献情报中心（国家科学图书馆）中藏有一幅《江防海防图》，“彩绘长卷，纵41.5厘米，横3367.5厘米，纸基锦缎装裱。地图由右向左展开，卷首自江西瑞昌县开始，沿长江向东，经今安徽、江苏沿江各地，至吴淞口后转而向南，自金山卫（今属上海市）至浙闽交界处而止，卷尾为福建流江水寨。图上所绘的主要政区城池有瑞昌县、九江府、湖口县、彭泽县、东流县、安庆府、池州府、铜陵县、芜湖县、太平府、南京、仪真县、镇江府、泰兴县、靖江县、江阴县、南通州、常熟县、海门县、崇明县、嘉定县、吴淞所、上海县、南汇所、青村所、金山卫、乍浦所、海宁卫、澉浦所、海宁所、杭州省城、三江所、沥海所、临山卫、三山所、观海卫、龙山所、定海县（总兵府）、后所、中中所（舟山堡）、霩衢所（图上作霩衢所）、大嵩所、钱仓所、爵溪所、昌国卫、［石浦］前后所、健跳所、桃渚所、前所、海门卫、新河所、松门卫、隘顽所、楚门所、蒲歧所、［盘石］后所、盘石卫、宁村所、瑞安所、沙园所、平阳所、金乡卫、蒲门壮士二所（同城）等。地图对沿江、沿海地区的山川、各级政区城邑、营寨、巡检司、墩台、烽堠、沙洲、岛屿等地物，内容相当丰富，尤其是对水中的岛礁、沙洲、桥梁等记录甚详。在很多府州县、卫所、营寨和巡检司城垣符号处，还标注距下一处城邑之间的里距，有的很难测量，则用其他方式标注，如在浙江大嵩所处标注：‘大嵩所，至钱仓所隔海’……该图采用形象性的符号画法，各种类型的地物都有较一致的绘制方法，介于写实与符号之间。本图并未使用固定的方向，而是将长江与海岸作为基准线，方向随长卷的展开而转换。在江防部分，图卷自长江上游向下游展开，按照水流的方向，长江右岸总是在图卷的上方，左岸总是位于图卷的下方。而沿海部分，则海岸总是位于图卷的上方，海洋总是

---

① 孙靖国：《〈江防海防图〉再释——兼论中国传统舆图所承载地理信息的复杂性》，《首都师范大学学报（社会科学版）》2020年第6期，第23页。

在图卷的下方，反映绘图人是从行船的视角向岸上眺望，这体现了中国古代绘制长卷式舆图的方位传统和表现形式。这样以长江和大海为中心视线，从长江出发向东，入海后再折向南，以内环陆地恒在上，外环陆地或水域恒在下的方位处理方式"[①]。孙靖国经过分析认为，该图所表现的时间当在明万历十四年（1586）至天启元年（1621）之间，但图中还保留了嘉靖三十六年（1557）之前的地理信息，且图中还绘制了清初顺治时期梁化凤、陈慎在崇明所修筑的堤坝。

根据孙靖国的分析，《江防考》"江营新图"和《江防海防图》虽然在绘制方式、地理信息方面存在一定差异，但整体而言，两图的绘制风格和地理信息架构非常近似，因此两者之间应当存在一定的关联，但不存在直接的承袭关系。《江防海防图》有可能是清初摹绘明代江海防地图而成的，并根据需要对内容进行过增删，且其所依据的底图可能要早于《江防考》"江营新图"。

此外，在甘肃省博物馆还藏有一幅清顺治十六年（1659）之前绘制的《长江江防图》，秦明智和林健曾对该图进行过介绍，"该图绢地、黄绞装裱，纵 59. 7、横 1340 厘米。该图原收藏者马良贵题签'长江营汛图'，并在图首书记，记述该图来历。图尾张建题跋一段。该图采用传统技法绘制，凡江水、港泊、洲渚、城池、村落、林木、山石、舟车、人物、旗蟠、军用器械，皆以立体形象呈现，饰以不同色彩。该图上下方位采取上南下北向。《长江江防图》上起九江，下至镇江。千里区域中，列拦江缆、拦江簰、战船、木楼、烟墩、驻军营地等各种军事设施。每营均有金书大榜题，述本营所处位置及兵力布置状况。每汛的标题上还记有汛与汛之间的里数"[②]。据秦明智和林健所述，该图为 1918 年甘肃定西县马良贵于北京琉璃厂购得，后捐献给国家，收藏于甘肃省博物馆。

---

① 孙靖国：《〈江防海防图〉再释——兼论中国传统舆图所承载地理信息的复杂性》，《首都师范大学学报（社会科学版）》2020 年第 6 期，第 22 页。

② 秦明智、林健：《甘肃省博物馆藏清顺治〈长江江防图〉》，《文物》1996 年第 5 期，第 76 页。

第三章　海塘图

我国的江苏、浙江以及上海等沿海地区，经常发生风潮灾害，不仅会损害沿海地区的农田、盐场，严重者甚至可以摧垮沿海地区的城镇、村落。为了抵御和降低风潮灾害对沿海地区的危害，至少从汉代以来，就开始在沿海地区修筑海塘。明清时期，由于江浙一带成为王朝的粮食、赋税的重要来源地，因此海塘的建设得到了王朝的极大关注，经过长期的讨论和实践，最终在乾隆时期，大致完成了海塘体系的建造。且时至今日，海塘的修筑和维护依然是沿海地区，尤其是浙江地区非常重要的抗灾措施。

关于历史时期海塘的修筑，研究论著数量众多，其中较早的如汪胡桢《钱塘江海塘沿革史》[①] 和朱偰的《江浙海塘建筑史》[②]，近年来则有陶存焕、周潮生的《明清钱塘江海塘》[③]、和卫国的《治水政治：清代国家与钱塘江海塘工程研究》[④]，以及凌申的《历史时期江苏古海塘的修筑及演变》[⑤]；等等。

虽然海塘的修筑有着悠久的历史，但目前留存下来的海塘图则基本集中于清代，相关的研究不多，大致可以查到的有王大学的《美国国会图书

---

① 汪胡桢：《钱塘江海塘沿革史》，《建设》第1卷第4期，报国工业会，1947年。

② 朱偰：《江浙海塘建筑史》，学习生活出版社1955年版。

③ 陶存焕、周潮生：《明清钱塘江海塘》，中国水利水电出版社2001年版。

④ 和卫国：《治水政治：清代国家与钱塘江海塘工程研究》，中国社会科学出版社2015年版。

⑤ 凌申：《历史时期江苏古海塘的修筑及演变》，《中国历史地理论丛》2002年第4辑，第45页。

馆藏〈松江府海塘图〉的年代判定及其价值》[①]，该文“根据美国国会图书馆所藏《松江府海塘图》和乾隆《太镇海塘纪略》中所附地图的比对，可知两图所载各县海塘长度的差异主要是由各自丈量尺度的不同造成。加之镇洋北岸海塘长度以及两图所示地域范围的差别，可以判定美国国会图书馆所藏的《松江府海塘图》绘制于乾隆十七年，该图更名为《乾隆松太海塘图》较为合适。《乾隆松太海塘图》是清代江南海塘的通塘体系形成之前最完整的一幅海塘图，图中所画内容反映了官方绘制江南海塘图‘兵农并重’的特殊要求，是同类海塘图中的珍品”。还有孙靖国的《光绪七年十一月分浙江省海塘沙水情形图》[②]，介绍了中国科学院图书馆所藏的《光绪七年十一月分浙江省海塘沙水情形图》，通过对这幅地图以及相关地图的分析，孙靖国认为清代，或者至少是在光绪朝，地方需要每月向中央呈报钱塘江海塘的沙水变化情形。孙靖国在社科基金项目“明清沿海地图研究”（12CZS075）结项报告的第七章“清代海塘地图”中，分浙江和江南两部分，按照年代介绍了留存至今的清代绘本海塘图，这也是本书这一部分写作的重要参考资料。此外，在以李孝聪《欧洲收藏部分中文古地图叙录》为代表的一些图录，以及少量地图学史著作中也对一些单幅的海塘图进行过介绍。

总体来看，基于之前的研究，留存至今的清代的海塘图缺乏清晰的谱系，很多地图都是因时因事而绘，下文即按照所绘主题，对这些地图进行介绍。当然，某些地图的主题可能是多样的，如某些海塘工程图中也呈现了沙水情形的变化，因此此处基本是按照地图所呈现的主要主题进行分类。

第一节 海塘工程图

中国国家图书馆藏清道光十四年（1834）《办理海塘册档》中的“东

---

① 王大学：《美国国会图书馆藏〈松江府海塘图〉的年代判定及其价值》，《中国历史地理论丛》2007年第4辑，第147页。

② 孙靖国：《光绪七年十一月分浙江省海塘沙水情形图》，《地图》2015年第6期，第130页。

西两防海塘图”，绘制了从浙江省城至小尖山的海塘，比较特殊的是图中详细标注出杭州至海宁小尖山的柴塘上各塘字号，从仁和、钱塘二县交界处开始，分别用千字文向东西排列。图中还绘制了海塘附近的一些庙、堂、庵、亭、寺、殿、仓等建筑；用文字记载了一些修筑情况，如“鸣字号起至能字号止八百七十八丈改筑大石塘”、“新筑盘头平湖县知县郑锦声承办”、“新筑盘头山阴县知县宋大寅承办”，以及“新筑盘头归安县知县王德宽承办。对字以东埽工二百十六丈，归安县知县王德宽承办”等。

英国图书馆藏“宝山县海塘工程图”（又名“宝山海塘工程全图”），绘制于清道光十五年（1835）之后，纸本彩绘，绢裱长卷[①]，“地图方位上东下西。表现江苏省太仓州属宝山县自大川沙口至黄家湾段，长江、黄浦江沿岸海塘石堤、河港汊流，以及营汛处所、兵房炮台和庙、闸的位置”[②]。图中用文字标注了一些海塘的长度，如“自上海界虬江起，至胡巷口南岸止，土塘三千二百九十九丈二尺”；用贴红标注了海塘施工时对椿石长度的规定，如“周家宅筑上层椿石五十六丈”“胡巷口北岸筑上层椿石六十四丈五尺”等。

英国图书馆藏《金山县会勘海塘图》，绘制于道光十八年至二十三年（1838—1843）之间[③]，为官绘本，纸底色绘，图幅 53 ×62 厘米。“地图方位上南下北，用形象画法显示江苏松江府金山县属金山卫城以西，至浙江平湖县苏浙两省交界处的海塘（堤）情势”[④]。图上用贴红描述了沙堤、滩涂的长宽、距离以及营汛界址，如“系千总甘雨泰耑管，东至夏家路里半与大门墩交界，西至苏家码头三里与戚漴墩，南至海涂五里，北至财神庙三里与青村港汛交界”；图中部颜色较深的沙堤处有一段说明文字，即“此处本析铁板沙堤一道，乾隆四十八年八月海潮冲漫，将沙堤冲塌，渐次潮水上漫，日久积为浅水。红线之内系南汇营所辖，线外浙江乍浦营管

---

① 谢国兴主编：《方舆搜览——大英图书馆所藏中文历史地图》，“中研院”台湾史研究所2015年版，第158页。

② 李孝聪：《欧洲收藏部分中文古地图叙录》，国际文化出版公司1996年版，第237页。

③ 谢国兴主编：《方舆搜览——大英图书馆所藏中文历史地图》，“中研院”台湾史研究所2015年版，第159页。

④ 李孝聪：《欧洲收藏部分中文古地图叙录》，国际文化出版公司1996年版，第234页。

辖”；图中在“金山卫城”中绘制了武庙、游府署、守府署、文庙、城隍庙等建筑。

中国国家图书馆以及英国图书馆等一些欧洲图书馆藏有清同治十三年（1874）张光赞测绘的《浙江海塘全图》石碑的拓片，原石碑镶嵌于海宁州城海神庙殿壁。该图“计里画方，每方五里，描绘浙江杭州湾的海塘工程。南塘自萧山县临浦至慈溪县杨浦闸，北塘自钱塘县狮子口至江苏金山县界碑，凡堤岸、闸口、庙观、塘工团堡均详细上图，兼顾附近的山川形势”“此图的编绘基于同治十三年由张光赞对钱塘江南北堤逐段测量的资料”①。

中国国家图书馆藏光绪年间的《宝山县海塘工图》，纸本墨绘，图幅68×175厘米，绘制范围右起川沙厅和宝山县界，左至宝山和镇洋县界。与其他工程图相比，该图绘制的较为粗糙，只是用墨色简单地勾勒了海塘的走向、宝山县城、宝山所城、江心洲以及海塘附近的一些建筑，不过图中用大量文字记录了海塘各段的长度以及相关情况，只是文字书写得极为粗糙，难以辨识，因此该图有可能是一幅草图或者施工情况的记录。

除了上述这些工程图之外，中国国家图书馆还藏有：清光绪九年（1883）《太仓海塘工图》，彩绘本，包括图廓大小不等的4幅地图，即“太仓州海塘全图”“太仓州全境海塘工图”“太仓州钱泾口海塘工图”“太仓州境钱泾口迤西海塘工程图”②。清光绪十一年（1885）《镇洋海塘工图》，彩绘本，1幅，图幅60×100厘米③。清光绪九年《昭文海塘工图》，包括图廓大小不等的4幅地图，即“昭文县海塘全图”（墨绘）、“昭文县海塘全图”、“昭文县野猫口海塘工图”和“昭文县溆浦口海塘工图”④。清光绪二十一年（1895）《浙江江海塘工统塘柴埽石塘篓坦盘里头各工形势字号丈尺里堡地名全图》，彩绘本，1幅，图幅19.5×1332厘米，

---

① 李孝聪：《欧洲收藏部分中文古地图叙录》，国际文化出版公司1996年版，第73页。

② 北京图书馆善本特藏部舆图组编：《舆图要录——北京图书馆藏6827种中外文古旧地图目录》，北京图书馆出版社1997年版，第321页。

③ 北京图书馆善本特藏部舆图组编：《舆图要录——北京图书馆藏6827种中外文古旧地图目录》，北京图书馆出版社1997年版，第321页。

④ 北京图书馆善本特藏部舆图组编：《舆图要录——北京图书馆藏6827种中外文古旧地图目录》，北京图书馆出版社1997年版，第322页。

还有缮折一册[1]。清光绪二十一年（1895）“浙江江海塘工全图”，彩绘本，1 幅，图幅 13.5 × 357.8 厘米，前后残缺，中间部分与《浙江江海塘工统塘柴埽石塘篓坦盘里头各工形势字号丈尺里堡地名全图》略有差异[2]。以及清光绪年间“浙江海塘工程图”，彩绘本，1 幅，图幅 12 × 828.8 厘米[3]。

第二节　海塘形势图

所谓“海塘形势图”，指的是描述了海塘的大致走势以及附近相关建筑的地图，同时缺乏对具体施工措施以及沙水情形的详细描述，或者只是简单记录了海塘的长宽高等数据。这类地图大致可以分为海塘志书中的地图以及单行的绘本地图两类。

随着王朝对海塘修筑的重视，清代出现了一些与海塘有关的志书。可能由于这些志书主要是通过文字对海塘的修筑历史、走向以及测量数据等进行了详尽的描述，因此其中所附地图通常都比较简单，基本只是对石塘的基本形势进行了描绘。如乾隆时期成书的《敕修两浙海塘通志》中附有“海塘北岸全图”“海塘南岸全图”“杭州府海塘图”“嘉兴府海塘图”“江塘图”“宁波府海塘图”“绍兴府海塘图”“台州府海塘图”“温州府海塘图”，这些地图中只是简单地标绘了海塘的走向，甚至在一些境内海塘较少的府的地图，如“宁波府海塘图”“台州府海塘图”“温州府海塘图”中几乎看不到海塘的存在。清代附有“海塘图”的海塘志书还有如杨荣撰《海塘擥要》和《江苏海塘新志》等。

清乾隆五十六年（1791）进呈的《海塘新志》中也附有大量地图，如“海塘全图”“三亹图”等。不过与其他志书中的海塘不同的是，从绘制方

---

① 北京图书馆善本特藏部舆图组编：《舆图要录——北京图书馆藏 6827 种中外文古旧地图目录》，北京图书馆出版社 1997 年版，第 336 页。

② 北京图书馆善本特藏部舆图组编：《舆图要录——北京图书馆藏 6827 种中外文古旧地图目录》，北京图书馆出版社 1997 年版，第 336 页。

③ 北京图书馆善本特藏部舆图组编：《舆图要录——北京图书馆藏 6827 种中外文古旧地图目录》，北京图书馆出版社 1997 年版，第 336 页。

式来看，这些地图的原图似乎应当是彩绘本。如“海塘全图”，绘制范围右起浙江省城，左至尖山，用浓淡不同的墨色表示陆地，海塘用双线表示，其绘制范围和绘制方法与后文提及的大量“浙江海塘图”以及“浙江省海塘沙水情形图”非常类似，但图中标注名称的地理要素较少，也缺乏文字注记，因此无法反映“沙水情形”。

在一些清代的地方志中也收录有海塘形势图，如光绪《松江府续志》“海塘图”，绘制了“黄泥湾川沙与太仓州宝山分界”至“白沙湾金山与浙江平湖分界”之间的海塘；图中除绘制了海塘的走向之外，还标绘了海塘附近的一些附属工程和建筑，如“外圩塘”“圩塘”等，简单标绘了“川沙城”“泥城”“奉贤城”“柘林城”等城池，在海中用文字标注了新涨沙洲的情况，即“洋中新涨沙洲在川沙厅境迤东四十余里，归川沙厅管辖”。乾隆《金山县志》“海塘图”，描绘了金山县所属海塘的长宽高，即“东自青龙港起，西至界牌止，长以前九百三十八丈四尺，高一丈二尺，面阔二丈，地阔五丈”；离城的距离，即“塘去城二里”；沙滩及海潮的情况，如“海潮及沙滩而止，当伏秋大汛，直抵塘身”；塘下的堡房，“塘下堡房，雍正十一年始建，今塘长居之，随时保护塘身”。与乾隆《金山县志》“海塘图”相比，光绪《金山县志》“海塘图”绘制的较为简单，只是描绘了海塘的走向、与大海的相对位置以及一些港沟的走势，标绘了“新开长濠”以及“新河”上的一些桥梁，但缺少文字注记。此外，乾隆《华亭县志》中的“海塘玲珑坝图”，绘制了石塘附近的墩台、泄水河，并用文字标注了石坝各段的长度。

《钦定南巡盛典》中也有一幅“海塘总图”，绘制范围从浙江省城至大尖山，与后文提及的“浙江省海塘沙水情形图”的绘制范围和地理要素基本一致。

除了志书中的地图之外，清代还存在大量的绘本海塘形势图，如：

台北“故宫博物院”藏朱瑞麟绘制的《浙江省海塘图》，该图纸本彩绘，大致绘制于清康熙晚期至雍正时期，图幅 46 × 180 厘米。与其他海塘图不同，图中除绘制了浙江沿海的海塘之外，还描绘了“钱塘江南岸萧绍平原一带的地理情势”；“全图左起描绘着萧山县、绍兴府、山阴县、会稽县、上虞县、余姚县、嵊县、观海卫城、慈溪县、奉化县、宁波府、镇海县等官方衙署。图内河道纵横，山峦错落其间，各卫所、营汛、台镇各分置河口江边，钱塘江、钱清江（西小江）、曹娥江等重要河道贯穿”①。该图主要用深浅不等的青绿色标绘各种地理事物；用红字标识了一些道路距离；用红色旗杆符号标注了汛、台；用红色的楼阁和房屋符号标识了亭、庙、殿、寺等建筑；在沿岸的“谢家路弹”至“杨浦口”一段沿海部分，用红字标注了“最要”“次要”。

美国国会图书馆藏有一幅海塘图，李孝聪在《美国国会图书馆藏中文古地图叙录》中对这幅地图进行了描述，即：

> 清乾隆年间（1748—1795），纸本彩绘，长卷 28×152 厘米。
>
> 这幅地图被设计成从右向左视读，陆地在下方，海洋在上方，看起来好像左北右南，但是由于海岸线的曲折，所以并不指示实际的地理方位。
>
> 此图描绘江南松江府（今江苏省松江县）管辖区域内的海塘修筑情况。覆盖范围：右起松江府属金山县与浙江省嘉兴府属平湖县交界处，左止于松江府属太仓州与苏州府属昭文县交界处。各级城池绘城墙环绕的透视形象，塘汛场墩绘房屋配旗杆形象，海塘之土塘用深棕色线条表示，石塘绘块石垒砌形象，河流用绿色线条表示，海水加绘波浪。庙宇官观、炮台、闸坝亦适当上图。
>
> 文字注记描述各州县所管海塘的起止、长度及修筑工程要点。其中提到年代最迟者系“乾隆十三年动帑加筑”，故推断此图必绘制于该年代之后。而该图绘画风格具有清初舆图的特征，所以，其绘制也不应晚过乾隆朝。
>
> 该图无题，原藏者拟名：“江苏海岸图”，前清一般不用此类话语，根据图内标志的金山、柘林、青村、南汇、川沙、上海、茜泾、太仓、宝山诸州县城皆为松江府统属，改图名为：“松江府海塘图”。②

---

① 林天人主编：《河岳海疆——院藏古舆图特展》，台北“故宫博物院”2012 年版，第 70 页。

② 李孝聪：《美国国会图书馆藏中文古地图叙录》，文物出版社 1997 年版，第 167 页。

王大学在《美国国会图书馆藏〈松江府海塘图〉的年代判定及其价值》[①] 一文中经过分析，认为该图绘制于乾隆十七年（1752），图名应为“乾隆松太海塘图”。

需要说明的是，成书于乾隆时期的宋楚望编撰的《太镇海塘纪略》中有一幅“江苏省苏松太三府州属沿海土石塘总图”，该图“右海塘全图自浙江平湖交界起，历江省之金山、华亭、奉贤、南汇、上海、宝山、镇洋、太仓、昭文、常熟至江阴，五百余里一带海滨全赖筑塘捍御。乾隆十八年以前自金山至镇洋刘河南岸递年筑举，十八年太镇亦经筑竣。今十九年五月，奉旨勘议苏之江阴将以次修筑。因备绘全图，俾牧民者知大工之兴举似创，实因不得已之苦衷，心心相印，随时培修之意油然而生矣”[②]；“书中地图采用黑白双色绘制。各级城池绘成城墙环绕的透视形象，自南而北依次绘出的城池主要有金山县城、柘林城、奉贤县青村城、南汇县城、川沙城、上海县城、宝山所城、宝山县治所、嘉定县城、茜泾城、太仓州镇洋县城、常昭二县的县城。图中标示出部分入海河流的名称和海中山脉，海水用波浪形表示。庙宇、宫观、炮台、闸堨也适当上图。土塘用粗黑色线条表示，石塘则表现为石块垒砌的形象”[③]；“该图绘画风格与美国国会图书馆所藏的《松江府海塘图》相似，但没有表现海塘沿边墩汛的内容”。[④] 根据王大学的研究，美国国会图书馆藏图的绘制时间应是在《太镇海塘纪略》编纂之前，且两者所记海塘长度的差异，很可能来源于所用尺度的差异。[⑤] 此外，《太镇海塘纪略》还有一幅“太仓州并属镇洋县新筑沿海土塘图”，该图是对“江苏省苏松太三府州属沿海土石塘总图”中太仓和镇洋段新修海塘的进一步说明。

---

① 王大学：《美国国会图书馆藏〈松江府海塘图〉的年代判定及其价值》，《中国历史地理论丛》2007 年第 4 辑，第 147 页。

② 乾隆《太镇海塘纪略》卷一，国家图书馆，地 726/536，第 12 页。转引自王大学《美国国会图书馆藏〈松江府海塘图〉的年代判定及其价值》，第 148 页。

③ 王大学：《美国国会图书馆藏〈松江府海塘图〉的年代判定及其价值》，《中国历史地理论丛》2007 年第 4 辑，第 148 页。

④ 王大学：《美国国会图书馆藏〈松江府海塘图〉的年代判定及其价值》，《中国历史地理论丛》2007 年第 4 辑，第 148 页。

⑤ 王大学：《美国国会图书馆藏〈松江府海塘图〉的年代判定及其价值》，《中国历史地理论丛》2007 年第 4 辑，第 151 页。

美国国会图书馆藏“杭州湾图”（“钱塘江沿岸图”），该图纸本彩绘，图幅64×109厘米。“该图卷以传统山水画形式展现钱塘江口（即杭州湾）的景致。右起浙江省钱塘江上游富阳江与诸暨江回合处，左止于海盐县乍浦城，描绘出钱塘江口两岸的新老沙堤、海塘、山岗、河渠、城镇、塘汛、村庄、庙宇。山岗地貌用立体透视形象，城池画出围绕的城墙立面，在浙江省城（杭州）至海宁州一段江面上特别描绘出钱塘江大潮奔涌的场面”，绘制时间大致在乾隆后期至嘉庆年间。① 图中用蓝色表示石塘，用黄色表示土塘，重点标绘了海塘沿线的地理景物，且钱塘江两岸地理景物的绘制方式与后文“浙江省海塘沙水情形图”有些近似，但该图的绘制范围更为广大一些。

中国科学院图书馆藏《浙塘简便图》，绘制于清乾隆二十四年（1759）至嘉庆二十五年（1820）间，绢底彩绘，折装，6折，每折纵31.2厘米，横10.8厘米，图幅总长65厘米。“该图对钱塘江两岸的自然地物描绘较详，西至标出江岸的堆沙和江中的沙洲……对两岸山峦标示亦很细致。用鸟瞰式的透视技法表现省城、海宁州城与萧山县城，城墙用带雉堞的城垣符号标示，并象征性地描绘出城门，杭州城北侧亦画出西湖”②，方向为上南下北，左西右东；绘制范围西起六和塔，东至大尖山。

中国科学院图书馆藏《东西两塘海塘全图》，绘制于清乾隆五年（1740）至嘉庆二十五年（1820）之间，纸本彩绘，折装，52折，每折图幅28.3×11.2厘米，总长582.4厘米，“用鸟瞰式的透视技法表现省城（杭州城）、海宁州城与萧山县城，城墙用带雉堞的城垣符号标示，并象征性地描绘出城门与城楼。图中详细标注出杭州至海宁小尖山的各塘字号，在仁和、钱塘二县交界处，分别用千字文向东西排列。在钱塘江南岸，用不同颜色区分开‘老岸’、‘老沙’与‘嫩沙’”③。该图绘制范围自浙江省城外的“六和塔”至“小尖山”，与后文分析的“浙江省海塘沙水情形图”系列地图绘制范围基本一致。图中在“长山”下方有一处贴红，“长山第二峰，起

---

① 李孝聪：《美国国会图书馆藏中文古地图叙录》，文物出版社2004年版，第166页，

② 孙靖国：《舆图指要：中国科学院图书馆藏中国古地图叙录》，地图出版社2012年版，第360页。

③ 孙靖国：《舆图指要：中国科学院图书馆藏中国古地图叙录》，第364页。

至东地名山角墩，自本年五月望汛开切至八月朔汛止，已开切南沙计长一千余丈，宽八百余丈”。需要注意的是，其千字文的编号与清道光十四年(1834)《办理海塘册档》中的“东西两防海塘图”几乎完全一致。

此外，这类地图应当还有中国国家图书馆藏浙江官书局光绪年间的刻印本《浙江海塘新图》，图幅52.5×62厘米[①]；以及清光绪末年的彩绘本《浙江海塘图》，图幅34.4×960厘米。

第三节 “浙江省海塘沙水情形图”系列

孙靖国在其社科基金项目“明清沿海地图研究”(12CZS075)结项报告的第七章“清代海塘地图”中注意到中国国家图书馆、中国科学院图书馆以及日本京都大学图书馆中藏有的一系列7幅“浙江省海塘沙水情形图”。这7幅地图的绘制时间大致从光绪七年(1881)至光绪三十三年(1907)。现对这些海塘图介绍如下：

中国科学院图书馆藏《光绪柒年拾壹月分浙江省海塘沙水情形图》，未注明绘制者，折装，共8折，每折19×8.5厘米，图幅总长68厘米，封底用黄绢裱糊。“图中杭州城与海宁城用带有鸟瞰视角的透视技法描绘，城垣用蓝色填涂，不绘雉堞与城楼，南岸涂以淡青色，北岸涂以赭石色，河道与两岸堆沙绘以灰白色，用颜色的浓淡进行区分，山峦则用形象画法，涂以鲜绿色”，海塘用红色绘制，图中用贴黄注明钱塘江水势以及沙洲的进退情况。[②] 绘制范围，右侧起自六和塔，左侧至小尖头山。

中国科学院图书馆藏《光绪柒年拾贰月分浙江省海塘沙水情形图》，该图无论是图幅大小，还是绘制方式、颜色以及绘制范围都与《光绪柒年拾壹月分浙江省海塘沙水情形图》几乎完全一致，图中贴黄的文字注记也基本一致，只是少量几处存在差异[③]，如“念里亭”，《光绪柒年拾壹月分

① 北京图书馆善本特藏部舆图组编：《舆图要录——北京图书馆藏6827种中外文古旧地图目录》，北京图书馆出版社1997年版，第336页。

② 孙靖国：《舆图指要：中国科学院图书馆藏中国古地图叙录》，第366页。

③ 孙靖国：《舆图指要：中国科学院图书馆藏中国古地图叙录》，第372页。

浙江省海塘沙水情形图》中此处的贴黄为"念、尖两汛境内现在海中，新涨阴沙离塘三百丈至六百余丈不等。西自八堡起，迤东至十四堡止，东西计长二千七百余丈，宽自三四十丈至四百余丈，潮来漫盖，潮退微露。又外围涨有水沙，潮退未露。水面较与上月刷坍，阴沙长二百余丈，宽约相同"；《光绪柒年拾贰月分浙江省海塘沙水情形图》中此处的贴黄则为："念、尖两汛境内现在海中，新涨阴沙离塘三百丈至六百余丈不等。西自八堡起，迤东至十四堡止，东西计长二千七百余丈，宽自三四十丈至四百余丈，潮来漫盖，潮退微露。又外围涨有水沙，潮退未露。水面较与上月相同"。

京都大学图书馆藏《光绪贰拾肆年柒月分浙江省海塘沙水情形图》，无论是图幅大小，绘制方式、颜色以及绘制范围都与上图几乎完全相同，主要差异同样在于图上的贴黄，如"念里亭"的贴黄为"念、尖两汛境内现在海中，新涨阴沙离塘四百丈至七八百丈不等。西自七堡起，迤东至十五堡止，东西计长三千八百余丈，宽自一百余丈至七百五十余丈不等，潮来漫盖，潮退微露。较与上月坍卸一百余丈"。

中国国家图书馆藏《光绪贰拾柒年贰月分浙江省海塘沙水情形图》和《清光绪贰拾柒年拾月分浙江海塘沙水情形图》未能看到原图，但按照《舆图要录》的记载，两图图幅分别为 18.6×67 厘米和 18.3×66.4 厘米，与上面三幅地图基本一致，因此很可能属于一个系列。

中国国家图书馆藏《光绪贰拾玖年拾月分浙江省海塘沙水情形图》，按照《舆图要录》记载，该图图幅 18.2×66.4 厘米，且该图的绘制方式、颜色以及绘制范围都与上述几幅地图几乎完全相同，主要差异同样在于图上的贴黄，如"念里亭"处的贴黄为"念、尖两汛境内现在海中，新涨阴沙离塘四百丈至一千余丈不等。西自七堡起，迤东至十四堡止，东西计长三千五百余丈，宽自三百余丈至一千余丈不等，潮来漫盖，潮退微露，与上月同"。

中国科学院图书馆藏《光绪叁拾壹年拾贰月分浙江省海塘沙水情形图》，无论是图幅大小，还是绘制方式、颜色以及绘制范围都与上面几幅地图几乎完全相同，主要差异同样在于图上的贴黄，如"念里亭"的贴黄为"念、尖两汛境内现在海中，新涨阴沙离塘四百丈至一千余丈不等。西自七堡起，迤东至十四堡止，东西计长三千一百余丈，宽自四百余丈至九百余丈不等。潮来漫盖，潮退微露，与上月相同”。

除了上述这 7 幅地图之外，在京都大学还藏有一幅道光十二年（1832）绘呈的《海塘图》，未注明绘制者，折装，共 8 折，图幅大小因未见到原图所以无法测量。其绘制范围自浙江省城至“小尖山”，与上述光绪年间的一系列地图基本一致。图中杭州城与海宁城用带有鸟瞰视角的透视技法描绘，城垣用灰色填涂，绘制有雉堞与城楼，南岸涂以淡绿色，北岸涂以淡黄色，河道涂以淡绿色，两岸堆沙绘以灰色，山峦则用形象画法，涂以鲜绿色，海塘用黄色绘制。总体而言，该图的着色方法与光绪时期的一系列地图存在明显的差异。此外，图中地理要素的绘制也存在差异，如没有标绘“江海神庙”、“章家巷”、海塘的名称以及海塘上各堡的名称。不过，图中同样用贴黄注明钱塘江的水势以及沙洲的进退情况，除了文字内容存在差异之外，贴黄之处也存在差异，如没有“念里亭”处的贴黄，在相近处的填黄为“陈家坞起自大盘头新涨嫩沙，约长五百余丈，宽二三百丈不等，潮退则见，潮满则不见”，贴黄的差异可能与沙洲涨退的具体情况有关。

中国国家图书馆还藏有 1 幅王亮（希隐）藏清内府本的光绪七年（1881）彩绘《浙江海塘沙水情形图》，按照《舆图要录》的记载，该图图幅为 19 ×67 厘米，由于未见到原图，因此无法作出具体的判断，但从图名和图幅来看，该图很可能也属于这一系列。

台北“故宫博物院”藏有一套《仁和海宁州县塘工沙水情形图》，这套地图为乾隆四十六年（1781）正月十四日闽浙总督富勒浑奏折附图，纸本彩绘，共四幅；其中图一为墨色，图二、三和四为彩色；图幅大小不等，图一 33. 6 ×79. 3 厘米，图二 33. 6 ×81. 3 厘米，图三 33. 7 ×79. 8 厘米，图四 33. 8 ×79. 7 厘米。各图的绘制范围基本相同，即自浙江省城至小尖山，与上述几幅“浙江省海塘沙水情形图”的绘制范围几乎一致；且四幅地图所绘地理要素也基本一致。图二至图四的 3 幅彩绘地图同样用深浅不等的颜色标识陆地、沙洲和水流，只是各图用色存在一些差异。几幅地图上都用贴黄注明钱塘江水势以及沙洲的进退情况，如图一塔山下方的贴黄为“韩家池塘外阴沙，现在长四十余丈，宽自一十余丈至三丈，较前奏报时相同”；图二此处的贴黄为“韩家池塘外阴沙，现在长四十余丈，宽自一十余丈至一二丈，较前奏报时相同”。需要注意的是，图一和图二两图所绘基本一致，贴黄也几乎完全相同，因此图一可能是图二的底本。但图三和图四中的贴黄与图一、图二存在较大差异，如缺少地图左侧的贴黄。几幅地图右侧都存在一些对拟建工程的说明，如图一和图二“拟将天字号迤西未修柴塘移筑形式”，而图三此处为“天字号迤西拟添建石工数十丈，以备捍御”，图四此处则没有贴黄。

还有上文提及的清乾隆五十六年（1791）进呈的《海塘新志》中的类似于绘本的“海塘全图”。

通过上述这些地图可以推断，至少自清代乾隆时期开始，“浙江省海塘沙水情形图”应当有着标准的底图，然后在实际使用时会根据需要添加相关的地理要素、文本以及贴黄，并根据当时的或者绘制者等的偏好使用着色方式。同时，在绘制彩绘本之前，很可能先绘制墨色图作为草图。

表5－3　“浙江省海塘沙水情形图”系列地图（按照时间先后顺序排列）

编号	图名	藏图机构
1	《仁和海宁州县塘工沙水情形图》	台北“故宫博物院”
2	《海塘新志》“海塘全图”	中国国家图书馆
3	《（浙江省）海塘图》	京都大学图书馆
4	《光绪柒年拾壹月分浙江省海塘沙水情形图》	中国科学院图书馆
5	《光绪柒年拾贰月分浙江省海塘沙水情形图》	中国科学院图书馆
6	《光绪贰拾肆年柒月分浙江省海塘沙水情形图》	京都大学图书馆
7	《光绪贰拾柒年贰月分浙江省海塘沙水情形图》	中国国家图书馆
8	《光绪贰拾柒年拾月分浙江省海塘沙水情形图》	中国国家图书馆
9	《清光绪贰拾玖年拾月分浙江海塘沙水情形图》	中国国家图书馆
10	《光绪叁拾壹年拾贰月分浙江省海塘沙水情形图》	中国科学院图书馆
11	《浙江海塘沙水情形图》	中国国家图书馆

第四节　海塘军事图

明清时期的海塘，除了防御自然灾害之外，根据苏锰等人的研究，其还有军事防御功能，即“江浙长三角地区因在政治、经济、军事上的重要地位，是明清海防的重点设防区域，海防部署十分完备。通过对古代文献、古舆图的分析比较以及对历史遗迹的实地勘察，指出在江浙长三角地区曾构建有独特的‘海塘—堡’海岸防御工程体系。该体系经过多年的发展在明清时期趋于完善，形成了点、线、面相结合，多层次复合型的体系结构和一体两翼、海防与江防相衔接的空间布局。‘海塘—墩堡’海岸防御体系是卫、所、堡寨乡层级城池体系的屏障和前沿，是明清三级海防体系中不可分割的重要组成部分”①。

清代留存下来的展现了海塘军事防御功能的海塘图不多，典型者如中国国家图书馆藏彩绘本《浙江海塘防要口隘详考全图》，图幅大致为31.5×271.5厘米，为李鸿章进呈本。该图绘制范围右起狮子山，左至金山寺以及浙江平湖县与江南金山县交界处；采用形象画法，用浅灰色描绘了沿岸的石塘；标绘了石塘沿线的山岭、景物、桥梁、闸口等要素；绘制了石塘内侧的仓场、庙宇；江海用水波纹标识，山脉用形象画法绘制；浙江省城、宁海县城、嘉兴府城等府州县城用带有鸟瞰视角的透视技法描绘；用贴红标绘了一些地名、沙洲等。地图左下方用贴红标注了军事驻防的情况：

一镇守浙江将军裕禄统辖满洲官兵一千名

一镇守乍浦等处地方副都统领官兵五百名

浙江将军所属协领兼佐领八人，佐领三十二人，防御二十人，校骑尉三十二人

乍浦副都统所属乍浦驻防协领兼佐领五人，佐领十一人，防御八人，骁骑校十六人

一杭州巡抚驻扎浙江管辖本标左右二营

一杭州提督驻扎宁波府，管辖本标中左右前后五营，嘉兴协、湖州协、乍浦营、钱塘营即定海等处仍归闽浙节制。

一海宁县总兵管辖中左右三，管理全营，海盐、平湖、澉浦等处

---

① 参见苏锰《明清江浙地区“海塘——墩堡”海岸防御体系时空分布与体系研究》，《中国文化遗产》2019年第2期，第19页。

汛，听闽浙总督、浙江提督节制

浙江省在京师南三千二百里，领州一县八，钱塘、仁和、富阳、新城、于潜、昌化、临安、余杭、海宁州，嘉兴府。

嘉兴府，在京兆南三千二十里，领县七，治嘉兴，秀水、平湖、海盐、桐乡、石门、嘉善，此七县，俱属嘉兴府辖制。

海源自金山口发源，至西浙县狮子口止，南至洪泽湖，北至镇江府。

按其口隘俱有屯兵监视，恐生别情，河岸堤闸年年修补此情。

附表四　海图

一　航海图和海运图

绘制者、刊刻者或作者和著作名或图册名	图名	绘制年代或收录地图的古籍的版本以及相关信息	收藏机构或者收录地图的古籍（包括现代影印本）等
	大清一统海道总图	清同治十三年后，墨色石印本	英国图书馆（博物馆），Maps，62655（3）；《方舆搜览》；《欧洲收藏部分中文古地图叙录》
	江海全图	19世纪中叶，纸本彩绘，长卷裱轴，84×134厘米	美国国会图书馆，G7822.C6P5.C5，gm71005059；《皇舆搜览》；《美国国会图书馆藏中文古地图叙录》
	通州江海舆图	清后期，官绘本，贴红签墨书图题，纸底色绘	英国国家博物馆；《欧洲收藏部分中文古地图叙录》
胡振馨摹绘	海运全图	清同治十三年据其父道光六年所绘原图摹绘，彩绘本，计里画方每方二百里，1幅，47.5×142厘米	中国国家图书馆，《舆图要录》0846
《航海图》		清光绪年间，刻印本，计里画方每方百里，1册8幅	中国国家图书馆，《舆图要录》0847
	上海至奉天海程图	清光绪年间，彩绘本，1幅，86.6×142.4厘米	中国国家图书馆，《舆图要录》0849
“中国海道图”		光绪年间，石印本，12幅，图廓不等	中国国家图书馆，《舆图要录》0912

续表

绘制者、刊刻者或作者和著作名或图册名	图名	绘制年代或收录地图的古籍的版本以及相关信息	收藏机构或者收录地图的古籍（包括现代影印本）等
《大清一统海道总图》		清光绪年间，比例不等，13幅，图廓不等	中国国家图书馆，《舆图要录》0911
	“大沽口至海州图”	清光绪年间，计里画方每方五十里，彩绘本，1幅，59.8×69厘米	中国国家图书馆，《舆图要录》1527
	直东江浙海道全图	清道光二十三年至同治五年，彩绘本，1幅，145×66厘米	中国国家图书馆，《舆图要录》3003
《封舟出洋顺风针路图》		清乾隆年间，彩绘本，2幅，每幅27×32厘米	中国国家图书馆，《舆图要录》4587
叶子云绘	台湾福州厦门全图	清光绪年间，有缩尺，1幅，42×45厘米	中国国家图书馆，《舆图要录》4730
《海道经》	海道指南图	明人据元人底稿绘制，时间似乎是在永乐元年之前；还有学者认为该书的成书有着相当长的时间过程，其中“海道指南图”、针路、歌诀是明代前期船民所作，明代中后期才经人补辑汇编而成 天一阁藏本；户部尚书王际华家藏本；明嘉靖吴郡袁氏嘉趣堂（金声玉振本）等	《四库存目丛书》明嘉靖吴郡袁氏嘉趣堂（金声玉振本） 天一阁
梁梦龙《海运新考》	海道总图	明万历刻本	《四库存目丛书》明万历刻本
	海道新图		
周煌《琉球国志略》	针路图	清乾隆二十四年漱润堂刻本	《续修四库全书》天津图书馆藏清乾隆二十四年漱润堂刻本
潘相《琉球入学见闻录》	针路图	清乾隆三十三年刻道光二十年重修本	中国国家图书馆
茅瑞征《万历三大征考》	饷辽海路	明天启刻本	《续修四库全书》上海图书馆藏明天启刻本
徐葆光《中山传信录》	针路图	清康熙六十年二友斋刻本	《四库存目丛书》和《续修四库全书》清康熙六十年二友斋刻本
夏子阳、王士祯《使琉球录》	过琉球海图	抄本	《续修四库全书》台湾学生书局明代史籍汇刊影印抄本

续表

绘制者、刊刻者或作者和著作名或图册名	图名	绘制年代或收录地图的古籍的版本以及相关信息	收藏机构或者收录地图的古籍（包括现代影印本）等
萧崇业、谢杰《使琉球录》	琉球过海图	明万历刻本	《续修四库全书》台湾学生书局明代史籍汇刊影印明万历刻本
范景文《南枢志》	郑和航海图	明末刊本	成文《中国方志丛书》明末刊本
	“雪尔登地图”（“明东西洋航海图”）	明代后期或者天启万历时期	英国牛津大学博德利图书馆
觉罗满保	西南洋各番针路方向图	康熙五十五年	第一历史档案馆；《中外交通古地图集》；《澳门历史地图精选》
施世骠	东洋南海道图	康熙五十六年	第一历史档案馆；《中外交通古地图集》；《澳门历史地图精选》；《地图》2002 年第 3 期
“古航海图”		清初	章巽《古航海图考释》；
《古航海图》		清末	美国耶鲁大学斯特林纪念图书馆藏；《中外交通古地图集》
茅元仪《武备志》	郑和航海图（自宝船厂开船从龙江关出水直抵外国诸番图）	明天启刻本 “郑和航海图”，应绘制于郑和第六次下西洋返航后至第七次下西洋开始之前	明天启刻本：《续修四库全书》、《四库禁毁书丛刊》北京大学图书馆，以及《故宫珍本丛刊》
	海运图		
陈组绶《存古类函》	海运图	明末刻本	《四库禁毁书丛刊》北京大学图书馆藏明末刻本
王鸣鹤《登坛必究》	海运图	明万历刻本 清刻本	《四库禁毁书丛刊》北京大学图书馆藏明万历刻本 《续修四库全书》北京大学图书馆藏清刻本
朱国达等《地图综要》	海运图	明末朗润堂刻本	《四库禁毁书丛刊》北京师范大学图书馆藏明末朗润堂刻本

续表

绘制者、刊刻者或作者和著作名或图册名	图名	绘制年代或收录地图的古籍的版本以及相关信息	收藏机构或者收录地图的古籍（包括现代影印本）等
《广舆图》	海运图	嘉靖三十四年前后的初刻本 嘉靖三十七年南京十三道监察御史重刊本 嘉靖四十年胡松刻本 嘉靖四十三年吴季源刻本 嘉靖四十五年韩君恩刻本 万历七年钱岱刻本 嘉庆四年章学濂刊本	初刻本："中华再造善本丛书·明代编·史部"；中国国家图书馆，《舆图要录》0371；荷兰海牙绘画艺术博物馆；《广舆图全书》；《续修四库全书》 清嘉庆四年刻本：中国国家图书馆，《舆图要录》0372；伦敦英国图书馆东方部；巴黎法国国家图书馆；维也纳奥地利国家图书馆；《欧洲收藏部分中文古地图叙录》
张天复《皇舆考》	海运图	明万历十六年张天贤遐寿堂刻本	《四库存目丛书》北京大学图书馆藏明万历十六年张天贤遐寿堂刻本
王圻《三才图会》	海运图	明万历三十七年刻本	《四库存目丛书》北京大学图书馆藏明万历三十七年刻本
陶澍《陶文毅公全集》	海运图	清道光二十年两淮淮北士民刻本	《续修四库全书》清道光二十年两淮淮北士民刻本
陶澍《陶云汀先生奏疏》	海运图	清道光八年刻本	《续修四库全书》中国科学院图书馆藏清道光八年刻本
章潢《图书编》	海运图	《文渊阁四库全书》本	《文渊阁四库全书》
施永图《武备地利》	海运图	清雍正刻本	《四库未收书辑刊》清雍正刻本；《四库禁毁书丛刊》北京大学图书馆藏清刻本；中国国家图书馆藏清中期刻印本，《舆图要录》0381
	通外国图		
何镗《修攘通考》	海运图	明万历六年自刻本	《四库存目丛书》北京师范大学图书馆明万历六年自刻本
邵远平《续弘简录元史类编》	海运图	清康熙三十八年刻本	《续修四库全书》复旦大学图书馆藏清康熙三十八年刻本
朱约淳《阅史津逮》	海运图	清初彩绘抄本	《四库存目丛书》中国科学院图书馆藏清初彩绘抄本

续表

绘制者、刊刻者或作者和著作名或图册名	图名	绘制年代或收录地图的古籍的版本以及相关信息	收藏机构或者收录地图的古籍（包括现代影印本）等
郑若曾《郑开阳杂著》	海运图	《文渊阁四库全书》本	《文渊阁四库全书》
	暹罗航海图	清乾隆三十六年军机档摺附图，纸本彩绘，1幅，43.5×61厘米	台北“故宫博物院”，故机014792；《河岳海疆》
	查询广东至暹罗水陆道里图	清乾隆三十四年，纸本彩绘，1幅，64×70厘米；两广总督李侍尧呈奏为遵旨《查询暹罗国情形由》折件附图	台北“故宫博物院”，故机010263；《河岳海疆》
郑舜功《日本一鉴》	沧海津镜	明嘉靖四十五年或隆庆元年	1939年上海商务印书馆据旧抄本影印；《中外交通古地图集》
邓钟《安南国志》	往交趾图	钱氏述古堂钞本；该书为参考郑若曾《安南图说》而成	《中外交通古地图集》；商务印书馆1937年的“国立北平图书馆善本丛书”影印钱氏述古堂钞本
郁永河《裨海纪游》	宇内形势图	清道光十五年赵达纶刊本	中国国家图书馆藏道光十五年赵达纶刊本；《中外交通古地图集》
	山东至朝鲜海陆运粮图	1幅	《天下舆图总折》

二 海防图

本附表基本不包括府州县及以下区域的海防图，但收录在古籍中的除外。

<table>
<tr><th>绘制者、刊刻者或作者和著作名或图册名</th><th>图名</th><th>绘制年代或收录地图的古籍的版本以及相关信息</th><th>收藏机构或者收录地图的古籍（包括现代影印本）等</th></tr>
<tr><td rowspan="4">蔡逢时《温处海防图略》</td><td>东洛图</td><td rowspan="4">明万历澄清堂刻本</td><td rowspan="4">《四库存目丛书》北京大学图书馆藏明万历澄清堂刻本</td></tr>
<tr><td>温区海图</td></tr>
<tr><td>浙江温州图</td></tr>
<tr><td>处州图</td></tr>
<tr><td>陈组绶《存古类函》</td><td>沿海防倭图</td><td>明末刻本</td><td>《四库禁毁书丛刊》北京大学图书馆藏明末刻本</td></tr>
</table>

续表

绘制者、刊刻者或作者和著作名或图册名	图名	绘制年代或收录地图的古籍的版本以及相关信息	收藏机构或者收录地图的古籍（包括现代影印本）等
程百二《方舆胜略》	海防图	万历三十八年刻本	《四库禁毁书丛刊》北京大学图书馆藏明万历三十八年刻本
程道生《舆地图考》	海防总图	明天启刻本	《四库禁毁书丛刊》上海图书馆明天启刻本
程子颐《武备要略》	沿海防倭图	明崇祯五年刻本	《四库禁毁书丛刊》中国科学院图书馆藏明崇祯五年刻本
范景文《师律》	万里海防图	崇祯刻本	《续修四库全书》山东图书馆藏崇祯刻本
	日本岛夷入寇之图		
范涞《两浙海防类考续编》	全浙海图	明万历三十年刻本	《续修四库全书》和《四库存目丛书》明万历三十年刻本
	浙海指掌图		
	倭夷寇道图		
方孔炤《全边略记》	"海防图"	明崇祯刻本	《续修四库全书》和《四库禁毁书丛刊》北京大学图书馆藏明崇祯刻本
冯应京《皇明经世实用编》	万里海防图	明万历刻本	《四库存目丛书》北京大学图书馆藏明万历刻本
顾炎武《天下郡国利病书》	海防图	四部丛刊影印稿本	《续修四库全书》四部丛刊影印稿本
	海防总图		
胡宗宪《筹海图编》	浙江沿海山沙图	《文渊阁四库全书》本	《文渊阁四库全书》
	辽阳沿海山沙图		
	福建沿海山沙图		
	直隶沿海山沙图		
	山东沿海山沙图		
	广东沿海总图		
	福建沿海总图		
	广东沿海山沙图		
	浙江沿海总图		
	山东沿海总图		
	日本岛夷入寇之图		

续表

绘制者、刊刻者或作者和著作名或图册名	图名	绘制年代或收录地图的古籍的版本以及相关信息	收藏机构或者收录地图的古籍（包括现代影印本）等
茅瑞征《万历三大征考》	日本岛夷入寇之图	明天启刻本 抄本	《续修四库全书》上海图书馆明天启刻本 《四库禁毁书丛刊》北京大学图书馆藏旧抄本
茅元仪《武备志》	日本人犯图	明天启刻本	《续修四库全书》和《四库禁毁书丛刊》北京大学图书馆藏明天启刻本
	广东沿海山沙图		
	福建沿海山沙图		
	浙江沿海山沙图		
	南直隶沿海山沙图		
	山东沿海山沙图		
	辽东沿海山沙图		
	广东沿海总图		
	福建沿海总图		
	浙江沿海总图		
	南直隶沿海总图		
	山东沿海总图		
	辽东沿海总图		
潘光祖、李云翔《彙辑舆图备考》	海防图	清顺治刻本	《四库禁毁书丛刊》北京师范大学图书馆藏清顺治刻本
施永图《武备地利》	松江沿海图	清雍正刻本 清刻本	《四库未收书辑刊》清雍正刻本 《四库禁毁书丛刊》北京大学图书馆藏清刻本
	苏州沿海图		
	南直沿海图		
	辽东沿海总图		
	山东沿海总图		
	江南沿海总图		
	浙江沿海总图		
	福建沿海总图		
	日本人犯图		

续表

绘制者、刊刻者或作者和著作名或图册名	图名	绘制年代或收录地图的古籍的版本以及相关信息	收藏机构或者收录地图的古籍（包括现代影印本）等
施永图《武备地利》	广东廉州府图	清雍正刻本 清刻本	《四库未收书辑刊》清雍正刻本 《四库禁毁书丛刊》北京大学图书馆藏清刻本
	广东沿海总图		
	“宁远卫图”		
	山东莱州府图		
	山东登州府图		
	福建泉州府图		
	福建漳州府图		
	福建兴化府图		
	福建福宁州图		
	福建福州府图		
	广东雷州府图		
	“中屯卫、左屯卫图”		
	广东高州府图		
	“盖州卫图”		
	广东沿海山沙		
	通外国图		
	常州沿海图		
	“金州卫图”		
	“复州卫图”		
	山东沿海山沙图		
	福建沿海山沙图		
	温州沿海图		
	镇江沿海图		
	扬州沿海图		
	淮安沿海图		
	浙江沿海图		
	嘉兴沿海图		

续表

绘制者、刊刻者或作者和著作名或图册名	图名	绘制年代或收录地图的古籍的版本以及相关信息	收藏机构或者收录地图的古籍（包括现代影印本）等
施永图《武备地利》	杭州沿海图	清雍正刻本 清刻本	《四库未收书辑刊》清雍正刻本 《四库禁毁书丛刊》北京大学图书馆藏清刻本
	绍兴沿海图		
	广东广州府图		
	台州沿海图		
	“广宁前屯卫图”		
	“广宁后屯卫图”		
	“广宁右屯卫图”		
	辽东沿海山沙图		
	广东潮州府图		
	广东徽州府图		
	宁波沿海图		
王圻《三才图会》	辽阳沿海总图	明万历三十五年刻本 明万历三十七年刻本	《续修四库全书》上海图书馆万历三十五年刻本 《四库存目丛书》北京大学图书馆藏明万历三十七年刻本
	“海岛图”		
	山东沿海总图		
	南直隶沿海总图		
	浙江沿海总图		
	福建沿海总图		
	广东沿海总图		
王在晋《海防纂要》	辽东连朝鲜图	明万历四十一年刻本	《续修四库全书》上海图书馆万历四十一年刻本;《四库禁毁书丛刊》华东师范大学图书馆藏明万历四十一年自刻本
	广福浙直山东总图		
	日本岛夷入寇之图		
	山东沿海之图		
吴惟顺、吴鸣球编撰《兵镜》	万里海防图	明末问奇斋刻本	《续修四库全书》和《四库禁毁书丛刊》北京大学图书馆明末问奇斋刻本
章潢《图书编》	万里海防图	《文渊阁四库全书》本	《文渊阁四库全书》
	沿海界倭要害之地图		

续表

绘制者、刊刻者或作者和著作名或图册名	图名	绘制年代或收录地图的古籍的版本以及相关信息	收藏机构或者收录地图的古籍（包括现代影印本）等
郑若曾《筹海重编》	广东总图	明万历刻本 明天启四年河南按察司藏版重刊本	万历本:《四库存目丛书》河南省图书馆藏；天启四年本:《欧洲收藏部分中文古地图叙录》；伦敦英国国家图书馆东方部；中国国家图书馆,《舆图要录》0890
	日本入寇图		
	辽海总图		
	北直隶总图		
	山东总图		
	南直隶总图		
	广东海图		
	福建总图		
	福建海图		
	辽阳海图		
	北直隶海图		
	山东海图		
	南直隶海图		
	浙江海图		
	浙江总图		
郑若曾《江南经略》	同里险要图	《文渊阁四库全书》本	《文渊阁四库全书》
	震泽镇险要图		
	吴塔险要图		
	嘉定县备寇水陆路图		
	烂溪险要图		
	汾湖险要图		
	南郇险要图		
	鲇鱼口险要图		
	平望险要图		
	夹浦南险要图		
	唐市险要图		
	梅李镇险要图		
	江东二旱寨险要图		
	吴江县备寇水陆路图		

续表

绘制者、刊刻者或作者和著作名或图册名	图名	绘制年代或收录地图的古籍的版本以及相关信息	收藏机构或者收录地图的古籍（包括现代影印本）等
郑若曾《江南经略》	吴淞所险要图	《文渊阁四库全书》本	《文渊阁四库全书》
	黄渟港险要图		
	罗店镇险要图		
	江湾镇险要图		
	娄塘镇险要图		
	外冈镇险要图		
	南翔镇险要图		
	太仓州备寇水陆路图		
	刘家河险要图		
	七乌港险要图		
	甪子铺东险要图		
	三丈浦险要图		
	涂松险要图		
	洞庭西山险要图		
	夏驾浦险要图		
	洞庭东山险要图		
	斜堰险要图		
	真义铺险要图		
	周市险要图		
	千墩浦险要图		
	甪子西险要图		
	昆山备寇水陆路图		
	浒墅险要图		
	蚕口险要图		
	夹浦北险要图		
	馒低潭险要图		
	唐浦险要图		
	陆泾坝险要图		
	枫桥险要图		

续表

绘制者、刊刻者或作者和著作名或图册名	图名	绘制年代或收录地图的古籍的版本以及相关信息	收藏机构或者收录地图的古籍（包括现代影印本）等
郑若曾《江南经略》	竹箔沙险要图	《文渊阁四库全书》本	《文渊阁四库全书》
	许浦险要图		
	崇明县备寇水陆路图		
	五龙桥险要图		
	石湖险要图		
	胥口险要图		
	吴县备寇水陆路图		
	苏州府备倭水陆路图		
	太湖沿边设备之图		
	苏松海防图		
	倭寇海洋来路之图		
	常熟县备寇水陆路图		
	福山险要图		
	白茆港险要图		
	长洲县备寇水陆路图		
	黄田岗险要图		
	无锡县备寇水陆路图		
	双河口险要图		
	下鼻浦险要图		
	三片沙险要图		
	珥邨险要图		
	新灶沙险要图		
	金坛县备寇水陆路图		
	延陵镇险要图		
	曲阿险要图		

续表

绘制者、刊刻者或作者和著作名或图册名	图名	绘制年代或收录地图的古籍的版本以及相关信息	收藏机构或者收录地图的古籍（包括现代影印本）等
郑若曾《江南经略》	练湖险要图	《文渊阁四库全书》本	《文渊阁四库全书》
	吕城镇险要图		
	奔牛镇西险要图		
	横林险要图		
	江阴县备寇水陆路图		
	独山险要图		
	三沙险要图		
	杨舍险要图		
	青阳镇险要图		
	新涨沙险要图		
	宜兴县备寇水陆路图		
	湖汊险要图		
	下邾险要图		
	镇江府备寇水陆路图		
	丹徒县备寇水陆路图		
	圌山险要图		
	金焦二山险要图		
	丹徒镇险要图		
	丹阳县备寇水陆路图		
	松江府备寇水陆路图		
	望亭镇险要图		
	朱泾镇险要图		
	张泾镇险要图		
	叶谢镇险要图		
	曹泾镇险要图		

续表

绘制者、刊刻者或作者和著作名或图册名	图名	绘制年代或收录地图的古籍的版本以及相关信息	收藏机构或者收录地图的古籍（包括现代影印本）等
郑若曾《江南经略》	青邨所险要图	《文渊阁四库全书》本	《文渊阁四库全书》
	柘林险要图		
	南汇所险要图		
	华亭县备寇水陆路图		
	川沙堡险要图		
	烂沙险要图		
	营前沙险要图		
	南沙险要图		
	县后扁担二沙险要图		
	三沙险要图		
	长荡湖险要图		
	白龙荡险要图		
	金山卫险要图		
	黄浦险要图		
	闵行镇险要图		
	乌泥泾险要图		
	唐行镇险要图		
	常州府备寇水陆路图		
	黄山门险要图		
	马迹山险要图		
	奔牛镇东险要图		
	孟渎堡险要图		
	上海县备寇水陆路图		
	武进县备寇水陆路图		

续表

绘制者、刊刻者或作者和著作名或图册名	图名	绘制年代或收录地图的古籍的版本以及相关信息	收藏机构或者收录地图的古籍（包括现代影印本）等
郑若曾《郑开阳杂著》	辽东沿海山沙图	《文渊阁四库全书》本	《文渊阁四库全书》
	广东沿海山沙图		
	浙江沿海山沙图		
	山东沿海山沙图		
	日本入寇图		
	万里海防图		
	福建沿海山沙图		
	直隶沿海山沙图		
朱国达等《地图综要》	万里海防全图	明末朗润堂刻本	《四库禁毁书丛刊》北京师范大学图书馆藏明末朗润堂刻本
	日本岛夷入寇之图		
陈良壁《水师辑要》	浙江海图	清抄本	《续修四库全书》广东中山图书馆清抄本
	江南海图		
	澎湖海图		
	台湾海图		
	福建海图		
	粤东海图		
	京东海图		
陈伦炯《海国闻见录》	四海总图	《文渊阁四库全书》本	台北“故宫博物院”，故库012886—012887；《笔画千里》；《文渊阁四库全书》
	沿海全图		
	台湾图		
	台湾后山图		
	澎湖图		
	琼州图		
杜臻《粤闽巡视纪略》	沿海总图	《文渊阁四库全书》本	《文渊阁四库全书》
范铜《布经》	海防图	清钞本	《四库未收书辑刊》清抄本
汪紱《戊笈谈兵》	闽海海滨	清光绪二十年刻本	《四库未收书辑刊》光绪二十年刻本
	广海海边		
	江浙东海海滨		

续表

绘制者、刊刻者或作者和著作名或图册名	图名	绘制年代或收录地图的古籍的版本以及相关信息	收藏机构或者收录地图的古籍（包括现代影印本）等
王之春《国朝柔远记》	“东半球图”	清光绪十七年广雅书局刻本	《四库未收书辑刊》清光绪十七年广雅书局刻本
	沿海舆图		
	台湾图		
	台湾山后图		
	澎湖图		
	琼州图		
印光任《澳门记略》	海防属总图	清乾隆西阪草堂刻本	《四库存目丛书》安徽省图书馆藏清乾隆西阪草堂刻本
	前山寨图		
	闽江马尾海战潮汐图	清光绪年间，摹绘自福州英领事绘本，纸本彩绘，1幅，32×32厘米	台北“故宫博物院”，故机130060；《河岳海疆》
	江苏海防图	清康熙二十年（1681）之前，绢本彩绘，1幅，196×89厘米	台北“故宫博物院”，平图021513；《河岳海疆》
	登津山宁四镇海图	清顺治九年至雍正三年之间，纸本彩绘，1幅，129.5×121.5厘米	台北“故宫博物院”，平图021455；《河岳海疆》
	渤海沿岸道里图	清道光二十二年至咸丰十年之间，纸本彩绘，1幅，119.5×230厘米	台北“故宫博物院”，平图021471；《河岳海疆》
	北洋海岸图	清雍正之前，纸本墨绘，1幅，212×211.5厘米	台北“故宫博物院”，平图021554；《河岳海疆》
黄笃斋（黄叔璥）	“沿海岸长图”（“海洋图”）	黄笃斋生活时代大致在清初，图面陆地所占比例不高。清乾隆年间，纸本墨绘，1幅，55.5×1648.5厘米	台北“故宫博物院”，平图020868；《河岳海疆》
	浙江福建沿海海防图	清代，纸本彩绘，1幅，38×1060厘米	台北“故宫博物院”，平图020869；《笔画千里》
	海不扬波	明嘉靖四十一年至明末，纸本彩绘，1幅，30.5×2081厘米；图末有冯时的图说，该图与《筹海图编》“沿海沙山图”近似	台北“故宫博物院”，平图020865；《笔画千里》

续表

<table>
<tr><th>绘制者、刊刻者或作者和著作名或图册名</th><th>图名</th><th>绘制年代或收录地图的古籍的版本以及相关信息</th><th>收藏机构或者收录地图的古籍（包括现代影印本）等</th></tr>
<tr><td rowspan="6">《各省沿海口隘全图》</td><td>环海全图</td><td rowspan="6">清乾隆年间，绢本彩绘，1 幅，31×773 厘米；据陈伦炯《海国闻见录》</td><td rowspan="6">台北“故宫博物院”，平图 020867；《笔画千里》</td></tr>
<tr><td>海疆洋界全图</td></tr>
<tr><td>琼州图</td></tr>
<tr><td>澎湖图</td></tr>
<tr><td>台湾前山图</td></tr>
<tr><td>台湾后山图</td></tr>
<tr><td>《万里海防图说》</td><td>万里海防图</td><td>彩绘本一册，锦缎套封，30×20 厘米。该图册前卷为明《万里海防图》摹绘本，后卷为明灵山卫指挥使谈九畴著、清张谦宜撰《胶莱河辩议图说汇辑》，雍正三年摹绘本。后人将两图卷缀合，并补写图题《万里海防图说》。
《万里海防图》，明嘉靖年间，纸本彩绘，卷首右上方墨书图题，不具撰人，分切 19 幅折叠裱装，30×274 厘米。可能以郑若曾与唐顺之共定的 12 幅《海防图论》为母本摹绘而成，与郑若曾撰《万里海防图说》应属于同一系统</td><td>美国国会图书馆，G7821.R4.W3，gm71005020；《美国国会图书馆藏中文古地图叙录》；《皇舆搜览》</td></tr>
<tr><td></td><td>“山东、直隶、盛京海疆图”</td><td>可能绘制于清朝前期，纸本彩绘，墨书注记，长卷，34×834 厘米</td><td>美国国会图书馆，G7822.C6R4.S4，gm71005062；《美国国会图书馆藏中文古地图叙录》；</td></tr>
<tr><td></td><td>江海全图</td><td>19 世纪中叶，纸本彩绘，长卷裱轴，84×134 厘米</td><td>美国国会图书馆，G7822.C6P5.C5，gm71005059；《美国国会图书馆藏中文古地图叙录》；《皇舆搜览》</td></tr>
</table>

续表

绘制者、刊刻者或作者和著作名或图册名	图名	绘制年代或收录地图的古籍的版本以及相关信息	收藏机构或者收录地图的古籍（包括现代影印本）等
《七省沿海全图》	环海全图 七省沿海全图 琼州图 澎湖图 台湾图 台湾后山图	摹自乾隆五十二年至道光登位之前的某幅与陈伦炯《海国闻见录》有关的作品，色绘长卷，29×543厘米；纸本装裱29×895厘米	美国国会图书馆，G7822.C6A5.17，gm71005022；《美国国会图书馆藏中文古地图叙录》
《海疆洋界形势图》	环海全图 七省沿海全图 琼州图 澎湖图 台湾图 台湾后山图	清乾隆五十二年之前的摹绘之作，纸本色绘，长卷32×894厘米	美国国会图书馆，G7822.C6A5.H3，gm71005021；《美国国会图书馆藏中文古地图叙录》；《皇舆搜览》
《海疆洋界形势全图》	环海全图 七省沿海全图 琼州图 澎湖图 台湾图 台湾后山图	摹绘于乾隆五十二年之后，道光元年之前，纸本色绘，长卷30×910厘米	美国国会图书馆，G7822.C6A5.H31，gm71005063；《美国国会图书馆藏中文古地图叙录》；《皇舆搜览》
金保彝摹绘“七省沿海全图”	环海全图 七省沿海全图 琼州图 澎湖图 台湾图 台湾后山图	清光绪七年，纸本墨绘，长卷33×777厘米	美国国会图书馆，G7822.C6A5.H32，gm71005064；《美国国会图书馆藏中文古地图叙录》；《皇舆搜览》
湖北官书局	南北洋合图	清同治三年，湖北官书局，刻印本，计里画方每方四百里，1幅，56×40.5厘米	美国国会图书馆G7820.E3.N3，gm71005215；《美国国会图书馆藏中文古地图叙录》；《皇舆搜览》；中国国家图书馆；《舆图要录》0901

续表

绘制者、刊刻者或作者和著作名或图册名	图名	绘制年代或收录地图的古籍的版本以及相关信息	收藏机构或者收录地图的古籍（包括现代影印本）等
湖北官书局	南洋分图	清同治三年，湖北官书局，刻印本，1幅，56×40.4厘米	美国国会图书馆 G9237.N3，gm71005139；《美国国会图书馆藏中文古地图叙录》；《皇舆搜览》；中国国家图书馆；《舆图要录》0903
湖北官书局	北洋分图	清同治三年，湖北官书局，刻印本，计里画方每方百里，1幅，56.4×40.4厘米	美国国会图书馆 G9237.E3.P3，gm71005226；《美国国会图书馆藏中文古地图叙录》；《皇舆搜览》；中国国家图书馆；《舆图要录》0902
沈应旌摹绘	浙江沿海要口全图	清朝末年，浙江督练公所参谋处测绘股印制，石印本，上色，1∶300000，1幅，121×84厘米	美国国会图书馆 G7823.Z5.S5，2002626763；《美国国会图书馆藏中文古地图叙录》；《皇舆搜览》
	“江防海防图”	明弘治十年至天启元年，纸本彩绘，长卷，1幅，41.5×3367.5厘米	中国科学院图书馆，264456；《舆图指要》
	“福建海防图”	明万历二十五年至三十二年，纸本彩绘，长卷，1幅，41×580厘米	中国科学院图书馆，264457；《舆图指要》
“中华沿海总图”	东半球图	清道光元年之前摹绘自乾隆三十八年至五十一年的某幅作品，彩绘长卷，1幅，31×909厘米	中国科学院图书馆，史562024；《舆图指要》
	中国沿海地图		
	琼州图		
	澎湖图		
	台湾前山图		
	台湾后山图		
蔡鹤摹绘《中国沿海七省八千五百余海哩地图》	天下总图（东半球图）	摹绘自清乾隆三十八年至六十年的某幅作品，纸本彩绘，长卷，1幅，31.2×1290.4厘米	中国科学院图书馆，史5802172992942；《舆图指要》
	中国沿海图		
	台湾图		
	台湾后山图		
	澎湖图		
	琼州图		

续表

绘制者、刊刻者或作者和著作名或图册名	图名	绘制年代或收录地图的古籍的版本以及相关信息	收藏机构或者收录地图的古籍（包括现代影印本）等
“沿海全图”	四海总图	清晚期摹绘的清道光元年至咸丰四年某幅作品，纸质，彩绘，长卷，1幅，29.9×688.6厘米	中国科学院图书馆，2903793；《舆图指要》
	沿海全图		
	台湾图		
	台湾后山图		
	澎湖图		
	琼州图		
“中国沿海图”	四海总图（东半球图）	清晚期摹绘自乾隆三十八年至乾隆六十年的某幅作品，彩绘本，长卷，26.7×633.7厘米	中国科学院图书馆，史580239267803；《舆图指要》
	中国沿海图		
周北堂绘，邵廷烈主持刻印《七省沿海全图》	东半球图	清同治五年，线装图册，图26叶，每叶31.2×53.4厘米	中国科学院图书馆，2944710；《舆图指要》
	七省沿海全图		
	吴淞口放洋图		
	江东形势图		
郑若曾	《沿海山沙图》	明嘉靖元年至嘉靖四十五年	谭广濂私人收藏，收录在《从方圆到经纬：香港与华南历史地图藏珍》；
舒懋官、王崇熙	《海防图》	清嘉庆二十四年，方志图	谭广濂私人收藏，收录在《从方圆到经纬：香港与华南历史地图藏珍》
李明澈	“海防图”	清道光二年，阮元编修《广东通志》附图	谭广濂私人收藏，收录在《从方圆到经纬：香港与华南历史地图藏珍》
陈伦炯	“沿海全图”	清雍正八年	谭广濂私人收藏，收录在《从方圆到经纬：香港与华南历史地图藏珍》
	广东沿海统属图	清嘉庆十五年至道光三年	谭广濂私人收藏，收录在《从方圆到经纬：香港与华南历史地图藏珍》
	广东水师营官兵驻防图	清顺治元年至同治六年，纸本设色，1幅，32×560厘米	第一历史档案馆，收录在《广州历史地图精粹》和《澳门历史地图精选》
《七省沿海全洋图》	四海全图	清光绪元年至光绪三十四年摹绘本，彩绘长卷，1幅，28×914.2厘米	第一历史档案馆，收录在《广州历史地图精粹》和《澳门历史地图精选》
	七省沿海图		

续表

绘制者、刊刻者或作者和著作名或图册名	图名	绘制年代或收录地图的古籍的版本以及相关信息	收藏机构或者收录地图的古籍（包括现代影印本）等
程鹏《沿海七省口岸险要图》	七省沿海总图	《沿海七省口岸险要图》绘成于光绪十三年，共50幅； 七省沿海总图，绘制有经纬网，30×36.7厘米	第一历史档案馆，收录在《广州历史地图精粹》和《澳门历史地图精选》
	广东沿海图	清光绪二十四年之后绘制，彩色长卷，1幅，36×319厘米	大连市图书馆，收录在《广州历史地图精粹》
黄爵滋《海防图》		清道光二十年，该图集共三册，其中图二册，表一册；上南下北，绘有经纬线；纸本彩绘，每册版框28×168厘米	第一历史档案馆，收录在《澳门历史地图精选》；第一历史档案馆《内务府舆图目录》
王沛光摹绘《沿海疆域图》	四海全图（东半球图） “沿海图”	清光绪九年，据陈伦炯《海国闻见录》摹绘而成，绢底彩绘，1幅，33.5×861.5厘米	第一历史档案馆，收录在《澳门历史地图精选》
《广东沿海总图》		清光绪元年至宣统三年，清末绘制并印刷的我国沿海地区地图，上起奉天，下到广东，总计83张	第一历史档案馆，收录在《澳门历史地图精选》
	沿海疆舆图		第一历史档案馆《内务府舆图目录》
沿海海口地舆图说		1册	第一历史档案馆《内务府舆图目录》
	乾坤一统海防全图（徐必达海防图）	万历乙巳年春之吉南京史考功司郎中携李徐必达训明；万历三十三年徐必达进图背题签及舆图房图目均题（明徐必达海防图） 10轴	第一历史档案馆《内务府舆图目录》
	辽东沿海图	1幅	第一历史档案馆《内务府舆图目录》
	山东江南浙江福建四省沿海图	1轴	第一历史档案馆《内务府舆图目录》

续表

绘制者、刊刻者或作者和著作名或图册名	图名	绘制年代或收录地图的古籍的版本以及相关信息	收藏机构或者收录地图的古籍（包括现代影印本）等
	江浙闽沿海全图	1 轴	第一历史档案馆《内务府舆图目录》
	浙闽沿海图	1 轴	第一历史档案馆《内务府舆图目录》
	山东沿海舆图	1 卷	第一历史档案馆《内务府舆图目录》
	山东省及沿海岛屿图	1 卷	第一历史档案馆《内务府舆图目录》
	山东省沿海各口总	1 幅	第一历史档案馆《内务府舆图目录》
	浙江省沿海全图	1 轴	第一历史档案馆《内务府舆图目录》
	浙江沿海全图	1 卷	第一历史档案馆《内务府舆图目录》
浙江沿海图说		清光绪年间，1 册	第一历史档案馆《内务府舆图目录》
	浙江舟山形势图	1 幅	第一历史档案馆《内务府舆图目录》
	八闽沿海图	1 轴	第一历史档案馆《内务府舆图目录》
	福建省沿海及台湾图	1 幅	第一历史档案馆《内务府舆图目录》
	台湾澎湖海洋巡防全图	1 卷	第一历史档案馆《内务府舆图目录》
	江苏省沿海图（原名：两京海道图）	1 卷	第一历史档案馆《内务府舆图目录》
	粤东沿海图	清雍正三年至雍正九年，1 卷	第一历史档案馆；第一历史档案馆《内务府舆图目录》；《广州历史地图精粹》
《江浙闽沿海图》		34 册	故宫档案馆所藏《舆图汇集目录》
	全国沿海图（乾坤）	2 轴，康熙丁酉年儒林仲子芳溪叶抄绘	故宫档案馆所藏《舆图汇集目录》
	七省沿海全详图		故宫档案馆所藏《舆图汇集目录》

续表

绘制者、刊刻者或作者和著作名或图册名	图名	绘制年代或收录地图的古籍的版本以及相关信息	收藏机构或者收录地图的古籍（包括现代影印本）等
	八省沿海全图	2 张	故宫档案馆所藏《舆图汇集目录》
	福建沿海图	清后期，纸本墨绘，17 帧叠装，32×525 厘米；样式与明代万历刻本郭棐《粤大记》所附“广东沿海图”相近	《欧洲收藏部分中文古地图叙录》；英国国家图书馆东方部
	“福建沿海图”	清后期，纸本色绘，1 幅，47×164 厘米	《欧洲收藏部分中文古地图叙录》；英国皇家地理协会
	广东沿海图	清后期，纸本色绘，装裱成长卷，1 幅，34×519 厘米	《欧洲收藏部分中文古地图叙录》；巴黎法国国家图书馆
	“广东沿海图”	清后期，纸本色绘，裱装成长卷，1 幅，32×820 厘米；与法国国家图书馆所藏近似	《欧洲收藏部分中文古地图叙录》；英国国家图书馆写本部
	粤东洋面地图	清后期，纸本色绘，裱装长卷，1 幅，33×740 厘米；可能与陈伦炯图有关	《欧洲收藏部分中文古地图叙录》；巴黎法国国家图书馆
	“浙江海口图”	清中后期，纸本色绘，长卷，1 幅，45×224 厘米	《欧洲收藏部分中文古地图叙录》；英国皇家地理学会
“七省沿海图”	环海全图	清后期摹绘自乾隆五十二年至道光继位之前的某幅作品，色绘长卷，纸本装裱，1 幅，34×960 厘米	《欧洲收藏部分中文古地图叙录》；英国国家图书馆地图馆
	七省沿海全图		
	琼州图		
	澎湖图		
	台湾图		
	台湾后山图		
“沿海全图”		清后期摹绘自道光年间的某幅地图，纸本色绘，由 6 幅地图构成，29×907 厘米；与英国国家图书馆地图的其他两卷地图相近	《欧洲收藏部分中文古地图叙录》；英国博物馆
	北海全图	清后期，纸本色绘，1 幅，53×98 厘米	《欧洲收藏部分中文古地图叙录》；英国皇家地理学会

续表

绘制者、刊刻者或作者和著作名或图册名	图名	绘制年代或收录地图的古籍的版本以及相关信息	收藏机构或者收录地图的古籍（包括现代影印本）等
	北海全图	清后期，纸本色绘，1幅，64×93厘米	《欧洲收藏部分中文古地图叙录》；英国皇家地理学会
	海口图	清后期，纸本彩绘，1幅，62×128厘米	《欧洲收藏部分中文古地图叙录》；英国皇家地理学会
“沿海全图”		清后期，绢本色绘，1幅，28×991厘米；摹绘自清中叶“七省沿海图”	《欧洲收藏部分中文古地图叙录》；英国国家图书馆地图部
	“浙江海防图”	清道光二十年前后，纸本墨绘	英国国家图书馆；《方舆搜览》
《中华沿海形势全图》	“东半球图” “沿海全图” 琼州图 澎湖图 台湾图 台湾后山图	原图绘制于乾隆年间，纸本设色，卷轴装，1幅，28.5×908厘米；陈伦炯图系列	北京大学图书馆；《皇舆遐览》
李化龙《全海图注》	广东沿海图 福建沿海图 浙江沿海图 南京沿海图	明万历十九年，1幅，31×1219厘米；内有广东沿海图、福建沿海图、浙江沿海图和南京沿海图	中国国家图书馆，《舆图要录》0889
	万里海防图	清道光二十三年，朱子庚刻印本，墨印设色，1幅，34.6×393厘米；据明刻本摹刻，原图约绘制于崇祯	中国国家图书馆，《舆图要录》0891
	筹海全图	据明代沿海图摹绘而成，1幅，彩色，36×433厘米	中国国家图书馆，《舆图要录》0892
陈伦炯《沿海全图》	四海总图 沿海全图 台湾图 台湾后山图 琼州府 澎湖图	可能成于清雍正或乾隆年间，刻印本，1册	中国国家图书馆，《舆图要录》0893

续表

<table>
<tr><th>绘制者、刊刻者或作者和著作名或图册名</th><th>图名</th><th>绘制年代或收录地图的古籍的版本以及相关信息</th><th>收藏机构或者收录地图的古籍（包括现代影印本）等</th></tr>
<tr><td rowspan="7">《七省沿海图》</td><td>地球图</td><td rowspan="7">可能成于清乾隆年间，绘本，1幅，33×825.4厘米</td><td rowspan="7">中国国家图书馆，《舆图要录》0894</td></tr>
<tr><td>环海全图</td></tr>
<tr><td>沿海总图</td></tr>
<tr><td>澎湖图</td></tr>
<tr><td>琼州图</td></tr>
<tr><td>台湾前山图</td></tr>
<tr><td>台湾后山图</td></tr>
<tr><td rowspan="6">《沿海图》</td><td>环海全图</td><td rowspan="6">可能成于清乾隆年间，彩绘本，1幅，35×462厘米</td><td rowspan="6">中国国家图书馆，《舆图要录》0895</td></tr>
<tr><td>沿海总图</td></tr>
<tr><td>琼州府</td></tr>
<tr><td>澎湖图</td></tr>
<tr><td>台湾图</td></tr>
<tr><td>台湾后山图</td></tr>
<tr><td rowspan="6">《盛朝七省沿海图》</td><td>环海全图</td><td rowspan="6">清嘉庆三年，彩绘本，1幅，29×888厘米；绘制方法与乾隆本近似，但更为精致</td><td rowspan="6">中国国家图书馆，《舆图要录》0896</td></tr>
<tr><td>海疆洋界全图</td></tr>
<tr><td>琼州图</td></tr>
<tr><td>澎湖图</td></tr>
<tr><td>台湾前山图</td></tr>
<tr><td>台湾后山图</td></tr>
<tr><td>绍廷烈绘《七省沿海图》</td><td></td><td>可能成于清嘉庆年间，彩绘本，1幅，33×891厘米；在周北堂七省沿海图基础上，参考其他地图校勘，增补吴淞口放洋图、江东形胜图</td><td>中国国家图书馆，《舆图要录》0897</td></tr>
<tr><td>《沿海图》</td><td></td><td>清咸丰年间摹绘本，彩色，1幅，29.5×410厘米；绘图方法与乾隆本略同，绘制较为粗糙</td><td>中国国家图书馆，《舆图要录》0900</td></tr>
<tr><td>邵廷烈原绘《七省沿海全图》</td><td></td><td>清邵廷烈原绘，同治五年但陪良重刊本，1册</td><td>中国国家图书馆，《舆图要录》0904</td></tr>
</table>

续表

绘制者、刊刻者或作者和著作名或图册名	图名	绘制年代或收录地图的古籍的版本以及相关信息	收藏机构或者收录地图的古籍（包括现代影印本）等
《七省沿海图》		约清同治年间，绢底彩色，1幅，28×760厘米；据清乾隆年间绘本摹绘，内容和绘图方法与乾隆本基本相同	中国国家图书馆，《舆图要录》0905
	浙江至奉天沿海图	清光绪二年，橘荫轩（陈锦）摹绘，彩色，1幅，83×137厘米	中国国家图书馆，《舆图要录》0906
《新绘七省沿海要隘全图》	环海全图 海疆洋界全图 琼州图 澎湖图 台湾前山图 台湾后山图	清光绪二十七年，上海中西测绘馆，石印本，1册；与嘉庆三年彩绘《盛朝七省沿海图基本相同》	中国国家图书馆，《舆图要录》0908
《沿海全图》		清光绪年间，彩色，1册；与七省沿海图近似，但次序错杂，有缺失	中国国家图书馆，《舆图要录》0909
卫杰编《中国海口图说》		清光绪年间，彩绘本，画方不计里，3册	中国国家图书馆，《舆图要录》0910
《八省沿海图》	沿海总图等	清光绪年间，石印本，比例不等，存77幅分切115张，图廓不等	中国国家图书馆，《舆图要录》0913
江震高等学堂编译所《新绘沿海长江险要图》	内有沿海图18幅	江震高等学堂编译所，清光绪年间上海鸿文书局石印本，1册	中国国家图书馆，《舆图要录》0915
魏闫绘《沿海防卫指掌图》		清末，摹绘本，1册；绘法与“七省沿海图”基本相同	中国国家图书馆，《舆图要录》0917
	丰润县至山海关沿海形势图	清末期，彩绘本，1幅，66×70厘米	中国国家图书馆，《舆图要录》1552
	大沽沿海至山海关图	清光绪七年，彩绘本，1幅，18.7×176.5厘米	中国国家图书馆，《舆图要录》1553
	山海关至天津沿海图	清光绪年间，彩绘本，1幅，29.4×195厘米	中国国家图书馆，《舆图要录》1554

续表

绘制者、刊刻者或作者和著作名或图册名	图名	绘制年代或收录地图的古籍的版本以及相关信息	收藏机构或者收录地图的古籍（包括现代影印本）等
	直隶海疆图	清光绪年间，彩绘本，1幅，95×175.5厘米	中国国家图书馆，《舆图要录》1555
	直隶沿海图说	清光绪年间，彩绘本，1幅，42.7×365.8厘米	中国国家图书馆，《舆图要录》1558
李龙彰	辽东海疆草图	清光绪末年，绘本，有缩尺，1幅，88.5×109.5厘米	中国国家图书馆，《舆图要录》2452
朱正元《江浙闽沿海图》		清光绪二十五年，石印本，36幅，图廓不等；在外国航海图基础上补充而成	中国国家图书馆，《舆图要录》2990
《福建广东台湾沿海全图》		清嘉庆年间，彩绘本，1幅，36×477厘米；附琼州图、澎湖图、台湾后山图及图说；摹绘自《七省沿海图》	中国国家图书馆，《舆图要录》3012
	“山东半岛海疆图”	清光绪年间，绘本，1幅，66.1×123厘米	中国国家图书馆，《舆图要录》3305
陈锦	山东全省海疆岛岸图	清光绪二年，彩绘本，画方不计里，1幅，79×74.5厘米	中国国家图书馆，《舆图要录》3303
戴杰	山东海疆全图	清光绪六年，彩绘本，计里画方每方二十里，1幅，81.2×113厘米	中国国家图书馆，《舆图要录》3304
丁乃文	江苏江海图	清光绪五年，彩绘本，计里画方每方二十里，1幅，59×46厘米	中国国家图书馆，《舆图要录》3854
	浙江省全海图说	清嘉庆年间，彩绘本，1幅，42.2×519厘米	中国国家图书馆，《舆图要录》4253
	浙江省全海图说	清光绪年间，彩绘本，1幅，47×569厘米	中国国家图书馆，《舆图要录》4254
	浙江海塘防要口隘详考全图	清光绪年间，彩绘本，1幅，31.5×271.5厘米	中国国家图书馆，《舆图要录》4255
	浙江海防图	清光绪年间，彩绘本，1幅，49.5×467厘米	中国国家图书馆，《舆图要录》4256

续表

<table>
<tr><th>绘制者、刊刻者或作者和著作名或图册名</th><th>图名</th><th>绘制年代或收录地图的古籍的版本以及相关信息</th><th>收藏机构或者收录地图的古籍（包括现代影印本）等</th></tr>
<tr><td></td><td>浙江沿海图</td><td>清光绪年间，彩绘本，1幅，65.5×31.7厘米；原题名“浙江省城河道图”</td><td>中国国家图书馆，《舆图要录》4259</td></tr>
<tr><td></td><td>定海镇海沿海形势图</td><td>清光绪年间，彩绘本，1幅，65×120厘米</td><td>中国国家图书馆，《舆图要录》4260</td></tr>
<tr><td></td><td>福建沿海图</td><td>清初期，绢底彩绘本，1幅，36.1×558厘米</td><td>中国国家图书馆，《舆图要录》4600</td></tr>
<tr><td></td><td>福建沿海图</td><td>清雍正十二年至乾隆五十二年之间，彩绘本，1幅
静电复印本，1幅，62.1×439.8厘米</td><td>原图：大连市图书馆
静电复印本：中国国家图书馆，《舆图要录》4601</td></tr>
<tr><td rowspan="4">《福建全省总图》</td><td>福建海防图</td><td rowspan="4">清咸丰年间，刻印本，画方计里不等，1册18幅</td><td rowspan="4">中国国家图书馆，《舆图要录》4602</td></tr>
<tr><td>兴泉漳海防图</td></tr>
<tr><td>海宁海防图</td></tr>
<tr><td>台湾海口大小港道总图</td></tr>
<tr><td></td><td>福建防汛图</td><td>清中期，彩绘本，1幅，83×87厘米</td><td>中国国家图书馆，《舆图要录》4603</td></tr>
<tr><td rowspan="3">《福建闽厦两海口各炮台全图》</td><td>闽海口各炮台总图</td><td rowspan="3">清光绪年间，彩绘本，有缩尺，1册16幅，34×43.2厘米</td><td rowspan="3">中国国家图书馆，《舆图要录》4604</td></tr>
<tr><td>厦门各炮台大要全图</td></tr>
<tr><td>各地明暗炮台图</td></tr>
<tr><td></td><td>台湾府苗栗县属海防图</td><td>清光绪年间，彩绘本，1幅，25.6×60厘米</td><td>中国国家图书馆，《舆图要录》4747</td></tr>
<tr><td></td><td>“台南镇海分卡图”</td><td>清光绪年间，彩绘本，1幅，41.5×68.6厘米</td><td>中国国家图书馆，《舆图要录》4750</td></tr>
<tr><td></td><td>台湾台南府沿海图</td><td>清光绪年间，彩绘本，1幅，32.8×45厘米</td><td>中国国家图书馆，《舆图要录》4751</td></tr>
<tr><td></td><td>台南府属海防图</td><td>清光绪年间，彩绘本，2幅，图廓不等</td><td>中国国家图书馆，《舆图要录》4752</td></tr>
<tr><td></td><td>台湾恒防各营分扎海口道里图说</td><td>清光绪年间，彩绘本，1幅，26×61.2厘米</td><td>中国国家图书馆，《舆图要录》4756</td></tr>
<tr><td></td><td>拟布澎湖水陆各要隘水旱雷图</td><td>清光绪年间，绘本，1幅，46×54厘米</td><td>中国国家图书馆，《舆图要录》4758</td></tr>
</table>

续表

绘制者、刊刻者或作者和著作名或图册名	图名	绘制年代或收录地图的古籍的版本以及相关信息	收藏机构或者收录地图的古籍（包括现代影印本）等
	广东沿海图	清初期，绢底彩绘，1幅，72×800厘米	中国国家图书馆，《舆图要录》5591
余仁绘	海口要隘水陆远近形胜全图	清康熙年间，彩绘本 静电复印本，1幅，47.7×900.2厘米	原图：大连市图书馆 静电复印本：中国国家图书馆，《舆图要录》5592
	广东海图	清乾隆年间，彩绘本，1幅，29×640厘米	中国国家图书馆，《舆图要录》5593
	广东省海防图	清中期，彩绘本，1幅，24.4×135厘米	中国国家图书馆，《舆图要录》5594
	惠潮海防全图	清中期，彩绘本，1幅，81.5×152厘米	中国国家图书馆，《舆图要录》5595
	广东省海防图	清中期，彩绘本，1幅，36.5×520厘米	中国国家图书馆，《舆图要录》5596
顾炳章“广东炮台图册”		清道光二十四年，彩绘本，1册31幅	中国国家图书馆，《舆图要录》5597
王治绘《广东海防图》		清光绪十年，彩绘本，1册3幅	中国国家图书馆，《舆图要录》5598
	京口协水师左营江汛舆图	清中叶，官绘本，贴红签，纸本色绘，1幅，24×85厘米	《欧洲收藏部分中文古地图叙录》；英国国家博物馆
	通州江海舆图	清后期，官绘本，贴红签，纸地色绘，1幅，55×111厘米	《欧洲收藏部分中文古地图叙录》；英国国家博物馆
	盐城营绘呈河海舆图	清后期，官绘，贴红签，纸地色绘，1幅，53×50厘米	《欧洲收藏部分中文古地图叙录》；英国国家博物馆
	“盐城营绘呈河海舆图”	清后期，官绘，纸本色绘，1幅，36×42厘米；内容与《盐城营绘呈河海舆图》相似	《欧洲收藏部分中文古地图叙录》；英国国家博物馆
	阜宁县呈送阜境射、黄等口洋面会勘水势洋线情形图	清后期，官绘，贴红签，纸本色绘，1幅，56×56厘米	《欧洲收藏部分中文古地图叙录》；英国国家博物馆
	海门厅绘呈管辖各港营汛分界全图	清后期，官绘，贴红签，纸地色绘，1幅，52×64厘米	《欧洲收藏部分中文古地图叙录》；英国国家博物馆

续表

绘制者、刊刻者或作者和著作名或图册名	图名	绘制年代或收录地图的古籍的版本以及相关信息	收藏机构或者收录地图的古籍（包括现代影印本）等
《沿海全图》	四海总图		天津市博物馆
	沿海全图		
	台湾图		
	台湾后山图		
	澎湖图		
《沿海全图》	四海总图		南京博物院
	沿海全图		
	台湾图		
	台湾后山图		
	琼州府		
	澎湖图		
《沿海全图》	四海总图		广东新会博物馆
	沿海全图		
	台湾图		
	台湾后山图		
	琼州府		
	澎湖图		
《海疆形势全图》	环海全图		中国文化遗产研究院
	海疆形势全图		
	琼州图		
	澎湖图		
	台湾前图		
	台湾后图		
《中国沿海全图》	环海全图		辽宁省图书馆
	沿海全图		
	琼州图		
	澎湖图		
	台湾图		
	台湾后山图		

续表

绘制者、刊刻者或作者和著作名或图册名	图名	绘制年代或收录地图的古籍的版本以及相关信息	收藏机构或者收录地图的古籍（包括现代影印本）等
《七省沿海图》	环海全图		辽宁大学历史博物馆
	沿海全图		
	琼州图		
	澎湖图		
	台湾图		
	台湾后山图		
《七省沿海图》	环海全图	清乾隆五十二年至嘉庆元年	中国国家博物馆
	沿海全图		
	台湾图		
	台湾后山图		
	澎湖图		
	琼州图		
《沿海疆域图》	天下总图		中国文化遗产研究院
	沿海全图		
	台湾图		
	台湾后图		
	澎湖图		
	琼州图		
《沿海全图》			中国社会科学院历史研究所
《海防图》	环海全图	清光绪六年	哈佛大学燕京图书馆
	沿海全图		
	琼州图		
	澎湖图		
	台湾图		
	台湾后山图		
	“台湾前山图”	清雍正五年至乾隆五十一年，纸本彩绘，色绫裱装成长卷，1幅，37×438厘米	英国国家图书馆；《欧洲收藏部分中文古地图叙录》

续表

绘制者、刊刻者或作者和著作名或图册名	图名	绘制年代或收录地图的古籍的版本以及相关信息	收藏机构或者收录地图的古籍（包括现代影印本）等
	“台湾前山图”	清雍正九年至乾隆五十一年，纸本彩绘，色绫裱装成长卷，1幅，45×490厘米	英国国家图书馆；《欧洲收藏部分中文古地图叙录》
	“台湾图”	清乾隆五十二年至嘉庆十五年，纸本彩绘，叠装成册，1幅，40×245厘米	英国国家图书馆；《欧洲收藏部分中文古地图叙录》
	“广东沿海图”	清顺治十年至康熙二十三年，纸本彩绘，长卷，1幅，49×365厘米	中国科学院图书馆，史580259；《舆图指要》
《虔台倭纂》	万里海图		《玄览堂丛书》续集
《皇明职方地图》	万里海防图	明崇祯九年刊本	
	“宁波府六邑内外洋舆图”	清中叶，官绘本，纸地色绘，1幅，64×70厘米	英国国家博物馆；《欧洲收藏部分中文古地图叙录》
	宁波府呈送六邑海岛洋图	清中叶，官绘本，纸地色绘，1幅，66×66厘米	英国国家博物馆；《欧洲收藏部分中文古地图叙录》
	北洋沿海全图	清光绪年间，彩绘本，1幅，95.2×104厘米；有经纬度	中国国家图书馆，《舆图要录》2403
	北洋沿海深浅图	清光绪年间，彩绘本，1幅，60×54厘米	中国国家图书馆，《舆图要录》2404
	奉天直隶山东三省海口形势图	清光绪年间，彩绘本，1幅，67.5×137厘米	中国国家图书馆，《舆图要录》2405
	奉天直隶山东全海总图	清光绪年间，彩绘本，计里画方每方八十里，1幅，50.5×59.5厘米	中国国家图书馆，《舆图要录》2406
侯继高《全浙兵制》附《日本风土记》	杭嘉湖区图	旧抄本	《四库存目丛书》天津图书馆藏旧抄本
	温处区图		
	宁绍区图		
	全浙地图		
	台金严区图		

三 海塘图

绘制者、刊刻者或作者和著作名或图册名	图名	绘制年代或收录地图的古籍的版本以及相关信息	收藏机构或者收录地图的古籍（包括现代影印本）等
	“松江府海塘图”（“江南海塘图”“江苏海塘图”“乾隆松太海塘图”）	清乾隆十七年之后不久，纸本彩绘，长卷，1幅，28×152厘米	美国国会图书馆，G7823.J48N22.C5，gm71005013；《皇舆搜览》；《美国国会图书馆藏中文古地图叙录》
	“宝山海塘工程全图”（“宝山县海塘工程图”）	清道光十五年之后，纸本彩绘，绢裱长卷，1幅，23×128厘米	英国图书馆（博物馆），Add. MS.16362（D）；《方舆搜览》；《欧洲收藏部分中文古地图叙录》
	金山县会勘海塘图	清道光十八年至二十三年间，纸本色绘，1幅，53×62厘米	英国图书馆（博物馆），Add. MS.16360（G）；《方舆搜览》；《欧洲收藏部分中文古地图叙录》
张光赞测绘	浙江海塘全图	清同治十三年上石，计里画方每方五里 拓本，1幅，83×177厘米	拓本：《欧洲收藏部分中文古地图叙录》；中国国家图书馆，《舆图要录》4214
《太仓海塘工图》		清光绪九年，彩绘本，4幅，图廓不等	中国国家图书馆，《舆图要录》4028
	镇洋海塘工图	清光绪十一年，彩绘本，1幅，60×100厘米	中国国家图书馆，《舆图要录》4029
	昭文海塘工图	清光绪九年，彩绘本，4幅，图廓不等	中国国家图书馆，《舆图要录》4041
	浙江海塘沙水情形图	清光绪七年，彩绘本，1幅，19×67厘米；此图系王亮（希隐）藏清内府本	中国国家图书馆；《舆图要录》4215
	（浙江省）海塘图	清道光十二年，彩绘本，1幅	京都大学图书馆
	光绪柒年拾壹月分浙江省海塘沙水情形图	清光绪七年，彩绘，黄绢装裱，折装，8折，每折19×8.5厘米	中国科学院图书馆，史580152；《舆图指要》
	光绪柒年拾贰月分浙江省海塘沙水情形图	清光绪七年，彩绘，黄绢装裱，折装，8折，每折19×8.5厘米	中国科学院图书馆，史580152；《舆图指要》

续表

绘制者、刊刻者或作者和著作名或图册名	图名	绘制年代或收录地图的古籍的版本以及相关信息	收藏机构或者收录地图的古籍（包括现代影印本）等
	光绪贰拾肆年柒月分浙江省海塘沙水情形图	光绪二十四年，彩绘本，1幅	京都大学图书馆
	光绪贰拾柒年贰月分浙江省海塘沙水情形图	清光绪二十七年，彩绘本，1幅，18.6×67厘米	中国国家图书馆，《舆图要录》4217
	光绪贰拾柒年拾月分浙江省海塘沙水情形图	清光绪二十七年，彩绘本，1幅，18.3×66.4厘米	中国国家图书馆，《舆图要录》4218
	清光绪贰拾玖年拾月分浙江海塘沙水情形图	清光绪二十九年，彩绘本，1幅，18.2×66.4厘米	中国国家图书馆，《舆图要录》4219
	光绪叁拾壹年拾贰月分浙江省海塘沙水情形图	清光绪三十一年，彩绘，黄绢装裱，折装，8折，每折19×8.5厘米	中国科学院图书馆，史580152；《舆图指要》
	浙江江海塘工统塘柴埽石塘篓坦盘里头各工形势字号丈尺里堡地名全图	清光绪二十一年，彩绘本，1幅，19.5×1332厘米	中国国家图书馆，《舆图要录》4220
	“浙江江海塘工全图”	清光绪二十一年，彩绘本，1幅，13.5×357.8厘米；前后残缺，中间部分与《浙江江海塘工统塘柴埽石塘篓坦盘里头各工形势字号丈尺里堡地名全图》略有差异	中国国家图书馆，《舆图要录》4221
	浙江海塘工程图	清光绪年间，彩绘本，1幅，12×828.8厘米	中国国家图书馆，《舆图要录》4222
	浙江海塘防要口隘详考全图	清光绪年间，1幅，彩绘本，31.5×271.5厘米；李鸿章进呈本	中国国家图书馆，《舆图要录》4255
浙江官书局	浙江海塘新图	清光绪年间，刻印本，有缩尺，1幅，52.5×62厘米	中国国家图书馆，《舆图要录》4223
	浙江海塘图	清光绪末年，彩绘本，1幅，34.4×960厘米	中国国家图书馆，《舆图要录》4224

续表

绘制者、刊刻者或作者和著作名或图册名	图名	绘制年代或收录地图的古籍的版本以及相关信息	收藏机构或者收录地图的古籍（包括现代影印本）等
	宝山县海塘工图	清光绪年间，绘本，1幅，68×175厘米	中国国家图书馆，《舆图要录》3097
朱瑞麟绘	浙江省海塘图	清康熙晚期至雍正时期，纸本彩绘，1幅，46×180厘米	台北"故宫博物院"，平图020880；《河岳海江》
	浙塘简便图	清乾隆二十四年至嘉庆二十五年间，绢底彩绘，折装，6折，每折31.2×10.8厘米	中国科学院图书馆，史580152；《舆图指要》
	东西两塘海塘全图	清乾隆五年至嘉庆二十五年，纸本彩绘，折装，52折，每折28.3×11.2厘米	中国科学院图书馆，史580152；《舆图指要》
	江浙海塘土石工程情形图		台北"故宫博物院"，故机012702军机处档折件012603-a
	宝山县海塘图		台北"故宫博物院"，故机046576军机处档折件046243-a
	仁和、海宁州县塘工沙水情形图	清乾隆四十六年，纸本彩绘，共四幅。其中图一墨色，图二、三、四彩色。为闽浙总督富勒浑奏折附图	台北"故宫博物院"，故机029820
	"杭州湾图"（"钱塘江沿岸图"）	清乾隆四十五年，纸本彩绘，长卷，1幅，64×109厘米	美国国会图书馆，G7822.H35A5.H3，gm71005077；《皇舆搜览》；《美国国会图书馆藏中文古地图叙录》
《勅修两浙海塘通志》	海塘北岸全图	清乾隆刻本	《续修四库全书》北京大学图书馆藏清乾隆刻本；《故宫珍本丛刊》
	海塘南岸全图		
	杭州府海塘图		
	嘉兴府海塘图		
	江塘图		
	宁波府海塘图		
	绍兴府海塘图		
	台州府海塘图		
	温州府海塘图		

续表

绘制者、刊刻者或作者和著作名或图册名	图名	绘制年代或收录地图的古籍的版本以及相关信息	收藏机构或者收录地图的古籍（包括现代影印本）等
乾隆《金山县志》	海塘图		《中国方志丛书》
光绪《金山县志》	海塘图		《中国地方志集成》（上海府县志辑）
乾隆《华亭县志》	海塘玲珑坝图		《中国方志丛书》
光绪《松江府续志》	海塘图		《中国方志丛书》《中国地方志集成》（上海府县志辑）
翟均廉《海塘录》	海塘图	《文渊阁四库全书》本	《文渊阁四库全书》
	江塘图		
	引河图		
梁鋆《重浚江南水利全书》	修筑华亭海塘全图	清道光二十一年刻本	《四库未收书辑刊》清道光二十一年刻本
	修筑宝山海塘全图		
《太镇海塘纪略》	江苏省苏松太三府州属沿海土石塘总图	清乾隆	中国国家图书馆
	太仓州并属镇洋县新筑沿海土塘图		
《海塘新志》	海塘全图	清乾隆五十六年进呈抄本	《故宫珍本丛刊》清乾隆五十六年进呈抄本
	三亹图		
	引河图		
	尖山海塘图		
	念里海塘图		
	海宁州南门海塘图		
	马牧港海塘图		
	老盐仓海塘图		
	华家衖一带海塘图		
	海神庙海塘图		
	章家庵一带海塘图		
	新工海塘图		

续表

绘制者、刊刻者或作者和著作名或图册名	图名	绘制年代或收录地图的古籍的版本以及相关信息	收藏机构或者收录地图的古籍（包括现代影印本）等
杨荣《海塘擥要》	江海塘北岸总图	清嘉庆十六年刻本	《故宫珍本丛刊》清嘉庆十六年刻本
	江海塘南岸总图		
	三亹图		
	潮由中亹图		
	江塘图		
	杭州府海塘图		
	嘉兴府海塘图		
	李汛八堡至乌龙庙海塘图		
	朱笔图记处一带海塘图		
	章家巷一带海塘图		
	翁家埠一带海塘图		
	华家衖一带海塘图		
	老盐仓一带海塘图		
	马牧港一带海塘图		
	海宁州南门外海塘图		
	念里亭一带海塘图		
	尖山一带海塘图		
	尖山石坝图		
《办理海塘册档》	东西两防海塘图	清道光十四年	中国国家图书馆
《江苏海塘新志》	江苏海塘总图	清光绪十六年刻本	《故宫珍本丛刊》清光绪十六年刻本
	华亭县海塘全图		
	华亭西塘十二段工图		
	南汇新筑外塘图		
	宝山县海塘全图		
	宝山东塘第一段至第七段工图		

续表

绘制者、刊刻者或作者和著作名或图册名	图名	绘制年代或收录地图的古籍的版本以及相关信息	收藏机构或者收录地图的古籍（包括现代影印本）等
《江苏海塘新志》	宝山衣周塘第一第二两段工图	清光绪十六年刻本	《故宫珍本丛刊》清光绪十六年刻本
	宝山石塘工图		
	宝山西塘南工图		
	宝山衣周塘第七第八两段工图		
	宝山西塘北工图		
	镇洋县海塘全图		
	镇洋县兵台工图		
	真洋大库口杨林口工图		
	太仓州海塘全图		
	太仓茜泾口工图		
	昭文县海塘全图		
	昭文县野猫口工图		
	赵文许浦口工图		
	附吴县胥口沿湖石岸工图		
	附吴县香山西庄沿湖石岸工图		
《钦定南巡盛典》	海塘总图	《文渊阁四库全书》本	《文渊阁四库全书》